SOD 框架"企业级"应用
数据架构实战

深蓝医生　编著

北京航空航天大学出版社

内 容 简 介

全书主要从系统架构师的角度,讲述应用系统中所有有关数据问题的解决方案,这些方案小到一个具体的 API 使用,大到整个系统架构的设计,从解决方案的合理性、易用性和扩展性来逐步设计扩展,一步一步分析当前遇到的问题,给出这类问题的最佳实践的解决方案。通过对这个问题的分析解决过程,引导普通的开发人员摆脱烦琐的、枯燥无聊的数据增删改查工作,完成从菜鸟到专家的蜕变过程。

本书适合于有一定编程开发基础知识的程序员进一步学习掌握与数据应用相关的开发知识,更适合于有一定开发经验的程序员巩固提高数据开发方面的理论知识,也适合于打算进阶系统架构师的朋友学习设计和使用系统架构。

图书在版编目(CIP)数据

SOD 框架"企业级"应用数据架构实战 / 深蓝医生编著. -- 北京 :北京航空航天大学出版社,2020.3
ISBN 978 - 7 - 5124 - 3210 - 9

Ⅰ. ①S… Ⅱ. ①深… Ⅲ. ①数据处理 Ⅳ. ①TP274

中国版本图书馆 CIP 数据核字(2020)第 000629 号

SOD 框架"企业级"应用数据架构实战
深蓝医生 编著
责任编辑 王 实
*
北京航空航天大学出版社出版发行

北京市海淀区学院路 37 号(邮编 100191) http://www.buaapress.com.cn
发行部电话:(010)82317024 传真:(010)82328026
读者信箱:emsbook@buaacm.com.cn 邮购电话:(010)82316936
三河市华骏印务包装有限公司印装 各地书店经销
*
开本:710×1 000 1/16 印张:41 字数:874 千字
2020 年 6 月第 1 版 2020 年 6 月第 1 次印刷 印数:3 000 册
ISBN 978 - 7 - 5124 - 3210 - 9 定价:109.00 元

序 一

我曾经与朋友开玩笑说,写一部信息技术方面的著作并不会太难:会"翻墙",会Google,能读懂 MSDN,能读懂软件说明书,多逛逛技术网站就行,如果还能懂点儿英文,则会更好、更方便。

这玩笑开得有点大,因为符合这玩笑的"书",除了外行人用来摆谱,大多数都被读者或读者请来的清洁工阿姨丢进了垃圾桶。

这玩笑开得有点大,但还不算太离谱:我已经很久没有再去逛书店,没有再读书了,因为,我真的买到过、读到过这样的书,有些受伤。

本书作者邓太华先生是我的朋友,网上认识的,许多年了,网名叫"深蓝医生"。

他给我的感觉是,为人诚实低调,思路开阔,技术上有很强的"实战"能力,值得学习,也值得深交。

但我从来没有想到他会著书立说。当我这种因受过"书伤"而不再喜欢读书的人得到这本《SOD 框架"企业级"应用数据架构实战》初稿后,很是诧异,但作为朋友,我还得硬着头皮带着审视的目光去试读。

仅仅粗略地读了一遍,我的诧异开始变成惊异:这才是我希望读的书!

这时我才发现,"深蓝医生",名不虚传:不但能"医"计算机,"医"网络,"医"程序,还能医治我这种越来越不愿意买书,越来越不喜欢读书的"读书渐冻症"!

因为,这本书,有技术的面子,原理的里子,哲理的神髓。

绝大多数程序员都会与数据操作打交道,特别是服务器端的开发者,增删改查(增加、删除、修改和查询的简写)更是家常便饭:要针对不同的需求进行不同的增删改查,针对不同的业务进行不同的增删改查,针对不同类型的数据库进行不同的增删改查。

天天写 INSERT、DELETE、SELECT、UPDATE,烦不烦?

代码稍有差错,查非所问,烦不烦?

代码虽然写对了,但有细枝末节没有照顾到,性能狂降,烦不烦?

同一个操作,针对不同类型的数据库系统写了无数段大致相似但又略有不同的代码,烦不烦?

手工增删改查,SQL 语句如春日里京城的柳絮,满天乱飞,真的好烦!

程序员绝不喜欢机械地重复做那些烦人的琐事,于是有人化繁为简,发明了"对象关系映射":ORM。接着便有了 Entity Framework、Dapper、CYQ. Data、Hibernate 等很多很多的 ORM 框架,当然,还有邓先生的 SOD 框架。

ORM 一出,程序员对数据库操作的烦恼立即消散了 80%。

但您真的懂 ORM 吗? 不懂或不太懂或懂而不精,那好,继续读下去。

本书从数到数据,从数据到数据库,从数据库到 SQL 增删改查,从 SQL、数据对象到对象映射,有汉学有西学,由里到外,由浅入深,放开笔墨,全方位阐释了 ORM 的前世今生、ORM 背后的核心理念与关键技术,提供了大量的原创代码与示例,最终给读者呈现出一个立体的、有血有肉但又透明无碍的整套 ORM 技术。

其实,这本书,我看重的不仅仅是 ORM 技术,因为细读下去,您会惊异地发现,它其实在向您表达编程对象与数据的关系,实体对象、业务对象、视图对象与数据交互的关系,企业级大型应用的数据架构与解决方案,这些已经远远超过了 ORM 的概念,深入到了数据的本质以及驾驭数据的实战能力。

本书更令人敬佩的是,"技术、原理、哲理"三位一体,高度融合。看似一本技术教程,但它不是为技术而技术,而是在谈技术的同时,作者始终不离本质,努力给读者阐释技术背后的原理乃至"大道至简"等更深层次的编程哲理,读者能得到的,不仅仅是编程的技术,还有编程的智慧,这来自于作者对于"数理"的深刻洞察,来自于作者传统文化的底蕴。

有人说,读书能读出"味道"来。我认为,"读书有味"的前提是那本书的内容本身就要有"味"。

这本书,目前我仅粗读了一遍,已经尝到味了,很鲜。可以肯定,更多的读者不但能尝到这份美味,还会有更丰富更深层的受益。

微软最有价值专家 刘冰(宇内流云)

2020 年元旦于成都

序 二

很荣幸接到邓太华先生的邀请,给他的《SOD框架"企业级"应用数据架构实战》这本书写个序。在写之前,我想先说说邓太华这个朋友,他的网名叫做"深蓝医生",是一个.NET开发老兵,多年前在QQ群认识的。那是一个.NET开源项目Mono爱好者的聚集地,SOD框架那时候还叫做PDF.NET框架,借助Mono平台,SOD框架很早就可以跨平台运行了。十几年弹指一挥间,SOD框架的发展变化也很大。在一个喧哗的时代,邓太华能够听从自己的内心,坚守自我,持续进步,这很难得。

现在很多"互联网"思维认为,数据库就是一个存储,它应该只负责其最"擅长"的持久化功能。还有现在由微服务带火的"领域驱动设计"(DDD)也主张应用应该从业务逻辑开始抽象,数据库和性能往往成为它们首先忽略的对象,最后可能也得加个"缓存"来解决,导致原来简单的系统急剧膨胀,复杂不堪。这里有一个误区是,当我们在设计一个软件的系统架构时,会重视业务架构、应用架构、技术架构等方面,而对数据架构不重视。如果不好好理解数据架构,则很难写出高性能的应用程序。因此设计好数据架构,对整个应用程序不论是设计、开发乃至维护都至关重要。

这本书与其他很多书不一样的地方在于,其他书都是按照功能来介绍的,是面面俱到、保姆式的教学过程;而这本书紧紧围绕编程最常用的"数据"问题,由浅入深地从介绍数据的概念,到数据的组织、存取和应用,再深入到数据的架构问题,并给出很多数据开发的综合解决方案的示例。

"纸上得来终觉浅,绝知此事要躬行",推荐大家仔细阅读这本书,并不断实践、思考、充实自己。

微软最有价值专家 张善友
2019年12月23日于深圳

序 三

我与本书作者邓太华先生认识 10 多年了,但北京这么大平时工作都比较忙,好几年才偶尔见一面。今年夏天因为我们两家的孩子都参加了同一个学校的活动才又偶然相遇。在短暂的交谈中我得知他正在写一本技术书,但并没有详细交流这本书具体写的是什么内容,因为我得知他这些年一直在.NET 技术领域工作,而我又一直在 JAVA 技术领域,所以我们每次见面从来不会聊技术问题。几天前,邓太华在网上找到我说希望给他的新书提提意见,而我也很惊讶是什么书居然要找我来试读一下呢? 毕竟我俩在技术上没有什么太大的交集。

我抽出周日的时间读了一遍《SOD 框架"企业级"应用数据架构实战》这本书的初稿,那种似曾相识的感觉又回来了。我本人使用 JAVA 技术已超过 15 年,涉及企业级应用开发和集成平台、中小学 K12 教育产品研发、数字化校园平台开发、民航CMS&MRO 应用系统研发、Hadoop 大数据应用平台开发、分布式应用系统开发等领域,在 JAVA 技术编程方面积累了丰富的经验,但我在阅读本书时经常能受到一些意料之外的启发。这本书从探索数的起源到本质、数据与编程的关系,从单个 API使用到组件设计,从数据开发到分层架构,由浅入深、层层递进、通俗易懂,多角度地剖析开发过程和设计思路,并提供了丰富的代码示例,编码风格优雅,图文并茂,开箱即用,是一本不可多得的.NET 技术开发实战高阶工具书;同时,书中还汇集了.NET 开发者在开发过程中遇到的各种"坑"的解决方案,正可谓是"对症下药",极大地提高了开发人员的开发效率,避免走弯路;另外,本书呈现了作者在实际工作中对系统架构设计的很多想法和总结,这些对于系统架构师、JAVA 或其他语言开发者在数据开发和架构设计方面也有很好的指导或参考意义。

我特别喜欢"第 6 章 分布式系统架构与数据开发"。虽然分布式应用系统使用JAVA 和 C++等技术开发具有先天性优势,但这并不妨碍分布式架构设计思想在.NET 平台的应用,作者经过多年潜心研究和实践,分别以 DDD、DCI、洋葱架构展示了分库分表、读写分离、事务处理等分布式数据设计及处理的关键技术和演变过程,同时从 0 到 1 通过真实案例贯穿式讲解分布式混合架构解决方案和最佳实践。其中,提到的业务分析三维度理论,尝试从场景维度、角色维度、时间维度来分析业务问题并抽象成具体的模型,让复杂的问题变得简单。这套分析业务的方法论比较符合业务用户的思维模式和实际业务场景,对于参与业务需求分析的开发人员来说具备有效的指导价值。此外,书中还详细描述了洋葱架构和混合式架构的相关知识,需要读者朋友们自己去研读和吸收,以做到"知其所以然",从而使您有望通过研读本书成为一名优秀的 .NET 高级开发人员或者进阶为 .NET 架构师。

邓太华先生作为 CSDN 和博客园的资深博友,拥有 10 年以上的系统架构设计经验,在繁忙的工作之余,他始终坚持将自己的工作经验和开发心得以博客方式与广大开发者分享。我非常赞赏他的分享精神,在此也感谢他为开源技术世界贡献了自己的一份力量。

资深 JAVA 开发专家 申　毅

2019 年 12 月 22 日冬至于北京

前　言

"简单就是美。"

"平凡即是伟大。"

上面两句话不知道是哪位名人说的,又或者是广大劳动人民总结的,反正我很小的时候就常常听到这两句话。这两句话也成了我的人生格言,而且事实上我也是一个生活过得比较简单的平凡人。当然,这不能说我跟"伟大"有什么关系,我觉得绝大部分人都是像我一样的平凡人,但正是这绝大多数的平凡人,创造了我们现在这个美好的世界,因此,说他们伟大一点也不过分。在我身边,有一群平凡的程序员,用他们日复一日,加班加点,简单而平凡的工作,编写了许多有价值的商业软件,付出了青春和汗水,但除了相应的薪水,他们还有什么更大的回报吗?不排除程序员中有一些出类拔萃的人,他们取得了工作上的成功,在能力上获得了很大的提高,当了公司高管又或者是自己创业,事业上取得了一定成就。但是,这样出类拔萃的程序员是很少的,在本书第1章中,我根据《2018年中国程序员生存现状报告》进行了分析,年薪超过30万元的程序员不超过10%,而年薪10万~15万元有5~10年工作经验的程序员占比最高。如果按照社会上普遍的以收入来衡量一个人是否成功,那么大部分程序员的职业人生都是不成功的,他们并没有随着工作年限的增长而获得相应的成长,这是一个无奈的现实。然而,换一个角度来看,大部分程序员虽然每天都做着简单而重复的增删改查(增加、删除、修改和查询的简写)工作,但他们用平凡的工作为自己服务的公司创造了利润,为社会创造了价值,这也算是一种成功吧!

身处平凡阶层的每一个人都有一个想成功、想成长、想取得成就的美好愿望。

然而,您可能没有名校背景,没有大厂(比如 BAT 系的公司)履历,没有做过像样儿的大项目,没有拿得出手的成果,像现在流行的大数据、人工智能、机器学习、区块链这些炙手可热的新技术更是不懂,在这种诸多不利的情况下,如果自己再不想办法改变,又怎么能轻易地实现上面那个愿望呢?这应该是大部分的普通程序员所面临的现实问题。我,也曾经是这其中的一员,但这不妨碍我自己实现上面那个愿望。回顾自己做程序员的时光,我觉得自己没有虚度光阴,在某一方面我有能拿得出手的东西,并获得了一定的成功和成就,得到了显著的成长。我的"秘籍"就是,如果你觉得一个东西有点复杂,你就先用简单的方式把它做好,做深入,慢慢地你就会发现,原来用简单的方式也可以构建一个复杂的系统,等你回过头来再去看之前你觉得复杂的东西,你就会惊奇地发现:原来这样做跟我的设想一样啊!(PS:其实这并不是什么"秘籍",这正是 LISP 黑客所擅长的工作方式,即先从最小的地方用最简单的方式将它运行起来,采用自底向上的方式一步一步地构建自己的语言,这种定制的语言抽象程度越高就越接近问题的本质,从而最终构建出一个复杂的系统。我对 LISP 这种工作方式很推崇,我的 SOD 框架中的 OQL 语言的设计就深受这种思想的启发。)

其实,只有经过长期而不断的努力,才能突然领悟到别人设计的精妙,思想的深邃,才会发现这些设计思想都是自然而然的,一气呵成的,有时甚至会恍然大悟:原来是这样啊,为啥我之前没有想到呢?

对于别人看一眼就能懂的问题,我总是要从简单的东西开始慢慢来领悟,直到某一天才豁然开朗。这期间我走了不少弯路,付出了比别人更多的努力,我常常自嘲自己是"笨鸟先飞"。我想"笨鸟"应该像"聪明"的鸟儿一样总是少数,那么身处绝大多数普通"鸟儿"中的"您",一定能够很快看懂我这本书所提供的这些简单的方案,把自己每天做的增删改查工作,做得更好更深入,然后去构建自己强大的复杂的应用,"飞"得比我更高、更远。我说的这个方案便是本书要介绍的数据开发框架——SOD框架,它追求的目标是简单与效率的平衡,体现在代码的精简,开发、维护的简单与追求极致的运行效率。SOD 框架是我十几年开发经验的总结,我想我应该将这些经验分享给大家,这便是我决定写这本书的理由。

◆ 这不是一本编程入门的书籍

编程入门的书籍汗牛充栋,它们大多都围绕着如何使用某一个具体的编程语言的功能来介绍的,是面面俱到、保姆式的教学过程。显然,本书不是这样,它紧紧围绕编程最常见的"数据"问题,由浅入深地从介绍数据的概念开始,到数据的组织、存取和应用,再深入到数据的架构问题,并给出了丰富的数据开发的综合解决方案示例。所以,需要先对编程有一定的基础之后才能应用本书介绍的知识来编程,在有一定的开发经验之后,再来阅读本书才能发现数据与编程的关系,才能更加深刻地认识编程的本质,正所谓"温故而知新"。因此,本书不是一本编程入门的书籍,但可以作为一本没有任何数据开发经验的"新手"学习数据开发的入门书籍,当然也适合有一定开发经验的程序员为进一步提高数据开发与架构能力来阅读。

◆ 这是一本浅析数据本质的书

当你有比较丰富的开发经验之后,想进一步提高开发能力,朝着资深开发工程师或者架构师方向发展的时候,需要对数据有比较深刻的认识,本书尝试以抽象的方法来认识数的概念,漫话数的起源,探讨数的表示与存储、数据与消息、数据与数据库、数据与编程等的关系,尝试从多个角度来认识数据和它背后的逻辑,以期接近数据的本质。

◆ 这是一本数据开发实用的编程书

开发一个存取数据的应用程序,除了熟练使用 SQL,还需要了解数据库和数据驱动程序,需要掌握数据访问组件,需要熟悉数据访问模式、框架和工具,比如熟练设计和使用一个 ORM 框架,另外还需要掌握数据与窗体控件的开发,甚至熟悉数据绑定技术,使用 MVVM 框架。总之,本书介绍了与数据开发相关的主要知识和开发经验,能够让你在数据开发方面提高效率,少走弯路,得心应手。

◆ 可以将本书视为一本学习应用"数据架构"的书

当设计一个软件的系统架构时,会包含业务架构、应用架构、数据架构和技术架构等方面,其中数据架构是系统架构的重要组成部分,数据架构不是数据结构,它不单是研究数据库的设计问题,在现在多层软件架构和分布式架构中,数据架构更需要关注数据的处理问题,也就是不同结构的数据如何表示、如何分布、如何存储、如何传输转换等方面的问题,这样数据架构就与三层和多层架构、DDD/DCI 架构、分布式架构、微服务架构等问题密切相关了。本书尝试从数据在各种架构中的应用来向读者介绍如何设计和使用一个架构,并给出实际的案例来说明。因此,本书可以作为您进阶系统架构师的一本很好的实战指导书。

◆ 本书的写作特点

本书是一本既不只讲理论,也不只讲实战的书,我觉得"理论指导实践,实践检验理论"是学习的好方法,在用中学,在学中用,有的放矢,目标明确,理论和实践相互促进,这样就能更好地学习。所以,笔者花费了一点笔墨来介绍数据相关的理论,然后通过一个具体的数据框架(SOD 框架)来介绍数据的开发和应用,将框架的设计原理与具体的实例代码相结合,这样理论与实践相结合,使读者更容易学习和掌握数据开发的知识和技巧,并在自己实际的开发中游刃有余。

◆ 本书的读者对象

本书适合于有一定编程开发基础知识的程序员进一步学习和掌握与数据应用相关的开发知识,更适合于有一定开发经验的程序员巩固提高数据开发方面的理论知识,也适合于打算进阶系统架构师的朋友学习设计和使用系统架构。虽然本书使用 SOD 框架做例子,但它和书中的示例大多是使用 .Net 平台语言来写的,并且它的应用和设计思想也适合 JAVA、C++等非 .Net 语言平台的程序员朋友参考使用。

另外,我在本书中花费了一点笔墨来介绍数和数据的本质、数据的应用发展历史等内容,用轻松而又富有想象的文字趣味性地介绍数据的概念和应用,比如尝试从中国传统文化中的河图、洛书、易经八卦来漫话数字背后的理论架构。所以,这部分内容也可以作为介绍数字文化和数据应用的科普内容,供非计算机行业的人士阅读。比如我将这部分内容整理并做成了用于介绍少儿编程思想的幻灯片,在北京市朝阳区某小学讲授此幻灯片,看似高深的理论,通过这种趣味性的教学方式使这些内容连小学生都很容易理解了。

◆ 本书的结构

第1章　软件开发中的"二·八定律"

通过对程序员行业调查报告进行的分析,大多数程序员并没有随着工作年限的增长而成长,5 年工作年限后能力不再明显增长,30 万元年薪也成了一道坎。造成这种现象的原因就是大部分项目是没有多少技术含量的,大部分时间是在做重复的增删改查工作,并且这样的项目还有不少是 996 的,使程序员透支了青春和健康。

第2章　数据的基础概念和应用

通过对河图、洛书的研究,抽象数的概念,漫话数的起源,探讨数的表示与存储、数据与消息、数据与数据库、数据与编程等的关系,尝试从多个角度来认识数据和它背后的逻辑,以期接近数据的本质,这样对数据开发、数据架构就能有更深刻的理解。

第3章　数据库应用开发

首先对数据库类型做一个简要分类;然后对比介绍访问不同数据库的各种驱动程序,介绍使用数据访问组件的最佳实践;接着简单回顾数据库应用开发的基础知识;最后介绍数据查询与映射的技术(SQL - MAP),解决一般项目开发中 SQL 满天飞、查询复杂难以维护、项目软件无法轻松支持多种数据库等问题。

第4章　对象关系映射

首先从对象与关系的阻抗问题开始介绍 ORM 应用中的难题;然后以 SOD 框架为例,介绍 ORM 中实体类的设计,怎样跟踪实体对象的修改状态,以及一般 ORM 查询的方式;最后介绍框架中的 ORM 查询语言(OQL)的设计和使用。

第5章　数据窗体开发

在企业应用开发中,处理各种表单数据的数据窗体开发需求很常见。SOD 框架利用.NET 原生控件内置的数据绑定技术,将常见的表单处理过程封装成一套智能表单,自动完成表单数据的读取和保存,使得开发 ASP. NET Web Form/WinForms 上的数据窗体有完全一致的开发使用体验。借鉴 MVVM 原理,SOD 的 WinForms 数据表单也实现了与 WPF MVVM 框架同样的功能,本章介绍这个技术实现的原理和应用示例。

第6章　分布式系统架构与数据开发

分布式系统相对于单机系统,能够提供更大的、可伸缩服务的能力。在分布式系统架构中,不论是传统的三层和多层应用架构,还是 DDD/DCI 架构或者洋葱架构,数据的存储和访问都发生了很大的变化。本章以这些常见的架构为例,介绍在分布式系统环境下,如何处理并发更新、读写分离、分库分表、分布式事务等数据开发和架构设计等问题,并且通过一个实例来讲解将多种架构结合在一起的分布式混合架构方案。

第7章　企业级解决方案应用示例

企业开发的关键特征是企业项目通常持续较长时间,项目以业务为中心而不是以技术为中心,所以企业级开发要求使用的技术相对灵活,便于维护。对于企业项目开发中的数据开发而言,大部分项目数据量虽然没有大型互联网项目的数据量那么大,但是数据结构和数据关系复杂,数据的事务一致性要求高,不同数据库平台之间的数据同步和复制功能也很常见,并且对联机事务处理的性能要求越来越高。本章通过介绍内存数据库、异构数据库同步和应用层事务数据复制的内容,让读者了解 SOD 框架对于企业级项目解决方案简单而又灵活的支持能力。

附录A　SOD 框架和开源社区

简要介绍 SOD 框架的发展历史,对跨平台和 .NET Core 的支持,以及探讨向其他语言平台移植的可能性。最后介绍了 SOD 框架的开源社区情况,使读者了解本书的程序示例和源码的出处,使他们可以加入框架的开源项目。

◆ 关于作者

邓太华,曾经使用笔名“深蓝医生”在 CSDN 和博客园写了很多博客文章,现为某电商项目创业公司创始人。非计算机专业,2002 年误打误撞进入 IT 领域,先是做计算机硬件和网络维护,后成为专职程序员。2004 年到北京发展,2008 年开始担任软件架构师,因此在系统架构方面有超过 10 年的工作经验。

在做技术的过程中遇到了各种“坑”,将解决这些“坑”的经验汇集起来便有了 PDF. NET 框架:一个专注于数据开发的框架。2010 年将 PDF. NET 开源,2014 年更名为 SOD 框架。此外,还推出了一个基于 WCF 的消息服务框架——iMSF,是基于长连接 TCP 双工通信的支持消息推送和 Actor 模型的消息服务框架(此框架在 2015 年开源)。除了研究技术问题,对管理和业务问题也比较感兴趣,2013 年提出了“三维度(场景＋角色＋时间)”理论,是一种符合国人思维方式的业务分析方法论。

◆ 致　谢

首先要感谢前腾讯 .NET 技术专家、连续 15 年微软 MVP、腾讯云 TVP、华为云

MVP,现深圳市友浩达科技 CEO 张善友先生,.NET 跨平台应用领域专家、微软 MVP、知名 Linux Web 服务器软件 Jexus 作者刘冰(宇内流云)先生,资深 JAVA 开发专家申毅先生对本书的赞誉,感谢他们在百忙之中为本书作序,他们的见解对软件开发有深刻的洞察力和预见性,这是他们成功的特质。其中,要特别感谢刘冰先生给予本书的极高赞誉,他写序三易其稿,这种严肃认真的态度让我深受感动,这可能就是他的作品功能强大、稳定可靠且深受欢迎的原因吧。

本书得以出版,需要感谢北京航空航天大学出版社的编辑,他们让一个从未想过要写书的普通程序员决定写一本书来系统总结以往只是写在博客中的技术经验,将它分享给更多的读者。另外,需要感谢所有支持 SOD 框架的用户朋友,写这本书算是对你们以往支持我做好这个开源框架的一种回馈。此外,最需要感谢的是我的家人,支持和鼓励我在艰难的创业过程中写完这本书,家人的理解和关爱太重要了,没有你们就没有我人生中的这第一本书。

当然,这段简短的致谢完全不足以感谢所有对我写这本书有帮助的人,在本书的附录中我将详细列举他们曾经帮助过我的事情,对他们的支持再次感谢。

◆ 如何使用本书

正如本书的书名一样,这是一本实战类型的书,尽管其中有一半多的文字都在讲述数据开发相关的理论知识,但最终的目的还是让理论更好地指导实践,所以强烈建议在阅读本书之前先看附录 A.4 节 SOD 框架开源社区的内容,从 SOD 框架的源代码仓库克隆一份源码来编译运行,在源码中基本都能找到本书中出现的代码示例,实际运行这些代码能够让你对本书的内容有更直观的印象。虽然书中的内容至少有一半来自我的博客文章,但写书时不能把原文中大段的代码直接粘贴过来占据过大的篇幅,所以建议您结合我的博客文章一起来阅读本书会收到更好的效果。

尽管本书中给出的示例代码基本上都在源码中运行或者测试通过,但限于我写作的水平或者源码已经修改或更新,书中的这些示例代码可能与您实际运行的代码有所差异,那么以框架最新的源码为准。另外,由于我本人的能力限制,在介绍相关理论知识时可能存在一些错误或者偏差,如果您在阅读本书的过程中有任何问题,希望能反馈给我,联系方式在本书附录 A.4 中。

深蓝医生

2020 年 1 月

目　录

第 **1** 章

软件开发中的"二·八定律"

现在许多程序员都自嘲是"码农",说自己的工作就是每天"搬砖",又单调又辛苦,就像农民的工作一样,这其实是程序员对现实的一种无奈表达。程序员的这种工作生活状况其实是带有普遍性的。有专业的调查报告可以佐证,大多数程序员并没有随着工作年限的增长而成长,5 年工作年限后能力不再明显提高,30 万元年薪也成了一道坎。造成这种现象的原因就是大部分项目是没有技术含量的,大部分时间是在做重复的增删改查工作,并且这样的项目还有不少是 996 的,使程序员透支了青春和健康,却没有得到相应的回报,这不禁使人迷茫。"二·八定律"注定了高大上、有技术含量和每天都有挑战的项目,不是大多数程序员都有机会遇到的,笔者也是这其中的一员;但笔者将增删改查也能做得有技术含量,也能做得更有效率,不但能将更多时间用到业务上,还能多抽出一点时间陪伴家人或去社交,为自己将来的职业转型打下基础。因此,既然自己每天的工作都是重复的增删改查,那么就将其中的数据问题研究透,这正是本书作为一本技术书首先要谈的一点非技术问题的原因。

1.1　大部分项目是没有技术含量的

每个职场人士都很关心自己的薪水处在行业的什么水平,程序员也不例外,除了问身边的同事、朋友,各大 QQ 技术群、微信技术群也常常谈论收入问题。当然,每个人的朋友圈子不同,所得到的答案也有很大不同,比如你在某大神群,年薪低于 50 万元都不好意思开口,而更多的朋友则在抱怨自己年薪太低,"拖了后腿"。那么真实情况如何呢?来看看专业调查机构发布的调查报告。

《2018 年中国程序员生存现状报告》对程序员的职业状况包括收入情况做了详细调查。调查对象包含全国 28 个省、直辖市的 15 万名优秀程序员和 4 000 多名签约开发者,调查结果有一定代表性。调查结果如图 1-1 所示。

考虑到调查范围不只是一线城市的程序员,选取调查报告中的最高收入范围为年薪 50 万元以上,以中位数年薪 25 万元作为是否高薪的标准,低于年薪 25 万元的中低收入程序员占比接近 80%,年薪低于 20 万元的程序员也达到 70%。这份调查报告说明,大部分程序员都在中低收入水平,符合"二·八定律"。

那么高收入水平的程序员是什么样子的呢? 换句话说,什么样的程序员能够拿

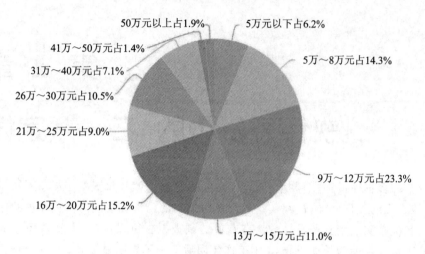

50万元以上占1.9%
5万元以下占6.2%
41万~50万元占1.4%
31万~40万元占7.1%
5万~8万元占14.3%
26万~30万元占10.5%
21万~25万元占9.0%
9万~12万元占23.3%
16万~20万元占15.2%
13万~15万元占11.0%

图 1-1　程序员年薪范围调查

高薪？为什么有这么多程序员都只能是中低收入水平？回答这个问题要关联的因素很多，包括学历、年龄、性别、行业、地区等差异，但大家最常问的就是"目前你薪水这么多，工作几年了?"所以"工作年限"是各地程序员比较收入水平的最佳参考指标。下面再来看一份调查报告。

2017 年，由程序员客栈联合"稀土掘金"通过对北京、广东、浙江、上海等全国 28 个省、直辖市及特别行政区的 10 万名以上优秀程序开发者进行了一次调查，其中关于薪资状况的调查部分，报告说：

"从调查结果来看，工作 3 年内，1/5 的程序员群体年收入在 6 万元以下。1/5 的程序员在 3 年内年薪就达到了 20 万~30 万元的水平。大多数程序员年收入在 10 万~20 万元之间，相比于其他一些行业，月薪过万已经是高收入水平。

"工作 3~5 年后，90% 以上的程序员达到了月薪 1 万元以上的水平，只有大约 10% 的群体年收入低于 10 万元。超过 1/6 的群体甚至年薪达到了 30 万~50 万元的水平。

"工作 5~10 年后，只有 2.7% 的程序员年收入低于 6 万元。年收入在 15 万~ 20 万元的程序员占 21.62%，1/3 的程序员年收入在 20 万~30 万元之间，超过 1/5 的程序员年收入在 30 万~50 万元之间。年收入在 50 万~70 万元的程序员占 5.41%。"

（《中国码农生存现状调查 看看你拖后腿了吗》作者：自由职客）

或许以上报告的文字描述不够直观，下面使用图 1-2 来大致展示一下上面的数据。

从这个图可以看出，10 万~20 万元年薪是所有程序员薪水收入的主要范围，与前面的《2018 年中国程序员生存现状报告》调查的结果基本一致。不过，这个图反映了一个令很多程序员"辣心"的问题：

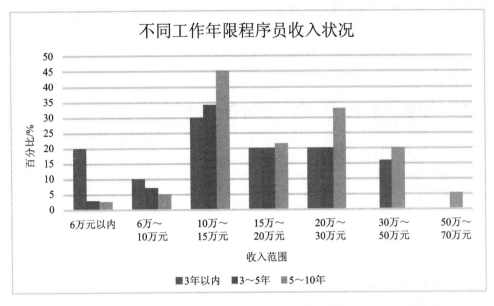

图 1-2　不同工作年限程序员收入状况

"工作 10 年的程序员，却拿着毕业 3 年的工资"！

起初，看到这个结论我是难以接受的，工作 5～10 年的程序员收入在 10 万～15 万元的年薪占自身年龄段的比例，比起工作 3 年以内的程序员比例不但没有降低，反而大幅升高，甚至比工作 3～5 年的程序员占比还要高。

从图 1-2 还可以得出一个结论：

年薪 30 万元是所有程序员的一道坎！

只要工作年限超过 3 年，这道坎就有可能跨过去，但是跨过去的人不太多，好在跨过这道坎的工作年限 5～10 年的程序员比例要高于 3～5 年的程序员，且年薪超过 50 万元的高薪程序员的工作年限是 5～10 年。不过，能够跨过这道"坎"的，哪怕工作年限在 5～10 年的程序员也是少数，这说明什么呢？

第一：大部分程序员都是中低收入水平。

第二：大部分程序员的收入不能随着工作年限的增长而明显增长。

这两点反映出大部分程序员的技能水平都只是中低水平，试想有哪个老板会仅仅因为程序员工作年限长就给他更高的工资呢？收入只会跟能力挂钩，不会跟年龄挂钩。因此，**能力无法提高，是广大程序员担忧的主要问题！**

能力无法提高的原因很多，从客观上来讲，主要原因就是**大部分程序员的工作项目没有什么技术含量**，毕竟不是人人都有机会进入 BAT 这样的大公司做高大上的项目。每天重复着类似的工作，与生产流水线上的农民工没有区别，所以广大程序员都自嘲是"码农"，还是有依据的。不信？这个问题衍生出的问题，很容易从各大技术社区的程序员的讨论中看到：

"29 岁的程序员,感觉自己彻底废了,这么多年的技术学得毫无用处。"

"现在的程序员工作有技术含量吗?"

"说实话,中国的软件行业没那么多技术含量。"

……

1.2 大部分时间是在做重复的增删改查工作

我在收集程序员抱怨自己工作没有技术含量的话题时,最常看到的抱怨就是大部分时间是在做重复的增删改查工作。下面是某著名程序员社区讨论的话题:

*"27 岁,不想做只会增删改查的程序员!"

—"入职已经半年了,只会增删改查,很多功能再怎么做都是一样的!"

—"真的,说破天就是增删改查,无他。"

—"如题,要么就是数据库增删改查,要么就是开发些接口? 我个人感觉这几年就在做些这样的事情,然后很多时候出去面试很难回答面试官的'你上一份工作做了些什么?'"

*"现在 IT 编程做网站是不是没前途了? 感觉都是增删改查,可替换性太强了。"

—"本人是从事 1 年多的'程序猿',做 asp.net 的,做动态网站和管理系统的(包括前端和后端),最近很是迷茫,辞了工作,感觉做.net 没'钱途',又不知道要做些什么好? 哪位大神能指点一下,不胜感激!

1. 可复制性太强,而且有很多模板可以抄。

2. 感觉没什么技术含量,有时候别人问我,我也没什么可以炫耀的技术,无非就是增删改查,做个电商系统,别人说几百块就能外包,我也无言以对。确实如此,没有什么实在的技术。"

—"我觉得去了公司,都是复制粘贴,框架也是套用的,根本就不知道原理,就剩下增删改查了,不知道别的编程语言是不是也这样?"

*"程序员 3 年,造了 3 年'轮子',如今只会增删改查,他该咋整?"

—"已经入行 3 年了,3 年也是做了很多的项目,但是项目也没什么技术含量,都是增删改查那种,由于平时项目较紧,也没有时间给自己充电,除了做项目就是做项目,就这样 3 年间日复一日地重复制造轮子。"

貌似问这个问题的人主要是工作 3 年以内的年轻程序员,少有工作 5～10 年的老程序员,但这并不是说那些老程序员就没有这个问题,只不过经历职场时间长了,他们变得圆滑了,再去问这样的问题显得幼稚,否则不能解释为何有相当数量的老程序员的收入还与刚毕业 3 年的程序员有同样收入的现象。这些老程序员会说,相比技术而言,熟悉业务和其他东西更加重要,而不是增删改查这样简单的问题了。当然,我并不是贬低老程序员朋友,我也认为业务比其他东西更重要,虽然你每天面对的可能还是增删改查的工作现实,但这已经不是问题了,而仅仅是工作的一部分。

1.3 工作 996,生病 ICU

2017 年,中国加班最狠公司排行榜,第一名华为,腾讯、阿里排第二、第三,如图 1-3 所示。

图 1-3 年度加班时间前 10 排行榜

这些打鸡血的互联网公司有很多员工是程序员,加班是常态,随即衍生出来"996"工作制。所谓 996 工作制是指,早 9 点上班,晚 9 点下班,每周工作 6 天。渐渐地,由于互联网行业的特殊性,这种工作制成了很多公司心照不宣的潜规则。

那么到底是什么原因导致了程序员们这种疯狂的加班现象呢?这个问题主流媒体前几年就关注报道了,下面来看看他们的报道和分析调查。

2016 年,《人民日报》3 问过度加班,并且指出,**IT 已成为最疯狂的加班行业,没有之一**。在《过度加班,咋就停不下来?》文中报道一名深圳的程序员,"夜夜做项目,敲码到凌晨;左右不是人,都是'程序猿'。"程序员自称"程序猿",有几分自嘲和无奈。之后,《光明日报》呼吁《杜绝过度加班,应正确理解"敬业"》,文章指出,敬业精神的本质是忠于职守,尽最大可能完成好工作,而不是讨好领导。

到底是什么原因导致国家的"喉舌"都要出来说加班的问题呢?下面先看看网友热议《人民日报》"过度加班"报道后的一则调查数据:

39%的网友认为,"加班已成为一种单位(企业)文化,不加班说明你不积极,为保饭碗只能加班";

39%的网友认为,"加班完全是被迫,老板、上司、客户没完没了地布置各种任务";

6%的网友认为,"经常加班主要是因为自己工作效率低,没法按时交差,只能靠加班来补";

4%的网友认为,"加班一方面是因为工作没有做完,另一方面也因为加班费收入很可观";

只有6%的网友说,"很幸福地说,我很少加班,大家不要太羡慕我。"

看来,加班的主要原因是"加班文化"和"任务太多",两项相加占比接近80%,只有少数网友说不加班或者是其他原因的加班。下面一些来自《人民日报》的新闻报道也可以印证这个调查数据。

《58同城"996"引发员工声讨 认为公司在变相裁员》人民网2016.9.3;

《"996工作制"已成互联网公司潜规则 折射行业不景气》人民网2016.9.11;

《为了十一陪爸妈,26岁IT男连续熬夜加班突然口吐鲜血,经历生死劫!》《都市快报》2017.9.26。

在2018年8月,《又一程序员倒下,内心感到悲凉……》的网络文章在程序员社交圈炸锅,一个互联网公司年仅24岁的程序员在长时间加班后从工位站起来随后晕倒,再也没有起来……看来不是传说中的"老年人"程序员经不起加班,现在年轻人也经不起加班了!任何时候身体健康是第一位的,不能为了工作这么拼,你的倒下等于抛弃了世间最爱你的人,你对工作的"敬业"此时是对爱你的人的一种"自私"!**程序员,且行且珍重!**

看来IT业过度加班的新闻或者事件早就不是个案,这已经成为行业的通病,广大程序员梦寐以求地进入BAT工作的机会,看起来也不是只有美好的一面,前提是你得适应这些企业的加班文化和高强度的工作节奏。不过,在很多一般的IT公司,程序员加班也是很常见的现象,就像前面的新闻报道一样。所以,加不加班是摆在广大程序员面前的一道难以逾越的"坎",每个程序员都要面对这个问题。

"工作996,生病ICU。"

"996"工作制,指的是一种越来越流行的非官方工作制(早上9点至晚上9点,每周6天)。在一个实行"996"工作制的公司工作就意味着每周至少要工作60个小时。

写本书时,恰好在2019年3月程序员世界爆发了一次线上抵制"996"运动。有人注册了一个996.icu的域名,打开这个地址:https://996.icu/#/zh_CN,可以看到中国劳动法和相关法律法规的介绍,然后页面上大举控诉部分互联网公司实行"996"

工作制的行为。截至笔者写稿,点赞量已经超过了 20 万次,见图 1-4。

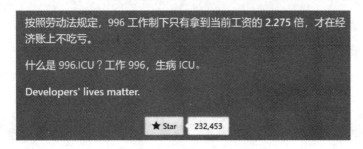

图 1-4　996.icu 网站关注数

这个数字来源于有人在 GitHub 上建立的 996.ICU 项目的点赞数,地址是: https://github.com/996icu/996.ICU,如图 1-5 所示。

图 1-5　996.ICU GitHub 项目

由于参与这个项目互动的人数实在太多,项目作者不得不关闭了 issues,并声明这跟"GitHub 或其他方面无关",可见程序员世界确实是群情激愤,作者也是感同身受。

现在这个项目已经被翻译成超过 10 种的外国语言,分别为德语、英语、西班牙语、法语、希腊语、意大利语、日语、俄语、泰语、越南语等,当然还有汉语的繁体字版。这让全世界都听到了中国程序员的呐喊与彷徨。以至于,连"Python 之父"都看不过去了,在推特上声援中国程序员,如图 1-6 所示。

现在,微软员工和 GitHub 员工也宣布支持 996.ICU 运动,并且呼吁:"对于其他技术从业者和行业内外的支持者,我们恳请您加入我们对 996.ICU 运动的支持。"该活动页面地址是:https://github.com/MSWorkers/support.996.ICU,页面截图如图 1-7 所示。

关于"996 问题",在博客园 caozsay 的一篇文章《关于程序员的 996,我们谈谈历史和逻辑》(文章地址:https://news.cnblogs.com/n/623096/)认为,程序员供过于求,平庸的程序员太多,优秀的程序员很稀缺,这是市场的选择。一石激起千层浪,这篇文章引发了一场大讨论,反对者众多,有些观点值得思考。但笔者认同作者文章中的一句话:"这很不正确,但这是事实,事实经常不正确。"由于喷的人太多,原文作者

图 1-6 "Python 之父"在推特上声援中国程序员

图 1-7 微软员工和 GitHub 员工也宣布支持 996.ICU 运动

不得不再发文《谈谈事实和逻辑》(文章地址:https://mp. weixin. qq. com/s/j0YsxTOxepr1B5KPHfy8SQ)澄清,"从头到尾,其实我根本没有表达我个人的观点和立场。但很多人把事实和逻辑当作是我的立场和观点",强调要分清事实与观点,看懂事实的逻辑,不能"拿逻辑当观点喷,用观点混淆事实"。

很快,博客园"沉默王二"的另一篇文章《996:只要能活着就好,不管活得多么糟糕》(文章地址:https://www. cnblogs. com/qing-gee/p/10642292. html)再度引发"996 问题"的大讨论,文章说,996 问题,实属无耐,生存现状所迫,并不是只有程序员行业有这个问题。但作者反对"只要能活着就好,不管活得多么糟糕",并且说,"我们来到这个世界上,难道是为了比谁过得更惨吗?"为程序员奔走呐喊,文章赢得了很多点赞。

为此,笔者决定将本节内容的标题,从原来的"大部分开发人员都经常加班",修改为"工作996,生病ICU",这样更加符合程序员世界的生存现实。

不过,既然大家改变不了加班这个大环境,那么能做的就是去适应环境,提高工作效率,改善工作质量,"多、快、好、省"地完成自己的工作任务,从而减少加班,腾出时间和精力去寻找另一半,去陪伴家人和孩子,让自己生活得丰富一点,美好一点,幸福一点!

1.4 迷茫的开发人员

面对前面这些抱怨,很多开发人员都迷茫了,每天做的都是没有什么技术含量的增删改查工作,所有做过的项目都没有什么技术含量,资质平平,没有大公司工作背景,不能进入好的公司做有技术含量的好工作,拿满意的薪水,自己前面的路在何方?

针对这个问题,有些朋友给出了合理的解释和中肯的建议,告诉这些困惑的朋友应该做那些更有价值的事情,比如更加关注于项目所涵盖的业务问题,做好需求分析、系统设计,做更有效的测试,使用更好的UI技术做更漂亮和易用的页面;或者专研一些更底层的技术和研究更多的知名框架,进大公司做技术专家,甚至做到架构师。这些建议是正确的,我也一直告诉身边的初学者要这样做,而且我自己也是这样一步一步走过来的,也希望大家都能朝着这样的目标努力。但是,并不是每个人都有这样的机会,否则,根据前面的调查,怎么会有80%的程序员都是中低收入者呢?又怎么会有接近半数的工作年限在5~10年的老程序员仍然年薪只在10万~15万元呢?我在想,这部分程序员朋友经常抱怨"大部分时间在做重复的增删改查"实属无奈之举,因为所需要的技术很简单,只要会增删改查即可;"平时项目较紧,没有时间充电",就这样持续下去,使得转业务方向没有成功,走技术专家方向也没有成功,技术原地踏步,收入上不去;再加上"程序员吃青春饭"这个观念广泛流行,致使广大程序员的焦躁情绪更加普遍。

既然项目一个接着一个,加班加点,根本没有时间提高,只能一直做增删改查,那么能否把增删改查做得更快、更好、更省(更省力、更省资源)呢?把自己从这个枯燥烦琐的事情中解放出来,挤出一部分时间来提高技术水平,发展其他方面的能力吧!这个就是我一直在做的事情,也是我写这本书的目标,教会大家把增删改查做得更深入、更专业,让你知道增删改查也是不简单的,做好它也能有一番天地,并由此对其他事物有更深入的认识,从而帮助你成为行业解决方案专家或者资深技术专家、架构师!

第2章

数据的基础概念和应用

当你有了比较丰富的开发经验之后,想进一步提高开发能力,朝着资深开发工程师或系统架构师方向发展的时候,需要对数据有比较深刻而全面的认识,其中的一个方法就是对什么是"数"、什么是"数据"的问题追根溯源。笔者采用对"数"的概念进行抽象和具象的方法,漫话"数"的起源,并通过对河图、洛书的研究,试图揭示十进制的本源;通过对中国传统文化影响深远的《易经》的研究,发现了八卦具有远超二进制的内涵,甚至八卦与量子理论在数的时空概念上有一定的联系。读完这段"数据漫话历史",相信你对数据与消息、数据与数据库、数据与编程的关系等方面的问题会有更直观的认识,这些就是对数据的表示与存储的具体体现。当你对这些具体的事物再次进行高层次抽象时,就会发现这些都是为了对数进行更好的计算,这样又回到了数的本质。了解了数的本质之后,对于后面的数据开发、数据架构和系统架构就能有更深刻的理解。

2.1 数据漫话史——抽象、表示与存储

2.1.1 "数"的起源

《山海经》《周易》《黄帝内经》并称为"上古三大奇书",书中记述的事情年代久远,内容宏大而又神秘,其中都有"数术"方面的论述和演绎。《黄帝内经·素问·上古天真论》说:

"上古之人,其知道者,法于阴阳,和于术数,食饮有节,起居有常,不妄作劳,故能形与神俱,而尽终其天年,度百岁乃去。"

这段话是《黄帝内经》这部书有关人类养生方法的总则,是中国中医养生文化的起源,而这段话,点睛之笔正是"法于阴阳,和于术数"。术数:术,技术、方法、技巧;数,理数、气数、数字。《广雅》:"数,术也。"在笔者看来,这句话正揭示了数的起源和数的应用与发展。

在旧石器时代晚期,人类实现了由猿人到智人的进化,通过使用工具进行劳动的过程使智力的发展出现了一个飞跃。在长期的生产生活中,原始人类观察到了日起日落,阴晴圆缺,食物的有和无、多和少这些对立的事物状态。"阴阳"是中国上古先民对于天地万物变化的二元状态的一种"抽象",基于这种抽象认知,发展出一套记述

这些状态的方法、技术，而这正是数的概念的起源。因此，由这种对立的二元状态创造了最初的数："一"和"二"。注意，此时仅仅产生了数的概念，但距离真正用符号来抽象表示"数字"概念，已经是新石器时代的事情了。

原始人类创造了数的概念后遇到的第一个挑战就是如何表示这两个数，但此时远没有到用"阴阳"这两个文字来表示两种状态的程度，那个时候文字还没有产生。如果你穿越到旧石器时代晚期，你怎么向你原始族人表示"一"和"二"的概念呢？注意你没有纸和笔，原始人也听不懂你说话，你的任务就是教会他们识别这两个数。此时，你应该用怎样的方式来表示这两个数呢？用两颗石子？用两个人？对不起对面的两个原始人完全听不懂你在说什么。用两只猎物？对不起你的本领已经完全退化了，哪有能力现场给族人打两只猎物来啊！……正当你仰天长叹根本无法完成这个艰巨的任务时，看见了密密的树林，这突然给了你灵感：有了，用两根树枝，两根一样长的树枝摆在地上，这个时候你准备变一个"戏法"，将一和二的概念变化出来，因为你确信，不管是原始人还是现代人，人们对于变"戏法"总是感兴趣的。

第一步，在地上放一根树枝，原始人不明白你这是要干什么，所以你得"煞有其事"地用某种神秘的舞蹈动作和声响，吸引他们的注意力，让他们过来观看。

第二步，在地上接着再放一根树枝，原始人可能不解，你多出来一根树枝要做什么。

第三步，你拉来两个原始人，让他们分别站在两根树枝旁边，每一根树枝指向一个人。原始人仍然不明白你要做什么，但你的肢体语言可能已经让他们明白你要和他们做游戏。你得用某种声响来加强这种认识，比如学他们的原始语言。

第四步，你将地上其中一根树枝从中掰断，示意树枝指向的那个原始人离开游戏"圈子"。

第五步，你将地上另一根树枝从中掰断，示意树枝指向的另一个原始人也离开游戏"圈子"。

第六步，你向众人展示这两根掰断的树枝；紧接着，你重新拿出两根完好的树枝，邀请人群中其他的原始人也来玩你的游戏，重复第一步到第五步的过程，让你的原始族人明白完好的一根树枝可以代表一个人，而一根掰断的树枝表示离开一个人，两根树枝可以代表两个人。注意，开始不要同时邀请三个人一起玩，因为这个时候原始族人还没法理解"三"这个概念。

友情提示

当你和你的原始族人玩这个游戏时，一定要有所奖赏，或者在他们吃饱喝足了以后来玩这个游戏，否则，原始人也没有这么无聊陪你玩，小心打死你啊，我可不负责任的，哈哈！

以上故事纯属虚构，是否有类似情景也因为年代太过久远而无法考证。但是，类似这种对"数"的概念的表述行为越来越普遍了，人们逐渐发现有更多的数需要记录，从一、二逐渐发展到三,发展到十,计数的方法有用手指头,用绳子打结,或者用石头在岩壁上刻画线条,等等。不过相比起来,"结绳计数"(如图2-1所示)这种方式更科学;用手指计数,手指易变,可以用来做计算过程的临时存储,但不适合长久保存;用石头或刻画线条计数,结果不方便携带。所以"结绳计数"方法就广泛流传开来,早在《易经》中,就有"结绳而治"的记载。到了近代,一些没有文字的民族,仍然用"结绳记事"来传播信息。

图 2-1　结绳记数

"结绳计数"是人们对于"数"的概念的理解和表示的运用上一个重要的里程碑,它是早于文字而产生和发展的,每增加一个"结"表示增大一个数,与前面虚构的那个用树枝表示数的概念一样,一根树枝表示一个人,两根树枝表示两个人,之后原始人就能明白,三根树枝能表示三个人。在这里将使用一个重要的概念:序列。一排树枝,一串绳结,甚至一行石子,都是用相同的事物按顺序排列组成一个"序列",然后用序列的元素来表示一个"数"。

"序列"的重要特点就是它的元素有大小,元素排列是有序的,总是按从大到小或者从小到大的顺序排列。比如现在进行数据库查询时,对某一列数据进行排序,排序之后的这列数据就是一个序列。在数学概念上,序列的这个特征可以用一个"递归"函数来表示,即序列里面的一个元素总是比它前面一个元素大某个数或者小某个数。对于一个"自然数"序列,这个定义可以表示成"自然数序列里面的某个元素总是比它前面一个元素要大一个数"。

借助于"序列"在数学上的递归定义,可以教会计算机来表示更大的数。假设有一个自然数序列 SN,第 n 个数就是自然数 N,它总是比它之前一个自然数 m 大 1,那么这个自然数序列可以表示为

SN $= \{1, 2, \cdots, m, n\}$

设函数 SN(n)的作用是计算序列 SN 中的第 n 个自然数 N,得到以下函数表达式:

$N =$ SN(n)

等价于下面的表达式:

$N =$ SN(m)$+1$

这就是表示自然数 N 的递归函数定义。

为了便于计算机处理,需要将序列进行简化,首先简化到只有两个数,也就是前面故事里讲的原始人最开始的认知水平,那么上面的表达式可以推导出:

```
IF SN = [1,2]
```

```
THEN M = 1,N = 2
```

进一步简化,假设这个序列只有 1 个元素:

```
IF SN = [1]
THEN M = 0,N = 1
```

注意:数字 0 是很久以后才出现的概念,原始人还无法理解这个数字的概念,这一步骤是为了用计算机程序计算方便而进行的推导步骤。

进行最后的化简,假设这个序列没有任何元素,那么第 N 个元素就是 0:

```
IF SN = []
THEN M = NULL,N = 0
```

以上这段对于自然数序列 SN 的函数推导过程,可以使用函数式编程语言的鼻祖——Lisp 语言来处理。Lisp 即列表处理语言,全名是 List Processor。Lisp 只使用了很少语法元素就定义了一套强大的语言,它的主要数据结构就是列表,只使用很少的操作符来处理列表,而这些操作符本身就是一个函数。所以,这里的自然数序列 SN 可以使用 Lisp 语言的列表来表示,比如下面的表达式:

(List 1 2 3)

表示序列 SN＝{1,2,3}。

这个列表也可以表示成下面这样:

'(1 2 3)

注意:这里是用序列来表示自然数,因为对于原始人来说,当前根本没有阿拉伯数字 1、2、3,也没有中文数字一、二、三。那么要表示数字"三",只能这样:

'(1 1 1)

或者

'(A A A)

或者

'(☺ ☺ ☺)

比如手指、绳结,甚至到了现代,用随意的一个字母符号的序列也能表示"数",如用 A 表示 1,用 AA 表示 2,用 AAA 表示 3,……这种表示数的方法是最简单最有效的方法,这些符号载体是"数"最原始的载体,如果把一根打满了结的绳子看作一个"内存条",是不是很简单直接地理解了计算机内存的使用原理了?所以,用"序列"来表示数,真是一个伟大的发明!

下面,笔者使用 Lisp 语言程序来表达如何通过一个序列来定义任何一个自然数:

```
(defun my-number (lst)
  (if (null lst)
    0
    (1 + (my-number (rest lst)))))
```

这段 Lisp 程序的意思是定义一个处理序列 lst 的函数 my-number：

如果序列为空

　　那么 返回结果 0

　　否则 1＋（之前一个数）

注意：在前面设计的教原始人理解"数"的游戏中，要告诉他们得到"之前一个数"的办法很简单，直接从地上的那一排树枝的头或者尾拿掉一根树枝就好了。Lisp 的函数 rest 的功能就是去除列表的第一个元素返回剩余元素构成的表，这样，这个新的列表所表示的数就是"之前一个数"了：

```
(my-number (rest lst))
```

下面运行 my-number 函数来计算任意序列所表示的数字：

```
(my-number '(1 1))
输出:2
(my-number '(1 1 1))
输出:3
(my-number '(A A ))
输出:2
(my-number '(A A A))
输出:3
```

程序的运行效果如图 2-2 所示。

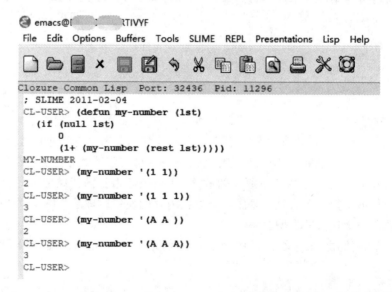

注：以上程序使用 Common Lisp 编写，在 LispBox 中调试通过。

图 2-2　Lisp 程序——数的序列定义

读到这里,读者可能发现,这不就是求一个列表的长度吗？没错,列表的长度就是这个序列所表示的自然数大小。这个长度可以很长,理论上,这样的列表无限长,可以表示无限大的数。

假设这个列表中的每一个元素所在的位置都表示它所对应的数,那么这个列表就是存储这些"数"的容器,它所在的位置可以通过一个指针迅速定位,并通过移动指针的位置来标记写入或者读取一个数。

指针向前移动到一个位置,在这个位置写下一个标记,表示当前位置的元素有效;在这个位置擦除之前的标记,当前位置无效,指针回退上一个元素的位置。这个过程如图 2-3 所示。如果将

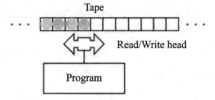

图 2-3 图灵机原理示意图

这个列表看作是对一个无限长的纸带所打的孔,那么纸带就相当于是"数"的存储器,操作纸带的机器就是一个最简单的"计算机",上面定义处理"序列"的函数 my-number 就是这样的计算机。实际上这个机器就是一部"图灵机"。

可能思路跳跃得有点快,这里简单总结一下,由事物二元对立的状态古人发现了最早的自然数"一"和"二",然后发展到了通过一种事物的"序列"来表示更多的自然数,古人发明了"结绳计数"的方法。通过对"序列"的"递归定义"分析,发现了表示一个自然数内在的数学原理,由这个原理的"程序化"定义,发现能够处理"序列"的机器就是一部"图灵机"。有了图灵机,就能进一步处理复杂的计算问题,最终根据图灵机的原理建造了电子计算机,直到现在的超级计算机都没有脱离这个计算的本质。

可见,"数"的本质就是计算。数的表示、处理就是计算的方法。《广雅》:"数,术也。"中国古代先贤们的智慧实在是无比深厚啊！

如果说"数"就是计算,那么数的存储表示就是"数据",对"数"的处理就是计算的方法,这个处理过程的表示就是常说的"程序"。可见"数据"与"程序"是等价的:数据是程序,程序是数据。一种程序语言能够体现出这个特点,Lisp 真是神奇的语言！

2.1.2 原始的数字

前面用较大的篇幅来研究"数"的起源和数的内在数学逻辑,但是"数"和"数字"虽然仅仅一字之差,但它们可能差了 10 万年以上。"数字"的产生是"数"从具体的事物表象到抽象的概念形成的过程,它是"数"的符号化体现。具体事物的抽象化、符号化的形成过程是文字的形成过程,因此,数字的产生过程是与文字的产生过程一起进行的。这一过程的出现,标志着人类从原始社会进入了早期文明社会。

让"我们"再次穿越到 1 万年前的上古人类社会。这个时候冰河时期刚刚结束,全球气温开始变得暖和,动植物的繁衍变得活跃起来,人类终于有机会获得充足的食物,之前用于计数的草绳不够用了且不那么禁用了。为了表示一个较大的数,你需要做很长的绳子;如果要表示多个数,你得用几根不同的绳子,而绳子又容易丢失、断

裂,继续用它来计数实在不好用。因为绳子丢了断了会导致部落内部分配食物发生了纷争。现在你穿越到了这个部落,你左手拿着一个有点大的动物肋骨,右手拿着一块锋利的石刀,用石刀在骨头上刻画几道横线,你告诉部落的族人,一道横线表示一份食物。有了这种新的工具,部落成员们协作一致进行劳作,部落很快发展壮大起来,而记录数量的骨头也是越来越多,保管这些计数骨头的族人常常搞错了拿哪一根骨头。因此,你必须发明一套新的刻画方式来记录食物的数量。

之前你是通过刻画一个长长的序列印记来表示一个较大的数,这次你决定不使用序列的方式,而是把骨头划分成很多预备使用的小方块,每一个小方块都表示一个数,在一个小方块内,仍然保留最简单的原则,用最少的线条表示合适的数,如图 2-4 所示。

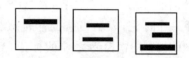

图 2-4 兽骨上的原始文字示意图

相信以此时人类的智力水平,他们能够看懂这三组符号意思,这里表示了 3 个数,分别是"一""二""三"。过了一段时间,你再如法炮制,以最少的笔画来刻画更多的数,为了方便人们记住你发明的这些计数符号,你决定只刻画 10 个数,一个人的每个手指头方便来记一个数,10 根手指头记录 10 个数,他们分别是"一、二、三、四、五、六、七、八、九、十"。你用非常形象的符号刻画出了这 10 个数,然后你将这些符号叫做"数字"。在这里,你将"数"由具体形象的事物表示成抽象的符号,再结合其他抽象的符号,将这些符号固定下来传播开去,这些符号叫做"文字",从此部落进入了文明的新纪元。后来又经过几千年的传播使用,这套古老的文字系统在华夏大地广为流传。

史书记载,距今 5 000 多年前,黄帝命仓颉造字。仓颉将之前先辈使用的原始文字,包括数字符号,进行系统的加工处理和再发明再创造,终于创造出了一套完整的文字。

现在考古学家先后发现了公元前 3400 年左右的古埃及象形数字,公元前 2400 年左右的巴比伦楔形数字,公元前 1600 年左右的中国甲骨文数字,公元前 500 年左右的希腊阿提卡数字,公元前 300 年左右的印度婆罗门数字以及年代不详的玛雅数字等。这些数字都属于比较古老的数字了。

之后,数的发展又经过了远古时期、罗马数字、筹算、0 的引进和阿拉伯数字这几个阶段。到现代,随着计算机的大量使用,使一些古老的数字的使用又迎来了春天。

2.1.3 河图与十进制

在上古时期,华夏大地的人们就已经学会了"结绳计数",在一根绳子上,绳结的多少代表"数"的大小,这些数已经超过 10 了,这样的数可以通过绳结的多少来表示,但是应该怎么说出来呢?为什么只需要发明 10 个基本的数而不是更多?有人说人类双手只有 10 个手指,所以只需要 10 个基本数;那么为什么不加上脚趾使用 20 个基本数？或者用上肢的大关节一共 6 个基本数？如果统治地球的不是人类而是动物，是不是要用动物的脚趾数来做基本数？因此，虽然人们也习惯用"掰手指"来计数，但据此说只需要 10 个基本数的理由是不充分的，使用 10 个数为基本数一定有更深厚的数学原理。

相传，在距今约 1 万年前的上古伏羲氏时，洛阳东北孟津县境内的黄河中浮出龙马，背负"河图"，献给伏羲。伏羲依此而演成八卦，后为《周易》来源。"龙马"河图如图 2-5 所示。

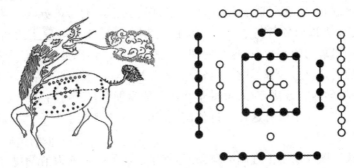

图 2-5 "龙马"河图

河图上有很多相邻的点连成的线，这些点线就像绳结一样，所以很容易看明白这张河图上画了哪些数。下面用一个矩阵表格来表示这些数，如图 2-6 所示。

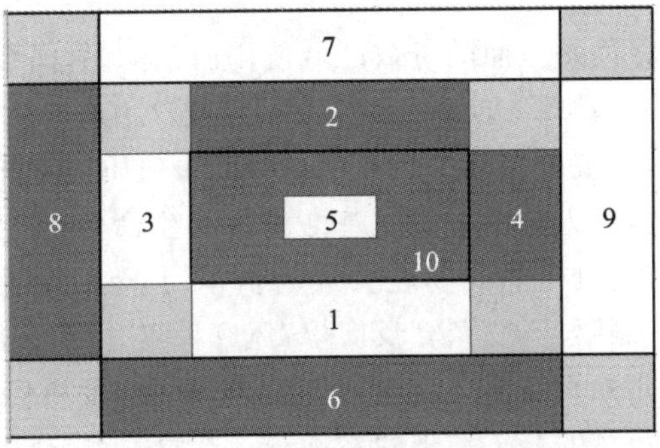

		7		
		2		
8	3	5 10	4	9
		1		
		6		

图 2-6 河图的"阴阳数"矩阵图

这个图一共分为内、中、外 3 个环，最内层的处于各环中央的数 5，下文称其为"核心数"，然后是将 5 包围起来的 10，下文称其为"内环数"。从核心数 5 沿着中环到外环方向，核心数 5 加上中环的数总是等于外环的数，例如：

$5+1=6,5+2=7,5+3=8,5+4=9$

然后，核心数 5 加上外环数，总是等于内环数 10 加上中环数，例如：

$5+6=10+1,5+7=10+2,5+8=10+3,5+9=10+4$

最后，用外环数减去核心数 5，能得到中环数，例如：

$6-5=1,7-5=2,8-5=3,9-5=4$

在这三组等式中，发现了特殊的 2 个数：5 和 10，三组等式中每个等式都有核心数 5；而这些基本数相加后的结果总是等于 10 加一个比 5 小的数，说明数"10"能让其他基本数进入下一个循环，也就是"进数"了，这个进数的方法就是"进制"，以 10 为进数的方法就是十进制。看来，**河图就是揭示十进制的秘密图腾**，说明我们的祖先在 1 万年前就已经学会了使用十进制。

使用十进制是一个了不起的发明，有了 10 才能发明 10 的倍数的概念，像三字经说的："十而百，百而千，千而万"，然后顺理成章有了十万、百万、千万的概念。《卜辞》中记载说，商代的人们已经学会用一、二、三、四、五、六、七、八、九、十、百、千、万这 13 个单字，记十万以内的任何数字。文字的记载总是要比实际发生的历史晚很多，特别是在文字出现的萌芽阶段，这个时期会很长。因此，河图的出现是十进制记数法在华夏使用的明证，也是当时社会经济繁荣，华夏进入文明时代的佐证。十进制是古代最先进、最科学的记数法，对后世科学和文化的发展有着不可估量的作用。正如李约瑟博士所说的："如果没有这种十进位制，就不可能出现我们现在这个统一化的世界了。"

前面说从河图发现了十进制的奥秘，尽管这已经是非常伟大的发现，但河图隐藏的奥秘远不止这个。有学者说，河图之数为"天地之数，万物生存之数，五行之数，大衍之数，天干交合之数，六甲纳音之数"；河图之理包含"左旋之理，象形之理，五行之理，阴阳之理，先天之理"。由于篇幅原因和本书写作主题，在此不做详述，仅用河图"左旋之理"来简单说一下。

如图 2-6 所示，将河图里面的奇数区域使用白色标记，偶数区域使用黑色标记，可以发现，从外侧至核心数 5 方向观察这是一个左旋（逆时针方向）的图形。银河系等各星系俯视皆右旋，仰视皆左旋。构成生命体的蛋白质氨基酸分子都是左旋型的，而没有右旋氨基酸。因为人是由左旋氨基酸组成的生命体，它不能很好地代谢右旋分子，所以食用含有右旋分子的药物就会成为负担，甚至对生命体造成损害。20 世纪 60 年代一种治疗妊娠呕吐的药物"反应停"风靡世界，但后来跟踪发现这种药物导致全世界有好几万婴儿先天畸形。科学家们发现，导致"反应停"出现毒性的原因与这种药物产品中半数药物的分子呈现的右旋结构有关。用于驱除肠道寄生虫的广谱驱虫药盐酸左旋咪唑，驱蛔虫效果可达 90%～100%，但同样分子式中呈现右旋结构的化合物无任何驱虫效果。现在的医药公司都会想法分离出产品中的左旋分子来使用，或者把另一半右旋分子转化成左旋分子，发明这种方法的科学家获得了 2001 年度的诺贝尔化学奖。毫无疑问，这个成果具有重要意义。故顺天而行是左旋，逆天而行是右旋。所以顺生逆死，左旋主生也！

可见，河图之象、之数、之理至简至易，又深邃无穷。既然河图这么重要，那么它仅是神话传说还是确有其事？《尚书·顾命篇》记载：周康王即位，从周成王那里继承了八件国宝："越玉五重陈宝：赤刀、大训、弘璧、琬琰在西序；大玉、夷玉、天球、河图在东序。"这里首次提到"河图"。《尚书·中候》说："元龟负书出"，则与"洛书"有关。

《系辞传(上)》说:"河出图,洛出书,圣人则之。"孔子把河图、洛书并列一起。在古代的文献中,上自伏羲、黄帝、尧、舜、禹,下至商汤、周公、成王都与河图、洛书有联系。1977年春,安徽阜阳,于西汉汝阴侯墓中,出土一件"太乙九宫占盘",证明洛书图并非后人杜撰。1987年河南濮阳西水坡出土的形意墓,距今约6 500多年。墓中用贝壳摆绘的青龙、白虎图像栩栩如生,与近代几无差别。河图四象、28宿俱全。据专家考证,形意墓中之星象图可上合25 000年前。北宋著名理学家、数学家邵雍认为"河图、洛书乃上古星图",其言不虚。这些古文献记载和现代考古证据,充分证明"河图洛书"确有其物,至于是否有神兽"龙马",姑且认为这是古人为了说明河图来历而杜撰的神话故事吧。

2.1.4 八卦与二进制

相传伏羲得到河图后,刻苦钻研,深有所悟。于是,他上观天文,下察地理,探天地运行的法则,观鸟兽活动的变化,以自身和自然界万物的形体做象征,创立出"八卦",即乾、坤、震、巽、坎、离、艮、兑。伏羲用八卦来与神明之德相通,概括出世间万事万物的规律、性状。这就是伏羲八卦,也就是先天八卦图,如图2-7所示。

然而,后世书籍并没有详细记载伏羲从河图推演得到八卦的具体过程,近代专家学者也少有研究成果。下面试着根据"河图之数"的奥秘来推演一下。

前面说过上古之人通过事物的二元对立状态发现了最初的两个自然数"一"和"二",这种对立状态可以用"阴阳"来表示,万物皆阴阳。通常用白色的图案表示阳,用黑色的图案表示阴。在河图数中,以1、3、5、7、9这些奇数表示"阳数",2、4、6、8、10这些偶数表示"阴数",这样河图就是一个阴阳数的布局。以中央数5和10为起点,上下左右4个方向上都有3个数各组成一组,一共4组阴阳数。为标记方便,这里用数字1代表阳数,用数字0代表阴数。图2-8所示为分析得到的阴阳数示意图。

图2-7 伏羲八卦——先天八卦图

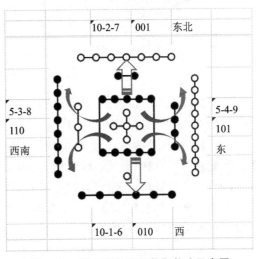

图2-8 "河图"的阴阳数取数法示意图

为什么要从"中央数"开始向四周来取阴阳数呢？如图 2-8 所示，中央数"10"的点阵排列方式，正好形成一个左右开口的"管状"图形，就像有气流从管子里面向外喷射一样，预示应该这样来取数，那么应该使用中央数 5 还是 10 呢？5 被 10 包围着，既然是管子里面的气流，那么左右方向自然取 5 来使用。由于管子的开口是左右方向，自然上下方向就应该用 10 来组阴阳数了。先使用这种"假设"的方法来做，后面会证明这种做法的合理性。这样，得到的 4 组阴阳数分别是：

左边：(5-3-8)⇒1-1-0；

右边：(5-4-9)⇒1-0-1；

上面：(10-2-7)⇒0-0-1；

下面：(10-1-6)⇒0-1-0。

在伏羲时代，还没有阿拉伯数字，伏羲就采用长横线表示"阳"，用两截短横线表示"阴"。前者的图形叫做"阳爻"，后者叫做"阴爻"，如图 2-9 所示。

这样，根据河图数蕴含的阴阳数，就可以表示成下面 4 个图形符号：

图 2-9 八卦的阴爻、阳爻符号

左边：1-1-0，

右边：1-0-1，

上面：0-0-1，

下面：0-1-0。

伏羲发现，使用 3 个阳爻或者阴爻除了上面这 4 个图形符号，一共可以推演出 8 个不同的图形符号，每一个图形符号为一个卦象，并为每个卦象取了一个名字，分别是"乾、兑、离、震、坤、艮、坎、巽"，8 个卦象符号围成一圈，就成了八卦图。图 2-10 所示为卦象与名字的对照图。

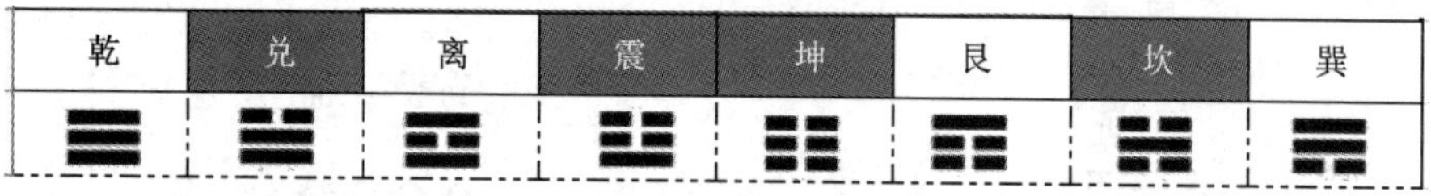

乾	兑	离	震	坤	艮	坎	巽
☰	☱	☲	☳	☷	☶	☵	☴

图 2-10 卦象名字对照图

八个卦象在 8 个位置进行不重复的排列，一共可以排列 8×7×6×5×4×3×2×1=40 320 种不同顺序的"八卦图"来，比如上面这个顺序就是其中一种排列方式，这也是伏羲八卦的排列顺序，将其首尾相连接就是八卦图。由于这种八卦排列顺序是伏羲首创，所以叫做"伏羲八卦"，也叫做"先天八卦"，与之对应还有后来周文王的"后天八卦"和后代学者使用的"中天八卦"。后面会简单介绍后天八卦的区别。

先天八卦的卦象顺序是怎样排列呢？背后有何玄机？古代典籍虽然对于从太极推演八卦的过程做了叙述，但并没有对这个卦象顺序做详细介绍，现在从太极阴阳的变化关系来对先天八卦的卦象顺序重新做一次推演。

《易传·系辞上传》："是故，易有太极，是生两仪，两仪生四象，四象生八卦，八卦定吉凶,吉凶生大业。"

北宋邵雍《观物外篇》:"太极既分,两仪立矣。阳下交于阴,阴上交于阳,四象生矣。阳交于阴,阴交于阳,而生天之四象;刚交于柔,柔交于刚,而生地之四象。于是八卦成矣。八卦相错,然后万物生焉。"

对太极推演八卦的过程,邵雍在这里说得很清楚了,我们据此画出下面的推演过程图,如图2-11所示。

太极								太极
阳				阴				两仪
太阳		少阴		太阴		少阳		四象
乾	兑	离	震	坤	艮	坎	巽	八卦
☰	☱	☲	☳	☷	☶	☵	☴	卦象
一	二	三	四	八	七	六	五	八卦数
南	东南	东	东北	北	西北	西	西南	先天八卦方位
西北	西	南	东	西南	东北	北	东南	后天八卦方位
天	泽	火	雷	地	山	水	风	归属物
6	7	9	3	2	8	1	4	九宫数(后天八卦数)
111	011	101	001	000	100	010	110	二进制
7	3	5	1	0	4	2	6	十进制

图2-11 太极推演八卦过程示意图

下面用比较通俗的方式来讲太极阴阳的演化过程。首先从太极诞生了二元对立的状态(仪:仪态,形态,状态),古人称之为"阴"和"阳"。比如太极可能就是宇宙诞生之初的"奇点",宇宙大爆炸后分成了两部分:可以感知的宇宙世界(光明世界)和无法感知宇宙世界(黑暗世界)。物质属阴,能量属阳,这样可感知的宇宙世界又区分成普通能量(太阳)和普通物质(少阴);而不可感知的宇宙世界又分成暗能量(少阳)和不可探知的暗物质(太阴)。"阴中之阳"总是阴强阳弱,所以称少阳;"阳中之阴"总是阳强阴弱,所以称少阴。当然,这个"太极宇宙"演化并不是按照组成宇宙成分的数量比例来划分的,而是仅按照宇宙成分属性类别归类,也可以按照宇宙事物对立状态的阴阳属性这种二分法则来归类。(注:根据"普朗克卫星"得出的宇宙成分及其所占比例为:普通物质和能量占4.9%,暗物质占26.8%,暗能量占68.3%。)

上面这种"太极宇宙"演化显然不可能存在于伏羲时代,处于石器时代的人类尚未进入文明社会,生存是第一问题,因此任何人都是务实的,无闲臆想揣测,伏羲也是一样。所以最可靠的推演过程正如古书所说,伏羲是通过观察天地万物的规律推演出八卦的。

天地从何而来?上古人们遥望星空,认为自己所处天地来自"太极",极——极限,太极——非常非常遥远的地方。上为天,为阳,下为地,为阴,天地为万物之源。观天察地,万物生长之处就是"四方":前后左右,东南西北。这样,天地合四方,就是

"六合",人类就生活在"六合"世界之中,也就是三维空间。伏羲作为华夏始祖,他要统领部族就得勘察"六合"之地有多远。勘察领地是自然界动物生存的本能,人也不例外,比如现在国家也有疆域,除了陆地的,还有海洋和天空的。为了便于勘察,必须对"六合"之地划定坐标,这是一个三维坐标,将"六合"之地简化为一个正方体,正方体六个面相交正好有 8 个顶点,如图 2-12 所示。

在平面内要观察测量任意一个点,必须有一个源点。要观测正方体就必须使用三维坐标系,如图 2-12 所示的正方体,应该选择哪个顶点作为坐标原点呢?笔者认为,伏羲"观天察地"的时候,是选择图中的第 5 个顶点为源点的,因为人是站在地上,抬头望天,面朝前方,另外古人认为左为阳,右为阴,所以长度的方向应该向左方,即顶点 5 →4 的方向,这样源点只能是第 5 个顶点了。

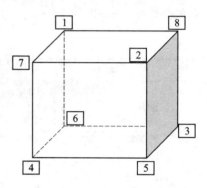

图 2-12　正方体的 8 个顶点

由于正方体每个边长都是一样的,所以垂直于源点的线段如 5—4、5—3 等长度都是 1,而对角的线段 5—6、5—7、5—1 和 5—8 都不是 1,古人怎么计算这个距离呢?"天圆地方"是古人对天地的概念,假设对角线顶点所在位置落在一个球面上即可,而源点处于球体中心,这样球面上每个点与源点的距离都是 1。请注意古人不可能会计算得这么精确,所以对于正方体每个顶点坐标的标记,可以简单地用一个原则处理:在长、宽、高的方向上,有这个点就标记为"阳",使用数字 1 表示;没有这个点标记为"阴",使用数字 0 表示。

根据这个测量方法,大家可以实际动手做一个正方体,在每个顶点标记坐标,格式为(长 宽 高),例如源点应该是(0 0 0)。图 2-13~图 2-17 所示为制作过程图。

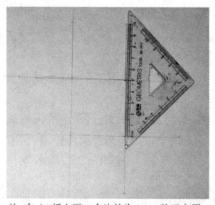

注:在 A4 纸上画一个边长为 5 cm 的正方形,
　　四个边再画 5 cm 延长线。

图 2-13　在 A4 纸上画一个正方形及各边延长线

图 2-14　沿着标记位置剪裁掉多余的部分

图 2 - 15　折叠成一个正方体

注：X 方向为长，Y 方向为宽，Z 方向为高，确定大致顶点坐标。
图 2 - 16　确定顶点坐标

　　经过这种"立体八卦"的推演过程，笔者发现正方体上面的 4 个卦象（乾卦、兑卦、震卦、离卦）和下面的 4 个卦象（巽卦、坎卦、艮卦、坤卦），刚好符合从前到后、从左向右的顺序。然后，按照"天地定位"的原则，先天后地，为 8 个卦象"定数"：乾一、兑二、震三、离四、巽五、坎六、艮七、坤八。然而，卦象的排列顺序并不是卦数的顺序，《周易·说卦传》说："天地定位，山泽通气，雷风相薄，水火不相射。八卦相错，数往者顺，知来者逆，是故易逆数也。"所以调整成如图 2 - 18 所示的样子。

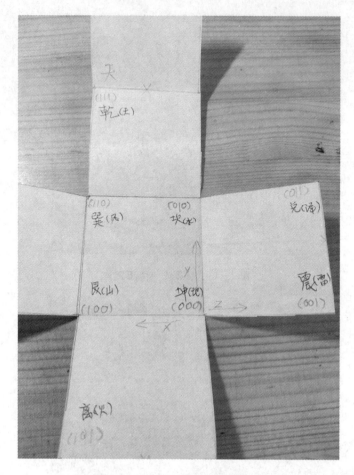

注：根据各顶点坐标的阴阳标志，确定顶点的卦象名字。

图 2 - 17　确定卦象名字

太极							
阳				阴			
太阳		少阴		太阴		少阳	
乾	兑	离	震	坤	艮	坎	巽
☰	☱	☲	☳	☷	☶	☵	☴
一	二	三	四	八	七	六	五
南	东南	东	东北	北	西北	西	西南

图 2 - 18　八卦数的"顺逆"方向，左为顺数，右为逆数

这样定数"八卦相错"，让数有顺逆，像有交错，形成配对。如图 2-18 中卦数"一和八"对，"二和七"对，"三和六"对，"四和五"对，每一对中都含有顺逆、奇偶、阴阳，即阴中含阳,阳中含阴,阴阳错综交变,这就是先天八卦方位图中的矛盾对立统一的辩证思想,是八卦本着阴阳消长,顺逆交错,相反相成的宇宙生成自然之理,来预测推断世间一切事物,数不离理,理不离数。

不过,笔者认为伏羲不是为了这样单纯的"错位配对",而同样是因为"立体八卦"的结构联系,其钥匙就在"河图"上。之前说伏羲是从河图推演得到八卦的,那么要验证结果是否正确,就需要"回归测试",将河图按照图 2 - 19 的样子取"阴阳数"得到卦象。

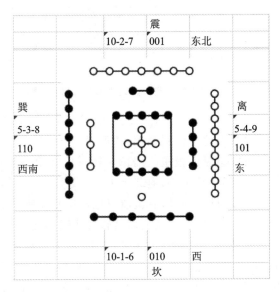

图 2 - 19 河图的卦象

图 2 - 19 中,在河图的上方是震卦,右边是离卦,下方是坎卦,左边是巽卦。结合立体八卦图,震卦和离卦在"天之四象"上,且两点正好在一条连线上;坎卦和巽卦在"地之四象"上,两点也正好在一条直线上。"天之四象"和"地之四象"分别是天地两面(平面),天地要连为一体,需要一个连接点。而这 4 个卦象的形成,刚好都与核心数 5 和内环数 10 有关,在古人眼中,5 和 10 代表天地之数。在"立体八卦"中,这个连接点恰好是"坤卦",正好对应河图的数字 5,所以八卦图卦象排列不是以坤卦结尾而是以巽卦结尾,首尾相连成八卦图,将图 2 - 12 的正方体的 8 个顶点用八卦名字标记,如图 2 - 20 所示。

如图 2 - 20 中,以(乾)天(坤)地为基本定位点,实现"天之四象"和"地之四象"相连接,然后(艮)山(兑)泽相连接,(震)雷(巽)风相连接,组成一个倾斜视角的立体空间。这正如《周易·说卦传》所说:"天地定位,山泽通气,雷风相薄,水火不相射。"这样,将河图的数进行化简,分析阴阳之数的关系,推演出八卦之象,这是"正向推理";然后,再从八卦之象,回归验证河图之数,这是"逆向推理"。一种理论能够正反向推导出另一种理论,说明这两种理论是等价的,也就是说"河图之像"等价于"八卦之

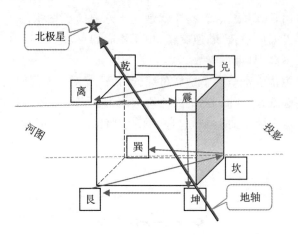

图 2－20 "天之四象"与"地之四象"连接示意图

象",八卦模型是三维立体结构,河图就像"立体八卦"在平面上的投影。

注意,"天地定位"表现的这个倾斜视角,从观察源点(坤)向天上观察这是一个仰角,而天上的这一点很可能就是北极星。地球自转时地轴始终倾斜指着北极星的方向,所以在地球上看去,虽然斗转星移,但北极星始终是固定一点,所以古人常以北极星来做坐标标记,绘制星图,勘察地理,后世航海也常用北极星来做位置导航。另外,因为地球公转时的倾斜状态导致地球绕太阳公转形成四季交替。这说明先天八卦图绝不是随意想象的,而是确确实实的天文观测结果,是天地日月运行过程的立体模型,这个模型蕴含了 10 个自然之数和阴阳之数(卦象)的关系,用程序员通俗的话来说,就是八卦模型揭示了十进制与二进制的关系,现在的计算机,也是使用二进制来进行数字计算的。

立体结构总是不如平面结构容易理解,现在人们研究"立体几何"时运用的方法就是将立体结构图投影成平面图来研究,发展出立体解析几何。八卦模型是一种立体空间结构,它进行的是"时空计算",必须用更简单的方法来说明和使用这个模型。于是,将立体八卦的 8 个顶点对应的卦象按照前面分析的方法顺序进行排列,首尾相连形成一个环形平面图,即八卦图。所以"八卦模型"与"八卦图"不是同一个东西,八卦图是八卦模型的一种平面表现方法。伏羲发明了八卦图,才可能在文字还没有发明的时代,向人们解释大自然的运行规律。如果一个模型不能很容易地向大众解释一些现象,那么这个模型不能说不正确,但它至少是失败的模型。八卦图的神奇作用就在于此,八卦模型来自天文观测,八卦图非常清晰且非常简单地向人们解释了地球四季气候变化的规律。

在上面的推演过程图中,笔者发现在第四卦"震卦"之后是"坤卦"而不是"巽卦"。笔者认为,这是因为从第一卦"乾卦"开始,阳气开始减少,到了"坤卦"已经是两个阴爻在上仅剩一阳爻在下,说明"寒从天降",马上就要进入极寒之气,也就是有三阴爻的"坤卦";然后,自"坤卦"之后,"阳气"开始回归,寒气(阴)开始减少,然后到"坎卦",

"少阳之气"开始回归,一阳将二阴分割,但此时阴气还是占据主导,此时对应节气就是"春分"时节,"春雨贵如油",大地润泽,空气湿润,所以此卦归属物为水;之后,阳气将占优势,进入"巽卦",暖湿气流来袭,此时季节多风多雨,所以此卦归属物为风。因此,从卦象本身的阴阳之气的变化过程就可以决定卦象的顺序,同时卦象的归属物说明的四季气候变化特征也可以对此做印证。所以说,先天八卦说的是天象,喻指人类文明形成前的自然状态,以天为先,第一卦"乾卦"归属物为天。

上面说到通过"立体八卦"可以推演出卦象和卦象的顺序,但可以肯定,当年伏羲是在推演出八卦之后才为每一个卦象命名的,但是取一个好记而又有意义的名字是最困难的。这些名字具体是怎么来的也许是一个非常复杂的课题,下面笔者来"演绎"一下当时的情形。

有一天,伏羲站在观测源点,面朝前方,眼观上下左右,乾为天,"乾"通"前",前面的天;坤为地,"坤"通"困",指固定在一个地方,测量地理必须有一个固定点;"兑"通"对",对面,兑卦归属物为"泽",雨泽,对面天上在下雨;坎卦的归属物为"水",坎,土坎,小山坡,对面天上下雨了,山坡上起了洪水;震卦归属物为"雷",头顶打着炸雷;艮卦的归属物是"山",伏羲观测点左手边有大山;离卦归属物为"火",山顶(打炸雷)树木起火了,必须尽快离开;巽卦归属物为"风",对面山口的风刮来了,打雷引起山火,刮起大风,远处的大雨马上就要来了,得赶紧离开。另外,"风"也可能谕指伏羲的姓氏,前面的"风"表示家的方向。(据考证,伏羲正式的姓氏名字是:姓风,名方牙,字忽彰,从父为有熊氏,从母则为华胥氏)意思是在这么恶劣的观测环境中,必须赶快回家。

伏羲作为伟大的部族统领,观察天地,勘测山川无数,偶然有一天在观测的时候遇到暴雨洪水,炸雷山火这样危险的环境,记忆深刻,之后推演出八卦,便以此场景事物来给卦象命名了。在这样一个命名方法中,乾卦、兑卦、离卦、震卦都是记录的天象之卦,是"天之四象";坤卦、艮卦、坎卦、巽卦都是记录地表情况之卦,是"地之四象",非常符合"立体八卦"的空间结构。

这样,伏羲通过先天八卦解释了日月四季的运行规律,还能解释他过去发生的事情,而这些规律或者事物,竟然都来自"数"的计算,说明我们的宇宙,我们生活的大自然"一切皆有定数","法于阴阳,和于术数",总结经验,运用规律,就能趋利避害,预知吉凶,统领部族,繁衍兴盛。最终,伏羲成为整个华夏部族的领袖,人文始祖,位居"三皇之首""百王之先"。

八卦图的核心在于8个卦象,每个卦象可以演绎出很多"形象"的事物,例如归属物、方位、吉凶等,这些事物的归属秘诀就是卦象所反映的"阴阳变化"关系,对卦象进行系统的解说,就是卦辞。随着人们从狩猎社会进入农耕文明社会,古人的生活环境发生了巨大变化,后世参照八卦卦象的原理,将卦象重新排列组合运用,将这些经验以文字记录下来,形成《连山》《归藏》《周易》,合称"三易",都是用"卦"的形式来说明宇宙间万事万物循环变化的道理的书籍。前两部后来失传,现在流传使用的都是《周易》。2011年在江西南昌发现了西汉海昏侯墓,考古挖掘出很多经典古籍,失传古籍《连山》《归藏》或重见天日。

《周易》使用的"后天八卦",也是由先天八卦演绎而来。相传,大禹时,洛阳西洛宁县洛河中浮出神龟,背驮"洛书",献给大禹。大禹依此治水成功,遂划天下为九州。又依此定九章大法,治理社会,流传下来收入《尚书》中,名《洪范》。《史记周本纪》说:"西伯(即文王)盖即位五十年。其囚羑里,盖益易之八卦为六十四卦。"现代学者研究认为,到了周朝时,自然环境发生了变化,天地运气与先天八卦方位不一致,故文王改先天八卦为后天八卦。图2-21所示为后天八卦图,就是现在大家常说的八卦图。

图 2-21 后天八卦图

后天八卦规定的卦象数是:坎一、坤二、震三、巽四、五为中宫、乾六、兑七、艮八、离九。这个顺序并不是八卦绕着太极排列的顺序,那么这个卦数顺序的来源是什么呢? 这就要看前面说的大禹所获的"洛书"了。

如图2-22所示,将洛书图的点阵表示为数字,就是一个九宫格数字,如图2-23所示。

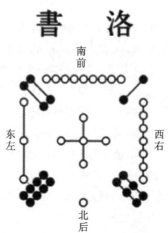

图 2-22 洛书图

将这个"九宫格"数字按照洛书上标记的对应方位,与后天八卦的卦象方位一一对应即可。比如西南方向的数字是2,那么八卦上西南方向的坤卦数就是2,以此类推。卦象和数字结合,然后再对数字的奇偶分阴阳,阳数象征天道,阴数象征地道,这样分类后阴阳之气的消长就很好理解了。因此奇数"一"在北方,表示"一阳初生",

"三"在东方,表示"三阳开泰";"九"在南方,表示"九阳极盛";"七"在西方,表示"夕阳渐衰"。阴气由西南角上发生,以偶数"二"表示,然后逆时针向东南方旋转;东南角上的偶数"四",表示阴气至此逐渐增长;到了东北角上,阴气达到极盛,以偶数"八"表示;而地数"六"在西北角上,表示至此阴气逐渐消失。这样,阴阳之气的消长完美地与地理方位对应,准确地表达了华夏大地四季气候变化的现象,

洛书九宫数

4	9	2
3	5	7
8	1	6

图 2-23 洛书九宫数

制定历法节气,指导生活生产,运用极广。现在讲的八卦,基本上都是后天八卦。不过有时候需要与先天八卦结合起来使用,先天为体,后天为用;先天主静,后天主动;先天制约后天。通俗地讲"先天"是"根本","后天"是"应用",例如地球绕太阳公转呈现四季变化这是根本,根据四季变化制定历法指导农业生产这是应用;计算机根据二进制进行计算这是根本,计算机运行应用程序这是应用。有关先天后天合用的方法,《易经》做了详细的规定和解释,这已经超出了本书的主题,感兴趣的朋友可以去研究。图 2-24 所示为先天八卦与后天八卦合在一起的图形。

图 2-24 先后天八卦通气图

图 2-24 所示的先天八卦(外)与后天八卦(内)叠加实现相互通气,比如运用到风水中某个方位不通气(例如通风不畅或者透光缺陷),然后参照先天八卦之数进行调整,从而发展出一套庞大的风水学理论,在古今各类建筑中得到广泛运用,形成了中国独特的建筑园林风格,处处呈现天人合一的景观。

在中国有唯一一座没有红绿灯的城,被称为"八卦城",采用八卦图形状设计,全城从不堵车,它就是位于新疆的特克斯县,如图 2-25 所示。相传这座八卦城是由全

真教七子之一的丘处机设计的,8 条主干道分别对应"乾坎艮震巽离坤兑",64 条街路路相通,处处充满玄机。

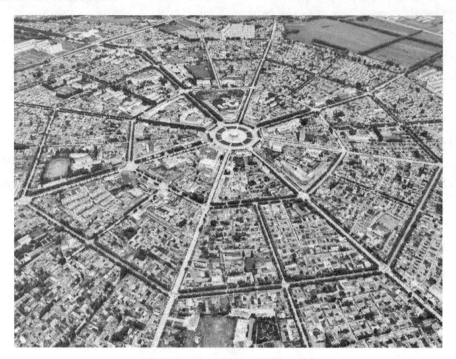

图 2-25 "八卦城"特克斯

据传,文王发明后天八卦后,他又在此基础上,推演出更加复杂的六十四卦。就是将原来八卦的每个卦象上的三爻变成六爻,所以六十四卦也称为六爻卦,另外也可以看成在原八卦的每一个卦象上再叠加一个卦象,这样排列组合成的卦象数量就是 $8 \times 8 = 64$,或者内外两个八卦组成一个旋钮,外面的八卦相对于里面的八卦进行 8 个方向的旋转而得到的 64 种组合状态。图 2-26 所示为组合之后的六十四卦方圆图。

将六十四卦结合五行方位,天干地支,就能包罗万象,无所不能了。写到这里,笔者都感觉脑细胞不够用了,需要研究一辈子。这样一台复杂的计算"机器",是不是可以叫做"八卦计算机"呢?历史上有一个人,他看了六十四卦后,发明了二进制,现代人以此为基础制造出了电子计算机,他就是德国科学家、数学家莱布尼茨。

胡阳、李长铎的著作《莱布尼茨——二进制与伏羲八卦图考》证明,早在 1679 年欧洲就有关于八卦图的书籍出版,而莱布尼茨 1679 年之前也见过"易图"。1679 年,莱布尼茨完成了论文《二进制算术》的草稿。1701 年,莱布尼茨给在北京的法国传教士白晋(Joachim Bouvet)的信中,再次阐述了"二进制"的算术规则,并希望白晋将"二进制"介绍给康熙皇帝。1703 年 4 月,莱布尼茨收到白晋回信带给他的伏羲八卦图和六十四卦图令他兴奋不已。不久后的 5 月 5 日,莱布尼茨终于在法国科学院院报上发表了自己那篇关于"二进制"的文章,题目就叫《关于只用两个记号 0 和 1 的二进制算术的解释——和对它的用途以及它所给出的中国古代伏羲图的意义的评注》。实际上早在 1687 年,莱布尼茨在致冯·黑森-莱茵费尔(L. E. von Hessen-Rhein-feds)的一封信中,就提到了"不久前在巴黎出版了一部有关孔子的著作,并已阅读"。这本书指的就是柏应理的《中国哲学家孔子》,在这本书中讲到了伏羲八卦次序图、伏羲八卦方位图和周文王六十四卦图这三张图。这些证据都表明,莱布尼茨的二进制至少在某种程度上受到了八卦图的启发。

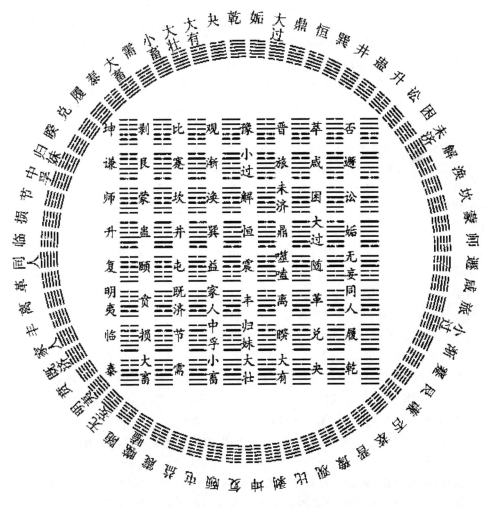

图 2-26 六十四卦方圆图

2.1.5 易经与量子理论

文王演绎八卦著《周易》,其中囊括了数学、天文、地理、哲学等各个学科的知识,被誉为百经之首,大道之源,看似简单的六十四卦,历史上却对我国的教育、园林、建筑、军事、哲学等方面影响深远。然而时过境迁,后人已经难以理解当时的时代背景,认为它很神秘,以至于有些人将其视为迷信的代名词,甚至与《易经》渊源密切的中医也被某些人抨击,认为是不科学的,要加以取缔,在民国初年闹出了"废止中医案",失败之后到现在还有人提出"废医存药"的思想。2004 年,国家领导人批示成立国际易学联合会(International Association of I-Ching Studies,IAICS),这是由各国、各地区与易学有关的学术团体、研究机构联合组成的国际学术组织,首任会长为北京大学哲学系朱伯昆教授。2016 年 12 月 25 日,全国人大颁布《中华人民共和国中医药法》,从法理上肯定了中医药的正确性、合法性,"医易同源",也间接肯定了《易经》理论的功绩。

现在,国内外已经对《易经》进行了更加广泛深入的、跨学科的研究,运用《易经》理论来解释当今世界最前沿的科学问题,比如量子力学理论。

20 世纪初,一大批科学家共同创立了量子力学理论。量子论认为,在我们没有观察之前,一个粒子的状态是不确定的,它的波函数弥散开来,代表它的概率。但当我们探测以后,波函数塌缩,粒子随机地取一个确定值出现在我们面前。1947 年,由于玻尔在量子理论方面的卓越贡献,丹麦国王破格授予他荣誉勋章。玻尔在设计勋章里面的族徽图案时,特意选用了中国的阴阳鱼太极图。

根据量子理论,量子力学的奠基人之一薛定谔提出了一个著名的"薛定谔的猫"的思想实验,如图 2-27 所示,将一只猫关在封闭的盒子里面,其中微观层面的放射性原子发生可能的衰变产生的辐射触发一个装置释放毒气,这只猫处于"既死又活"的叠加状态,只有打开盒子观察才能有确定的状态。这个思想实验震惊了物理学界,原来认为只有微观世界才有的量子叠加态,在宏观世界出现了。1963 年获得诺贝尔物理学奖的维格纳想了一个新的办法,他说让一个戴着防毒面具的朋友和猫一起待在盒子里面,事后问这个朋友猫是死是活,这样就不可能出现猫"既死又活"这种不确定的回答了。这个说法提出后大家发现,猫是死是活,只要一有人的意识参与,就变成要么是死,要么是活了,就不再是模糊状态了。维格纳总结道,当朋友的意识被包含在整个系统中的时候,叠加态就不适用了。所以波函数,也就是量子力学的状态,从不确定到确定必须要有意识的参与。这样的解释是不是有点"唯心主义"呢?不知道这样的结论读者是否接受呢?一些科学家是不接受的。

曹天元著的《量子物理史话》讲到一个 EPR 实验:爱因斯坦(Albert Einstein)和他的两个同事波多尔斯基(Boris Podolsky)、罗森(Nathan Rosen),于 1935 年 3 月三人共同在《物理评论》杂志上发表了一篇论文,名为《量子力学对物理实在的描述可能是完备的吗?》,认为量子论的那种对于观察和波函数的解释是不对的。EPR 就是三个人名字的第一个字母。

现代物理学认为,微观粒子或者量子呈现出"波粒二象性","波"具有能量和动量,而原子核外的电子对应的能量状态是不连续的。波有复杂的叠加状态,下面笔者试着从《易经》的数理原理,来简单描述一下能量波叠加成复杂的现实事物的成像。

在物理学与系统理论中,叠加原理(superposition principle)也叫叠加性质

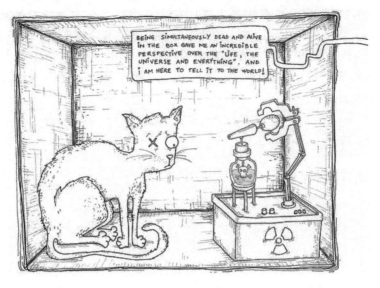

图 2-27 薛定谔的猫

（superposition property），其意思是对任何线性系统"在给定地点与时间，两个或多个刺激产生的合成反应是每个刺激单独产生的反应之和"。据此，如果输入 A 产生反应 X，输入 B 产生 Y，则输入 $A+B$ 产生反应 $X+Y$。

当两个同频、同振幅的波出现时，会出现干涉条纹，产生干涉。如光的双缝干涉实验如图 2-28 所示，证明光的确是一种波。

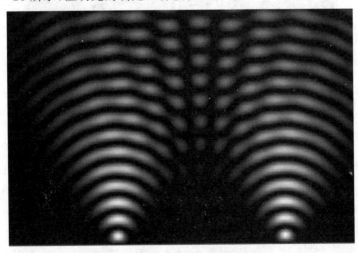

图 2-28 光的双缝干涉实验图

在量子力学中，为了定量描述微观粒子的状态，引入了波函数，并用 Ψ 表示。一般来讲，波函数是空间和时间的函数，并且是复函数，即 $\Psi = \Psi(x, y, z, t)$。玻恩假定 $\Psi * \Psi$ 就是粒子的概率密度，即在时刻 t，在点 (x, y, z) 附近单位体积内发现粒子的概率。波函数 Ψ 的绝对值的平方因此称为概率幅。概率幅满足叠加原理,即 $\psi_{12}=\psi_1+\psi_2$。由于粒子肯定存在于空间中,因此,将波函数对整个空间积分,就得出粒子在空间各点出现的概率之和,结果应等于 1。

量子叠加态就是给定两个量子系统的两个可能状态波函数 ψ_a 和 ψ_b,系统也可能处于叠加状态:

$$\psi = \alpha\psi_a + \beta\psi_b$$

因此其波动函数关系可以描述为

$$\psi(x) = \alpha\psi_a(x) + \beta\psi_b(x)$$

则其概率关系可以描述为

$$p(x) = |\alpha\psi_a(x) + \beta\psi_b(x)|^2$$
$$= |\alpha\psi_a(x)|^2 + |\beta\psi_b(x)|^2 + \alpha^*\beta\psi_a^*(x)\psi_b(x) + \alpha\beta^*\psi_a(x)\psi_b^*(x)$$
$$= 1$$

上述方程的展开式子表明,两个量子系统的波动状态在进行叠加后,整体状态上出现了 4 个波动概率区间,如果将这种概率区间称为"象",它就是太极阴阳系统中的"四象",分别对应太阳、太阴、少阳、少阴,这个过程就是"太极生两仪(阴阳),两仪生四象"。如图 2-29 所示的 4 个叠加位置点。

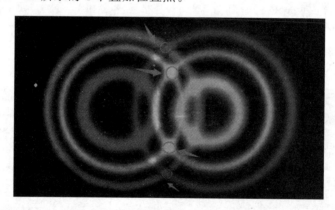

图 2-29 两个量子叠加态的二维效果图

量子系统的波函数本身就是描述粒子在三维立体空间的状态的,所以如果要观测粒子的量子态也是在立体空间中。现在将这"四象"抽象为 4 个点,把它放到一个立方体上来观测,如图 2-30 所示。

在图 2-30 中,将两个量子系统(A 和 B)的叠加态的"四象"抽象为 4 个点,放置于立方体的第 7、2、6、3 这 4 个点,虽然只有 4 个实际的叠加抽象点,但从观察点(例如图 2-30 中的立方体的第 5 个顶点)看去,在 3 个方向维度上,最终会呈现出 8 个叠加图像点。如果将图 2-30 与之前的图 2-20("天之四象"与"地之四象"连接示意图)进行比较,量子系统叠加后的状态就是一个"八卦图",甚至可以认为,这种量子叠加态,就是"河图"之数所呈现的状态,河图就是宇宙模型图,立体八卦模型就是宇宙

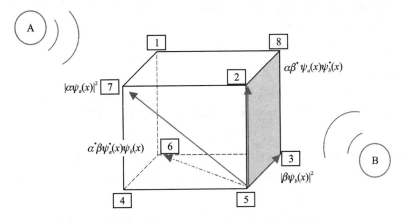

图 2-30 量子叠加态的立体观察视角示意图

模型。模型中的观察点也就是量子信息的测量点,它相当于是一个照相机,测量到的 8 个"量子象",就是"八卦量子象",然后结合八卦的数理模型,就可以确定当前量子系统所处的状态。这就是"八卦量子模型"。

笔者猜想,原子的量子叠加态由于受到原子核的影响,将很快"塌缩"。假设图 2-30 中的量子源分别是两个原子,它们的量子态叠加就有可能形成比较稳固的结构关系,一起组成分子。世界上几乎所有的原子都不是单独存在的,都是与同一类原子或者不同的原子通过"化学键"组成分子的,比如两个氢原子组成一个氢分子。宇宙中有了分子才能有现在这样的物质世界存在。现在已经有国内外的专家在用量子力学研究化学键问题。原子的量子叠加态塌缩后,除非受到外部能量波的影响,原子吸收能量,使得外围的电子出现能级跃迁,超过一定范围后原子会向外部释放能量如以光量子的形式,也许这就是形成激光的原因。原子吸收能量或者释放能量后,原子之间的量子叠加态又再度塌缩了。这个过程可能是原子之间产生比较稳固的化学键的原因。

所以,原子的量子叠加态不论是否有外部观察者,它始终会处于塌缩状态,最终得到一个确定的状态,这个过程是不需要意识参加的。如在薛定谔的猫这个思想实验中,不可能有猫"既生又死"的状态。笔者赞同 1935 年 3 月爱因斯坦的 EPR 实验的结论,认为量子论的那种对于观察和波函数的解释是不对的。当然,光量子这样的量子态叠加可能不适用于这段讨论话题,因为它没有静质量,而且不受原子核束缚。不过,物体发出或者反射光之后,这些光就携带了物体的"量子信息",这种信息进入大脑神经系统后,可能促使神经细胞内的原子发生量子态塌缩,这种塌缩状态激发了意识产生,但这种意识仅仅在动物大脑中,并不会影响动物之外的物质发生量子态塌缩。所以,从唯物主义来说,意识并不能直接改变物质,人类并不像科幻电影里那样能够通过意念来移动物体,或者穿墙而过。

正因为量子叠加态的特点,n 个量子就可以表示 2 的 n 次方的信息,这就是"量子比特",它完全不同于经典比特,因为量子比特的状态是线性的,经典比特的状态是离散的。假设量子计算机有 n 个量子比特,这样进行一次量子计算,就相当于进行了 2 的 n 次方的经典比特计算。这个特点使得量子计算机拥有巨大的优势,但目前最大的问题就是量子态的保持和测量。采用本文说的量子态叠加立体成像法可以作为一个借鉴方法,根据测量的"八卦量子象",使用八卦数理模型,计算出量子信息。如果这一理论可行,那么以此理论就可以制造出"八卦量子计算机"。

在本节中,大家了解到《易经》理论不仅在我国历史上得到了大量运用,现在国内和国际很多领域也在尝试应用,比如结合最前沿的科技之一量子理论进行研究。笔者在研究太极八卦的数理架构过程中,发现运用《易经》理论可以研究很多复杂的问题,比如"八卦量子模型"的设想。其实,"易"有"三易",既不难,也不神秘。

- 简易:构成八卦图最基础的元素就是阳爻和阴爻,整个《易经》都只是在讲阴阳的变化关系而已,包罗万象,但大道至简。
- 变易:阴阳变化形成不同的卦象,喻示宇宙万物,没有一样东西是不变的,比如"水无常形""兵无常势",没有绝对的静止,没有永远的平衡,事物总是发展变化的。
- 不易:万事万物随时都在变动,可是却有永远不变的东西存在,即规律。国人常说"万变不离其宗",就是此意。

著名国学大师南怀瑾先生说,变易、简易、不易,这是《易经》的三原则。笔者也认为,这是《易经》整个理论体系哲学意义上的总则,是我们研究、学习、运用《易经》总的法则。同样,这也是我们工作、学习、生活所有方面可以"悟道"的法则,能给我们很多方面的启示。

2.1.6　数据、信息和知识

笔者很庆幸生在中国,使用"汉字"来写这一章节的内容。假设一个从没有学过外语的中国人,我写两行不同的文字,一行是中文的三个字——数、字、据,一行是英文的两个单词——Number、Data,我告诉他前一个英文单词意思是"数字",后一个英文单词意思是"数据"。对方可能会说,你这两个英文单词怎么读音完全不一样,而且写的字也看不出它们有什么关系。是的,这就是语言和文化的差别,导致思维方式的不同,使得许多中国人学外语总是学不好。其实,造成这种差异的原因,就在于两种语言所包含的数据、信息、知识这三方面不管是从形式、结构、内容还是数量来说,都是不同的,中文语言文字呈现很强的关联性和很大的信息量、知识量,而英语就少得多,这直接导致表达相同的内容,英语版本的产品说明书要比中文的厚得多。当然,缺点也是优点,除了当年"日不落帝国"的历史政治原因之外,英语简单的特点使得它现在成了使用范围最广的语言。大家常常看到外国人学汉语十分"崩溃"的样子,对他们来说,汉语实在是太难了。

让"我们"重回历史,来看看数字是怎样来构建人类文明的。

　　原始的狩猎社会,人们常常食不果腹,居无定所,捕获的猎物总是一天多,一天少。从这种多与少、大与小、长与短、月亮的阴晴圆缺这些二元对立的事物状态中,慢慢地萌生了数的概念,发现了最早的自然数:1 和 2。慢慢地,人们知道越来越多的自然数,从 1 到 10,以至于更多的数。为了便于分配食物,部落首领把每天捕获的猎物数量用绳结记录下来,一只猎物一个绳结,每天使用一根绳子,告诉族人,今天只有一只猎物,前两天还有三只,所以今天得省着吃。这样,结绳记事就通过"结绳计数"的方法实现了。这些绳子就是每天捕获猎物情况的"数据",有了这个"数",就能分配好食物,预测未来获取食物的数量,并且总结历史经验,奖励最优秀的成员。这样,这一堆绳子就代表了历史的信息并能够传递未来的信息,让部落能够做好充足的准备,应对即将到来的冬天。别的部落过来的人,也能从这一堆绳子知道这个部落的生存情况,决定要不要加入、拥戴新的领袖。经年久月,人们从这些绳子知道了哪些季节食物比较多,同时也知道了在冬天来临之前必须储备充足的过冬食物。

　　为了准确地知道哪一天是月圆之夜,好乘着月色组织一次集体捕猎行动,部落首领命人在一根长长的兽骨上刻上每晚月亮的圆缺图像,一直从上一个月圆之夜刻画到下一个月圆之夜。这根刻满了月亮图案的兽骨,就是首领掌握的月亮圆缺数据,每天只要拿出这根兽骨,就能知道今天晚上月亮的样子,然后安排一天的活动。这样,月亮圆缺的图案就成了安排部落活动的信息,兽骨上的图案表明,明天晚上就是月圆之夜,尽管今晚天在下雨,也得通知族人明天做好准备。这就是今天兽骨上月亮图案所传递的信息。后来,首领告诉大家,他规定从上一个新月到下一个新月,为"一个月",还告诉大家,冬天过完,春天开始的时候,距离上一个春天过去了"十二个月",这十二个月为一年。而且还在刚刚迎来春天的那几天里,举行盛大的庆祝活动。这样,人们都知道了一个月、一年的概念,一个月有三十天,一年有十二个月,三百六十五天。文字发明之后,用数字来记录这些数据,这些知识就流传使用得更加广泛了。这就是人们学到的关于"历法"最初级的知识。再后来,人们结合观测太阳起落、高低的情况,制定了完善的历法,进入农耕社会之后,用于指导农业生产生活。我国最早的历法是夏历,也就是农历、阴历,这也是世界上最早的历法。

　　上面这个关于"日历"由来的故事,说明了数、数据和信息,以及信息与知识的意义和关系。有关这几个词语的定义和解释,说法非常多,不过大都是近现代的,古书上几乎没有看到这些词语出现,笔者觉得在文言文时代,汉字的特点使得单个字就能表示它们的意义了,不需要发明这些词语。下面介绍一些常见的定义。

　　第一,什么是数据(Data)?

　　数据是使用约定俗成的关键词,对客观事物的数量、属性、位置及其相互关系进行抽象表示,以适合在这个领域中用人工或自然的方式进行保存、传递和处理。

　　数据是将反映客观事物运动状态的信号通过感觉器官或者观测仪器感知,形成文本、数字、事实或者图像等形式;它是最原始的记录,未被加工解释,没有回答特定的问题;它反映了客观事物的某种运动状态,除此以外没有其他意义;它与其他数据之间没有建立相互联系,是分散和孤立的。数据是客观事物被大脑感知的最初的印象,是客观事物与大脑最浅层次相互作用的结果。

这样,数据的范围就很大了,什么东西有用,什么东西要处理、要关注,就收集这种东西的数据。比如飞机的飞行数据,这绝对是很重要的数据,它对飞机的经济性和安全性很重要;个人常用的电话、姓名这些信息,也越来越成为商家手里最重要的数据,窥探隐私的行为防不胜防;甚至连走路的步数,这种最不经意的数据,现在也被人们关心起来,成为一种重要的数据。

不管是什么样的数据,它总是离不开"数",比如数据的范围、大小,数据记录的量,有多少条记录,需要多大的存储量。有了数,数据才方便比较、归类,方便计算。为了描述这些数据,需要给数据增添许多属性,当然最重要的"属性"就是数据的名字。老子的《道德经》说:"道可道,非常道。名可名,非常名。"这样,数据有了名,有了属性,还有属性对应的值,将一类数据进行归类并集中存储,就有了数据库。要处理这些数据,就有了包含这些数据的类以及类里面的属性和方法。将数据按照这种固有的格式来进行存储和处理,数据有统一的模式,这样的数据就是结构化数据;反之,没有固定的格式,就不能有明确的、统一的属性来归类,也就没有清晰的数或者值,数据没有统一的模式,这样的数据就是非结构化的。处理数据常常要把非结构化数据转化成结构化数据。

在计算机中,通常的说法是"程序=数据+方法",数据和处理数据的方法常常是分开的,在面向对象语言程序中,数据表示为一个类里面的属性和属性值,处理数据的方法表现为类的方法、函数。在数据库系统中,数据表示为一个表里面的列和列对应某一行上的值,处理数据的方法就是存储过程,同时通过触发器来约束数据,实现数据的一致性。但是,有一些高级程序语言的设计思想认为数据和方法是一体的,比如 Lisp 代码即数据的功能是宏(macro)的基础,在 Lisp 里面可以写处理程序的程序,因为 Lisp 程序的功能就是处理 S-表达式,而 Lisp 程序自身就是一个 S-表达式。VB. Net 也有类似这样的功能。

比如一个 to-do list 的例子,其 XML 的数据格式如下:

```
<todo name = "housework">
    <item priority = "high"> Clean the hose </item>
    <item priority = "medium"> Wash the dishes </item>
    <item priority = "medium"> Buy more soap </item>
</todo>
```

相应的 Lisp 的 S-表达式如下:

```
(todo "housework"
    (item (priority high) "Clean the house")
    (item (priority medium) "Wash the dishes")
    (item (priority medium) "Buy more soap"))
```

在 VB. Net 中,可以直接写成:

```
Dim HouseWork As XElement = _
<todo name = "housework">
    <item priority = "high"> Clean the hose </item>
    <item priority = "medium"> Wash the dishes </item>
    <item priority = "medium"> Buy more soap </item>
</todo>
```

你没有看错,XML 已经成为 VB. Net 内置的数据类型。

第二,什么是信息(Information)?

信息是具有时效性的、有一定含义的、有逻辑的、经过加工处理的、对决策有价值的数据流。

"信息"是现在使用频率很高的一个概念,在不同的领域有不同的含义。到目前为止,信息定义的流行说法已不下百种。1948 年信息论的创始人香农(C. E. Shannon)在研究广义通信系统理论时把信息定义为信源的不确定性程度。1950 年控制论创始人 N·维纳认为,信息是人们在适应客观世界,并使这种适应在被客观世界感受的过程中与客观世界进行交换的内容的名称。1964 年 R·卡纳普提出语义信息。语义不仅与所用的语法和语句结构有关,而且与信宿对于所用符号的主观感知有关。所以语义信息是一种主观信息。20 世纪 80 年代哲学家们提出广义信息,认为信息是直接或间接描述客观世界的,把信息作为与物质并列的范畴纳入哲学体系。

利用信息及时对数据进行加工处理,使数据之间建立相互联系,形成回答了某个特定问题的文本,以及被解释具有某些意义的数字、事实、图像等形式的信息。它包含了对某种类型可能的因果关系的理解,回答了"when""where""who""what",即何时、何地、何人、何事等问题。信息常常具有关联性,一个信息可能包含另一些信息,也可能属于另一个信息。例如前面关于历法的例子,古人知道了今天是日历上的哪一天,就知道了在农业生产活动中,今天该做什么,未来要做什么。日历上就有人们生产生活的信息。同样,太极八卦图通过它包含的数字和图像信息,进行进一步的抽象演绎,运用到很多领域,产生更多的信息,深入整个民族的基因,成为中华历史文化不可或缺的部分。

"信息论之父"香农认为,信息是能够用来消除不确定性的东西。这个定义揭示了信息的作用,一条信息的信息量大小与它的不确定性有直接的关系。比如说,我们要搞清楚一件完全不确定的事,或是我们一无所知的事情,就需要了解大量的信息。相反,如果我们对某件事已经有了较多的了解,那么不需要太多的信息就能把它搞清楚。所以,从这个角度讲,信息量的度量就等于不确定性的多少。1948 年,香农提出了"信息熵"的概念,解决了对信息的量化度量问题。"熵"可以看作随机变量的平均不确定度的度量。"信息熵"的量纲为比特,在平均意义上,是描述该随机变量所需的比特数。

1948—1949 年间,香农先后发表了《通信的数学原理》和《噪声下的通信》,文章阐明了通信的基本问题,给出了通信系统的模型,提出了信息量的数学表达式,并解决了信道容量、信源统计特性、信源编码、信道编码等一系列基本技术问题。香农提出了著名的"香农公式":在被高斯白噪声干扰的信道中,计算最大信息传送速率 C 公式:

$$C = B\log_2(1 + S/N)$$

式中:B 是信道带宽,Hz;S 是信号功率,W;N 是噪声功率,W。显然,信道容量与信道带宽成正比,同时还取决于系统信噪比以及编码技术种类。香农定理指出,如果信息源的信息速率 $R \leqslant C$,那么,在理论上存在一种方法可使信息源的输出以任意小的差错概率通过信道传输。如果 $R > C$,则没有任何办法传递这样的信息,或者说传递这样的二进制信息的差错率为 1/2。这两篇论文被视为信息论奠基之作。香农也因此一鸣惊人,被誉为"信息论之父",并且成为数字通信时代的奠基人。

使用香农的信息熵原理,可以测定不同语言文字的熵。冯志伟在《汉字的熵》里面,采用统计汉字的随机使用概率来统计汉字的熵,发现汉字的"熵"远高于其他拼音文字,测定的汉字的熵为 9.65 比特,英语为 4.03 比特,其他拼音文字均在 4 比特左右。这说明,汉字的信息量远高于拼音文字;并由此认为,汉字不利于信息处理,用汉字编写计算机程序效率不如拉丁字母程序效率高。这一点笔者不认同。现在广泛使用的计算机语言都是高级程序语言,它们都是基于低级机器语言进行抽象工作的,使用汉字编程也在这个抽象层上,编译后执行效率没有区别,比如国内发明的"易语言"程序,在非专业程序员领域运用很广泛。

解决了信息的表示、度量问题和信息的通信传输问题,还需要对得到的信息进行处理。通过计算机系统使信息的处理能力得到极大提高。从信息系统的发展和系统特点来看,可分为数据处理系统(DPS)、管理信息系统(MIS)、决策支持系统(DSS)、专家系统(人工智能(AI)的一个子集)和虚拟办公室(OA)五种类型。其中,管理信息系统,就是通过计算机系统,以数据信息为管理的对象,进行信息的采集、传递、储存、加工、维护和使用。

随着互联网的发展,信息越来越多,其类型已不再是单纯的文字信息,而更多的是各种多媒体信息,比如现在众多的视频应用,出现了"信息爆炸"的现象,如何在海量信息中筛选出有价值的信息,成为非常重要的问题。搜索引擎在以文字信息为主流的时代是信息检索的重要方式,但在处理多媒体信息检索的问题上却显得力不从心。现在,内容推荐成为一种新的越来越热门的获取信息的方式。通过各种垂直应用,比如新闻资讯类、视频类应用软件和手机 App,主动向人们推送信息成为一个新的方向。

从广义的概念来讲,我们周围的世界无时无刻不在产生信息,生成信息需要耗费能量。在计算机上生成信息需要多少能量呢?现在已经有科学家测量出了信息生成的能量值,大概为 2.75×10^{-21} J。你能想象吗?电脑上每一个比特信息的"价值"都

为 2.75×10^{-21} J。你在电脑上删一个字、在本子上擦除一段话、在脑海中忘掉一件事，都至少要耗费这么多能量。这可不是传统意义上的电能或化学能，而是在宇宙中消除信息所消耗的最小阈值。

第三，什么是知识（Knowledge）？

知识就是沉淀并与已有人类知识库进行结构化的有价值信息。

国际经济合作组织组编的《知识经济》（*Knowledge Based Economy*，1996）中对知识的界定，采用了西方20世纪60年代以来一直流行的说法——知识就是知道什么（Know-what）、知道为什么（Know-why）、知道怎么做（Know-how）、知道谁（Know-who）。这样的界定可以概括为"知识是4个W"，也就是"知其然，知其所以然"。

知识有几个特点，首先，它是抽象的、逻辑的，从事实的定量到定性的过程；其次，知识能够流动、传递，比如老师将知识传授给学生；再次，知识是一种复合概念，它是信息、文化和经验的组合；最后，知识能够用于决策，比如管理知识用于公司经理决策，医学知识用于医生诊断治疗决策。知识有鲜明的领域特征，不同领域和文化背景的知识差别很大，有"隔行如隔山"的说法，并不是对方不如你聪明，而是在不同领域形成了各自庞大的知识体系，一般人要完全掌握是非常困难的，在这些方面拥有丰富知识的人就成了专家学者。虽然如此，但知识也往往具有相关性，有些知识是相通的，在很多领域都是适用的，如哲学知识；有些知识能够产生新的知识，这些被称为"元知识"。

知识是人类进步的阶梯，是社会经济发展的核心元素。知识共享与知识保护，前者是为了普及知识，改变社会文化的整体面貌，而后者主要是商业竞争的需要。一流企业卖标准、二流企业卖专利、三流企业卖产品。拥有标准制定权和产品技术专利权，就等于企业占据了产业链的上游，拥有了绝对的竞争优势。现在很多国家都越来越重视知识产权保护问题，普通民众知识付费的理念越来越强，相应的服务和产品越来越多，比如在线文学、小说阅读、在线课堂，甚至付费阅读的社交账号，这些都反映了民众对优质知识的获取需求越来越大，也催生了一大批提供优质知识内容的新媒体，这对传统报刊媒体将产生很大的冲击。

也有人认为，知识是建立在因果律的基础上，是人类智能的体现。发展人工智能，必然更加重视知识的管理，由此诞生了一门新的学科——知识工程。1977年美国斯坦福大学计算机科学家费根鲍姆教授（B. A. Feigenbaum）在第五届国际人工智能会议上提出知识工程的新概念。他认为，"知识工程是人工智能的原理和方法，对那些需要专家知识才能解决的应用难题提供求解的手段。恰当运用专家知识的获取、表达和推理过程的构成与解释，是设计基于知识的系统的重要技术问题。"

知识工程的过程包括以下5个活动：

① 知识获取：包括从人类专家、书籍、文件、传感器或计算机文件获取的知识，知识可能是特定领域或特定问题的解决程序，可能是一般知识或是元知识解决问题的

过程。

② 知识验证：是知识被验证（例如，通过测试用例），直到它的质量是可以接受的。测试用例的结果通常被专家用来验证知识的准确性。

③ 知识表示：获得的知识被组织在一起的活动。这个活动需要准备知识地图以及在知识库进行知识编码。

④ 推论：包括软件的设计，使电脑做出基于知识和细节问题的推论。然后该系统可以结合推论结果给非专业用户提供建议。

⑤ 解释和理由：包括设计和编程的解释功能。

这类以知识为基础的系统，就是通过智能软件而建立的专家系统。在知识工程的过程中，知识获取被许多研究者和实践者看成一个瓶颈，限制了专家系统和其他人工智能系统的发展。现在大数据和机器学习，为机器主动学习知识提供了一个方案。图 2-31 所示为一个专家系统的结构图。

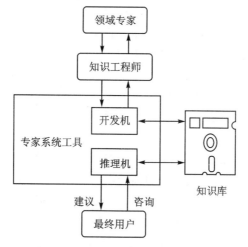

图 2-31　专家系统结构

知识表示是人工智能的又一个难题。人工智能领域有一个学派认为，可以通过符号推理实现智能，将知识表达为特定的程序来完成。公认的最适合进行知识表达的计算机语言是 Lisp 和 Prolog。

Lisp 语言的 S-表达式很适合构建"特征—属性—值"这样的知识结构，著名的专家系统命令外壳工具 EMYCIN 就是用 Lisp 编写的，它是在细菌感染疾病诊断专家系统 MYCIN 的基础上，抽去了医疗专业知识，修改了不精确的推理，增强了知识获取和推理解释功能之后构造而成的世界上最早的专家系统工具之一。

Prolog 语言是以一阶谓词逻辑演算为原理设计的计算机程序语言，在人工智能的发展历程中被寄予厚望，曾经被称为"第五代计算机语言"。Prolog 的程序结构就是事实、规则和问题，它内置一个推理机，通过输入事实及处理规则来求解问题。因此，与其他程序语言不同，其他程序语言大部分是命令式的，而 Prolog 是陈述式的，不需要告诉 Prolog 程序的执行顺序即可求解问题。看下面的例子：

程序行号	Prolog 程序	伪程序（翻译）
1	likes(bell, sports).	Bell 喜欢运动
2	likes(mary, music).	Mary 喜欢音乐
3	likes(mary, sports).	Mary 喜欢运动
4	likes(jane, reading).	Jane 喜欢阅读
5	friend(john, X) :- likes(X, reading),	成为 John 的朋友需要喜欢阅读和音乐
6	likes(X, music).	
7	friend(john, X) :- likes(X, sports),	成为 John 的朋友需要喜欢运动和音乐
8	likes(X, music).	
9		
10	? - friend(john, Y).	谁是 John 的朋友？
结果	Y = mary	Mary

在 Prolog 程序文法结构中，当事实和规则描述的是某一学科的公理时，问题就是待证明的命题；当事实和规则描述的是某些数据和关系时，问题就是数据查询语句；当事实和规则描述的是某领域的知识时，问题就是利用这些知识求解；当事实和规则描述的是某初始状态和状态变化规律时，问题就是目标状态。所以，Prolog 语言实际是一种应用相当广泛的智能程序设计语言。

第四，什么是智慧（Wisdom）？

智慧是人类基于已有的知识，针对物质世界运动过程中产生的问题依据获得的信息进行分析、对比、演绎，找出解决方案的能力。这种能力运用的结果是将信息中有价值的部分挖掘出来，并使之成为已有知识架构的一部分。

现在是信息爆炸的时代，知识越来越多，获取越来越容易，各种新媒体的"公众号"发布了很多"鸡汤文"，然而这些知识却越来越没有营养，根本原因还在于每个人的知识架构能力和综合运用能力。这种架构能力和运用能力，已经不是单纯的知识层面的问题，而是基于实践生活、社会环境、公共价值的统筹权衡的结果。以"愚公移山"的神话故事为例子，愚公以一己之力想要移动门前大山的想法，在智叟看来显然是不可能的、愚蠢的，然而愚公却说他挖不完，他的子孙可以继续挖，子子孙孙无穷尽也。他的这种坚定信念感动了上天，天帝派了两位神仙帮愚公搬走了大山。虽然是神话故事，但却告诉人们遇到事情不能怕困难，要考虑更长远的事情，而不是当前这件事情本身。比如愚公可能不是非要跟眼前的大山过不去，而是要用持续不断挖山的行为来锻炼后代吃苦耐劳，锲而不舍的毅力，有这种品德和毅力，还用担心子孙们有什么问题不能解决的呢？这就是愚公的智慧所在。"醉翁之意不在酒"，在别人看来显得愚蠢，而实际上是"大智若愚"。

2.1.7 数据的载体——存储介质

1. 古代图文数据时期

在还没有数字的时代,数据的载体就出现了,数万年前原始石器时代的人类就已经在岩壁上刻画了很多符号,这些符号就是当时人类活动的信息数据。所以最早最古老的数据载体就是石头,这种载体一直沿用至今,现在一些大型建筑使用的石料上也会刻画一些图案和文字,最常见的就是各种纪念碑、石碑。石头用作数据载体的优点就是保存时间很长,缺点就是使用不方便,刻画困难,无法携带,只适合记录少量信息数据。

后来,人们发现用绳子打结来计数很方便,古人常常因为要记录某些事情才需要记录数据,所以也叫结绳记事。所以绳结是当时非常好的数据载体,它轻便易携带,易制造,易使用,是当时的一大发明。至今,在某些没有文字的原始部落中,还会使用结绳的方式记事。

进入新石器时代,工具的改进和集体捕猎使得捕获猎物的数量增多,原始的宗教信仰开始形成,出现了祭祀活动。祭司们在陶器和兽骨上刻画一些图案符号作为与神灵交流的语言,并将这样的物品作为随葬品。西安半坡仰韶文化和河南陕县庙底沟龙山文化的考古均发现了这一时期大量的陶器和部分兽骨刻有图案符号,如图 2-32 所示。这些物品成为当时人类活动数据的重要载体,这种方式一直持续了很长一段时间,算是比较成功的数据载体。

随着社会经济的发展,原始人类从狩猎社会进入农耕社会,物产丰富,祭祀活动能够使用更多的兽骨,同时使用青铜器代替部分陶器。1928 年 10 月 13 日在河南安阳考古发掘发现了商代晚期都城殷墟,长达 9 年的殷墟考古历程,称颂为"中国考古的正式诞生"。殷墟发现了大量刻有文字的甲骨,这些文字后来称为"甲骨文",成为研究商代历史的重要物证,如图 2-33 所示。每一片甲骨,都成为中国历史的伟大见证物,成为最珍贵的"数据"载体。

图 2-32　华垱遗址一万年前的古陶器

图 2-33　殷墟刻有文字的甲骨

1929 年的春天,四川广汉三星堆当地一位农民在田里劳动时,偶然发现一块精美的玉石器,揭开了三星堆考古的序幕。后续历次考古发掘出了很多件美妙绝伦的珍贵文物,引起世界轰动。在三星堆发现了大量的青铜器和玉石文物如图 2-34 所示,上面记录了古蜀国的文化信息,距今 3 000 年左右,这说明在同一时期的商代,青铜器已经成为记录历史文化的重要数据载体,它具有后世所有数据载体所没有的优点,比较轻便且保存年代久远,缺点是需要通过铸造的方式而不是直接在青铜器具上面刻画图案和文字。玉石虽然也是这个时代的数据载体,但玉石的成本太高不太适合大量使用来记录文字数据。

甲骨数量有限,青铜铸造成本高,刻画文字图案都很不方便,后来人们发明了通过竹简来书写文字的方法,从战国时期一直流行到魏晋时期,南宋时期也还有士大夫使用。将竹子削成狭长的竹片,然后用细绳连接起来,在上面用毛笔书写,最后编缀成册,如图 2 - 35 所示。竹简质轻,容易保存,与石头、兽骨、青铜这些材料相比,使用既方便又经济,再也不用刀刻画了,是数据载体发展的一大进步。在竹简开始大量使用的春秋战国时期,诸子百家著书立说,使我国文化进入辉煌的发展阶段,比如孔子修《春秋》、老子著《道德经》,文化和思想得到了极大的传播,竹简在传播媒介史上是一次重要的革命。此外,宫廷史学家也开始使用竹简编写记录大量历史,比如《竹书纪年》是春秋时期晋国史官和战国时期魏国史官所作的一部编年体通史,它是现知最早的一套年代学的系统(注:并不是因为此书使用竹简书写而取这个名字,在西晋时期发掘整理而成,后人取此名字)。不仅如此,竹简易于书写,文字从应用性走向艺术性。书法与文字的变革紧密联系着,它从稚拙阶段渐趋完美,从而奠定了在中国书法史上的特殊地位。这些特点,使得书籍不仅具有记录、传播知识的价值,还具有审美的价值,使得藏书成了帝王和士大夫的一大爱好,有的人藏书非常非常多,竹简堆满了屋子,一头健壮的牛一天都运不完,可谓"汗牛充栋"。

图 2 - 34 三星堆青铜文物

图 2 - 35 竹 简

划时代的数据载体——纸,实际上早于东汉时代。《后汉书·宦者传·蔡伦》:"自古书契多编以竹简,其用缣帛者谓之为纸。"缣帛是一种丝织品,柔软轻便,幅面宽广,宜于画图,这些都是简牍所不具备的优点。写在缣帛上的书一般称为帛书,缣帛文献约起源于春秋时代,盛行于两汉,与简牍以及其后的书写载体并存了很长一段时期。因此最早使用的"纸",在春秋时代就开始有了。但缣帛造价昂贵,普通人用不起,而且一经书写,不便更改,一般只用为定本,所以缣帛始终未能取代简牍作为记录知识的主要载体。生产丝绸制品过程中剩下的蚕丝废弃物经过多次漂絮,形成的一层纤维薄片,经晾干之后剥离下来,可用于书写。但这种漂絮的副产物数量不多,使用较少。东汉元兴元年(105 年)蔡伦改进了造纸术,使用廉价的植物纤维,造出了质量很好,价钱又非常便宜的纸,逐渐被大量使用,使用这种方法造出来的纸一直沿用到今天。造纸术是中国四大发明之一,纸是中国古代劳动人民长期经验的积累和智慧的结晶,它是人类文明史上的一项杰出的发明创造。

纸张柔软平整的特点使得它非常适用于大量印刷,这样人类文明的数据终于不再必须通过手工刻画书写了,印刷体的文字图案使得知识传播更加标准、更加规范、更加广泛。活字印刷术的发明和使用使得这一状况呈井喷之势,大量书籍文献从达官贵人、文人墨客手中进入寻常百姓家。因此,有人又称印刷术为"文明之母",而纸自然而然地成为"文明的载体"。

2. 近代、现代影像视听数据时期

直到 19 世纪前,人类文明的各种数据载体都只能记录图形和文字信息。19 世纪人类进入电气化时代,科技进步加快,出现多种数据载体,用来记录各种类型的数据。

(1) 机械数据载体——唱片

1857 年,法国发明家斯科特(Scott)发明了声波振记器,这是最早的原始录音机。1877 年,美国发明家爱迪生发明了留声机,这是一种原始放音装置,其声音储存在以声学方法在唱片(圆盘)平面上刻出的弧形刻槽内,唱片置于转台上,在唱针之下旋转。1888 年,美国工程师埃米尔·别尔利赫尔灌制了世界上第一张唱片。唱片材质从洋干漆到 PC 成分的 DVD,录音技术也从单轨录音到多轨录音,播放媒体从笨重的留声机到轻薄的 DVD 机器。唱片第一次成为能够记载声音数据的载体。

(2) 感光数据载体——胶片

1888 年,美国柯达公司生产出了新型感光材料——柔软、可卷绕的"胶卷"。这是感光材料的一个飞跃。1891 年,托马斯·爱迪生发明了活动电影放映机,光源前使用一个发动机来旋转胶片条。在一个小房间里,光源将胶片上的图片投射到一块银幕上。从此,胶片成为影像数据的载体正式进入历史,促进了世界电影和摄影行业的迅速发展。在 20 世纪 20 年代末,出现了有声电影,30 年代出现了第一部彩色电影。随着数字相机和数字电影的发明,胶片这种数据载体逐步退出历史舞台。电影胶片如图 2-36 所示。

3. 现代计算机数据时期

(1) 磁性数据载体——磁带

1888 年,美国的 O·史密斯发表了利用剩磁录音的论文,奠定了录音机的理论基础。1907 年,波尔森又发明了钢丝录音机的直流偏磁法,使录音机进入实用阶段。

图 2-36　电影胶片

1935 年,德国通用电气公司制成磁带录音机。1963 年,荷兰飞利浦公司研制出全球首盘盒式磁带。相比早期利用机械原理的唱片,磁带利用有磁层的带状材料做成,成本低并且使用方便,是产量最大和用途最广的一种磁记录材料。磁带不仅能记录声音,还能记录图像、数字或其他信号。这样便有了大量的录音带、录像带,运用到科学技术、文化教育、电影和家庭娱乐等领域。现在虽然磁带在消费电子领域已经过时,但在计算机领域,它还是重要的数据备份载体。日本富士胶片公司和瑞士苏黎世的研究人员研发出一种新型超密磁带,被称为"线性磁带文件系统",这种磁带能够存储35 TB数据,大约相当于 3 500 个图书馆所涵盖的信息。图 2-37 所示为计算机磁带柜。

（2）磁性数据载体——磁盘

计算机的外部存储器中也采用了类似磁带的装置,比较常用的一种叫磁盘,将圆形的磁性盘片装在一个方的密封盒子里,这样做的目的是防止磁盘表面划伤,导致数据丢失。磁盘的存储格式为,盘片的每面划分为多个同心圆式的磁道,以及每个磁道划分成多个存储信息的扇区。扇区是磁盘的基本存储单位,每次对磁盘的读/写均以被称为簇的若干个扇区为单位进行,如图 2-38 所示。

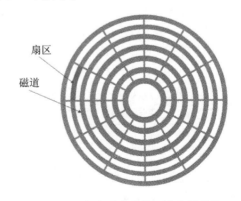

图 2-37　计算机磁带柜　　　　　　图 2-38　老式磁盘中的一个盘面结构

图 2-39 所示为由一个个盘片组成的磁盘立体结构,一个盘片上下两面都是可读/写的,图中连接多个盘面的中间部分叫柱面(cylinder)。磁盘的存储容量为

存储容量 = 磁头数 × 磁道(柱面)数 × 每道扇区数 × 每扇区字节数

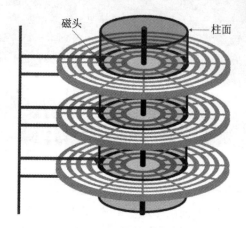

图 2-39 老式磁盘的整体结构

在老式磁盘中,尽管磁道周长不同,但每个磁道上的扇区数是相等的,越靠近圆心扇区弧段越短,存储密度越高。不过这种方式显然比较浪费空间,因此现代磁盘改为等密度结构,这意味着外圈磁道上的扇区数量要大于内圈的磁道,寻址方式也改为以扇区为单位的线性寻址。

磁盘分为 2 类:一类是易于携带但容量较小的软磁盘和对应的软磁盘驱动器;另一类是驱动器与磁盘一体的硬盘,容量较大。

1) 软 盘

软盘(Floppy Disk)是个人计算机(PC)中最早使用的可移动介质,早期计算机上必备的一个硬件。软盘的读/写是通过软驱也就是软盘驱动器(FDD)来完成的。软盘片是覆盖磁性涂料的塑料片,用来储存数据文件。1967 年,IBM 公司推出世界上第一张软盘,直径 32 in(1 in=25.4 mm)。1976 年,Alan Shugart 研制出 5.25 in 的软盘。1979 年,索尼公司推出 3.5 in 的双面软盘,容量 875 KB。后来磁盘容量扩大,容量有 5.25 in/1.2 MB 和 3.5 in/1.44 MB,如图 2-40 所示。其中,3.5 in/1.44 MB 软盘在 20 世纪 90 年代一直是 PC 的标准的数据传输方式之一。

随着 CD、DVD、U 盘等产品的出现,不断打击着软盘市场,容量大、速度快、价格便宜、安全耐用、携带方便,几乎什么都比软盘好,就这样时代最终抛弃了软盘,但 A 盘和 B 盘的位置,却永远为它保留。

2) 硬 盘

硬盘是电脑主要的存储媒介之一,由一个或多个铝制或玻璃制的碟片组成。碟片外覆盖有铁磁性材料。转速(rotational speed 或 spindle speed),是硬盘内电机主轴的旋转速度,也就是硬盘盘片在 1 min 内所能完成的最大转数。转速是标示硬盘

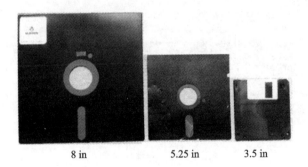

8 in   5.25 in   3.5 in

图 2-40   不同容量的软盘

档次的重要参数之一,是决定硬盘内部传输率的关键因素之一,在很大程度上直接影响硬盘的速度。硬盘比软盘出现得要早,但早期造价昂贵,应用较少。

1992 年,希捷科技公司成功地推出了存储容量为 2.1 GB 的 Barracuda(酷鱼),这是首个采用 7 200 r/min 转速的磁盘。

1996 年,希捷科技公司宣布推出了 Cheetah(捷豹)系列磁盘,这是首个采用 10 000 r/min 转速的磁盘。

2000 年,希捷科技公司发布了首款采用 15 000 r/min 转速的磁盘——Cheetah X15。

2003 年,Western Digital 推出了首个 10 000 r/min 转速的 SATA 磁盘——Raptor(猛禽),存储容量为 37 GB。

2006 年,Western Digital 宣布推出了 10 000 r/min 转速的 Raptor X SATA 磁盘,其存储容量达到了 150 GB。

2007 年 1 月,日立环球储存科技宣布发售全球首只存储容量为 1 TB 的硬盘。

……

家用的普通硬盘的转速一般有 5 400 r/min、7 200 r/min 几种,高转速硬盘也是台式机用户的首选;而对于笔记本电脑用户则是以 4 200 r/min、5 400 r/min 为主,虽然已经有公司发布了 10 000 r/min 的笔记本电脑硬盘,但在市场中还较为少见;服务器用户对硬盘性能要求最高,服务器中使用的 SCSI 硬盘的转速基本上都采用 10 000 r/min,甚至还有 15 000 r/min 的,性能要超出家用产品很多。较高的转速可缩短硬盘的平均寻道时间和实际读/写时间,但随着硬盘转速的不断提高也带来了温度升高、电机主轴磨损加大、工作噪声增大等负面影响。

硬盘接口有 ATA、IDE、RAID、SATA、SCSI/SAS 和光纤通道接口等。现在个人电脑主要使用 SATA 接口,而服务器主要使用光纤通道接口和 SAS 接口。另外,在服务器磁盘方面,常用 RAID 接口,实现数据快速读/写和数据冗余备份。为了实现更加可靠的数据读/写和超大容量数据的存取,有的服务器还常常配备专用存储设备,由很多块硬盘组合而成,如图 2-41 所示。

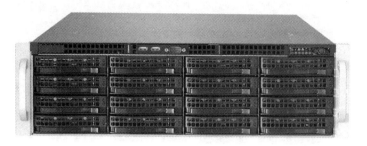

图 2 - 41　存储服务器

(3) 光媒介数据载体——光盘

光盘是以光信息作为存储的载体,利用激光原理进行读/写的设备。20 世纪荷兰飞利浦(Philips)公司的研究人员使用激光光束来进行记录和重放信息的研究。1972 年,他们的研究获得了成功,1978 年投放市场,生产出了第一套光盘系统——激光视盘(LD,Laser Vision Disc)系统。光盘是迅速发展的一种辅助存储器,可以存放各种文字、声音、图形、图像和动画等多媒体数字信息。光盘分成两类:一类是只读型光盘,其中包括 CD - Audio、CD - Video、CD - ROM、DVD - Audio、DVD - Video、DVD - ROM 等;另一类是可记录型光盘,它包括 CD - R、CD - RW、DVD - R、DVD + R、DVD + RW、DVD - RAM、Double layer DVD + R 等各种类型。图 2 - 42 所示为用于台式计算机的 DVD 驱动器,它可以读/写 DVD 格式的光盘。

图 2 - 42　台式机 DVD 光盘驱动器

光盘主要分为五层,包括基板、记录层、反射层、保护层和印刷层。一次性记录的 CD - R 光盘主要采用(酞菁)有机染料,当此光盘在进行烧录时,激光就会对在基板上涂的有机染料进行烧录,直接烧录成一个接一个的"坑",这样有"坑"和没有"坑"的状态就形成了"0"和"1"的信号,这一个接一个的"坑"是不能恢复的;对于可重复擦/写的 CD - RW 而言,所涂抹的就不是有机染料,而是某种碳性物质,当激光烧录时,通过改变碳性物质的极性,来形成特定的"0""1"代码序列。这种碳性物质的极性是可以重复改变的,这也就表示此光盘可以重复擦/写。在实际应用中,读取和烧录 CD、DVD、蓝光光盘的激光是不同的。CD 的容量只有 700 MB 左右,DVD 的容量则可达到 4.7 GB,而蓝光光盘的容量可以达到 25 GB。它们之间的容量差别,同其相关的激光光束的波长密切相关。

　　光盘的诞生促进了世界影视娱乐业的发展。其中用于声频的 CD,是一个用于存储声音信号轨道如音乐的标准 CD 格式。CD 数字声频信号格式的发展使声频 CD 获得巨大成功,并由此扩大到数据存储领域,发展出各种数字光盘格式。与各种传统的数据存储媒体如软盘和录音带相比,光盘最适于存储大量数据,它可以是任何形式或组合的计算机文件、声频信号数据、照片映像文件、软件应用程序和视频数据。光盘的优点包括耐用性、便利和有效的花费。在互联网不是很发达的时候,光盘常常用来分发大型的软件产品,比如操作系统、数据库或者游戏软件。不过,随着互联网带宽的迅速提高和上网费用的降低,还由于 U 盘的大量使用和 U 盘容量的迅速增加,光盘在数据容量大和便携性方面的优势都被取代。如今人们使用更多的是虚拟光驱以及配合的虚拟光驱文件(例如 ISO 格式的文件)。

(4) 半导体数据存储载体——固态硬盘、U 盘

1) 固态硬盘

　　固态硬盘(solid state disk),简称固盘。固态硬盘是用固态电子存储芯片阵列制成的硬盘,由控制单元和存储单元(FLASH 芯片、DRAM 芯片)组成。固态硬盘在接口的规范和定义、功能及使用方法上与普通硬盘的完全相同,在产品外形和尺寸上也完全与普通硬盘一致,图 2－43 所示为固态硬盘与机械硬盘结构对比。固态硬盘的存储介质分为两种:一种是采用闪存(FLASH 芯片)作为存储介质,另一种是采用 DRAM 作为存储介质。基于闪存的固态硬盘最大的优点就是可以移动,而且数据保护不受电源控制,能适应各种环境,适合个人用户使用,缺点是有一定的使用寿命限

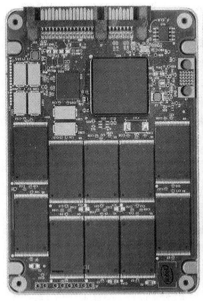

图 2－43　固态硬盘与机械硬盘结构对比

制,不过最新的这类固态硬盘寿命已经大大延长。基于 DRAM 的固态硬盘,应用范围较窄,是一种高性能的存储器,而且使用寿命很长,美中不足的是需要独立电源来保护数据安全,所以应用较少。1989 年,世界上第一款固态硬盘出现。2006 年 3 月,三星率先发布一款 32 GB 容量的固态硬盘笔记本电脑。2010 年 2 月,美光发布了全球首款 SATA 6 Gb/s 接口固态硬盘,其读/写速度突破了 SATA 接口 3 Gb/s 的限制。现在新一代固态硬盘普遍采用 SATA - 2、SATA - 3 和 SAS 等接口。

固态硬盘与机械硬盘相比,其最大优势就是读取速度远远大于机械硬盘,持续读/写速度超过了 500 MB/s,尤其是在随机读/写方面。不过缺点也很明显,有一定的使用寿命,容量不太大且售价高昂。现在固态硬盘一般作为机械硬盘使用,使用它来做系统盘,能够使老旧的 PC 性能有数量级的提升,用在数据库服务器上能够立即提升数据库读/写效率。

2) U 盘

U 盘,全称 USB 闪存盘,中国朗科公司是 U 盘的全球第一个发明者。它是一种使用 USB 接口的无需物理驱动器的微型高容量移动存储产品,通过 USB 接口与电脑连接,实现即插即用。U 盘主要由 USB 主控芯片和 FLASH(闪存)芯片组成。现在 1 GB 存储容量以下的 U 盘都已经淘汰,目前存储容量最高可达 1 TB,使用的接口也从 USB2.0 发展到 USB3.0、USB3.1,高端 U 盘甚至都突破了 300 MB/s 的读/写速度。

U 盘最大的优点就是小巧、便于携带、存储容量大、价格低、性能可靠。U 盘体积很小,仅大拇指般大小,质量极轻,一般在 15 g 左右,特别适合随身携带。U 盘中无任何机械式装置,因此抗震性能极强;另外,它还具有防潮防磁、耐高低温等特性,安全、可靠性很好。以今天的视角来看,软盘容量小、单位容量成本高、速度慢且可靠性差。所以,当 U 盘出现后,软盘很快就被淘汰了,甚至连光驱也要淘汰了,移动便携存储成了 U 盘的天下。

2.2　算法＋数据结构＝程序

获得图灵奖的 Pascal 之父——Nicklaus Wirth 曾经提出过一个著名的公式:算法＋数据结构＝程序。这个公式对计算机科学的影响程度类似于物理学中爱因斯坦的"$E = mc^2$"——一个公式展示出了程序的本质。要理解这个公式,可以先从图灵机说起,这里面提到了"程序"这个概念。

图灵在他 24 岁发表的《论可计算数及其在判定问题中的应用》中提出了一种抽象模型——图灵机。这种当时只存在于想象中的机器由一个控制器、一个读/写头和一根无限长的工作纸带组成。纸带起着存储的作用;读/写头能够读取纸带上的信息,并将运算结果写进纸带;控制器则负责对搜集到的信息进行处理。图灵机的结构看起来非常简单,但事实上,它与算盘之类的古老计算器有本质的区别:如果在控器中输入不同的**程序**,它就能够处理不同的任务。这意味着,图灵机实际上是一种"通用计算机"。

图灵机分为两大部分——实体的机器和虚拟的程序。前者指控制器、读/写头和纸带;后者指"程序",程序需要输入控制器中,控制器根据程序来控制读/写头读取和写入数据到纸带上。这相当于人打算盘解决计算问题,人的大脑是控制器,人的手是读/写头,算盘就是那个无限长的纸带,程序就在人的大脑中,是运算指令,这些指令就是操作算盘的"口诀"。所以图灵机说的是一个计算系统,而算盘是一个计算工具,计算工具包含在计算系统中,不是同一个东西,自然有本质的区别。

20世纪30年代中期,美国科学家冯·诺依曼大胆地提出:抛弃十进制,采用二进制作为数字计算机的数制基础。同时,他还说预先编制计算程序,然后由计算机来按照人们事前制定的计算顺序来执行数值计算工作。人们把冯·诺依曼的这个理论称为冯·诺依曼体系结构,如图2-44所示。从EDVAC到当前最先进的计算机所采用的都是冯·诺依曼体系结构。所以冯·诺依曼是当之无愧的数字计算机之父。

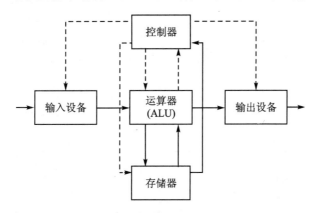

图2-44 冯·诺依曼体系结构

笔者发现,冯·诺依曼体系结构与图灵机很像,输入设备和输出设备就是那个无限长的纸带,源源不断地输入和输出,不过,冯·诺依曼明确地提出了"程序存储"的概念:程序保存在存储器中,控制器从存储器读取一个程序指令,如果是运算指令则让运算器执行这个指令,如果是控制指令则跳转到程序指定的位置,获取下一个指令;运算器执行运算后,将结果保存到存储器上,也可以根据控制器的指令,从存储器读取一个数据准备用于运算。这样就实现了不断"读取程序—执行程序"的过程,期间将结果输出到输出设备上。在这个体系结构中,"程序"起到了很重要的作用,这个程序包含一系列计算过程,要反复处理多次数据,这些数据必然以一定结构存储在存储器中,这些计算过程就是"算法",而这些存储器中的数据就是以某种数据结构存储的数据。所以,"算法+数据结构=程序"这个公式就是冯·诺依曼体系结构计算过程的抽象,也是图灵机计算过程的抽象。因此,程序的设计变得非常重要,而要设计好一个程序,就必须重视算法和数据结构。

在实际的计算机系统中,冯·诺依曼体系结构中的运算器、存储器和控制器分别是中央处理器(CPU)中的运算单元、存储单元和控制单元,输入设备和输出设备就是计算机系统的外设,包括显示器、外部存储器(比如内存、磁盘)、网卡、语音输入/输出设备等。存储单元主要指 CPU 中的寄存器、高速缓存(又可能分为 1、2、3 级缓存)。程序执行时,CPU 从内存读取程序和数据,将它们暂存到高速缓存中,这个工作流程如图 2-45 所示。因此,CPU 运行速度除了运算单元的运算速度外,最重要的就是 CPU 需要的程序指令和数据是否已经在存储单元中,如果没有就要去内存读取,与运算单元的执行时间相比这是一个很缓慢的过程。那么怎样才能高效地取到指令和数据呢? 现代 CPU 会根据已经执行的指令进行"指令预测",预测后面需要执行的指令,并将该指令需要的数据读取出来,这个高效的预测方案成为 CPU 设计的关键。

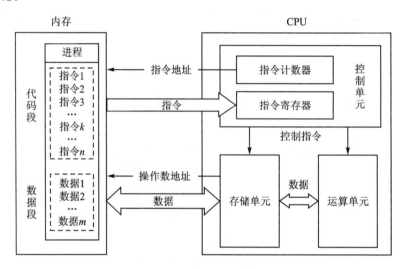

图 2-45 CPU 工作流程图

在 CPU 的设计中,为了加快数据读取效率,CPU 一般都是从内存中批量读取数据的。由于内存都是半导体存储芯片,它的存储结构就像一条很长的纸带,数据是按顺序存储的,所以一次性读取相邻近的数据是最高效的,否则就需要多条数据读取指令,从不同的内存地址读取数据。在所有的数据结构中,数组就是按顺序连续存储的数据结构,因此,数组是对 CPU 最友好的数据结构。假设我们的程序是基于数组来计算处理的,这将是一个很高效的程序。如果使用链表、队列、堆栈、树这样的数据结构,数据在内存里就不是连续的,需要移动指针地址在内存中多次读取。

上面说了程序按顺序处理的算法,在 CPU 的程序基本控制指令中,还有分支跳转指令,合适的跳转指令将构成循环执行的效果,因此基本的程序处理算法就是顺序、分支和循环的计算方法,常说的结构化编程就是运用这种程序计算方法,所有算法都是以此为基础的。程序算法有几个特点:

- 能在有限的操作步骤完成；

- 每个步骤确定，步骤的结果确定；

- 每个步骤能有效执行，能得到确定的结果；

- 有零个或者多个输入；

- 有一个或者多个输出。

同一问题可用不同算法解决，而一个算法的质量优劣将影响算法乃至程序的效率。算法分析的目的在于选择合适算法和改进算法。一个算法的评价主要从时间复杂度和空间复杂度来考虑，常常需要在这两者之间进行权衡，而不是单纯地追求速度最快。例如，从一个集合中查找数据，假设集合的元素有序，那么使用二分查找法占用空间小且速度也很快；假设集合元素无序，那么构造一个字典数据结构采用哈希法来查找数据是最快的，但会多占用一些内存空间。所以选择什么算法，与数据结构有很大的关系。

用计算机解决问题的算法有很多，这些算法常常与特定的数据结构有关，这方面的专业书籍也很多，限于本书主题这里不做详细介绍。

2.3 数据与面向对象编程

前面说到，现代计算机的结构就是冯·诺依曼体系结构，它的程序执行过程就是顺序执行和跳转指令执行，从而形成最基本的程序执行结构：顺序、分支、循环。基于这种结构形成了结构化编程范式，它采用子程序、程式块（英语：block structures）、for 循环以及 while 循环等结构，来取代传统的 goto 跳转，希望借此来改善计算机程序的明晰性、品质以及开发时间。早期的结构化编程语言包括 ALGOL、Pascal、PL/I 及 Ada，后来大部分程序式编程语言都鼓励使用结构化程式设计。结构化编程完全针对运行过程进行编程，要求程序员具有清晰的、环环相扣的逻辑。所以采用流程图和自上而下的设计方式是进行结构化编程最重要的设计方法，这种设计方法的主要思路是将一个大问题分解为多个小问题来解决，再针对每个小问题编写方法。然而，这种软件生产方式无法满足迅速增长的计算机软件需求，从而导致软件开发与维护过程中出现一系列严重问题，史称"软件危机"。

下面来看为何会造成这样一种危机。也许经验丰富的程序员会遇到复杂的业务问题，业务分析人员会给我们一个非常复杂的业务流程图，看起来眼花缭乱。我们在进行正式编码时往往还需要对里面的一些流程进一步细化。采用结构化编程的方法，实际的代码流程比这个流程还要复杂。面对一堆函数、一堆全局变量，要搞清楚一个数据的来龙去脉很困难，这给调试和维护带来了严重问题。更严重的是，多个程序员一起编程，不经意之间修改了别的程序员的函数，调用了不该调用的方法，不小心修改了某个全局变量的值，规模越大的软件，这个问题越严重。如果我是那个时代的程序技术经理，做的第一个规定就是每个程序员负责一小块功能，独立开发，不允许调用别的程序员写的函数,只能向系统发一个消息,别的程序看到这个消息之后,处理这个消息,然后将处理结果再以消息的方式返回给系统,换言之,就是严格地将每个程序员程序中的函数和数据(全局变量)封装起来,程序之间只可以通过消息进行通信,所有程序通过这种机制协调一致完成工作。

也许有程序员会觉得我的这个规定"非常极端",但是,面对错误频出、bug 不断、项目不断延期,我认为造成这个问题的原因就是结构化编程导致程序员的"自由度"太大,全局变量被滥用,数据安全没有得到保护,因此必须将数据保护起来,我"极端"的规定就是不允许使用全局变量来进行程序之间的数据交互,只能通过系统消息进行通信。我想多数技术经理都会同意我的做法。实际上,并非我一个人这样想,第一个面向对象的编程语言——Smalltalk,在语言设计层面就是这样做的。

对象作为编程实体最早于 20 世纪 60 年代由 Simula 67 语言引入思维。Simula 语言是 Ole-Johan Dahl 和 Kristen Nygaard 在挪威奥斯陆计算机中心为模拟环境而设计的。这种办法是分析式程序的最早概念体现。在分析式程序中,我们将真实世界的对象映射到抽象的对象,这叫做"模拟"。Simula 不仅引入了"类"的概念,还应用了实例这一思想——这可能是这些概念的最早应用。20 世纪 70 年代施乐 PARC 研究所发明的 Smalltalk 语言将面向对象程序设计的概念定义为,在基础运算中,对对象和消息的广泛应用。Smalltalk 的创建者深受 Simula 67 主要思想的影响,但 Smalltalk 中的对象是完全动态的——它们可以被创建、修改并销毁,这与 Simula 中的静态对象有所区别。此外,Smalltalk 还引入了继承性的思想,它因此一举超越了不可创建实例的程序设计模型和不具备继承性的 Simula。因此 Smalltalk 被公认为历史上第二个面向对象的程序设计语言和第一个真正的集成开发环境 (IDE),语言完全基于 Simula 的类和消息的概念,对其他众多的程序设计语言的产生起到了极大的推动作用,90 年代的许多软件开发思想得益于 Smalltalk,例如设计模式、极限编程和重构的思想。

现在使用的编程语言如 C++、C♯、JAVA 都采用了面向对象编程(OOP)的思想,将对象的数据和方法进行封装,提供访问它们的不同保护级别,支持类的继承和对象的多态特性。这是面向对象的三个基本原则。但出于程序执行效率考虑并没有采用 Smalltalk 的消息机制,这个面向消息的机制在现今并发编程越来越重要的时代,形成了一种新的编程模型——Actor 编程模型,最近几年比较流行的编程语言 Scala 语言提供了 Actor 模型,基于此模型编写了著名的 Akka 分布式并发编程框架,从而使 Scala 一炮走红。

2.4　数据与函数式编程

函数式编程(Functional Programming,FP)并不是一个新概念,只是近几年被人们越来越多地提起,这在现今面向对象编程(OOP)占据主导的时代成为一个新鲜事情。实际上,它比 OOP 还早,FP 语言的鼻祖就是大名鼎鼎的 Lisp 语言,Lisp 是基于 λ 演算的函数式语言。λ 演算,又作 Lambda 演算,是一套用于研究函数定义、函数应用和递归的形式系统。它由 Alonzo Church 和 Stephen Cole Kleene 在 20 世纪 30 年代引入。这种演算可以用来清晰地定义什么是一个可计算函数。λ 演算可称为最小的通用程序设计语言。它包括一条变换规则(变量替换)和一条函数定义方式,λ 演算的通用在于,任何一个可计算函数都能用这种形式来表达和求值。因而,它是等价于图灵机的。这意味着,基于 λ 演算的程序可以运行在图灵机上,也就是冯·诺依曼体系结构的计算机上,只不过效率可能不太高,所以,在 Lisp 语言发明之后,一度流行过专门运行 Lisp 程序的 Lisp 机。

实际上,不管是结构化编程还是面向对象编程,这两种编程范式都是属于命令式编程,都是专注于解决问题的步骤。与命令式编程不同的,一个是陈述式编程,如 Prolog 语言;另一个是函数式编程。

函数式编程与命令式编程最大的不同在于:函数式编程关心数据的映射,命令式编程关心解决问题的步骤。这里的映射就是数学上"函数"的概念———一种东西与另一种东西之间的对应关系。举一个数学上函数的例子:

```
y = f(x)
```

对于函数 f,任何时候给定一个参数 x,总能得到一个确定的值 y,也就是说,参数 x 和函数值 y 存在一个确定的对应关系,也可以这样说,y 表示函数 F。这个概念区别很重要,对于命令式编程,y 是一个变量,它现在得到的是函数 f 计算的结果,而不是函数 F 本身,因为这个赋值语句会马上执行,计算出函数的值,赋值给变量 y。然而,对于函数式语言,变量 y 的值是不可改变的,它的值就是当前函数 f,所以之后将变量 y 赋予一个其他值是不允许的,可以认为变量仅仅是值的名称,这就是函数式语言的"变量不变性"。所以,我们只能复制一个值,而不能改变一个(变量的)值。概括起来,函数式语言有以下几个核心特征:

①"函数"是一等"公民",如同命令式语言中的"变量",函数可以赋值给其他变量,可以作为其他函数的参数,或者作为其他函数的返回值。

② 不修改变量的值。

③ 只有表达式,没有语句。此处的语句指的是没有返回值的某些操作。

④ 引用透明(referential transparency),函数的运行不依赖于外部变量或"状态",简单地说就是,同一个输入(参数),总是会产生同一个输出(返回值),这与数学函数的特征很一致。命令式语言因为全局变量等的存在,就无法做到这一点。

⑤ 对比命令式语言,递归形式的循环。

由于函数式语言具有以上这些特点,使得它对数据有天然的保护机制,可以避免数据在多线程环境下被意外修改,同时,这些特点使得不需要使用"锁"来保持状态的一致性,也就是不会出现"死锁",能够更好地利用多个处理器(核)提供的并行处理能力,这样就能应对一些高并发、高可靠的应用环境,如电信系统使用的一种通用程序语言——Erlang,它由瑞典电信设备制造商爱立信所辖的 CS - Lab 开发,目的是创造一种可以应对大规模并发活动的编程语言和运行环境。2005 年以来,计算机计算能力的增长已经不依赖 CPU 主频的增长,而是依赖 CPU 核数的增多,传统命令式语言在多核或多处理器环境下的程序设计是很困难的,而这正是函数式编程开始重新流行的原因。

2.5　数据的成本

2.5.1　CPU 寄存器和内存数据

寄存器是中央处理器内的组成部分。寄存器是有限存储容量的高速存储部件,它可用来暂存指令、数据和地址,包括通用寄存器、专用寄存器和控制寄存器。寄存器拥有非常高的读/写速度,所以在寄存器之间的数据传送非常快,在 0.3 ns 左右。

寄存器是内存阶层中的最顶端,也是系统获得操作资料的最快速途径。寄存器通常都是以它们可以保存的位元数量来估量,如一个"8 位元寄存器"或"32 位元寄存器"。寄存器的功能十分重要,CPU 对存储器中的数据进行处理时,往往先把数据取到内部寄存器中,再作处理。寄存器分为内部寄存器和外部寄存器,8086 CPU 有14 个内部寄存器:AX、BX、CX、DX、SI、DI、SP、BP、IP、CS、SS、DS、ES、PSW。表 2 - 1 所列为使用汇编语言操作寄存器的示例。

表 2 - 1　使用汇编语言操作寄存器的示例

汇编指令	控制 CPU 完成的操作	高级语言伪代码
MOV AX,10	将 10 送入寄存器 AX	AX=10
MOV AH,18	将 18 送入寄存器 AH	AX=18
ADD AX,5	将寄存器 AX 中的数值加上 5	AX=AX+5
MOV AX,BX	将寄存器 BX 的数据送入 AX	AX=BX
ADD AX,BX	将 AX 和 BX 的数值相加,然后结果存入 AX 中	AX=AX+BX

CPU 访问内存单元时要给出内存单元的地址,所有的内存单元构成的存储空间是一个一维的线性空间,这个唯一的地址称为物理地址。不同的 CPU 有不同的形成物理地址的方式。这些地址也存放在寄存器上。

理想状态下,存储器的执行速度应该比计算机的运算速度快,这样才可以最大化地利用 CPU 的计算能力。寄存器的读取和 CPU 的运算速度一样快,成本也是一样高,所以寄存器不可能做得很大,只好向内存读取数据,但读取内存很慢,需要 50～100 ns。为了得到较快的读取速度,在系统主内存与寄存器之间,采用较为快速而成本较高的 SDRAM 做一层缓存,这个缓存比寄存器的速度要慢 1/2,大约 1 ns,但比主内存又快了很多。CPU 向内存读取数据时,首先查询缓存区是否有对应数据,如果有则直接读取,无需再从内存中读取。高速缓存中存储的都是内存中的数据,这部分数据是 CPU 访问比较频繁的部分。系统也会动态管理缓存中的数据,如果数据的访问频率降低到一定值,就将其从缓存中移除,而将内存中访问频率更高的数据替换进去。为了缓存更多的数据,高速缓存又分为一级缓存、二级缓存和三级缓存,二级缓存的读取速度为 3~10 ns,三级缓存为 10~20 ns,缓存容量能达到 2~4 MB。图 2-46 所示为 CPU 访问不同位置的数据所消耗时间的示意图。

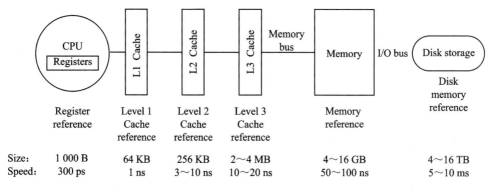

图 2-46 CPU 访问数据时间图

内存是计算机运行过程中的存储主力,用于存储指令(编译好的代码段),运行中的各个静态、动态和临时变量,外部文件的指针等。寄存器和高速缓存只是加速存储速度的中间部件,原始运行文件肯定都是先加入内存中的,因此内存的大小决定了一个可运行程序的大小。内存在 CPU 之外,通过系统总线访问,工作流程比寄存器多出许多步,每一步都会产生延迟,累积起来就使得内存比寄存器慢得多。

所以,应该将最频繁使用的数据放到寄存器中,将较高频率访问的数据放到高速缓存中,一般访问频率的数据放到主内存中,较少访问的数据放到磁盘这样的存储器中。数据能否放到缓存中,这与数据结构有关,比如使用数组,它就比链表、树这些数据结构更容易被缓存命中。寄存器和高速缓存都封装在 CPU 里面,因此我们也常说要编写对 CPU 友好的程序,这个方法对于高并发、高性能程序很重要,例如:

- 分配连续紧凑的内存(如数组),且最好不要超过 Cache Line 的大小;
- 尽量重复使用同一个变量,使其保持在寄存器中;
- 将共享在多线程间的数据进行隔离等。

注:Cache Line 可以简单地理解为 CPU Cache 中的最小缓存单位。目前主流的 CPU Cache 的 Cache Line 大小都是 64 B。假设我们有一个 512 B 的一级缓存,那么按照 64 B 的缓存单位来算,这个一级缓存所能存放的缓存个数就是 512/64=8(个)。

2.5.2 进程内缓存和分布式缓存

前面讲的寄存器和高速缓存,在计算机高级语言中都不能直接控制、使用,只能遵循一些面向 CPU 友好的编程原则来间接利用。能够直接使用的缓存就是进程内缓存、进程间缓存和分布式缓存。

1．进程内缓存

进程内缓存这个提法虽然不常见，但实际上经常使用。比如将一些常用的数据保存在静态变量、全局变量中，这样进程内都可以访问，这是最简单、最直接的做法，相信绝大部分程序员都这样做过。使用这种方式需要手动管理这些变量的赋值和清空它的值，没有自动的缓存管理机制，所以这也不算是一个完全的缓存系统。在一些应用容器或者框架里面提供了这些缓存对象和缓存管理机制。

绝大部分 Web 服务器都提供了缓存系统，比如设置 HTTP 头部的 Cache-Control 参数，在 IIS 中，可以设置 Cache-Control 的一些参数如下：

- Public 响应会被缓存，并且在多用户间共享。
- Private 响应只能作为私有的缓存，不能在用户间共享。
- No-cache 响应不会被缓存。
- No-store 响应不会被缓存，并且不会写入客户端的磁盘里，这也是基于安全考虑的某些敏感的响应才会使用这个。
- Max-age=♯seconds 响应将会在某个指定的秒数内缓存，一旦时间过了，就不会被缓存。
- Must-revalidate 响应会被重用来满足接下来的请求，但是它必须到服务器端去验证它是不是仍然是最新的。

要更详细的操作缓存，比如缓存页面的某个部分、缓存某些变量，可以通过 Web 应用框架进行编程设置；比如 ASP.NET 提供了几种方法来缓存数据在客户端和服务器端，提供了以下三种实现方式：

① Session：会话状态管理，在服务器中缓存当前访问客户的数据，这些会话数据可以缓存在 IIS 的进程中；依赖于客户端的 Cookie 支持。

② Application：全局应用程序对象，所有用户都可以访问的应用程序对象，可以编程添加缓存的对象或者移除缓存的对象。

③ Cache objects：也是面向所有用户，可以根据设定的绝对时间过期的绝对过期，和在一定时间不访问就过期的平滑过期两种过期方式，所在命名空间是 System.Web.Caching，它的生命周期也依赖于应用程序，当应用程序初始化后它就开始重建。

我们必须非常清楚它们之间的优势，这样才能在 Web 程序中充分发挥它们的优势。另外，也可以使用 System.Runtime.Caching 做缓存平滑过期或者绝对过期，但这种缓存对象是面向所有用户的，而且也可以用于除 Web 应用程序之外的任何 .NET 应用程序，包括客户端程序和服务端程序，并且也可以使用它模拟进行会话状态管理。

进程内缓存的好处是进程内的程序可以直接访问，访问这些缓存对象不需要序列化和反序列化,因此相对分布式缓存,效率更高。当缓存的数据量不太大时,这应该是优先考虑的缓存方式。但是,当一个进程的内存占用很大时,可能会影响进程内的内存分配和使用,进而影响程序执行效率,甚至在一些 Web 服务器上默认会对超过一定内存的进程回收,为此需要将一些较大的数据缓存到独立的进程之中做进程间缓存。跨进程的进程间缓存的好处很明显,它可以充分利用系统内存,不会因为主进程崩溃而影响缓存的数据,特别是对于 Web 系统的用户会话状态,可以在 Web 服务器上进行设置使用独立的会话服务。进程间缓存的缺点是访问缓存数据不仅有进程间通信的开销,而且还有对象序列化和反序列化的问题,导致访问缓存数据的速度较进程内缓存下降不少。

2. 分布式缓存

当要缓存的数据导致当前服务器内存不够用时,或者多台主机需要共享数据时,就需要提供独立的服务器来缓存数据。因此缓存服务器才有专用的缓存软件,它们经过优化的设计,拥有很高的访问效率,能够最大化地利用服务器内存。多台服务器还可以组成一个缓存服务器集群,提供更大、更可靠的缓存服务。常用的分布式缓存软件有 Memcached、Redis 等,它们都可以通过 Key - Value 的方式进行访问。与进程间缓存一样,分布式缓存访问有数据的序列化和反序列化问题,此外还有更大的通信网络开销问题,但相比直接访问数据库服务器还是快了很多倍,且能够支持更大的并发访问量。

分布式缓存已经是构建互联网大型 Web 系统和其他复杂应用系统必不可少的基础架构,如图 2 - 47 所示的基于分布式集群的某应用系统架构,更多的内容请参考专门的著述。

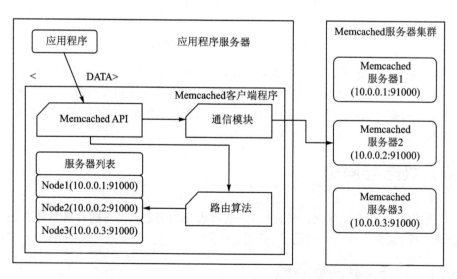

图 2 - 47   Memcached 分布式缓存服务集群示意图

2.5.3　持久化数据源

内存、缓存数据虽然读/写很快,但是断电数据不能保存,一些重要的数据需要写在成本比较经济且能够长久保存的数据载体上,比如磁带、磁盘、光盘、U 盘,通常使用大容量的机械硬盘。这些数据作为文件被保存在硬盘上。通常读/写硬盘文件的速度在 10 ms 以上,而要写在更大存储容量的磁带上,则更慢。如图 2 - 48 所示的数据存储成本金字塔,单位存储成本越高的读/写速度越快,而持久化存储的数据则很便宜。也可以认为,数据距离 CPU 越近,则越快,并且成本越高,反之亦然。数据的经济性与数据的读/写速度总是一对矛盾。

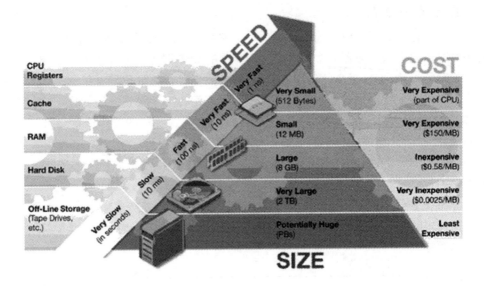

图 2 - 48　数据存储成本金字塔

持久化数据源除了普通的磁盘文件外,通常是指数据库。一般情况下很少使用脱机的存储介质,所以数据库是最慢的数据源,假设并发性和安全性不是数据的重点,能不用数据库就不用数据库,可直接使用文件来作为持久化数据源,比如文本文件、XML 文件、自定义的二进制数据文件等。

2.6　数据与消息

当数据在对象或系统之间传输时,它通常表现为消息或消息的各种具体实例,如命令或事件,甚至一个分布式请求,或消息队列。

2.6.1　命令、事件与消息

在 2.3 节数据与面向对象编程中说到,Smalltalk 被公认为历史上第二个面向对象的程序设计语言,它完全基于类和消息的概念,这两个概念也完全是模拟人类的思维方式和行为方式。这里用一个例子来说明命令、事件与消息这几个词语之间的关系。

用电水壶来烧开水,先向它发出一个"启动"命令,水壶检测到电源已经接通且内部有水,开始执行烧水命令。当水温达到 100 ℃时,触发了水烧开的"事件",此时发出鸣笛"消息",然后停止工作。

因此,在进行面向对象分析与设计(OOAD)和面向对象编程(OOP)时,"消息"的概念是很重要的,它抽象了对象状态改变前后的数据。它有最常见的使用方式,那就是"事件"。下面试着以 OOAD 的方法对这几个名词进行定义:

① 消息:一切对象之间的通信数据都可以抽象为消息,每条消息都有唯一标识,有消息数据,有发布消息的源对象标识。

② 命令:描述改变应用程序状态的意图。命令是一个特殊类型的消息,比如使用一个命令消息对象 CommandMessage 来包装消息数据结构体。命令总是有一个确切的目的地。虽然发送者并不关心由哪个组件来处理命令或该组件驻留在哪里,但它可能对它的结果感兴趣,所以命令发送后,允许返回结果消息。

③ 事件:描述应用程序中已经发生的事情的对象。事件可以是任何对象。当事件被分发时,实际使用的消息类型取决于事件的来源。所有事件都可以包装在一个事件消息对象 EventMessage 中。除了像唯一标识这种常见的消息属性,EventMessage 还包含一个时间戳。事件一旦发生就不可改变,这个特性有利于做"事件溯源",了解系统运行的详细过程。

在命令查询职责分离(CQRS)模式的具体实现里面,通常命令(Command)和查询(Query)都表现为系统之间交互的消息。CQRS 最早来自 Betrand Meyer(Eiffel 语言之父,开-闭原则 OCP 提出者)在 *Object - Oriented Software Construction* 这本书中提到的一种命令查询分离 (Command Query Separation,CQS) 的概念。其基本思想在于,任何一个对象的方法可以分为两大类:

● 命令(Command):不返回任何结果(void),但会改变对象的状态。

● 查询(Query):返回结果,但是不会改变对象的状态,对系统没有副作用。

CQRS 模式的应用实际上早就有了,比如数据库读写分离,主库接收增删改的命令,而从库只接收查询的请求,读写分离使得数据库可以支持更大的访问量。下面是一个使用 CQRS 模式的架构,来自用户端的命令作用于领域模型对象,经过领域模型对象处理后由聚合根对象产生事件,事件发送到事件总线,并同时存储到事件源数据库。事件处理器接收事件消息后,将数据持久化到业务数据库。另一方面,来自用户端的数据查询请求(表现为查询消息)经过一个相对轻量级的数据层,直接查询数据库得到数据。这种架构能够应对较高的系统并发。图 2-49 所示为一个 CQRS 的架构示意图。

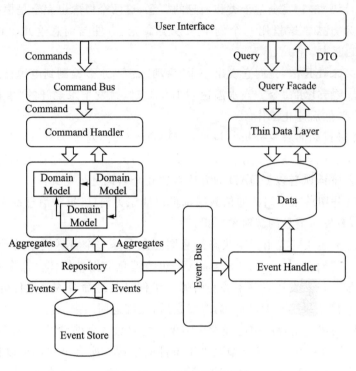

图 2 - 49　CQRS 架构示意图

2.6.2　实时消息与消息队列

　　当数据在对象或者系统之间传输时,它通常表现为消息。可以将消息包装为各种实例,例如包装为邮件消息,有消息的发送人、发送时间、接收人、接收地址等附加信息。我们向远方的朋友写一封信,邮局总是要在指定的时间才会进行邮件投递,在邮局会产生很多待投递的邮件,这样总是需要过一段时间朋友才能收到这封信,这种消息就不是实时的。在计算机软件系统中这种消息通信系统就是消息队列。现在我们对通信要求越来越高,希望能够第一时间让对方接收到消息,就产生了实时消息系统,比如电话、短信以及各种即时聊天工具软件。

　　根据消息的发送和接收的方式,有**点对点的消息**,比如电话,或者分布式系统中客户端与服务器之间的"请求-响应"模式;有**广播类型消息**,消息有多个接收端,比如手机短信,或者分布式系统中服务器与客户端之间建立的"发布-订阅"模式。"请求-响应"模式常常表现为实时消息,客户端发起一个连接请求,同时将消息提交给服务器,服务器接收到消息,处理完成后就将结果返回给客户端。例如 HTTP 请求,RPC请求。"发布-订阅"模式根据消息的获取方式又分为客户端拉取消息的"请求订阅"和服务器推送消息的"推送订阅"两种方式:

　　① 请求订阅:客户端不断轮询服务器是否有消息的实现方法,或者客户端发起

请求后服务端如果没有消息就将客户端的请求挂起,直到有消息返回为止的长轮询方法。轮询与长轮询两者本身存在着缺陷:轮询需要更快的处理速度;长轮询则更要求处理并发的能力。两者都是"被动型服务器"的体现,服务器不会主动推送信息,而是在客户端发送请求后进行返回的响应。如果轮询的间隔时间很短,发布者的消息很快就能被订阅者拉取消费掉,这样也能有"准实时"消息的效果。所有消息队列产品都支持这种方式消费消息。

② 推送订阅:客户端和服务器保持连接,当服务器有消息时,服务器将消息推送给客户端。这样就能做到真正的实时消息通信。WebSocket 就是这种方式,某些消息队列产品支持这种方式,由消息队列服务器推送消息给消费者。

图 2-50 和图 2-51 所示为这两种订阅方式的示意图。

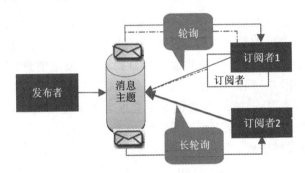

图 2-50　发布订阅模式之请求订阅

图 2-51　发布订阅模式之推送订阅

在推送订阅中,如果一个发布者对应一个订阅者进行点对点的消息推送,那么此时发布者能够获得消息在订阅者的处理结果,就像发布者调用了订阅者的"回调方法"一样,如图 2-52 所示。建立这种点对点的发布订阅方式,将之前普通 RPC/Web API 这种简单的服务被动响应请求消息的状况,变成服务主动推送消息,能够实现复杂的消息通信机制,比如建立 Actor 通信模型。

发布订阅之推送订阅或点对点订阅能够实现真正的"实时消息"通信,可以用于一些消息处理实时性要求很高但消息订阅者数量不是特别大的场景。PDF.NET 框架的 iMSF 框架提供了这样的功能,详细信息请参考笔者的博客文章《"一切都是消息"——iMSF(即时消息服务框架)入门简介》,链接地址:https://www.cnblogs.com/bluedoctor/p/7605737.html。

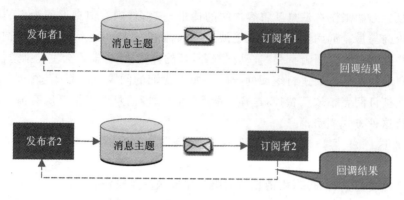

图 2-52　发布订阅模式之点对点方式

上面讲的这些消息通信过程中,如果订阅者不能很快处理完发布者的消息,发布者将被迫等待订阅者处理结束。这可以通过异步方法来完成,但是更好的方案是发布者将消息写入消息队列而不是直接发送给订阅者,这就是消息队列。在消息队列里,消息发布者叫做"生产者",消息订阅者叫做"消费者"。通过复杂的机制可以确保消息队列不会丢失消息,这在一些关键的系统里是很重要的特点,同时还使得消息"生产者"和"消费者"可以独立工作互不影响,起到削峰填谷的效果,应对系统的峰值并发情况,平稳地提供服务。图 2-53 所示为图 2-52 改进后的消息队列的一个示意图。

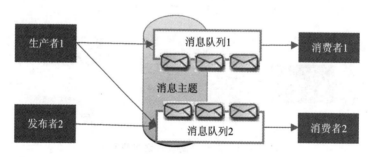

图 2-53　消息队列示意图

目前业界有很多 MQ 产品,常用的有 ZeroMQ、RabbitMQ、ActiveMQ、RocketMQ、Kafka、MSMQ 等,它们各有特点和适用的场景,限于本书主题这里就不做过多介绍了。

2.7　XML 与数据文件

可扩展标记语言（Extensible Markup Language,XML）,用于标记电子文件使其具有结构性的标记语言,可以用来标记数据、定义数据类型,是一种允许用户对自己的标记语言进行定义的源语言。XML 提供统一的方法来描述和交换独立于应用程序或供应商的结构化数据。XML 的简单使其易于在任何应用程序中读/写数据，这使 XML 已经成为跨平台的数据交换的标准语言，能够很容易地在 Windows、Mac OS、Linux 以及其他平台下使用。XML 文档有 XML 元素、元素的属性和元素内的文本，另外还有 XML 声明，包括字符集、版本和命名空间等。

由于 XML 太常见了，相信绝大部分程序员对此都比较了解，你只要创建或者打开一个软件项目，就能看到描述项目信息的 XML 文件或者配置文件，比如 ASP. NET Web 应用程序的 Web. config 文件或者其他应用类程序的应用配置 app. config 文件，所以这里对 XML 的概念和具体应用不做过多说明，只介绍几个使用 XML 的技巧。

(1) 将对象序列化成 XML 字符串

```
public string Serializer(object obj)
{
    StringBuilder sb = new StringBuilder();
    XmlWriter xw = XmlWriter.Create(sb);
    XmlSerializer xs = new XmlSerializer(obj.GetType());
    xs.Serialize(xw, obj);
    return sb.ToString();
}
```

(2) 将 XML 字符串反序列化成类型 T 的对象

```
public T Deserialize <T> (string input) where T : class, new()
{
    XmlSerializer xs = new XmlSerializer(typeof(T));
    var desObj = xs.Deserialize(new System.IO.StringReader(input));
    T des = desObj as T;
    return des;
}
```

(3) 使用 Linq2XML 读/写 XML 的示例
先定义一个扩展方法。

```
public static class XDocumentExtentsion
{
    //生成 XML 的声明部分
    public static string ToStringWithDeclaration(this XDocument doc,
                SaveOptions options = SaveOptions.DisableFormatting)
    {
        return doc.Declaration.ToString() + doc.ToString(options);
    }
}
```

然后像下面这样使用：

```
public string CreateMsgResult(string loginUserId,string corpid, string msg,string ts)
{
    var xDoc = new XDocument(
        new XDeclaration("1.0", "UTF - 8", null),
        new XElement("result",
            new XElement("corpid", corpid),
            new XElement("userid", loginUserId),
            new XElement("ts", ts),
            new XElement("sendmsg", msg)
        ));
    return xDoc.ToStringWithDeclaration();
}


public ResponseMessage ParseXMLString(string xml)
{
    var xDoc = XDocument.Parse(xml);
    if (xDoc == null) return null;
    var root = xDoc.Element("result");
    if(root == null)
        throw new Exception ("not found the 'result' root node,input XML\r\n" + xml);
    ResponseMessage result =
    new ResponseMessage()
    {
        ErrorCode = root.Element("rescode").Value,
        ErrorMessage = root.Element("resmsg").Value,
        RedirectUrl = root.Element("redirect_url") == null ?
                "" : root.Element("redirect_url").Value
    };

    return result;
}
```

(4) 使用 VB. NET 操作 XML

之前说过 XML 是 VB. NET 的内置数据类型,但 C♯ 没有 XML 类型,下面介绍在 VB. NET 里面怎么使用 XML。

使用 XElement 类型定义 XML 数据,如图 2 - 54 所示。

在 XML 类型中直接嵌套需要动态取值的变量名,很像写 ASP. NET 页面,如图 2 - 55 所示。

一般情况下的 XML 文件都比较小,但是作为数据文件使用时,XML 文件可能

```vb
Private Sub CreateEntitySqlMapFile(ByVal filePath As String)
    Dim fileName As String = filePath & "EntitySqlMap.config"
    If Not My.Computer.FileSystem.FileExists(fileName) Then
        Dim xmlDoc As XElement = _
<configuration>
    <Namespace name="DemoNameSpace">
        <Map name="DemoSqlName">
            <Sql>
                <![CDATA[ select * from table ]]>
            </Sql>
        </Map>
    </Namespace>
</configuration>
        xmlDoc.Save(fileName)
    End If

End Sub
```

图 2-54 XElement 使用示例

```vb
1 个引用
Private Sub WriteEntitySQLMapFile(ByVal configFilePath As String, ByVal classNames
    Dim fileName As String = configFilePath & "EntitySqlMap.config"
    Dim xmlDoc As XElement = XElement.Load(fileName)
    Dim objNamespace = From element In xmlDoc.<Namespace> _
                    Where element.@name = classNamespace _
                    Select element

    If objNamespace.Count > 0 Then
        '存在该命名空间，准备添加或者修改节点
        Dim objMap = From element In objNamespace.<Map> _
                    Where element.@name = sqlName _
                    Select element

        If objMap.Count > 0 Then
            '修改
            Dim objSql As XElement = objMap.ToList()(0).<Sql>.FirstOrDefault
            objSql.RemoveNodes()
            objSql.Add(New XCData(sql))
        Else
            '添加                              变量名
            Dim newMap As XElement = _
            <Map name=<%= sqlName %>>
                <Sql>
                    <%= New XCData(sql) %>
                </Sql>
            </Map>
            objNamespace(0).Add(newMap)
        End If
```

图 2-55 XML 嵌套变量

很大。常规操作 XML 的方法其实是需要将 XML 文件内容全部载入内存操作。这种情况下可以使用 XPath 查找和操作指定的 XML 节点。如以下示例：

```
XPathDocument document = new XPathDocument("books.xml");
XPathNavigator navigator = document.CreateNavigator();
XPathNodeIterator nodes = navigator.Select("/bookstore/book");

while(nodes.MoveNext())
{
    Console.WriteLine(nodes.Current.Name);
}
```

此示例的详细内容，请参考 MSDN 的页面内容：https://docs. microsoft. com/zh－cn/dotnet/standard/data/xml/select－xml－data－using－xpathnavigator。

XML 毕竟是基于文本的内容格式，所以它在管理较大数据内容时效率不高，且数据安全得不到保障。建议自定义数据文件格式，通过二进制的方式来操作它。SOD 框架的"内存数据库"就采用这个方案，将实体类集合的数据保存为指定格式的二进制文件，相关源码在 SOD 框架解决方案的 OtherExtensions\PWMIS. MemoryStorage 项目中。详细内容参见 7.1 节内存数据库。

2.8 关系数据库与 NoSQL

数据库可以看成是存储和管理大量数据的系统。在关系数据库诞生之前，就已经有了各种数据库，例如网状数据库和层次数据库。Windows 系统注册表就是一个层次数据库。早期人们存储和访问数据，都需要指定数据的结构和数据的路径，后来出现的关系数据库解决了这个问题。1970 年，IBM 公司的研究员 E. F. Codd 博士发表的《大型共享数据银行的关系模型》一文提出了关系模型的概念，论述了范式理论和衡量关系系统的 12 条标准，如定义了某些关系代数运算，研究了数据的函数相关，定义了关系的第三范式，从而开创了数据库的关系方法和数据规范化理论的研究，为此他获得了 1981 年的图灵奖。

关系数据模型是以集合论中的关系概念为基础发展起来的。关系模型中无论是实体还是实体间的联系均由单一的结构类型——关系来表示。在实际的关系数据库中的关系也称表。一个关系数据库就是由若干个表组成。关系模型是指用二维表的形式表示实体和实体间联系的数据模型。关系模型有严格的数学基础，抽象级别比较高，而且简单清晰，便于理解和使用，所以一经推出就受到了学术界和产业界的高度重视和广泛响应，并很快成为数据库市场的主流。20 世纪 80 年代以来，计算机厂商推出的数据库管理系统几乎都支持关系模型，数据库领域当前的研究工作大多以关系模型为基础。

现在常用的关系数据库系统(RDBMS)有甲骨文公司的 Oracle、MySQL,微软公司的 SQL Server,IBM 公司的 DB2,以及开源公司的 PostgreSQL,微软公司的 Office 套件中的 Access 也常用做小型桌面数据库。嵌入式的小型数据库有免费开源公司的 SQLite,还有微软公司的 SQL CE。虽然甲骨文公司的 Oracle 和微软公司的 SQL Server 的价格都很高,但它们都提供了小型企业免费使用的轻量级版本,前者是 Oracle Database XE,后者是 SQL Server Express。MySQL 广泛运用于互联网,国内一线互联网公司都基于 MySQL 开发了能够处理海量数据的分布式集群数据库,在这个领域,国产开源公司的 TiDB 分布式数据库受到人们越来越高的关注,声称数倍于 MySQL 的访问速度。

关系数据库的特点就在于它使用各种类型的数据库"锁",严格确保了"事务一致性",可以确保交易数据的稳定可靠,这在银行、保险、航天军工等领域的确很重要。但是,随着互联网应用的快速发展,对于数据量和并发量,要求访问的速度越来越快,而对于稳定性和一致性要求反而不那么高,于是出现了一种新的数据库技术——NoSQL、Not Only SQL,也称为"非关系型数据库"。

非关系数据库又可分为以下几种类型:

① 列模型:存储的数据是一列列的。关系型数据库以一行作为一个记录,列模型数据库以一列为一个记录。这种模型,数据即索引,I/O 很快,主要是一些分布式数据库。这种类型的数据库常见的有 HBase。

② 键值对模型:存储的数据是一个个"键值对",比如 name:"zhang san",那么 name 这个键里存的值就是"zhang san"。这种类型的数据库常见的有 Redis、MemcacheDB 等。

③ 文档类模型:以一个个文档来存储数据,包含很多数据集合,数据没有模式,有点类似"键值对",比如 JSON 格式的数据。这种类型的数据库常见的有 MongoDB。

关系数据库的瓶颈在于高并发读/写需求、海量数据的高效率读/写、高扩展性和可用性。要解决这些问题使用关系数据库很困难且成本非常高,对网站来说,关系型数据库的很多特性不再需要了,比如事务一致性、读/写实时性、复杂 SQL,特别是多表关联查询。这样,关系数据库的缺点就是非关系数据库的优点。所以,非关系数据库使用得越来越多,也成了程序员必须要掌握的技能。不过,在实际业务系统中,两种数据库类型常常结合一起使用,发挥各自的特长。

2.9 大数据

随着互联网渗透到越来越多的行业,"信息共享"的需求也越来越大,传统行业的"信息孤岛"问题越发凸显,各行各业进行了轰轰烈烈的信息化改造运动,使得之前孤立的信息被整合起来,在企业内部和行业之间、国家之间进行不同层级的共享,形成了规模非常庞大的数据,这些数据包括结构化的、半结构化的和非结构化的,信息的分析使用不能再仅仅使用之前的随机分析法(抽样调查)的捷径,而是采用所有数据进行分析处理,去发掘它们的联系和特征。数据越全面,数据量越大,越能提高分析质量。正是基于这个特点,我们要收集的数据量更多,收集范围更广,结构更复杂,不仅仅是之前能够定量分析的"数字",而是各种类型的数据,可能还包括文本、图片、音频、视频等多种格式。比如我们的博客、微博,我们的音频、视频分享,以及我们的通话录音、位置信息、评论信息、交易信息、互动信息,等等,包罗万象。这些信息涉及人类生活的方方面面,我们想要从复杂的数据里找到过去不容易昭示的规律。

大数据是巨量数据,大到不能通过常规的数据分析工具来分析计算。大数据含有大量非结构化数据和半结构化数据,这些数据在下载到关系型数据库用于分析时会花费过多时间和金钱。大数据分析常和云计算联系在一起,因为实时的大型数据集分析需要像 MapReduce 一样的框架来向数十、数百甚至数千的电脑分配工作,所以大数据还包含大数据管理平台和系统运维平台。

所以,大数据是无法在一定时间范围内用常规软件工具进行捕捉、管理和处理的数据集合,是需要新处理模式才能具有更强的决策力、洞察发现力和流程优化能力的海量、高增长率和多样化的信息资产。如果没有能力大量收集信息就无法形成特别大的数据集合;如果无法分析这些特别大的数据,那么这些数据就是一堆"废物",也就没有动力去收集它了。因此,大数据有两方面的概念:一是数据量特别大,数据结构复杂的数据集合;二是收集和分析大量数据信息的能力。这两方面的概念缺一不可,就像一个硬币的两个面:一个是"实质",是"体"的一面;另一个是"能力",是"用"的一面,体用结合。这就像太极阴阳,实质的一面为阴,能力的一面为阳。

现在,大数据已经成为很多大公司最重要的资产。比如电商企业有大量的交易数据,可以挖掘很多信息提供给企业进行精准营销;分析所有 SKU,以利润最大化为目标来定价和清理库存;根据客户的购买习惯,为其推送他可能感兴趣的优惠信息;从大量客户中快速识别出金牌客户;为成千上万的快递车辆规划实时交通路线,躲避拥堵。现在每年的"电商购物节",大数据都能提供很多有价值的消费信息。

除了企业,大数据对于政府和行业部门也有重要作用,能够起到加强信息共享,改善治理结构,促进科技和经济发展的作用。2015 年 9 月,国务院印发《促进大数据发展行动纲要》,系统部署大数据发展工作,2018 年 11 月 16 日,清华大学中国新型城镇化研究院发布了国内首个"国家新型城镇化大数据公共服务平台"。现在,大数据成为贵州的最新标签,贵阳也成了"中国数谷""大数据之都"。

《纽约客》上面的一幅漫画:"互联网时代,没有人知道你是一条狗。"现在大数据时代,不仅知道你有一条狗,而且还知道你家狗的一切信息。大数据带来了巨大价值的同时,也带来了用户隐私保护方面的难题,如何在大数据开发应用的过程中保护用户隐私和防止敏感信息泄露成为新的挑战。除了采取数据"脱敏"的手段,更需要在法律法规方面加强保护。

第 3 章

数据库应用开发

需要访问数据库的应用系统,称为数据库应用程序。开发这样的应用程序的技术,就是数据库应用开发技术。不同种类的数据库,其访问方式也不同,每种数据库都需要相应的数据库访问驱动程序。这些驱动程序一般都有统一的访问接口,SQL语言成了访问各种数据库的标准技术。将数据库驱动程序和使用的 SQL 语言进行包装,便出现了各种数据库访问框架。本章介绍这些基础概念,并提供一些最佳的实践方案。

3.1 数据库分类

根据数据库应用程序和数据库进程是否在同一个进程内,数据库总体上分为嵌入式数据库和服务器数据库两大类。

3.1.1 嵌入式数据库

嵌入式数据库(Embedded Database)是一种嵌入到应用程序进程中进行访问的小型数据库,所以嵌入式数据库没有自己独立的进程空间,与应用程序运行在同一个进程。如果是数据库服务器,则需要独立运行一个守护进程(daemon),并且需要较大内存开销,客户机与服务器还需要进行配置才能访问,而嵌入式数据库没有这种复杂配置,所需内存也很小。如果要访问存储的数据只需要应用程序控制即可,基本不需要人工干预,而且对数据的访问更简单、快速、有效,那么嵌入式数据库适合你。另外,如果存储的数据量不是很大,一般的数据库感觉太浪费了,而且发布这个程序还非常麻烦,这时那些微小的嵌入式数据库就非常合适你了。

嵌入式数据库是使用精简代码编写的,对于嵌入式设备,其速度更快,效果更理想。嵌入式运行模式允许嵌入式数据库通过 SQL 来轻松管理应用程序数据,而不依靠原始的文本文件。此外,也可以在应用程序中直接调用嵌入式数据库的 API,达到更加快速的访问效率。下面介绍几个常用的嵌入式数据库。

1. SQLite

主页:http://www.sqlite.org。

SQLite 诞生于 2000 年 5 月,这几年增长势头迅猛无比,目前版本是 3.3.8。

SQLite 的特点如下：

① 无须安装配置，应用程序只需携带一个动态链接库。

② 非常小巧，For Windows 3.3.8 版本的 DLL 文件才 374 KB。

③ ACID 事务支持，ACID 即原子性、一致性、隔离性和持久性（Atomic、Consistent、Isolated 和 Durable）。

④ 数据库文件可以在不同字节顺序的机器间自由地共享，比如可以直接从 Windows 移植到 Linux 或 MAC。

⑤ 支持数据库大小至 2 TB。

⑥ 在 . NET 下面可以通过 Nuget 安装驱动程序：

Install – Package PDF. NET. SOD. SQLite. Provider

2．Berkeley DB

主页：http://www. oracle. com/database/berkeley – db/index. html

Berkeley DB 是由美国 Sleepycat Software 公司开发的一套开放源码的嵌入式数据库的程序库，它于 1991 年发布，号称"为应用程序开发者提供工业级强度的数据库服务"。Sleepycat 公司现已被甲骨文（ORACLE）公司收购。

Berkeley DB 的特点如下：

① 嵌入式，无须安装配置。

② 为多种编程语言提供了 API 接口，包括 C、C++、JAVA、Perl、Tcl、Python 和 PHP 等。

③ 轻便灵活。它可运行于几乎所有的 UNIX 和 Linux 系统及其变种系统、Windows 操作系统以及多种嵌入式实时操作系统之下。

④ 可伸缩。虽然它的 Database library 只有几百 KB 大小，但它能够管理规模高达 256 TB 的数据库。它支持高并发度，成千上万个用户可同时操纵同一个数据库。

3．Firebird 嵌入服务器版（Embedded Server）

主页：http://www. firebirdsql. org。

从 Interbase 开源衍生出的 Firebird，充满了勃勃生机。虽然它的体积为前辈 Interbase 的几十分之一，但功能并无缩减。为了体现 Firebird 短小精悍的特色，开发小组在增加了超级服务器版本之后，又增加了嵌入版本，最新版本为 3.0.4。

Firebird 的嵌入版有如下特色：

① 数据库文件与 Firebird 网络版本完全兼容，差别仅在于连接方式不同，可以实现零成本迁移。

② 数据库文件仅受操作系统的限制，且支持将一个数据库分割成不同文件，突破了操作系统最大文件的限制，提高了 I/O 吞吐量。

③ 完全支持 SQL—92 标准，支持大部分 SQL—99 标准功能。

④ 丰富的开发工具支持，绝大部分基于 Interbase 的组件，可以直接使用于

Firebird。

　　⑤ 支持事务、存储过程、触发器等关系数据库的所有特性。

　　⑥ 可自己编写扩展函数（UDF）。

4. SQL CE（Microsoft SQL Server Compact Edition）

　　Microsoft SQL Server Compact 4.0 是适合于嵌入在桌面和 Web 应用程序中的压缩数据库。SQL Server Compact 4.0 为开发本机和托管应用程序的开发人员提供了与其他 SQL Server 版本通用的编程模型。SQL Server Compact 只需占用很少的空间即可提供关系数据库功能：强大的数据存储、优化查询处理器以及可靠、可扩展的连接。可以免费下载、部署和分发 SQL Server Compact 4.0。

　　① 它集成了 SQL Server 的优良传统，提供了与 SQL Server 一致性的访问体验，支持合并复制与远程数据访问（RDA），用于数据同步防止数据丢失。

　　② 适合数据量比较大（相对于移动应用而言），并且要求相对稳定的情况。

　　③ 它仍然是一个关系型数据库，完全支持 XML 数据类型，在访问上，与正常的数据库访问没有什么区别。

　　④ SQL CE 甚至可以不安装，程序文件放在 ASP. NET 的 bin 目录即可。

　　⑤ 访问 SQL CE 的程序，可以直接迁移支持 SQL Server。

　　⑥ 在 . NET 下面可以通过 Nuget 安装驱动程序：

Install – Package PDF. NET. SOD. SqlServerCe. Provider

3.1.2　服务器数据库

　　与嵌入式数据库不同，"服务器数据库"通常作为服务运行，有独立的服务进程和守护进程，支持 TCP/IP 网络通信协议，客户端和服务端都要进行配置才可以访问，属于 C/S 访问模型；通常占用较大的内存，数据库访问更加稳定可靠；需要独立安装部署，商业数据库产品价格不菲。服务器数据库与客户端交互需要通过下列软件或技术：

- 数据库服务器应用编程接口 API。
- 通信连接软件和网络传输协议。
- 公用的数据存取语言——SQL。

　　服务器数据库是大家使用数据库的主要方式，它们能提供更高、更稳定的数据库访问性能和并发连接访问，能够管理很大的数据存储。常用的关系数据库产品有 Oracle、SQL Server、MySQL、PostgreSQL。前三者大家都很熟悉，各有适应场景，这里不多做介绍。下面简单介绍一下 PostgreSQL。

PostgreSQL

官方主页：https：//www. postgresql. org。

PostgreSQL 是自由的对象-关系型数据库服务器（数据库管理系统），在灵活的

BSD 风格许可证下发行。它在其他开放源代码数据库系统(比如 MySQL 和 Firebird),和专有系统比如 Oracle、Sybase、IBM 的 DB2 和 Microsoft SQL Server 之外,为用户又提供了一种选择。PostgreSQL 相对于竞争者的主要优势为可编程性:对于使用数据库实际应用,PostgreSQL 让开发与使用变得更简单。

- 数据库字段类型的每一种基本类型都有对应的数组类型,如定义一个类型为整型数组的字段。
- 允许用户定义基于正规的 SQL 类型的新类型,允许数据库自身理解复杂数据,这有点像编程语言定义的结构体数据。
- 还允许类型包括继承,这是在面向对象编程中的主要概念。
- 程序员可以用一组可观的支持语言中的任何一种来写"存储过程"的逻辑。使用流行脚本语言比如 Perl、Python 和 Ruby 的包装器,允许利用它们在字符串处理和连接到广阔的外部函数库的力量。如果需要高性能的"存储过程"可以利用 C 或 C++语言把复杂逻辑编译到机器代码来运行。

3.2 数据库驱动程序

数据库系统大多提供了 C、C++语言可直接访问的应用程序接口(API),这些接口以很多函数调用的形式呈现。通过这些数据库原生提供的应用访问接口,应用程序能获得最高效的数据访问效率。但是,这些接口在不同数据库之间并不通用,而且也难以被不同的程序语言访问,所以将这些原生接口抽象出统一的访问接口,并且支持不同的程序语言进行调用,这样的程序就是数据库驱动程序。几乎所有的数据库都提供了 ODBC 驱动,后来在组件对象模型(COM)技术的基础上出现了 OLEDB 驱动。.NET 平台诞生后,又出现了 ADO.NET 框架技术和基于它的各种 ADO.NET 数据库提供程序。SOD 框架进一步简化了 ADO.NET 的使用,提供多种访问模式,支持访问各种数据库的功能。

3.2.1 ODBC

开放数据库连接(Open Database Connectivity,ODBC)是为解决异构数据库间的数据共享而产生的,是基于 Windows 环境的一种数据库访问接口标准。ODBC 为异构数据库访问提供统一接口,允许应用程序以 SQL 为数据存取标准,存取不同 DBMS 管理的数据;使应用程序直接操纵 DB 中的数据,免除随 DB 的改变而改变。用 ODBC 可以访问各类计算机上的 DB 文件,甚至访问如 Excel 表和 ASCII 数据文件这类非数据库对象。

应用程序通过驱动管理器去加载并连接数据源的驱动程序(driver)来连接数据源。驱动程序主要是执行 ODBC 与之相对应的函数,并与对应的数据源(Data Source)沟通。数据源是一个数据库系统(DBMS)或是数据库操作系统的一个组合。

应用系统程序通过标准 API 来连接数据源,因此在开发过程中不需指定特定的数据库系统,这样便建立了数据库系统的开放性。这样一种开放的架构使得数据库系统在信息系统中的角色显得更加重要。如果说 ORM 让我们不再关心底层用什么数据库,那么 ODBC 实现了同样的功能,从这个意义上说,ODBC 是成功的设计。现在,绝大部分数据库都提供了 ODBC 驱动程序。可以通过 Windows 管理工具来创建一个数据源名(Data Source Name),可以创建用户 DSN、系统 DSN 和文件 DSN。注意根据驱动程序的不同,需要使用不同版本的 ODBC 数据源管理程序,如图 3 - 1 所示。比如要访问 32 位的 Access 数据库,就需要 32 位的数据源管理程序。

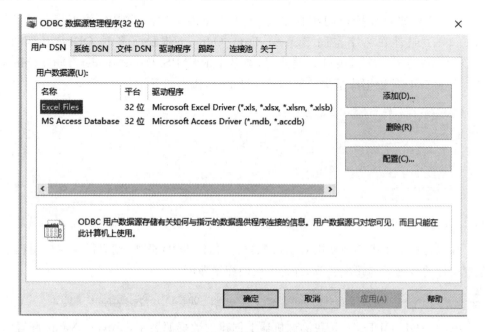

图 3 - 1 ODBC 数据源管理程序

在 ASP 或者 VB 中使用它们时,连接字符串写法如下:

(1) SQL Server

用系统 DSN:

connstr = "DSN = dsnname; UID = xx; PWD = xxx;DATABASE = dbname"

用文件 DSN:

connstr = "FILEDSN = xx;UID = xx; PWD = xxx;DATABASE = dbname"

还可以用连接字符串(从而不用再建立 DSN):

connstr = "DRIVER = {SQL SERVER};SERVER = servername;UID = xx;PWD = xxx"

(2) Access

用系统 DSN:

```
connstr = "DSN = dsnname"
```

或者为：

```
connstr = "DSN = dsnname;UID = xx;PWD = xxx"
```

用文件 DSN：

```
connstr = "FILEDSN = xx"
```

还可以用连接字符串（从而不用再建立 DSN）：

```
connstr = "DRIVER = {Microsoft Access Driver};DBQ = d:\abc\abc.mdb"
```

.NET 框架的数据访问组件 ADO.NET 提供了访问 ODBC 数据源的能力，ADO.NET 组件在名字空间 System.Data.Odbc 下提供了各种 ODBC 访问类。SOD 框架进行了二次封装以方便使用，类名字 PWMIS.DataProvider.Data.Odbc，它继承自 SOD 的数据库抽象访问类 AdoHelper，代码如下：

```
namespace PWMIS.DataProvider.Data
{
 public sealed class Odbc:AdoHelper
 {
 //详细代码略
 }
}
```

如果要在应用程序中使用 ODBC 数据源，借助 SOD 框架，则只需要在应用程序配置文件的数据库连接配置节，进行下面的配置即可：

```
<add name = "local" connectionString = "Dsn = SQL_ODBC32" providerName = "Odbc" />
```

其中，SQL_ODBC32 是我测试机器上创建的数据源名字，providerName 配置为 PWMIS.DataProvider.Data.Odbc，这里简化为 ODBC。

3.2.2 OLEDB

OLEDB(Object Linking and Embedding,Database)又称为 OLE DB 或 OLE - DB，一个基于 COM 的数据存储对象，能提供对所有类型的数据的操作。不仅支持 ODBC 下面能够使用 SQL 访问的数据库，还支持其他非 SQL 访问的数据类型。OLE DB 中的对象主要包括数据源对象、阶段对象、命令对象和行组对象。使用 OLE DB 的应用程序会用到以下的请求序列：初始化 OLE，连接到数据源，发出命令，处理结果，释放数据源对象，停止初始化 OLE。

OLE DB 提供对 ODBC 的兼容性，允许 OLE DB 访问现有的 ODBC 数据源。其优点很明显，由于 ODBC 相对 OLE DB 来说使用得更为普遍，因此可以获得的 ODBC 驱动程序相应地要比 OLE DB 的多。这样，不一定要得到 OLE DB 的驱动程序,就可以立即访问原有的数据系统。从图 3-2 可以清楚地看出,使用 ODBC 提供者意味着需要一个额外的层。因此,当访问相同的数据时,针对 ODBC 的 OLE DB 提供者可能会比本地的 OLE DB 提供者的速度慢一些。

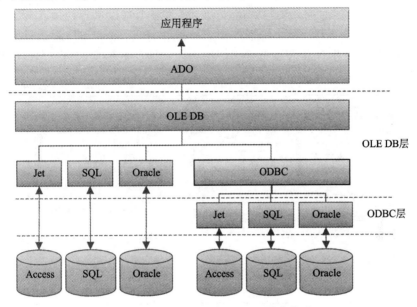

图 3-2　ADO、OLE DB、ODBC 层次关系

下面是使用 OLE DB 连接数据库的连接字符串示例:

① SQL Server:

```
connstr = "PROVIDER = SQLOLEDB; DATA SOURCE = servername;UID = xx;PWD = xxx;DATABASE = dbname"
```

② Access:

```
connstr = "PROVICER = MICROSOFT. JET. OLEDB.4.0; DATA SOURCE = c:\abc\abc.mdb"
```

在 OLE DB 与应用程序之间,还提供了一个 ADO 组件,它是 ActiveX 数据对象,一个用于存取数据源的 COM 组件。ADO 提供了编程语言和统一数据访问 OLE DB 的一个中间层,允许开发人员编写访问数据的代码而不用关心数据库是如何实现的,只用关心数据库的连接即可。访问数据库时,关于 SQL 的知识不是必要的,但是特定数据库支持的 SQL 命令仍可以通过 ADO 中的命令对象来执行。

3.2.3　ADO.NET

ADO.NET 的名字起源于 ADO(ActiveX Data Objects),使用 ADO 在以往的微软公司技术中访问数据。微软公司希望表明,ADO.NET 是在 NET 编程环境中优先使用的数据访问接口。ADO.NET 提供对诸如 SQL Server 和 XML 数据源以及 OLE DB 和 ODBC 公开的数据源的访问。使用共享数据的应用程序可以使用

ADO. NET 连接到这些数据源,并可以检索、处理和更新其中包含的数据。与 ADO 相比,ADO. NET 采用断开式的连接,离线的资料模型,能够节省数据库连接,减轻资源消耗,以适应 Web 应用环境。

ADO. NET 通过数据处理将数据访问分解为多个可以单独使用或先后使用的不连续组件。ADO. NET 包含用于连接到数据库、执行命令和检索结果的 . NET Framework 数据提供程序和用于管理应用程序本地的数据或源自 XML 的数据的 DataSet,如图 3 - 3 所示。

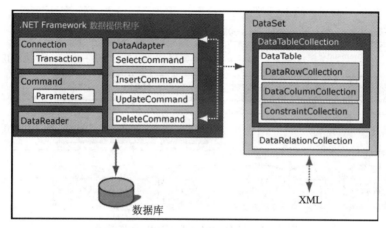

图 3 - 3   ADO. NET 对象模型

(1) . NET Framework 数据提供程序

. NET Framework 数据提供程序是专门为数据操作以及快速、只进、只读访问数据而设计的组件。Connection 对象提供到数据源的连接。使用 Command 对象可以访问用于返回数据、修改数据、运行存储过程以及发送或检索参数信息的数据库命令。DataReader 可从数据源提供高性能的数据流。最后,DataAdapter 在 DataSet 对象和数据源之间起到桥梁作用。DataAdapter 使用 Command 对象在数据源中执行 SQL 命令以向 DataSet 中加载数据,并将对 DataSet 中数据的更改协调回数据源。

(2) DataSet

ADO. NET DataSet 是专门为独立于任何数据源的数据访问而设计的。因此,它可以用于多种不同的数据源,用于 XML 数据,或用于管理应用程序本地的数据。DataSet 包含一个或多个 DataTable 对象的集合,这些对象由数据行和数据列以及有关 DataTable 对象中数据的主键、外键、约束和关系信息组成。放在 ADO. NET DataSet 对象中以便以特别的方式向用户公开,并与来自多个源的数据组合,或者在层之间传递。DataSet 对象也可以独立于 . NET Framework 数据提供程序,用于管理应用程序本地的数据或源自 XML 的数据。

图 3 - 4 所示是在应用程序中,ADO. NET 的数据提供程序的对象和 DataSet 对象的调用关系图。应用程序通过调用 Connection 对象打开数据库连接,让 Command

对象执行数据库查询命令,完成数据库的数据写入或者创建一个 DataReader 对象来读取从数据库查询的数据,返回给应用程序。也可以通过 DataAdapter 对象,查询数据到 DataSet 对象供应用程序使用,或者将 DataSet 对象的更改结果写入数据库。

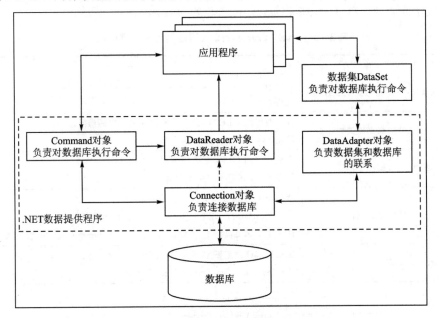

图 3-4 ADO. NET 应用程序对象调用关系图

当决定应用程序是使用 DataReader 还是 DataSet 时,请考虑应用程序所需的功能。使用 DataSet 可执行以下操作:

- 在应用程序中将数据缓存在本地,以便对数据进行处理。如果只需要读取查询结果,则 DataReader 是更好的选择。
- 在层间或从 XML Web services 对数据进行远程处理。
- 与数据进行动态交互,例如绑定到 Windows 窗体控件或组合并关联来自多个源的数据。
- 对数据执行大量的处理,而不需要与数据源保持打开的连接,从而将该连接释放给其他客户端使用。

如果不需要 DataSet 所提供的功能,则可以通过使用 DataReader 以只进、只读方式返回数据,从而提高应用程序的性能。DataAdapter 使用 DataReader 以填充其内容,DataSet 使用 DataReader 以提升性能,这样可以节省由 DataSet 所占用的内存,并避免创建和填充内容时对 DataSet 所需的处理。

.NET Framework 数据提供程序是轻量的,它在数据源和代码之间创建最小的分层,并在不降低功能性的情况下提高性能。应用程序或者数据源不同,就需要选择不同的 .NET 数据提供程序。表 3-1 列出了 .NET Framework 中所包含的数据提供程序。

另外,其他数据库厂商和开源社区也提供了第三方的 .NET 数据提供程序,这意味着,一个数据库只要有对应的 .NET 数据提供程序,那么 .NET 应用程序就可以直接访问该数据库;如果没有,只要它有 ODBC 驱动程序,那么 .NET 应用程序还是可以访问它的。图 3-5 所示为常用的数据提供程序。

表 3-1 .NET Framework 数据提供程序及其说明

.NET 数据提供程序	说　明
用于 SQL Server 的数据提供程序	提供对 Microsoft SQL Server 7.0 或更高版本中数据的访问。 使用 System. Data. SqlClient 命名空间
用于 OLE DB 的数据提供程序	提供对使用 OLE DB 公开的数据源中数据的访问。 使用 System. Data. OleDb 命名空间
用于 ODBC 的数据提供程序	提供对使用 ODBC 公开的数据源中数据的访问。 使用 System. Data. Odbc 命名空间
用于 Oracle 的数据提供程序	适用于 Oracle 数据源。 用于 Oracle 的 .NET Framework 数据提供程序支持 Oracle 客户端软件 8.1.7 和更高版本,并使用 System. Data. OracleClient 命名空间
EntityClient 提供程序	提供对实体数据模型(EDM)应用程序的数据访问。 使用 System. Data. EntityClient 命名空间

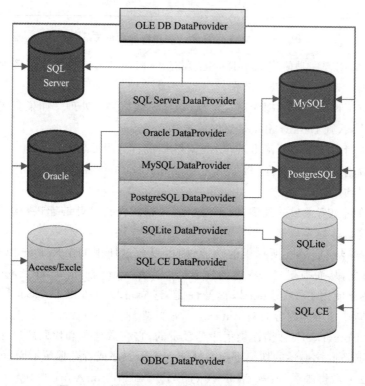

图 3-5 常用的 ADO. NET 数据提供程序对照图

一般情况下，应用程序会指定使用一种数据库，这样可以充分使用该数据库的特性进而最有效率地访问数据库。然而，有时想创建一个与具体数据库无关的数据访问层，让应用程序无缝地访问各种数据库。微软公司考虑到这种情况，在 ADO . NET 2.0(随 . NET Framework 2.0/VS2005 发布)中引入了一个"抽象数据提供程序"的设计，它包括一组类：DbConnection、DbCommand、DbDataAdapter、DbDataReader，用它们来代表具体的数据提供程序。要创建它们，就需要一个数据提供程序工厂类 DbProviderFactory。这是一个使用工厂模式的例子，如图 3 - 6 所示。

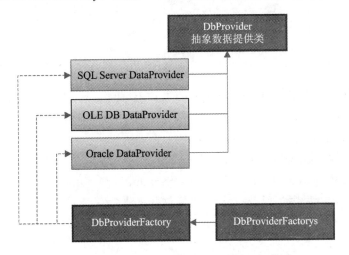

图 3 - 6　ADO. NET 数据提供程序的工厂模式

下面演示如何创建"数据提供程序工厂对象"DbProviderFactory，并由此创建"抽象数据连接对象"DbConnection 的过程：

```
static DbConnection CreateDbConnection(
    string providerName, string connectionString)
{
    // Assume failure.
    DbConnection connection = null;

    // Create the DbProviderFactory and DbConnection.
    if (connectionString != null)
    {
        try
        {
            DbProviderFactory factory =
                DbProviderFactories.GetFactory(providerName);

            connection = factory.CreateConnection();
            connection.ConnectionString = connectionString;
        }
```

```
            catch (Exception ex)
            {
                // Set the connection to null if it was created.
                if (connection != null)
                {
                    connection = null;
                }
                Console.WriteLine(ex.Message);
            }
        }

        return connection;
    }
```

代码通过调用 DbProviderFactorys 的方法 GetFactory 获取 DbProviderFactory，然后用 DbProviderFactory 的 CreateConnection 方法创建 DbConnection 对象，并将 ConnectionString 属性设置为连接字符串。

示例方法的参数 providerName 是格式为"System. Data. ProviderName"的提供程序名称，例如"System. Data. SqlClient""System. Data. OleDb"。如何检索系统已经安装的数据提供程序类以及更多的抽象数据提供程序信息，请参考 MSDN 资源：https://docs. microsoft. com/zh－cn/dotnet/framework/data/adonet/obtaining－a－dbproviderfactory。

虽然微软公司的这个抽象数据提供程序方案设计得很灵活，但在具体使用时还是需要一定的应用程序配置。下一小节将介绍在 SOD 框架里的更简单的使用配置。

3.2.4　SOD

"SOD 框架"是笔者在 2006 年开始开发至今的一个开源数据开发框架，最早的名字叫做 PWMIS Data Develop Framework，简称 PDF. NET。2013 年 10 月 1 日起，根据该数据框架的特点 SQL－MAP、ORM 和 Data Control framework，并取这 3 大特点的第一个词的首字母组合而成，故更名为 SOD 框架。现在，原 PDF. NET 框架已经包含除 SOD 之外的数个框架，如图 3－7 所示。

注：有关 PDF. NET 开源的信息，请参考附录 A：SOD 框架和开源社区。本书后续章节将主要介绍 SOD 框架的设计使用，这里先介绍它的数据库驱动程序。

SOD 的数据提供程序完全基于 ADO. NET 的数据提供程序设计，是对它们的"二次包装"。SOD 抽象出来一个 AdoHelper 类，它来自于 MS DAAB 3.1，与其他各种数据框架/ORM 框架一样，这个 AdoHelper 类就是一个"SqlHelper"类。这样，SOD 的数据提供程序与 ADO. NET 的数据提供程序就基本一致了。图 3－8 所示为 SOD 目前支持的各种数据提供程序。

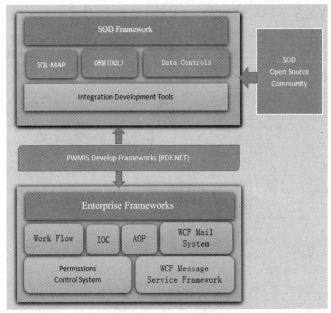

图 3-7　包含在 PDF. NET 框架内的 SOD 框架

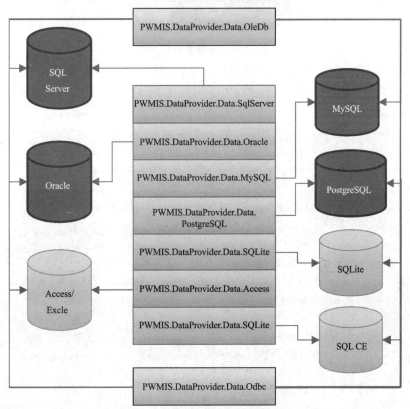

图 3-8　SOD 框架的数据提供程序

注:SOD 框架在 ADO. NET 的 OLE DB 基础上,提供了针对 Access 数据库访问的特殊包装,它就是 PWMIS. DataProvider. Data. Access 类。

SOD 框架支持与实现数据库无关的数据访问层技术,而不必具体实例化特定的数据提供类,也是通过工厂模式来实现的。所有数据提供程序类都继承自 SOD 的 AdoHelper 类,通过 MyDB 类的工厂方法来创建具体的数据提供程序实例对象,如图 3-9 所示。

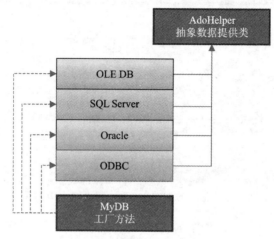

图 3-9 SOD 框架数据提供程序的工厂模式

SOD 框架的核心程序集 PWMIS. Core. dll 内置了 OLE DB、SQL Server、Oracle、ODBC 4 种数据提供程序类,为了提高运行效率,直接采用简单工厂方法来实现。相关代码如下:

```
//源码位置:\SOD\Lib\PWMIS.Core\Adapter\MyDB.cs
/// <summary>
///根据程序集名称和数据访问对象类型创建一个新的数据访问对象实例
/// </summary>
/// <param name = "HelperAssembly"> 程序集名称 </param>
/// <param name = "HelperType"> 数据访问对象类型 </param>
/// <param name = "ConnectionString"> 连接字符串 </param>
/// <returns> 数据访问对象 </returns>
public static AdoHelper GetDBHelper(string HelperAssembly, string HelperType,
string ConnectionString)
{
    AdoHelper helper = null;
    if (HelperAssembly == "PWMIS.Core")
    {
        switch (HelperType)
        {
            case "PWMIS.DataProvider.Data.SqlServer": helper = new SqlServer(); break;
```

```
                case "PWMIS.DataProvider.Data.Oracle": helper = new Oracle(); break;
                case "PWMIS.DataProvider.Data.OleDb": helper = new OleDb(); break;
                case "PWMIS.DataProvider.Data.Odbc": helper = new Odbc(); break;
                case "PWMIS.DataProvider.Data.Access": helper = new Access(); break;
                default: helper = new SqlServer(); break;
            }
        }
        else
        {
            helper = CommonDB.CreateInstance(HelperAssembly, HelperType);
        }
        helper.ConnectionString = ConnectionString;
        return helper;
    }
```

在上面的代码中,首先判断数据提供程序的程序集是不是在 PWMIS.Core 程序集内,如果是,则直接通过"简单工厂"模式创建具体的数据提供程序;如果不是,则调用 CommonDB.CreateInstance 方法来创建,它采用"反射工厂"模式。具体代码如下:

```
//源码位置:\SOD\Lib\PWMIS.Core\DataProvider\CommonDB.cs
/// <summary>
///创建公共数据访问类的实例
/// </summary>
/// <param name = "providerAssembly"> 提供程序集名称 </param>
/// <param name = "providerType"> 提供者类型 </param>
/// <returns> </returns>
public static AdoHelper CreateInstance(string providerAssembly, string providerType)
{
    //使用 Activator.CreateInstance 效率远高于 assembly.CreateInstance
    //所以首先检查缓存里面是否有数据访问实例对象的类型
    if (cacheHelper == null)
        cacheHelper = new Dictionary <string, Type> ();
    string key = string.Format("{0}_{1}", providerAssembly, providerType);
    if (cacheHelper.ContainsKey(key))
    {
        return (AdoHelper)Activator.CreateInstance(cacheHelper[key]);
    }

    Assembly assembly = Assembly.Load(providerAssembly);
    object provider = assembly.CreateInstance(providerType);
```

```
    if (provider is AdoHelper)
    {

        AdoHelper result = provider as AdoHelper;
        cacheHelper[key] = result.GetType();//加入缓存
        return result;

    }
    else
    {

        throw new InvalidOperationException("当前指定的提供程序不是 AdoHelper 抽象
类的具体实现类,请确保应用程序进行了正确的配置(如 connectionStrings 配置节的 provider-
Name 属性)。");

    }
}
```

虽然方法 CreateInstance 采用反射的方式,但是只要对应的提供程序类型被实例化过一次,它的类型就会进入缓存,之后采用很高效率的 Activator. Create-Instance 方法来创建数据提供程序实例对象。

在程序不使用事务访问数据库的情况下,SOD 的数据提供程序(AdoHelper 的实例对象)的每个方法都被设计成"原子"方法,在方法内打开连接—执行查询—关闭连接,并能确保在异常情况下也能正常关闭连接。假如是这种情况,那么就没有必要每次调用"工厂方法"来创建数据提供程序对象,而使用 AdoHelper 的"单例对象"即可,它是 MyDB 的一个静态属性 MyDB. Instance。

```
//源码路径:SOD\Lib\PWMIS.Core\Adapter\MyDB.cs
/// <summary>
///数据访问静态实例对象,已经禁止当前对象执行事务。如果有事务并且有可能存在并发
///访问,请创建该 AdoHelper 类的动态实例对象
/// </summary>
public static AdoHelper Instance
{

    get
    {

        if (_instance == null)
        {

            lock (lockObj)
            {

                if (_instance == null)
                {

                    _instance = MyDB.GetDBHelper();
                    _instance.AllowTransaction = false;

                }
```

```
            }
        }
        return _instance;
    }
}
```

注意：为了线程安全,在多线程环境下执行带事务的查询时请勿使用这个单例对象,其他情况下使用它在 SOD 用户所有的项目中都被证明是安全的。另外,这个单例对象要正常工作,必须在应用程序配置文件中配置一个数据连接,具体请参考 3.3.2 小节配置数据连接。

3.3 数据访问组件的最佳实践

数据库驱动程序提供了数据连接管理、数据命令操作和数据库事务等各种数据访问对象。在不同场景下,应该使用数据库驱动程序提供的不同数据访问功能,比如使用一个持续的连接还是使用断开式连接。需要根据不同的数据访问模式,管理好数据连接,选择合适的命令方法,这些情况下需要一些最佳实践来提高数据库应用程序操作数据库的效率。

3.3.1 数据访问模式

对于数据库的访问,无外乎就是增删改查。然而这个操作在哪里进行,什么时间进行,用什么样的方式进行又有很多取舍,也就是对于数据如何进行访问有不同的模式,下面介绍几种常用的模式。

1. 数据控件模式

数据窗体包括表单和列表。表单在应用程序中主要负责数据的采集和展现,包括一个表单域以及表单里面的标签和控件。列表主要以二维表格的形式展现数据,包括分页和各种搜索、排序。在许多 OA 和 MIS 应用程序中,业务逻辑非常简单,用户界面主要就是一个个数据窗体,只要能够实现数据从表单录入并保存到数据库,或者从数据库读取数据到列表控件即可。数据的交互直接体现在数据库表和数据窗体的各种控件上,开发这样的应用程序只需要简单地拖放控件即可。在这种开发模式下,将控件和数据源(数据库表、视图、存储过程等)直接绑定是最简单有效的办法。采用这种数据访问模式,称为数据控件模式(Data Controls)。

数据控件模式是最简单直接的一种开发模式。但是有的系统表单特别多,在每个数据窗体一个个地拖放控件,然后手工写数据的赋值和取值代码非常烦琐,"数据绑定"技术是解决这个问题的最佳方案。微软公司在 Windows Forms 应用程序、Web Forms 应用程序和 WPF 应用程序的窗体控件上,都采用了一些基本的数据绑定功能支持,但是直到 WPF 才真正形成了比较完善的窗体控件绑定方案——

MVVM 模式。MVVM(Model - View - View - Model)是基于 MVC(Model - View - Controller)的一种变体,通过控件与数据的绑定和数据状态改变通知接口,实现控件和数据的双向通知。本书的第 5 章将详细介绍如何使用这个技术。

在数据控件模式中,数据源的字段总是和数据控件的绑定属性一一对应的,如果修改了数据库字段,那么对应的表单控件的数据绑定就需要修改,当然这个问题可以通过 MVVM 模式来避免,但无论如何数据控件模式访问数据的重点都在于表现层。所以 MVC、MVP、MVVM 都属于表现层架构模式。

2. 对象关系映射模式

对于简单的应用程序可以不用分层,在应用程序中直接访问数据库,绑定控件,比如前面说的数据控件模式。如果应用程序不只是简单地对数据库增删改查,那么分离出一个独立的业务层是必要的。在业务层中专注于操作某一个业务问题域下的业务对象,这些业务对象需要与数据对象进行交互,简单的数据对象常称为 DTO,用于各个层之间传输数据;而对于那些需要持久化的带有标识的数据对象则称为实体对象。实体对象并不完全是数据库表一行数据的直接对应,可能仅仅映射了数据表的某些字段,或者是某几个表关联查询的结果,或者是一个视图,甚至是一个存储过程。所以,实体对象是根据当前业务领域定义的,它并不是数据库里面的那种关系数据,而仅仅是数据库的数据映射,这就是"对象关系映射"——ORM(O/R Mapping)。

采用 ORM 模式,只需要关系业务对象的操作,数据的查询和持久化操作借助于单独的 ORM 框架实现。这样在大部分情况下,就不需要再编写烦琐的 SQL 语句,而借助于集成开发环境(IDE),利用编写对象代码时的智能提示功能,就能够在加快开发效率的同时避免 SQL 语句内容拼写错误。另外,现在的 ORM 中间件都支持与数据库无关的访问操作,这对于开发通用的数据应用程序很有用,能够最大化地利用客户现有的数据库资源,比如不必要求客户使用的系统必须使用 SqlServer,MySQL 也可以,这样可以给客户节省投资。

有了 ORM 框架,就可以抛弃"面向数据库"的思想,真正实现"面向对象编程"——OOP,以业务为核心,采用"内存计算"而不是数据库查询,结合其他框架和技术,发展出许多设计开发思想和系统架构。其中,比较著名的"领域驱动设计"——DDD,以及 DDD 落地架构中使用的"仓储模式"——Repository,都大量使用了 ORM 技术。由于 ORM 在这些应用中主要工作在业务层,所以它主要还是属于业务层的数据处理模式。

3. SQL 映射模式(SQL - MAP)

如果没有良好的 OOAD 或者 OOP 经验,那么 ORM 有可能用得并不顺手,比如在复杂的连表查询或者子查询的情况下,甚至在一点 ORM 应用经验都没有的情况下,很多人就在软件里面直接写 SQL 语句,有时写在业务层,有时写在表现层,好点的写在数据访问层(DAL)。这样,当项目比较复杂,开发人员比较多时,程序里到处是各种 SQL 语句,有的写得好点还能够使用 SQL 的"参数化查询",而有的就直接拼接 SQL 语句了,不仅可读性差,而且还容易出现 SQL 查询安全性问题,代码可维护性也大大降低。既然在程序中直接大量写 SQL 语句有这么多问题,那么把它们写到存储过程如何?

存储过程集中处理数据查询,规范 SQL 语句编写,比起在程序中随意编写是一个进步。但是,很多比较简单的 SQL 查询语句也写到存储过程就有"过度包装"的嫌疑了。另外,存储过程始终是过程性代码,不是面向对象的代码,一旦存储过程数量很多,维护起来就很麻烦。将查询写成存储过程,程序调用不如直接执行 SQL 语句方便,不能直接看到 SQL 语句的内容,但这个问题可以通过自己写一些工具来自动生成调用存储过程的代码来避免。要写高质量的存储过程,需要有更加专业的数据库开发经验,而一般程序员这方面的经验不是很多。更新部署程序时,如果有存储过程还得更新数据库,则会增加系统的部署成本。不过,这个问题可以通过有效的部署工具来实现。总的来看,写存储过程可以在一定程度上起到规范查询的作用,但却带来了开发成本的增加,同时也不利于系统后期维护。

既然在程序中大量编写 SQL 语句有安全和维护问题,在存储过程中写 SQL 语句又会增加开发和维护成本,那么有更加经济的办法吗?笔者在多年的软件开发过程中,发现 iBatis 框架(现在的 MyBatis 框架)的 SQL - MAP 技术是一个比较好的解决方案。该框架通过将 SQL 语句写在 XML 文件中来集中管理,然后借助框架提供的 API,编写对应的代码来调用这些 SQL 语句,这样 SQL 语句直接在 IDE 的开发环境中就可以查看和调试了,查询的结果还可以映射成程序的数据对象(DTO)。SOD 框架的前身 PDF.NET 框架借鉴了 iBatis 的思想,在 2006 年推出的 PDF.NET 1.0 版本中采用了 SQL - MAP 技术。

SOD 框架的 SQL - MAP 认为应用程序的数据访问应该是一个独立的层——DAL,在 DAL 里面编写调用 SQL - MAP 配置文件配置的 SQL 语句,所以这里的 DAL 就是 SQLMapDAL。这样,SQLMapDAL 里面的代码就是 SQL 语句的映射,定义 SQL 语句的 XML 节点的名字就是 SQLMapDAL 方法的名字,SQL 查询参数就是 SQLMapDAL 方法的参数。图 3 - 10 所示为 SQL - MAP 配置文件与应用程序映射结构关系图。

SQLMapDAL 属于 DAL 层,SqlMap.config 也在这个层中,所以 SQL - MAP 技术属于在数据访问层进行数据访问的模式。

4. 小 结

根据不同的应用程序类型对于数据访问在分层架构中的侧重点,划分了 3 种数据访问模式:

- 偏重于数据采集展示的基于表现层的数据控件模式。
- 偏重于业务处理的基于业务层的 ORM 模式。
- 偏重于数据处理的基于 DAL 层的 SQL - MAP 模式。

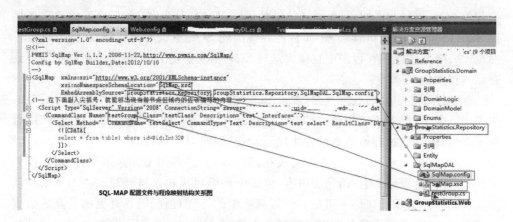

图 3 – 10　SQL – MAP 配置文件与应用程序映射结构关系图

SOD 框架从众多软件开发项目的实践中总结发现了这 3 种数据访问模式,并将它们结合在一起使用,平衡"对象"和"数据"的关系,实现数据开发的太极阴阳平衡,如图 3 – 11 所示。

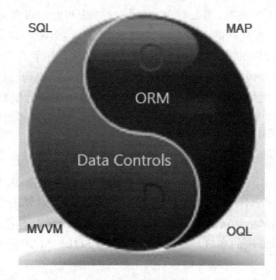

图 3 – 11　SOD 框架"对象 & 数据"的"太极阴阳"关系

对于一般的项目,大部分查询都是比较简单的,只有少部分比较复杂。根据"二·八原则",前者可以通过 ORM 模式解决,后者可以通过 SQL – MAP 模式解决,而不是必须使用一种模式解决全部。对于数据窗体类应用程序可以考虑使用数据控件的模式。总之,对于具体的项目,根据项目的复杂度、人员技能等情况具体分析,使用一种或者多种数据访问模式,务实求真,灵活高效地解决问题,实现简单与效率的平衡。

3.3.2 配置数据连接

从 .NET 2.0 开始,应用程序配置文件增加了数据连接配置节 connection-Strings。SOD 框架支持在数据连接配置节里面进行配置。对于 .NET 1.X 版本,SOD 框架是在 appSettings 进行配置的,这种方式虽然现在还支持,但基本上不再使用,所以不做介绍,具体请看框架源码。下面介绍如何通过数据连接配置节来配置数据访问,请看一个典型的应用程序配置文件 app.config 的内容:

```
<? xml version = "1.0" encoding = "utf - 8"? >
<configuration>
  <appSettings>
  </appSettings>
  <connectionStrings>
    <add name = "local" connectionString = "Dsn = SQL_ODBC32" providerName = "Odbc" />
  </connectionStrings>
  <startup> <supportedRuntime version = "v4.0" sku = ".NETFramework,Version = v4.0"/>
  </startup>
</configuration>
```

上面这个配置文件中,配置了一个名字叫做 local 的数据库连接,它的连接字符串是 Dsn=SQL_ODBC32,它的数据提供程序是 Odbc。在图 3-8 中,列举了 SOD 框架支持的 9 种数据提供程序,其中就有 PWMIS.DataProvider.Data.Odbc,因为它在 SOD 的核心程序集 PWMIS.Core 内部,可以简写为 Odbc。如果是 PWMIS.Core 外部的扩展数据提供程序,则需要给出提供程序详细的信息,格式为[所在程序集名称,提供程序类全名称]。表 3-2 列出了目前 SOD 支持的数据提供程序的配置说明。

表 3-2 目前 SOD 支持的数据提供程序的配置说明

数据库类型	数据提供程序程序集	提供程序类全名称	ProviderName	支持 .NET 最低版本
SQL Server	PWMIS.Core	PWMIS.DataProvider.Data.SqlServer	SqlServer（默认）	.NET 2.0
Oracle	PWMIS.Core	PWMIS.DataProvider.Data.Oracle	Oracle	.NET 2.0
	PWMIS.OracleClient	PWMIS.DataProvider.Data.OracleDataAccess.Oracle	[程序集,类]	.NET 4.0
OLE DB 数据源	PWMIS.Core	PWMIS.DataProvider.Data.OleDb	OleDb	.NET 2.0
ODBC 数据源	PWMIS.Core	PWMIS.DataProvider.Data.Odbc	Odbc	.NET 2.0

续表 3－2

数据库类型	数据提供程序 程序集	提供程序类全名称	ProviderName	支持 . NET 最低版本
Access	PWMIS. Core	PWMIS. DataProvider. Data. Access	Access	. NET 2.0
MySQL	PWMIS. MySqlClient	PWMIS. DataProvider. Data. MySQL	［程序集,类］	. NET 4.0
PostgreSQL	PWMIS. PostgreSQL- Client	PWMIS. DataProvider. Data. PostgreSQL	［程序集,类］	. NET 3.5
SQLite	PWMIS. SQLiteClient	PWMIS. DataProvider. Data. SQLite	［程序集,类］	. NET 2.0
SqlServerCE	PWMIS. SqlServerCe- Client	PWMIS. DataProvider. Data. SqlServerCe	［程序集,类］	. NET 4.0

注:SOD 为 Oracle 提供了两种数据提供程序程序集:一种是基于微软的 Oracle 驱动程序封装的,内置于
SOD 核心程序集;另一种是基于 Oracle 自身提供的驱动程序 ODP. net 封装的,程序集为 PWMIS. Ora-
cleClient。两种 SOD 数据提供程序使用都一样,微软推荐使用 Oracle 自身的驱动程序。

　　SOD 框架是现在少有的仍然支持 . NET 2.0 的框架,所以使用 SOD 核心程序
集 PWMIS. Core 中的数据提供程序都支持 . NET 2.0,其他的扩展数据提供程序可
能需要更高的 . NET 框架版本,具体关系见表 3－2。有关 SOD 框架支持 . NET
Core 的问题,请参考本书附录 A. 2 . NET Core 跨平台支持。

　　下面给出使用 SOD 框架的各类数据库的连接配置的参考示例:

```
<connectionStrings>
    <add name = "SQL Server"
connectionString = "Data Source = .; Initial Catalog = LocalDB; Integrated Security =
True"
    providerName = "SqlServer" />

    <add name = "Access"
connectionString = "Provider = Microsoft. ACE. OLEDB. 12.0;Data Source = testDb. accdb"
    providerName = "Access" />

    <! -- 下面的配置适用于 Oracle. Client -->
    <add name = "Oracle1"
connectionString = "Data Source = XE; User Id = SOD; Password = sod123; Integrated Securi-
ty = no;"
    providerName = "Oracle" />

    <! -- 下面的配置,适用于 ODP.Net,但是需要先启动 VS,建立一个名为 mydb 的 Oracle
连接 -->
    <add name = "Oracle2"
```

```
connectionString = "Data Source = mydb;User Id = SOD;Password = sod123"
providerName = "PWMIS.DataProvider.Data.OracleDataAccess.Oracle,PWMIS.OracleClient" />


        <! -- 下面的配置,适用于 ODP.Net -->
    <add name = "Oracle3"
connectionString = "Data Source = (DESCRIPTION =
    (ADDRESS = (PROTOCOL = TCP)(HOST = 127.0.0.1)(PORT = 1521))
    (CONNECT_DATA =
      (SERVER = DEDICATED)
      (SERVICE_NAME = XE)
    )
  );User Id = SOD;Password = sod123"
providerName = "PWMIS.DataProvider.Data.OracleDataAccess.Oracle,PWMIS.OracleClient" />


    <add name = "SQL Server CE"
connectionString = "Data Source = .\sod.sdf;Password = sod"
providerName = "PWMIS.DataProvider.Data.SqlServerCe,PWMIS.SqlServerCeClient"/>


    <add name = "MySQL"
connectionString = "server = 127.0.0.1;User Id = root;password = 123456;CharSet = utf8;
DataBase = Test;Allow Zero Datetime = True"
providerName = "PWMIS.DataProvider.Data.MySQL,PWMIS.MySqlClient"/>


    <add name = "PostgreSQL"
connectionString = "server = 127.0.0.1;User Id = root;password = ;DataBase = mydb"
providerName = "PWMIS.DataProvider.Data.PostgreSQL,PWMIS.PostgreSQLClient"/>


    <add name = "SQLite"
connectionString = "Data Source = testDb.db;Initial Catalog = LocalDB;Integrated Secur-
ity = True"
providerName = "PWMIS.DataProvider.Data.SQLite,PWMIS.SQLiteClient" />


    <add name = "ODBC" connectionString = "Dsn = SQL_ODBC32" providerName = "Odbc" />
  </connectionStrings>
```

经过这样的配置后,可以通过下面的方式获取 SOD 的数据提供程序对象:

```
AdoHelper db1 = MyDB.GetDBHelper();
AdoHelper db2 = MyDB.Instance;
```

这两种方式会始终获取 connectionStrings 配置节的最后一个链接配置。加入当前应用程序配置文件的链接配置就是上面这个示例配置,那么 db 对象的实例是"Odbc"对象。需要注意的是,db1 是一个实例对象,db2 是一个单例对象。下面的方式都是获取实例对象的。

也可以通过指定的链接配置的名称来获取 SOD 的数据提供程序对象,以上面的示例配置为例来看下面的代码:

```
AdoHelper sqldb = MyDB.GetDBHelperByConnectionName("SQL Server");
AdoHelper accdb = MyDB.GetDBHelperByConnectionName("Access");
```

当然也可以使用 AdoHelper 对象的 CreateHelper 方法,效果是一样的:

```
AdoHelper sqldb = AdoHelper.CreateHelper("SQL Server");
AdoHelper accdb = AdoHelper.CreateHelper ("Access");
```

如果不想做任何配置,也可以直接实例化 SOD 的数据提供程序类:

```
AdoHelper sqldb = new SqlServer();
Sqldb.ConnectionString = " Data Source = .;Initial Catalog = LocalDB;Integrated Securi-
ty = True";
```

3.3.3 管理数据连接对象

ADO. NET 数据提供程序的"数据连接对象"是首先要使用的对象,它们都继承自 IDbConnection 接口,实现数据库(数据源)的链接,允许程序与数据源建立连接或断开连接。Connection 对象通过连接字符串连接到数据源。对于 ADO. NET 而言,不同的数据源,对应着不同的 Connection 对象,它们在不同数据库的 ADO. NET 数据提供程序中,比如对于 SQL Server,对应的就是 SqlConnection,具体可以参考图 3‐5 常用的 ADO. NET 数据提供程序对照图。

Connection 对象是最容易"挖坑"的对象。笔者曾经有不少给同事"填坑"的经历,遇到不少数据库连接不够用,或者内存泄漏的问题,最后查明是数据库连接没有关闭导致的。现在成熟的数据层框架一般都能很好地管理数据连接,但有的朋友自己写的数据框架或者修改别的框架就可能带来这样的问题,比如笔者曾经见过有人封装微软的 Entity Framework 用来实现"仓储模式"和工作单元,未能正确释放数据库连接,导致内存泄漏。所以,笔者的经验就是一定要严格管理数据连接对象,不轻易暴露给用户使用,避免用户忘记关闭连接。下面介绍 SOD 框架是如何管理连接对象的,这些代码主要在 SOD 数据提供程序 AdoHelper 及其子类里面。

1. 使用"原子"方法

"原子"方法的意思是一个方法只执行一件事情,不会有副作用,不会影响使用它的代码中其他对象的状态,也不会影响方法所在对象自身的状态。SOD 的 AdoHelper 类的方法在不使用事务的情况下,每个方法都是原子方法,比如保存数据的方法,都是"1 打开连接"→"2 执行查询"→"3 关闭连接"这样的执行步骤。当前方法的连接对象在非事务环境下每次都使用一个新的连接对象,不会影响别的线程使用的连接对象。使用这个方法,实现了数据连接"最晚打开,最早关闭"的原则,从而节省了数据库资源。

2. 在查询出现异常情况下关闭连接

一般情况下,要执行一个查询,需要"1 打开连接"→"2 执行查询"→"3 关闭连接"这样的顺序,但在执行第 2 步时很容易出现异常,从而没有执行第 3 步关闭连接。这是初级程序员最容易犯错的地方,解决方式很简单,处理它的异常即可,例如:

```
//源码所在文件:\SOD\Lib\PWMIS.Core\DataProvider\CommonDB.cs,下面代码与实际稍有不同
public virtual int ExecuteNonQuery(string SQL, CommandType commandType, IDataParameter
[] parameters)
{
    ErrorMessage = "";
    IDbConnection conn = GetConnection();
    IDbCommand cmd = conn.CreateCommand();
    CompleteCommand(cmd, SQL, commandType, parameters);

    int result = -1;
    try
    {
        result = cmd.ExecuteNonQuery();
        //如果开启事务,则由上层调用者决定何时提交事务
    }
    catch (Exception ex)
    {
        ErrorMessage = ex.Message;
        bool inTransaction = cmd.Transaction == null ? false : true;

        //如果开启事务,那么此处应该回退事务
        if (cmd.Transaction != null && OnErrorRollback)
            cmd.Transaction.Rollback();

        if (OnErrorThrow)
        {
            throw new QueryException(ErrorMessage, cmd.CommandText, commandType, pa-
rameters, inTransaction, conn.ConnectionString, ex);
        }
    }
    finally
    {
        CloseConnection(conn, cmd);
    }
```

```
        return result;
    }
```

在上面的代码中,不论查询是否出现异常,都会执行 finally 代码块里面的关闭数据链接的方法,同时在出现异常后会回滚数据。

3. 不要修改连接对象

在上面的 ExecuteNonQuery 方法内,调用了 GetConnection() 方法类获取连接对象,这个方法是一个受保护的方法,用户无法访问这个方法。虽然也提供了 GetDb-Connection 方法,但这也是一个"只读"的方法,外部对象和子对象都无法修改正在使用的连接对象。但这种暴露仅仅作为外部引用连接对象的一个方式,SOD 内部执行查询的方法都会关闭这个连接对象的连接。

```
/// <summary>
///获取事务的数据连接对象
/// </summary>
/// <returns> 数据连接对象 </returns>
protected virtual IDbConnection GetConnection() //
{
    //优先使用事务的连接
    if (Transaction != null)
    {
        IDbTransaction trans = Transaction;
        if (trans.Connection != null)
            return trans.Connection;
    }
    //如果开启连接会话,则使用该连接
    if (sessionConnection != null)
    {
        return sessionConnection;
    }
    return null;
}


/// <summary>
///获取数据库连接对象实例
/// </summary>
/// <returns> </returns>
public IDbConnection GetDbConnection()
{
    return this.GetConnection();
}
```

4. 读完数据自动关闭连接

前面说到将数据连接的打开和关闭在一个原子方法内部完成,但是获取数据阅读器 DataReader 的查询方法不能采用"1 打开连接"→"2 执行查询"→"3 关闭连接"这样的执行步骤,如果在方法内关闭了连接,那么在方法外就无法使用 DataReader 读取数据。但是用户很有可能在使用完 DataReader 后会忘记关闭连接。"墨菲定律"说,只要有可能发生,那么就一定会发生。还好 ADO. NET 的"命令对象"Command 有这样的一个设置,让 DataReader 都取完数据后自动关闭连接。

ADO. NET 有一个枚举类型 CommandBehavior,提供查询结果及其对数据库影响的说明。当使用它的枚举项 CloseConnection 执行命令,关闭关联的 DataReader 对象时,关联的 Connection 对象也会关闭。请看下面的示例代码:

```
IDbConnection conn = GetConnection();
IDbCommand cmd = conn.CreateCommand();
cmd.CommandText = SQL;
IDataReader reader = cmd.ExecuteReader( CommandBehavior.CloseConnection);
using(reader)
{
    //读取数据,代码略
}
```

再看看 IDataReader 接口的定义:

```
public interface IDataReader : IDisposable, IDataRecord
    {
        int Depth { get; }
        bool IsClosed { get; }
        int RecordsAffected { get; }

        //摘要:
        //    关闭 System.Data.IDataReader 对象
        void Close();
        DataTable GetSchemaTable();
        bool NextResult();

        //
        //摘要:
        //    使 System.Data.IDataReader 前进到下一条记录
        //
        //返回结果:
        //    如果存在多个行,则为 true;否则为 false
        bool Read();
    }
```

IDataReader 继承自 IDisposable 接口,using 语句块结束时,会调用 IDisposable 接口的 Dispose 方法,DataReader 实现该方法时,会调用它的 Close 方法,在设置了 CommandBehavior.CloseConnection 命令行为后,从而确保及时关闭数据连接。

3.3.4 优化数据命令对象

ADO.NET 提供了对外部数据源一致的访问。尽管 Connection 对象已经连接好了外部数据源,但它并不提供对外部数据源的任何操作,这个功能是由"命令对象"Command 负责的。Command 对象封装了所有对外部数据源的操作(包括增删改查等 SQL 语句与存储过程),并在执行完成后返回合适的结果。与 Connection 对象一样,对于不同的数据源,ADO.NET 数据提供程序里面包含不同的 Command 对象,它们都继承于 IDbCommand 接口。例如对于 SQL Server 的 .NET Framework 数据提供程序,对应的数据命令对象就是 SqlCommand 对象,具体可以参考图 3-5 常用的 ADO.NET 数据提供程序对照图。

初始化 Command 对象需要提供两个最基本的属性:执行的 SQL 操作和操作的数据源,分别对应它的 Connection 属性和 CommandText 属性。Command 对象提供了丰富的执行命令操作,下面简单介绍它们的适用场景:

① ExecuteNonQuery:执行不返回数据行的操作,并返回一个 int 类型的数据。

注意:对于 UPDATE、INSERT 和 DELETE 语句,返回值为该命令所影响的行数;对于其他所有类型的语句,返回值为-1。

② ExecuteReader:执行查询,并返回一个 DataReader 对象。

③ ExecuteScalar:执行查询,并返回查询结果集中第一行的第一列(object 类型)。如果找不到结果集中第一行的第一列,则返回 null 引用。

1. 在 ExecuteReader 方法上使用 CommandBehavior

ExecuteNonQuery 方法执行对数据源增删改操作,这个方法比较"实在",除了使用它的异步操作,没有什么优化空间。ExecuteReader 执行时则需要注意 CommandBehavior 的设置。

CommandBehavior.SingleResult:查询返回单个结果集。ExecuteReader 方法不指定这个枚举值,将默认返回多个结果集。但在大部分情况下都只查询一个结果集,比如 ORM 里面获取一个实体对象列表。所以,指定这个枚举值,能减少内部的结果集处理,尽快返回结果,SOD 框架采用了这个优化。代码如下:

```
//源码位置:\sod\lib\pwmis.core.dataprovider\commondb.cs
public IDataReader ExecuteDataReader(string SQL, CommandType commandType, IDataParam-
eter[] parameters)
{
    //在有事务或者有会话时不能关闭连接 edit at 2012.7.23
    //this.Transaction == null 不安全
```

```
CommandBehavior behavior = this.transCount > 0 || this.sessionConnection != null
    ? CommandBehavior.SingleResult
    : CommandBehavior.SingleResult | CommandBehavior.CloseConnection;
return ExecuteDataReader(ref SQL, commandType, behavior, ref parameters);
}
```

CommandBehavior.SingleRow:查询应返回结果集中的单行。执行查询可能会影响数据库状态。某些 .NET Framework 数据提供程序可能(但不要求)使用此信息来优化命令性能。使用 OleDbCommand 对象的 ExecuteReader()方法指定 SingleRow 时,用于 OLE DB 的 .NET Framework 数据提供程序使用 OLE DB IRow 接口(如果可用)执行绑定;否则,使用 IRowset 接口。如果期望 SQL 语句仅返回一行,则指定 SingleRow 也可提高应用程序性能。当执行应返回多个结果集的查询时,可指定 SingleRow,在这种情况下,如果同时指定了多结果集 SQL 查询和单行,返回的结果仅包含第一个结果集的第一行,不返回查询的其他结果集。在 ORM 框架中,如果仅查询一个实体对象,则可以指定这个枚举值,从而提高执行效率,SOD 框架采用了这个优化。代码如下:

```
//源码位置:\sod\lib\pwmis.core.dataprovider\commondb.cs
public IDataReader ExecuteDataReaderWithSingleRow(string SQL, IDataParameter[] paras)
    {
        //在有事务或者有连接会话时不能关闭连接
        if (this.transCount > 0 || this.sessionConnection != null)
            return ExecuteDataReader(ref SQL, CommandType.Text, CommandBehavior.SingleRow, ref paras);
        else
            return ExecuteDataReader(ref SQL, CommandType.Text, CommandBehavior.SingleRow | CommandBehavior.CloseConnection, ref paras);
    }
```

2. 巧用 ExecuteScalar

Command.ExecuteScalar 方法在执行统计记录数量、最大值、最小值等方面很有用,有时也可用它来查询插入数据后的自增值。例如下面的示例代码,在执行了插入操作后,查询当前连接会话中操作的表的自增值:

```
IDbConnection conn = GetConnection();
IDbCommand cmd2 = conn.CreateCommand();
cmd2.CommandText = insertKey;//SQL Server: "SELECT @@IDENTITY ";
cmd2.Transaction = cmd.Transaction;
object ID = cmd2.ExecuteScalar();
```

3. 参数化查询

在 ADO.NET 中,查询语句是以字符串的形式传递给数据库服务器的。这些字符串不仅包含了基本命令关键字、操作符,还包含了查询的对象、参数、记录范围等。与其他编程语言不同,.NET 是基于强类型来管理查询的字符串的,通过提供类型检查和验证,命令对象可使用参数来将值传递给 SQL 语句或存储过程。与命令文本不同,参数输入被视为文本值,而不是可执行代码,这样可帮助抵御"SQL 注入"攻击,这种攻击的攻击者将命令插入 SQL 语句,危及服务器的安全。参数化命令还可提高查询执行性能,因为它们可帮助数据库服务器将传入命令与适当的缓存查询计划进行准确匹配。

对于不同的数据源来说,Parameter 对象不同,但它们都继承自 IDataParameter 接口。ADO.NET 的各种数据提供程序都提供了具体的 Parameter 对象,例如对于 SQL Server 数据提供程序,它是 SqlParamter 对象。下面是一个使用参数化查询来测试用户登录的例子:

```
public bool IsLogin(string uname,string pwd)
{
    string connstr = "Data Source = . ;Initial Catalog = MyUserDb;uid = sa;";
    string sql = " select count(1) from Users where UserName = @ name and LoginPwd = @pwd";
    using( SqlConnection con = new SqlConnection(connstr))
    {
        SqlCommand cmd = new SqlCommand(sql, con);
        con.Open();
        SqlParameter p1 = new SqlParameter("@name", uname);
        SqlParameter p2 = new SqlParameter("@pwd", pwd);
        cmd.Parameters.Add(p1);
        cmd.Parameters.Add(p2);
        try
        {
            int count = Convert.ToInt32(cmd.ExecuteScalar());
            return count> 0;//count > 0,成功登录
        }
        catch (Exception)
        {
            // throw;
        }
        return false;
    }
```

不同数据提供程序的 Parameter 对象有一些适用于当前数据库的属性或方法。比如 Oracle 的参数长度大于 2 000 时,对应的参数类型必须调整,否则将引发 clob 类型的错误。SOD 框架的 Oracle 数据提供程序对此做了单独处理,代码如下:

```
//源码位置:\SOD\Lib\PWMIS.Core\DataProvider\Oracle.cs
public override IDataParameter GetParameter(string paraName, System.Data.DbType db-
Type, int size)
{
    OracleParameter para = new OracleParameter();
    para.ParameterName = paraName;
    if (size > 2000)
    {
        para.OracleType = OracleType.NClob;
        para.Size = size;
    }
    else
    {
        para.DbType = dbType;
        para.Size = size;
    }
    return para;
}
```

在 SOD 框架中,每当执行查询时,都会调用 CommonDB 类的 CompleteCom-mand 方法,它会把参数添加到 Command 对象上面,下面代码是它的实现:

```
//代码位置:\sod\lib\pwmis.core\dataprovider\commondb.cs
/// <summary>
///完善命令对象,处理命令对象关联的事务和连接,如果未打开连接这里将打开它
///注意:为提高效率,不再继续内部进行参数克隆处理,请多条 SQL 语句不要使用同名的
///参数对象
/// </summary>
/// <param name="cmd"> 命令对象 </param>
/// <param name="SQL"> SQL </param>
/// <param name="commandType"> 命令类型 </param>
/// <param name="parameters"> 参数数组 </param>
protected void CompleteCommand(IDbCommand cmd, string SQL, CommandType commandType,
IDataParameter[] parameters)
{
    cmd.CommandText = SqlServerCompatible ? PrepareSQL(SQL, parameters) : SQL;
    cmd.CommandType = commandType;
    cmd.Transaction = this.Transaction;
    if (this.CommandTimeOut > 0)
        cmd.CommandTimeout = this.CommandTimeOut;

    if (parameters != null)
```

```
        for ( int i = 0; i < parameters.Length; i++ )
            if ( parameters[i] != null )
            {
                if ( commandType != CommandType.StoredProcedure )
                {
                    IDataParameter para = parameters[i];
                    if ( para.Value == null )
                        para.Value = DBNull.Value;
                    cmd.Parameters.Add(para);
                }
                else
                {
                    //为存储过程带回返回值
                    cmd.Parameters.Add(parameters[i]);
                }
            }

        if ( cmd.Connection.State != ConnectionState.Open )
            cmd.Connection.Open();

    }
```

  SOD 框架不仅仅使用参数化查询来提高查询效率,而且完全遵守"安全第一"的原则,为了避免"SQL 注入",框架全面采用了参数化查询。如果你阅读源码,则会看到很多参数处理的代码。所以调用 CompleteCommand 方法的代码不再举例。

3.3.5 查询中使用长连接

  对于数据连接的使用遵循"最晚打开最早关闭"的原则,这样在一个单位时间段能够使用尽量多的数据连接(不考虑底层的连接池的说法),以便用于多线程高并发的 Web 应用环境。尽管有连接池可以保证我们迅速获取一个连接对象,但是执行多个查询所带来的频繁打开和关闭连接仍然会影响效率。打个比方,在河上架设了一座大桥来连接两岸的交通,这座大桥相当于是两岸之间的 Connection 对象,"连接池"保证桥随时都在。每次车辆要通过大桥时,在桥的一侧都有一个收费站。车辆交费后打开闸门允许通行,然后马上关闭等待下一辆车再打开,如图 3-12 所示。这个闸门的开闭就相当于 Connection 对象的连接开关方法。当车辆通行比较多时,闸门反复开闭显然是很影响通行效率的。于是,我们可以使用一个"批量通行证",让一批车通过之后再关闭收费闸门。

  上面的例子说明了"批量通行"对于提高交通效率的作用。同样,对于数据库的访问,在一个连接打开后"批量执行"一组操作也能提高数据访问的执行效率,这要求

图 3 - 12　车辆收费通行示意图

连接打开后,要等到最后一个操作执行完后才能关闭。在 3.3.3 小节中说到不建议让外部用户直接使用数据连接,因为他们很可能忘记关闭连接。将刚才说的"批量执行"情况定义成一次"连接会话",整个会话过程保持连接长久打开的状态,并且只有在会话过程中才可以访问连接对象,执行查询。下面是 SOD 框架的连接会话功能。

```
//源码位置:\SOD\Lib\PWMIS.Core\DataProvider\ConnectionSession.cs
/// <summary>
///连接会话对象类
/// </summary>
public class ConnectionSession:IDisposable
{
    public IDbConnection Connection { get; private set; }
    /// <summary>
    ///以一个使用的连接初始化本类
    /// </summary>
    /// <param name = "conn"> </param>
    public ConnectionSession(IDbConnection conn)
    {
        this.Connection = conn;
    }

    /// <summary>
    ///释放连接
    /// </summary>
    public void Dispose()
    {
```

```
        if (Connection != null && Connection.State == ConnectionState.Open)
        {
            Connection.Close();
            Connection.Dispose();
            Connection = null;
        }
    }
}
```

然后在 CommonDB 类上定义一个方法:

```
//源码位置:\sod\lib\pwmis.core.dataprovider\commondb.cs
/// <summary>
///打开一个数据库连接会话,你可以在其中执行一系列 AdoHelper 查询
/// </summary>
/// <returns> 连接会话对象 </returns>
public ConnectionSession OpenSession()
{
    this.ErrorMessage = "";
    sessionConnection = GetConnection();//在子类中将会获取连接对象实例
    if (sessionConnection.State != ConnectionState.Open)
        sessionConnection.Open();

    Logger.WriteLog("打开会话连接", "ConnectionSession");
    return new ConnectionSession(sessionConnection);
}
```

最后像下面这样使用连接会话:

```
AdoHelper db = MyDB.GetDBHelper();
//连接会话,下面 db 的连接会在 using 结束后关闭
using (db.OpenSession())
{
    db.ExecuteNonQuery("update Table_User set Name = 'zhang san' where ID = 1");
    DataSet ds = db.ExecuteDataSet("select top 10 * from Table_User");
}
```

这样就能在打开一次连接后,批量执行多次查询操作了。但这个操作为何不用事务来实现呢?事务有将多个读/写操作变成一个"原子"操作的作用,这些操作要么全部成功,要么全部失败。但有时整个操作都是读数据的情况,或者不希望有一个操作失败就全部失败,下次再补偿或者忽略的情况,就不必使用事务。比如更新一条记录后写一条日志记录,如果日志的作用不是很重要,那么日志没有写入成功就没有必要撤销前面的更新操作,所以没有必要使用事务。而且,不使用事务,多个操作能够

大大提高处理效率,这个时候使用数据库长连接就很有优势了。

3.3.6　使用跨组件的事务

随着项目越来越复杂,开发人员越来越多,而且工期总是那么短,一个项目由一个开发人员从头做到尾的情况已很少见了,大部分都是分工合作的,我写一部分,然后调用另外模块的一个功能。这个被调用的功能可能之前已经有人写好了,就在某个 DLL 中;或者分配给另一个同事正在写,他新建了一个程序集项目,以方便他维护,而我不一定有时间去看他是怎么写的。相信这种情况是普遍的开发模式,一直都这样,大家相安无事。下面讲一个在不同的组件之间使用事务"踩雷"的故事。以下故事纯属虚构,如有雷同纯属巧合!

我们有一个项目正在开发中,我负责的模块有一个功能是在用户表中修改一条记录,然后检查一个用户名是否合法,如果合法我就为这个用户名插入一条新记录。公司没有架构师,也没有成熟的数据框架,每个人都直接使用 ADO.NET 来访问数据库,项目经理说这样效率高,事实也是这样,我们开发的项目目前正在线上运行着,经历了不是很小的用户并发访问,老板也为我们的成果感到满意。

我的代码是这样的:

```
private static void ExecuteSampleTransaction(string connectionString, string name,
Func<string,bool> checkName)
{
    using (SqlConnection connection = new SqlConnection(connectionString))
    {
        connection.Open();
        SqlCommand command = connection.CreateCommand();
        SqlTransaction transaction;
        //开启本地事务
        transaction = connection.BeginTransaction("SampleTransaction");
        command.Connection = connection;
        command.Transaction = transaction;
        try
        {
            command.CommandText = "update [User] set [Age] = 20 where [Id] = 1";
            command.ExecuteNonQuery();
            //检查输入的名字是否合法
            if(checkName(name))
            {
                command.CommandText = "Insert into [User] ([Name],[Age]) VALUES ('" +
name + "', 20)";
```

```
                    command.ExecuteNonQuery();
                }
        transaction.Commit();
                Console.WriteLine("OK.");
            }
        catch (Exception ex)
        {
            Console.WriteLine("Commit Exception Type：{0}", ex.GetType());
            Console.WriteLine("  Message：{0}", ex.Message);
            try
            {
                transaction.Rollback();
            }
            catch (Exception ex2)
            {
                Console.WriteLine("Rollback Exception Type：{0}", ex2.GetType());
                Console.WriteLine("  Message：{0}", ex2.Message);
            }
        }
    }
}
```

　　同事小明写的代码在另一个模块中，我调用他写的校验用户名的功能，这个功能主要是检查用户输入的名字是否合法有效，比如是否有特殊字符，是否会导致 SQL 注入这样的问题。所以我偷了个懒，没有在我的代码中使用参数化查询。我的代码中做了各种异常处理，并且使用了 using 语句块，确保各种情况下都能关闭连接。我自认这个代码写得完全合格，不会有任何问题。

　　小明的代码是这样的：

```
namespace XXXBLL
{
    public XXClass
    {
        //其他代码略

        public static bool CheckUserName(string name)
        {
            bool flag;
            //先前检查 name 是否有 SQL 危险字符，代码略

            return flag;
        }
```

```
    }
}
```

我的这个方法是这样调用的:

```
string userName = GetInputUserName();
string connStr = " Data Source = . ;Initial Catalog = XXDB;Integrated Security = True";
ExecuteSampleTransaction(connStr,userName,XXXBLL.XXClass.CheckUserName);
```

我们的代码提交后,项目通过测试,上线运行了一个月没有问题。但就在今天,运营人员说我之前写的这个功能没法用了,网页打不开,很卡,然后就报错;运维人员说监测 SQL Server 数据库发现有很多超时事务,根据 SQL 语句,项目经理说这个问题是不是跟我有关。可是这个代码我最近什么都没有改啊!于是项目经理找到昨天修改了代码的同事小明,小明说他只增加了一个查询用户是否在数据库的新功能,这个功能是昨天上午产品经理提出来的,并且这个修改通过了"单元测试"。对于这个测试,项目经理也是知道的。由于这个功能很简单,昨天下班前就上线了。今天同事小明说,一个简单的查询,怎么可能会有问题,而且代码还通过了单元测试。我坚持我的代码好好的,我什么都没有修改,这不该是我的问题。我和小明僵持不下,项目经理召集项目组开发人员开会,把昨天小明修改的代码拿出来让大家评审。

代码是这样的:

```
public static bool CheckUserName(string name)
{
    //先前检查 name 是否有 SQL 危险字符,代码略

    //昨天新增加的代码,检查数据库内是否重名,如重名则检查不通过
    using (SqlConnection connection = new SqlConnection(connectionString))
    {
        connection. Open();
        SqlCommand command = connection. CreateCommand();
        command. CommandText = "select count( * ) from [User] where [Name] = '" + name + "'";
        int count = (int)command. ExecuteScalar();
        return count < = 0;
    }
}
```

同事们看了这个代码,也都认为小明修改的代码没有问题。大家面面相觑,不知道怎么办才好。这时,一个有 10 年开发经验的程序员陈工说,这个问题是事务引起的。说到这里,大家都齐刷刷地看着我,而我一脸懵。陈工接着说,因为昨天修改的这个代码没有在事务中。这下大家都一脸懵了,而我感觉好了些。陈工打开 VS,给大家演示起来,打开数据库,新建查询窗口 SQLQuery1. sql,在里面输入查询语句:

```
begin tran
update [User] set [Age] = 33 where [Id] = 1;
commit
```

选择前两行,不选择 commit 语句,单击三角形按钮,执行查询,如图 3 - 13 所示。

图 3 - 13　事务查询窗口(1)

查询执行成功,但实际上事务没有提交。

接着,再新建一个查询窗口 SQLQuery2. sql,在下面输入语句:

```
select * from [User]
```

单击三角形按钮执行,窗口状态栏显示"正在执行查询",如图 3 - 14 所示。

查询被阻塞,一直没有执行完成。

回到第一个查询窗口,选择 commit 语句,然后单击三角形按钮执行查询,显示执行成功,如图 3 - 15 所示。

提交事务成功。

最后回到第二个查询窗口,看到查询已经执行完成,结果列表显示出来了,如图 3 - 16 所示。

演示到这里,陈工说道:由于 SQL Server 的默认事务隔离级别是"已提交读",那么当另一个连接里面执行对当前表的查询是一个事务查询,而这个查询还没有提交,

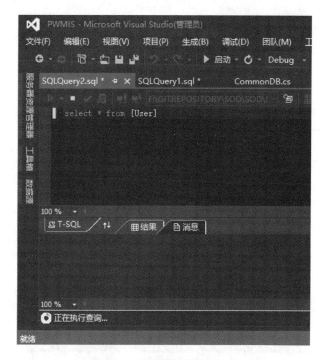

图 3 - 14   普通查询窗口(1)

图 3 - 15   事务查询窗口(2)

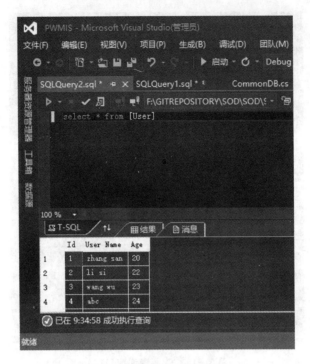

图 3 - 16 普通查询窗口(2)

事务被挂起时,另一个连接来查询当前表是被阻塞的。只有当第一个查询窗口的事务提交或回滚以后,第二个查询窗口的语句才能执行完成。而我们刚才评审的这个代码正是处于这样一个执行环境,ExecuteSampleTransaction 方法内的事务程序更新了表[User],给它附加了一个更新锁,然后等待委托方法 checkName 执行完成。但是 checkName 委托方法(这里对应的是 XXXBLL. XXClass. CheckUserName)内的查询却在等待调用方的事务执行完成,释放更新锁。这样在逻辑上看来,两个方法进入互相等待的状态,发生了"死锁"的现象。

我们说这个情况很常见啊,谁能够保证我写的这个方法要查询的表是不是被别的方法给"锁"住了呢?然后我们都问陈工怎么解决这个问题。

陈工说道:解决方式有三种。

第一种,事务代码内不要调用任何外部方法。比如我们的例子中将 checkName 委托方法放到事务代码之前先执行,这样就会有潜在的问题。

第二种,让被调用的方法使用调用方的同一个连接。这个方式能很好地解决问题,但是我们的例子中 XXXBLL. XXClass. CheckUserName 方法要增加一个连接对象参数。

第三种,被调用的方法内使用查询时,降低事务隔离级别,采取"脏读"。对于我们前面的例子中的 CheckUserName 方法,可以将 SQL 语句修改成下面这样:

```
select count( * ) from [User] with(nolock) where [Name] = 'zhang san'
```

同事小明听了,说道:第三种方式用"脏读"可能会影响业务逻辑,第二种方式要修改方法增加参数,我觉得第一种方式比较好,但会有什么潜在问题呢?

陈工说道:事务就是为了保证操作的原子性的,如果将一个操作移动到事务之外,那么之前的业务逻辑就改变了。比如我们这个例子,在事务之前调用 CheckUserName 方法检查用户名不重复,但很可能进入事务后别的线程就已经插入这个用户的数据了,继续执行就会插入重复的用户名,这样就违反了原来的业务逻辑。

同事小明一脸懵,看来这个方法他必须得改。陈工看出了小明的无奈,继续说道:如果有合适的数据框架,CheckUserName 方法是不用增加连接参数的,它不用关心是不是要被一个正在执行事务的方法调用。如果调用方开启了事务,那么被调用的方法就在事务中执行;如果调用方没有使用事务,那么被调用的方法就是一个普通的方法。

项目经理听了陈工的介绍,提出了一个新问题:如果调用方开启了事务,被调用方的方法内部也用了该事务,这种情况怎么办?

陈工说道:经理说的这种情况属于"嵌套事务",SQL Server 这样的数据库是可以处理嵌套事务的,但别的数据库不一定支持嵌套事务处理。另外,如果是两个独立的事务,它们之间会有事务隔离,在我们今天的这个例子中一样会导致"死锁"症状,最佳的办法就是有一个数据框架,它能在框架层面上处理这种嵌套事务,将它化解为单一的事务。

项目经理说:还能这么玩? 这是啥框架?

陈工说道:据我了解,SOD 框架就有这个功能,它已经有 10 多年的历史了,有不少用户正在使用,我们可以试试。

同事小明很疑虑地问陈工:如果用 SOD 框架,我这个方法应该怎么改呢?

陈工于是打开电脑,写出了下面的代码:

```
namespace XXXBLL
{
    public XXClass
    {
        AdoHelper currDb = null;
        //其他代码略
        public XXClass(AdoHelper db)
        {
            this.currDb = db;
        }


        public bool CheckUserName(string name)
        {
```

```
        bool flag;
        //先前检查 name 是否有 SQL 危险字符,代码略
        //检查数据库内是否重名,如果重复则检查不通过
        string sql = "select count( * ) from [User] where [Name] = '" + name + "'";
        int count = (int)db.ExecuteScalar();
        return count <= 0;
    }
  }
}
```

写完后,陈工说,将方法修改为实例方法,然后注入 SOD 的数据提供程序对象 AdoHelper,在业务方法中使用它即可,这样就不用为每个方法增加一个连接对象了,并且在使用 AdoHelper 时,不用打开和关闭连接,如果调用方是事务环境,那么它会自动作为事务方法来调用,如果不是,那么它就是一个普通查询。

项目经理看了,高兴地说道,这种**跨组件的事务**能够完美解决实在太好了,我们下个项目就开始使用 SOD 框架。小明,你回去在你现在这个方法上增加一个连接参数,赶紧修改好,今晚上线,散会。

小明听了,又一次一脸懵。

上面虽然只是一个故事,但是在几年前,我在一家电商公司曾经遇到过类似的事情。当时公司的一个项目组采用 codesmith 这个工具使用某个框架的模板,从数据库自动生成操作每个表的类,里面包括对表进行增删改查的代码。它生成的每个方法都有一个带有事务对象的重载。当时我很好奇为什么会有这样的重载方法,直到有一次遇到数据库"死锁"的问题,经过排查才知道某个开发人员搞错了在事务代码中没有调用带事务对象参数的重载方法。从那以后,开发经理每次提交代码测试之前都要检查开发人员写的代码有没有这个问题。我将 SOD 框架介绍给领导,在我带领的项目组使用,从来没有遇到前面项目组这个问题。

对于这种跨组件的事务使用问题,如果在系统框架层面做好设计也不会有问题。比如有的公司将数据连接对象放到当前访问的线程上下文里面,这样可以避免这个问题,但如果这样这个框架实现就要复杂一些。相比起来,SOD 框架的这种解决方案更加轻便,大家可以试试。

3.3.7 跟踪 SQL 执行情况

尽管有些数据库系统能够实时提供执行的 SQL 信息,比如 SQL Server 的事务日志跟踪,但好多数据库都没有提供这样强大的功能,特别是那些嵌入式数据库这个功能是不可能有的。如果应用程序需要适配多种数据库,并且提供了一个抽象的数据访问层,有关应用程序执行的 SQL 信息是可以在这个抽象数据访问层进行监视的。SOD 框架提供了这样的功能,它能提供执行的 SQL 语句详细的信息,并将它记

录在日志文件中,这就是 SOD 框架的 SQL 日志功能。

1. 命令管道与日志处理器

SOD 框架的 SQL 日志功能是在"命令管道"中实现的。这实际上是一个"管道-过滤器"(Pipe‐And‐Filter)模式,属于一种架构模式。管道过滤器与生产流水线类似,在生产流水线上,原材料经过一道道工序,最后形成某种有用的产品。在管道过滤器中,数据经过一个个过滤器,最后得到需要的数据,如图 3‐17 所示。

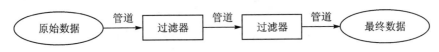

图 3‐17 "管道-过滤器"模式

不管是执行数据查询获取数据集或者数据阅读器,还是执行非数据查询的命令来更改数据,都要经过几个相同的步骤:打开数据库连接→创建命令对象→执行查询→返回结果→关闭数据库连接,这几个步骤有严格的顺序,前后依赖,就像水流一般,因此,也可以利用"管道-过滤器"模式,在查询命令的执行过程中,插入某些特定的处理逻辑。查询过程可以分为查询命令执行前(OnExecuting)、查询命令成功执行后(OnExecuted)和查询异常(OnExecuteError)这 3 个关注点,就像一个水管的 3 个阀门一样,如图 3‐18 所示。

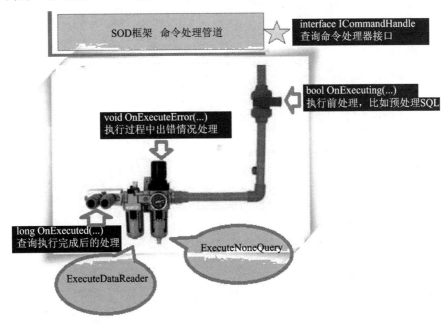

图 3‐18 SOD 框架的命令处理管道

在查询过程的 3 个关注点插入过滤器的方法,不仅可以记录查询的日志信息,而且也能控制查询过程,比如预处理要执行的 SQL,查询后进行其他处理任务等。根

据这个过程,抽象出查询命令处理器接口 ICommandHandle,其定义如下:

```
public interface ICommandHandle
    {
        /// <summary>
        ///获取当前适用的数据库类型,如果通用,请设置为 UNKNOWN
        /// </summary>
        DBMSType ApplayDBMSType { get; }
        /// <summary>
        ///执行前处理,比如预处理 SQL,补充设定参数类型,返回是否继续进行查询执行
        /// </summary>
        /// <param name = "db"> 数据库访问对象 </param>
        /// <param name = "SQL"> </param>
        /// <param name = "commandType"> </param>
        /// <param name = "parameters"> </param>
        /// <returns> 返回真,以便最终执行查询,否则将终止查询 </returns>
        bool OnExecuting(CommonDB db, ref string SQL,
                CommandType commandType, IDataParameter[] parameters);


        /// <summary>
        ///执行过程中出错情况处理
        /// </summary>
        /// <param name = "cmd"> </param>
        /// <param name = "errorMessage"> </param>
        void OnExecuteError(IDbCommand cmd, string errorMessage);
        /// <summary>
        ///查询执行完成后的处理,不管是否执行出错都会进行的处理
        /// </summary>
        /// <param name = "cmd"> </param>
        /// <param name = "recordAffected"> 命令执行的受影响记录行数 </param>
        /// <returns> 返回执行时间或者其他信息 </returns>
        long OnExecuted(IDbCommand cmd, int recordAffected);
        /// <summary>
        ///获取当前处理器要应用的命令执行类型,只有符合该类型才会应用当前命令处
        /// 理器
        /// </summary>
        CommandExecuteType ApplayExecuteType { get; }
    }
```

命令执行日志处理器 CommandExecuteLogHandle 类继承了 ICommandHan-
dle,并且默认添加到了 SOD 的命令管道。命令管道在 AdoHelper 类的基类 Com-
monDB 类中,有 3 种对应的命令管道过滤器方法:

```
/// <summary>
/// 命令管道的命令在处理之前的处理器处理,只要其中一个处理器不允许,后续都将不再
/// 处理,整个命令将无法执行
/// </summary>
/// <param name = "sql"> </param>
/// <param name = "commandType"> </param>
/// <param name = "parameters"> </param>
/// <param name = "executeType"> 查询类型 </param>
/// <returns> </returns>
protected bool OnCommandExecuting(ref string sql,
CommandType commandType,
IDataParameter[] parameters,
CommandExecuteType executeType = CommandExecuteType. ExecuteQuery)
{
    if (this. EnableCommandHandle)
    {
        bool isBreak = false;
        foreach (ICommandHandle handle in this. commandHandles)
        {
            if ((handle. ApplayExecuteType == CommandExecuteType. Any
                    || handle. ApplayExecuteType == executeType)
                && (handle. ApplayDBMSType == DBMSType. UNKNOWN
                    || handle. ApplayDBMSType == this. CurrentDBMSType))
            {
                bool flag = handle. OnExecuting(this, ref sql,
                            commandType, parameters);
                if (!flag)
                    isBreak = true; ;
            }
        }
        return ! isBreak;
    }
    return true;

}


/// <summary>
/// 命令管道的命令在执行成功后的处理器处理
/// </summary>
/// <param name = "cmd"> </param>
/// <param name = "recordAffected"> </param>
```

```
/// <param name = "executeType"> 查询类型 </param>
protected void OnCommandExected(IDbCommand cmd, int recordAffected,
CommandExecuteType executeType = CommandExecuteType.ExecuteQuery)
{
    if (this.EnableCommandHandle)
    {
        foreach (ICommandHandle handle in this.commandHandles)
        {
            if ((handle.ApplayExecuteType == CommandExecuteType.Any
                    || handle.ApplayExecuteType == executeType)
                && (handle.ApplayDBMSType == DBMSType.UNKNOWN
                    || handle.ApplayDBMSType == this.CurrentDBMSType))
            {
                long result = handle.OnExecuted(cmd, recordAffected);
                if (handle is CommandExecuteLogHandle)
                    this._elapsedMilliseconds = result;
            }
        }
    }
}


/// <summary>
///命令管道的命令在执行失败后的处理
/// </summary>
/// <param name = "cmd"> </param>
/// <param name = "errorMessage"> </param>
/// <param name = "executeType"> 查询类型 </param>
protected void OnCommandExecuteError(IDbCommand cmd, string errorMessage,
        CommandExecuteType executeType = CommandExecuteType.ExecuteQuery)
{
    if (this.EnableCommandHandle)
    {
        foreach (ICommandHandle handle in this.commandHandles)
        {
            if ((handle.ApplayExecuteType == CommandExecuteType.Any
                    || handle.ApplayExecuteType == executeType)
                && (handle.ApplayDBMSType == DBMSType.UNKNOWN
                    || handle.ApplayDBMSType == this.CurrentDBMSType))

                handle.OnExecuteError(cmd, errorMessage);
        }
    }
}
```

CommonDB 类所有的数据查询方法都会调用上面这 3 种方法,例如 Exe-cuteNonQuery 方法的具体实现代码(请注意黑体部分的内容):

```csharp
///  <summary>
///执行不返回值的查询,如果此查询出现了错误并且设置 OnErrorThrow 属性为是,则将抛
///出错误;否则将返回 - 1,此时请检查 ErrorMessage 属性
///如果此查询在事务中并且出现了错误,则将根据 OnErrorRollback 属性设置是否自动回
///滚事务
///  </summary>
///  <param name = "SQL"> SQL </param>
///  <param name = "commandType"> 命令类型 </param>
///  <param name = "parameters"> 参数数组 </param>
///  <returns> 受影响的行数 </returns>
public virtual int ExecuteNonQuery(string SQL, CommandType commandType,
        IDataParameter[] parameters)
{
    if (!OnCommandExecuting(ref SQL, commandType, parameters,
                        CommandExecuteType.ExecuteNonQuery))
        return - 1;

    ErrorMessage = "";
    IDbConnection conn = GetConnection();
    if (conn.State != ConnectionState.Open)
        conn.ConnectionString = this.DataWriteConnectionString;
    IDbCommand cmd = conn.CreateCommand();
    CompleteCommand(cmd, SQL, commandType, parameters);

    int result = - 1;
    try
    {
        result = cmd.ExecuteNonQuery();
        //如果开启事务,则由上层调用者决定何时提交事务
    }
    catch (Exception ex)
    {
        ErrorMessage = ex.Message;
        bool inTransaction = cmd.Transaction == null ? false : true;

        //如果开启事务,那么此处应该回退事务
        if (cmd.Transaction != null && OnErrorRollback)
            cmd.Transaction.Rollback();
```

```
        OnCommandExecuteError (cmd, ErrorMessage,
                        CommandExecuteType.ExecuteNonQuery);
        if (OnErrorThrow)
        {
            throw new QueryException(ErrorMessage, cmd.CommandText,
                    commandType, parameters, inTransaction,
                    conn.ConnectionString, ex);
        }
    }
    finally
    {
        OnCommandExected (cmd, result, CommandExecuteType.ExecuteNonQuery);
        CloseConnection(conn, cmd);
    }
    return result;
}
```

CommandExecuteLogHandle 类调用了 CommandLog 对象,而 CommandLog 对象内部有一个 Stopwatch 对象,用于精确记录执行时间。

```
private System.Diagnostics.Stopwatch watch = null;
/// <summary>
///是否开启执行时间记录
/// </summary>
/// <param name = "startStopwatch"> </param>
public CommandLog(bool startStopwatch)
{
    if (startStopwatch)
    {
        watch = new System.Diagnostics.Stopwatch();
        watch.Start();
    }
}
```

CommandLog 类公开一个 WriteLog 方法,记录 Ado.Net 的 Command 对象的执行情况,包括执行的 SQL 语句、查询参数、错误信息和执行时间,并将这些信息写入日志文件。这样,通过 CommandExecuteLogHandle,框架就可以写查询日志文件了,不过,启用该功能还需要一点配置,默认情况下并不会记录查询日志。

2. SQL 日志功能使用配置

使用 SQL 日志很简单,只需要在应用程序配置文件中做如下配置即可,注意看配置中的注释:

```
<! -- PDF.NET SQL 日志记录配置(for 4.0)开始
    记录执行的 SQL 语句,关闭此功能请将 SaveCommandLog 设置为 False,或者设置
DataLogFile 为空;
    如果 DataLogFile 的路径中包括～符号,则表示 SQL 日志路径为当前 Web 应用程序
的根目录;
    如果 DataLogFile 不为空且为有效的路径,则当系统执行 SQL 出现了错误,即使
SaveCommandLog 设置为 False 时,也会仅仅记录出错的这些 SQL 语句;
    如果 DataLogFile 不为空且为有效的路径,且 SaveCommandLog 设置为 True,则会记
录所有的 SQL 查询。
    在正式生产环境中,如果不需要调试系统,那么请将 SaveCommandLog 设置为 False。
    -->
    <add key = "SaveCommandLog" value = "True"/>
    <add key = "DataLogFile" value = "~\SqlLog.txt"/>
    <! -- LogExecutedTime 需要记录的时间,如果该值等于 0 会记录所有查询,否则只记录
大于该时间的查询。单位毫秒。 -->
    <add key = "LogExecutedTime" value = "300"/>
    <! -- LogBufferCount 日志信息缓存的数量,如果该值等于 0,则会立即写入日志文件,
默认缓存 20 条信息;注意一次查询可能会写入多条日志信息 -->
    <add key = "LogBufferCount" value = "20"/>
<! -- PDF.NET SQL 日志记录配置 结束 -->
```

注意:日志路径可以使用 ASP. NET 的服务器路径符号"～",该符号的具体使用
说明如下:

ASP. NET 包括了 Web 应用程序根目录运算符(～),当在服务器控件中指定路
径时可以使用该运算符。ASP. NET 会将～运算符解析为当前应用程序的根目录。
可以结合使用～运算符和文件夹来指定基于当前根目录的路径。

下面的示例演示了 ASP. NET WebForm 使用 Image 服务器控件时用于为图像
指定根目录相对路径的～运算符。在此示例中,无论页面位于网站中的什么位置,都
将从位于 Web 应用程序根目录下的 Images 文件夹中直接读取图像文件。

```
<asp:image runat = "server" id = "Image1"ImageUrl = "~/Images/SampleImage.jpg" />
```

可以在服务器控件中的任何与路径有关的属性中使用～运算符。～运算符只能为
服务器控件识别,并且位于服务器代码中。不能将～运算符用于客户端元素。

3. 查看 SQL 日志文件

根据配置文件中配置的 SQL 日志地址,查看一下它到底记录了什么内容。

```
//2011/5/9 14:48:42 @AdoHelper 执行命令:
SQL = "SELECT * FROM [JJGaiKuang] (@fundCompany,@fundType,@IsConsignment,@man-
agerID,@openState,@bankName,@Tzfg)"
```

```
//命令类型:Text
//7 个命令参数:
Parameter["@fundCompany"] = ""              //DbType = AnsiString
Parameter["@fundType"] = ""                 //DbType = AnsiString
Parameter["@IsConsignment"] = "是"          //DbType = AnsiString
Parameter["@managerID"] = ""                //DbType = AnsiString
Parameter["@openState"] = ""                //DbType = AnsiString
Parameter["@bankName"] = "中国银行"          //DbType = AnsiString
Parameter["@Tzfg"] = ""                     //DbType = AnsiString
//2011/5/9 14:48:42 @AdoHelper :Execueted Time(ms):607


//2011/5/9 14:48:59 @AdoHelper 执行命令:
SQL = "SELECT * FROM [GetFundTrend_FundAnalysis_FundFeat] (@currentJJDM,@OtherJJDM)"
//命令类型:Text
//2 个命令参数:
Parameter["@currentJJDM"] = "KF0003"        //DbType = AnsiString
Parameter["@OtherJJDM"] = "000001,399001,H11020,000300"    //DbType = AnsiString
//2011/5/9 14:48:59 @AdoHelper :Execueted Time(ms):369


//2011/5/9 14:49:00 @AdoHelper 执行命令:
SQL = "SELECT a.id,a.基金名称,round(a.收益率 * 100,2)收益率 FROM[GetFundOfTypeNew]
(@jjdm,@startDate,@endDate,@type) as a"
//命令类型:Text
//4 个命令参数:
Parameter["@jjdm"] = "KF0003"               //DbType = AnsiString
Parameter["@startDate"] = "2011 - 02 - 06"  //DbType = AnsiString
Parameter["@endDate"] = "2011 - 05 - 06"    //DbType = AnsiString
Parameter["@type"] = "三个月"                //DbType = AnsiString
//2011/5/9 14:49:00 @AdoHelper :Execueted Time(ms):310


//2011/5/9 14:49:00 @AdoHelper 执行命令:
SQL = "SELECT * FROM [GetFundNotice](@jjdm) order by 公告时间 desc"
//命令类型:Text
//1 个命令参数:
Parameter["@jjdm"] = "KF0003"               //DbType = AnsiString
//2011/5/9 14:49:00 @AdoHelper :Execueted Time(ms):389
```

从日志文件可以看出,程序记录了详细的 SQL 信息,包括 SQL 文本和参数值,还有执行时间,本示例文件中仅仅记录了执行超过 300 ms 的查询。通过框架的 SQL 日志功能,可以随时打开或者关闭日志,查看日志详细信息,从而为系统性能优化提供依据。你也可以利用 SOD 框架的管道过滤器功能,使用自己的日志组件或者自定义的命令执行日志处理程序。

有关 SOD 框架的 SQL 日志和管道过滤器更详细的内容,请查阅笔者的两篇博客文章：

● 《PDF.NET 的 SQL 日志》；

● 《图解"管道过滤器模式"应用实例：SOD 框架的命令执行管道》。

3.4 数据库应用开发基础

结构化查询语言（Structured Query Language，SQL），是一种数据库查询和程序设计语言，用于存取数据以及查询、更新和管理关系数据库系统。SQL 是高级的非过程化编程语言，允许用户在高层数据结构上工作。它不要求用户指定对数据的存放方法，也不需要用户了解具体的数据存放方式，可以使用相同的 SQL 作为数据输入与管理的接口，适用于各种不同的关系数据库系统。因此熟练掌握 SQL，是数据库应用开发的基础。

3.4.1 常见的 SQL 工具

1．SQL Server Data Tools for Visual Studio

SQL Server Management Studio 是开发和管理 SQL Server 应用的强大工具，但它过于庞大，如果仅为了开发使用，SQL Server Data Tools for Visual Studio 是最佳工具。它将 Visual Studio 变成适用于 SQL Server、Azure SQL 数据库和 Azure SQL 数据仓库的强大开发环境。SQL Server Data Tools for Visual Studio 如图 3 - 19 所示。

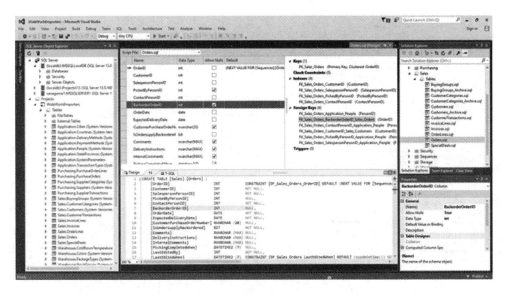

图 3 - 19　SQL Server Data Tools for Visual Studio

● 数据库项目——建立新式数据库开发生命周期。

- IntelliSense 和编辑——在键入时验证 T - SQL 脚本。
- 设计表——专注于表的内容。无须关注操作步骤。
- 查看和编辑数据——查看和编辑数据,无须编写脚本。
- 架构和数据比较——对数据库进行差异分析。
- 持续集成和部署。

详细功能介绍请参考:

https://visualstudio.microsoft.com/zh - hans/vs/features/ssdt/? rr=https%3A%2F%2Fwww.microsoft.com%2Fzh - cn%2Fsql - server%2Fdeveloper - tools。

2. Navicat

Navicat 是一套快速、可靠且价格不高的数据库管理工具,专为简化数据库的管理和降低系统管理成本而设计。它的设计符合数据库管理员、开发人员及中小企业的需要。Navicat 是以直觉化的图形用户界面构建的,让你可以以安全且简单的方式创建、组织、访问并共用信息。Navicat 提供多达 7 种语言供客户选择,被公认为全球最受欢迎的数据库前端用户界面工具。

Navicat Premium 是一套数据库开发工具,如图 3 - 20 所示,它可以从单一应用程序中同时连接 MySQL、MariaDB、MongoDB、SQL Server、Oracle、PostgreSQL 和 SQLite 数据库。它与 Amazon RDS、Amazon Aurora、Amazon Redshift、Microsoft Azure、Oracle Cloud、MongoDB Atlas、阿里云、腾讯云和华为云等云数据库兼容,可以快速轻松地创建、管理和维护数据库。

图 3 - 20　Navicat Premium

详细内容请参考官网 http://www.navicat.com.cn。

3．PDF. NET 集成开发工具

PDF. NET 集成开发工具是笔者早些年开发的一个生成实体类的工具,把之前的 SQL - MAP 配置和代码生成工具也集成了进去,虽然之前的 PDF. NET 框架改名为 SOD 框架,但是这个工具的名字没有改,它的源码就在 SOD 框架的源码内,使用 VB. NET 开发,因为 VB. NET 处理 XML 比较方便。

PDF. NET 集成开发工具不仅开源而且免费,SOD 框架使用 LGPL 授权协议,可免费用于商业目的,但这个工具使用的是 GPL 协议,不可将它修改后闭源用于商业目的。

利用这个小工具,可以连接所有 SOD 框架数据提供程序支持的数据库,支持的类型可以见图 3 - 8 的说明。在数据连接选型卡下面,选择或者新建一个分组,然后单击"新建连接"按钮,弹出如图 3 - 21 所示的"连接到服务器"对话框。

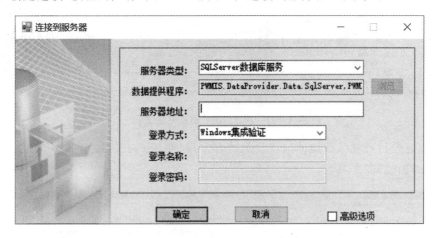

图 3 - 21　PDF. NET 集成开发工具之"连接到服务器"对话框

选择服务器类型,再输入相应的服务器地址、登录账号等信息,最后单击"确定"按钮即可。如图 3 - 22 所示连接了多种数据库,当前打开了 MySQL 数据库的表。像其他 SQL 工具一样在工具里面编写 SQL 语句执行,可以从左侧树形目录拖动表名、字段名到右边的 SQL 编辑窗口。此外,还有一个组查询功能,可以设定多个目标数据源,同时执行查询。使用工具,可以选择表生成 SOD 的实体类,也可以选择视图,或者任意一个查询都可以生成实体类。也可以导出表的数据到文本文件。工具里面的"解决方案"和"SQL - MAP"资源功能没有提供,一般用户用数据查询和 ORM 生成功能就足够了。

此外,工具还提供了一个简单的浏览器功能,基于 Chrome 内核,采用 CefSharp 开发,所以编译后工具文件稍微有点大,约 80 MB。使用 CefSharp 主要是为正常使用 12306 网站,我基于 12306 官网的方式封装了一个抢票弹窗工具,如图 3 - 23 所

图 3-22 PDF.NET 集成开发工具

示,具体开发过程和下载地址请看我的博客文章《使用 CefSharp 开发一个 12306"安心刷票弹窗通知"工具》。

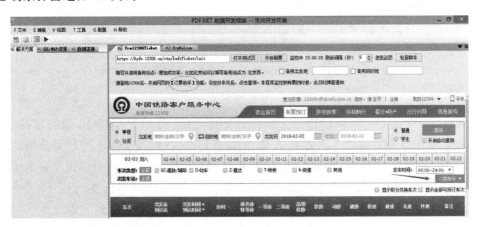

图 3-23 12306 抢票弹窗通知工具

3.4.2 SQL 标准

SQL 是 Structured Query Language 的缩写,它的前身是著名的关系数据库原型系统 System R 所采用的 SEQUEL 语言。作为一种访问关系型数据库的标准语言,SQL 自问世以来得到了广泛的应用,所有主流的关系数据库产品都支持它,甚至一些小型的产品如 Access 也支持 SQL。蓝色巨人 IBM 对关系数据库以及 SQL 语言的形成和规范化产生了重大影响,第一个版本的 SQL 标准 SQL—86 就是基于 System R 的手册而来的。随着数据库技术和应用的发展,为不同 RDBMS 提供一致的语言成了一种现实需要。

对 SQL 标准影响最大的机构自然是那些著名的数据库厂商,而具体的制定者则是一些非营利机构,例如国际标准化组织 ISO、美国国家标准委员会 ANSI 等。各国通常会按照 ISO 标准和 ANSI 标准(这两个机构的很多标准是差不多等同的)制定自己的国家标准。下面是 SQL 发展的简要历史:

1986 年,ANSI X3.135—1986,ISO/IEC 9075:1986,SQL—86;

1989 年,ANSI X3.135—1989,ISO/IEC 9075:1989,SQL—89;

1992 年,ANSI X3.135—1992,ISO/IEC 9075:1992,SQL—92(SQL2);

1999 年,ISO/IEC 9075:1999,SQL:1999(SQL3);

2003 年,ISO/IEC 9075:2003,SQL:2003;

2008 年,ISO/IEC 9075:2008,SQL:2008;

2011 年,ISO/IEC 9075:2011,SQL:2011。

SQL 标准中,SQL—92 涉及 SQL 最基础和最核心的一些内容,所以这也是绝大多数人提起 SQL 标准。为了验证具体的产品对标准的遵从程度,NIST 还曾经专门发起了一个项目,来做标准符合程度的测试集合:https://itl.nist.gov/div897/ctg/sql_form.htm。现在大部分数据库都支持 SQL—92 标准,但有些小型数据库没有完全支持,比如 SQLite 支持"左外部联结(LEFT OUTER JOIN)",但不支持"右外部联结(RIGHT OUTER JOIN)"和"全外部联结(FULL OUTER JOIN)"。

前面几个标准太过久远,这里看看自 2003 年以来这几个标准做了那些改进:

● SQL:2003 这个版本针对 SQL:1999 的一些问题进行了改进,支持 XML,支持 Window 函数、Merge 语句等。对于 Merge 语句,很多从事数据仓库的朋友耳熟能详了。这个东西也是先有了事实标准然后纳入规范的。且说 SQL:1999 发布后,各大数据库厂商纷纷宣布新的版本中对该标准的支持,这是他们一贯的姿态。

● SQL:2006 继续增强 XML 方面的特性。这个版本发布后,几乎没什么动静。增强 XML 对数据处理的能力。实际上,至少在现在应用中发现 XML 多少让大家都高估了它,也或许背后有商业力量驱动吧。有几家公司不是要凭借 XML DB 超越对手来着?

● SQL:2008 2008 年发布的。几乎没看到有技术圈子的人讨论这个事情。这个版本其实还是和 XML 较劲。从 SQL:1999 到 SQL:2008,可以看到标准修订的周期越来越短,多少也反映了对技术的需求变化之快。

3.4.3　SQL 方言

既然有 SQL 标准,那么肯定有很多非 SQL 标准,它们称为该数据库的"SQL 方言",包括表名字段名的大小写、系统函数以及某些数据库特有的功能。

系统函数里面比较典型的就是查询数据库系统时间的函数:

SqlServer 是

```
SELECT GetDate()
```

Oracle 是

```
SELECT SYSDATE FROM DUAL;
```

MySQL 是

```
select now();
```

SqlServer 字段名和表名是不区分大小写的,Oracle 则要复杂些,根据定义表名和字段名时有没有加双引号来决定。例如:

```
CREATE TABLE TableName(id number);
```

那么下面查询的几种写法都是可以的:

```
select * from tablename;
SELECT * FROM TABLENAME;
SELECT * FROM TableName;
```

但如果表名是下面这样定义的:

```
CREATE TABLE "TableName"("id" number);
```

那么查询就必须严格区分大小写,用上面的方式是查询不了的,必须像下面这样:

```
SELECT * FROM "TableName";
```

在 MySQL 上,如果创建表的语句中表名是大小写混用的,那么当查询时,在 Windows 系统上就不区分大小写,而在 Linux 系统上就要区分大小写。因为 MySQL 会为每个表创建几个对应的磁盘文件而不是整个库作为一个或者几个文件,而 Linux 系统的文件名是要区分大小写的,因此 MySQL 在编写 SQL 时,最好也带上"`",它是主键盘数字 1 左边那个键的字符。上面 Oracle 创建表和查询表的 SQL 语句在 MySQL 里面如下编写:

```
CREATE TABLE `TableName`(`id1`int);
SELECT * FROM `TableName`;
```

除了表名和字段名大小写问题,对于字段名和表名的"引号"问题、参数名问题,这几大数据库都有区别。虽然这些数据库基本上都遵循了 SQL—92 的标准,但却在这些"最基本的"问题上没有统一,所以如果把一条 SQL 语句直接复制粘贴在另一个数据库上就可能无法执行,这的确是一个比较讨厌的问题,这就是手写 SQL 最基本的"坑",因此一个软件系统在代码里面充斥着各种手写的 SQL 语句,那么该软件想直接在另一个数据库系统上运行基本上是不可行的。如果有支持不同数据库的需求,最佳的做法就是由程序生成 SQL 语句而不是手写,这个功能就是 ORM 框架最基本的功能了。在此基础上,根据 SQL 最普遍的标准,生成各个数据库都能使用的 SQL 语句。SOD 框架的 ORM 功能除了能够生成标准的 SQL 查询语句外,它还借鉴 SQL 标准,在面向对象的层面上,使用链式表达语句,发明了一种"ORM 查询语言",详见 4.7 节 ORM 查询语言——OQL。

最后,各大数据库还提供了很多不同的特性。比如表字段的自增值功能,SqlServer 默认提供,Oracle 却没有,但它提供了"序列"功能,可以用来模拟字段的自增功能。Oracle 提供了强大的递归查询功能,而其他大部分数据库都没有直接提供。比如要递归查询节点(id=1)的所有父节点和子节点,其中字段 PID 是该条记录对应的父节点 ID:

```
SELECT * FROM tree START WITH id = 1 CONNECT BY PRIOR pid = id -- 递归查询父节点
union
SELECT * FROM tree START WITH id = 2 CONNECT BY pid = PRIOR id; -- 递归查询子节点
```

现在 SqlServer 提供了通用表达式(CTE),可以实现递归查询效果,有兴趣的读者可以试试上面这个树形数据如何用 CTE 来实现。

对于上面说的每种数据库不同的系统函数和数据库提供的特殊功能的 SQL 语句,ORM 框架也无能为力,但是用好它们往往能够事半功倍,所以笔者的建议是不能因为用了 ORM 框架就完全不手写 SQL 语句了,只要将它们集中管理就能避免手写 SQL 的维护问题,推荐采用 SOD 框架的 SQL - MAP 功能,具体请参考 3.5 节数据查询与映射(SQL - MAP)。

3.4.4 存储过程

存储过程(Stored Procedure)是一组为了完成特定功能的 SQL 语句集,是利用数据库提供的 SQL 语言所编写的数据库的"子程序",经编译后存储在数据库中。触发器本质上是一种特殊的存储过程。这个存储过程表现为一个过程(Procedrue)或是一个函数(Function),后者的区别是函数能够有一个单一的返回值。常见的数据库都对标准 SQL 语句做了扩展,这样能够更好地编写存储过程,比如 SQL Server 的 T - SQL,Oracle 的 PL/SQL。PostgreSQL 可以使用常见的脚本语言 Perl、Python 和 Ruby 来写存储过程函数。

存储过程的编写在教科书和早期的软件系统中经常使用,但在开源的软件系统中越来越少,特别是互联网应用系统很少使用存储过程。伴随这一过程,出现了是否使用存储过程的激烈争论。下面我摘录三篇有代表性的文章的观点,供大家参考。

第一篇文章的观点——"使用存储过程的好处"

原帖地址:http://topic.csdn.net/u/20110218/15/4c5f0fe6 - ce49 - 4c39 - 9e1b - 0df378618d7a.html。

作者是一个狂热的存储过程派,该帖回复已经超过 300 条,学习、赞同、质疑、反对的声音不少,其中还有不少回复已经被管理员删除。

第二篇文章的观点——"存储过程 ORM 比拼"

原帖地址:http://archive.cnblogs.com/a/2010672/。

作者得出的结论是存储过程效率最高,但不到一天时间内就有很多回复的质疑和反对之声,使得话题脱离了原帖的主题,最后不知道怎么回事,作者将原文删除了。

第三篇文章的观点——"ORM 之硬伤"

原帖地址:http://www.cnblogs.com/Barton131420/archive/2007/01/07/613955.html。

作者在文章的最后说(不完全算是结论):使用 ORM 后,原来精湛的 SQL 技能变得毫无用武之地,让人甚是失落,但这并不是 ORM 的过错。光看标题容易将人误导,建议仔细看看正文和下面的回复,相当有深度。

于是,我将这三篇文章贴在我的博客上,标题是《三篇有代表性的文章,有关存储过程的是是非非》,看看博客园的网友持什么观点,结果回帖的网友又分为两派,争论很激烈。

虽然最后没有结论,但我承认一个事实:自从我使用 ORM 以后,几乎没有写过存储过程了;在设计使用分布式系统应用程序时,都不会想要不要用存储过程这个问题,这不是关注的重点,而是分布式存储的效率、容错和一致性的问题。

所以,是否用存储过程和如何用存储过程实在是个"敏感"的话题,这里不打算介绍如何编写存储过程,也不打算详细说明存储过程的优缺点,有需要详细了解的朋友请参考我所给出的文章的链接,或者搜索我博客上的这篇文章。

3.4.5　参数化查询

在 3.3.4 小节优化数据命令对象中从数据命令对象的角度介绍了参数化查询的概念和作用,但并没有详细说明为什么可以抵御"SQL 注入"攻击并且还能提高查询性能。在本小节中大家来看看参数化查询为什么会有这些功能。

1. 抵御"SQL 注入"

以前对付这种漏洞的方式主要有三种:

● 字符串检测:限定内容只能由英文、数字等常规字符,如果检查到用户输入有特殊字符,直接拒绝。但缺点是,系统中不可避免地会有一些内容包含特殊字符,这时总不能拒绝入库。

- 字符串替换：把危险字符替换成其他字符，缺点是危险字符可能有很多，一一枚举替换相当麻烦，也可能有漏网之鱼。
- 存储过程：把参数传到存储过程进行处理，但并不是所有数据库都支持存储过程。如果存储过程中执行的命令也是通过拼接字符串出来的，还是会有漏洞。

如果采用参数化查询，来自用户的输入内容不会直接出现在 SQL 语句中，从而不会破坏 SQL 语句的语义，比如一个查询数据的语句不会被附带一个修改数据的语句。这里用 SQL Server 的 T - SQL 来举例说明。

假设应用程序使用 ADO 或者 ADO. NET 执行一个参数化查询语句：

```
SELECT BusinessEntityID, NationalIDNumber, JobTitle, LoginID
    FROM AdventureWorks2012.HumanResources.Employee
    WHERE BusinessEntityID = @BusinessEntityID
```

其中，参数@ BusinessEntityID 的值是 109。这里使用 SSMS 的查询监视器，探查在数据库层面执行了什么查询，发现执行的真正语句是：

```
EXECUTE sp_executesql
        N'SELECT * FROM AdventureWorks2012.HumanResources.Employee
        WHERE BusinessEntityID = @level',
        N'@BusinessEntityID tinyint',
        @BusinessEntityID = 109;
```

原来在 SQL Server 中，参数化查询它实际调用的是系统存储过程 sp_executesql。下面是此存储过程的巴科斯范式（BNF：Backus - Naur Form 的缩写）定义：

```
sp_executesql [ @stmt = ] statement
[
  { , [ @params = ] N'@parameter_name data_type [ OUT | OUTPUT ][ ,...n ]' }
    { , [ @param1 = ] 'value1' [ ,...n ] }
]
```

下面用实际的 T - SQL 程序来看看如何使用 sp_executesql，这比直接为它的每一个参数做详细说明更容易理解。

```
DECLARE @IntVariable int;
DECLARE @SQLString nvarchar(500);
DECLARE @ParmDefinition nvarchar(500);

/* Build the SQL string one time. */
SET @SQLString =
```

```
N'SELECT BusinessEntityID, NationalIDNumber, JobTitle, LoginID
    FROM AdventureWorks2012.HumanResources.Employee
    WHERE BusinessEntityID = @BusinessEntityID';
SET @ParmDefinition = N'@BusinessEntityID tinyint';
/* Execute the string with the first parameter value. */
SET @IntVariable = 197;
EXECUTE sp_executesql @SQLString, @ParmDefinition,
                    @BusinessEntityID = @IntVariable;
/* Execute the same string with the second parameter value. */
SET @IntVariable = 109;
EXECUTE sp_executesql @SQLString, @ParmDefinition,
                    @BusinessEntityID = @IntVariable;
```

上面的 T-SQL 程序中,sp_executesql 的第一个参数是要执行的 SQL 语句,第二个参数是语句中使用的 SQL 语句中第一个参数的定义说明,比如参数名和类型,第三个参数是 SQL 语句中声明的参数的值;sp_executesql 还可以有第四、第五个参数,只要这些参数成组呈现就好。对于上面的 T-SQL 程序,定义了 @IntVariable 变量,它被重复使用了,这也说明参数只需要声明一次,后续就可以多次使用,不管 SQL 语句中的参数值是什么,都不会改变原来的 SQL 语句。这样就能避免注入攻击者构造精巧的参数值来试图注入非法的查询。

有关系统存储过程 sp_executesql 上述参数的具体说明,请参考下面链接:

https://docs. microsoft. com/zh-cn/sql/relational-databases/system-stored-procedures/sp-executesql-transact-sql? view=sql-server-2017。

2. 缓存执行计划提高查询效率

SQL 语句的本质就是一串伪代码,表达的是做什么,而不是怎么做的意思。如其他语言一样,SQL 语句需要编译之后才能运行,所以每一条 SQL 语句都是需要通过编译器解释才能运行的(在这之间还要做 SQL 的优化)。而这些步骤都需要运行成本,所以在数据库中有一个叫做执行计划的东西,编译器会将编译后的 SQL 存入执行计划中,当遇到同样的 SQL 时,就直接调用执行计划来执行,而不需要再次编译。

SQL Server 有一个用于存储执行计划和数据缓冲区的内存池。池内分配给执行计划或数据缓冲区的百分比随系统状态动态波动。内存池中用于存储执行计划的部分称为过程缓存。执行计划包含查询计划和执行上下文。在 SQL Server 中执行任何 SQL 语句时,关系引擎将首先查看过程缓存中是否有用于同一 SQL 语句的现有执行计划。SQL Server 将重新使用找到的任何现有计划,从而节省重新编译 SQL 语句的开销。如果没有现成的执行计划,SQL Server 将为查询生成新的执行计划。项目中写的 SQL 语句在 SQL Server 中都会先生成一个唯一的 hash 值,然后根据这个 hash 值去缓存里面匹配对应的执行计划,如果没有命中缓存,就要为它建立一个执行计划,并将它缓存起来。所以,两条功能相同的 SQL 语句哪怕中间多了一个空格,也会生成不同的查询计划;拼接 SQL 字符串更是如此,每次都要生成新的查询计划。为了提高数据库运行的效率,需要尽可能地命中执行计划,这样就可以节省运行时间。

采用 SQL 语句拼接的方式,有可能为每个 SQL 都编译了一个执行计划,在一定程度上增加了对性能和内存的消耗。当采用参数化查询时,使用的是同一个查询计划,每次只是更换了不同的参数值,自然能节省性能以及内存的消耗。这就是参数化查询能够提升查询效率的原因。

有些朋友可能会说他们的程序没有采用参数化查询也很快。这可能是数据库的查询优化器的功劳。在 SQL Server 中,对于没有参数化查询的 SQL 语句,会尝试进行**简单参数化**,SQL Server 将在内部对该语句进行参数化以增加将其与现有执行计划相匹配的可能性。请看下面的语句:

```
SELECT * FROM AdventureWorks2008R2.Production.Product
WHERE ProductSubcategoryID = 1;
```

可以将该语句最后的值 1 指定为一个参数。关系引擎将假定已指定参数来代替值 1,并在此基础上为此批处理生成执行计划。由于这种简单参数化,SQL Server 将认为下列两个语句实质上生成了相同的执行计划,并对第二个语句重用第一个计划:

```
SELECT * FROM AdventureWorks2008R2.Production.Product
WHERE ProductSubcategoryID = 1;

SELECT * FROM AdventureWorks2008R2.Production.Product
WHERE ProductSubcategoryID = 4;
```

处理复杂的 SQL 语句时,关系引擎可能很难确定哪些表达式可以参数化。若要提高关系引擎将复杂的 SQL 语句与现有的、未使用的执行计划相匹配的能力,请使用 sp_executesql 或参数标记显式指定参数。有关详细信息,请参阅 MSDN 的《执行计划的缓存和重新使用》一文,地址:https://docs.microsoft.com/zh-cn/previous-versions/sql/sql-server-2008-r2/ms181055(v%3dsql.105)。

3. 为什么有时参数化查询很慢

以前曾经问过一个同事为什么他不喜欢使用参数化查询,他说拼接 SQL 语句与参数化查询一样快,并且有时参数化查询很慢。我当时以为这是他不愿意使用 ORM 找的一个托词,直到后来使用某个存储过程出现了执行超时的问题。打开 SQL Server 事务探查器,找到那个执行超时的 SQL 语句:

```
EXEC sp_executesql N'
    SELECT a.WorkNo,a.理财经理网点,a.理财经理姓名,a.序号,CAST( ROUND(a.金额/
10000,2) as float) 金额
```

```
FROM [GetStatisticsAnalysis_ManagerWorkFeatTop3PM] (
        @trantype, @manageid, @startime, @endtime, @Roleid
    ) a',
N'@trantype nvarchar(200), @manageid nvarchar(38), @startime nvarchar(21), @end-
time nvarchar(21), @Roleid nvarchar(38)',
@trantype = N'认购',
@manageid = N'32800085',
@startime = N'2010 - 01 - 01',
@endtime = N'2010 - 12 - 31',
@Roleid = N'5BBBBD85 - 27E4 - 4679 - A010 - 0076FAD1589F'
```

系统存储过程 sp_executesql 是执行参数化查询的,这是我们的软件使用 ADO. NET 参数化查询后实际上执行的语句。GetStatisticsAnalysis_ManagerWorkFeat-Top3PM 是一个查询用户基金受益的自定义函数类型的存储过程,它接收一些参数,返回一个结果集。将这个 SQL 语句复制出来在 SQL Server 查询分析器直接执行,不到 1 s 就可出来结果,但在程序里面执行总是超时,除非重启 SQL Server 服务器,刚开始执行还比较快,后来越来越慢,最后又超时了。笔者猜测可能与执行计划有关,但这个查询已是一个存储过程函数了,它们都是数据库编译后执行的,执行计划应该是缓存使用的。

后来发现,上面这个出问题的存储过程函数中某些表的字符串字段对应的函数参数类型不一致,表里面的字段和函数参数的类型都是 varchar 类型,而调用时指定的是 nvarchar 类型。然而 SQL Server 系统采用 Unicode 字符集,所以存储过程 sp_executesql 的参数要求全部都是 Unicode 常量或 Unicode 变量。如果指定 Unicode 常量,则它必须带有前缀 N。例如,Unicode 常量 N'认购' 有效,但是字符常量 '认购' 不是。先看看 varchar 和 nvarchar 的区别:

- varchar(n):长度为 n 字节的可变长度且非 Unicode 的字符数据。n 必须是一个 1～8 000 之间的数值。存储大小为输入数据的字节的实际长度,而不是 n 字节。
- nvarchar(n):包含 n 个字符的可变长度 Unicode 字符数据。n 的值必须在 1～4 000 之间。字节的存储大小是所输入字符个数的 2 倍。

注意:varchar(n)说的是长度为 n 字节,nvarchar(n)说的是包含 n 个字符。1 个字符具体占用多少字节由字符采用的编码方式决定,比如 ASCII、GBK、UTF-8。因此,varchar 类型也可以存储非 ASCII 码字符,比如汉字,但长度设置不合适容易出现乱码。ASCII 码是单字节字符,非 ASCII 码是多字节字符。为了统一两种字符集,现在形成了两套管理方案。

- ANSI 码(American National Standards Institute):美国国家标准学会的标准码。ANSI 码是微软公司推出的一个解决方案,它采用"代码页"的概念,ANSI 在不同的代码页下标识的字符不同。例如在简体中文 Windows 操作系统中,ANSI 编码代表 GBK 编码;在英文 Windows 操作系统中,ANSI 编码代表 ASCII 编码;在繁体中文 Windows 操作系统中,ANSI 编码代表 Big5;在日文 Windows 操作系统中,ANSI 编码代表 Shift_JIS 编码。

● Unicode:是一个字符集,UTF‐8 是在这个字符集基础上的一种具体的编码方案。为更好地存储和传输,还有 UTF‐16、UTF‐32 等。ASCII 码字符集与 Unicode 没有本质的区别,只不过 Unicode 表示范围比 ASCII 码大。ASCII 码可以表示 127 个英文字母,其中每个英文字母都有一个十进制编码,并且通过这个十进制编码转化成二进制数(编码)存入到内存当中(占 1 字节)。而在 Unicode 中,英文字母的编码与其在 ASCII 码中没有区别,只是 Unicode 每个字符占 2 字节。

了解了 Unicode 与 ANSI 的区别,可以发现这个出问题的数据库使用的是 ANSI 编码,也就是说数据库具体存储的数据的字符集是当前操作系统的字符集,而当前操作系统采用的是 GBK 编码的字符集。大家开发的 .NET 应用程序默认使用 UTF‐8 编码的 Unicode 字符集,这样发送给数据库执行的参数化语句的编码就是 Unicode 字符集,在语句的常量或者变量中增加 N 前缀表示 Unicode 字符集。然而数据库表实际使用的又是 ANSI 编码方案的 GBK 字符集,这就使得从 .NET 程序到数据库的查询每次都要进行字符集转换,然后重新编译执行计划,由于需要缓存的执行计划越来越多,所以查询执行就越来越慢。SQL Server 的查询分析器工具不是 .NET 程序,有可能采用的就是 ANSI 编码字符集,这样查询语句通过工具发送给数据库就不需要进行频繁的字符集转换,而能缓存执行计划,因此执行很快。

最后,将调用存储过程的参数字符集类型指定为 ANSI 编码方案使问题成功解决,修改的方法是将原来参数的 DbType 由 String 改为 AnsiString。表 3‐3 所列是一个 DbType 到 SqlDbType 的对照表。

表 3‐3　DbType 到 SqlDbType 的对照表

DbType	SqlDbType	DbType	SqlDbType
AnsiString	VarChar	Int32	Int
Binary	VarBinary	Int64	BigInt
Byte	TinyInt	Object	Variant
Boolean	Bit	Single	Real
Currency	Money	String	NVarChar
Date	DateTime	Time	DateTime
DateTime	DateTime	AnsiStringFixedLength	Char
Decimal	Decimal	StringFixedLength	NChar
Double	Float	Xml	Xml
Guid	UniqueIdentifier	DateTime2	DateTime2
Int16	SmallInt	DateTimeOffset	DateTimeOffset

从表中可以得知,String 对应 NVarChar,AnsiString 对应 VarChar。

注:有关 varchar、nvarchar 字段类型的详细说明,请参考下面两个链接:

https://docs.microsoft.com/zh-cn/sql/t-sql/data-types/char-and-var-char-transact-sql? view=sql-server-2017;

https://docs.microsoft.com/zh-cn/sql/t-sql/data-types/nchar-and-nvarchar-transact-sql? view=sql-server-2017。

另外,这里说的 varchar 与 nvarchar 的区别,指的是 SQL Server,如果是其他数据库情况可能不同,比如对于 MySQL 4.0 版本,varchar(10)表示最多存储 10 字节,而到了 5.0 版本,varchar(10)表示最多可以存储 10 个字符,即可以存放 10 个汉字。不过为了避免不同版本的差异,如果想存储汉字,还是建议使用 nvarchar 类型,在 MySQL 中它是专用于存储 UTF-8 数据的。有关 MySQL 支持的数据类型的详细列表,请参考下面的链接:

http://wiki.ispirer.com/sqlways/mysql/data-types。

总之,使用 .NET 开发的应用程序访问数据库时,如果表字段要存储非 ASCII 码字符,请使用 nchar/nvarchar 数据类型,避免应用程序与数据库之间来回转换字符集,从而有效使用数据库执行计划缓存,提高应用程序访问数据库的性能。SOD 框架的参数化查询考虑到这个问题,并且在其 ORM 组件自动创建表时,尽量使用 nvarchar 类型。

3.5　数据查询与映射

应用程序常常使用 SQL 来进行数据查询,复杂的数据库应用程序这种查询非常多,如果没有合适的规范将导致 SQL 出现在应用程序各个地方,给系统开发和维护造成困难。将 SQL 语句从应用程序中抽取出来,将它映射成数据访问层的查询方法和方法的参数,并且在一个独立的地方进行集中管理,这就是 SOD 框架的数据查询与映射(SQL-MAP)技术。本节将介绍这方面的最佳实践。

3.5.1　SQL 满天飞的窘境

我曾经到一家新公司,负责维护别人留下的系统,开发一些小功能或者修改一下偶尔发现的 Bug。每当我开始工作时就感觉自己跳进了火坑,让我如此恼火的原因就是整个系统"SQL 满天飞",WebForm 层有 SQL 语句,BLL 层有 SQL 语句,DAL 层也有 SQL 语句,看起来这个项目不是一个人写的,代码风格都不相同。而且,代码中几乎没有注释,项目经理说"好的代码不需要注释"。自然,数据库设计文档也没有。每当我分析原来的业务逻辑时,都得把程序里面的 SQL 语句整理出来,把它格式化,并将关键词大写,这样让人看起来舒服些,然后再一小段一小段地执行里面的查询,分析这个字段的意思。

曾经有一条 SQL 语句将近 100 行，你没有看错这不是存储过程，而是一条 SQL 语句，它嵌套了好几层子查询，然后是各种拼接，行数就快 100 行了，它的样子如图 3-24 那样，非常复杂，看起来像本“SQL 天书”。写这个 SQL 语句的同事刚升职成了项目经理，问了他几次我仍然云里雾里。如果不是因为他是领导，我肯定会爆发的，你们有没有同感！绝望之下我只好申请去做别的项目。后来新来的其他几个同事也不愿意接这个项目，这个项目就由项目经理自己顶着。但是别的项目也是这种情况，只不过没有这条超长的 SQL 语句了，还能忍受。后来，写这条 SQL 语句的项目经理升职成了项目总监……（捂脸）

```sql
    0 AS PrincipalAmount,IFNULL(SUM(ab.ChangeAmount),0) AS GiveAmount
    FROM ( SELECT * FROM (
                            SELECT * FROM AccountBalanceChange_2019_5
                                UNION   SELECT * FROM AccountBalanceChange_2019_6
                                UNION
                             SELECT * FROM AccountBalanceChange_2019_7
                            ) AS AccountBalanceChange) AS ab
    LEFT JOIN VipInfo_P13 AS v ON ab.VipID=v.ID
    LEFT JOIN BranchInfo AS b ON b.Id=v.BranchId
    LEFT JOIN BranchInfo AS ob ON ob.Id=ab.ChangeBranchID
    WHERE  ab.CustID=381233 AND ab.VipId=3665523446202241024  AND ab.ChangeType IN(10,11,12,13,14,15,16,17,18,19,20,21,22,23,26,27,28,29,30,31,32,33,34) AND  ab.CreateDat
    GROUP BY ab.Id,v.CardID,v.Id,b.BranchName,ob.BranchName
    ) AS gift
UNION ALL
    SELECT * FROM (
SELECT 0 AS ID,'integralconsume' AS DataType, MAX(abcd.CreateTime)CreateTime,o.Id AS OrderId,v.CardID AS CardId, v.Id AS VipId,b.BranchName,ob.BranchName AS BusinessBranc
                SUM(CASE WHEN abc.ChangeType = 70 AND  (ai.ChangeType = 1||ai.ChangeType = 4) THEN abcd.ChangeAmount ELSE 0 END) AS PrincipalAmount,
                SUM(CASE WHEN abc.ChangeType = 70 AND  (ai.ChangeType =2||ai.ChangeType =3||ai.ChangeType =6) THEN abcd.ChangeAmount ELSE 0 END) AS GiveAmount
                FROM integralmallorder AS o
                LEFT JOIN VipInfo_P13 AS v ON o.VipID=V.ID
                LEFT JOIN ( SELECT * FROM (
                            SELECT * FROM AccountBalanceChange_2019_5
                                UNION   SELECT * FROM AccountBalanceChange_2019_6
                                UNION
                             SELECT * FROM AccountBalanceChange_2019_7
                            ) AS AccountBalanceChange) AS abc ON abc.OrderID=o.ID and abc.ChangeType = 70
                LEFT JOIN ( SELECT * FROM (
                            SELECT * FROM AccountBalanceChangeDetail_2019_5
                                UNION   SELECT * FROM AccountBalanceChangeDetail_2019_6
                                UNION
                             SELECT * FROM AccountBalanceChangeDetail_2019_7
                            ) AS AccountBalanceChangeDetail) AS abcd ON abc.ID=abcd.BalanceChangeID
                LEFT JOIN ( SELECT * FROM (
                            SELECT * FROM AccountIncome_2019_5
                                UNION   SELECT * FROM AccountIncome_2019_6
                                UNION
                             SELECT * FROM AccountIncome_2019_7
                            ) AS AccountIncome)   AS ai ON ai.ID=abcd.IncomeID
                LEFT JOIN BranchInfo AS b ON b.Id=v.BranchId
                LEFT JOIN  (
          SELECT * FROM BranchInfo WHERE CustID=381233 and IsDeleted=0 AND (BranchType=0 or BranchType=1) ORDER BY 1 DESC LIMIT 1
          ) AS ob ON ob.CustId=o.CustId
                WHERE o.CustID=381233 AND o.VipId=3666523446202241024 AND  (o.State>0 AND o.State<99)  AND o.TotalAmount>0 AND (o.PayType>=4 AND o.PayType<=7 )
                        AND o.PayTime>='2019-06-01 00:00:00 ' AND o.PayTime<'2019-07-01 00:00:00 '
    GROUP BY o.Id,v.CardID, v.Id,b.BranchName,ob.BranchName
 AS integralconsume
 AS summary WHERE summary.CreateTime>'1980-1-1' order by ID desc ,CreateTime desc   limit 0,10
```

图 3-24　复杂的 SQL 示例

3.5.2　SQL-MAP 的架构规范

在我申请去做了别的项目之后发现，也是 SQL 满天飞。但这个项目算是比较新的项目，这个问题不算很严重。我跟项目经理（还是之前那个项目经理）说拼接 SQL 不太好维护，用 ORM 吧，但建议被否决了，原因是项目经理认为 ORM 执行效率不高，开发一个功能 ORM 要执行多条 SQL 语句，而写成 SQL 语句可能一条就够了。这个理由我竟无言以对。既然不能用 ORM，要继续手写 SQL，那就想法改善现在的方式，我先将散乱各处的 SQL 语句集中到一个文件里面，同时将之前拼接的 SQL 语句修改成参数化查询。这个工作可以使用 SQL-MAP 模式（参考 3.3.1 小节数据访问模式）来实现。

SOD 框架有 SQL-MAP 功能，它的思想来自 iBatis 框架（现在的 MyBatis 框架）。经过不断的项目实践，SOD 框架逐渐形成了自己的 SQL-MAP 的目标、功能和规范。

1. SQL - MAP 的目标

① 集中管理 SQL 语句,所有 SQL 语句放在专门的配置文件中进行管理;

② 通过替换 SQL 配置文件,达到平滑切换数据库到另外一个数据库,比如从 Oracle 的应用移植到 SQL Server;

③ 用 DBA 来写程序,对于复杂的查询,DBA 写的 SQL 语句和存储过程更有保障、更有效率,SQL - MAP 工具使用 DBA 也能写 . NET 程序;

④ 代码自动生成,由于在 SQL 配置文件中指定了很多编程特性,所以可以使用专用工具将配置文件映射到 . NET 代码。

2. SQL - MAP 的功能架构

SOD 框架的 SQL - MAP 功能由 SqlMapper 类管理 SQL 和程序的映射,它对应 2 个工具:一个是映射文件配置管理器,负责生成 SQL 映射配置文件 SqlMap. config;另一个是代码生成器,它读取 SQL 映射配置文件的内容自动生成 VB. NET 或者 C♯代码。生成的 SQL 程序映射代码作为你的业务项目软件三层架构的 DAL 层,编译为项目的 DAL 组件。最后,SOD 框架运行时再次通过 SqlMapper 类实例对象执行这个 DAL 组件,调用 SOD 的数据访问提供程序,完成对数据库的访问操作。图 3 - 25 所示为 SQL - MAP 的功能架构图。

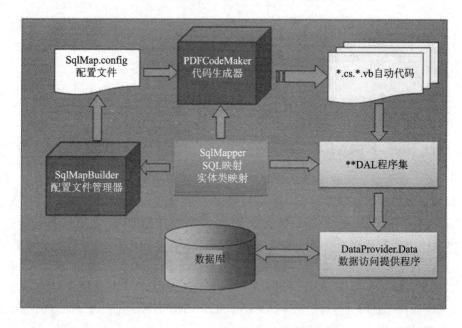

图 3 - 25   SOD 的 SQL - MAP 功能架构图

3. SQL – MAP 的规范

(1) 通用配置

1) SqlMap 配置节点

SqlMap 节点为根节点,由下面几个属性构成:

① EmbedAssemblySource 属性　可选属性,本文将要嵌入的程序集名称和资源文件名称,格式为:"程序集名称,默认命名空间. 文件名. 扩展名"。如果要将配置文件作为嵌入式文件编译,则应指定该项值。该配置主要指导代码生成器生成相应的代码信息。

② 命名空间和架构　采用下面这段话来声明:

```
xmlns:xsi = http://www.w3.org/2001/XMLSchema – instance
    xsi:noNamespaceSchemaLocation = "SqlMap.xsd"
```

将这段内容加到 SqlMap 配置节点,可以使得 SqlMap 配置文件编写时具有智能提示,需要在当前目录下有 sqlmap. xsd 文件。

2) Script 配置节点

Script 配置节点为 SqlMap 节点的子节点,由下面几个属性构成:

① Type 属性　必选属性,表示配置的 SQL 脚本的数据库类型,SOD 数据提供程序支持的数据均在此枚举范围,比如 Access、SqlServer 等。

② ConnectionString 属性　可选属性,访问当前类型数据库的连接字符串。如果在应用程序配置文件里没有配置连接字符串,则可以在这里设置以指导代码生成器将连接字符串设置在 SqlMapDAL 代码里。

③ Version 属性　可选属性,标记 Script 配置节点下面配置的命令节点的内容适用于什么版本的数据库。

3) CommandClass 配置节点

CommandClass 配置节点为 Script 配置节点的子节点,用于对数据库具体操作命令的分类,也称为命令组。代码生成器会将它生成为对应的 SqlMapDAL 的类文件,由下面几个属性构成:

① Name 属性　命令组的名字,可选。对应 SqlMapDAL 的类文件的文件名。

② Class 属性　必选属性,对应 SqlMapDAL 的类文件里面代码中的 Class 名称。

③ Description 属性　可选属性,对应生成的 Class 类名称的注释说明。

(2) 命令节点类型

属于 CommandClass 的子节点,用于定义访问数据库 CRUD 操作的命令,有以下四种具体的命令节点类型:

① Select/Read　选取数据操作;

② Update　更新数据操作;

③ Insert/Create　新增数据操作;

④ Delete 删除数据操作。

代码生成器会为每个命令节点在 SqlMapDAL 的类中生成对应的操作方法。

(3) 命令节点属性

命令节点的属性比较多,注意:< > 表示必选属性,[ ]表示可选属性。

① <CommandName >:查询的名字,对应于 SqlMap 数据实体类中的方法名。

② <CommandType >:查询命令类型,值为 Text、StoredProcedure、TableDirect。

③ [ParameterClass]:查询参数类,在 SQLMap 中表示为一个参数类,它的属性值结构又分以下内容:

<# ParaName[:System. Type[, System. DbType[, Size[, ParameterDirection[, Precision, Scale]]]]]#>:

ParameterClass 属性值内容说明:

- ParaName 查询语句中对应的参数名,如果名称前缀有@@标记,表示该参数是一个替换参数,将忽略后面的定义;
- System. Type 可选,符合 CSL 规范的类型(CLT)名称;
- System. DbType 可选,符合 DbType 的枚举,如 AnsiString 等;
- Size 可选,表示参数长度;
- ParameterDirection 可选,表示参数的输入/输出类型的枚举值;
- Precision 可选,表示参数的数据精度,通常用于 Decimal 类型;
- Scale 可选,表示参数的数据小数位,通常用于 Decimal 类型。

④ <ResultClass >:Select 查询的结果类型,Insert、Update、Delete 操作类型不需要指定该属性。

如果返回单值的查询,请指定为 ResultClass="ValueType";

如果返回多个行结果集,可以指定 ResultClass="DataSet",将以 System. Data. DataSet 的方式填充;

如果指定 ResultClass="EntityObject",那么将结果填充到实体类中;

如果指定 ResultClass="EntityList",那么将结果填充到实体类列表(集合)中。

⑤ <ResultMap >:仅仅在 ResultClass="EntityObject" / "EntityList" 有效,表示实体类查询结果映射;通常表示返回单行(也可返回多行)记录到一个数据实体对象的映射。

例如,要将结果集映射到一个名为 UserInfo 的自定义实体类中,注意必须使用类的全名称:

ResultClass="EntityObject" ResultMap="MyDAL. UserInfo"

⑥ [SqlPage]:是否允许 SqlMap 分页,默认是 False。该属性仅供代码生成器使用,不过目前的代码生成器还没有提供这样的功能。开启该属性之后,在 SqlMap-DAL 类的方法中,参数中需要增加一个分页信息数组,并且调用 CommandInfo 对象的 SetPageInfo 方法。

3.5.3　集中管理 SQL 查询

SQL-MAP 的功能简单来说做了下面几件事情：

① SQL 语句在项目中独立的 XML 文件中的集中配置；

② 使用独立的工具对 SQL 映射配置文件的管理和代码自动生成；

③ SQL 映射配置文件在应用程序运行时的解析和执行。

这三件事情都是围绕着 SQL 映射配置文件的，下面用一个实际的例子来说明如何使用这个文件来集中管理 SQL 查询。

首先在项目中添加一个 XML 文件，将文件名修改为 SqlMap. config，用它作为 SQL 语句配置文件。用这个文件后缀名是为了避免有人恶意下载这个文件，IIS 会拒绝用户从外部访问 *. config 类型的文件。然后，在项目中引入 SqlMap. xsd 文件，该文件可以从 SOD 框架源码的“核心程序集项目”目录下找到。如图 3-26 所示，在解决方案里有一个 SqlMapDemo 演示项目，它里面的 SqlMap. xsd 文件就是从 PWMIS. Core 项目根目录下面复制过去的。

图 3-26　SOD 项目解决方案目录

图 3-27 所示为创建好的 SQL-MAP 功能演示的程序集项目,其中包含了一个 SQL 配置文件 SqlMap. config 和 SqlMap. xsd。了解 XML 的朋友就知道 xsd 文件是 XML 文件的架构描述文件,在 XML 文件中引用它,之后在 VS 中编写 XML 文件时就能有智能提示。先在 SqlMap. config 文件中增加最基础的内容,让它引用 SqlMap. xsd。

```
<? xml version = "1.0" encoding = "utf - 8" ? >
<SqlMap xmlns:xsi = http://www.w3.org/2001/XMLSchema - instance
    xsi:noNamespaceSchemaLocation = "SqlMap.xsd"
        EmbedAssemblySource = "SqlMapDemo,SqlMapDemo.SqlMap.config" >

</SqlMap>
```

图 3-27   SOD 项目解决方案目录——SqlMapDemo

上面的 SqlMap 节点属性 EmbedAssemblySource 表示 SqlMap 文件作为程序集嵌入的资源来使用,这样就不必在应用程序中做任何配置,也能找到 SqlMap 文件的内容,此属性会指导 SQL-MAP 代码生成器生成合适的代码来实现这个功能,如图 3-28 所示。

然后,在 VS 中编辑 SqlMap. config 文件,会看到提示 XML 的架构信息,这样就能很方便地手写符合规范的 SQL 配置文件了,如图 3-29 所示。

图 3 – 28　SQL – MAP 项目将 SQL 配置文件作为嵌入的资源

图 3 – 29　编写 SQL 配置文件内容的智能提示

比如配置一条复杂的查询,最后编写好的 SqlMap. config 文件如图 3 – 30 所示。

```
SqlMap.config  ×  使用说明.txt
<?xml version="1.0" encoding="utf-8" ?>
<SqlMap xmlns:xsi="http://www.w3.org/2001/XMLSchema-instance"
        xsi:noNamespaceSchemaLocation="SqlMap.xsd"
        EmbedAssemblySource="SqlMapDemo.SqlMapDemo.SqlMap.config" >
  <Script Type ="SqlServer" ConnectionString="" Version="2008" >
    <CommandClass Name="TestGroup"
                Class="TestSqlMapClass"
                Description ="SQL-MAP示例测试程序" >
      <Select CommandName="QueryStudentSores"
                Description="找出每一个系的最高分,并且按系编号,学生编号升序排列"
                CommandType="Text"
                Method=""
                ResultClass="DataSet" >
        <![CDATA[
         WITH cte1 as {
select stu.deptID,
        D.depName,
        stu.stuid ,
        stu.stuName,
        score_sum.AllScore
 from dbo.Student stu
   inner join (select stuid ,SUM(score) as AllScore from dbo.Score group by stuid) score_sum
     on  stu.stuid =score_sum.stuid
     inner join dbo.Department D on stu.deptID= D.depID
)
select cte1.* from cte1
    inner join (select deptID, max(AllScore) maxScore from cte1  group by deptID) M
         on cte1.AllScore = M.maxScore and cte1.deptID=M.deptID
order by cte1.deptID,
        cte1.stuid

        ]]>
      </Select>
    </CommandClass>
  </Script>

</SqlMap>
```

图 3 – 30   SqlMap. config 文件在 VS 中的编辑示意图

在 CommandClass 节点下编写更多的命令节点,在这些命令节点中配置 SQL 语句,这样就实现了集中管理 SQL 查询的目标。当应用程序中手工编写的 SQL 语句很多时,这种集中管理的方式能够带来很好的可维护性,同时也使得之前的 DAL 层代码的可读性和规范性好了很多。下一小节笔者将详细说明这个 SQL 映射配置文件是如何与应用程序映射的。

3.5.4   定义 SQL 与程序的映射

先直接看 SqlMapDemo 演示项目 SqlMap. config 的内容,如图 3 – 31 所示。

在 3.5.2 小节中,笔者已经介绍了 SqlMap. config 文件中每个节点的功能含义,上面这个实例能够更好地说明 SQL – MAP 的规范。这个 SQL 映射配置文件只配置了两组命令查询,每组中有一个或多个查询命令。

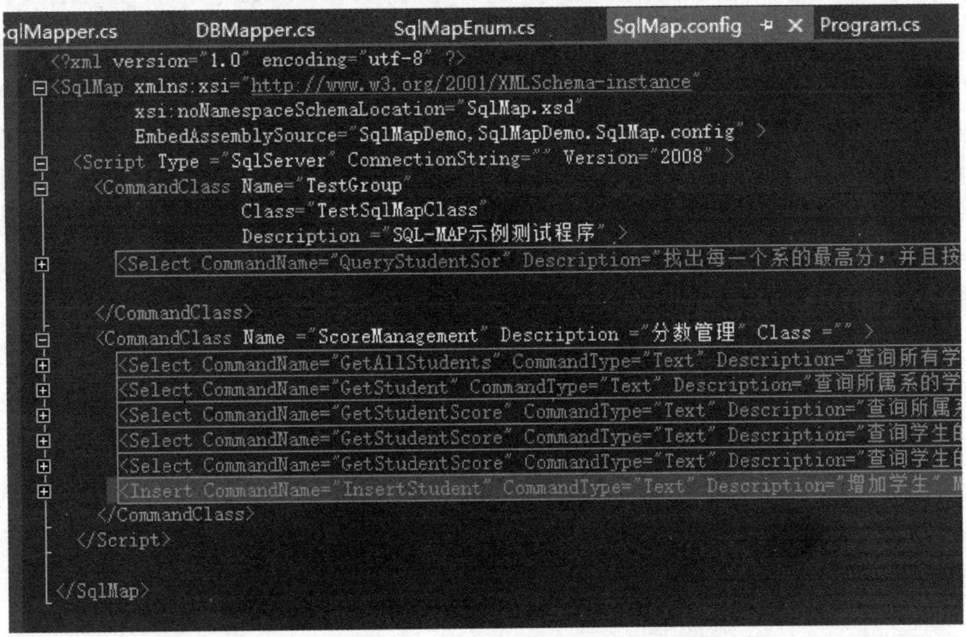

图 3 - 31   SqlMap. config 文件在 VS 中的编辑示意图

1. SqlMapDAL 类文件的映射

以名字为 TestGroup 的命令组 CommandClass 节点为例,它配置了具体的 Sql-Map 类名称 TestSqlMapClass,所以类名称与文件名不同,如项目解决方案目录下(见图 3 - 27 SOD 项目解决方案目录——SqlMapDemo)所示的 TestGroup. cs 文件。

这个 SQL 映射文件中的类名称是 TestSqlMapClass,正如 SqlMap. config 文件(以下简称"配置文件")中配置的那样。TestSqlMapClass 继承自 SOD 的 DBMapper 类,DBMapper 类是所有 SqlMapDAL 类的抽象类,负责解析配置文件中的配置信息。

类 TestSqlMapClass 的构造函数中 Mapper. CommandClassName 的值 TestGroup 就是配置文件名字为 TestGroup 的命令组节点。在构造函数中 Mapper. Embed-AssemblySource 指示 DBMapper 如何去寻找配置文件,这里表示使用嵌入式的资源 SqlMapDemo、SqlMapDemo. SqlMap. config。有关如何嵌入 SqlMap. config 文件的资源,请参考图 3 - 28,SQL - MAP 项目将 SQL 配置文件作为嵌入的资源。

2. SqlMapDAL 类方法的映射

类 TestSqlMapClass 中有一个方法 QueryStudentSores,它对应的是配置文件中名字为 TestGroup 的命令组下面的名字为 QueryStudentSores 的 Select 节点,用 XPath 表示,就是:

```
Script/CommandClass[@Name = 'TestGroup']/Select[@CommandName = 'QueryStudentSores']
```

DBMapper 会在配置文件中搜索这个 XPath 路径的节点,通过 Mapper. Get-CommandInfo 方法读取它配置的 SQL 语句,并解析 SQL 语句包含的参数信息,这些信息返回给 CommandInfo 对象,它的 Ado. Net 命令类型 CommandType 和配置文件当前节点配置的 SQL 语句内容 CommandText,再给 SOD 的数据提供程序对象 CurrentDataBase 执行。由于这是一个 Select 节点,所以需要定义返回值类型,在这里定义的返回值类型是 ResultClass = "DataSet",所以方法 QueryStudentSores 的返回值就是 DataSet。

SQL 语句包含在配置文件的一个命令中,这个命令对应一个 SqlMapDAL 类的方法,这样就**实现了 SQL 语句到 DAL 程序的映射**。

3. SqlMapDAL 类方法参数的映射

如上面介绍的类方法的映射很简单,但方法包含参数就复杂一些。请看一个例子,现在 SqlMap. config 文件的 CommandClass 节点中增加两个命令节点,如下所示:

```
<Select CommandName = "GetStudent" CommandType = "Text" Description = "查询所属系的学生信息" Method = "" ResultClass = "DataSet">
        <![CDATA[
    select * from Student where deptID = #DID:Int32#
        ]]>
    </Select>
    <Select CommandName = "GetStudentScore" CommandType = "Text" Description = "查询所属系的学生成绩" Method = "" ResultClass = "DataSet">
        <![CDATA[
    select s. stuID,s. stuName,c. category,c. score
rom [Student] s inner join [Score] c
    on s. stuID = c. stuID
here c. category = #Category:String,String,50#
        ]]>
    </Select>
```

注意,上面的 SQL 语句中的 ＃ ＃ 中包含的内容,就是参数定义信息。参数名用冒号和参数的类型说明隔开,参数类型用逗号分隔,具体可以参考 3.5.2 小节 SQL - MAP 的架构规范中的"SQL - MAP 规范"之"ParameterClass"部分。

名字为 GetStudent 的命令节点,参数名是 DID,类型是 Int32,注意不能直接使用 C ＃ 的 int,而是通用系统类型的 System. Int32,省略掉 System 的部分。此命令节点生成的 C ＃ 方法代码如下:

```
///  <summary>
///查询所属系的学生信息
///  </summary>
///  <param name = "DID">  </param>
///  <returns>  </returns>
public DataSet GetStudent(Int32 DID  )
{
        //获取命令信息
        CommandInfo cmdInfo = Mapper.GetCommandInfo("GetStudent");
        //参数赋值,推荐使用该种方式;
        cmdInfo.DataParameters[0].Value = DID;
        //参数赋值,使用命名方式;
        //cmdInfo.SetParameterValue("@DID", DID);
        //执行查询
        return CurrentDataBase.ExecuteDataSet(CurrentDataBase.ConnectionString, cm-
dInfo.CommandType, cmdInfo.CommandText, cmdInfo.DataParameters);
    //
}//End Function
```

对应的 VB 代码如下:

```
'''  <summary>
'''查询所属系的学生信息
'''  </summary>
'''  <param name = "DID">  </param>
'''  <returns>  </returns>
Function GetStudent(ByVal DID As Int32 ) As DataSet
    With Mapper
        '获取命令信息
        Dim cmdInfo As CommandInfo = .GetCommandInfo("GetStudent")
        '参数赋值,推荐使用该种方式;
        cmdInfo.DataParameters(0).Value = DID
        '参数赋值,使用命名方式;
        'cmdInfo.SetParameterValue("@DID", DID)
        '执行查询
        Return CurrentDataBase.ExecuteDataSet(CurrentDataBase.ConnectionString, cm-
dInfo.CommandType, cmdInfo.CommandText, cmdInfo.DataParameters)
    End With
End Function
```

注:下面的每个方法都可以由代码生成器自动生成对应的 VB 代码,限于篇幅下面的 VB 代码不再举例。

名为 GetStudentScore 的命令节点,参数名是 Category,类型是 String,DbType

是 String,字段长度是 50。此命令节点生成的 C♯方法代码如下:

```
/// <summary>
///查询所属系的学生成绩
/// </summary>
/// <param name = "Category"> </param>
/// <returns> </returns>
public DataSet GetStudentScore(String Category)
{
        //获取命令信息
        CommandInfo cmdInfo = Mapper.GetCommandInfo("GetStudentScore");
        //参数赋值,推荐使用该种方式;
        cmdInfo.DataParameters[0].Value = Category;
        //参数赋值,使用命名方式;
        //cmdInfo.SetParameterValue("@Category", Category);
        //执行查询
        return CurrentDataBase.ExecuteDataSet(CurrentDataBase.ConnectionString, cm-
dInfo.CommandType, cmdInfo.CommandText, cmdInfo.DataParameters);
    //
}///End Function
```

对于 String 类型的参数,建议指明它对应的 DbType,最好也指明它对应的字段长度,这样能够正确处理数据库字符集的问题,生成正确的执行计划,提高参数化查询的效率,详细内容请参考 3.4.5 小节参数化查询。

4. 映射查询结果到强类型

前面的例子都是将查询的结果集映射到弱类型的 DataSet 数据集,DataSet 虽然像数据库数据在内存的快照,使用灵活,但是它还是没有强类型开发时的智能提示和编译时的类型检查,所以现在分层的开发架构中更加倾向于使用强类型的对象数据,比如简单的对象数据 POCO、数据传输对象 DTO,或者用于数据持久化访问的实体类对象。SOD 的 SQL - MAP 支持将查询的结果集映射到简单对象或者实体类对象。

先定义一个学生成绩数据类,注意类的属性名称必须与表的字段名大小写一致:

```
namespace SqlMapDemo
{
    public class StudentScore
    {
        public int stuID { get; set; }
        public string category { get; set; }
        public int score { get; set; }
    }
}
```

　　然后在 SqlMap.config 文件的 CommandClass 节点中增加一个查询指定学生成绩的命令节点 GetStudentScoreEntitys,如下所示:

```
<Select CommandName = "GetStudentScore2" CommandType = "Text"
Description = "查询学生的成绩,映射结果到 DTO 列表"
Method = ""
ResultClass = "ObjectList" ResultMap = "SqlMapDemo.StudentScore">
        <![CDATA[
        select * from Score where stuID = #StuId:Int32#
        ]]>
</Select>
```

　　在上面的命令节点中,指定结果类型为对象列表 ObjectList,结果映射的具体类型为 SqlMapDemo.StudentScore,注意这里需要指定映射类型的命名空间。节点的SQL 语句中有一个整数类型的参数 StuID。下面是该节点配置映射的程序方法:

```
/// <summary>
///查询学生的成绩,映射结果到 DTO 列表
/// </summary>
/// <param name = "StuId"> </param>
/// <returns> </returns>
public List <SqlMapDemo.StudentScore> GetStudentScore2(Int32 StuId  )
{
        //获取命令信息
        CommandInfo cmdInfo = Mapper.GetCommandInfo("GetStudentScore2");
        //参数赋值,推荐使用该种方式;
        cmdInfo.DataParameters[0].Value = StuId;
        //参数赋值,使用命名方式;
        //cmdInfo.SetParameterValue("@StuId", StuId);
        //执行查询
         return MapObjectList < SqlMapDemo.StudentScore > ( CurrentDataBase.Exe-
cuteReader(CurrentDataBase.ConnectionString, cmdInfo.CommandType, cmdInfo.CommandText,
cmdInfo.DataParameters));
     //
}///End Function
```

　　上面的方法中通过 SQL - MAP 基类的 MapObjectList 泛型方法将数据阅读器的结果映射到 SqlMapDemo.StudentScore 对象列表,而不是前面的 CurrentData-Base.ExecuteDataSet 方法将结果映射到数据集 DataSet。这种方式需要定义与查询结果集列名称完全一致的结果类型,这可能使得业务对象类受限于数据表的设计,虽然可用给类型增加"特性说明"的方式来实现,但这样框架实现会更复杂,降低查询结果集的映射效率。更好的方式是使用"实体类",在实体类里面可以自由地进行对象

属性和数据表字段的映射。

下面定义一个学生成绩实体类：

```
using PWMIS.DataMap.Entity;
using System;
using System.Collections.Generic;
using System.Linq;
using System.Text;

namespace SqlMapDemo
{
    public class ScoreEntity:EntityBase
    {
        public ScoreEntity()
        {
            TableName = "Score";
        }

        public int StudentID
        {
            get { return getProperty <int> ("stuID"); }
            set { setProperty("stuID", value); }
        }

        public string CategoryName
        {
            get { return getProperty <string> ("category"); }
            set { setProperty("category", value,50); }
        }

        public int Score
        {
            get { return getProperty <int> ("score"); }
            set { setProperty("score", value); }
        }
    }
}
```

这里定义了一个实体类 ScoreEntity，它继承自 SOD 框架的实体类基类 Entity-
Base，在构造函数中指定它要映射的表名称。在每个属性的 get、set 访问器里面定义
它映射的数据表字段名。SOD 的实体类定义还是很简单的，完全可以手写实现，并
且你还可以在属性方法里面做更多工作，比如增加读/写属性时的判断、验证等
工作。

下面在 SqlMap.config 中增加一个命令节点 GetStudentScoreEntitys,将查询结果集映射到实体类 ScoreEntity 列表,与前面的命令节点 GetStudentScore2 不同的是,需要指定结果类型 ResultClass 为 EntityList,如下所示:

```
<Select CommandName = "GetStudentScoreEntitys"
CommandType = "Text" Description = "查询学生的成绩,映射结果到实体类列表"
Method = ""
ResultClass = "EntityList" ResultMap = "SqlMapDemo.ScoreEntity">
        <![CDATA[
        select * from Score where stuID = #StuId:Int32#
        ]]>
</Select>
```

下面是该命令节点映射的程序方法 GetStudentScoreEntitys,它使用 EntityQuery 泛型方法的 QueryList 将数据阅读器的结果映射到实体类列表 ScoreEntity,如下所示:

```
///  <summary>
///查询学生的成绩,映射结果到实体类列表
///  </summary>
///  <param name = "StuId"> </param>
///  <returns> </returns>
public List <SqlMapDemo.ScoreEntity> GetStudentScoreEntitys(Int32 StuId   )
{
        //获取命令信息
        CommandInfo cmdInfo = Mapper.GetCommandInfo("GetStudentScoreEntitys");
        //参数赋值,推荐使用该种方式;
        cmdInfo.DataParameters[0].Value = StuId;
        //参数赋值,使用命名方式;
        //cmdInfo.SetParameterValue("@StuId", StuId);
        //执行查询
        return EntityQuery <SqlMapDemo.ScoreEntity>.QueryList( CurrentDataBase.ExecuteReader(CurrentDataBase.ConnectionString, cmdInfo.CommandType, cmdInfo.CommandText,
cmdInfo.DataParameters));
    //
}//End Function
```

5. 数据增删改操作的映射

前面的例子都是查询数据结果集的操作,要稍微复杂些,但增删改操作的映射要简单很多,增删改操作对应的命令节点分别是 Insert、Delete、Update,它们的节点属性都一样,映射的方法形式也一样。下面用一个增加学生信息的例子来简单说明。

首先在 SqlMap.config 文件增加一个 Insert 命令节点:

```
<Insert CommandName = "InsertStudent" CommandType = "Text" Description = "增加学生"
Method = "AddStudent">
        insert into [Student](stuName,deptID)
            values(#Name:String#,#DeptId:Int32#)
    </Insert>
```

数据库的增删改操作一般都比较通用,比如上面这个命令节点内的 SQL 语句可用于任何数据库系统,SOD 框架会自动将它翻译成当前数据库能够识别的格式,比如表名字、字段名字上的中括弧,参数名、参数前缀等,所以 SQL－MAP 内的 SQL 语句是一种"抽象查询"。

下面是名字为 InsertStudent 的命令节点映射的程序方法:

```
/// <summary>
///增加学生
/// </summary>
/// <param name = "Name"> </param>
/// <param name = "DeptId"> </param>
/// <returns> </returns>
public Int32 AddStudent(String Name, Int32 DeptId)
{
        //获取命令信息
        CommandInfo cmdInfo = Mapper.GetCommandInfo("InsertStudent");
        //参数赋值,推荐使用该种方式;
        cmdInfo.DataParameters[0].Value = Name;
        cmdInfo.DataParameters[1].Value = DeptId;
        //参数赋值,使用命名方式;
        //cmdInfo.SetParameterValue("@Name", Name);
        //cmdInfo.SetParameterValue("@DeptId", DeptId);
        //执行查询
        return CurrentDataBase.ExecuteNonQuery(CurrentDataBase.ConnectionString,
cmdInfo.CommandType, cmdInfo.CommandText, cmdInfo.DataParameters);
    //
}//End Function
```

与前面一样,SQL 语句内的参数名映射为方法的参数名,命令节点的 Method 属性值映射为方法名字。方法的返回值为操作影响的行数。比如当前这个命令执行后如果插入数据成功,则方法将返回值 1。

注:本节代码都是通过 PDF. NET 集成开发工具自动生成,详细过程请参考 3.5.6 小节自动生成代码。

3.5.5 处理复杂查询

在上一小节中,大家学习了通过 SQL－MAP 技术进行 SQL 语句与程序代码的映射功能,但都是一些比较简单的 SQL 语句,实际上这些工作完全可以通过 ORM

来替代。所以笔者认为,SQL-MAP 最大的优势在于处理数据库方言和一般的 ORM 难以完成的复杂查询。

比如下面"查询大学里面每个系的最高分,并且按系编号、学生编号升序排列"。由于这个查询使用了 SQL Server 特有的"通用表达式"CTE,所以它只能用于 SQL Server 数据库,并且低版本的数据库是无法支持的,所以使用 SQL-MAP 技术来实现。在 SqlMap.config 文件中,定义一个类型为 SqlServer 的"Script"节点,版本为 2008。

```xml
<? xml version = "1.0" encoding = "utf-8" ? >
<SqlMap xmlns:xsi = "http://www.w3.org/2001/XMLSchema-instance"
        xsi:noNamespaceSchemaLocation = "SqlMap.xsd"
        EmbedAssemblySource = "SqlMapDemo.SqlMapDemo.SqlMap.config" >
  <Script Type = "SqlServer" ConnectionString = "" Version = "2008" >
    <CommandClass Name = "TestGroup"
                  Class = "TestSqlMapClass"
                  Description = "SQL-MAP 示例测试程序" >
      <Select CommandName = "QueryStudentSores"
              Description = "找出每一个系的最高分,并且按系编号,学生编号升序排列"
              CommandType = "Text"
              Method = ""
              ResultClass = "DataSet" >
        <![CDATA[
        WITH cte1 as (
select stu.deptID,
       D.depName,
       stu.stuid ,
       stu.stuName,
       score_sum.AllScore
from dbo.Student stu
  inner join (select stuid ,SUM(score) as AllScore from dbo.Score group by stuid) score_sum
      on stu.stuid = score_sum.stuid
      inner join dbo.Department D on stu.deptID = D.depID
)
select cte1.* from cte1
      inner join (select deptID, max(AllScore) maxScore from cte1 group by deptID) M
          on cte1.AllScore = M.maxScore and cte1.deptID = M.deptID
order by cte1.deptID,
         cte1.stuid

        ]] >
      </Select>
```

```
        </CommandClass>
    </Script>
```

虽然上面配置的 SQL 语句很复杂,但是映射的程序方法跟前面的例子一样简单。打开 TestGroup.cs 这个文件,看到以下内容:

```
//使用该程序前请先引用程序集:PWMIS.Core,并且下面定义的名称空间前缀不要使用 PWMIS,
//更多信息,请查看 http://www.pwmis.com/sqlmap
// ==========================================
// Copyright(c) 2008 - 2010 公司名称, All Rights Reserved.
// ==========================================
using System;
using System.Data;
using System.Collections.Generic;
using PWMIS.DataMap.SqlMap;
using PWMIS.DataMap.Entity;
using PWMIS.Common;


namespace SqlMapDemo.SqlMapDAL
{
///  <summary>
///文件名:TestSqlMapClass.cs
///类   名:TestSqlMapClass
///版   本:1.0
///创建时间:2015/5/12 17:16:32
///用途描述:SQL - MAP 示例测试程序
///其他信息:该文件由 PDF.NET Code Maker 自动生成,修改前请先备份!
///  </summary>
public partial class TestSqlMapClass
    : DBMapper
{
///  <summary>
///默认构造函数
///  </summary>
    public TestSqlMapClass()
    {
        Mapper.CommandClassName = "TestGroup";
        //CurrentDataBase.DataBaseType = DataBase.enumDataBaseType.SqlServer;
        Mapper.EmbedAssemblySource = "SqlMapDemo,SqlMapDemo.SqlMap.config";
        //SQL - MAP 文件嵌入的程序集名称和资源名称,如果有多个 SQL - MAP 文件建议
        //在此指明
    }
```

```
///  <summary>
///找出每一个系的最高分,并且按系编号,学生编号升序排列
///  </summary>
///  <returns> </returns>
public DataSet QueryStudentSores( )
{
        //获取命令信息
        CommandInfo cmdInfo = Mapper.GetCommandInfo("QueryStudentSores");
        //执行查询
        return CurrentDataBase.ExecuteDataSet(
CurrentDataBase.ConnectionString, cmdInfo.CommandType, cmdInfo.CommandText ,null);
        //
    }//End Function
}//End Class
}//End NameSpace
```

可见,不论 SQL 语句有多么复杂,使用 SQL - MAP 都可以从容应对,生成的 SqlMapDAL 代码始终是规范一致、简洁高效的。当需要修改 SQL 语句时,仅需要修改 SqlMap.config 配置文件,而不需要修改程序。如果使用 SQL - MAP 的自动代码生成功能,开发项目 DAL 层代码的功能,完全可以由 DBA 来胜任。

3.5.6 自动生成代码

将 SQL 语句单独写在一个配置文件里面的好处是方便维护,数据访问层代码看起来更规范,但也有不好的地方就是要增加工作量。之前直接将 SQL 写在程序中不用写配置文件,现在除了要写 SQL 配置文件还要按照规范写 DAL 代码,增加不少学习量和工作量。笔者在 2005 年使用 iBatis.Net 时,就是这样既要写 iBaits.Net 的 SQL 配置文件,还要手工写 DAL 代码,所有查询都要这样写,一个项目做下来苦不堪言,累到"吐血"。于是,笔者发誓要做一个代码生成器来避免写这样的代码。在大幅度消除了 iBaits.Net 的复杂配置规则以后,设计代码生成器也就是非常容易的事情了。后来在 2006 年,笔者推出了 PDF.NET 的 1.0 版本,核心功能就是本篇文章介绍的 SQL - MAP 技术,包括配套的 SQL 配置工具和代码生成工具。图 3 - 32 所示是 SOD 框架的开发工具——PDF.NET 数据开发框架集成开发环境,在这个程序的"工具栏"的第一个按钮是 SQL - MAP 配置工具,第二个是代码生成器。

SQL - MAP 配置工具名字是 SqlMap Builder,一个 WinForm 小工具,它可以生成和管理 SqlMap.config 文件,进行 SQL 语句配置,设置查询参数等。比如用它打开 SOD 解决方案的 SqlMapDemo 项目下的 SqlMap.config 文件,就能够看到下图 3 - 33 所示的程序界面。

图 3 - 32　SOD 框架集成开发工具

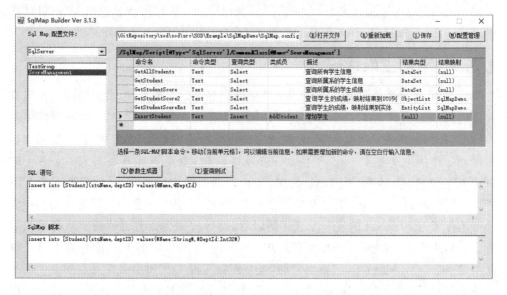

图 3 - 33　SQL - MAP 配置工具使用示意

　　如图 3 - 33 所示,打开 SqlMap. config 文件后,选择 SqlServer 下面的 ScoreMan-agement 命令组,右边的网格控件中显示当前命令组节点下面的命令配置信息。选择一条记录,可以看到它对应的 SQL 语句和配置的 SqlMap 脚本。在 SQL 语句中输入参数,然后单击"参数生成器"按钮,可以看到图 3 - 34 所示的界面。

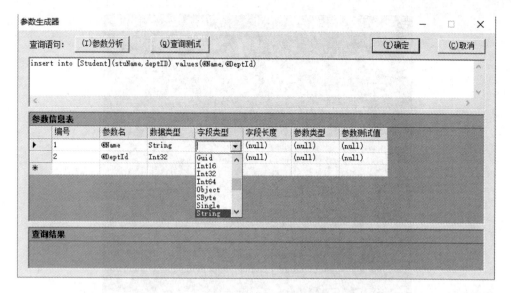

图3－34 SQL－MAP配置工具的参数生成器

在上面的程序窗体中,单击"参数分析"按钮,得到下面的参数信息表,在其中设置好参数所需信息,比如数据类型;也可以输入参数测试值,进行查询测试。最后单击"确定"按钮,关闭当前窗口,回到前面的窗口,可以看到本次编辑的SQL语句对应的SqlMap脚本。

使用SQL－MAP配置工具可以帮助初学者学习SqlMap.config文件的编写,但这个工具是笔者早期开发的一个工具,使用得不是特别顺手,编写SqlMap.config文件的效率没有在VS中直接编辑文件更方便快速,所以这个工具的具体使用就不做更多介绍,详细内容请参考这个链接:http://www.pwmis.com/sqlmap/toolsHelp.htm。

编写好了SqlMap.config文件,即可使用SQL－MAP代码生成器PDFCodeMaker来自动生成代码了,这个工具的源码已经添加到了SOD的解决方案中,如图3－35所示。

在PDFCodeMaker项目中,提供了VB和C♯两种代码模板,可以试着编辑这个模板,比如加入自定义的文件头。在应用程序配置文件App.config中,已经配置好SqlMapDemo示例项目使用的信息,主要有如下配置参数:

```
<! -- 代码模板路经 -->
<add key = "CodeTemplatePath" value = ""/>
<! -- SqlMap 配置文件路径 -->
<add key = "SqlMapConfigFile"
       value = "..\..\..\..\Example\SqlMapDemo\SqlMap.config"/>
<! -- 输出文件目录 -->
```

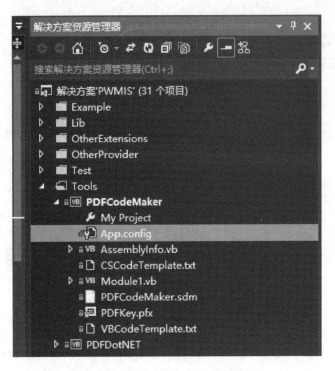

图 3 - 35　SQL - MAP 代码生成器项目

```
<add key = "OutPutPath" value = "..\..\..\..\Example\SqlMapDemo"/>
<!-- 根名称空间 -->
<add key = "RootNameSpace" value = "SqlMapDemo"/>
<!-- 目录代码语言:VB/CSharp -->
<add key = "CodeLanguage" value = "CSharp"/>
<!-- 是否重新上次生成的代码 -->
<add key = "ReWrite" value = "True"/>
```

直接调试这个项目就可以看到代码生成过程,如图 3 - 36 所示。

```
PDF.NET Code Maker : PDFCodeMaker, Version=4.0.6918.19451, Culture=neutral, PublicKe
yToken=17ba13a12b9fd814,http://www.pwmis.com/SqlMap/
已经读取配置信息，开始生成代码...

F:\          sod\src\SOD\Example\SqlMapDemo\TestGroup.cs  OK!
F:\          sod\src\SOD\Example\SqlMapDemo\ScoreManagement.cs  OK!

命令成功完成! 生成文件 2个，用时357ms (按任意键结束)
```

图 3 - 36　SQL - MAP 代码生成器运行效果

如果是团队开发，不想覆盖别的同事生成的或手写的 SqlMapDAL 文件，可以在上面的配置文件中设置 ReWrite 为 False，这样没有迁出的文件就为只读属性，工具不会覆盖它。

PDFCodeMaker 可以独立使用，也可以在 SOD 的集成开发工具中启动它。一旦配置好了这个代码生成器，以后只需"一键生成"你的 DAL 程序代码了！

第 **4** 章

对象关系映射

开发面向数据库的应用程序难免需要频繁地从数据库存取数据,常常需要将应用程序对象内的数据持久化保存到数据库,然而关系数据库与面向对象编程是完全不同的思维方式,这需要在对象数据与关系表之间频繁地进行映射转换,表现出对象与关系之间的阻抗现象,借助对象关系映射的框架(ORM 框架)可以让开发人员关注于面向对象编程(OOP)而不是将很多精力耗费在编写数据库访问的代码上。使用 ORM 框架,必然要用到实体类对象,需要关注实体类的数据更改状态,并且需要一套操作实体类的方法。SOD 框架提出了"ORM 查询语言"的概念,实现了一套"OQL"查询方案,使得数据查询更像是编写对象化的 SQL 语句,加快开发效率,提高数据库应用的开发质量。

4.1　对象与关系的阻抗

4.1.1　话语环境的思想冲突

面向对象应用向传统的关系数据库(RDBMS)存放数据时,常常遇到表述不一致的问题,这称为"阻抗失配"。原因是对象模型和关系模型不是一个维度,它们之间缺乏固有的亲和力。关系数据库要解决的是数据的高效、经济存取问题,这与关系数据库产生的时代背景有关。2.8 节关系数据库与 NoSQL 中提到,关系模型是在 1970 年提出的,10 多年后计算机厂商推出了几款著名的关系数据库管理系统,而在 20 世纪 70—80 年代计算机使用的存储设备容量很小,价格却很高。1973 年 IBM 研制成功了一种新型的硬盘 IBM 3340,存储容量不到 100 MB。真正的第一款 GB 级容量硬盘是 IBM 于 1980 年推出的 IBM 3380,容量达到了 2.5 GB,相当于一个冰箱大小,质量大约为 250 kg,市场售价为 4 万美元。直到 20 世纪 90 年代后,硬盘技术才取得巨大突破,容量价格比才明显下降,变得经济实用。

所以,关系数据库理论提出的时代和关系数据库管理系统推向市场的时代正是存储价格昂贵的时代,要求数据库的存取必须非常经济高效,体现出来的特点就是设计数据库时尽量不要浪费存储空间,数据库软件也相应地提供了多种数据类型供用户选择,并且要求存储文字内容的字段必须要指定长度,这样就可以根据数据字段的类型和长度,计算出一行数据的大小,从而准确高效地定位数据进行读/写操作。按照这个思路,开发软件时必须考虑数据的存取问题,充分利用关系数据库的特性,开发出高效的应用系统。比如大量编写存储过程,或者写各种复杂的 SQL 语句去表达业务逻辑。这种编程思路现在仍然相当流行,尤其是在需要大量数据处理的应用软件开发上,这种思路就是我们熟知的"面向过程"编程了,我觉得在这里说它是"面向数据库"编程更贴切。

面向对象方法(Object-Oriented Method,简称 OO 方法)起源于面向对象的编程语言(简称 OOPL),在 20 世纪 60 年代中后期的 Simula 语言,就已经提出了对象的概念,并使用了类,也支持类继承。真正的 OOP 由 Smalltalk 奠基,它在 1980 年已经实现商品化推广应用。1986 年在美国举行了首届"面向对象编程、系统、语言和应用(OOPSLA'86)"国际会议,这进一步标志 OO 方法的研究已普及到全世界。OO 方法具有模块化、信息封装与隐蔽、抽象性、继承性、多样性等独特之处,这些优异特性为研制大型软件、提高软件可靠性、可重用性、可扩充性和可维护性提供了有效的手段和途径。进入 20 世纪 90 年代后,大规模商业软件的使用,OO 方法成为软件开发方法的主流,运用 OO 方法发展出面向对象分析与设计(OOAD)的理论,结合 OOPL,实现面向对象编程(OOP)。一直到今天,我们广泛使用的 C++、JAVA、.NET 都属于 OOPL。

由此看来,"对象"和"关系"概念诞生的时代都差不多在同一时代,为何产生了"阻抗失配"的问题呢? 笔者认为,**这是两种话语环境,或者说两种思维方式的区别引起的问题**。"对象"存在于软件分析和设计、软件编程、程序语言这个话语环境;"关系"存在于数据的表示、存储和管理这个话语环境。当软件需要将程序对象的数据从数据库加载或者持久化存储时,它们对于数据存取的表述就不一致了,这种不一致产生很大的阻抗,出现"阻抗失配"的问题。比如在炎热的戈壁沙漠,衣服是"有多少穿多少";在冰天雪地,衣服也是"有多少穿多少"。同样是"有多少穿多少"这句话,针对的也都是穿衣服的问题,但是在不同语境下表现的结果截然相反,如图 4-1 所示。

在"对象"的语境中,对象封装了数据和操作数据的方法。对象可以继承"父对象"的数据和方法,也可以覆盖"父对象"的虚方法,提供不同的实现方式,从而实现"多态"。对象包含的"子对象"也可以看成当前对象的"数据",也就是对象的数据也可以是一个对象,从而使得不同的对象可以按照不同的层次组合起来,形成各种拓扑结构,构建出一个复杂的抽象世界。所以数据为实,方法为虚;数据为体,方法为用;数据为阴,方法为阳。阴阳交互,化生万物。

在"关系"的语境中,数据按照不同的属性来描述,这些属性的值被组织成一张二维表,按照行或者列来存储,所以这个数据表可以看成一个行集合或者列集合。在大多数的关系数据库管理系统中,数据是按照行来存储和访问的;如果有很多数据需要经常进行统计和聚合运算(最大、最小、求平均等),那么数据也可以按照"列"来存储和访问,这样更有效率。同一个数据表的数据都是相关的,有多种范式来规范这些数

图 4-1　穿多少衣服的不同语境

据的组织,比如常用的数据库三范式。这样,数据被分成了很多数据表,表和表之间通过主外键来表示一对多和多对多的关系。通过这种方式,能够用最小的存储空间存储尽可能多的数据。数据库使用结构化查询语言 SQL,来存取数据。SQL 表达的是存取数据的过程,可以看作是操作数据的方法接口。SQL 可以很灵活,表达各种数据结构的存取。这样,数据为实,操作数据的过程为虚;数据的存储为体,数据的存取表示为用;数据库对象为阴,SQL 为阳。应用程序操作 SQL 来操作数据库,实现虚实结合,体用结合,阴阳结合,最终解决数据应用相关的商业问题。

关系数据库并没有提供面向对象那样的"数据组织"方法,数据都在表中,它们没有继承关系。数据与数据之间没有层次关系,没有其他复杂的拓扑结构关系,只有表关系。操纵数据的过程(单独的 SQL 语句或者存储过程)也没有和数据表在一个逻辑结构中,例如 SQL 语句主要分布在应用程序中,缺少良好的封装。所以,在关系数据库中,数据与数据的关系,都是扁平化的,这些都像是二维世界的事物,它的重点是数据存取的经济高效。面向对象软件中的各种对象,是对真实世界对象的抽象,它们有各种拓扑结构,形成复杂的对象图,对象与对象之间能够进行复杂的交互,从这个意义上来说,对象是三维世界的事物,它的重点是对现实世界对象的抽象。

比如一个盒子对象,它可以用在电商领域,用来收发快递,用来装各种商品。当我们生产出一个快递盒子时怎么存放它呢?不能让它保持盒子的样子存放在仓库中,必须把它拆开成一张纸板,很多盒子的纸板存放在仓库里,随时供卖家使用。在快递的运送过程中,必须始终保持盒子的立体形态,方便贴签扫描和运输,以方便快递公司进行复杂的业务处理。买家收到快递后,空出盒子,也会把它再次拆散成一张纸板存放或者丢弃,这样不占空间,如图 4-2 所示。自快递盒子生产出来一直到快递盒子被丢弃,盒子的形态取决于盒子当前的位置,需要长期存放时被拆散为一张纸板,在运输过程中才会是真正的盒子形态。当快递用完这个盒子以后,它还可以用来装其他东西,此时它不叫快递盒子,而是叫别的什么盒子,比如用来装玩具,它就变成一个玩具盒子。因此,当我们需要长久保存一个盒子时,可以表述为存放一个快递盒子,或者一个玩具盒子,或者在物资回收站它被表述为一张废纸板。这就是不同应用场景对同一个物体的不同表述问题。当我们使用面向对象的方法来开发这样一个应用时,使用盒子与存放盒子的不同表述,就是前面说的对象与关系的阻抗。

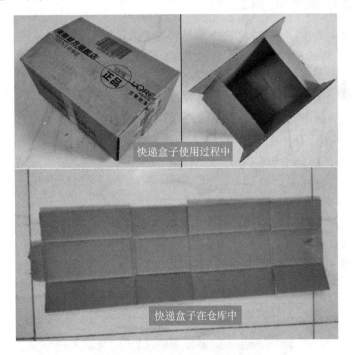

图 4-2 快递盒子的不同"语境"

4.1.2 结构的不匹配

在一个面向对象的系统中,数据存在于对象中;在关系数据库中,数据存在于数据表的记录中。关系数据库通过 SQL 作为操纵数据的接口,应用程序通过 SQL 查询将数据库的数据读取到 DTO 对象中,然后内存中的业务对象(BO)再使用 DTO 对象的数据。当需要持久化保存业务对象的状态时,再将状态数据作为 DTO 传递给数据访问层,最后使用数据访问层 DAL 方法将 DTO 数据翻译成操纵数据库的 SQL 命令,完成数据库的写入。简单说就是下面的过程:

DB←→SQL←→DTO←→BO

这一过程是大部分应用程序所采取的方式。SQL 到 DTO 的相互转换,可以通过 DAL 方法完成,这些 DAL 方法一般都通过手写实现。可是,在复杂的组织中,管理和设计数据库的人员与应用程序开发人员并不是同一个组织的成员,他们的工作常常不同步,这样就有可能数据库字段名或者类型修改了,SQL 语句没有修改,应用程序运行出错,开发人员发现错误后,需要从 SQL 语句修改 DTO 直到 BO 的代码。在规模较大的复杂系统中,这种修改成本是很高的。你是否遇到过老板问"这个功能加一个字段要多少时间"的问题? 如果你真的遇到了,一定会很崩溃,因为不管你怎么回答结果都不会让老板满意。

4.1.3 继承关系的难题

在面向对象的程序中,对象的继承是很常用的,但是关系数据库并没有这个概念,当我们试图将这种对象保存在数据库时,数据库的设计并不是容易的事情。下面笔者用一个学校食堂用餐管理系统来举例,学校食堂给教师和学生提供就餐服务,不论是教师还是学生,每人都有一张就餐卡,每次刷卡就餐,食堂管理系统需要记录每个用卡人的消费情况,计算就餐卡余额,余额不足需要提醒及时充值。开发这个功能很简单,在数据库设计一个卡用户信息表,在程序中设计一个卡用户对象即可,使用属性 UserType 来区分用卡人类型。这就是食堂信息管理 1.0 版本,如图 4 - 3 所示。

图 4 - 3　对象关系映射示意图

很快有了新的需求,低年级小学生吃饭打 5 折。之前的 CardUser 类可以增加一个学生年级的属性,对应的卡用户信息表 CardUsers 增加一个学生年级字段即可。这样新的 CardUsers 表对于教师用户来说,就浪费了一个字段,但总还能凑合使用。最后这样修改一下就上线了,这是食堂管理系统 2.0 版本。

没过多久,又有了新需求,学校的优秀教师每月享受津贴,要求食堂管理系统给这些教师自动充固定金额的钱。这样需要为教师用户增加一个"级别"的属性,显然学生用户是不需要这个属性的。为了避免以后有更多的差异逻辑,这里以 CardUser 类为基类,新增一个学生类和教师类,改进后的类图如图 4-4 所示。

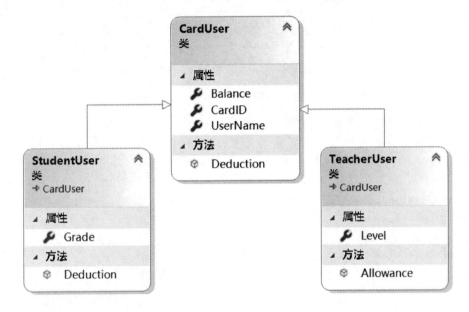

图 4-4 类的继承结构示意图

图 4-4 中,CardUser 类增加一个 Deduction 方法来扣减当前余额,新增的 StudentUser 类和 TeacherUser 类都继承 CardUser 类,其中 TeacherUser 类继续使用基类的扣减方法,但是 StudentUser 重写了基类的扣减余额的逻辑。TeacherUser 类增加了一个计算津贴的方法 Allowance。这样,对象就不再是之前版本的"贫血对象"了,它们有方法,有继承关系,结构清晰,逻辑明确,符合面向对象设计的要求。现在将这个版本的程序作为 3.0 版本,这个设计对应的代码如下(C♯版本):

```csharp
public class CardUser
{
    public int CardID
    {
        get => default(int);
        set {    }
    }

    public string UserName
    {
        get => default(string);
```

```
        set {    }
    }

    public int Balance
    {
        get => default(int);
        set {    }
    }

    public virtual void Deduction(int money)
    {
        this.Balance -= money;
    }
}

public class StudentUser : CardUser
{
    public int Grade
    {
        get => default(int);
        set {    }
    }

    public override void Deduction(int money)
    {
        if (this.Balance > money)
        {
            int realMoney = this.Grade <= 2 ? money / 2 : money;
            this.Balance -= realMoney;
        }
    }
}

public class TeacherUser : CardUser
{
    public int Level
    {
        get => default(int);
        set {    }
    }
```

```
        public void Allowance()
        {
            if (this.Level == 1) this.Balance += 100;
            else if (this.Level == 2) this.Balance += 50;
        }
    }
```

然而,当需要持久保存这几个对象的数据时,由于数据库不支持继承,数据库的设计就成了难题。有两种方式:one-class-per-table(一个类对应一个表)和 one-object-per-row(一个对象对应一个表行)。

在 one-class-per-table 方式中,StudentUser 对象放在 StudentUsers 表中,TeacherUser 对象放在 TeacherUsers 表中。但是 StudentUser 和 TeacherUser 具有共性 CardUser,这实际上是将 CardUser 这个共性对象中的数据分割成两个表保存,从语义上讲,也就是将一个对象分割成两个部分;而且当你要获取这个对象时,需要两次 Select,同样道理增删改查都要两次。

如果按照 one-object-per-row 方式,将 StudentUser 和 TeacherUser 放到一个表中,就会产生空白字段。StudentUser 对象中的数据保存到 StudentUser 对象对应的字段中,那么 TeacherUser 对象独有的字段就是空的;反之亦然。当这些对象差异越大,或者数据记录越多时,数据库浪费的存储空间就越多,数据表的字段成了两个对象对应的字段的超集,这会使得表一行数据占用的空间增大,每个数据页所能容纳的记录数量将减少,从而在数据读取和写入时降低效率,尤其是进行大量数据操作时效率降低得更明显。

这些都反映了对象与关系数据库天然不匹配,两者根本就无法搭配在一起工作,只有一方作出妥协,大部分情况是对象作出妥协,这样,一个 OO 语言 JAVA/.NET 系统就做成了一个数据库中心系统,根本无法享受 OO 语言带来的快捷方便,可维护性强,真实的反映业务活动的好处,甚至还造成项目失败的问题,如果没有碰到,只能说明系统中没有对象概念,解决方式很简单、粗暴:矛盾双方,消灭一方不就解决了。用着 OOPL,写着伪 OOP 的代码!

4.1.4 复杂的类关系

先看一个学校班级信息类的代码:

```
public class SchoolClass
{
    private Student[] students;
    public Teacher[] Teachers;
    public string ClassName;
}
```

这个代码的意思是,一个班级有多名学生,每名学生都是班级的一部分,只能属于当前这个班级,学生对象与班级对象是复合关系;一个班级有多名教师,每名教师都可能在别的班级任教,所以教师与班级是聚合关系。但是,这个班级信息却不容易保存到数据库,需要利用表的主外键关系。首先需要给班级表增加一个唯一标识作为主键,因为班级名称容易改变,用它做主键不是一个好主意;然后需要在学生表增加一个标识班级的外键,对于教师表就要复杂一些,一个教师可能在多个班级任教,教师和班级是多对多关系,需要一个中间表来关联。

通过上面这个 SchoolClass 对象和相应的关系表的设计过程,我们发现了它们之间非常明显的区别。在对象里,它表达了一个业务概念:

"我是一个班级,里面有很多学生,还有一些教师。"

在关系表里,它表达的含义是:

"我是一名学生,这里有一个我属于的班级;我是一个教师,这里有几个我任教的班级。"

上面两种方式的前后对比,我们发现它们完全是两种不同的表达方式,这已经属于语义走样了,当我们从关系数据库中获得 SchoolClass 对象时,得按照关系数据库规则绕一个弯来获得完整的 SchoolClass 对象。也就是说,每次获得一个对象 SchoolClass,我们都要将这个需求意思翻译成关系数据库的表达方式,这种翻译不但容易出错,也带来了程序员开发上的负担,需要经常在两种思维方式上进行切换。如果对此缺乏经验,很容易翻译出错,问题就严重了。借助合适的对象关系映射(O/R Mapping)工具,可以改善这种情况。

4.1.5　正视"阻抗误配"

上面几点都说明了对象与关系的阻抗,将它们强行拉在一起形成的"误配"。下面总结对象与关系数据库在哪些方面存在阻抗误配,如表 4-1 所列。

表 4-1　对象与关系数据库存在的阻抗误配

	对　象	关系数据库
继　承	支持继承,对象可以继承多个接口,也可以继承一个基类成为实现类。在实现类里可以实现接口或者重写基类方法,从而让对象实现多态	不支持继承,要么设计一个表字段的超集,要么分表,但都不是很好的设计,有损数据库的存储空间或者查询效率
封　装	将成员封装在一个对象中,提高私有、受保护或者公开的访问级别。成员不仅包括属性数据,还包括操作这些数据的方法	不支持封装概念,数据全局可用,只是通过不同的角色和权限机制来保护它们。操纵数据的 SQL 过程要么在存储过程,要么在应用程序中

续表 4-1

	对　象	关系数据库
数据结构	使用深度嵌套的数据结构,可以包含未指定长度的对象列表,而这些子对象还可以包含别的对象,形成复杂的数据结构	使用"扁平的(flat)"数据模型,包含以主键和外键为突出特征的关系。每行中字段的数量和字段的长度都是预定义的。如果需要动态改变,这是一个复杂的操作
约　束	不提供这种机制,比较类似的是断言和异常	广泛使用应用于变量和表的公开约束,比如主键约束,唯一键约束
事　务	在 OOP 语言级别使用小的、低层次的操作,比如各种类型的锁,来解决共享资源的并发访问冲突,因此不需要事务	最接近于并发编程中的数据访问。它不包含原子性、一致性、隔离性和持续性(ACID)的所有细节;即使包括这些细节,像事务这样的行为也是由应用程序来保证的,需要它们来确保对象的事务持久性
概念差异	OOP 思想是基于图形的,通过动作支持接口,面向动态行为,这些行为动作通过程序方法或函数的过程化操作来实现	关系思想是基于集合的,关系数据库将数据视为接口,且数据固定结构。通过 SQL 来实现数据的过程化操作
维　护	修改一个类或者引入新的类型,通常需要在数据模式中做一些变更。这可能需要数据库管理员的允许,他们有可能阻止开发人员对数据库进行改变	数据库管理员为了数据的安全会设置很多数据库角色和权限机制,阻止别人随意修改数据库结构。为了确保数据库访问的效率,对于查询方式也会有要求,有时甚至会将数据库分库、分表、读写分离来应对访问压力,这些改变也会影响应用开发人员的设计决策

表 4-1 只是对比了一些常见的差异,这些差异已经导致 OOP 与关系数据库产生了严重的阻抗,解决这种阻抗误配的方法之一就是彻底放弃 OOP。我确信没有开发人员会考虑这种解决方案,特别是开发复杂的应用系统,如果不使用 OOP 的继承、封装来写完全过程式的代码,那么不论从编码工作量还是系统逻辑设计上都是很大的问题,容易导致项目失控,造成项目失败,这是一个需要严肃对待的问题。

面向对象的数据库管理系统(OODBMS)是解决前面这些问题的另一种方法。虽然 OODBMS 仍然有限(主要是一些科学项目),但一些全球最大的数据库都是关系数据库。在商业应用程序中,关系方法仍然是主要方法。数据库完全采用 OOP 可能还需要较长的时间。

折中的办法有两种:一种是 Not Only SQL,即采用 NoSQL 数据库,将关系数据库与非关系数据库相结合,使用键-值对数据库、文档数据库,将对象数据序列化直接保存在这些数据库中,然后再想办法保存在关系数据库中。另一种就是 ORM 框架,.NET 的实体框架 Entity Framewrok 和 JAVA 的 Hibernate 都支持有继承关系的对象到数据库的映射,能够由应用程序自动创建数据库而不必求助于数据库管理员。

当然也有人说这些 ORM 框架的自动映射创建的数据库并不高效,也不放心让这些框架在线上自动修改数据库结构,但 ORM 作为关系数据库与业务对象的中间层,提高了开发效率,能够隔数据结构上的离变,这些会在本章后面详细介绍。

4.2　数据的容器——实体类

实体类是用于对必须存储的信息和相关行为建模的类。实体对象是实体类的实例。实体类通常都是永久性的,它们所具有的属性和关系是长期需要的,有时甚至在系统的整个生存期都需要。业务类与实体类的最大区别就是:业务类不关心信息的存储,业务对象都是内存对象,是附属于某个业务用例或者业务领域的底下,生命周期通常都很短;实体对象通常是独立于某个业务用例的,是独立于业务角色的,甚至都不专用于一个系统。比如电商系统的用户实体类,它在订单、支付、商品子系统都可能使用,甚至在电商公司的 ERP、CRM 等系统都会使用。虽然说实体类独立于业务对象,但发现和设计实体类却来自对业务领域的分析,找到那些需要持久保存和管理的对象和信息,因此当业务比较简单时,也常常直接将实体类用做业务类。

根据实体类保存和管理信息的特点,它是直接与数据库打交道的媒介,所以实体类的设计必然要体现数据库的一些特性,这种体现就是实体类与数据库的映射。本节将介绍实体类的设计问题。

4.2.1　实体类的元数据映射

在访问数据库时,除了与数据源建立连接,就是如何访问数据源对象了,通常需要指定操作的数据对象和相应的数据列。数据对象包括表、视图和存储过程等。所以一个实体类最基本的映射就是指定要映射的数据源类型和相应的数据列。

下面以实体类 ScoreEntity 为例,介绍它与表的映射关系:

```
public class ScoreEntity:EntityBase
{
    public ScoreEntity()
    {
        TableName = "Score";
        PrimaryKeys.Add("StuID");
        IdentityName = "stuID";
    }


    public int StudentID
    {
        get { return getProperty <int> ("stuID"); }
        set { setProperty("stuID", value); }
    }
}
```

```
public string CategoryName
{
    get { return getProperty <string> ("category"); }
    set { setProperty("category", value,50); }
}

public int Score
{
    get { return getProperty <int> ("score"); }
    set { setProperty("score", value); }
}
}
```

实体类 ScoreEntity 继承自 SOD 框架的 EntityBase 基类,在实体类的构造函数中,需要指定基类里的几个属性:

- TableName　映射的名字,取决于 EntityMap 的设置,默认是表名字。
- EntityMap　实体映射类型的枚举,有以下枚举项目:
  - Table——表实体类,该实体具有对数据库 CRUD 功能。
  - View——视图实体类,通常是数据库视图的映射,属性数据不能持久化。
  - SqlMap——SQL 语句映射实体类,将从 SQL－MAP 实体配置文件中使用用户定义的查询。
  - StoredProcedure——存储过程,将从 SQL－MAP 实体配置文件中使用用户定义的存储过程名称和参数信息,需要采用 SQL－MAP 的参数语法。
- PrimaryKeys　映射为表类型的时候,表的主键字段名称,可以有多个。
- IdentityName　映射为表类型的时候,表的标识字段名称,也就是自增字段名称。

TableName 的名字可以动态指定,比如分库分表的情况,可以根据"分表路由函数"来计算当前要操作的表名字。

当不指定 PrimaryKeys 时,无法直接通过实体类进行数据保存,但可以在编程时动态添加一个不是主键的"主键",以便灵活的设定更新条件。当然也可以通过实体查询语言(OQL)的方式来指定查询条件。

当数据库表有自增字段却没有在实体类指定 IdentityName 属性时,插入数据会遇到错误,因此指定了它以后插入数据成功时能得到该自增字段的值。

注意:以上属性都是可选的,当实体类的表名字不映射时,它可以作为一个非持久化的对象使用,比如用在 WinForms 和 WPF 的程序中作为数据实体来绑定控件。

下面介绍实体类的属性映射。在这个例子的属性 StudentID 中,它有一个 Get 访问器和 Set 访问器,用于读/写属性值:

```
public int StudentID
{
    get { return getProperty <int> ("stuID"); }
    set { setProperty("stuID", value); }
}
```

在 Get 访问器的 getProperty 泛型方法的参数值 stuID 就是属性 StudentID 映射的表字段名称,在 Set 访问器的 setProperty 方法的第一个参数值 stuID 也是映射的字段名称,可以看到,这里的字段名和属性名是不一样的,当修改数据表的字段名时,只需要修改这个属性方法的参数值,**实体类屏蔽了字段修改对于程序的副作用**,避免了修改字段名导致修改三层代码相关地方的问题,因此这是一个非常有用的特性。对于 String 类型的属性,还需要 setProperty 方法指定字段的长度,比如属性 CategoryName 映射的字段长度是 50。

getProperty 泛型方法和 setProperty 方法总是成对使用的,它们实际上是在操作内部的"名-值"对数组,比如属性 StudentID 在进行读/写时,它实际操作的是内部名为 stuID 的数组元素,当实体类的属性数量比较多时,这种按名字查找的方式效率不高,可以使用它们的重载方法,直接使用数组元素的索引定位,但需要重写基类的 SetFieldNames 方法,预先指定实体类属性使用的字段名称。改进后的实体类代码如下:

```
public class ScoreEntity:EntityBase
{
    public ScoreEntity()
    {
        TableName = "Score";
        EntityMap = PWMIS.Common.EntityMapType.Table;
        PrimaryKeys.Add("stuID");
        IdentityName = "stuID";
    }

    protected override void SetFieldNames()
    {
        PropertyNames = new string[] { "stuID", "category", "score"};
    }

    public int StudentID
    {
        get { return getProperty <int> ("stuID",0); }
        set { setProperty("stuID",0, value); }
```

```
        }

        public string CategoryName
        {
            get { return getProperty <string> ("category,1"); }
            set { setProperty("category", 1,value,50); }
        }

        public int Score
        {
            get { return getProperty <int> ("score",2); }
            set { setProperty("score", 2,value); }
        }
    }
```

由这个例子可以看出，SOD 的实体类定义结构很清晰，代码量相对较少，所以完全可以手写实现。当然也可以通过实体类生成工具自动生成这样的实体类，具体可以参考 3.4.1 小节常见的 SQL 工具中的"PDF. NET 集成开发工具"。另外，对于实体类的构造函数和属性方法，还可以增加额外的代码来实现自定义的约束，比如在读/写属性之前进行一些额外的验证工作。

如果实体类的名字与表名字一样，并且属性名与数据表的字段名也完全一样，那么就不用上面这种映射了，SOD 框架提供了通过接口自动创建实体类的功能，请参考 4.3.2 小节动态创建实体类。

4.2.2 数据类型的映射

应用程序在程序语言级别提供了丰富的数据类型，各种数据库也有一套自己的数据类型，除了一些基本类型是通用的，其他每种类型的数据库都有自己的特点，比如 Oracle 的 INTEGER 类型，它是 NUMBER 的子类型，等同于 NUMBER(38,0)；SQL Server 的 INTEGER 类型，又要区分 int、smallint、tinyint、bigint 的不同，每个具体类型表示的范围又不同。为了统一各种数据库的数据类型，.NET 抽象了一个 DbType 供程序员编程使用，各数据库的 ADO. NET 数据提供程序再将 DbType 翻译成自己特定数据提供程序的数据类型，这些数据类型与数据库的字段类型完全一致。如果觉得 DbType 不足以充分利用数据库的特性，可以直接使用数据提供程序的数据类型。图 4-5 所示就说明了这样一个关系。

如图 4-5 所示，.NET 会自动将程序变量的数据类型转换成 System DbType，然后再转换成当前的 ADO. NET 数据提供程序的数据类型，比如 SqlDbType。所以在编程时，不指定 ADO. NET 参数对象的 DbType，在一般情况下也能正确访问数据库，不过有时需要直接设置 DbType 才能正确访问数据库，请参考 3.4.5 小节参数化

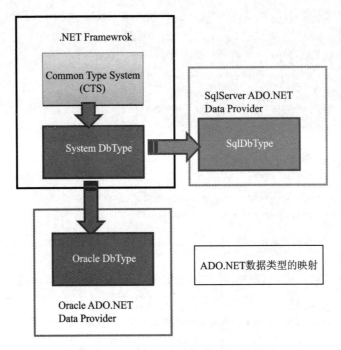

图 4 - 5 　 ADO. NET 数据类型的映射

查询。

在 SOD 的实体类定义时,不需要指定属性对应的 DbType,只有一种例外,就是当数据库的字符型字段的数据编码不是 UTF8 时,需要特殊处理。例如在 SQL Server 中,如果表的字段是 varchar 类型而不是 nvarchar,则 SOD 的实体类的属性定义如下:

```
public string CategoryName
{
    get { return getProperty <string> ("category,1"); }
    set { setProperty("category", 1,value, - 50); }
}
```

在上面的代码中,属性的 Set 访问器的第 4 个参数,指定参数长度的值为负值即可标记查询此字段时对应的参数的数据类型为 AnsiString,映射的数据库字段类型和长度为 varchar(50);如果参数长度为大于 0 的整数,则对应的参数数据类型是 String,映射的数据库字段类型和长度为 nvarchar(50)。

表 4 - 2 所列是一部分数据库提供程序的参数类型与 .NET 数据类型之间的对应关系表,其他数据库提供程序比如 MySQL,请查阅它们的官方文档说明。

更详细的对比请看如下链接:https://docs. microsoft. com/en - us/dotnet/framework/data/adonet/configuring - parameters - and - parameter - data - types。

表 4 - 2 程序的参数类型与 . NET 数据类型之间的对应关系表

CTS Type	DbType	SqlDbType	OledbType	OdbcType	OracleType
Boolean	Boolean	bit	boolean	bit	byte
Byte	byte	tinyint	unsignedtinyint	tinyint	byte
Char			char	char	char
DateTime	datetime	datetime	datetimestamp	datetime	datetime
Decimal	decimal	decimal	decimal	numeric	number
Double	double	float	double	double	double
Single	single	real	single	real	float
Guid	guid	uniqueidentifier	guid	uniqueidentifier	raw
Int16	int16	smallint	smallint	smallint	int16
Int32	int32	int	int	int	int32
Int64	int64	bigint	bigint	bigint	number
String	string	nvarchar(max 4 000)	varwchar	nvarchar	nvarchar
String	FixedLength	nchar	wchar	nchar	nchar
String	AnsiString	varchar	varchar	varchar	varchar
String	AnsiStringFixedLength	char	char	char	char

4.2.3 DBNull 与 null

null 在 C#语言中表示空引用,用于"引用类型"变量而不是"值类型"变量。对于 VB. NET,与 null 对应的是 Nothing。引用类型的数据存放在堆上可以被多个变量引用,比较节省内存空间,但内存分配和回收比较复杂;值类型数据存放在栈上,"同样的值"在不同变量上都有各自的备份,所以比较耗费内存空间,但优点是内存使用简单,调用栈结束,变量所占的空间也就释放了。

DBNull 是一个类,DBNull. Value 是它唯一的实例,指数据库中数据为空值(<NULL>)时程序中的值。当使用 ADO. NET 查询的记录中某个字段值是空值时,它的结果就是 DBNull,而不是空引用 null。因此 DBNull 和 null 的区别主要是"空数据"与"空引用"的区别,它们的出现代表不同的语境。

假设有一个名字为 User 的类,考察下面的代码:

```
User u1 = null;//正确
User u2 = DBNull.Value;//错误,类型不一致
object u3 = null;//正确
u3 = new User();//正确
object u4 = DBNull.Value;//正确
u4 = new User();//正确
```

上面的例子说明,object 类型既是 null,又是 DBNull,当不确定从数据库读取的值是不是空值时,将变量声明为 object 类型是最灵活的,这样,每次从数据库读取一条记录,将该记录读取的数据全部放入一个 object 数组是最灵活的方案,并且也很高效,ADO. NET 的 DataReader 对象提供了这种方法:

```
//获取 DataReader 对象的过程略
//System.Data.IDataReader reader = ...

object[] values = new object[reader.FieldCount];
reader.GetValues(values);
```

这样,对象数组 values 就存储了当前这条记录的每个字段的值,这些字段值既可以是具体的值,也可以是 DBNull,但不会有 null。SOD 的实体类就是通过这种方式来读取数据的,实体类的每个属性对应的"内部值",都可能是 DBNull。这样,对于 SOD 的实体类属性,就不再需要定义"可空类型"了,通过将实体类设计成一个"索引器",就可以像下面这样灵活地使用属性:

```
UserEntity user = new UserEntity();//实例化一个 SOD 实体类
bool flag = false;
//user 对象初始化,string 类型属性 UserName 位 string 类型默认值 null
flag = user.UserName == null;//通过属性访问,flag == true
flag = user["UserName"] == null;//通过索引器访问内部值,flag == true
user["UserName"] = "zhang san";//通过索引器赋值
flag = user.UserName == "zhang san"; //通过属性访问,flag == true
user["UserName"] = DBNull.Value;//通过索引器赋空值
flag = user["UserName"] == DBNull.Value;// 通过索引器访问内部值,flag == true
flag = user.UserName == null;//属性的内部值虽然为 DBNull.Value,通过属性访问,对外
                            //表现的仍然是 null,flag == true
```

SOD 的实体类通过这样的设计,有效地屏蔽了数据库空值在程序中使用的影响,任何时候都可以通过实体类的索引器来判断属性对应的"内部值"是否是数据库空值。"内部值"为 null 或者 DBNull. Value 也可以表示该属性未作任何处理,比如将实体类用于界面数据绑定,用来区分与它绑定的控件是否输入过值,或者在文本框控件正确显示来自数据库的值,比如"年龄"这样的数值型字段,如果数据库是空值,就让控件显示为空内容而不是显示与之绑定的对象的"年龄"属性的默认值 0。

最后,当我们实例化一个实体类时,它的属性对应的"内部值"为 null,相比较于属性全部有一个初始化的值,也让实体类能够节省一定的内存空间。

4.2.4 强类型映射与弱类型映射

DataSet 类是 ADO. NET 中最核心的成员之一,也是各种基于 . Net 平台程序

语言开发数据库应用程序最常接触的类。每一个 DataSet 都有很多个 DataTables 和 Relationships。RelationShip 是一种特殊的表,用来联系两个数据表。每一个 DataTable 都有很多 DataRows 和 DataCols,也包括 ParentRelations,ChildRelations 和一些限制条件像主键不可以重复的限制。对 DataSet 的任何操作,都是在计算机缓存中完成的。在从数据库完成数据抽取后,DataSet 就是数据的存放地,所以说 DataSet 可以看成是一个数据容器,是各种数据源中的数据在计算机内存中映射成的缓存。每一个 DataRow 的数据都是一组 object 数据,可以通过 DataColumn 的名字或者索引来访问,所以 DataSet 是弱类型数据。DataSet 这个"数据容器"和"弱类型数据"的特点,加上它是一个可以用 XML 形式表示的数据视图,使得它可以存储和访问任何来自数据源的数据,使用上非常灵活方便,可以快速地开发一个简单的项目。

DataSet 的弱类型数据特点带来了使用上的灵活性,但弱类型的缺点也很大,比如多人协作开发时需要快速知道数据的架构而不是去查找数据库设计说明,强类型的编译时检查能够保障大型复杂项目的可靠性。所以,DataSet 这种对数据源数据的弱类型映射难以满足实际开发需求,具有强类型映射的实体类得到了广泛运用。

实体类也能映射数据源的各种信息,比如表名、列名、主外键约束等,具体内容请参考 4.2.1 小节实体类的元数据映射。SOD 框架的实体类设计不仅有强类型映射的特点,也兼容了 DataSet 这种弱类型数据映射的特点。实体类内部的数据就是一个 object 数组,但在对外使用上它有具体属性的类型。参考下面的示意代码:

```
UserEntity user = new UserEntity();//实例化一个 SOD 实体类
user.ID = 1;
user.UserName = "zhang san";
bool flag = false;
flag = user.ID.GetType() == typeof(int);//true;
flag = user["ID"].GetType() == typeof(int);//索引器访问属性内部值,flag == true;
flag = user.UserName.GetType() == typeof(string);//true;
flag = user["UserName"].GetType() == typeof(string);//索引器访问属性内部值,flag == true;
```

如上述代码,SOD 实体类既可以直接使用强类型的具体属性来访问,也可以通过索引器的方式通过属性名来访问属性值,类似 DataSet 的弱类型使用方式。所以,SOD 这种实体类的设计使用方式即高效又灵活,兼顾了强类型映射和弱类型映射的优点。

4.2.5　日期类型的处理

在 .NET 框架中,表示时间的类型有 DateTime 和 SqlDateTime,它们的最小值和最大值分别是:

DateTime. MinValue：0001/01/01 00：00：00

SqlDateTime. MinValue. Value：1753/01/01 00：00：00

DateTime. MaxValue：9999/12/31 23：59：59.999

SqlDateTime. MaxValue. Value：9999/12/31 23：59：59.997

在 Microsoft SQL Server 的类型系统中，使用 Date 表示日期类型，使用 Time 表示时间类型，使用 DateTime 和 DateTime2 表示日期和时间的组合，DateTime2 是 DateTime 的升级版本，这些数据类型占用的存储空间各不相同，如表 4－3 所列。

表 4－3　数据库类型系统说明

数据类型	时间范围	精　度	示　例
DateTime	1753－01－01 到 9999－12－31 23：59：59.997	3.33 ms	2019－01－08 12：35：29.123
Smalldatetime	1900－01－01 到 2079－06－06 23：59：59	min	2019－01－08 12：35：00
Date	0001－01－01 到 9999－12－31	天	2019－01－08
Time	00：00：00.0000000 到 23：59：59.9999999	100 ns	12：35：29. 1234567
DateTime2	0001－01－01 到 9999－12－31 23：59：59.9999999	100 ns	2019－01－08 12：35：29. 1234567
datetimeoffset	0001－01－01 到 9999－12－31 23：59：59.9999999	－14：00 到 ＋14：00 100 ns	2019－01－08 12：35：29.1234567＋12：15

其他数据库类型对于日期时间类型，也有不同的表示范围，具体请参考相应的数据库类型系统说明。

对比 .NET 框架和 SQL Server 数据库关于日期时间类型的区别说明，程序中 DateTime 的最小值与数据库中并不相同，用 DateTime. MinValue 的最小值，插入数据库中时将会抛出异常 SqlDateTime 溢出，解决办法是使用 System. Data. Sql-Types. SqlDateTime. MinValue 替代 System. DateTime 类型。另外，如果使用 .NET 程序中日期类型的默认值 0001/01/01，在 WCF JSON 序列化时，会失败。最终，在 SOD 框架中采用了最能兼容程序和数据库的日期最小值：1900－01－01 00：00：00。默认情况下，当实例化一个 SOD 实体类，如果它有一个 DateTime 类型的属性，那么此属性的默认值就是 SOD 的日期最小值，以保证将数据安全地插入到数据库中。当然，你可以手动设置实体类日期属性的值，只要确保输入的值在数据库表字段的类型范围内。同理，如果数据库某条记录的日期型字段的值是 NULL，在 SOD 实体类上对应的日期类型属性值就是 SOD 的日期最小值，参考以下代码说明：

```
UserEntity user = new UserEntity();//实例化一个 SOD 实体类
bool flag = false;
```

```
flag = user.RegDate == new DateTime(1900,1,1);// RegDate 默认值,flag == true;
user["RegDate"] = DBNull.Value;
flag = user.RegDate == new DateTime(1900,1,1);//true;
user["RegDate"] = new DateTime(2019,1,8);//使用索引器设置属性内部值
flag = user.RegDate == new DateTime(2019,1,8);//true;
```

4.2.6 枚举类型的属性

通常是在业务层和界面层使用枚举类型,这能为我们编程带来便利,在数据访问层,不使用枚举类型,因为很多数据库都不支持,比如现在用的 SqlServer2008 就不支持枚举类型的列,使用时也是将枚举类型转换成 int 类型,数据库存储的是 int 类型的数据,在访问数据时进行枚举类型和 int 类型的转换,例如下面角色名称枚举类型的例子:

```
public enum RoleNames
{
    User,
    Manager,
    Admin
}
```

假设有一个实体类 Users,如果实体类不支持枚举类型,则这样使用(下面的示例都以 SOD 框架使用示例):

```
//获取一个实体类:
Users user = new Users();
user.ID = 1;

if(EntityQuery <Users> .Fill(user))
{
    RoleNames rn = (RoleNames)user.RoleID;
    Console.Write("Role Name:" + rn);
}
//更新实体类:
Users user = new Users();
user.ID = 1;
user.RoleID = (int)RoleNames.Admin;
EntityQuery <Users> .Instance.Update(user);
```

查询和更新操作都得对枚举类型进行转换,很不方便。在社区用户的强烈要求下,EF5.0 版本之后便加入了支持实体类枚举属性的功能,而 SOD 框架 2013 年就加入了枚举类型支持。

既然使用枚举还要将实体类的属性进行转换,为何不直接将实体类的属性定义成枚举类型?

修改 Users 类型的定义:

```
public partial class Users : EntityBase
{
    //其他部分定义略

    public RoleNames RoleID
    {
        get { return getProperty <RoleNames> ("RoleID"); }
        set { setProperty("RoleID", value); }
    }

}
```

直接使用这个修改过的实体类来插入、修改数据,是没有问题的:

```
//更新实体类:
Users user = new Users();
user.ID = 1;
user.RoleID = RoleNames.Admin;
EntityQuery <Users> .Instance.Update(user);
```

但是,数据库的字段本身不支持.net 程序的枚举类型,所以上面代码插入数据成功后,保存到数据库的不是枚举类型,而是枚举类型枚举项的值。比如这里的 RoleNames 枚举类型定义的枚举项的值实际上等同于下面的定义:

```
public enum RoleNames
{
    User = 0,
    Manager = 1,
    Admin = 2
}
```

所以对于上面的代码,检查数据库的这条 ID=1 的记录,RoldID 的值为 2。图 4-6 和图 4-7 是一个实际的例子,展示了从数据库查询一个包含枚举类型属性的实体类的情形。注:程序经过多次测试,ID 不是前面的示例代码设置的值 1。

SOD 在处理含有枚举类型属性的实体类时,会在实体类内部,将此属性的内部值转换成 int 类型的值。同样,当从数据库查询数据时,枚举类型属性的内部值就是 int 类型的值,只不过此属性对外表现为枚举类型。这样处理的原因是什么呢?

前面说 SOD 的实体类是数据的容器,也就是说,我们在内存中将某个属性的值直接设置为枚举类型的值,可以将内存中的 int 类型的值,在运行时转换成枚举类

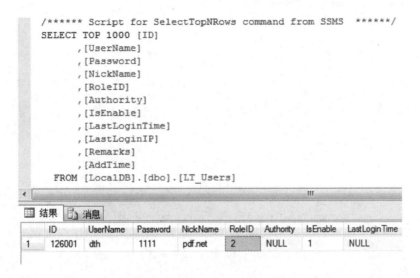

图 4 - 6   示例查询代码运行效果图

```
/****** Script for SelectTopNRows command from SSMS ******/
SELECT TOP 1000 [ID]
      , [UserName]
      , [Password]
      , [NickName]
      , [RoleID]
      , [Authority]
      , [IsEnable]
      , [LastLoginTime]
      , [LastLoginIP]
      , [Remarks]
      , [AddTime]
   FROM [LocalDB].[dbo].[LT_Users]
```

	ID	UserName	Password	NickName	RoleID	Authority	IsEnable	LastLoginTime
1	126001	dth	1111	pdf.net	2	NULL	1	NULL

图 4 - 7   示例查询代码运行完成后数据库的数据示意图

型。这样,使得 SOD 的实体类的属性类型可以不必与数据库的字段类型严格对应,只要类型相容即可。这个特点为系统移植数据库平台提供了很大便利,比如 Oracle 没有 Decimal 类型,没有 real 类型,要使用非整形的数字类型,只有使用 Number 类型,那么为 SqlServer 设计使用的实体类,一般情况下也可以直接在 Oracle 下使用。

4.2.7　实体类与 DTO 的映射

数据传输对象 DTO(Data Transfer Object)通常用于分层或者分布式的软件系统,DTO 常常根据层与层之间或者系统之间的数据通信接口定制设计,因此不需要实体类那样大而全的属性定义,也不需要实体类的状态跟踪,所以它只需要简单的读/写属性而没有方法,容易序列化和反序列化,占用内存小,传输快,使用简单。

DTO 的优点就是实体类的缺点,所以开发应用程序应该让实体类的生命周期尽量短,仅用于数据持久化和数据加载的场景,而不是用于业务层做业务对象。当然,如果你的系统访问量不大,业务简单,维护频率小,也可以直接使用实体类做业务对象而不用 DTO。在使用 DTO 时,就需要在实体类对象与 DTO 之间频繁地复制数据,手工进行这样的属性数据复制是非常烦琐的,幸好目前市面上有不少这样的组件,比如著名的 AutoMapper 组件。SOD 的实体类内置提供了与 DTO 之间的数据映射方法。

下面定义一个 UserDto 类,它的属性完全继承自接口 IUser 的属性,所以 IUser 的定义就不贴出了:

```csharp
public class UserDto:IUser
{
    public int Age
    {

        get;
        set;
    }


    public string FirstName
    {

        get;
        set;
    }


    public string LasttName
    {

        get;
        set;
    }


    public int UserID
    {

        get;
        set;
    }
}
```

下面定义一个 UserEntity 实体类,它也继承自 IUser 接口,这样可以确保它与 UserDto 有同名的属性定义:

```csharp
public class UserEntity:EntityBase, IUser
{

    public UserEntity()
    {
```

```
        TableName = "Users";
        IdentityName = "User ID";
        PrimaryKeys.Add("User ID");
    }


    public int UserID
    {
        get { return getProperty <int> ("User ID"); }
        set { setProperty("User ID", value); }
    }


    //指定 DbType.StringFixedLengt 类型,将对应 nchar 字段类型
    public string FirstName
    {
        get { return getProperty <string> ("First Name"); }
        set {
                setProperty("First Name", value,20,
                    System.Data.DbType.StringFixedLength);
        }
    }


    public string LasttName
    {
        get { return getProperty <string> ("Last Name"); }
        set { setProperty("Last Name", value,10); }
    }


    public int Age
    {
        get { return getProperty <int> ("Age"); }
        set { setProperty("Age", value); }
    }
}
```

下面调用 SOD 的实体类提供的与 DTO 相互映射的方法:

```
//实体类属性复制
var userTemp = new { FirstName = "zhang ", LasttName = "san" };
UserEntity userTest = new UserEntity();
userTest.MapFrom(userTemp, true);
userTest.Age = 20;
UserDto dto = new UserDto();
userTest.MapToPOCO(dto);
```

如上所示,实体类的 MapFrom 方法实现将任意对象的同名属性值复制到当前实体类对象上,方法的第二个参数表示是否改变属性的修改状态。实体类的 Map-ToPOCO 方法会将同名属性的值复制给任意对象,比如一个 POCO 对象(简单对象)。在这两个方法内部,采用了委托方法高效地实现对象属性数据复制,与手工实现属性数据复制的速度在一个数量级。详细内容可以参考笔者在博客园的两篇文章《使用反射+缓存+委托,实现一个不同对象之间同名同类型属性值的快速拷贝》以及《使用泛型委托,构筑最快的通用属性访问器》。

4.3 实体类的创建

4.3.1 默认方式创建

SOD 的实体类需要继承基类 EntityBase,EntityBase 是一个抽象类,它本身不能实例化,它有几个 virtual 方法。在 EntityBase 的构造函数里面,会调用 InitMetaData-Ext 虚方法,可以在此方法中扩展实体类的元数据定义,如果这些重写的方法是写在"分部文件"里面的,这样还可以防止代码生成器覆盖手写的方法。

```
//代码生成器生成的文件 UserEntity.cs
public partial class UserEntity:EntityBase, IUser
{
    public UserEntity()
    {
        TableName = "Users";

    }
    //实体类的属性定义略,详细请参考 4.2 节内容
}

//手工生成的实体类分部文件 UserEntity_Partial.cs
public partial class UserEntity
{
    protected override void InitMetaDataExt()
    {
        //其他元数据扩展代码,防止代码生成器覆盖
        IdentityName = "User ID";
        PrimaryKeys.Add("User ID");
    }
}
```

注意:这里说的是"创建实体类",指的是实体类代码的编写,而不是创建实体类

对象。要创建一个实体类,完全可以通过手工编码实现。

默认情况下,实体类属性名称和属性的字段名称一致即可。如果实体类要用于持久化访问,在构造函数里面必须指明 TableName 属性,如果有主键还需要声明主键信息。详细内容可以参考 4.2.1 小节实体类的元数据映射,或者参考 4.2 节的 UserEntity 定义。

默认方式创建一个实体类对象直接实例化实体类即可,前文已经有示例代码,此处不再罗列。实例化之后,可以在实体类对象上通过代码重新指定实体类映射的表名称和主键信息。

4.3.2 动态创建实体类

SOD 的实体类除了直接定义,还可以使用接口动态创建,请看如下示例:

```
ITable_User user = EntityBuilder.CreateEntity <ITable_User>();
//如果接口的名称不是"ITableName" 这样的格式,那么需要调用 MapNewTableName 方法指定
((EntityBase)user).MapNewTableName("Table_User");

OQL qUser = OQL.From((EntityBase)user)
              .Select(user.UID, user.Name, user.Sex).END;
List <ITable_User> users =
        EntityQuery.QueryList <ITable_User>(qUser, MyDB.Instance);
```

上面的示例使用 EntityBuilder 类的 CreateEntity 泛型方法,根据接口类型创建一个实现了该接口的实体类,它本质上还是继承了实体类的基类 EntityBase,所以动态创建的实体类对象可以调用 EntityBase 的方法进行元数据映射,比如指定要映射的表名称。之后,就可以使用 ORM 查询语言(OQL)进行查询了,使用方式与直接使用实体类是一样的。

此外,还支持为接口注入具体的实体类实例类型来动态创建实体类,比如下面的例子:

```
//注册实体类
EntityBuilder.RegisterType(typeof(IUser), typeof(UserEntity));
UserEntity user = EntityBuilder.CreateEntity <IUser>() as UserEntity;
```

如果要映射的表和字段名都是默认的"同名映射",那么通过接口动态创建实体类是最方便的做法,它可以在一定程度上降低代码量,使代码看起来更简单。注意,默认情况下要动态创建实体类的接口名称是以"I"打头的接口名称,映射的表名是去掉"I"打头的名称,否则需要在使用时映射一下。例如接口名称为"ITableName",默认映射的表名称就是"TableName"。

EntityBuilder 使用 Emit 动态生成实体类,所以它与手工编码创建的实体类运行效率没有明显差别。详细内容请参考我的博客园文章《来一点反射和 Emit,让

ORM 的使用极度简化》。

4.3.3　映射任意查询结果

通常情况下 ORM 框架都是将单表或视图映射成一个实体类,有时候也会将存储过程映射成实体类,如果处于系统移植性的考虑,你不想写存储过程,那这些复杂的 SQL 查询怎么映射成实体类?

实际上,不管是单表、视图、存储过程,还是 SQLSERVER 的表值函数、自定义的 SQL 查询,甚至是任意复杂的 SQL 查询,都可以用一个 SQL 语句来表示,只要 ORM 框架能够实现将 SQL 语句的查询结果映射成实体类,那么使用 ORM 就很简单了。下面笔者使用 SOD 框架来实例来讲解这个过程。

①　下载并安装一个"PDF. NET 集成开发环境",详细内容见 3.4.1 小节常见 SQL 工具之 PDF. NET 集成开发工具。

②　在"数据连接"选项卡上,选择或创建一个连接分组,然后再添加一个连接(右击弹出的快捷菜单),之后就能够打开该连接,看到该连接下面的数据库、表、视图、存储过程等内容,如图 4-8 所示。工具支持各种类型的数据库。

图 4-8　PDF. NET 集成开发工具使用示例——生成实体类

③　新建一个查询,在图 4-8 右边的内容区输入你的 SQL 语句,按 F5 键,如果正确,将会看到结果网格。到此为止,可以使用本工具作为一个支持多种数据库的"查询分析器"来使用了,还可以扩展它的数据提供程序,以支持自己的数据源。

④　在"查询窗口"右击,弹出快捷菜单,选择"生成实体类"。

然后,弹出一个新窗口如图4-9所示,进行生成实体类的有关设置。

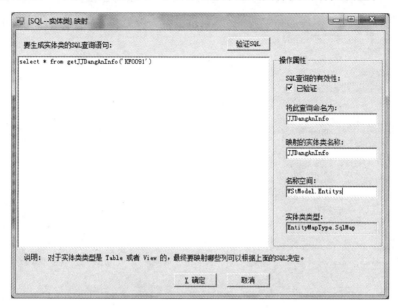

图4-9 PDF.NET集成开发工具使用示例——查询映射

注意:选择"SQL查询的有效性"复选框,并输入要映射的实体类名称等信息,然后单击"确定"按钮,进入下一步,如图4-10所示。

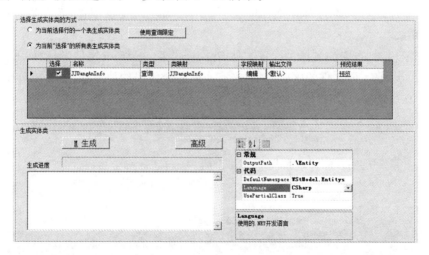

图4-10 PDF.NET集成开发工具使用示例——生成实体类时的属性设置

在"属性浏览器"里面,进行一些生成的设置,主要有文件路径和代码语言的选择,设置好后,可以单击网格上面的"预览"链接,弹出如图4-11所示的界面。

这时可以看到生成的实体类的原貌,如果觉得不好,则可以修改重新进行。通过自定义查询映射的实体类,实体映射类型是EntityMapType.SqlMap。

```
*PDF.NET 实体类 预览

/*
本类由PWMIS 实体类生成工具(Ver 4.1)自动生成
http://www.pwmis.com/sqlmap
使用前请先在项目工程中引用 PWMIS.Core.dll
2011/8/10 18:36:57
*/

using System;
using PWMIS.Common;
using PWMIS.DataMap.Entity;

namespace WStModel.Entitys
{
  [Serializable()]
  public partial class JJDangAnInfo : EntityBase
  {
    public JJDangAnInfo()
    {
        TableName = "JJDangAnInfo";
        EntityMap=EntityMapType.SqlMap;
        //IdentityName = "标识字段名";

        //PrimaryKeys.Add("主键字段名");

    }


    protected override void SetFieldNames()
    {
        PropertyNames = new string[] { "基金类型", "投资风格", "开放状态", "成立日期", "资产", "分红拆分", "最低申购额", "申购费率",
    }
```

图 4 - 11　PDF. NET 集成开发工具使用示例——预览生成的实体类

注意：这里除了生成的实体类文件外，还会生成一个固定名称的实体类配置文件 EntitySqlMap. config 文件，下面将会讲到它的用处。

⑤ 经过以上步骤，实体类文件生成好了，下面做一些准备工作，看看如何在项目里面使用。

打开自定义查询的实体类配置文件 EntitySqlMap. config 文件，修改如下：

第一步，修改该文件的内容，将原来有实际基金代码的地方，都替换成@jjdm 的 SQL 查询参数名称，如图 4 - 12 所示。

```
EntitySqlMap.config ×
    <?xml version="1.0" encoding="utf-8"?>
  <configuration>
    <Namespace name="DemoNameSpace">
      <Map name="DemoSqlName">
        <Sql><![CDATA[ select * from table ]]></Sql>
      </Map>
    </Namespace>
    <Namespace name="WStModel.Entitys">
      <Map name="JJDangAnInfo">
        <Sql><![CDATA[select * from getJJDangAnInfo(@jjdm)]]></Sql>
      </Map>
      <Map name="getJJDangAnTop">
        <Sql><![CDATA[select * from getJJDangAnTop(@jjdm)]]></Sql>
      </Map>
    </Namespace>
  </configuration>
```

图 4 - 12　PDF. NET 集成开发工具使用示例——自定义查询的实体类配置文件

第二步,将这 3 个文件添加到 Model 项目中,如图 4 - 13 所示。

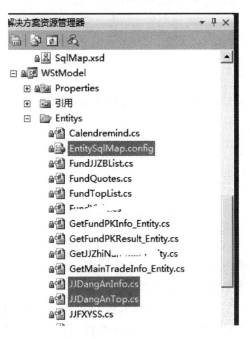

图 4 - 13　添加实体类文件到项目目录

第三步,将 EntitySqlMap. config 文件作为嵌入式资源文件编译,如图 4 - 14 所示。注意,如果你做的是 WinForm 程序,可以跳过这一步,但程序运行时需要包含该文件,所以还是建议作为嵌入式文件编译,这样更安全。另外,该文件应该与实体类文件放到同一个目录下。

图 4 - 14　将 EntitySqlMap. config 配置文件作为嵌入式编译

第四步,看看如何在项目中使用这样的实体类,如图 4 - 15 所示。

```
public JJDangAnInfo getJJDangAnInfo()
{
    //JJDangAnInfo 是一个自定义查询的实体类
    JJDangAnInfo entity = new JJDangAnInfo();
    OQL q = new OQL(entity);
    //设置查询需要的自定义参数
    q.InitParameters = new Dictionary<string, object>();
    q.InitParameters.Add("jjdm", this.FundCode);
    //执行查询
    q.Select();
    List<JJDangAnInfo> list = EntityQuery<JJDangAnInfo>.QueryList(q);

    return list[0];
}
```

图 4 - 15 示例代码

自定义查询的实体类与普通的 PDF. NET 实体类使用方式类似,都需要 OQL 表达式来操作,例如选取要使用的字段,设置 Where 条件,这里为了简便,仅调用 OQL. Select()方法,选取查询出来的全部列。

注意:自定义查询的实体类,如果你的 SQL 查询语句需要使用参数,例如本地的 @jjdm,则还应设置 OQL 的 InitParameters 属性,如图 4 - 15 所示。

最后,将可以直接查询了,用过 PDF. NET 框架的朋友都知道,就一行代码,如本例所示:

```
List <JJDangAnInfo> list = EntityQuery <JJDangAnInfo> .QueryList(q);
```

4.3.4 映射存储过程

SOD 框架可以将表、视图、表值函数,以及自定义的查询语句和存储过程映射为实体类,在 4.3.3 小节中已经讲解了自定义查询的实体类映射方法,下面来介绍存储过程的映射操作。

① 使用代码工具,生成实体类代码。

具体过程与 4.3.3 小节中的步骤①~④一样。效果如图 4 - 16 所示。

注意为了获得存储过程的表架构,需要在图 4 - 16 的窗口中输入类似的代码:

```
exec 存储过程名称 参数值 1,参数值 2
```

这里输入:

```
exec GetExcellentDetails 'A',3
```

查询名称和实体类名称都输入为"InvestmentSolutionData",在 Model 项目下面将会生成一个文件 InvestmentSolutionData. cs。

② 修改刚才生成的实体类文件,设置"映射为存储过程"。

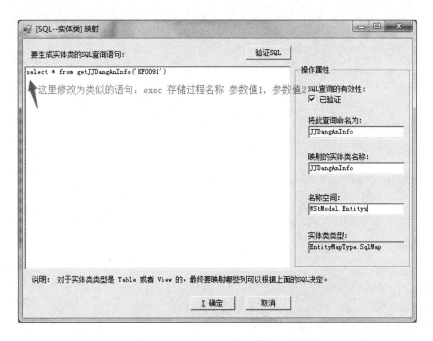

图 4 - 16　PDF. NET 集成开发工具使用示例——存储过程实体类映射

```
public partial class InvestmentSolutionData : EntityBase
{
    public InvestmentSolutionData()
    {
        TableName = "WStModel.Entitys.InvestmentSolutionData";
        EntityMap = EntityMapType.StoredProcedure;
        //IdentityName = "标识字段名";

        //PrimaryKeys.Add("主键字段名");

    }
//其他属性略
}
```

要修改的也就是这一句：EntityMap＝EntityMapType. StoredProcedure。

③ 修改刚才生成的实体查询配置文件 EntitySqlMap. config。

修改前：

```
<? xml version = "1.0" encoding = "utf - 8"? >
<configuration>
  <Namespace name = "DemoNameSpace">
    <Map name = "DemoSqlName">
```

```
    <Sql> <![CDATA[ select * from table ]]> </Sql>
  </Map>
</Namespace>
<Namespace name = "WStModel.Entitys">
  <Map name = "InvestmentSolutionData">
    <Sql>
      <![CDATA[
exec GetExcellentDetails 'A',3
]]> </Sql>
  </Map>
</Namespace>
</configuration>
```

修改后：

```
<? xml version = "1.0" encoding = "utf - 8"? >
<configuration>
  <Namespace name = "DemoNameSpace">
    <Map name = "DemoSqlName">
      <Sql> <![CDATA[ select * from table ]]> </Sql>
    </Map>
  </Namespace>
  <Namespace name = "WStModel.Entitys">
    <Map name = "InvestmentSolutionData">
      <Sql>
        <![CDATA[
      GetExcellentDetails
      # solution:String,String,2 # ,
      # yield:Int32 #
]]> </Sql>
    </Map>
  </Namespace>
</configuration>
```

因为存储过程 GetExcellentDetails 有两个参数，所以需要在这里显式地指明，参数 solution 是 varchar(2) 类型，参数 yield 是 int 类型，按照 SQL - MAP 的语法规则（参见 3.5.2 小节 SQL - MAP 架构规范），改写成上面的样子。（注：之所以要用该语法，是为了屏蔽具体数据库的差异）

④ 编写代码，使用"存储过程"实体类。

使用"存储过程"实体类与使用其他类型的实体类比较类似，但存储过程可能有参数，所以需要初始化参数值，实例代码如下所示：

```
public IEnumerable <IInvestmentSolutionData> GetSolutionData(string solutionName,
int period)
        {
            //InvestmentSolutionData 为存储过程实体类
            InvestmentSolutionData entity = new InvestmentSolutionData();
            OQL q = new OQL(entity);
            q.InitParameters = new Dictionary <string, object>();
            q.InitParameters.Add("solution", solutionName);
            q.InitParameters.Add("yield", period);
            //执行查询
            q.Select();
            List <InvestmentSolutionData> list =
                EntityQuery <InvestmentSolutionData>.QueryList(q);
            return list;
        }
```

上面的例子中,调用了 OQL 对象的 InitParameters 属性,初始化实体类查询需要的值。

目前,SOD 的代码生成器还不能自动生成以上代码,如果要"享受自动生成代码"的过程,则需要使用框架的"SQL‐MAP"技术,参见 3.5 节数据查询与映射(SQL‐MAP)。不过使用本文介绍的"存储过程"实体类映射技术,在使用方式上更灵活,至少你不用单独去生成一个 DAL 层了。

4.3.5　实体类生成工具

前面已经介绍过了通过"PDF.NET 集成开发环境"工具来创建实体类,这里将做详细介绍。工具在 SOD 框架的开源代码里面,是一个 VB.NET 开发的项目,生成代码过程中需要使用 XML 文件,VB.NET 能够方便地操作 XML 文件。图 4‐17所示的解决方案示意图就是集成开发工具的项目代码图。

编译并运行此项目,或者在附录 A.3 资源下载中获取此工具的下载地址下载运行。选择"数据连接"选项卡,选择"所有连接"→"默认连接",在级联菜单中选择"新建连接"选项,如图 4‐18 所示。

选择"新建连接"后,会弹出图 4‐19 所示的窗口,默认使用 SqlServer 数据库服务,输入服务器地址,选择 Windows 集成验证。示例中使用的是 Sql Server Lo-calDB,它伴随 VS 2013 安装的版本是 11.0,对应的服务器地址就是(LocalDB)\v11.0。如果本机安装了 SQL Server 独立版本,服务器地址直接输入一个小数点"."即可(注意没有引号)。选择"高级选项"复选框可以看到连接字符串,单击"测试连接"按钮进行测试,访问 LocalDB,测试成功。

图 4 - 17　SOD 框架解决方案之集成开发工具项目图

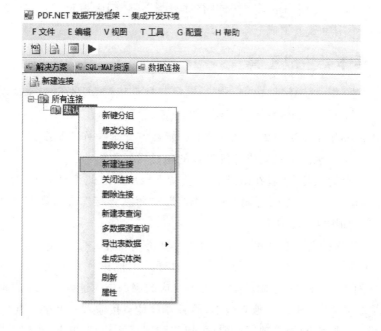

图 4 - 18　PDF. NET 集成开发工具使用示例——新建连接

图 4 - 19   PDF. NET 集成开发工具使用示例——测试连接

如果要访问其他数据库类型，可以单击"服务器类型"下拉列表按钮，选择 Access、Oracle 等数据库，注意选择后提示的"数据提供程序"，它们都是 SOD 框架的数据提供程序。有关 SOD 框架支持的数据提供程序详细内容，请参考 3.2.4 小节 SOD。如图 4 - 20 所示，单击"浏览"按钮，选择 PWMIS 开头的数据提供程序文件。

图 4 - 20   PDF. NET 集成开发工具使用示例——浏览数据提供程序

接下来,在刚建立的数据库"连接"节点上,展开树形节点,选择一个数据库,如图 4 - 21 所示的表所在的 LocalDB 的数据库文件。

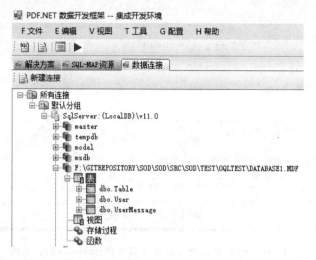

图 4 - 21   PDF. NET 集成开发工具使用示例——选择数据库表

在上面选择的数据库的"表"节点,在级联菜单中选择"生成实体类"选项,工具右边出现"实体类生成器"界面。这里看到它默认选择了当前库全部的 3 张表来生成实体类。在右下角的"属性浏览器"里面设置好要生成的实体类的输出目录、名字空间,还有要生成实体类使用的程序语言,这里支持 C♯ 和 VB. NET 两种。最后,单击"生成"按钮,可以看到生成了 3 个对应的实体类文件,如图 4 - 22 所示。

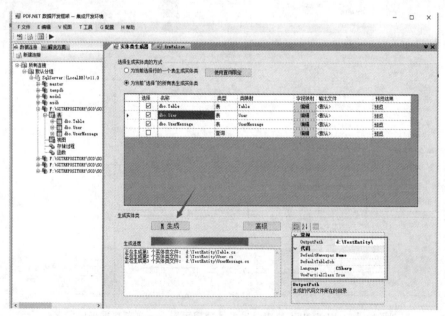

图 4 - 22   PDF. NET 集成开发工具使用示例——生成实体类属性设置

　　当然,还可以在左侧的数据库树形目录的具体表名节点,选择生成实体类,这种方式在实体类生成器界面上,会选择"为当前选择的一个表生成实体类",这样就只生成所选择的一个实体类了。你可以"预览"生成的代码文件效果。

　　以上就是使用工具生成 SOD 实体类的过程,当然也可以用自己的工具来生成,有网友就开发了自己的生成工具,生成符合自己特定需求的实体类文件。

4.3.6　Code First

　　Code First 是基于 Entity Framework 的新的开发模式,原先只有 Database First 和 Model First 两种。Code First 顾名思义,就是先用 C♯/VB. NET 的类定义好领域模型,然后用这些类映射到现有的数据库或者产生新的数据库结构。Code First 同样支持通过 Data Annotations 或 fluent API 进行定制化配置。

　　SOD 框架借鉴了 Entity Framework 这种思路,除了先根据数据库架构生成实体类这种 Database First 模式,也支持根据实体类的定义映射到现有数据库或者产生新的数据库结构的 Code First 模式。由于 SOD 的实体类有完善的"元数据"映射,所以不需要 Data Annotations 或 Fluent API 进行配置。SOD 框架默认支持 Code First 模式,通过自定义一个继承 DbContext 的类型实现,请看下面的示例。

```
public class LocalDbContext : DbContext
{
    public LocalDbContext()
        : base("local")
    {
        //local 是连接字符串名字
    }


    ♯region 父类抽象方法的实现

    protected override bool CheckAllTableExists()
    {
        //可以使用 base. DbContextProvider 获取具体的提供程序,调用特定的方法
        //创建用户表
        CheckTableExists <UserEntity> ();
        return true;
    }


    ♯endregion
}
```

　　如上所示,定义了一个具体的 DbContext 类型 LocalDbContext,实现父类的抽象方法 CheckAllTableExists,在方法内调用 CheckTableExists 泛型方法来检查实体

类类型对应的数据表是否已经创建,如果未创建则自动创建此数据表。CheckAll-TableExists 在应用程序周期内只会调用一次,以避免这个耗时的过程反复执行。

在构造函数里声明使用配置好的连接字符串名"local",对应的应用程序配置文件(例如 app. config)如下:

```
<? xml version = "1.0" encoding = "utf - 8"? >
<configuration>
  <connectionStrings>
    <add name = "local "
        connectionString = "Data Source = .;Initial Catalog = LocalDB;Integrated Secu-
rity = True"
        providerName = "SqlServer" />
    <add name = "remote"
        connectionString = "server = 10.57.0.1;User Id = root;password = root;DataBase
= testdb"
        providerName = "PWMIS.DataProvider.Data.MySQL,PWMIS.MySqlClient" />
    <add name = "accessdb"
        connectionString = "Provider = Microsoft.ACE.OLEDB.12.0;Jet OLEDB;Engine Type
= 6;Data Source = E:\TEST.accdb"
        providerName = "Access" />
  </connectionStrings>
  <startup>
  <supportedRuntime version = "v2.0.50727"/> </startup>
</configuration>
```

上面的应用程序配置文件配置了名为 local 的 SQL Server 连接,名为 remote 的 MySQL 连接和名为 accessdb 的 Access 数据库连接。

接下来,就可以像下面这样使用了,实例化 LocalDbContext 对象的时候自动创建表:

```
LocalDbContext context = new LocalDbContext();
//插入几条测试数据
context.Add <UserEntity>(
    new UserEntity() { FirstName = "zhang", LasttName = "san" }
);
```

注意:SOD 框架对于实体类结构有修改的情况,Code First 功能不会试图去同步修改数据库表结构,框架认为对于已有数据表的修改是很慎重的事情,这个数据库结构修改工作最好交给 DBA 来做,框架仅会创建数据库不存在的表。如果要修改数据库表结构,一个可替代的安全的办法就是将实体类映射一个新的表名,然后 DBA 再将旧表的数据同步到新创建的表中。

4.4 数据的更改状态

4.4.1 更改通知接口

INotifyPropertyChanged 接口常用于在 WPF 或 WinFrom 等客户端程序中,用于通知界面控件与其绑定的对象属性发生了变更。这样,就能实现通过改变"数据模型"对象来改变界面数据,从而进一步实现数据模型与界面数据的"双向绑定",诞生了 MVVM 这种表现层架构。下面是 .NET 框架中的 INotifyPropertyChanged 接口定义:

```
//向客户端发出某一属性值已更改的通知
public interface INotifyPropertyChanged
{
    //在更改属性值时发生
    event PropertyChangedEventHandler PropertyChanged;
}
```

SOD 框架的实体类实现了 INotifyPropertyChanged 接口,它会在更改实体类属性值时触发该接口的"属性更改"事件。

```
public abstract class EntityBase : INotifyPropertyChanged,
  ICloneable, PWMIS.Common.IEntity
{
    //其余代码略

    /// <summary>
    ///属性改变事件
    /// </summary>
    public event PropertyChangedEventHandler PropertyChanged ;
    /// <summary>
    ///触发属性改变事件
    /// </summary>
    /// <param name = "propertyFieldName"> 属性改变事件对象 </param>
    protected virtual void OnPropertyChanged(string propertyFieldName)
    {
        if (this.PropertyChanged != null)
        {
            string currPropName = EntityFieldsCache.Item(this.GetType()).GetProper-
tyName(propertyFieldName);
            this.PropertyChanged(this, new PropertyChangedEventArgs(currPropName));
        }
```

```
        }

        private void setPropertyValueAndLength(string propertyFieldName,
            int propertyIndex, object Value,int length,System.Data.DbType dbType)
        {
            //方法内其余代码略
            int index = - 1;
            if (propertyIndex > = 0 && propertyValueIndex ! = null)
                index = propertyValueIndex[propertyIndex];
            if(index == - 1)
                index = GetPropertyFieldNameIndex(propertyFieldName);
            if (index > = 0)
            {
                PropertyValues[index] = Value;

                this.OnPropertyChanged(propertyFieldName);
                changedlist[index] = true;
                return;
            }

        }

        //其余代码略

}
```

实体类基类 EntityBase 的内部方法 setPropertyValueAndLength 的功能是为属性设置值,在方法内部设置属性值的更改状态(修改 changedlist 数组),同时触发属性值更改的通知事件。setPropertyValueAndLength 方法会被 setProperty 方法的所有重载方法调用,从而确保 SOD 的实体类当属性发生了赋值操作的,与实体类绑定的界面属性就可以得到通知。

回顾实体类的属性是如何调用 setProperty 方法从而实现属性更改通知的:

```
public class UserEntity:EntityBase, IUser
{
    public UserEntity()
    {
        TableName = "Users";
        IdentityName = "User ID";
        PrimaryKeys.Add("User ID");
    }
```

```
public int UserID
{
    get { return getProperty <int> ("User ID"); }
    set {setProperty ("User ID", value); }
}


    //其余代码略
}
```

当然,你可以订阅实体类的 PropertyChanging 事件,它在 PropertyChanged 事件之前被触发,你可以在 PropertyChanging 事件处理方法中判断是否运行更改属性值,如果认为它没有真正更改属性值,则可以撤销属性赋值操作,阻止属性更改状态。

```
UserEntity user = new UserEntity();
user.PropertyChanging += user_PropertyChanging;
user.UserID = 0;
//
void user_PropertyChanging(object sender, PropertyChangingEventArgs e)
{
    if(e.PropertyName == "User ID" && e.NewValue <= 0)
        e.IsCancel = true;
}
```

上面的例子为 User 实体对象订阅了一个 PropertyChanging 事件,在实体对象试图对 UserID 属性设置小于或等于 0 的值时,事件处理方法设置 PropertyChanging-EventArgs 的 IsCancel 属性为 true,将阻止对属性值的修改,取消属性更改通知。

4.4.2 查询更改状态

实体类内部通过一个私有的 bool[] changedlist 数组来保存属性值的修改状态,没有提供直接对外查询修改状态的途径。不过,实体类的子类和程序集内部可以访问 PropertyChangedList 属性来获取哪些属性字段对应的属性值发生了修改,也可以调用公开的 GetChangedValues 方法获取一个 PropertyNameValues 类,它内部是一个属性名和属性值数组。

PropertyChangedList 属性被大量使用在 SOD 框架内部,比如在 EntityQuery 的很多方法实现中,都要判断当前实体类修改了哪些属性,然后只生成修改这些对应字段的 SQL 语句,从而避免修改不应该修改的字段。例如 EntityQuery 的 Upate 方法:

```
public int Update(T entity)
{
    return EntityQuery.UpdateInner(entity,
```

```
entity.PropertyChangedList , DefaultDataBase);
}
```

4.4.3　重置更改状态

为了仅更新需要的字段数据,实体类一般都有"状态跟踪"功能,微软公司的 Entity Framework 在这方面做得很强大,它有 EntityStatey 枚举来标记实体类的状态。EntityStatey 有 Detached、Unchanged、Added、Deleted、Modified 几种状态,这些状态的触发与是否调用了 SaveChanges 方法有关。SOD 框架没有这么复杂的状态,只有一种"是否更改"的状态,标记于实体类的**某个属性数据是否更改过**,而不是标记整个实体类是否更改过,这是它与 Entity Framework 等 ORM 框架的重大区别。

SOD 的实体类在实例化或从数据库查询出来时,是没有任何更改状态的,数据是新添加的还是修改的或者是要删除的,由用户调用实体类的操作方法(增删改)决定。当这些操作方法执行成功后,实体类内部所有的属性更改状态都会设置为"未更改"状态。

下面的方法说明了重置实体类内部所有属性值更改状态的方法:

```
public void ResetChanges(bool flag)
{
    if (changedlist != null)
    {
        for (int i = 0; i < changedlist.Length; i++)
            changedlist[i] = flag;
    }
}
```

ResetChanges 方法比较简单粗暴,如果来自分层架构的 DTO 数据复制到实体类,则 DTO 无法标记属性的更改状态,可能真正修改过的属性只有一两个,其他属性都是默认值,比如 int 类型的属性默认值是 0。将这样的数据复制到实体类时,标记这些默认值也属于"更改"过的数据是不太合理的,实体类提供了 SetDefaultChanges 方法来排除默认值的属性更改状态,这样就解决了 WebService、WebAPI 或者 WCF 在系统中使用的问题。请看下面的示例:

```
UserDto dto = new UserDto();
dto.ID = 1;
dto.UserName = "zhang san";
dto.Age = 0;
UserEntity entity = new UserEntity();
entity.MapFrom(dto,false);//未更改实体类的属性更改状态
entity.SetDefaultChanges();//Age 属性不是更改状态,ID,UserName 属性已经更改
```

在上面的示例程序中,假设 ID 是实体类的主键,dto 对象修改了 UserName 和 Age 属性,但是 Age 属性设置的是 0,这显然是没有意义的。后来在实体类 entity 对象上调用了 SetDefaultChanges 方法,这样 Age 属性就没有更改状态了,更新数据库时就不会更新原记录里面 Age 字段的值。

4.5 实体类属性的访问

4.5.1 设置数据

以 4.2.7 小节实体类与 DTO 的映射所列举的实体类 UserEntity 为例,来介绍它的几个属性定义,先看 UserID 属性的定义:

```
public int UserID
{
    get { return getProperty <int> ("User ID"); }
    set { setProperty("User ID", value); }
}
```

在实体类的属性定义中,如果 Get 访问器调用了 getProperty 方法,Set 访问器调用了 setProperty 方法,框架称这样的属性为"持久化属性",getProperty 方法和 setProperty 方法的第一个参数框架称为"属性字段",例如这里的属性字段"User ID",它允许有空格,只要符合数据库的字段名定义规则即可。在实体类的持久化属性上,通过 Set 访问器调用 setProperty 方法来为属性设置值,默认情况下,该方法的第二个参数就是要设置的属性值。

setProperty 方法有多种重载,对于 string 类型的持久化属性,需要指定属性字段的长度,如下面这个持久化属性 LastName,设置它的长度为 10:

```
public string LastName
{
    get { return getProperty <string> ("Last Name"); }
    set { setProperty("Last Name", value,10); }
}
```

setProperty 方法设置 string 类型的属性值时,默认映射的字段类型是 nvarchar,如上面的持久化属性 LastName 映射字段类型是 nvarchar(10)。如果长度参数是一个负数,如改写属性 LastName 的 setProperty 方法调用参数:

```
public string LastName
{
    get { return getProperty <string> ("Last Name"); }
    set { setProperty("Last Name", value, - 10); }
}
```

此时持久化属性 LastName 映射字段类型是 varchar(10)。setProperty 方法还可以指定要映射的 DbType,如下面这个属性定义:

```
public string FirstName
{
    get { return getProperty <string> ("First Name"); }
    set {
            setProperty("First Name", value,20,
                System. Data. DbType. StringFixedLength);
        }
}
```

此时,持久化属性 FirstName 映射字段类型是固定长度字符串字段 nchar(20)。另外,为了最快速地访问属性字段,getProperty 方法和 setProperty 方法都支持直接使用属性字段的索引定位。下面是使用索引定位改写后的 UserEntity 定义:

```
public class UserEntity:EntityBase, IUser
{
    public UserEntity()
    {
        TableName = "Users";
        IdentityName = "User ID";
        PrimaryKeys. Add("User ID");
    }

    protected override void SetFieldNames()
    {
        PropertyNames = new string[] { "User ID", "First Name",
            "Last Name", "Age" };
    }

    public int UserID
    {
        get { return getProperty <int> ("User ID",0); }
        set { setProperty("User ID",0, value); }
    }

    public string FirstName
    {
        get { return getProperty <string> ("First Name",1); }
        set {
            setProperty("First Name", 1,value,20,
```

```
                            System.Data.DbType.StringFixedLength);
            }
    }

    public string LasttName
    {
        get { return getProperty <string> ("Last Name",2); }
        set { setProperty("Last Name",2, value,10); }
    }

    public int Age
    {
        get { return getProperty <int> ("Age",3); }
        set { setProperty("Age",3, value); }
    }
}
```

4.5.2   获取数据

上一小节说到 SOD 的属性访问通过在 Get 访问器使用 getProperty 泛型方法和在 Set 访问器使用 setProperty 方法实现。下面介绍获取数据的 getProperty 泛型方法的实现：

```
/// <summary>
///获取属性值
/// </summary>
/// <typeparam name = "T"> 值的类型 </typeparam>
/// <param name = "propertyFieldName"> 属性字段名称 </param>
/// <returns> 属性值 </returns>
protected T getProperty <T> (string propertyFieldName)
{
    this.OnPropertyGeting(propertyFieldName);
    return CommonUtil.ChangeType <T> (PropertyList(propertyFieldName));
}
```

方法内部第一行调用了 OnPropertyGeting 方法,它会触发"属性获取"事件,这个问题将在下一小节讨论。第二行就是 CommonUtil.ChangeType 泛型方法,它负责将 PropertyList 方法获取的属性值转换成当前的类型。通过 ChangeType 方法,可以实现"类型兼容"的转换,这个方法的代码实现也许能够更好地说明问题。

```
public static T ChangeType <T> (object Value)
{
```

```
if (Value is T)
    return (T)Value;
else if (Value == DBNull.Value || Value == null)
{
    if (typeof(T) == typeof(DateTime))
    {
        //如果取日期类型的默认值 0001/01/01 ,在 WCF JSON 序列化时,会失败。
        object o = new DateTime(1900, 1, 1);
        return (T)o;
    }
    else
        return default(T);
}
else
{
    //如果 Value 为 decimal 类型,T 为 double 类型,(T)Value 将发生错误
    //支持枚举类型
    Type currType = typeof(T);

    if (currType.IsEnum)
        return (T)Convert.ChangeType(Value, System.TypeCode.Int32);
    else if (!currType.IsGenericType)
    {
        //2018.2.14 解决 Value 是 Guid 转换成 string 的问题
        if (currType == typeof(string))
            return (T)Convert.ChangeType(Value.ToString(), currType);
        else
            return (T)Convert.ChangeType(Value, currType);
    }
    else
    {
        //增加对可空类型的支持,网友 ※DS 提供代码
        Type genericTypeDefinition = currType.GetGenericTypeDefinition();
        if (genericTypeDefinition == typeof(Nullable<>))
        {
            if (string.IsNullOrEmpty(Value.ToString()))
            {
                return default(T);
            }
            return (T)Convert.ChangeType(Value,
                    Nullable.GetUnderlyingType(currType));
```

```
            }
            return (T)Convert.ChangeType(Value, currType);
        }
    }
}
```

从这个方法的具体实现,可以看到:

- 如果当前值 Value 的实际类型就是泛型类型 T,则直接转换为类型 T。
- 如果当前值 Value 是 DBNull 或者 null:
  - 若泛型类型 T 是 DateTime 类型,则获得默认值 1900 - 01 - 01;
  - 否则,转换成类型 T 的默认值。
- 如果泛型类型 T 是枚举类型,则试图认为 Value 是 int 类型,并且将其转换成枚举类型。
- 如果泛型类型 T 本身不是一个泛型类型:
  - 若 T 是 string 类型,则调用 Value 的 ToString 方法后使用 Convert.ChangeType 转换;
  - 否则,直接使用 Convert.ChangeType 进行转换。
- 如果泛型类型 T 本身是一个泛型类型,则测试它是否是一个可空类型,然后进行可空类型数据的转换。

在上面的转换过程中,主要使用了 Convert.ChangeType 方法,是将 value 指定的对象转换为 conversionType 的通用转换方法。value 参数可以是任何类型的对象,conversionType 也可以是表示任何基类型或自定义类型的 Type 对象。下面的测试示例程序说明了 Convert.ChangeType 方法对常见类型的转换结果:

```
using System;

public class ChangeTypeTest {
    public static void Main() {

        Double d = - 2.345;
        int i = (int)Convert.ChangeType(d, typeof(int));
        Console.WriteLine("The double value {0} when converted to an int becomes {1}",
                d, i);

        string s = "12/12/98";
        DateTime dt = (DateTime)Convert.ChangeType(s, typeof(DateTime));
        Console.WriteLine("The string value {0} when converted to a Date becomes {1}",
                s, dt);

        s = "123";
```

```
            i = (int)Convert.ChangeType(s, typeof(int));
            Console.WriteLine("The string value {0} when converted to an int becomes {1}",
                    s, i);
    }
}
```

由这些示例可以知道,SOD 框架的实体类的属性获取方法基于 Convert.ChangeType 的通用类型转换方法,可以实现"类型兼容转换",这意味着数据库的字段类型是 varchar 类型,而实体类属性定义成 int 类型,只要数据库这个字段存储的是一个整数,那么实体类就可以正常使用。

4.5.3 数据访问事件

SOD 框架的实体类提供了 3 种数据访问事件,分别是属性获取事件 Property-Getting、属性改变中事件 PropertyChanging 和属性已改变事件 PropertyChanged:

```
public event EventHandler <PropertyGettingEventArgs> PropertyGetting;
public event EventHandler <PropertyChangingEventArgs> PropertyChanging;
public event PropertyChangedEventHandler PropertyChanged;
```

PropertyChanging 事件在 PropertyChanged 事件之前被触发,可以在事件处理方法中决定是否后续引发 PropertyChanged 事件,而 PropertyChanged 事件常用于通知界面属性改变,它是 INotifyPropertyChanged 接口的成员。这两个事件使用的详细内容请参考 4.4.1 小节更改通知接口。

PropertyGetting 事件构成 SOD 的 ORM 查询语言(OQL)的基础,通过它可获得 OQL 表达式里面访问了实体类哪些属性,从而构造正确的 SQL 语句。PropertyGetting 事件在属性获取的 getProperty 泛型方法内部的 OnPropertyGeting 方法调用:

```
/// <summary>
///获取属性值
/// </summary>
/// <typeparam name = "T"> 值的类型 </typeparam>
/// <param name = "propertyFieldName"> 属性字段名称 </param>
/// <returns> 属性值 </returns>
protected T getProperty <T> (string propertyFieldName)
{
    this.OnPropertyGeting(propertyFieldName);
    return CommonUtil.ChangeType <T> (PropertyList(propertyFieldName));
}
```

查看 OnPropertyGeting 方法的实现:

```
/// <summary>
///获取属性的时候
/// </summary>
/// <param name = "name"> 属性字段名称 </param>
protected virtual void OnPropertyGeting(string name)
{
    if (this.PropertyGetting != null)
    {
        this.PropertyGetting(this, new PropertyGettingEventArgs(name));
    }
}
```

在 OnPropertyGeting 事件对象上,实例化了一个 PropertyGettingEventArgs 事件参数对象,它将属性字段名称传递给相应的事件处理程序使用,从而知道了当前具体访问的实体类的属性字段。

```
public class OQL : IOQL, IDisposable
{
    //其他代码略
    public OQL(EntityBase e)
    {
        currEntity = e;
        mainTableName = e.GetSchemeTableName();
        sql_table = mainTableName;
        EntityMap = e.EntityMap;
        e.PropertyGetting +=
            new EventHandler <PropertyGettingEventArgs> (e_PropertyGetting);
    }


    void e_PropertyGetting(object sender, PropertyGettingEventArgs e)
    {
        TableNameField tnf = new TableNameField()
        {
            Field = e.PropertyName,
            Entity = (EntityBase)sender,
            Index = this.GetFieldGettingIndex()
        };
        //将表名和字段名信息对象推入字段信息堆栈
        fieldStack.Push(tnf);
    }


    //其他代码略
}
```

在 OQL 对象的属性获取事件处理方法 e_PropertyGetting 内,构造了一个 Ta-bleNameField 对象,它包含了当前访问的属性字段名称和当前实体类对象,将 Ta-bleNameField 对象推入字段信息堆栈,以便最后构造 SQL 语句时使用。参考下面这个简单的 OQL 语句,考察它是如何使用实体类属性获取事件的:

```
UserEntity user = new UserEntity();
OQL q = OQL. From(user). Select(user. ID,user. UserName). END;
```

在 OQL 对象的 Select 方法中,访问了 user 对象的 ID 和 UserName 两个属性,那么最后 OQL 生成的 SQL 语句如下:

```
SELECT [ID],[UserName] FROM [TableUser]
```

而不是这样:

```
SELECT * FROM [TableUser]
```

同样,还可以在 OQL 表达式的 Where 方法或者 OrderBy 方法上访问实体类属性,详细内容请参考 4.7 节 ORM 查询语言——OQL。

4.5.4　索引器

索引器(Indexer)是一种类成员,它允许类或结构的实例按与数组相同的方式排序,索引器与属性类似,只不过索引器的 Get 和 Set 访问器方法带有参数,而属性访问器方法不带参数。回顾 4.2.3 小节 DBNull 与 null 中的示例代码:

```
UserEntity user = new UserEntity();//实例化一个 SOD 实体类
bool flag = false;
//user 对象初始化,string 类型属性 UserName 为 string 类型默认值 null
flag = user. UserName == null;//通过属性访问,flag == true
flag = user["UserName"] == null;//通过索引器访问内部值,flag == true
user["UserName"] = "zhang san" //通过索引器赋值
flag = user. UserName == "zhang san"; //通过属性访问,flag == true
user["UserName"] = DBNull. Value;//通过索引器赋空值
```

在这个示例代码中,user["UserName"]这种方式就是 SOD 框架实体类对象的索引器使用方式。SOD 框架的实体类引入索引器功能,通过属性名或者属性字段名作为参数进行访问,使得实体类使用更加像一个"字典",并且具有弱类型访问属性的功能,适用于动态访问属性的场景,具体可以参考 4.2.4 小节强类型映射与弱类型映射的内容。

下面是实体类索引器的具体实现方法:

```
public object this[string propertyName]
{
```

```
get
{
    EntityFields ef = EntityFieldsCache. Item(this. GetType());
    string fieldName = ef. GetPropertyField(propertyName);
    if (fieldName != null)
    {

        this. OnPropertyGeting(fieldName);
        return PropertyList(fieldName);

    }
    //获取虚拟的字段值
    return PropertyList(propertyName);

}
set
{

    EntityFields ef = EntityFieldsCache. Item(this. GetType());
    string fieldName = ef. GetPropertyField(propertyName);


    if (fieldName != null)
    {
        //如果是实体类基础定义的字段,必须检查设置的值的类型
        //2017.5.5增加类型相容转换处理,包括空字符串,可用于大批量文本数据
        //导入情况
        Type fieldType = ef. GetPropertyType(fieldName);
        try
        {
            object Value = CommonUtil. ChangeType(value, fieldType);
            this. setProperty(fieldName, Value);
        }
        catch (Exception ex)
        {
            throw new ArgumentException("实体类的属性字段"
            + propertyName + "需要"
            + fieldType. Name + "类型的值,但准备赋予的值不是该类型!"
            ,ex);
        }
    }
    else
    {
        //设置虚拟的字段值
        this. setProperty(propertyName, value);
    }
```

```
        }
    }

    public object this[int index]
    {
        get
        {
            if (index < 0 || index > this.PropertyNames.Length)
                return null;
            string fieldName = this.PropertyNames[index];
            this.OnPropertyGeting(fieldName);
            return PropertyList(fieldName);
        }
    }
```

在 SOD 的实体类索引器设计中,笔者发现采用属性的索引号这种方式的实现是最简单高效的,如果可以确定属性字段的顺序,那么采用索引号来访问索引器是最佳方案,不过目前这种方式仅限于获取属性值,不能设置属性值。大多数情况下,还是通过使用属性名或者属性字段名的方式来访问索引器,这样程序更加灵活而强大。

使用索引器访问属性与直接访问属性是一样的效果,都可以触发属性获取事件和属性改变通知事件,所以索引器也可以在实体查询过程中使用,比如下面的例子:

```
T GetEntityByPK <T> (T entity, string pkName, int pkValue)
    where T:EntityBase, new()
{
    entity[pkName] = pkValue;
    OQL q = OQL.From(entity).Select().Where(entity[pkName]).END;
    return EntityQuery <T> ().QueryObject(q);
}
```

上面的示例中,不同实体类对应的数据表可能有不同的主键名,这里使用方法外部传入的实体类主键字段名来访问实体类主键属性,从而触发主键属性访问事件,生成根据主键访问数据的 SQL 语句,从而正确查询到该主键对应记录的实体类对象。SOD 框架的 ORM 组件的这种动态查询能力,是其他 ORM 框架所不具备的,或者说没有这么简单实现的。

4.6　实体对象查询

4.6.1　实体对象查询与数据访问组件

在 .NET 框架中,ADO.NET 起到了适配各种数据源的作用,方便应用程序以统一的接口来访问数据源,不同的数据源只要有相应的 ADO. NET 数据提供程序即可。所以,从这个意义上说,ADO. NET 在整个应用程序架构中,起到了数据接口适配层的作用。ADO. NET 在系统层面上提供了完善的 . NET 底层数据访问组件和接口,功能强大但使用比较烦琐,所以一般的应用程序通常还会将 ADO. NET 进一步包装简化使用。对于 SOD 框架,这个包装后的通用数据访问组件就是 AdoHelper 对象及其相关对象。AdoHelper 组件提供管理连接和事务,执行 SQL 语句,返回 DataSet 或者 DataReader 的功能,完成基础的查询功能。详细内容,可以参考 3.3 节 数据访问组件的最佳实践。

ORM 组件实现实体对象的查询功能,包括插入、修改和删除一个或者多个实体类,从数据库查询一个或者多个实体类的数据。对于 SOD 框架,ORM 组件包括查询实体类的 EntityQuery 泛型类、实体类组合查询的 EntityContainer、ORM 查询语言 OQL 等。ORM 组件根据不同的查询功能生成合适的 SQL 语句和参数对象,交由数据访问组件执行,并将数据访问组件返回的数据读取到实体类中。所以,实体对象查询必然要调用数据访问组件,它们是职责清晰的独立对象,查询时需要分别指定它们。默认情况下,实体查询对象会使用数据访问组件的默认实例 MyDB. Instance,它使用应用程序配置文件配置的最后一个连接配置的数据提供程序和连接字符串。图 4-23 所示为实体对象查询与数据访问组件在整个应用程序中的架构关系图。

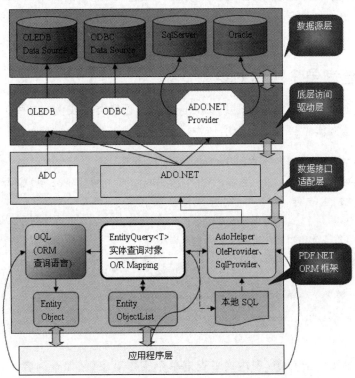

图 4-23　PDF. NET 集成开发工具使用示例——选择数据库表

下面简单介绍实体对象查询时如何使用数据访问组件。

```
UserEntity user = new UserEntity();
user.ID = 1;
user.UserName = "zhang san";
EntityQuery <UserEntity> .Instance.Update(user);
```

上面这个示例是将 ID 为 1 的用户记录的用户名更新为 zhang san,采用 Entity-Query 泛型对象的默认实例,它等同于下面的用法:

```
EntityQuery <UserEntity> query = new EntityQuery <UserEntity> (MyDB. Instance);
query.Update(user);
```

也可以不实例化一个 EntityQuery 泛型对象,它的很多方法都提供了使用 AdoHelper 对象参数的重载方法,上面的例子还可以改写为:

```
EntityQuery <UserEntity> .Instance.Update(user,MyDB. Instance);
```

如果有多个连接配置,则可以指定使用一个连接配置的 AdoHelper 对象,例如下面的示例中使用名为 local 的连接配置:

```
AdoHelper localDb = AdoHelper.CreateHelper("local ");
EntityQuery <UserEntity> .Instance.Update(user,localDb);
```

注:有关连接配置的问题,请参考 3.3.2 小节配置数据连接。

4.6.2　查询单个实体对象

查询单个实体类对象可以通过 EntityQuery 泛型类的实例方法"填充实体类",或者通过静态方法直接查询一个实体类。示例程序如下:

```
AdoHelper localDb = AdoHelper.CreateHelper("local");
EntityQuery <UserEntity> query = new EntityQuery <UserEntity> (localDb);
UserEntity user = new UserEntity();
user.ID = 1;
//测试 ID 为 1 的用户实体类数据是否在数据库中
if(query.ExistsEntity(user))
{
    //如果存在,则填充这个实体类,补充齐全其他属性数据
    query.FillEntity(user);
}
```

也可以直接根据 OQL 表达式来查询单个实体对象,例如查询名为"zhang san"的实体类对象:

```
user.UserName""zhang san";
OQL q = OQL. From(user)
              .Select()
              .Where(user.UserName)
.END;
UserEntity user2 = query. GetObject(q);
```

下面使用静态方法完成同样的功能：

```
EntityQuery <UserEntity> .QueryObject(q,localDb);
```

这些方法最后都会调用 EntityQuery 泛型类下面这个以 DataReader 为参数查询实体对象的静态方法：

```
public static T QueryObject(IDataReader reader)
{
    /* 具体实现代码略 */
}
```

在查询单个实体类对象时，在数据访问组件 AdoHelper 的内部，使用了经过优化的命令行为 CommandBehavior. SingleRow，确保它只返回一行记录。所以，即使 OQL 表达式生成的 SQL 语句可能会查询出多条数据，框架也仅会返回和处理一条数据，生成单个实体类对象。

下面是查询单个实体对象最后会调用的数据访问组件 AdoHelper 对象，该对象会返回单条记录数据阅读器的 ExecuteDataReaderWithSingleRow 方法：

```
/// <summary>
///返回单一行的数据阅读器
/// </summary>
/// <param name = "SQL"> SQL </param>
/// <param name = "paras"> 参数 </param>
/// <returns> 数据阅读器 </returns>
public IDataReader ExecuteDataReaderWithSingleRow(string SQL, IDataParameter[] paras)
{
    //在有事务或者有连接会话时不能关闭连接
    if (this. transCount > 0 || this. sessionConnection != null)
        return ExecuteDataReader(ref SQL, CommandType. Text,
                CommandBehavior. SingleRow , ref paras);
    else
        return ExecuteDataReader(ref SQL, CommandType. Text,
        CommandBehavior. SingleRow | CommandBehavior. CloseConnection, ref paras);
}
```

4.6.3 查询实体对象列表(List)

查询实体对象列表主要使用 EntityQuery 泛型类的静态方法 QueryList,它根据 OQL 表达式进行查询,支持分页查询:

```
public static List <T> QueryList(OQL oql)
{
    return QueryList(oql, MyDB. Instance);
}
```

该方法默认使用 MyDB. Instance 作为数据访问对象,所以常用的是它的重载方法:

```
/// <summary>
///根据实体查询表达式对象和当前数据库操作对象,查询实体对象集合
///如果 OQL 的 PageWithAllRecordCount 等于 0 且指定了分页,则会执行一次统计记录数量
///的查询,执行本方法后,OQL 对象 PageWithAllRecordCount 会得到实际的值
/// </summary>
/// <param name = "oql"> 实体查询表达式对象 </param>
/// <param name = "db"> 数据库操作对象 </param>
/// <returns> 实体对象集合 </returns>
public static List <T> QueryList(OQL oql, AdoHelper db)
{
/* 具体实现代码略 */
}
```

这个方法最终都会调用一个以 DataReader 为参数的重载方法,将数据映射到实体类集合中。

```
/// <summary>
///根据数据阅读器对象,查询实体对象集合(注意查询完毕将自动释放该阅读器对象)
/// </summary>
/// <param name = "reader"> 数据阅读器对象 </param>
/// <param name = "tableName"> 指定实体类要映射的表名字,默认不指定 </param>
/// <returns> 实体类集合 </returns>
public static List <T> QueryList(System. Data. IDataReader reader,
    string tableName)
{
        List <T> list = new List <T> ();
        if (reader == null)
            return list;
```

```
            using (reader)
            {
                if (reader.Read())
                {
                    int fcount = reader.FieldCount;
                    string[] names = new string[fcount];

                    for (int i = 0; i<fcount; i++)
                        names[i] = reader.GetName(i);
                    T t0 = new T();
                    if (!string.IsNullOrEmpty(tableName))
                        t0.MapNewTableName(tableName);
                    t0.PropertyNames = names;
                    do
                    {
                        object[] values = new object[fcount];
                        reader.GetValues(values);

                        T t = (T)t0.Clone(false);

                        //t.PropertyNames = names;
                        t.PropertyValues = values;

                        list.Add(t);

                    } while (reader.Read());
                }
            }
        return list;
    }
```

注意此方法的内部实现,在第一次读取数据时,实例化了一个"模板"实体类对象 t0,然后将当前 DataReader 数据查询的字段名数组赋值给了 t0 对象的属性字段名数组 PropertyNames,然后使用 DataReader 对象的 GetValues 方法一次性地将当前行数据全部读入一个 object 数组,将这个数组赋值给实体类的属性值数组 Property-Values。在后续的数据读取过程中,直接克隆一个实体类,这意味着所有实体类都共享一个 PropertyNames 数组和其他信息,从而快速生成实体类对象,节省内存。而且,整个过程没有使用反射来生成实体类,所以速度很快,并且相比 Entity Frame-wrok,要节省很多内存。

下面的示例测试程序,从同一个数据库中查询 ID 小于 40 000 的记录,大约有

40 000 条记录。在方法执行前后,跟踪应用程序的内存占用情况:

```
//测试 SOD 框架的实体类查询
static void TestSODEntity()
{
    CardUserEntity user = new CardUserEntity();
    var q = OQL.From <CardUserEntity>()
        .Select()
        .Where((cmd, u) => cmd.Comparer(u.CardID, "<", 40000))
        .END;
    AdoHelper db = AdoHelper.CreateHelper("sod_test");
    var list = q.ToList(db);
    Console.WriteLine("select SOD OK.");
}


//测试 Entity Framework 的实体类查询
static void TestEFEntity()
{
    Model1 db = new Model1();
    var userInfo = from u in db.EFCardUsers
                    where u.CardID<40000
                    select u;
    var list = userInfo.ToList();
    Console.WriteLine("select EF OK.");
}
```

图 4 - 24 所示为运行这两个方法的测试程序运行效果图。

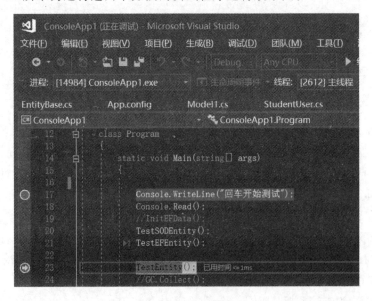

图 4 - 24   测试程序

图 4 - 25 所示为运行测试程序期间的 VS2017 的诊断工具——内存快照。

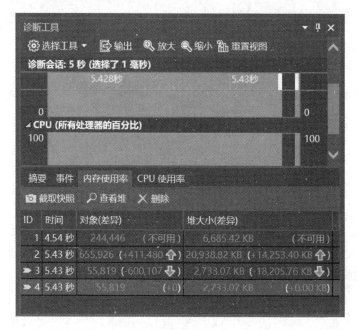

图 4 - 25 VS 诊断工具——内存快照

图 4 - 25 中,ID 为 1 的快照是执行 TestSODEntity 方法退出前的,ID 为 2 的快照是执行 TestEFEntity 方法退出前的,ID 为 3 的快照是 TestEFEntity 方法退出后的。从测试结果看出,同样查询 40 000 条数据,SOD 实体类占用了约 6.6 MB 内存,Entity Framework 实体类占用了 20.9 MB 内存,所以 SOD 实体类查询占用的内存不到 Entity Framework 查询内存占用的三分之一。

由于实体类对象还有内部状态跟踪数据和其他内部变量数据,所以实体类比普通的 POCO 对象内存占用要大许多,这样当查询很大的记录时,将数据全部查询到 List <T> 列表对象中会占用较大的内存,如一次查询 100 万条数据到内存。这时可以采用分页查询的方法,参见 4.7.12 小节简单的分页方法的详细介绍;或者将数据迭代处理,请参见 4.8 节大数据量查询。

4.6.4 查询父子实体

父子实体指的是一个实体类嵌套另一个或几个实体类的情况。先看下面这两个实体类的定义:

```
public class LT_UserRoles : EntityBase
{
    public LT_UserRoles()
    {
```

```
        TableName = "LT_UserRoles";
        EntityMap = EntityMapType.Table;
        //IdentityName = "标识字段名";
        IdentityName = "ID";
        //PrimaryKeys.Add("主键字段名");
        PrimaryKeys.Add("ID");
    }


    public System.Int32 ID
    {
        get { return getProperty <System.Int32> ("ID"); }
        set { setProperty("ID", value); }
    }


    public System.String RoleName
    {
        get { return getProperty <System.String> ("RoleName"); }
        set { setProperty("RoleName", value, 50); }
    }


    public System.String NickName
    {
        get { return getProperty <System.String> ("RoleNickName"); }
        set { setProperty("RoleNickName", value, 50); }
    }


    public System.String Description
    {
        get { return getProperty <System.String> ("Description"); }
        set { setProperty("Description", value, 250); }
    }


    public System.DateTime AddTime
    {
        get { return getProperty <System.DateTime> ("AddTime"); }
        set { setProperty("AddTime", value); }
    }


    //关联的实体类集合,子实体 LT_Users
    public List <LT_Users> Users
    {
```

```
            get;
            set;
        }
    }
```

在上面的实体类 LT_UserRoles 中，有一个非持久化属性 Users，它的类型 LT_Users 也是一个 SOD 实体类，所以 LT_Users 是 LT_UserRoles 的子实体。下面看这个子实体的定义：

```
public partial class LT_Users : EntityBase
{
    public LT_Users()
    {
        TableName = "LT_Users";
        EntityMap = EntityMapType.Table;
        //IdentityName = "标识字段名";
        IdentityName = "ID";
        //PrimaryKeys.Add("主键字段名");
        PrimaryKeys.Add("ID");
        //设置 RoleID 为外键，关联 LT_UserRoles 实体类的主键
        SetForeignKey <LT_UserRoles> ("RoleID");
    }

    public System.Int32 ID
    {
        get { return getProperty <System.Int32> ("ID"); }
        set { setProperty("ID", value); }
    }

    public System.String UserName
    {
        get { return getProperty <System.String> ("UserName"); }
        set { setProperty("UserName", value, 50); }
    }

    public System.String Password
    {
        get { return getProperty <System.String> ("Password"); }
        set { setProperty("Password", value, 50); }
    }

    public System.String NickName
```

```
        {
            get { return getProperty <System. String> ("NickName"); }
            set { setProperty("NickName", value, 50); }
        }


        public System. Int32 RoleID
        {
            get { return getProperty <System. Int32> ("RoleID"); }
            set { setProperty("RoleID", value); }
        }


        public System. String Authority
        {
            get { return getProperty <System. String> ("Authority"); }
            set { setProperty("Authority", value, 250); }
        }


        public System. Boolean IsEnable
        {
            get { return getProperty <System. Boolean> ("IsEnable"); }
            set { setProperty("IsEnable", value); }
        }
    }
}
```

注意看 LT_Users 实体类的构造函数,调用了设置"外键"的泛型方法 SetForeignKey <LT_UserRoles> ("RoleID");方法的泛型类型 LT_UserRoles 为要关联的"父实体"类型,方法的参数值 RoleID 为当前实体类的"外键"属性字段,对应当前的属性 RoleID。SOD 框架实体类的"外键"都是"逻辑外键",即程序运行时不会去数据库检查和创建外键,所以即使数据库没有外键,实体类也能正常使用。

有了"父子实体类"的定义,下面就可以使用 EntityQuery 泛型类的 QueryListWithChild 方法来查询了:

```
LT_UserRoles roles = new LT_UserRoles() { RoleName = "admin" };
OQL q = OQL. From(roles)
        .Select()
        .Where(roles. RoleName)
    . END;
var list = EntityQuery <LT_UserRoles> .QueryListWithChild(q, MyDB. Instance);
```

上面这段示例程序,在查询出 LT_UserRoles 的同时,会进行查询子实体 LT_Users 的操作,最后将子实体结果集分组赋值到父实体上。所以,SOD 的父子实体查询不会生成一个复杂的多表联合查询的 SQL 语句,也不会对子实体进行多次查询,不会有"1～N"查询的问题,仅仅是两次单表查询。一般情况下,单表查询都会比连表查询更有效率,单表查询能够充分利用数据库的缓存。

4.6.5 更新和删除实体对象

EntityQuery 泛型类的实例方法提供了更新实体类的方法,可以更新一个实体类或者一个实体类集合。

```
public class EntityQuery <T> where T : EntityBase, new()
{
    //其他代码略
    public int Update(T entity){/ * 具体代码略 * /}
    public int Update(T entity, CommonDB db){/ * 具体代码略 * /}
    public int Update(List <T> entityList){/ * 具体代码略 * /}
}
```

回顾 4.4 节数据的更改状态和 4.6.1 小节实体对象查询与数据访问组件中的例子:

```
UserEntity user = new UserEntity();
user.ID = 1;
user.UserName = "zhang san";
EntityQuery <UserEntity> .Instance.Update(user);
```

user 对象的属性 ID 对应的字段是主键,修改了 UserName 属性,实体类内部跟踪了这个修改状态,在更新数据库记录时只会更新 UserName 属性对应的字段值。Update 方法返回本次操作受影响的行数。当更新成功后,实体类的属性修改状态会被重置为初始状态。

更新一个实体类列表对象时,会检查每个实体类的修改状态,然后更新需要的字段数据。在方法内部会开启一个事务,确保本次更新全部成功后才会提交事务,否则回滚。下面是更新列表数据的 Update 方法内部实现,也可以作为 SOD 框架使用事务的一个示例:

```
public int Update(List <T> entityList)
{
    int count = 0;
    AdoHelper db = DefaultNewDataBase;
    db.BeginTransaction();
    try
    {
        foreach (T entity in entityList)
        {
            count += EntityQuery.UpdateInner(
```

```
                    entity, entity.PropertyChangedList, db);
        }
        db.Commit();
    }
    catch (QueryException qex)
    {
        db.Rollback();
        throw new Exception("执行事务查询出错,详细请查看内部异常", qex);
    }
    catch (Exception ex)
    {
        db.Rollback();
        throw ex;
    }
    return count;
}
```

在上面的方法中,调用了内部方法 UpdateInner 来逐条更新,用当前实体类的 PropertyChangedList 方法类限制要更新的字段。方法最后返回更新成功的记录数量。

下面是 EntityQuery 泛型类的删除实体类的方法:

```
public int Delete(T entity)
public int Delete(T entity, CommonDB db)
public int Delete(List <T> entityList)
```

只要实体类有主键值,就可以在数据库删除对应的记录。删除一个实体类列表的方法内部实现也使用了事务,确保要么一起全部删除,要么失败回滚。

4.6.6 高效插入实体对象列表的最佳实践

与更新和删除实体类类似,EntityQuery 泛型类也提供了 3 个类似的方法来插入数据:

```
public int Insert(T entity)
public int Insert(T entity, CommonDB db)
public int Insert(List <T> entityList)
```

同样,在插入数据时,也会检查实体类属性的更改状态,只会插入更改过属性对应的字段值。如果有自增字段,插入成功后,自增字段将获得本次插入数据记录的自增值。比如下面一个实体类,它的字段 UserID 即是表的主键,又是自增列,通过 IdentityName 属性指定自增字段名。

```
public partial class UserEntity:EntityBase
{
    public UserEntity()
    {
        TableName = "Users";
        //自增字段名
        IdentityName = "UserID";
        PrimaryKeys.Add("UserID");
    }

    public int ID
    {
        get{ return getProperty <int>("UserID");}
        set{ getProperty("UserID",value); }
    }

    public string UserName
    {
        get{ return getProperty <string>("UserName");}
        set{ getProperty("UserName",value,50); }
    }

    //其他代码略
}
```

当插入实体对象后,原实体类的自增列属性将获取到插入记录的自增值:

```
UserEntity user = new UserEntity();
user.UserName = "zhang san";

if(EntityQuery <UserEntity>.Instance.Insert(user)> 0)
{
    int newId = user.ID;//插入成功后,获取的自增值
}
```

使用 Insert 方法插入一个实体类列表时,像 Update 方法修改一个实体类列表那样,内部也是使用的事务。假设这个操作需要与其他方法一起在一个事务中,可以参考下面的示例:

```
void TransDemo(List <UserEntity> users,LogEntity log)
{
    var db = MyDB.GetDBHelper();
    EntityQuery <UserEntity> query = new EntityQuery <UserEntity>(db);
```

```
    try{
        db.BeginTransaction();
        query.Insert(users);
        EntityQuery <LogEntity>.Instance.Insert(log,db);
        db.Commit();
    }
    catch()
    {
        db.Rollback();
    }
}
```

上面这个示例,在插入一个用户列表数据后,接着插入一个日志对象,为确保这两个操作为一个原子操作所以使用同一个事务连接对象。EntityQuery <UserEntity> 的实例方法使用了这个事务连接,从而确保 Insert 列表数据的方法内部使用的事务与外部是同一个事务,有"事务嵌套"的样子,实际上 SOD 将它们化简成了同一个事务,从而在各种数据库上都可以支持"事务嵌套"。

当插入实体类列表时,也是逐个检查更改状态进行插入,并且整个过程使用事务,要么全部插入成功,要么回滚。如果有大量数据插入,这种操作方式是很低效的。SOD 框架提供了快速插入方法,它利用有些数据库支持同时插入多个值的功能实现,这种插入语法对应的 SQL 语句类似下面这样:

```
INSERT INTO Table1(col1,col2)
    VALUES("v11","v12"),
VALUES("v21","v22"),
...
VALUES("vn1","vn2")
```

这种 SQL 插入语法在 SQL Server 2005 和 MySQL 都支持。如果你确认当前数据库支持这种语法,就可以调用 QuickInsert 方法。这种插入方式能极大地提高插入效率。另外,在方法的具体实现上,不再逐个检查实体类的数据更改状态,以插入的列表第一个实体类元素为依据,确定插入这个实体类对应的表的哪些字段。同时,为了提高插入速度,也不会重置每个实体类的属性修改状态,也不会填充自增列的值到实体类。下面是 QuickInsert 方法的定义说明:

```
/// <summary>
///快速插入实体类到数据库,注意,该方法假设要插入的实体类集合中每个实体修改的字段
///都是一样的
///同时,插入完成后不会处理"自增"实体的属性,也不会重置实体类的修改状态。内部使用
///事务提交
///如果不符合这些要求,请直接调用 Insert 方法
```

```
///   </summary>
///   <param name = "entityList"> </param>
///   <returns> </returns>
public int QuickInsert(List <T> entityList)
{
    /* 实现方法略 */
}
```

下面的示例,插入 10 000 条实体类数据到数据库:

```
List <LT_Users> userList = new List <LT_Users> ();
for (int i = 0; i <10000; i++)
{
    userList. Add ( new LT_Users()
    {
        UserName = "Name" + i,
        Password = "1111",
        RoleID = 1,
        AddTime = DateTime. Now
    }
    );
}

System. Diagnostics. Stopwatch st = new System. Diagnostics. Stopwatch();
st. Start();
Console. WriteLine("PDF. NET 插入数据开始{0}条...", userList. Count());
int count = EntityQuery <LT_Users> . Instance. QuickInsert(userList);
st. Stop();
Console. WriteLine("成功插入数据{0}条,耗时{1}ms",
    count, st. ElapsedMilliseconds);
```

运行上面这个测试程序,调用 QuickInsert 的快速插入法,能够节省 90% 的执行时间。

如果确信当前数据库是 SqlServer 永远不变,则可以使用 BulkCopy 来更高效地实现:

```
///   <summary>
///   SQL 批量复制
///   </summary>
///   <param name = "sourceTable"> 数据源表 </param>
///   <param name = "connectionString"> 目标数据库的连接字符串 </param>
///   <param name = "destinationTableName"> 要导入的目标表名称 </param>
///   <param name = "batchSize"> 每次批量处理的大小 </param>
```

```
public static void BulkCopy(DataTable sourceTable, string connectionString,
        string destinationTableName, int batchSize)
{
    using (SqlConnection destinationConnection = new SqlConnection(connectionString))
    {
        //打开连接
        destinationConnection.Open();

        using (SqlBulkCopy bulkCopy = new SqlBulkCopy(destinationConnection))
        {

            bulkCopy.BatchSize = batchSize;

            bulkCopy.DestinationTableName = destinationTableName;
            bulkCopy.WriteToServer(sourceTable);

        }
    }
}
```

4.6.7　微型 ORM

　　当前市面上的 ORM 框架,如 Entity Framework 和 NHibernate,都过于复杂而且难以学习。此外,由于这些框架自身抽象的查询语言以及从数据库到 .NET 对象的映射太过麻烦,导致它们生成的 SQL 不是很高效。SOD 框架另辟蹊径,它有一个轻量级的 ORM 组件,拥有简单的 fluent API,一种自己的 ORM 查询语言 OQL,并且很容易学会。有关 OQL 的详细介绍,笔者会在下一节说明。为了让初学者更容易学习 ORM,降低学习门槛,SOD 框架提供了更加简单的微型 ORM 功能。与其他微型 ORM(如 Dapper、Massive、PetaPoco 等)类似,SOD 的微型 ORM 关注性能和易用性。它允许开发人员拥有对 SQL 完全的控制,而不是依赖 ORM 进行自动生成。

　　SOD 框架有一个与此类似的完全使用 SQL 的组件:SQL－MAP,但是 SQL－MAP 要求 SQL 语句必须写到 SQL 配置文件,这使得它更规范更强大,但是 SOD 的微型 ORM 功能更加灵活,这对于习惯于程序代码中随意写 SQL 的程序员来说是一大利好。不过笔者认为,**这种微型 ORM 最好用于开发人员较少的简单项目**,对于大型的复杂项目的可控可维护性能,不能单方面地追求开发灵活,还是应该使用功能较全的 ORM 框架或者为了兼顾性能使用 SQL－MAP 这样的框架。本书开篇做的调查研究发现,大部分开发人员所做的大部分项目是简单的小项目,这类项目的特点就是短平快,参见 1.1 节大部分项目是没有技术含量的,这就是为何微型 ORM 流行的原因。

回归正题，看看 SOD 框架是如何支持微型 ORM 的，它就是数据访问组件 AdoHelper 的两个方法：

```
/// <summary>
///根据 SQL 格式化串和可选的参数，直接查询结果并映射到 POCO 对象
/// </summary>
/// <typeparam name = "T"> POCO 对象类型 </typeparam>
/// <param name = "sqlFormat"> SQL 格式化串 </param>
/// <param name = "parameters"> 可选的参数 </param>
/// <returns> POCO 对象列表 </returns>
public  List <T> QueryList <T> (string sqlFormat, params object[] parameters)
        where T : class, new()
{
    IDataReader reader = FormatExecuteDataReader(sqlFormat, parameters);
    return QueryList <T> (reader);
}


/// <summary>
///根据查询语句和参数，执行数据读取映射器，以便将结果映射到一个列表，支持匿名类型
/// </summary>
/// <param name = "sqlFormat"> 带格式化占位符的 SQL 语句 </param>
/// <param name = "parameters"> SQL 语句中的参数 </param>
/// <returns> 数据阅读器 </returns>
public DataReaderMapper ExecuteMapper(string sqlFormat, params object[] parameters)
{
    IDataReader reader = FormatExecuteDataReader(sqlFormat, parameters);
    return new DataReaderMapper(reader);
}
```

上面两个方法，都使用了 FormatExecuteDataReader，它需要两个参数：一个是 sqlFormat，表示符合 SOD 微型 ORM 格式化的 SQL 语句；另一个是 SQL 语句中可能使用的参数对象数组。下面先看 FormatExecuteDataReader 的使用：

```
public IDataReader FormatExecuteDataReader(string sqlFormat, params object[] parameters)
{
    if (parameters == null)
    {
        return base.ExecuteDataReader(sqlFormat);
    }
    else
    {
        DataParameterFormat formater = new DataParameterFormat(this);
```

```
                string sql = string.Format(formater, sqlFormat, parameters);
                return base.ExecuteDataReader(sql,
                    CommandType.Text, formater.DataParameters);
            }
        }
```

从方法实现看到,FormatExecuteDataReader 就是处理格式化 SQL 语句中的参数的。如果 SQL 语句中没有参数,则等价于直接执行一条 SQL 语句返回一个 DataReader 对象;否则,使用 DataParameterFormat 对象来处理格式化 SQL 语句中的参数对象,接着生成参数化查询的 SQL 语句和对应的数据参数对象,最终返回一个 DataReader 对象。所以这里要看格式化 SQL 语句怎么使用。

请看下面一个格式化 SQL 字符串:

```
"SELECT * FROM TABLE1 WHERE CLASSID = {0} AND CLASSNAME = {1:50}
AND PRICE = {2:8.3}"
```

熟悉控制台程序的读者应该知道 Console. Write/WriteLine 方法使用的"格式化字符串",这里的格式化 SQL 字符串使用方法与之类似,只不过是在它的基础上做了扩展。所以,花括号是一个要格式化替换的占位符,第一个花括号中的数字,表示该占位符在要格式化替换的参数对象数组的索引,比如{0}表示索引为 0 的参数数组元素。

对于占位符,它的索引号对应的参数数组元素的类型决定占位符里面的格式化含义。对于 string 类型的参数,指定的是参数的长度;对于 Decimal 类型,需要指定数据的精度和小数位。

上面的格式化 SQL 字符串中的第二个格式化占位符{1:50},它实际对应的索引为 1 的参数数组元素是一个字符串,这里规定对于字符串参数,格式化字符串冒号后的数字表示为字符串参数的长度;第三个格式化占位符{2:8.3},它实际对应的索引为 2 的参数数组元素是 Decimal 类型,表示数据的精度是 8,小数位是 3。所以,这个格式化 SQL 的使用方式就是:

```
var reader = FormatExecuteDataReader("SELECT * FROM TABLE1 WHERE CLASSID = {0}
AND CLASSNAME = {1:50} AND PRICE = {2:8.3}",1,"产品分类 1",1.60M);
```

假设有一个 POCO 对象(是简单 CLR 对象(Plain Old CLR Object),概念来源于 JAVA 中的 POJO)UserPoco,它的定义如下:

```
public class UserPoco
{
    public DateTime Birthday {get;set;}
    public float Height{get;set;}
    public string Name{get;set;}
```

```
        public bool Sex{get;set;}
        public int UID{get;set;}
}
```

然后可以像下面这样调用 QueryList 方法，将结果映射到 UserPoco 对象上：

```
AdoHelper dbLocal = new SqlServer();
dbLocal.ConnectionString = "Data Source = .;Initial Catalog = LocalDB;IntegratedSecu-
rity = True";
    var list = dbLoal.QueryList <UserPoco> ("SELECT UID,Name FROM Table_User WHERE Sex =
{0} And Height> = {1;5.2}",1, 1.60M);
```

注意：QueryList 内部使用的是 SQL 中的字段名与 POCO 对象的属性名完全一致的映射方式，内部采用委托实现快速属性赋值访问。查询的结果可以与 POCO 对象的属性全部映射，也可以部分映射，只要属性名和字段名相同即可。

假设 SQL 中的字段名与要映射的 POCO 对象的属性名不一致，那么需要使用另一个映射方法 ExecuteMapper，它返回一个 DataReaderMapper 对象，最后再由此对象实现自定义的数据映射，比如下面的示例：

```
AdoHelper dbLocal = new SqlServer();
dbLocal.ConnectionString = MyDB. Instance. ConnectionString;
    var dataList = dbLocal.ExecuteMapper("SELECT UID,Name FROM Table_User WHERE Sex = {0}
And Height> = {1;5.2}", 1, 1.60)
        .MapToList(reader => new
            {
                    UID = reader.GetInt32(0),
                    Name = reader.GetString(1)
            });
```

上面调用了 DataReaderMapper 对象的 MapToList 方法，该方法使用真正的 DataReader 对象，调用它的类型化数据读取方法，比如 GetInt32，映射结果给一个匿名对象。采用这种方式，实现了完全可控的手工数据映射过程，使用灵活，并且执行效率最高，与直接使用 ADO. NET 查询的效率没有区别。

通过 SOD 框架微型 ORM 的介绍，再结合 SOD 框架的数据访问组件的优势，这个微型 ORM 框架可以支持各种 ADO. NET 支持的数据库，并且可以完善地管理数据连接和使用事务，这些都是框架 10 多年项目应用实践保障的功能。

4.7 ORM 查询语言——OQL

4.7.1 实体对象查询的缺陷

第一代 ORM 框架基本上都是依靠代码生成器生成实体类，在实体类对象上直

接进行增删改查(CRUD)操作,如下所示:

```
User user = new User();
user.ID = 1;
user.Name = "zhang san";
//插入记录
user.Insert();
user.Name = "li si";
//修改当前记录的 Name 值
user.Update();
//删除当前记录
user.Delete();
```

这种方式的实体类一般使用代码生成器字段生成,使用简单,不用引入额外的对象,适用于一个程序只访问一个数据库的情况。当项目稍微复杂,程序需要访问多个数据库的情况时,就需要显示的传递数据访问对象了,如下所示:

```
SqlHelper db = new SqlHelper();
db.ConnectionString = ".....";
User user = new User(db);
```

使用代码生成器为每个实体类对象生成一套 CRUD 操作方法使得实体类看起来很臃肿,也不通用。并且,第一代 ORM 框架缺乏实体状态跟踪功能,只能一次性更新实体类所有的数据到数据库,或者查询所有的字段给实体类。另外,也不具备多个实体类联合查询的功能。

第二代 ORM 框架因为 .NET 2.0 泛型的引入而诞生,这样可以将这些 CRUD 方法抽象出来,作为一个通用类的方法。ORM 框架通过反射实体类的信息,动态生成 CRUD 的 SQL 语句完成查询。这样 ORM 使用看起来像下面这个样子:

```
SqlHelper db = new SqlHelper();
db.ConnectionString = ".....";
User user = new User();
user.ID = 1;
user.Name = "zhang san";
db.Insert <User> (user);
user.Name = "li si";
db.Update <User> (user);
db.Delete <User> (user);
```

第二代 ORM 框架实现了实体类的状态跟踪,因而可以仅更新修改过的字段,但还是不支持从数据库选取部分字段数据到实体类的功能,也不支持多个实体类联合查询。这个时期的 ORM 框架的实体类设计被简化,在实体类上通过特性声明的方式映射数据库元数据。由于需要管理修改状态,实体类仍然比较复杂,手写实体类仍然有较大的工作量。不过 ORM 框架一般都有配套的代码生成工具。

总的说来,第一代、第二代实体类查询功能都过于简单,无法支持多个实体类联合查询,难以支持批量查询和复杂的按条件更新删除;实体类代码比较复杂,依赖于代码生成器;大量依赖于反射,执行效率不高。这些缺陷限制了 ORM 的使用范围,迫切需要能够解决这些问题的第三代 ORM 框架。

4.7.2 JAVA 框架中的 ORM 查询语言

JAVA 领域最著名的 ORM 框架似乎是 Hibernate,由 Gavin King 于 2001 年创建的开放源代码的 ORM 框架。它强大且高效地构建具有关系对象持久性和查询服务的 JAVA 应用程序。Hibernate 将 JAVA 类映射到数据库表中,从 JAVA 数据类型中映射到 SQL 数据类型中,并把开发人员从 95% 的公共数据持续性编程工作中解放出来。

Hibernate 查询语言(HQL)是一种面向对象的查询语言,类似于 SQL,但不是去对表和列进行操作,而是面向对象和它们的属性。由于 Hibernate 本身是一种 ORM 框架,所以我认为 HQL 就是一种 ORM 查询语言。HQL 查询被 Hibernate 翻译为传统的 SQL 查询从而对数据库进行操作。尽管能直接使用本地 SQL 语句,但还是建议尽可能的使用 HQL 语句,以避免应用程序的数据库遇到可移植性的麻烦,并且体现了 Hibernate 的 SQL 生成和缓存策略。

下面是 HQL 的使用示例:

```
String hql = "SELECT E.firstName FROM Employee E";
Query query = session.createQuery(hql);
List results = query.list();
```

值得注意的是 Employee.firstName 是 Employee 对象的属性,而不是一个 EMPLOYEE 表的字段。这个 HQL 语句里面包含了 SELECT 语句和 FROM 语句,其中 FROM 语句可以单独使用,例如下面它与 WHERE 语句、ORDER BY 语句一起使用:

```
String hql = "FROM Employee E WHERE E.id > 10 " +
             "ORDER BY E.firstName DESC, E.salary DESC ";
Query query = session.createQuery(hql);
List results = query.list();
```

虽然 HQL 能够像 SQL 那样面向对象进行查询,但 HQL 语句只是一个字符串,没有利用上对象的强类型特点,所以 HQL 仍然会像 SQL 那样开发效率低,存在书写错误问题影响程序执行,无法在编译时发现问题。

4.7.3 LINQ——EF 框架的 ORM 查询语言

LINQ(Language Integrated Query)即语言集成查询。

在关系型数据库系统中,结构化的数据被组织放入规范化的表中,通过简单且强大的结构化查询语言——SQL 语言来访问。因为数据在表中遵从关系理论严格的规则,所以 SQL 可以和数据库很好地配合使用。然而,在程序中却与数据库相反,保存在类对象或结构中的数据差异很大,没有通用的查询语言来从数据结构中获取数据。从对象获取数据的方法一直都是作为程序的一部分而设计的。现在使用 LINQ 可以很轻松地查询对象集合。

LINQ 是一组语言特性和 API,使得你可以使用统一的方式编写各种查询。用于保存和检索来自不同数据源的数据,从而消除了编程语言与数据库之间的不匹配,以及为不同类型的数据源提供单个查询接口。

LINQ 总是使用对象,因此你可以使用相同的查询语法来查询和转换 XML、对象集合、SQL 数据库、ADO. NET 数据集以及任何其他可用的 LINQ 提供程序格式的数据。

LINQ 主要包含以下三部分:

① LINQ to Objects　　　主要负责对象的查询。

② LINQ to XML　　　主要负责 XML 的查询。

③ LINQ to ADO. NET　　主要负责数据库的查询。

```
LINQ to SQL
LINQ to DataSet
LINQ to Entities
```

LINQ 的优势:

① 熟悉的语言　开发人员不必为每种类型的数据源或数据格式学习新的语言。

② 更少的编码　与传统的方式相比,LINQ 减少了要编写的代码量。

③ 可读性强　LINQ 增加了代码的可读性,因此其他开发人员可以很轻松地理解和维护。

④ 标准化的查询方式　可以使用相同的 LINQ 语法查询多个数据源。

⑤ 类型检查　程序会在编译时提供类型检查。

⑥ 智能感知提示　LINQ 为通用集合提供智能感知提示。

⑦ 整形数据　LINQ 可以检索不同形状的数据。

LINQ 的写法:

① from 临时变量 in 实现 IEnumerable <T> 接口的对象:

```
where 条件表达式
[orderby 条件]
[group by 条件]
select 临时变量中被查询的值
```

② 实现 IEnumerable <T> 接口的对象. LINQ 方法名(lambda 表达式)。如:

```
string input = "hello world";
int count = input.Count(w => w == 'o'); //查询字母 o 出现的次数
```

注意：能够使用 LINQ 的对象需要实现 IEnumerable <T> 接口，并且 LINQ 的查询表达式是在最近一次创建对象时才被编译的。

下面是使用 LINQ 查询对象数据的一个简单例子：

```
int[] numbers = {2,12,5,15};
IEnumerable <int> lowNums =
                    from n in numbers
                    where n <10
                    select n;
foreach(var x in lowNums)
{
    Console.WriteLine(x);
}
```

LINQ to SQL 是最早将 LINQ 用于数据库查询的技术，但是它仅限于支持 SqlServer 数据库，后来 LINQ to Entities 出现，使 LINQ 可用于多种数据库查询，当然它们的底层都是基于 ADO.NET 来实现具体的数据访问。LINQ to Entities 就是现在的 Entity Framewrok 的查询语言，所以，LINQ 现在成了很多种 ORM 的查询语言。下面是在 Entity Framewrok 中使用 LINQ 的一个例子：

```
using (ShopContext sc = new ShopContext())
{
    var queryable = from c in sc.Catalogs
                    where c.CatalogName.Contains("吃")
                    orderby c.CatalogCode ascending
                    select c;
    foreach (Catalogs catalog in queryable)
    {
        Console.WriteLine(string.Format("ID:{0} CatalogName:{1}",
                catalog.ID, catalog.CatalogName));
    }
}
```

上面这个示例中，从一个商城的 DbContext 中，查询所有包含"吃"的商品目录。看得出来，使用 LINQ 查询数据库，与查询内存对象的语法完全一致，LINQ 查询 XML，DataSet 也是一样，这就是 LINQ 的强大之处，LINQ 其实就是一种面向.NET 语言的编译器的 DSL，比如 C♯编译器将这种 DSL 编译成 C♯代码，然后再编译成.NET 中间语言代码 MSIL，最后由.NET 运行时执行 MSIL。要证明 LINQ 是不是 DSL，将上面这些使用 LINQ 的代码编译后，再反编译就知道了，它实质上是对 IEnumerable 接口对象的各种函数操作，是一系列函数调用，因此 LINQ 的内部实现有函数式语言的影子。

因为 LINQ 是编译器级别的 DSL，所以它无法在其他非.NET 语言平台实现，比如 JAVA，不过仍然可以借鉴它函数式调用的方式来实现，但是看起来就没有那么直观了。所以，LINQ 实在是一个了不起的发明！

4.7.4　OQL——SOD 框架的 ORM 查询语言

在 4.7.3 节中讲到了 LINQ 这种很强大的技术以及它在 ORM 上的运用（比如 Entity Framework），但是微软官方 LINQ 在 Entity Framework 上的实现却有一些限制，比如数据的增删改无法通过 LINQ 来完成的，另外还分析了 LINQ 目前只能在.NET 平台实现，无法跨语言平台。LINQ 集成于.NET3.5 之中，可以为.NET 编程语言提供强大的方便的查询功能，并与其整合一体，成为 Visual Studio 2008 中的一组全新的功能。.NET3.5 发布于 2007 年 11 月 19 日，在此之前，已经有一些 ORM 框架在尝试研究如何更好地做查询了。

大概在 2005 年以前，已经有一些项目在使用 ORM 技术了，大都是一些技术牛人自研的框架，但有些开发人员似乎对 ORM 技术不是很有兴趣，因为这些用了 ORM 的项目程序运行效率的确不如直接手写查询的程序高。我就是这类开发人员，对程序运行效率总有苛刻的要求。当时我参加一个项目的开发，项目经理使用了自己开发的 ORM 框架，并要求我对一个功能模块进行优化。我发现，在查询一个文章表的实体类时，居然把 Content（内容）字段也查询出来了。这个 Content 字段存储了一篇文章的全部内容，占用空间较大，查询也比较耗时。如果仅查询一个文章列表，这个内容字段不仅多余，而且严重影响性能，为什么不能只查询少数需要的字段到 ORM 呢？但当时这个 ORM 框架并不支持这样的功能。后来，我手写了查询需要的 SQL，将 SQL 封装到一个 XML 文件程序中再来调用，并可以在运行时修改。这个功能就是 SOD 框架的 SQL-MAP 功能雏形。

这种手写 SQL 封装到 XML 文件的开发程序运行效率高，维护便捷性好。但 2006 年我在做一个项目时发现，需要手写的 SQL 实在是太多了，并且分页查询非常不方便，开发效率的确不如用 ORM 框架的效率高。在开发效率和运行效率的矛盾中，我只好重新审视 ORM 框架，希望 ORM 框架能像手写 SQL 那样，可以灵活地指定要查询的字段并将查询结果映射到指定的数据对象上，比如前面说的对文章表的查询，可以指定是否将 Content 字段查询出来并映射到实体类中，这样就能解决为提高查询效率而不得不定义一个文章详情实体类和文章列表实体类的问题。为了实现这个功能，我设计了一套 ORM 查询的 API，这就是 SOD 框架的 ORM 查询语言——OQL 的雏形。

```
User u = new User();
u. Age = 20;
OQL oql = new OQL(u);
```

```
oql.Select(u.UserID,u.Name,u.Sex).Where(u.Age);
List list = EntityQuery
```

上面是查询年龄等于 20 的用户的 ID、Name、Sex 信息,当然 User 实体类还有其他属性。在这里实例化的 User 实体类是 OQL 对象构造函数的"形式化参数",具体内容可以参考 4.7.6 小节链式表达式与多级表达式中有关 From 方法的说明。

这个 ORM 的查询 API——OQL 很简单,只能处理相等条件的查询,但是能够只选取实体类的部分属性,已经很好了,并且有了设计 ORM 查询语言的思想。复杂的查询,结合在 XML 中写 SQL 语句的方式解决,其他一些地方,通过数据控件,直接生成 SQL 语句去执行,比如用数据控件来更新表单数据到数据库。这样,按照出现的顺序,在 2006 年 11 月,一个具有 SQL - MAP、ORM、Data Control 功能的数据开发框架——PDF.NET Ver 1.0 诞生了!现在更名为 SOD 框架。

2017 年 2 月 19 日,我在 CSDN 首次介绍了 PDF.NET 框架的 ORM 查询语言——OQL,原帖在 https://bbs.csdn.net/topics/392088462,标题为《一种类似于 Linq2EF 的 ORM 查询语言 OQL》。从这个意义上来说,OQL 是比 LINQ 更早的 ORM 查询语言。OQL 经过多年项目的实践运用,目前已经发展为一套完善的 ORM 查询技术,除了单纯的数据查询,也支持多实体(表)联合查询,支持数据的增删改操作,并且由于它基于函数式思想设计,OQL 就是一个函数表达式,加之它不依赖于 .NET 高版本的特性,仅需要 .NET2.0 的泛型和委托技术,无需反射,因此 OQL 最有可能在其他语言平台实现,比如 JAVA,C++。已经有朋友仿照 OQL 的思想,设计了 VB6 版本的 ORM 查询语言。

4.7.5　简单查询入门

1. 准备工作

首先添加 SOD 框架的程序包引用,"工具"→"Nuget 包管理器"→"程序包管理器控制台"输入下面的命令:

```
PM> Install - Package PDF.NET.SOD
```

然后,在代码文件头,增加下面的名字空间引用:

```
//C#示例:
using PWMIS.Core.Extensions;
```

其他的名字空间引用需要时请注意 VS 的提示进行添加。

假设已经配置好了一个 SOD 的数据库连接,如果没有则可以参考 3.3.2 小节配置数据库连接先配置一个。另外,假设已经有一个用户表并且由此创建了一个用户实体类 User,如果没有则可以参考 4.3.5 小节实体类生成工具来创建一个,或者手工创建一个实体类文件,然后继承 DbContext 创建一个 LocalDbContext 类,可以参考 4.3.6 小节 Code first 来创建。

```
/// <summary>
///用来测试的本地 SqlServer 数据库上下文类
/// </summary>
 public class LocalDbContext : DbContext
 {
     public LocalDbContext()
         : base("local")
     {
         //local 是连接字符串名字
     }

     #region 父类抽象方法的实现

     protected override bool CheckAllTableExists()
     {
         //创建用户表
         CheckTableExists <User> ();
         return true;
     }

     #endregion
 }
```

然后,就可以开始入门练习了。

2. 增删改数据

(1) 插入数据

先看普通的插入实体类的方法:

```
User zhangsan = new User() { Name = "zhang san", Pwd = "123" };
int result = EntityQuery <User> . Instance. Insert(zhangsan);
```

这里的 Insert 方法使用默认的数据访问对象,即应用程序配置文件数据连接配置的最后一个 SOD 数据连接配置。以下默认都使用这个连接。

也可以使用 OQL 来插入指定列的数据,而不是根据实体类的属性修改状态:

```
User li_si = new User() { Name = "li si", Pwd = "123" };
//仅仅插入用户名,不插入密码
OQL insertQ = OQL. From(li_si). Insert(li_si. Name);
int result = EntityQuery <User> . Instance. ExecuteOql( insertQ );
```

其中,最后一行执行 OQL 查询的方法等价于下面三行代码:

```
AdoHelper db = MyDB.GetDBHelper();//获取最后一个配置的数据访问对象
EntityQuery query = new EntityQuery
int result = query.ExecuteOql(insertQ);
```

如上面的代码，用户实体类对象 li_si 如果采用普通的方式插入，用户名和密码数据都会插入用户表，但是使用 OQL 的方式插入，可以只插入用户名。这种插入数据的方式在 EF 这样的 ORM 是不支持的，因此 OQL 的方式更灵活。

DbContext 提供了更加简单的方式：

```
LocalDbContext context = new LocalDbContext();//自动创建表
int result = context.Add <User> (zhang_san);
```

(2) 更改数据
方式 1，采用 DbContext 方式更改数据。

```
 li_si.Pwd = "123123";
int result = context.Update <User> (li_si);
```

方式 2，采用 OQL 方式更新指定的数据。
像使用 OQL 指定要插入的实体类属性一样，也可以指定要修改实体类的属性。

```
li_si.Pwd = "123456";
OQL updateQ = OQL.From(li_si)
                 .Update(li_si.Pwd) //仅仅更新密码
               .END;
int result = EntityQuery <User> .Instance.ExecuteOql(updateQ);
```

方式 3，采用泛型 EntityQuery 方式修改数据。

```
 li_si.Pwd = "888888";
int result = EntityQuery <User> .Instance.Update(li_si);
```

(3) 删除数据
删除实体对象的数据除了可以使用 4.6.5 小节更新和删除实体对象的方式根据实体类主键进行删除外，也可以使用 OQL 来编写删除指定范围数据的程序。例如下面的例子删除所有 ID 大于 0 的数据。

```
User user = new User();
OQL deleteQ = OQL.From(user)
                 .Delete()
                 .Where(cmp => cmp.Comparer(user.ID, ">", 0))
               .END;
int result = EntityQuery <User> .Instance.ExecuteOql(deleteQ);
```

这里将用户 ID 大于 0 的数据全部删除了，框架内置了数据安全机制，OQL 的

Delete 方法后面如果不带 Where 条件是不会全部删除数据的,所以为了清除全部数据,采用了上面的方法。

3. 数据查询

前面介绍了 SOD 框架的 ORM 数据的增删改操作,除了直接在实体类上进行这些操作外,也可以使用 OQL 表达式进行,根据指定的条件进行更灵活的操作。下面来介绍单纯意义上的数据查询操作,这里使用"用户登录"的例子来测试,框架提供了至少 6 种数据查询方式。

(1) 简单方式

假设前端直接传递了一个 user 实体类对象,中间设置了用户名和密码,现在有一个登录方法使用该对象。该方法详细内容如下所示:

```
/// <summary>
///使用用户对象来登录,OQL 最简单最常见的使用方式
/// </summary>
/// <param name = "user"> </param>
/// <returns> </returns>
public bool Login(User user)
{
    OQL q = OQL. From(user)
                .Select()
                .Where(user. Name, user. Pwd) //以用户名和密码来验证登录
             . END;

    User dbUser = q. ToEntity <User> ();//ToEntity,OQL 扩展方法
    return dbUser != null; //查询到用户实体类,表示登录成功
}
```

这里使用了 SOD 框架的 ORM 查询语言——OQL,它的结构非常类似于 SQL,你可以认为 OQL 就是对象化的 SQL 语句。OQL 表达式采用 . From…END 的语法,对象的链式方法调用,只要能敲"点"出来就是正确的,这样没有 SQL 基础的同学也可以很快掌握该查询语法,能马上作数据开发。详细内容,可以参考 4.7.6 小节链式表达式与多级表达式。

注意:在本例中,使用了 OQL 的扩展方法 ToEntity。如果不使用扩展方法,可以采用泛型 EntityQuery 的 QueryObject 方法,请看下面的示例。

(2) 泛型 EntityQuery 查询方法

本例只是对上面的例子做了改进,重点在于登录方法的参数不是用户对象,而是名字和密码参数,所以在构造 OQL 表达式之前需要先实例化一个用户实体对象。本例没有使用 OQL 的扩展方法,而是直接使用泛型 EntityQuery 的 QueryObject 方法。

```
/// <summary>
///使用用户名密码参数来登录,采用 EntityQuery 泛型查询方法
/// </summary>
/// <param name = "name"> </param>
/// <param name = "pwd"> </param>
/// <returns> </returns>
public bool Login2(string name, string pwd)
{
    User user = new User()
    {
        Name = name,
        Pwd = pwd
    };

    OQL q = OQL. From(user)
                .Select(user. ID)
                .Where(user. Name, user. Pwd)
            . END;
    User dbUser = EntityQuery <User> .QueryObject(q);
    return dbUser != null; //查询到用户实体类,表示登录成功
}
```

(3) 使用 OQLCompare 对象的 EqualValue 相等比较方式

OQLCompare 对象是 SOD 框架 4. x 版本之后引入的 OQL 条件比较对象,它可以组合构造复杂的查询条件表达式,详细内容可参考 4.7.9 小节查询条件表达式。请看下面的示例:

```
/// <summary>
///使用用户对象来登录,但是使用 OQLCompare 对象的 EqualValue 相等比较方式
/// </summary>
/// <param name = "user"> </param>
/// <returns> </returns>
public bool Login1(User user)
{
    OQL q = OQL. From(user)
                .Select(user. ID) //仅查询一个属性字段 ID
                .Where(cmp => cmp. EqualValue(user. Name)
                                & cmp. EqualValue(user. Pwd))
            . END;

    User dbUser = EntityQuery <User> .QueryObject(q);
    return dbUser != null; //查询到用户实体类,表示登录成功
}
```

与"(1)简单方式"中的示例一样,这里也要求 user 对象的 Name 和 Pwd 属性必须事先有值。另外,在 Where 方法的条件表达式中,使用了"AND"(逻辑与)的操作符重载,详细内容可参见 4.7.7 小节操作符重载。

(4) 使用 OQLConditon 对象为查询条件

```
/// <summary>
///使用用户名密码参数来登录,使用早期的实例化 OQL 对象的方式,并使用 OQLConditon
///对象为查询条件
/// </summary>
/// <param name = "name"> </param>
/// <param name = "pwd"> </param>
/// <returns> </returns>
public bool Login3(string name, string pwd)
{
    User user = new User();
    OQL q = new OQL(user);
    q.Select(user.ID).Where(q.Condition.AND(user.Name, " = ", name)
                                        .AND(user.Pwd, " = ", pwd));

    User dbUser = EntityQuery <User> .QueryObject(q);
    return dbUser != null; //查询到用户实体类,表示登录成功
}
```

这是 OQL 早期的条件查询方式,缺点是没法构造复杂的查询条件,详细内容可参考 4.7.9 小节查询条件表达式。

(5) 操作符重载

OQLCompare 的操作符重载可以简化比较条件,比如下面的例子使用了相等操作符和逻辑"与"操作符重载,用来判断用户名属性和用户密码属性的值是否与方法参数相等,如下所示:

```
/// <summary>
///使用用户名密码参数来登录,并使用操作符重载的查询条件比较方式
/// </summary>
/// <param name = "name"> </param>
/// <param name = "pwd"> </param>
/// <returns> </returns>
public bool Login4(string name, string pwd)
{
    User user = new User();
    OQL q = OQL.From(user)
                    .Select()
                    .Where( cmp => cmp.Property(user.Name) == name
```

```
                              & cmp. Property(user. Pwd) == pwd )
                    . END;

        User dbUser = EntityQuery <User> . QueryObject(q);
        return dbUser != null; //查询到用户实体类,表示登录成功
}
```

有关操作符重载的详细内容,请参考 4.7.7 小节操作符重载。

(6) 使用泛型 OQL 查询(GOQL)

使用泛型 OQL 查询(GOQL),是对单实体类查询最简单的使用方式,不需要在构造 OQL 表达式之前实例化一个实体类对象,其缺点是不能进行"连表查询",即多个实体类联合查询。

```
 /// <summary>
///使用用户名密码参数来登录,使用泛型 OQL 查询(GOQL),对于单实体类查询最简单的使用
///方式
/// </summary>
/// <param name = "name"> </param>
/// <param name = "pwd"> </param>
/// <returns> </returns>
public bool Login5(string name, string pwd)
{
    User dbUser = OQL. From <User> ()
                        .Select()
                        .Where((cmp, user) => cmp. Property(user. Name) == name
                                        & cmp. Property(user. Pwd) == pwd)
                    . END
                    . ToObject();
        return dbUser != null; //查询到用户实体类,表示登录成功
}
```

(7) 使用实体类的主键来查询

SOD 实体类的"主键"字段是可以修改的,就像实体类本来的主键一样,用它来填充数据,本例就是判断是否填充成功当前实体类来判断用户是否可以登录。

```
/// <summary>
///使用用户名密码参数来登录,但是根据实体类的主键来填充实体类并判断是否成功
/// </summary>
/// <param name = "name"> </param>
/// <param name = "pwd"> </param>
/// <returns> </returns>
public bool Login6(string name, string pwd)
```

```
{
    User user = new User();
    user.PrimaryKeys.Clear();
    user.PrimaryKeys.Add("Name");
    user.PrimaryKeys.Add("Pwd");


    user.Name = name;
    user.Pwd = pwd;
    bool result = EntityQuery <User> .Fill(user);//静态方法,使用默认的连接对象
    return result;
}
```

(8) 查询多条数据

前面的例子都只是查询一条数据,如果需要查询多条数据只需要使用泛型 Entity-Query 的 QueryList 方法即可,参见下面的例子,如何查询所有姓 zhang 的用户:

```
/// <summary>
///模糊查询用户,返回用户列表,使用 OQLCompare 委托
/// </summary>
/// <param name = "likeName"> 要匹配的用户名 </param>
/// <returns> 用户列表 </returns>
public List <User> FuzzyQueryUser(string likeName)
{
    User user = new User();
    OQL q = OQL.From(user)
                .Select()
                .Where(cmp => cmp.Comparer(user.Name, "like", likeName + "%"))
            .END;
    List <User> users = EntityQuery <User> .QueryList(q);
    return users;
}
```

注:框架也为你提供了 OQL 对象的扩展方法——ToList,用来直接查询列表数据。例如下面的示例代码:

```
User user = new User();
OQL q = OQL.From(user).Select(user.ID,user.Name).End;
List <User> list = q.ToList <User> ();
```

接下来,可以采用下面的示例代码调用上面的 FuzzyQueryUser 方法:

```
var users = service.FuzzyQueryUser("zhang");
Console.WriteLine("模糊查询姓 张 的用户,数量:{0}",users.Count );
```

所以,查询一条数据还是多条数据,与 OQL 对象没有多大关系,主要取决于是使用泛型 EntityQuery 的 QueryObject 方法还是 QueryList 方法,除非在 OQL 分页时指定每页只有一条记录或者限定 OQL 仅查询一条。

注意:OQL 查询执行时如果数据库没有返回任何数据,泛型 EntityQuery 对象的 QueryList 方法返回一个空实体列表,而 QueryObject 方法返回 null。

4.7.6　链式表达式与多级表达式

OQL 的设计完全基于面向对象的实体查询,OQL 的使用采用对象表达式的方式,内部实现原理是一系列的"链式方法调用"。为了完整实现 SQL 的查询过程,需要为这些表达式方法进行分级:

- 根表达式(OQL);
- 一级表达式(OQL1);
- 二级表达式(OQL2、OQLCompare 等)。

每一级表达式会生成适合使用下一级表达式,比如 OQL 调用返回 OQL1 对象的方法,而 OQL1 对象又调用返回 OQL2 级对象的方法。将表达式按照层级划分,保证了编写 OQL 语句的正确性,可以避免因 SQL 语法不熟悉的开发人员写出错误的 SQL 语句。另外,由于面向对象的方式,还可以避免写错数据库的表和字段名,即在程序的编译阶段就可以发现错误而不是等到程序运行时。

OQL 的分级表达式设计思想,来自 SQL 的设计思想。一个查询数据的 SQL,总是下面这样的结构:

```
SELECT FROM
        JOIN ON
    WHERE
            GROUP BY
                HAVEING
                    ORDER BY
```

注意:这个结构上列出了每一个 SQL 关键字所属于的"层级",SELECT 和 FROM 位于顶层,WHERE 等属于第二层,其他属于三到五层,除了顶层语句是必须的外,其他各层都是可选的。SQL 语句中各关键词出现的顺序必须满足这个层次顺序。比如,如果语句中有 GROUP BY 子句并且有 WHERE 子句,那么 GROUP BY 子句必须出现在 WHERE 子句之后;如果没有 WHERE 子句,那么 GROUP 子句是可以直接出现在 FROM 子句之后的,尽管 GROUP 子句层级较低。

如果将 SQL 的这个层次结构以面向对象的方式表示出来,它就是对象方法的层级调用。将相关的关键字作为方法,定义在合适的对象中,然后靠对象的层次结构,来限定正确的"SQL"结构,为此,先来定义一下 OQL 使用的接口 IOQL 和关联的接口的层次定义:

```
public interface IOQL
{
    OQL1 Select(params object[] fields);
}

public interface IOQL1 : IOQL2
{
    //OQL End { get; }
    //OQL3 GroupBy(object field);
    //OQL4 Having(object field);
    //OQL4 OrderBy(object field);
    OQL2 Where(params object[] fields);
}

public interface IOQL2 : IOQL3
{
    //OQL End { get; }
    OQL3 GroupBy(object field);
    //OQL4 Having(object field);
    //OQL4 OrderBy(object field);
}

public interface IOQL3 : IOQL4
{
    OQL4 Having(object field);
    //OQL End { get; }
    //OQL4 OrderBy(object field);
}

public interface IOQL4
{
    OQL END { get; }
    OQLOrderType OrderBy(object field);
}
```

    通过这个 OQL 接口的定义可以看到，IOQL1 是继承自 IOQL2，而 IOQL2 又继承 IOQL3，IOQL3 最后继承 IOQL4。这样，IOQL1 即可拥有 IOQL4 接口对象的全部方法。通过这样的接口定义体现了不同接口的层次，本质上体现了 OQL 表达式方法调用的层级关系，而其中的每个方法又返回下一层级 OQL 接口对象。这样，OQL 表达式通过对象的链式调用式实现了 SQL 语句关键词的分级效果，构建了 OQL 体系中的多级表达式，这些表达式的调用最终必然能够生成正确的 SQL 语句，这样能让并不熟悉 SQL 的初学者也能迅速学会开发一个从数据库中查询数据的程序。

图 4 - 26 所示的 OQL 接口层次图说明了前面说的 OQL 的层级关系。

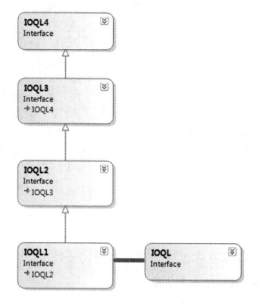

图 4 - 26　OQL 接口层次图

图 4 - 27 完整地反映了 OQL 的体系结构。

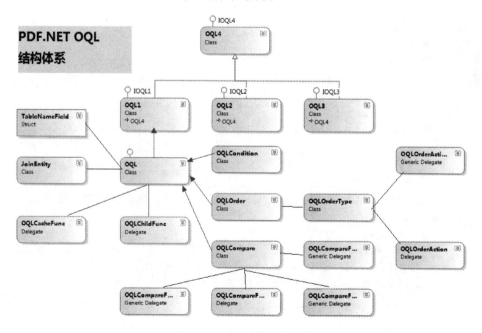

图 4 - 27　OQL 体系结构图

用一个 OQL 查询的例子来说明 OQL 表达式和组成表达式的链式函数对象调用。这个例子查询所有收银员（**注意**：收银员只是雇员的一种类型），因此从雇员表中查找工作岗位类型名称是收银员的雇员信息，并且以姓名排序。

```
Employee emp = new Employee();
emp.JobName = "收银员";

OQL q = OQL.From(emp)
            .Select(emp.WorkNumber,emp.EmployeeName)
            .Where(emp.JobName)
            .OrderBy(emp.EmployeeName, "asc")
        .END;
```

下面，对这段代码中的 OQL 方法进行详细的说明。

(1) OQL 根表达式

返回 OQL 对象的方法或者属性调用。OQL 表达式的子表达式方法都可以返回这个根表达式，这个根表达式就是最初被构建出来的 OQL 对象，它是通过 From 方法或者直接实例化 OQL 对象产生的。

(2) From 方法

这是一个静态方法，它以一个实体类对象为参数，返回值是一个 OQL 实例对象：

```
/// <summary>
///静态实体对象表达式
/// </summary>
/// <param name = "e"> 实体对象实例 </param>
/// <returns> 实体对象查询表达式 </returns>
public static OQL From(EntityBase e)
{
    //......
}
```

除了使用 From 静态方法构造 OQL 的实例，也可以采取直接调用构造函数的方式，比如本例这样使用：

```
OQL q = new OQL(emp);
q.Select(emp.WorkNumber,emp.EmployeeName)
.Where(emp.JobName)
.OrderBy(emp.EmployeeName, "asc");
```

构造 OQL 对象的 From 方法或者 OQL 构造函数使用的实体类参数，被称为**"形式化参数"**，它是必须的参数，可以有一个或者多个。这个形式化参数实体类的作用主要是在运行时获得实体类属性调用信息,这个信息会存入 OQL 实体类属性调用堆栈。另一方面,这个形式化参数对象也为 OQL 表达式在编程阶段,能够利用上 IDE 的"智能感知"功能,进行正确的实体类属性调用,从而确保输出的 SQL 语句始终包含正确的字段信息。

(3) End 属性

从前面可以知道,使用静态 From 方式和直接调用构造函数方式可以得到 OQL,前者结尾有一个 .End 属性调用,因为 OrderBy 方法返回的对象是 OQL1,而不是 OQL,所以需要调用 End 属性,返回本次操作 OQL 的当前对象实例,下面的方法实现能够说明这个原理:

```
public OQL END
{
    get { return this.CurrOQL; }
}
```

当我们需要在一行代码内进行查询时,调用 End 属性非常方便,它可以直接把当前 OQL 对象返回给 EntityQuery 查询对象,比如一行代码查询用户列表:

```
var userList = OQL.From <User>().Select().End.ToList <User>();
```

注意:这里用了 PDF. NET 框架的 OQL 扩展,需要项目引用 PWMIS. Core. Extensions. dll 以及在代码文件上引入名字空间:

```
using PWMIS.Core.Extensions;
```

详细例子请参看笔者的博客文章《不使用反射,"一行代码"实现 Web、WinForm 窗体表单数据的填充、收集、清除和到数据库的 CRUD》。

4.7.7　操作符重载

ORM 框架的一个不可或缺的功能就是根据实体类,生成操作数据库的 SQL 语句,这其中,最难处理的就是那些复杂的 SQL 条件比较语句。比如,下面这样一个 SQL 语句:

```
SELECT [id],[BankCode],[CityCode],[FundCode],[FundName],
        [FundReviews],[EndDagte],[addDate]
FROM [FundReviews]
    WHERE   (
                ([CityCode] = @CP1 OR [BankCode] = @CP2)
        AND   ([FundCode] = @CP3 OR [BankCode] = @CP4)
            )
```

这个复杂的查询条件由两个"OR"子条件最后组合成一个"AND"条件,因此它有 3 组条件：

① [CityCode]=@CP1 OR [BankCode]=@CP2;

② [FundCode]=@CP3 OR [BankCode]=@CP4;

③ 1 AND 2。

而条件①其实就是 Condition1 OR Condition2，这又是一个条件组合。

我们发现，尽管 SQL 的条件语句可能很复杂，但这些条件却是由一些子条件组合而成的，或者说由一组条件组合成一个新的条件，这就是典型的"**组合模式**"。在 SOD 框架的 ORM 组件中，有一个专门处理条件比较的对象 OQLCompare，它就是根据"组合模式"设计的。

在 OQL 中，采用了类似 SQL 的语法，也是

```
Select([属性列表])
 .Where([条件表达式])
 .OrderBy([排序字段])
 .GroupBy([分组字段])
```

其中，[条件表达式]就可以使用 OQLCompare 对象来构造。由于 OQLCompare 对象 Comparer 函数返回的仍然是一个 OQLCompare 对象，所以可以利用这个特点，采用组合模式，构造出非常复杂的 SQL 条件语句。下面来看怎么用 OQLCompare 对象来构造上面那个 SQL 语句对应的查询条件。

1. 逻辑运输符的重载

首先使用"&"符号重载"AND"逻辑与，使用"|"符号重载了"OR"逻辑或，请看具体实现这个功能的源码：

```
/// <summary>
///将两个实体比较对象进行逻辑与比较,得到一个新的实体比较表达式
/// </summary>
/// <param name = "compare1"> 左表达式 </param>
/// <param name = "compare2"> 右表达式 </param>
/// <returns> 实体比较表达式 </returns>
public static OQLCompare operator &(OQLCompare compare1，OQLCompare compare2)
{
    if (!IsEmptyCompare(compare1) && !IsEmptyCompare(compare2))
    {
        return new OQLCompare(compare1，CompareLogic.AND，compare2);
    }
    else
    {
        if (IsEmptyCompare(compare1))
            return compare2;
```

```
            else
                return compare1;
        }
    }


    /// <summary>
    ///将两个实体比较对象进行逻辑与比较,得到一个新的实体比较表达式
    /// </summary>
    /// <param name = "compare1"> 左表达式 </param>
    /// <param name = "compare2"> 右表达式 </param>
    /// <returns> 实体比较表达式 </returns>
    public static OQLCompare operator |(OQLCompare compare1, OQLCompare compare2)
    {
        //处理条件累加问题某一侧对象可能为空的情况
        if (!object.Equals(compare1, null) && ! object.Equals(compare2, null))
        {
            return new OQLCompare(compare1, CompareLogic.OR, compare2);
        }
        else
        {
            if (object.Equals(compare1, null))
                return compare2;
            else
                return compare1;
        }
    }
```

然后,使用 AND,OR 重载,就可以顺利地组合出上面那个复杂的查询条件了:

```
FundReviews p = new FundReviews();//实例化一个实体类
OQL q = new OQL(p);                  //实例化一个 OQL 对象
Console.WriteLine("OQLCompare 复杂比较条件表达式测试 ---------");

OQLCompare cmp = new OQLCompare(p);
OQLCompare cmpResult = (cmp.Comparer(p.CityCode, OQLCompare.CompareType.Equal, "021")
                | cmp.Comparer(p.BankCode, OQLCompare.CompareType.Equal, "008"))
            & (cmp.Comparer(p.FundCode, OQLCompare.CompareType.Equal, "KF008")
                | cmp.Comparer(p.BankCode, OQLCompare.CompareType.Equal, "008"));

q.Select().Where(cmpResult);
Console.WriteLine("SQL = " + q.ToString());
```

2. 关系运算符的重载

OQL 采用了类似函数式的语法风格,但在[条件表达式]的构造过程中,还是显得很冗长,可以引入操作符重载,继续对 OQLCompare 对象进行重构:

```
/// <summary>
///设置等于某个实体属性的比较条件
/// </summary>
/// <param name = "compare"> 当前实体比较对象 </param>
/// <param name = "Value"> 要比较的值 </param>
/// <returns> 构造的实体比较对象 </returns>
public static OQLCompare operator == (OQLCompare compare, object Value)
{
    return BuildOperator(compare, Value, " = ");
}


/// <summary>
///设置不等于某个实体属性的比较条件
/// </summary>
/// <param name = "compare"> 当前实体比较对象 </param>
/// <param name = "Value"> 要比较的值 </param>
/// <returns> 构造的实体比较对象 </returns>
public static OQLCompare operator != (OQLCompare compare, object Value)
{
    return BuildOperator(compare, Value, " <> ");
}


/// <summary>
///根据实体对象的属性,获取新的条件比较对象
/// </summary>
/// <param name = "field"> </param>
/// <returns> </returns>
public OQLCompare Property(object field)
{
    OQLCompare cmp = new OQLCompare();
    cmp.CompareString = this.currPropName ;
    return cmp;
}

private static OQLCompare BuildOperator(OQLCompare compare, object Value,
string operatorString)
{
    string paraName = compare.GetNewParameterName();
```

```
        compare.CompareString += operatorString + paraName;

        compare.compareValueList.Add(paraName.Substring(1), Value);

        return compare;

    }
```

如上程序,使用"=="符号重载了相等关系的条件,使用"!="符号重载了不相等关系的条件。可以采用类似的方式,继续实现 >=、>、<=、< 等 SQL 条件比较符号的重载,这里就不一一举例了。下面来看新的使用方式:

```
FundReviews p = new FundReviews();//实例化一个实体类
OQL q = new OQL(p);                //实例化一个 OQL 对象
OQLCompare cmp2 = new OQLCompare(p);
OQLCompare cmpResult2 =
        ( cmp2.Property(p.CityCode) == "021"  | cmp2.Property(p.BankCode) == "008")
    &
        ( cmp2.Property(p.FundCode) == "KF008"| cmp2.Property(p.BankCode) == "008");

q.Select().Where(cmpResult2);
Console.WriteLine("操作符重载 SQL = " + q.ToString());
```

也可以采用下面的形式来使用 OQL:

```
FundReviews p = new FundReviews();//实例化一个实体类
OQL q = OQL.From(p)
            .Select()
            .Where(cmp =>
        ( cmp.Property(p.CityCode) == "021" | cmp.Property(p.BankCode) == "008")
      &
        ( cmp.Property(p.FundCode) == "KF008" | cmp.Property(p.BankCode) == "008") )
    .End;

Console.WriteLine("操作符重载 SQL = " + q.ToString());
```

现在这个 SQL 条件的构造过程是不是清晰多了? 这就是操作符重载的魅力。

4.7.8 指定查询的实体类属性

早期的 ORM,没有选取实体类属性的说法,都是根据一个条件查询出对应的实体类集合。我认为这个做法更多的是受当时技术的限制,因为在 SQL 标准中,是可以选取表的指定字段到查询结果集的,如果在 ORM 中引入这个功能,那么 ORM 的查询结果将要映射到另外一个数据结构,从而破坏了原有的实体类结构,"撕裂"了对象,使数据变得零碎,不再属于之前某个数据模式,有人将这个问题称为 ORM 的"反模式"。然而,从 ORM 灵活的选取需要的数据,这对提高查询效率,降低无效数据传输,是有很大好处的,所以现在新一代的 ORM 框架都需要支持查询指定的实体类属性。

怎样设计 ORM 选取实体属性的 Select 方法呢? 像 EF(Entity Framewrok)这样:

```
var user = from c in db.User
select new
{
    c.UserID,
    c.Accounts,
    c.Point,
    c.SavePoint,
    c.LoginServerID
};
```

EF 使用 LINQ 作为 ORM 查询语言,LINQ 是语法糖,它本质上会转化成下面的 Lambda 方法调用:

```
var user = db.User.Select(c => new {
c.UserID,
    c.Accounts,
    c.Point,
    c.SavePoint,
    c.LoginServerID
});
```

而 Lambda 常常用来简化匿名委托的写法,也就是说,Lambda 也是委托的一种语法糖。因此,EF 实现这个效果,靠的还是委托这个功能。

上面是单个实体类的实体属性字段选取,如果是多个实体类呢?

我们知道,Linq 可以处理多个实体类的连接(左、右、内)查询,也可以用 Lambda 来实现多个实体类的属性选取,例如下面的例子。

假设有一个集合 C,它内部包含了 2 个集合 A,B 连接处理后的数据,这样来使用 Select 方法:

```
var data = C.Select((a,b) => new {
    F1 = a.F1,
    F2 = b.F2
});
```

大家注意到,Select 方法需要传递 2 个参数进去,此时对参数的类型推导可能会成为问题,因此,实际上的 Select 扩展方法的定义应该是带有 2 个类型的泛型方法的,调用的其实是下面的方法:

```
var data = C.Select <A,B> ((a,b) => new {
    F1 = a.F1,
```

```
    F2 = b.F2
});
```

假如有 3 个类型的参数呢？须像下面这样使用：

```
var data = C.Select <X,Y,Z> ((x,y,z) => new {
    F1 = x.F1,
    F2 = y.F2,
    F3 = z.F3
});
```

假如还有 4 个、5 个……N 个类型的参数呢？岂不是要定义含有 N 个参数的 Select 扩展方法？如果还有其他方法，假设 Where 方法也有这种问题呢？

尽管委托方法保证了所写代码是强类型的，但一旦遇到方法需要的类型过多，那么麻烦也就越多。再说 ORM 查询的 select 问题，使用委托的解决方案似乎不是一个最佳的方案，特别是在多实体类查询的时候。

SOD 框架的 ORM 查询语言 OQL 很早就注意到了这个问题，所以它的 Select 方法采用了非泛型化的设计，例如单个实体类属性字段选取：

```
OQL q = OQL.From(user)
            .Select(user.ID, user.UserName, user.RoleID)
        .END;
```

多个实体类的属性字段选取：

```
OQL q2 = OQL.From(user)
            .InnerJoin(roles).On(user.RoleID, roles.ID)
            .Select(user.RoleID, roles.RoleName)
        .END;
```

从上面的例子可以看出，不管 OQL 查询几个实体，它的 Select 使用方式始终是一致的，要想使用哪个属性字段，在 Select 方法里面通过"实体对象.属性"的方式，一直写下去即可，而支持这个功能仅使用了 C♯ 的可选参数功能：

```
public OQL1 Select(params object[] fields)
{
//具体实现略
}
```

方法没有使用委托参数，也没有定义 N 多泛型重载，就轻易地实现了我们的目标，实现了 ORM 查询时指定查询实体类属性的功能。

4.7.9 查询条件表达式

OQL 是 SOD 框架的 ORM 查询语言，以 OQL 规范编写的代码就是 OQL 表达式,它由 OQL 多级对象组成,通过调用这些对象的方法实现链式调用效果,最终组成一个完整的 OQL 表达式。在 OQL 表达式中,最重要的就是查询条件表达式了,它就是 Where 方法的参数表达式,以下简称"条件表达式"。条件表达式可以有多种形式,分别适用于不同的应用场景,下面详细介绍。

1. 属性值条件表达式

属性值条件表达式直接在 OQL 表达式的 Where 方法上调用实体类的属性即可,方法内部会将实体对象属性映射的字段名和属性值构造一个相等比较的查询条件。属性值条件表达式调用的实体对象属性可以是一个,也可以是多个,所以这种条件表达式是最简单的条件表达式,因此这样的 OQL 表达式也就是最简单的表达式,相关示例可以参考 4.7.5 小节简单查询入门中的数据查询之"简单方式"。这里再举一个例子:

```
Employee emp = new Employee();
emp.JobName = "收银员";
var q = OQL.From(emp).Select(emp.WorkNumber,emp.EmployeeName)
                    .Where(emp.JobName)
                    .OrderBy(emp.EmployeeName, "asc");
```

上面代码的 OQL 对象最后会生成下面这样的 SQL 语句:

```
SELECT[ WorkNumber],[EmployeeName] FROM [Employees]
  WHERE [JobName] = @P1
    ORDER BY EmployeeName ASC
```

这种最简查询条件表达式,是目前市面上绝大部分 ORM 框架不能提供的,实际上很多时候都是这种简单的相等条件比较的查询,使用 SOD 框架的这种属性值条件表达式相信能够为你编写数据查询应用节省一定的代码编写时间。

2. OQLCondition

OQLCondition 是 OQL 最早的条件表达式,它的缺点是只能构造同类型的逻辑表达式,比如全部条件都是 AND,或者 OR 逻辑比较。可以在 OQL 对象上直接调用 Condition 属性获取 OQLCondition 对象,例如下面的例子:

先声明一个 OQL 对象:

```
User user = new User();
OQL q = new OQL(user);
```

然后调用 Condition 属性添加条件表达式:

```
q.Select(user.ID).Where(q.Condition.AND(user.Name, " = ","zhangsan")
                        .AND(user.Pwd, " = ",'123456'));
```

对应下面的 SQL:

```
SELECT ID FROM Users  WHERE [Name] = @P1 AND [Pwd] = P2
```

或者是

```
q.Select(user.ID).Where(q.Condition.OR(user.Name, " = ", "zhangsan")
                        .OR(user.Name, " = ", 'lisi));
```

对应下面的 SQL：

```
SELECT ID FROM Users  WHERE [Name] = @P1 OR [Name] = P2
```

3. QueryParameter

QueryParameter 是处理并列查询条件的参数对象，常用于大多数表单查询条件的处理，比如有一个查询列表数据的查询表单，要求对当前列表的常用列进行筛选，而这些列的筛选都是并列的条件。QueryParameter 的定义很简单，它主要存储查询参数对应的字段名和字段值，以及条件比较的类型（相等、大于、小于等）。

```
public   class QueryParameter
{
   /// <summary>
   ///字段名称
   /// </summary>
   public   string FieldName { get; set; }
   /// <summary>
   ///字段值
   /// </summary>
   public object FieldValue { get; set; }
   /// <summary>
   ///比较类型
   /// </summary>
   public enumCompare CompareType { get; set; }
   /// <summary>

   //其他构造函数代码略

}
```

在 OQL 表达式的 Where 方法中，可以接收一个 QueryParameter 数组，用它来构造并列的查询条件，Where 方法定义在 OQL1 类型中。

```
public class OQL1 : OQL4, IOQL1
{
   //其他代码略

   /// <summary>
```

```
    ///根据传入的查询参数数组,对字段名执行不区分大小写的比较,生成查询条件。
    ///注意目前要求 QueryParameter 用的是要查询的表的字段名称,而不是实体类的属性
    ///名称
    /// </summary>
    /// <param name = "queryParas"> 查询参数数组 </param>
    /// <returns> 条件表达式 </returns>
    public OQL2 Where(QueryParameter[] queryParas)
    {

        //具体代码略

    }
}
```

下面的查询条件是查询年龄大于等于 25 岁的男性(sex 为 true)的数据:

```
var q = OQL. From(user). Select(). Where(new QueryParameter[]
                {
                    new QueryParameter("Age", "> = ", 25),
                    new QueryParameter("Sex", "=", true),
                }
            ). END;
```

对应下面类似的 SQL:

```
SELECT [ID],[Name],[Pwd],[Sex],[Age] FROM [Users]
    WHERE [Age] > = @P1 AND [Sex] = @P2
```

上面的示例中,QueryParameter 的构造函数需要使用表的字段名来作参数,字符串类型的字段名编译器无法检查,容易发生拼写错误,尤其是当字段名与实体类属性名不一样时容易发生错误,所以框架提供了泛型 QueryParameter 类,可以根据实体类来构造普通的 QueryParameter 对象,请看下面的例子:

```
//实体类 Customers
Northwind. Customers cm = new Northwind. Customers();
cm. Country = "中国";
//…

QueryParameter <Northwind. Customers> qp =
                new QueryParameter <Northwind. Customers> (cm);

QueryParameter para1 = qp. CreatePrameter(cm. Country)
//txtCity. Text 为文本控件 txtCity 的值
QueryParameter para2 = qp. CreatePrameter(cm. City,
                enumCompare. Like, "%" + txtCity. Text + "%")
QueryParameter[] paras = {para1,para2};
```

```
OQL q = OQL.From(cm).Select().Where(paras).END;
var list = EntityQuery <Northwind.Customers>.QueryList(q);
```

上面的示例中,泛型 QueryParameter 类的 CreatePrameter 方法的第一个参数,调用实体类的属性即可,方法内部的代码会获取到该实体对象当前使用属性映射的字段名,这样通过强类型的对象调用就可以得到准确无误的条件表达式了。

QueryParameter 类型简单,差不多就是一个 DTO 对象,所以它容易序列化,适合在分布式系统中,由前端收集查询条件,然后传递给后端系统按照这些条件进行筛选,返回符合条件的数据。

4. OQLCompare

OQLCompare 是专门用于构造各种复杂查询条件的对象,用于解决前面几种条件表达式要么只能进行相等条件比较,要么只能进行 AND 或者 OR 逻辑比较,不能嵌套逻辑比较的问题。OQLCompare 对象有一个 Compare 方法,它根据实体类的属性调用构造一个新的条件比较表达式 OQLCompare,并且能够将两个 OQLCompare 对象再组合成一个 AND 或者 OR 逻辑表达式,这样就能够构造复杂的条件表达式。然后通过操作符重载(参考 4.7.7 小节操作符重载),使得条件表达式的构造更加简单。OQLCompare 对象只能作为 OQL 对象的子对象存中,它必须和一个 OQL 对象相关联。请看下面的例子:

```
User user = New User();
OQL q = new OQL(user);
//通过 OQL 对象构造 OQLCompare 对象
OQLCompare cmp = new OQLCompare(q);
OQLCompare cmpResult = cmp.Compare(user.UserName," = ","zhagnsan")
                        & cmp.Compare(user.Password," = ","123456");
q.Select().Where(cmpResult);
//查询对象对应的数据是否存在于数据库中
User dbUser = EntityQuery <User>.QueryObject(q);
bool loginResult = dbUser! = null;
```

上面将 OQL 对象和 OQLCompare 对象进行分开构造的过程显得有点烦琐,也不能很好地表现 OQLCompare 是 OQL 的子对象的特点,对于上面的例子,可以使用一种新的方式来直接构造 OQL 表达式:

```
User user = new User();
OQL q = OQL.From(user)
    .Select()
    .Where(cmp => cmp.Compare(user.UserName," = ","zhagnsan")
                    & cmp.Compare(user.Password," = ","123456"))
    .END;
```

在上面的 Where 方法中,实际使用的是 OQLCompareFunc 委托方法,它将 OQLCompare 对象的构造过程推迟到 OQL 对象执行时,而不是 OQL 对象的构造时。上例中,OQL. From 方法本质上就是构造了一个 OQL 对象,之后执行 OQL 对象调用 Where 方法时才会真正去构造 OQLCompare 对象。这个 Where 的重载方法定义如下:

```
public OQL2 Where(OQLCompareFunc cmpFun)
{
    OQLCompare compare = new OQLCompare(this.CurrentOQL);
    OQLCompare cmpResult = cmpFun(compare);

    return GetOQL2ByOQLCompare(cmpResult);
}
```

原来没啥神奇的代码,仅仅在方法内部声明了一个新的 OQLCompare 对象,使用了传入 OQL 对象的构造函数,然后将这个 OQLCompare 对象实例给 OQLCompare 委托方法使用。但是,不能小看这个小小的改进,它将具体 OQLCompare 对象的处理延迟到了顶层 OQL 对象的实例化之后,这个"延迟执行"的特点,大大简化了原来的代码。

还有几个与 OQLCompareFunc 委托方法类似的委托方法,分别适用于查询一个或关联查询多个实体对象的情况,它们的详细定义如下:

```
public delegate OQLCompare OQLCompareFunc(OQLCompare cmp);
public delegate OQLCompare OQLCompareFunc <T> (OQLCompare cmp, T p);
public delegate OQLCompare OQLCompareFunc <T1,T2> (OQLCompare cmp, T1 p1, T2 p2);
public delegate OQLCompare OQLCompareFunc <T1, T2,T3> (OQLCompare cmp, T1 p1, T2 p2, T3 p3);
```

OQLCompareFunc 的泛型委托用于查询条件需要在 OQL 表达式之外构造的情况,比如定义一个独立的方法来构造查询条件,然后将这个方法作为 Where 方法的参数,这样就有可能由别的对象来专门负责处理查询条件,OQL 对象仅用于数据查询时才使用。请看下面这个示例程序:

```
//可以在另外一个模块定义 cmpResult
OQLCompareFunc <Users> cmpResult = (cmp, u) =>
    cmp. Comparer(u. UserName, OQLCompare. CompareType. IN,
new string[] { "zhang aa", "li bb", "wang cc" });

//在当前模块处理 OQL 查询
Users user = new Users();
OQL q = OQL. From(user)
    .Select()
```

```
      .Where(cmpResult)
   .END;
```

委托方法 OQLCompareFunc <T1, T2> 以及 OQLCompareFunc <T1, T2, T3> 分别适用于两个实体类关联查询和三个实体类关联查询时构造 OQLCompare 查询条件，详细示例请参考 4.7.14 小节多实体类联合查询。

4.7.10 构建复杂的查询条件

1. 查询条件的组合模式

SQL 的查询条件可以很简单，也可以很复杂，比如下面的复合查询条件：

```
SELECT M. * ,TO. *
FROM [LT_Users] M
INNER JOIN [LT_UserRoles] TO ON M.[RoleID] = TO.[ID]
    WHERE
    ( M.[UserName] = @P0 AND M.[Password] = @P1 AND TO.[RoleName] = @P2)
OR
(
   (
      M.[UserName] = @P3 AND M.[Password] = @P4 AND TO.[ID] IN (1,2,3)
   )
   OR
   M.[LastLoginTime] > @P5 )
```

这个查询条件分为 2 组条件，第二组查询内部又包含 2 组查询，从括号层数来说，仅有 3 层，但看起来已经够复杂了。实际项目中，我曾遇到过用 5 000 行业务代码来构造 SQL 查询条件的情况，不要吃惊，的确是 5 000 行业务代码，当然不是说 SQL 条件有 5 000 行，但可以想象，最终生成的 SQL 查询条件的长度不会小于 50 行。这样复杂的查询条件，如果用拼接 SQL 字符串的方式来完成，工作量不可想象，维护起来也非常困难。

虽然最终的查询条件很复杂，但是我们发现查询条件是可以分层的，每一层都可以再细分出下一层，直到不可再分为止。从另一方面来说，每一层的查询条件可以组合成一个大的查询条件，直到最终组合成一个最大的查询条件。所以，这种查询条件是逐层组合的，它就是一种组合模式。OQL 的查询条件对象 OQLCompare 就是这样的一种组合对象，即 N 多个 OQLCompare 对象组合成一个 OQLCompare 对象，但为了实现方便，规定每个 OQLCompare 对象下面存放 2 个子对象，这样可以建立一个二叉树来存储所有的比较对象：

```
public class OQLCompare
{
```

```
//其他代码略
protected OQLCompare LeftNode { get; set; }
protected OQLCompare RightNode { get; set; }
protected CompareLogic Logic { get; set; }
protected bool IsLeaf
{
    get
    {
        return object.Equals(LeftNode, null)
            && object.Equals(RightNode, null);
    }
}

protected string ComparedFieldName;
protected string ComparedParameterName;
protected CompareType ComparedType;
}
```

如以上代码所示,OQLCompare 类定义了一个左子节点和一个右子节点,每一个节点也是一个 OQLCompare 对象。假如它既没有左子节点也没有右子节点,那么当前 OQLCompare 对象就是一个叶子节点。如果当前 OQLCompare 对象是一个叶子节点,那么它有要进行条件比较的表字段名和待比较的参数名,以及比较的类型(相等、大于、小于等)。

这样,就可以用一个 OQLCompare 对象树来表示上面示例的查询条件,从而对于查询条件的理解就比较直观了。

图 4-28 所示体现了查询条件的"组合模式"。组合模式的每个节点都具有相同的行为和特性,所以,可以构建非常复杂的组合树,最终构造超级复杂的查询条件,而在最终使用上,一组查询条件与一个查询条件的处理过程是一样的。

2. 括号嵌套问题

括号是控制表达式计算顺序的重要手段,对于逻辑表达式,使用 AND,OR 来连接两个子表达式,如果 AND,OR 同时出现,则需要用括号来改变表达式元素计算的顺序。C、C++、C♯对表达式都是"左求值计算"的,这是一个很重要的概念,某些程序语言可能是"右求值计算"的。如果表达式中有括号,那么前面的计算将挂起,计算完括号内的结果后,再继续处理表达式的剩余部分。因此,可以把括号看作一个"树枝节点",而括号内最内层的节点,为叶子节点。按照对节点类型的定义和图 4-28 中所示的 OQLCompare 条件组合树,在输出它对应的 SQL 条件字符串时,可能的样子如下:

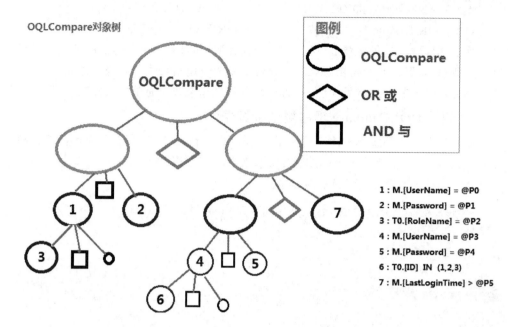

图 4 - 28 OQLCompare 组成的对象树示意图

```
SELECT  M. * ,T0. *
FROM [LT_Users]  M
INNER JOIN [LT_UserRoles] T0  ON  M.[RoleID] = T0.[ID]
    WHERE
    ((( M.[UserName] = @P0 AND  M.[Password] = @P1)  AND  T0.[RoleName] = @P2 )
OR
    (
      (
        (M.[UserName] = @P3 AND  M.[Password] = @P4)  AND  T0.[ID]  IN  (1,2,3)
      )
    OR
    M.[LastLoginTime] > @P5 ) )
```

假设条件表达式需要对 10 个字段的比较内容进行 AND 判断,那么将会嵌套 10－1＝9 层括号。不要小看这个问题,前面我说到的那个 5 000 行业务代码构建 SQL 查询条件的事情,就曾经发生过构造了 128 层括号的事情,最终导致 SQLSERVER 报错:

"查询条件括号嵌套太多,查询分析器无法处理!"

那么括号怎样化简呢? 这须从表达式的逻辑语义上去分析:

● (A AND B) AND C <＝＝> A AND B AND C

● (A OR B) OR C <＝＝> A OR B OR C

- (A AND B) AND (C AND D) <==> A AND B AND C AND D
- (A OR B) OR (C OR D) <==> A OR B OR C OR D

所以,可以检查"子树枝节点"的逻辑比较类型,如果它的类型与当前节点的逻辑比较类型相同,那么对子树枝节点的处理就不需要使用括号了。可以通过递归过程,处理完所有的子节点的括号问题,从而最终得到看起来非常简单的条件表达式。

3. 使用 OQLCompare 组合复杂查询条件

前面几个小节的示例程序已经使用了 OQLCompare 对象,现在结合操作符重载和 OQLCompare 泛型委托,使用组合模式,来看如何使用 OQLCompare 对象构造上的复杂查询 SQL,请看下面的示例程序:

```
OQLCompareFunc <Users, UserRoles> cmpResult = (cmp, U, R) =>
(
    cmp.Property(U.UserName) == "ABC" &
    cmp.Comparer(U.Password, "=", "111") &
    cmp.Comparer(R.RoleName, "=", "Role1")
)
    |
(
    (cmp.Comparer(U.UserName, "=", "CDE") &
      cmp.Property(U.Password) == "222" &
      cmp.Comparer(R.RoleName, "like", "%Role2")
    )
    |
    (cmp.Property(U.LastLoginTime) > DateTime.Now.AddDays(-1))
);

Users user = new Users();
UserRoles roles = new UserRoles() { RoleName = "role1" };

OQL q4 = OQL.From(user)
        .InnerJoin(roles).On(user.RoleID, roles.ID)
        .Select()
        .Where(cmpResult)
      .END;

Console.WriteLine("OQL by OQLCompareFunc <T1,T2>  Test:\r\n{0}", q4);
Console.WriteLine(q4.PrintParameterInfo());
```

执行这段示例程序,将输出下面的结果:

```
OQL by OQLCompareFunc <T1,T2>   Test:
SELECT   M.*,T0.*
FROM [LT_Users]   M
INNER JOIN [LT_UserRoles] T0   ON   M.[RoleID] = T0.[ID]
     WHERE
          ( M.[UserName] = @P0 AND   M.[Password] = @P1   AND   T0.[RoleName] = @P2
)
OR
          (
              (
                  M.[UserName] = @P3 AND M.[Password] = @P4 AND T0.[RoleName] LIKE @P5
              )
          OR
          M.[LastLoginTime] > @P6 )


--------- OQL Parameters information ----------
have 7 parameter,detail:
   @P0 = ABC            Type:String
   @P1 = 111            Type:String
   @P2 = Role1          Type:String
   @P3 = CDE            Type:String
   @P4 = 222            Type:String
   @P5 = % Role2        Type:String
   @P6 = 2013/7/28 17:31:35          Type:DateTime
------------------- End -----------------------
```

4. 使用闭包构建复杂的 OQLCompare 对象

前面只定义了 3 个泛型参数的 OQLCompareFunc 委托,为何不再继续定义更多参数的泛型委托?

我觉得,这个问题可从以下 3 方面考虑:

① 如果你需要连接 3 个以上的表进行查询,那么查询设计过于复杂,可以从数据库或者系统设计上去避免;

② 泛型具有闭包功能,可以将需要的参数传递进去;

③ 如果定义更多的 OQLCompare 泛型委托,有可能重蹈"委托之殇"。

如果你不赞成第①种说法,查询一定得有 3 个以上的情况,那么可以应用第②种方式。实际上,该方式前面已经有举例了,再来看一个实际的例子:

```
Users user = new Users();
UserRoles roles = new UserRoles() { RoleName = "role1" };

OQLCompareFunc cmpResult = cmp =>
```

```
        (
            cmp. Property(user. UserName) = = "ABC" &
            cmp. Comparer(user. Password, " = ", "111") &
            cmp. EqualValue(roles. RoleName)
        )
            |
        (
            (cmp. Comparer(user. UserName, OQLCompare. CompareType. Equal, "BCD") &
                cmp. Property(user. Password) = = 222 &
                cmp. Comparer(roles. ID, "in", new int[] { 1,2,3 })
            )
            |
            (cmp. Property(user. LastLoginTime) > DateTime. Now. AddDays( -1))
        )
        ;
OQL q3 = OQL. From(user)
            . InnerJoin(roles). On(user. RoleID, roles. ID)
                . Select()
                . Where(cmpResult)
            . END;
Console. WriteLine("OQL by OQLCompareFunc Test:\r\n{0}", q3);
Console. WriteLine(q3. PrintParameterInfo());
```

　　运行这段程序,可以得到与前面 OQLCompareFunc <Users, UserRoles> 一样的结果。

　　这里在 cmpResult 委托的结果中,使用了委托变量之外的参数对象 user 和 roles。如果有更多的参数委托方法也是可以使用的,这些参数就是委托中的"闭包",使用该特性,再复杂的问题也能够处理。委托,真是一大神器! 所以,使用 OQLCompare 的委托方法,就可以构建复杂的查询条件。当然,闭包会消耗较多的内存,还是应该尽量使用 OQLCompare 的泛型委托方法。

4.7.11　灵活的排序方式

　　OQL 提供了多种排序方式,可以根据情况选用。

1. 直接指定排序字段对应的实体类属性和排序方式(降序、增序)

```
///  <summary>
///设定排序条件
///  </summary>
///  <param name = "field"> 实体对象属性 </param>
///  <param name = "orderType"> 排序类型 ASC,DESC </param>
///  <returns> </returns>
public OQL1 OrderBy(object field, string orderType)
```

如下面的示例,使用雇员实体类的雇员名字对应的字段作为排序字段,使用升序排序:

```
 Employee emp = new Employee(){JobName = "收银员"};
OQL q = new OQL(emp);
q.Select(emp.WorkNumber,emp.EmployeeName)
   .Where(emp.JobName)
   .OrderBy(emp.EmployeeName, "asc");
```

执行 OQL 输出的 SQL:

```
SELECT [WorkNumber],[EmployeeName]
FROM [Employee]
  WHERE [JobName] = @p1
  ORDER BY [EmployeeName] ASC
```

2. 使用 OQLOrder 排序对象

```
public OQL1 OrderBy(OQLOrder order)
{
  //…
}
```

例如下面的使用方式,对"用户属性视图"进行总成绩查询并且以 UID 方式排序:

```
UserPropertyView up = new UserPropertyView();
OQL q = new OQL(up);
OQLOrder order = new OQLOrder(q);
q.Select()
.Where(q11.Condition.AND(up.PropertyName, " = ", "总成绩")
                    .AND(up.PropertyValue, "> ", 1000))
.OrderBy(order.Asc(up.UID));
```

上面的示例中,以 OQL 对象为参数构造了一个 OQLOrder 对象,它的 Asc/Desc 方法都能返回 OQLOrder 对象本身,并且可以多次调用,以实现多字段排序的效果。

3. 动态排序

有时候需要根据用户的选择来决定排序的方式和字段,这时就需要查询具有动态排序功能了,只需要在 OQL 的 OrderBy 方法内调用一个排序委托方法即可。下面的例子中被注释的部分,共演示了 OQL 支持的 4 种排序方式。

(1) 使用 OQLOrderAction 泛型委托

下面的示例中,直接将 OQLOrderAction <Users> 的委托方法指定为 MyOrder 方法,它有一个 OQLOrder 参数,还有一个 Users 对象的参数。MyOrder 方法内部还可以根据业务逻辑来决定要使用哪些字段(对应的实体类属性)排序,并且方法可以来自不同的模块,这样就实现了动态排序的功能:

```
void TestOQLOrder()
{
    Users user = new Users();
    OQLOrderAction <Users>  action = this.MyOrder;
    OQL q = OQL.From(user)
                .Select(user.UserName,user.ID)
                .OrderBy(action,user)
            .END;

    Console.WriteLine("OQL test OQLOrder object:\r\n{0}\r\n", q);
}


voidMyOrder(OQLOrder p, Users user)
{
    p.Desc(user.UserName).Asc(user.ID);
}
```

(2) 使用排序表达式

在 .NET 中,委托方法可以简写为 Lambda 表达式,所以 OQLOrderAction 泛型委托可以改写为对应的排序表达式,下面的例子使用了闭包,将 user 对象传入表达式:

```
void TestOQLOrder()
{
    Users user = new Users();
    OQL q = OQL.From(user)
                .Select(user.UserName,user.ID)
                .OrderBy(p => p.Desc(user.UserName).Asc(user.ID))
            .END;

    Console.WriteLine("OQL test OQLOrder object:\r\n{0}\r\n", q);
}
```

(3) 使用 OrderBy 泛型方法

OrderBy 泛型可以约束要排序的实体类类型,这样就不用闭包的方式传入实体类了,而直接在方法上传入实体类即可。将上面的例子改写如下:

```
void TestOQLOrder()
{
    Users user = new Users();
```

```
OQL q = OQL.From(user)
            .Select(user.UserName,user.ID)
            .OrderBy <Users> (MyOrder,user)
        .END;

Console.WriteLine("OQL test OQLOrder object:\r\n{0}\r\n", q);
}
```

(4) 使用排序字符串数组

根据传入的实体类的多个属性的排序信息字符串,进行动态排序,适用于不能在 OQL 表达式里面直接指明排序方式的场景,比如需要从前台拼接排序信息传入后台处理。将上面的例子改写如下:

```
void TestOQLOrder()
{
    Users user = new Users();
    string[] orderInfo = new string[]{"UserName DESC", "ID ASC"};
    OQL q = OQL.From(user)
                .Select(user.UserName,user.ID)
                .OrderBy(orderInfo)
            .END;
    Console.WriteLine("OQL test OQLOrder object:\r\n{0}\r\n", q);
}
```

注意: 数组 orderInfo 内的每一个元素,都是由实体类属性名字＋空格＋排序方式(升序/降序)组成的字符串,而不是表的字段名＋空格＋排序方式。

以上四种方式都会得到下面一样的排序 SQL 语句:

```
OQL test OQLOrder object:
SELECT
    [UserName],
    [ID]
FROM [LT_Users]
        ORDER BY  [UserName] DESC, [ID] ASC
```

4.7.12 简单的分页方法

1. "SQL Server 系"分页方案

在各种数据库中,SQL Server 和 Access、SQL CE 的分页方案(简称"SQL Server系"分页方案)一直是最复杂的,不像 Oracle 和 MySQL 那样简单。下面来回顾一下"SQL Server 系"分页方案的具体内容。

(1) 查询第一页数据

"SQL Server 系"分页实际上提供了最简单高效的获取第一页数据的方法,那就是 Top 选取顶部指定数量数据的方法,比如下面从订单表选取前 10 条记录的 SQL 语句:

```
SELECT TOP 10 * FROM [Orders]
```

上面这条 SQL 语句没有指定排序的字段,默认将根据主键排序,假设 Orders 表的主键是 OrderID,上面这个查询等价于:

```
SELECT TOP 10 * FROM [Orders] ORDER BY [OrderID]
```

注意排序的方式是升序(ASC)还是倒序(DESC),如果不指定,则取决于排序字段默认的排序规则。

(2) 查询最后一页数据

假定 OrderID 默认是升序排序的,那么获取全部记录的最后 10 记录就是:

```
SELECT TOP 10 * FROM [Orders] ORDER BY [OrderID] DESC
```

不过,上面这个查询结果 OrderID 是倒序排列的,如果想让上面的数据按照 Orders 表 OrderID 自然升序排列显示这最后 10 条记录,那么需要对上面的结果集按照相反的排序方式再处理如下:

```
SELECT * FROM (SELECT TOP 10 * FROM [Orders] ORDER BY [OrderID] DESC) T1
   ORDER BY T1.[OrderID] ASC
```

(3) 查询中间页数据

假设现在进行分页查询,每页记录数量为 10 条,用这个思路,也可以查询第一页和最后一页之间的记录,思路就是先查询出第一页到当前页的全部数据,然后对这个结果集取最后一页的数据即可。例如对 Orders 表按照 OrderID 字段升序查询第二页数据:

```
SELECT TOP 10 * FROM
  ( SELECT TOP 10 * FROM
    (SELECT TOP 20 * FROM [Orders] ORDER BY [OrderID] ASC
    ) T1 ORDER BY T1.[OrderID] DESC
  ) T2 ORDER BY T2.[OrderID] ASC
```

如果想对 OrderID 字段倒序查询第二页数据,只须修改排序谓词即可:

```
SELECT TOP 10 * FROM
  (SELECT TOP 10 * FROM
    (SELECT TOP 20 * FROM [Orders] ORDER BY [OrderID] DESC
    ) T1 ORDER BY T1.[OrderID] ASC
  ) T2 ORDER BY T2.[OrderID] DESC
```

上面这个 SQL 巧妙地利用了取最后一页数据的方法来处理中间结果集,成为"SQL Server 系"数据库分页查询中间页数据的通用方法。下面以倒序的方式将这个 SQL 抽象成通用的查询,得到下面的"伪 SQL":

```
SELECT TOP  @@PageSize * FROM
    (SELECT TOP @@PageSize * FROM
      (SELECT TOP  @@Page_Size_Number @@FieldList
        FROM (@@DataSourceTable) st
          @@Where
          ORDER BY @@PrimaryKey DESC
      ) t1 ORDER BY @@PrimaryKey ASC
    ) t2 ORDER BY @@PrimaryKey DESC
```

由于这种分页查询方法需要对结果集进行三次排序,所以被称为"三重排序分页"方法。

"伪变量"说明:

@@PageSize——页大小,一页的记录数量。

@@Page_Size_Number——页码乘以页大小的积。

@@FieldList——选取的字段名列表。

@@PrimaryKey——可以是主键,也可以不是主键;可以有多个字段,但是必须分别指明排序方式[desc]/[asc]。在查询中,使用主键排序比采用其他字段排序拥有极高的效率。

@@DataSourceTable——可能是一个单表的查询,例如:

```
SELECT * FROM USERINFO WHERE USERCLASS = '1' ORDER BY USERNAME DESC
```

也可能是一个复杂的多表查询,例如:

```
SELECT A.ArticleID, A.ClassID, A.Title, A.CreateTime, A.Hints,
       A.Writer ,A.PaperDate,A.FromOffice,C.ClassName AS ClassName
FROM TB_OA_Article A
INNER JOIN  TB_OA_Class C ON A.ClassID = C.ClassID
```

或者是一个视图,例如:

```
SELECT * FROM VIEW1
```

@@Where——表示要多数据源的筛选条件。

注:把数据筛选条件放到这一层次可以避免[@@DataSourceTable]中由复杂的多表查询的情况引起"字段不明确"的问题。

详细内容,可以参考《基于 SQL 词法分析的多种数据库自动分页方案》,网址:https://blog.csdn.net/bluedoctor/article/details/1421642。

(4) 高效主键分页

前面的"三重排序分页"方法虽然是分页查询中间页数据的通用方法,但是效率却不高,页码越靠后,效率越低,原因在于它最内层的结果集越往后越大,会占用数据库很大的 I/O 空间,从而效率越低。所以可以对"三重排序分页"方法进行优化,最内层查询仅仅查询结果集包含的"主键"字段和排序字段,这样"三重排序分页"方法最后得到的就是仅有"主键"字段的结果集,然后再去检索包含这些主键值的记录,得到最终需要的结果集。例如,将前面查询 Orders 表按照 OrderID 升序查询第二页数据的 SQL 优化后:

```
SELECT TOP 10 * FROM [Orders] WHERE [OrderID] IN
  ( SELECT TOP 10 [OrderID] FROM
    ( SELECT TOP 20 [OrderID] FROM [Orders] ORDER BY [OrderID] ASC
    ) T1 ORDER BY T1.[OrderID] DESC
  ) T2 ORDER BY [OrderID] ASC
```

采用这种方法,比起前面说的"三重排序通用分页"方法,在页码比较大时效率可提高 10 倍以上,主要得益于内部子查询的结果集变小了很多,但这种分页方法仍然需要三重排序,分页 SQL 还是很复杂。有关这种分页方法与其他方法之间的查询效率比较,请参考网络文章《(转)高效的 SQLSERVER 分页查询(推荐)》,网址:https://blog.csdn.net/liufeifeinanfeng/article/details/78540606。

如果主键是有序的且主键值容易比较大小,可以采用另一种非常高效的分页方案,它可以利用 SQL 语言里面的 MAX,MIN 函数,来计算排序数据的范围,只要数据在这个范围内即可,而不用三重排序,例如前面从 Orders 表查询第二页数据的 SQL,改用高效主键分页的例子:

```
SELECT TOP 10 * FROM [Orders] WHERE [OrderID] >
(SELECT MAX([OrderID]) FROM
  (SELECT TOP 10 [OrderID] FROM [Orders] ORDER BY [OrderID] ASC ) t0
)
ORDER BY [OrderID] ASC
```

上面这个 SQL 是按照 OrderID 字段升序排序的主键分页方法查询中间页,分页排序的字段也可以不是主键,但是必须易于比较大小的字段类型,例如数值型字段、日期类型字段和固定长度的字符串型字段,GUID 类型不适合这种分页方法,但是可以使用"有序 GUID"来解决这个问题。

如果是主键降序分页,则上面的查询示例修改为:

```
SELECT TOP 10 * FROM [Orders] WHERE [OrderID] <
(SELECT MIN([OrderID]) FROM
  (SELECT TOP 10 [OrderID] FROM [Orders] ORDER BY [OrderID] DESC ) t0
```

```
)
ORDER BY [OrderID]DESC
```

将上面这个例子抽象一下,就可以得到以下高效主键分页的"模板":

① 升序:

```
SELECT TOP @@PageSize * FROM @@DataSourceTable WHERE @@PrimaryKey>
(SELECT MAX(@@PrimaryKey) FROM
  (SELECT TOP @@Page_Size_Number - @@PageSize @@PrimaryKey
   FROM @@DataSourceTable ORDER BY  @@PrimaryKeyASC ) t0
)
ORDER BY @@PrimaryKey ASC
```

② 降序:

```
SELECT TOP @@PageSize * FROM @@DataSourceTable WHERE @@PrimaryKey <
(SELECT MIN(@@PrimaryKey) FROM
  (SELECT TOP @@Page_Size_Number - @@PageSize @@PrimaryKey
   FROM @@DataSourceTable ORDER BY  @@PrimaryKey DESC ) t0
)
ORDER BY @@PrimaryKey DESC
```

2. Oracle 分页算法

Oracle 提供了 rownum 关键字,它可为结果集生成一个序号,这样可根据序号来定位分页的记录,下面直接给出 Oracle 分页的 SQL 模板:

```
SELECT [@@FieldList] FROM (
    SELECT [@@FieldList],rownum rn FROM
      (SELECT [@@FieldList] FROM ( @@DataSourceTable )t0 @@Where ORDER BY @@Or-
derField DESC ) t1
        WHERE rownum <= @@Page_Size_Number
)
WHERE rn >= (@@Page_Size_Number - @@PageSize)
```

说明:在 Oracle 中,由于虚拟列 rownum 是在排序之后输出的,所以必须采用嵌套的子查询来获取指定范围内的数据。

3. MySQL 分页算法

一般的分页查询使用简单的 LIMIT 子句就可以实现。LIMIT 子句声明如下:

```
SELECT * FROM table LIMIT [offset,] rows | rows OFFSET offset
```

其中,LIMIT 子句可以用于指定 SELECT 语句返回的记录数。须注意以下几点:

● 第一个参数 offset 指定第一个返回记录行的偏移量;

- 第二个参数 rows 指定返回记录行的最大数目;
- 如果只给定一个参数:它表示返回最大的记录行数目;
- 第二个参数为−1 表示检索从某一个偏移量到记录集的结束所有的记录行;
- 初始记录行的偏移量是 0(而不是 1)。

下面是一个应用实例:

```
SELECT * FROM orders ORDER BY id LIMIT 1000,10;
```

该条语句将会从表 orders 中查询第 1 000 条数据之后的 10 条数据,也就是第 1 001 条到第 1 010 条数据。

随着查询的记录数量越来越大,所花费的时间也会越来越多,所以返回记录行不要太大,不过这个问题对于分页场景不存在问题。MySQL 的 LIMIT 这种分页查询方式会从数据库查询结果集的第一条记录开始扫描,越往后,查询速度越慢,而且查询的数据越多,也会拖慢总查询速度。可以使用子查询优化,这种方式先定位偏移位置的 ID,然后往后查询,但这种方式只适用于 id 递增的情况,感兴趣的朋友可以自己去研究下。

4. SQL Server 新版本的分页方案

使用 Top 方式的分页虽然是"SQL Server 系"数据库的通用方案,但获取中间页的多重排序方法页码越大效率越低,虽然有优化的方案但总体效率还是较低,而且这种 SQL 语句书写复杂,不太容易理解。SQL Server 2000 的后续版本提供了新的分页查询 API,这里做一个简单介绍。

(1) SQL Server 2005/2008 提供的 ROW_NUMBER() OVER()方式

这种方式的原理类似于 Oracle 的 rownumber 方式,都是给结果集中每条记录一个虚拟编号,然后利用这个编号来分页。例如将前面使用的"三重排序"的分页方法改成按照升序查询第二页的数据:

```
SELECT * FROM
( SELECT * , ROW_NUMBER() OVER(ORDER BY [OrderID] ASC ) AS RowId FROM [Orders]
) AS t0
WHERE RowId BETWEEN 10 AND 20
```

采用这种方案,分页只需要一次排序,但是需要一个子查询的结果集,查询效率与优化之后的"三重排序分页"方法差不多,但 SQL 语句书写却简单了很多。

(2) SQL Server 2012 提供的 OFFSET FETCH NEXT 方式

这种方式非常像 MySQL 提供的分页方式,OFFSET 记录偏移量 FETCH NEXT 页大小,例如下面从表 Orders 查询第三页的数据:

```
SELECT * FROM  [Orders]  ORDER BY [OrderID] ASC  OFFSET 20 ROWS
FETCH NEXT 10 ROWS ONLY
```

注意：上面的"记录偏移量"＝（页码 －1）＊ 页大小，其中，页码是从 1 开始的整数，所以查询第三页数据时，记录偏移量是 20。

相比较 SQL Server 2005/2008 的 ROW_Number 函数而言，使用 OFFSET 和 FETCH 不仅仅是从语法角度更加简单，一行代码实现了分页，并且拥有了更优的性能。

5. OQL 的分页方法

前面讲了"SQL Server 系"数据库的通用分页方法，然后又讲了 Oracle，MySQL 的分页方法，并且对比了这些分页方法的优缺点，SQL Server 新版本借鉴了 Oracle 和 MySQL 分页方法的优点，推出了新的分页方法。除了这里介绍的这几种数据库，还有一些数据库也有自己的分页方法。由此可知，不同数据库以及数据库的不同版本所提供的分页方法区别是比较大的，并不通用，这限制了应用程序在数据库之间的移植。SOD 框架为了解决这个问题，提出了《基于 SQL 词法分析的多种数据库自动分页方案》（https://blog.csdn.net/bluedoctor/article/details/1421642），通过分析框架要执行的 SQL 语句，提取中间的 SELECT、WHERE、ORDER BY 子句进行分析，最后根据目标数据库版本，生成当前数据库能够执行的分页 SQL 语句。所以，OQL 作为 SOD 的 ORM 查询语言，不需要关心分页的细节，只需要考虑分页功能在语法层面如何实现得最简单即可。

从上面的各种数据库分页方法上，可以发现 MySQL 的 Limit 方法是最简单的方法，所以 SQL Server 2012 也借鉴了这种方法，因此 OQL 的分页也决定采用这种类似的方法。

(1) Limit 方法的形式化定义

```
public OQLLimit ( int pageSize[, int pageNumber[, bool autoRecCount] | [string page-
Field] ])
```

方法说明：

设置 OQL 的分页信息，指导框架生成目标数据库的分页 SQL。对于 SQL Server 系数据库，框架会根据 SQL 的情况选择通用分页方法，还是高效主键分页方法。

注意：调用该方法不会影响 OQL.ToString()结果，仅在最终执行查询时才会去构造数据库的分页 SQL 语句。所以调用该方法后无法在 VS 的调试窗口看到执行的真正 SQL 语句，要看到最终的 SQL 语句可以设置跟踪 SQL 日志，详细内容请参考 3.3.7 小节跟踪 SQL 执行情况。

参数说明：

● pageSize：必选，页大小，每一页要显示的最大记录数。
● pageNumber：可选，页码，分页的当前页数字，从 1 开始。
● autoRecCount：可选，是否允许自动查询本次分页查询前的记录总数，如果允许,那么查询成功后可以从 OQL 对象的 PageWithAllRecordCount 字段得到实际的记录数量。

● pageField：可选，要排序的字段，默认为主键字段。不支持多主键。

(2) 使用示例

下面查询用户数据，只查询了前 5 条记录，等同于查询第一页，每页 5 条记录：

```
AdoHelper db = MyDB.GetDBHelperByConnectionName("TestConn");
UserEntity ue = new UserEntity();
OQL q = OQL.From(ue)
        .Select()
        .OrderBy(ue.ID)
     .END;
q.Limit(5);
var list = EntityQuery <UserEntity>.QueryList(q, db);
```

下面查询第二页数据，每页 5 条记录：

```
//其他代码同上,略
q.Limit(5,2)
q.PageWithAllRecordCount = 100;
var list = EntityQuery <UserEntity>.QueryList(q, db);
```

上面的代码设置分页前符合条件的结果记录总数为 100 条记录。考虑到很少有人会去查看第 10 页之后的记录，所以框架假定每页显示 10 条记录，记录总数是 999 条，这样就不必先去求一次记录总数了。如果需要准确分页，需要先设置这个属性值。Limit 方法也提供一个自动求本次查询记录总数的重载方法，可以将上面代码修改为：

```
q.Limit(5,2,true)
var list = EntityQuery <UserEntity>.QueryList(q, db);
int allCount = q.PageWithAllRecordCount;//执行查询后,获取记录总数
```

如果你的数据修改的不是很频繁，没必要每次都这样查询一下记录总数来准确分页，在查询第一页时获取这个记录总数，保存这个总数，下次分页查询其他页时设置 OQL 对象的 PageWithAllRecordCount 属性即可。

(3) 动态指定分页排序字段

有时候，需要根据用户在界面选择的数据列来排序分页，比如用户信息列表页面，可以按照用户 ID 来排序，也可以按照用户名来排序，例如下面按照用户名排序，查询第二页，每页 10 条记录：

```
AdoHelper db = MyDB.GetDBHelperByConnectionName("TestConn");
UserEntity ue = new UserEntity();
OQL q = OQL.From(ue).Select().END;
```

```
q.Limit(10,2,"UserName");
var list = EntityQuery <UserEntity> .QueryList(q, db);
```

这样,不管应用程序的数据库具体是什么数据库,只需要使用 OQL 来查询,就可以简单地支持分页功能了,这就是 OQL 屏蔽具体数据库差异,抽象化查询的妙处。

4.7.13　聚合运算

聚合函数对一组值执行计算,并返回单个值。除了 COUNT 外,聚合函数都会忽略 Null 值。聚合函数经常与 SELECT 语句的 GROUP BY 子句一起使用。

所有聚合函数均为确定性函数。换言之,当每次使用一组特定的输入值调用聚合函数时,它们所返回的值都是相同的。

注:确定性函数和不确定性函数。

只要使用特定的输入值集并且数据库具有相同的状态,那么不管何时调用,确定性函数始终都会返回相同的结果。即使访问的数据库的状态不变,每次使用特定的输入值集调用非确定性函数都可能会返回不同的结果。例如,函数 AVG 对上述给定的限定条件始终返回相同的值,但返回当前 datetime 值的 GETDATE 函数始终会返回不同的结果。

只能在以下位置将聚合函数作为表达式使用:

- SELECT　语句的选择列表(子查询或外部查询)。
- HAVING　子句。

SQL 标准提供下列聚合函数:

- AVG　　　计算平均值。
- MAX　　　计算最大值。
- MIN　　　计算最小值。
- SUM　　　求和。
- COUNT　　计算符合条件的数据行数。

OQL 遵循了 SQL 标准,在 Select 函数和 Having 函数后面可以调用聚合函数,请看下面的简单示例。

示例　获取联系人信息记录数量:

```
public int GetContactInfoCount()
{
    CustomerContactInfo info = new CustomerContactInfo();
    OQL q = OQL.From(info)
            .Select()
            .Count(info.CustomerID, "tempField")
        .END;
```

```
CustomerContactInfo infoCount =
            EntityQuery <CustomerContactInfo> .QueryObject(q);
return Convert.ToInt32(infoCount.PropertyList("tempField"));
}
```

这里按照客户号进行统计,将统计结果放到 SQL 的列别名"tempField"中去,最后可以通过实体类的 PropertyList 方法取得该值。

注:"tempField"并不是实体类 CustomerContactInfo 固有的字段,只是 SQL 查询出来的一个别名字段而已,但实体类仍然可以访问它,这就体现了 SOD 框架的实体类其实是一个"数据容器"的概念。

如果不使用别名,那么随意选取一个 int、long 类型的实体类属性,存放结果即可,比如本例仍然使用 CustomerID:

```
public int GetContactInfoCount()
{
    CustomerContactInfo info = new CustomerContactInfo();
    OQL q = OQL.From(info)
  .Select()
  .Count(info.CustomerID, "")
        .END;
    CustomerContactInfo infoCount =
            EntityQuery <CustomerContactInfo> .QueryObject(q);
    return infoCount.CustomerID;
}
```

这样,查询出来的记录总数,使用 infoCount.CustomerID 访问就好了,这个例子同样也说明了 SOD 框架的实体类,就是数据的容器。

说明:类似的,将 OQL 的 Count 方法替换成其他聚合方法,可以完成相应的 SQL 计算功能,OQL 代码都是类似的,例如下面求平均身高的 OQL 查询。

如果聚合运算同时合并分组计算,则在聚合函数使用时最好指定别名,方便选取结果,如下示例:

```
Table_User user = new Table_User();
OQL q = OQL.From(user)
        .Select().Avg(user.Height,"AvgHeight")
        .GroupBy(user.Sex)
      .END;
EntityContainer ec = new EntityContainer(q);
    var result = ec.MapToList(() => new {
    //获取聚合函数的值,用下面一行代码的方式
    AvgHeight = ec.GetItemValue <double> ("AvgHeight"),
```

```
        Sex = user.Sex ?"男":"女"
        });
```

如上示例,按照性别分组查询男女的平均身高,平均身高字段指定了别名 "AvgHeight",那么在分组查询后,用**延迟指定查询字段的方式**(在 EntityContainer 对象的 MapToList 方法里面指定,参见 4.7.14 小节多实体类联合查询中的"延迟 Select 指定实体类属性"),在方法内使用 ec. GetItemValue ＜ double ＞（" AvgHeight"）方法根据平均身高字段的别名获取查询的字段值。

执行上面的查询,会生成下面的 SQL 语句:

```
SELECT
        [Sex] ,AVG( [Height]) AS AvgHeight
FROM [Table_User]

        GROUP BY  [Sex]
```

4.7.14　多实体类联合查询

SQL 连接查询是 SQL 查询的核心,SQL92 标准规定了以下几种连接类型:

① 交叉连接(Cross Join)　不带 On 子句,返回的是两表的乘积,也叫笛卡儿积。

● 隐式的交叉连接,没有 Cross Join。

● 显式的交叉连接,使用 Cross Join。

② 内连接(Inner Join)　返回连接表中符合连接条件和查询条件的数据行。

● 隐式的内连接,没有 Inner Join,形成的中间表为两个表的笛卡儿积。

● 显示的内连接,一般称为内连接,有 Inner Join,形成的中间表为两个表经过 On 条件过滤后的笛卡儿积。

③ 外连接(Outer Join)　外连不但返回符合连接和查询条件的数据行,还返回不符合条件的一些行。

● 左外连接(left outer join),也简称 Left Join。

● 右外连接(right outer join),也简称 Right Join。

● 全外连接(full outer join)。

④ 联合连接(Union Join)　这是一种很少见的连接方式。Oracle、MySql 均不支持,其作用是:找出全外连接和内连接之间差异的所有行。

⑤ 自然连接(Natural Inner Join)　自然连接无须指定连接列,SQL 会检查两个表中是否相同名称的列,且假设它们在连接条件中使用,并且在连接条件中仅包含一个连接列。

理解 SQL 查询的过程是进行 SQL 优化的理论依据。

① 两表连接查询:对两表求积(笛卡儿积)并用 On 条件和连接类型进行过滤形成中间表;然后根据 Where 条件过滤中间表的记录,并根据 Select 指定的列返回查

询结果。

② 多表连接查询：先对第一个和第二个表按照两表连接做查询，然后用查询结果和第三个表做连接查询，以此类推，直到所有的表都连接上为止，最终形成一个中间的结果表，然后根据 Where 条件过滤中间表的记录，并根据 Select 指定的列返回查询结果。

连接查询的连接类型需要依据实际需求来选择，如果选择不当，非但不能提高查询效率，反而会带来一些逻辑错误或者性能低下。假设有两个表 Table_L 和 Table_R，下面以这两个表为例总结一下两表连接查询选择方式的依据：

① 查两表关联列相等的数据用内连接。

② Table_L 是 Table_R 的子集时用右外连接。

③ Table_R 是 Table_L 的子集时用左外连接。

④ Table_R 和 Table_L 彼此有交集但彼此互不为子集时用全外连接。

⑤ 求差操作时用联合查询。

在 SQL 中连表查询时，最常用的连表查询为内联 Inner Join，左连接 Left Join，右连接 Right Join，OQL 目前仅支持这几种常见的连接查询，通过对实体类进行关联查询实现 SQL 的连接查询。OQL 的连接查询语法与 SQL 非常类似，但是 Linq 实现的方式与 SQL 有较大差异，如果用过 Linq 做表外连接操作的朋友就知道，这里不做更多介绍，感兴趣的朋友请去查阅相关资料。

1. OQL 实体连接方法定义

```
/// <summary>
///内连接查询
/// </summary>
/// <param name = "e"> 要连接的实体对象 </param>
/// <returns> 连接对象 </returns>
public JoinEntity Join(EntityBase e)
{
    return Join(e, "INNER JOIN");
}


/// <summary>
///内连接查询
/// </summary>
/// <param name = "e"> 要连接的实体对象 </param>
/// <returns> 连接对象 </returns>
public JoinEntity InnerJoin(EntityBase e)
{
    return Join(e, "INNER JOIN");
}
```

```
/// <summary>
///左连接查询
/// </summary>
/// <param name = "e"> 要连接的实体对象 </param>
/// <returns> 连接对象 </returns>
public JoinEntity LeftJoin(EntityBase e)
{
    return Join(e, "LEFT JOIN");
}


/// <summary>
///右连接查询
/// </summary>
/// <param name = "e"> 要连接的实体对象 </param>
/// <returns> 连接对象 </returns>
public JoinEntity RightJoin(EntityBase e)
{
    return Join(e, "RIGHT JOIN");
}
```

上面的方法都会返回一个 JoinEntity 对象, 方法内部都调用了内部方法 Join, 它的主要作用是对连接的实体对象关联一个"别名", 这个别名会出现在 SQL 语句中; 同时它挂钩一个实体类的属性获取事件, 这样在关联的实体类上进行操作时就知道要操作哪个实体类属性了, 请看 Join 方法的实现:

```
private JoinEntity Join(EntityBase entity, string joinTypeString)
{
    if (dictAliases == null)
        dictAliases = new Dictionary <object, string> ();
    dictAliases.Add(entity, "T" + dictAliases.Count);
    haveJoinOpt = true;
    entity.PropertyGetting +=
        new EventHandler <PropertyGettingEventArgs> (e_PropertyGetting);
    JoinEntity je = new JoinEntity(this, entity, joinTypeString);

    return je;
}
```

JoinEntity 对象的主要作用是存储连接的左表和右表信息, 它有一个 On 方法, 调用该方法会返回与它关联的 OQL 对象, 从而确保链式调用回到最终的 OQL 表达式。

```
public OQL On(params object[] fields)
{
   //具体代码略
}
```

On 方法的参数是可选参数对象,它总是成对出现,表示连接的左实体类属性(左表连接字段)和右实体类属性的关联。假设下面的变量 a、b 分别是准备连接的实体类,它们根据对象各自的 ID 属性进行关联,请看下面的示例:

```
var q1 = OQL.From(a)
             .InnerJoin(b).On(a.ID,b.ID)
             .Select(a.ID,a.Name,b.Name)
           .END;
```

也可以多个属性进行关联,例如上面的示例中增加 Name 属性进行关联:

```
var q2 =  OQL.From(a)
             .LeftJoin(b).On(a.ID,b.ID, a.Name,b.Name)
             .Select(a.ID,a.Name,b.OtherInfo)
           .END;
```

所以在 On 方法中,总是成对出现实体类属性的关联,目前仅支持属性(字段)相等关联,暂不支持更复杂的条件关联。对于内连接,关联条件可以放到 Where 子句去实现。

2. 多实体类(表)连接查询示例

本示例演示如何从多个表中查询获取商品"销售单视图"。该查询需要将"商品销售单实体"GoodsSellNote、"雇员"Employee、"客户联系信息"CustomerContactInfo 三个实体类进行关联查询得到,其中销售员编号与雇员工号关联,销售单与客户信息的客户编号关联,下面给出 OQL 多实体类连接的实例代码:

```
public IEnumerable <GoodsSellNoteVM> GetGoodsSellNote()
{
    GoodsSellNote note = new GoodsSellNote();
    Employee emp = new Employee();
    CustomerContactInfo cst = new CustomerContactInfo ();
    OQL joinQ = OQL.From(note)
      .InnerJoin(emp).On(note.SalesmanID, emp.WorkNumber)
      .InnerJoin(cst).On(note.CustomerID, cst.CustomerID)
      .Select( note.NoteID, cst.CustomerName,
               note.ManchinesNumber, emp.EmployeeName,
               note.SalesType, note.SellDate)
      .OrderBy(note.NoteID, "desc")
```

```
    .END;

    AdoHelper db = MyDB.GetDBHelper();
    EntityContainer ec = new EntityContainer(joinQ, db);
    ec.Execute();
        //可以使用下面的方式获得各个成员元素列表
        //var noteList = ec.Map <GoodsSellNote> ().ToList();
        //var empList = ec.Map <Employee> ().ToList();
        //var cstList = ec.Map <CustomerContactInfo> ().ToList();
        //直接使用下面的方式获得新的视图对象
    var result = ec.Map <GoodsSellNoteVM> (e =>
    {
        e.NoteID = ec.GetItemValue <int> (0);
        e.CustomerName = ec.GetItemValue <string> (1);
        e.ManchinesNumber = ec.GetItemValue <string> (2);
        e.EmployeeName = ec.GetItemValue <string> (3);
        e.SalesType = ec.GetItemValue <string> (4);
        e.SellDate = ec.GetItemValue <DateTime> (5);
        return e;
    }
    );
    return result;
}
```

上面的例子中,先在 OQL 表达式的 Select 方法指定要查询的实体属性,然后在 EntityContainer 的 Map 方法内采用 GetItemValue 方法获取要查询的结果,查询时 GetItemValue 方法参数可以是 Select 方法指定的实体类属性的索引顺序,也可以是实体类属性对应的字段名。

3. 延迟 Select 指定实体类属性

从上面的例子我们发现,在 Select 方法和 Map 方法内多次指定了字段/属性信息,代码量比较重复,因此在后续版本中,支持将 Select 方法的实体属性选择推迟到 Map 方法内,所以上面的例子可以改写如下:

```
/// <summary>
///获取商品销售价格信息
/// </summary>
/// <returns> </returns>
public IEnumerable <GoodsSaleInfoVM> GetGoodsSaleInfo()
{
    GoodsBaseInfo bInfo = new GoodsBaseInfo();
    GoodsStock stock = new GoodsStock();
```

```
           //Select 方法不指定具体要选择的实体类属性,
           // 可以推迟到 EntityContainer 类的 MapToList 方法上指定
        OQL joinQ = OQL.From(bInfo).Join(stock)
.On(bInfo.SerialNumber, stock.SerialNumber)
                 .Select()
                 .OrderBy(bInfo.SerialNumber, "asc")
                 .OrderBy(bInfo.GoodsName, "asc")
              .END;


        joinQ.Limit(3, 3);


        AdoHelper db = MyDB.GetDBHelper();
        EntityContainer ec = new EntityContainer(joinQ, db);
        //在 MapToList 方法内再来指定 Select 方法所需调用的实体类属性
        var result = ec.MapToList <GoodsSaleInfoVM> (() => new GoodsSaleInfoVM()
        {
          GoodsName = bInfo.GoodsName,
          Manufacturer = bInfo.Manufacturer,
          SerialNumber = bInfo.SerialNumber,
          GoodsPrice = stock.GoodsPrice,
          MakeOnDate = stock.MakeOnDate,
          CanUserMonth = bInfo.CanUserMonth,
          Stocks = stock.Stocks,
          GoodsID = stock.GoodsID,
          ExpireDate = stock.MakeOnDate.AddMonths(bInfo.CanUserMonth)
        });
        return result;
}
```

4. 映射匿名查询结果

如果是局部使用多实体类连接查询结果,则可不用定义这个"ViewModel",而在 MapToList 方法中直接使用匿名类型,例如下面的例子:

```
OQL q = OQL.From(entity1)
       .Join(entity2).On(entity1.PK,entity2.FK)
       //.Select(entity1.Field1,entity2.Field2) //不再需要指定查询的属性
       .Select()
       .End;
EntityContainer ec = new EntityContainer(q);
var list = ec.MapToList(() =>
   {
    //返回匿名类
```

```
    return new {
   Property1 = entity1.Field1,
   Property2 = entity2.Field2
        };
 });


foreache(var item in list)
{
    Console.WriteLine("Property1 = {0},Property2 = {1}",
item.Property1,item.Property2);
}
```

5. 使用隐式内连接

隐式内连接不使用 ON 语句,直接在 Where 子句里面进行条件关联,数据库查询优化器会将它优化成与之等效的显式内连接。假设 user、roles 是两个实体类对象,可以通过下面的样子来进行连接查询:

```
OQL q3 = OQL.From(user, roles)
            .Select(user.ID, user.UserName, roles.ID, roles.RoleName)
            .Where(cmp => cmp.Comparer(user.RoleID, "=", roles.ID)
                    & cmp.EqualValue(roles.RoleName))
            .OrderBy(user.ID)
          .END;
Console.WriteLine("q3:two table query not use join\r\n{0}", q3);
Console.WriteLine(q3.PrintParameterInfo());
```

程序输出:

```
q3:two table query not use join
SELECT
    M.[ID],
    M.[UserName],
    T0.[ID],
    T0.[RoleName]
FROM [LT_Users]  M  ,[LT_UserRoles] T0
    WHERE  M.[RoleID]=  T0.[ID] AND  T0.[RoleName] = @P0
              ORDER BY  M.[ID]
--------OQL Parameters information----------
have 1 parameter,detail:
  @P0 = role1       Type:String
----------------------- End -----------------------
```

6. 使用自连接

自连接(self join)是 SQL 语句中经常要用的连接方式,使用自连接可以将自身表的一个镜像当作另一个表来对待,从而能够得到一些特殊的数据。

看看下面这个例子:

假设数据库有一个员工表 emp,在 emp 中的每一个员工都有自己的 mgr(经理),并且每一个经理自身也是公司的员工,自身也有自己的经理。下面我们需要将每一个员工自己的名字和经理的名字都找出来。

解决这个问题如果有一个"经理表"就很好办,但是一般不会这样设计,因为用两个表来解决这个问题会造成数据冗余,如果使用自连接查询,这个问题就很好解决了。

下面来看怎么使用 SOD 框架来解决这个问题。

假设员工表 emp 有下列字段:

empno:员工编号

ename:员工名字

mgrno:经理的员工编号

现在假设在程序里面有一个与员工表 emp 对应的实体类 Employee,完成上面的查询需求所需的 OQL 自连接查询就是:

```
Employee works = new Employee();
Employee mgr = new Employee();
//works,mgr 对应同一个实体类(表),所以以下是 OQL 自连接
OQL q = OQL.From(works)
          .Join(mgr).On(works.mgrno,mgr.empno)
          .Select()
       .End;
EntityContainer ec = new EntityContainer(q);
var list = ec.MapToList(() =>
  {
    return new {
        Worker = works.ename,
        Boss = mgr.ename
    };
  });


foreache(var item in list)
{
    Console.WriteLine("Employee{0} work for {1}",
                    item.Worker,item.Boss);
}
```

执行上面程序,查看 SQL 日志会看到下面的 SQL 语句:

```
SELECT
M.[ename] AS [M_ename],
TO.[ename] AS [TO_ename]
FROM [emp] M
INNER JOIN [emp] TO  ON  M.[mgrno] = TO.[empno]
```

有关 OQL 进行多实体类关联查询的原理介绍的信息,请参考笔者的博客文章《打造轻量级的实体类数据容器》。

4.7.15　高级子查询

子查询也称为内部查询或内部选择,而包含子查询的语句也称为外部查询或外部选择。在 SQL Server 中,许多包含子查询的 Transact - SQL 语句都可以改用联接表示。其他问题只能通过子查询提出。在 Transact - SQL 中,包含子查询的语句和语义上等效的不包含子查询的语句在**性能上通常没有差别**。但是,在一些必须检查存在性的情况中,使用联接会产生更好的性能。否则,为确保消除重复值,必须为外部查询的每个结果都处理嵌套查询。所以在这些情况下,联接方式会产生更好的效果,SQL Server 查询优化器会尝试进行这样的优化。

以下示例显示了返回相同结果集的 SELECT 子查询和 SELECT 连接:

```
/* SELECT statement built using a subquery. */
SELECT Name
FROM AdventureWorks2008R2.Production.Product
WHERE ListPrice =
    (SELECT ListPrice
    FROM AdventureWorks2008R2.Production.Product
    WHERE Name = 'Chainring Bolts' );

/* SELECT statement built using a join that returns
   the same result set. */
SELECT Prd1.Name
FROM AdventureWorks2008R2.Production.Product AS Prd1
    JOIN AdventureWorks2008R2.Production.Product AS Prd2
      ON (Prd1.ListPrice = Prd2.ListPrice)
WHERE Prd2.Name = 'Chainring Bolts';
```

1. IN 条件子查询

下面的例子使用一个 child 的 OQL 实例作为 q 的 OQL 实例的子对象,构造了一个"IN"条件子查询。当前实例演示的是简单子查询,它没有在子查询中引用父查询的字段。

```
void TestChild()
{
    Users user = new Users();
    UserRoles roles = new UserRoles();
    OQL child = OQL.From(roles)
                 .Select(roles.ID)
                 .Where(p => p.Comparer(roles.NickName, "like", "%ABC"))
              .END;

    OQL q = OQL.From(user)
              .Select(user.ID, user.UserName)
              .Where(cmp => cmp.Comparer(user.RoleID, "in", child))
           .END;

    Console.WriteLine("OQL by 子查询 Test:\r\n{0}", q);
    Console.WriteLine(q.PrintParameterInfo());
}
```

程序输出：

```
OQL by 子查询 Test:
SELECT
    [ID],
    [UserName]
FROM [LT_Users]
    WHERE  [RoleID]  IN
(SELECT
    [ID]
FROM [LT_UserRoles]
    WHERE  [RoleNickName]  LIKE  @P0 )


-------- OQL Parameters information ----------
have 1 parameter,detail:
  @P0 = %ABC        Type:String
-------------------- End --------------------
```

2. 高级子查询

高级子查询必须使用 OQLChildFunc 委托，并且使用 From 方法的重载：OQL.From(OQL parent，EntityBase entity)，通过该方式即可在子查询中使用父查询的实体类，而子查询最后作为 OQLCompare 对象的条件比较方法的参数传入，即下面代码中的：

```
cmp.Comparer(user.RoleID, "=", childFunc)
```

下面是详细代码：

```
void TestChild2()
{
Users user = new Users() { NickName = "_nickName" };
UserRoles roles = new UserRoles() { NickName = "_roleNickName" };

OQLChildFunc childFunc = parent => OQL.From(parent ,roles)
    .Select(roles.ID)
    .Where(cmp => cmp.Comparer(user.NickName, "=", roles.NickName)
        & cmp.Property(roles.AddTime) > DateTime.Now.AddDays(-3))
    .END;

OQL q = OQL.From(user)
        .Select()
        .Where(cmp => cmp.Comparer(user.RoleID, "=", childFunc))
    .END;

q.SelectStar = true;
Console.WriteLine("OQL by 高级子查询 Test:\r\n{0}", q);
Console.WriteLine(q.PrintParameterInfo());
}
```

程序输出：

```
OQL by 高级子查询 Test:
SELECT   *
FROM [LT_Users]  M
    WHERE  [RoleID] =
(SELECT
    [ID]
FROM [LT_UserRoles]
    WHERE  M.[NickName] = [RoleNickName] AND  [AddTime] > @P0  )

--------- OQL Parameters information ----------
have 1 parameter,detail:
  @P0 = 2013/7/26 22:15:38      Type:DateTime
------------------ End ------------------------
```

4.7.16 分组过滤

在 SQL 语言中,使用 GROUP BY 语句实现查询结果的分组。OQL 提供了这一功能的支持,它就是 OQL1 对象上的 GroupBy 方法,在前面的很多示例中曾经使用过。下面再来回顾一下,以性别进行分组,求男女用户的平均身高。

```
Table_User user = new Table_User();
OQL q = OQL.From(user)
            .Select().Avg(user.Height,"AvgHeight")
            .GroupBy(user.Sex)
        .END;
EntityContainer ec = new EntityContainer(q);
var result = ec.MapToList(() => new {
    //获取聚合函数的值,用下面一行代码的方式
    AvgHeight = ec.GetItemValue <double>("AvgHeight"),
    Sex = user.Sex ?"男":"女"
});
```

如上按照性别分组查询男女的平均身高,平均身高字段指定了别名"AvgHeight",那么在分组查询后,用延迟指定查询字段的方式(在 MapToList 里面指定,参见 4.7.14 小节多实体类联合查询中的"延迟 Select 指定实体类属性"),在方法内使用 ec.GetItemValue <double>("AvgHeight") 方法根据平均身高字段的别名获取查询的字段值。

执行上面的查询,会生成下面的 SQL 语句:

```
SELECT
     [Sex] ,AVG([Height]) AS AvgHeight
FROM [Table_User]
         GROUP BY  [Sex]
```

上面这个分组例子比较简单,有时需要对分组之后的结果进行再次过滤,比如在用户表中,求每种角色的用户数量大于 2 个用户的角色。如果使用下面这个 SQL:

```
SELECT
     [RoleID] ,COUNT([RoleID]) AS count_rolid
FROM [LT_Users]
WHERE count_rolid >= 2
GROUP BY  [RoleID]
```

这个查询会出错,因为聚合函数在 WHERE 之后执行,所以这里在 WHERE 判断条件里加入聚合函数是做不到的。这里使用 HAIVING 即可完成:

```
SELECT
     [RoleID] ,COUNT([RoleID]) AS count_rolid
FROM [LT_Users]
GROUP BY  [RoleID]
HAVING COUNT([RoleID]) >= 2
```

这里总结下 SQL 语句中各个子句执行的顺序：

第一步：执行 FROM。

第二步：WHERE 条件过滤。

第三步：GROUP BY 分组。

第四步：执行 SELECT 投影列，聚集函数。

第五步：HAVING 条件过滤。

第六步：执行 ORDER BY 排序。

Having 是对分组 Group 之后的再次筛选，而 Where 是在 Group 之前的，所以本质上 Having 子句也是一个条件表达式，但由于相对 Where 要简单，我们先用个方法来实现：

```
public OQL4 Having(object field,object Value,string sqlFunctionFormat)
{
//具体代码略
}
```

使用时这样用即可：

```
OQL q5 = OQL.From(user)
            .Select(user.RoleID).Count(user.RoleID, "count_rolid")
            .GroupBy(user.RoleID)
            .Having(user.RoleID, 2,"COUNT{0}>={1} "))
        .END;
```

上面这种使用方式，首先需要手写 Having 的聚合函数条件。而 OQL 的 Where 方法可以使用 OQLCompare 对象作为比较条件，Having 也是可以使用的，将 Having 方法改写如下：

```
public OQL4 Having(OQLCompareFunc cmpFun)
{
    OQLCompare compare = new OQLCompare(this.CurrentOQL);
    OQLCompare cmpResult = cmpFun(compare);

    if (!object.Equals(cmpResult, null))
    {
     CurrentOQL.oqlString += "\r\n        HAVING " +
cmpResult.CompareString;
    }
    return new OQL4(CurrentOQL);
}
```

然后，OQL 中就可以像下面这样使用了：

```
OQL q5 = OQL.From(user)
             .Select(user.RoleID).Count(user.RoleID, "count_rolid")
             .GroupBy(user.RoleID)
             .Having(p => p.Count(user.RoleID,
                         OQLCompare.CompareType.GreaterThanOrEqual, 2))
         .END;

Console.WriteLine("q5:having Test: \r\n{0}", q5);
Console.WriteLine(q5.PrintParameterInfo());
```

程序输出：

```
q5:having Test:
SELECT
     [RoleID] ,COUNT( [RoleID]) AS count_rolid
FROM [LT_Users]
         GROUP BY  [RoleID]
             HAVING COUNT( [RoleID]) > = @P0
-------- OQL Parameters information ----------
have 1 parameter,detail:
 @P0 = 2            Type:Int32
----------------- End -----------------------
```

OQLCompare 成功应用于 Having 方法，找到问题的相似之处，然后重用问题的解决方案，这真是令人非常高兴的事情。

4.7.17　使用数据库函数

有时候，可能需要在查询中使用 SQL 函数对一个字段进行函数计算，然后根据这个结果来筛选符合条件的数据，比如对日期字段数据取年份，查询符合某个年份的数据。SQL 标准除了规定"聚合函数"之外没有定义更多的标准函数，所以大部分 SQL 函数在不同的数据库中用法也是不同的，比如 SqlServer 与 Oracle 对于日期函数的使用都不同。要解决这种不同数据库对于函数使用的差异，可以规定一套标准函数，然后在程序执行时翻译成特定数据库平台的函数。SQL 函数很多，这是一个巨大的工程，而且难以做到多平台通用，Entity Framework 在这方面做了很多工作，使得它可以在 Linq 中使用 .NET 语言级别的一些函数，但它也无法做到完全支持，所以要想用好它还得去查询 Entity Framework 的函数使用手册。

SOD 框架有一个理念：**简单就是美**。为了不增加框架的学习曲线，同时为了原生态的使用目标数据库特有的函数，或者在查询语句中使用数据库的用户自定义函数，OQL 支持在 OQLCompare 对象上使用数据库函数，在 OQLCompare 对象的很多方法上只要有 sqlFunctionFormat 参数，即可支持使用数据库函数，比如下面的一个方法：

```
/// <summary>
///将当前实体属性的值和要比较的值进行比较,得到一个新的实体比较对象
/// </summary>
/// <param name = "field"> 实体对象属性 </param>
/// <param name = "type"> 比较类型枚举 </param>
/// <param name = "Value"> 要比较的值 </param>
/// <param name = "sqlFunctionFormat"> SQL 函数格式串,例如 "DATEPART(hh, {0})" </param>
/// <returns> 比较表达式 </returns>
public OQLCompare Comparer <T> (T field, CompareType type, T Value,
                  string sqlFunctionFormat )
{
    return ComparerInner <T> (field, type, Value, sqlFunctionFormat);
}
```

以这个函数为基础,正好可以构造出标准的 SQL 聚合函数：

```
public OQLCompare MAX <T> (T field, CompareType type, T Value)
{
    return Comparer <T> (field, type, Value, "MAX({0})");
}


public OQLCompare MIN <T> (T field, CompareType type, T Value)
{
    return Comparer <T> (field, type, Value, "MIN({0})");
}


public OQLCompare SUM <T> (T field, CompareType type, T Value)
{
    return Comparer <T> (field, type, Value, "SUM({0})");
}
```

下面的示例查询某用户加入系统后,23 小时后又登录过系统的用户记录：

```
Users user = new Users();
//    user.LastLoginTime - user.AddTime> '23:00:00'
// => user.LastLoginTime - '23:00:00'> user.AddTime
OQL q = OQL. From(user)
        .Select()
        .Where(cmp => cmp. Comparer(user. LastLoginTime, "> ",
                      user. AddTime, "{0} -'23:00:00'"))
    . END;
q. SelectStar = true;
```

```
Console.WriteLine("OQL Test SQL Fuction:\r\n{0}\r\n", q);
```

执行程序,输出下面的 SQL 信息:

```
OQL Test SQL Fuction:
SELECT    *
FROM [LT_Users]
     WHERE LastLoginTime -'23:00:00'> user.AddTime
```

可见,参数 sqlFunctionFormat 是一个包含数据库函数的格式化字符串,这个参数值就是 String.Format 的格式化字符串,中间包含参数占位符,比如这里的"{0}"表示第 0 个参数,框架会使用 Comparer 方法的第一个(实体类)参数的属性对应的字段名来替换这个占位符,比如上面"{0}-'23:00:00'"被替换成了"LastLoginTime -'23:00:00'"。

上面代码中实际使用的是 Comparer 泛型方法,第三个参数与第一个参数的类型一样。但是有些 SQL 函数计算的结果的类型可能不是该函数处理的字段的类型,比如不是加减日期后得到一个新的日期值,而是获取日期的一部分,结果与日期字段就不同了。所以这里需要一个新的 Comparer 方法:

```
/// <summary>
///将当前实体类的属性值应用 SQL 函数以后,与一个值进行比较。
/// </summary>
/// <typeparam name = "T"> 属性的类型 </typeparam>
/// <param name = "field"> 属性字段 </param>
/// <param name = "typeString"> 比较类型字符串 </param>
/// <param name = "Value"> 应用函数后要比较的值 </param>
/// <param name = "sqlFunctionFormat"> SQL 函数格式串,例如 "DATEPART(hh, {0})" </param>
/// <returns> 比较表达式 </returns>
public OQLCompare ComparerSqlFunction <T> (T field, string typeString,
                        object Value, string sqlFunctionFormat)
{
    return ComparerInner <T> (field, CompareString2Type(typeString),
Value, sqlFunctionFormat);
}
```

ComparerSqlFunction 方法的第三个参数是 object 类型,即可解决数据库函数结果与函数处理的字段类型不一致的问题,请看下面的示例,在 SqlServer 数据库中求取某个字段的小时数是否大于 15:

```
Users user = new Users();
OQL q = OQL.From(user)
              .Select()
            .Where(cmp => cmp.ComparerSqlFunction(user.LastLoginTime, "> ",
```

```
                           15, "DATEPART(hh, {0})"))
                 . END;
q. SelectStar = true;
Console. WriteLine("OQL Test SQL Fuction:\r\n{0}\r\n", q);
Console. WriteLine(q. PrintParameterInfo());
```

程序输出：

```
OQL Test SQL Fuction:
SELECT    *
FROM [LT_Users]
    WHERE  DATEPART(hh, [LastLoginTime]) > @P0

--------- OQL Parameters information ----------
have 1 parameter, detail:
  @P0 = 15        Type: Int32
------------------- End -------------------------
```

通过这种方式，能够在比较条件上应用任何 SQL 函数，相比其他 ORM 框架的解决方案，这种方式要简单得多。

4.7.18　使用数据库锁

SqlServer 可以在 SQL 单条查询语句中指定查询的锁定方式，比如行锁、页锁或者不锁定数据等，OQL 对此提供了支持，在 OQL. SqlServerLock 枚举类型中定义了以下内容，如表 4-4 所列。

表 4-4　枚举类型描述

序 号	锁名称/枚举项	描　述
1	HOLDLOCK	在该表上保持共享锁，直到整个事务结束，而不是在语句执行完立即释放所添加的锁
2	NOLOCK	不添加共享锁和排它锁，当这个选项生效后，可能读到未提交读的数据或"脏数据"，这个选项仅仅应用于 SELECT 语句
3	PAGLOCK	指定添加页锁(否则通常可能添加表锁)
4	READCOMMITTED	用于运行在提交读隔离级别的事务相同的锁义执行扫描。默认情况下，SQL Server 2000 在此隔离级别上操作
5	READPAST	跳过已经加锁的数据行，这个选项将使事务读取数据时跳过那些已经被其他事务锁定的数据行，而不是阻塞直到其他事务释放锁，READPAST 仅仅应用于 READ COMMITTED 隔离性级别下事务操作中的 SELECT 语句操作
6	READUNCOMMITTED	等同于 NOLOCK

序 号	锁名称/枚举项	描 述
7	REPEATABLEREAD	设置事务为可重复读隔离性级别
8	ROWLOCK	使用行级锁,而不使用粒度更粗的页级锁和表级锁
9	SERIALIZABLE	用于运行在可串行读隔离级别的事务相同的锁语义执行扫描。等同于 HOLDLOCK
10	TABLOCK	指定使用表级锁,而不是使用行级或页面级的锁,SQL Server 在该语句执行完后释放这个锁,而如果同时指定了 HOLDLOCK,该锁一直保持到这个事务结束
11	TABLOCKX	指定在表上使用排它锁,这个锁可以阻止其他事务读或更新这个表的数据,直到这个语句或整个事务结束
12	UPDLOCK	指定在读表中数据时设置更新锁(update lock)而不是设置共享锁,该锁一直保持到这个语句或整个事务结束,使用 UPDLOCK 的作用是允许用户先读取数据(而且不阻塞其他用户读数据),并且保证在后来更新数据时,这一段时间内这些数据没有被其他用户修改
13	UNKNOW	未知(OQL 默认)

注意:如果使用了 OQL 的 With 方法指定了查询的锁定方式,那么该条 OQL 将只能在 SqlServer 中使用,不利于 OQL 的跨数据库平台的特性,但由于 SOD 框架用户的强烈要求,最终加入了该特性。实际上,对查询的锁定方式,也可以通过指定事务的隔离级别实现。

下面的示例演示了如何在 OQL 中使用数据库锁。

1. 使用 NOLOCK 进行脏读

下面的例子实现了对 User 表查询的 NOLOCK,从而提高并发查询效率:

```
void TestSqlLock()
{
    Users user = new Users();
    OQL q = OQL.From(user)
            .With(OQL.SqlServerLock.NOLOCK)
            //.With("nolock") //也可以这样指定
            .Select(user.ID,user.UserName,user.NickName)
        .END;
    Console.WriteLine("OQL Test SQL NoLock:\r\n{0}\r\n", q);
}
```

程序输出:

```
OQL Test SQL NoLock:
SELECT
    [ID],
    [UserName],
    [NickName]
FROM [LT_Users]  WITH(NOLOCK)
```

2. 使用 UPDLOCK 锁定查询结果

前面介绍了 SQL Server 支持的多种锁类型,包括读取记录时可以使用的多种锁,其中 UPDLOCK 允许读取数据(不阻塞其他事务)并在以后更新数据,同时确保自从上次读取数据后数据没有被更改。当我们用 UPDLOCK 来读取记录时,可以对取到的记录加上更新锁,从而使加上锁的记录在其他线程中不能更改,只能等本线程的事务结束后才能更改。这样,在高并发时,就可以安全地更新数据,由于 OQL 可以支持 SQL Server 锁操作,所以可以在 OQL 上使用 UPDLOCK 锁定查询结果,安全地更新实体数据到数据库。

举个例子,有时需要控制某条记录在**读取后就不许再更新**,那么就可以将所有要处理当前记录的查询都加上更新锁,以防止查询后被其他事务修改,将事务的影响降低到最小。这个场景类似火车售票窗口的车票锁定功能,只要窗口售票员查询到这个车有票就可以锁定这个记录,直到本次售票完成;车票被查询锁定后,别人将无法再查询到这张票。假如不这样做,只能锁定整个表,这种做法将严重影响性能;或者使用乐观锁,但会遇到并发冲突修改失败。

看下面的查询:

```
begin tran
select * from address WITH (UPDLOCK) where [Name] = 'Z'
waitfor delay '00:00:10'
update address set [Name] = 'X' where [Name] = 'Z'
commit tran
```

这个示例中,在读取记录后,等待 10 秒来模拟耗时的操作,之后再更新这条记录,这个功能就是依靠 UPDLOCK 来实现的。

上面这个例子可能比较抽象,再举一个实际的例子。

假设在某互联网金融公司的一个系统中,有一个投资产品表,当查询到该产品记录后,要进行一系列判断,最后对该记录进行更新。该记录的状态会影响到下一个人查询到此记录的处理,所以必须等到之前的用户操作完这条记录后,才允许后续的操作。下面来看用 SOD 框架的 OQL 是如何处理的。

```
decimal sumAmount = model.Amount + model.GvMoney;
DateTime currentTime = DateTime.Now;
AdoHelper db = AdoHelper.CreateHelper("defaultDB");
```

```
db.BeginTransaction();
try
{
    //查询相关产品余额剩多少够不够买的
    var q = OQL.From <Pro_Products> ()
             .With(OQL.SqlServerLock.UPDLOCK)
             .Select()
             .Where <Pro_Products> ((cmp, p) =>
                         cmp.Property(p.proNumber) == model.ProNumber)
        .END;
    var pro = EntityQuery <Pro_Products> .QueryObject(q, db);
    if (pro == null)
    {
        db.Rollback();
        return new OrderingModel { Msg = "剩余可投金额不足" };
    }
    //2015 08 06 限制投资金额
    if (sumAmount <10 || sumAmount % 10 != 0)
    {
        db.Rollback();
        return new OrderingModel { Msg = "投标金额不正确" };
    }

    //线下下单时,不可使用现金券
    if (SetObject.IsOffline(pro.ProType))
    {
        sumAmount = model.Amount;
    }
    if (pro.Surplus <sumAmount)
    {
        db.Rollback();
        return new OrderingModel { Msg = "剩余可投金额不足" };
    }
    if (currentTime <pro.starttime)
    {
        db.Rollback();
        return new OrderingModel { Msg = "还未开始" };
    }
    var giveAward = 0;
    if (pro.Surplus == sumAmount)
```

```
    {
        if (sumAmount > = 5000 && sumAmount <10000)
        {
          giveAward = 1;
        }
        if (sumAmount > = 10000)
        {
          giveAward = 2;
        }
    }
    //扣除产品可用金额
    pro.Surplus − = sumAmount;
    if (pro.Surplus == 0)//最后一笔更新满标状态
    {
        pro.Prostatus = "2";
        //pro.Paymentime = currentTime.AddDays(1);
        pro.Paymentime = currentTime;
        //
        pro.ProOrder = 0;
    }

    EntityQuery <Pro_Products> .Instance.Update(pro, db);
    //其他复杂的处理逻辑,更新其他表的操作,略

  db.Commit();
```

上面的操作,首先在 AdoHelper 对象上开启事务,然后查询投资产品实体时在 With 方法上加上 OQL.SqlServerLock.UPDLOCK 更新锁,接着进行复制的业务处理,然后更新此实体记录,之后还有复杂的其他业务操作,最后提交事务。

可以看到,OQL 的这种更新锁操作,与直接写 SQL 语句操作类似,OQL 执行时也是这样输出 SQL 语句的,这样确保数据记录在并发时,安全地更新。

4.7.19　批量更新和插入

批量更新指的是一次更新多条记录,批量插入就是一次性插入多条记录。在 Entity Framewrok 中,会跟踪实体的变化状态,不论是更新还是插入实体数据,最后都是通过 DbContext 对象的 SaveChanges 方法来合并保存的。所以,如果想批量更新或者插入数据,就需要使用循环语句来逐条操作,因此 Entity Framewrok 这种操作不是批量操作,它实际执行的是多条 SQL 操作。如果需要在一条 SQL 语句中实现更新或者插入多条数据,则需要使用第三方提供的扩展库。

SOD 框架的 OQL 为这个问题提供了比较简单的方案。

1. 批量更新

下面的例子使用了 OQL 的 Update 方法更新指定的实体类属性数据到数据，Where 方法的条件表达式表示更新指定 RoleID 的所有数据，如果更新条件对应的数据是多条的，那么即可实现"批量更新"的效果。

```
void TestUpdate()
{
Users user = new Users() {
    AddTime = DateTime.Now.AddDays( - 1),
    Authority = "Read",
    NickName = "菜鸟"
};
OQL q = OQL.From(user)
    .Update(user.AddTime, user.Authority, user.NickName)
    .Where(cmp => cmp.Property(user.RoleID) == 100)
    .END;

Console.WriteLine("OQL update:\r\n{0}\r\n",q);
Console.WriteLine(q.PrintParameterInfo());
}
```

程序输出：

```
OQL update:
UPDATE [LT_Users] SET
    [AddTime] = @P0,
    [Authority] = @P1,
    [NickName] = @P2
    WHERE [RoleID] = @P3

--------- OQL Parameters information ----------
have 4 parameter,detail:
  @P0 = 2013/7/28 22:15:38       Type:DateTime
  @P1 = Read        Type:String
  @P2 = 菜鸟        Type:String
  @P3 = 100         Type:Int32
-------------------- End ------------------------
```

2. 批量插入

OQL 支持通过实体类进行数据插入，同时还支持高效的直接从数据库的查询结果插入目标表的操作。前者直接使用 OQL 的 Insert 方法，后者使用 InsertFrom 方法。

下面是 InsertFrom 方法的定义,第一个参数 childOql 是要插入的源数据,它是一个子查询,第二个可变参数是要插入到目标表的字段,因此要求子查询结果的字段与目标表的字段数量和类型要一致。

```
public OQL InsertFrom(OQL childOql, params object[] targetTableFields)
{
    if (targetTableFields.Length == 0)
        throw new ArgumentException("OQL Insert 操作必须指定要操作的实体类的属性!");
    optFlag = OQL_INSERT_FROM;
    Select(targetTableFields);
    insertFromOql = childOql;
    return this;
}
```

下面是实际的例子:

```
void TestInsert()
{
    Users user = new Users()
    {
        AddTime = DateTime.Now.AddDays(-1),
        Authority = "Read",
        NickName = "菜鸟"
    };

    OQL q = OQL.From(user)
                .Insert(user.AddTime, user.Authority, user.NickName);

    Console.WriteLine("OQL insert:\r\n{0}\r\n", q);
    Console.WriteLine(q.PrintParameterInfo());
}

void TestInsertFrom()
{
    Users user = new Users();
    UserRoles roles = new UserRoles();

    OQL child = OQL.From(roles)
                .Select(roles.ID)
                .Where(cmp => cmp.Comparer(roles.ID, ">", 100))
```

```
            .END;

    OQL q = OQL.From(user)
                .InsertFrom(child,user.RoleID);

    Console.WriteLine("OQL insert from:\r\n{0}\r\n", q);
    Console.WriteLine(q.PrintParameterInfo());
}
```

程序输出：

```
OQL insert:
INSERT INTO [LT_Users] (
    [AddTime],
    [Authority],
    [NickName])
VALUES
    (@P0,@P1,@P2)


--------- OQL Parameters information ----------
have 3 parameter,detail:
  @P0 = 2013/7/28 22:15:38        Type:DateTime
  @P1 = Read        Type:String
  @P2 = 菜鸟        Type:String
------------------ End ------------------------


OQL insert from:
INSERT INTO [LT_Users] (
    [RoleID]
    )
SELECT
    [ID]
FROM [LT_UserRoles]
    WHERE @P0 >  [ID]


--------- OQL Parameters information ----------
have 1 parameter,detail:
  @P0 = 0        Type:Int32
------------------ End ------------------------
```

示例只插入了一列数据，如果需要插入多列，在确保子查询返回多列的情况下，可变参数 targetTableFields 支持实体类的多个属性调用，比如用下面的方式：

```
OQL q = OQL.From(user)
        .InsertFrom(child,user.RoleID,user.ID,user.Name,user.NickName);
```

4.7.20 动态条件查询

动态条件查询主要指查询的条件不是固定的,而是根据程序的不同逻辑使用不同的查询条件,简单说就是通过 if…else…分支条件语句来构造的查询条件。

下面的例子演示了如何在 OQLCompare 委托方法中,动态的根据其他附加条件,构造 OQLCompare 查询条件,同时也演示了通过 Lambda 表达式与通过委托方法分别实现动态条件构造的过程,而后者的方式适合在.NET2.0 下编写委托代码。

```
void TestIfCondition()
{
  Users user = new Users() {
  ID = 1, NickName = "abc",UserName = "zhagnsan",Password = "pwd."
};
OQLCompareFunc cmpFun = cmp => {
    OQLCompare cmpResult = null;
    if (user.NickName != "")
        cmpResult = cmp.Property(user.AddTime) > new DateTime(2013, 2, 1);
    if (user.ID > 0)
        cmpResult = cmpResult & cmp.Property(user.UserName) == "ABC"
& cmp.Comparer(user.Password, "=", "111");
    return cmpResult;
};

OQL q6 = OQL.From(user).Select().Where(cmpFun).END;
Console.WriteLine("OQL by 动态构建 OQLCompare Test(Lambda 方式):\r\n{0}",
q6);
Console.WriteLine(q6.PrintParameterInfo());
}

void TestIfCondition2()
{
  Users user = new Users() { ID = 1, NickName = "abc"};
  OQL q7 = OQL.From(user)
        .Select()
        .Where <Users>(CreateCondition)
      .END;
  Console.WriteLine("OQL by 动态构建 OQLCompare Test(委托函数方式):\r\n{0}",
q7);
```

```
        Console.WriteLine(q7.PrintParameterInfo());
}

OQLCompare CreateCondition(OQLCompare cmp,Users user)
{
    OQLCompare cmpResult = null;
    if (user.NickName != "")
        cmpResult = cmp.Property(user.AddTime) > new DateTime(2013, 2, 1);
    if (user.ID > 0)
        cmpResult = cmpResult & cmp.Property(user.UserName) == "ABC"
                    & cmp.Comparer(user.Password, "=", "111");
    return cmpResult;
}
```

程序输出：

```
OQL by 动态构建 OQLCompare Test(Lambda 方式):
SELECT
[ID],[UserName],[Password],[NickName],[RoleID],[Authority],[IsEnable],
[LastLoginTime],[LastLoginIP],[Remarks],[AddTime]
FROM [LT_Users]
    WHERE [AddTime] > @P0 AND [UserName] = @P1  AND [Password] = @P2
--------- OQL Parameters information ----------
have 3 parameter,detail:
  @P0 = 2013/2/1 0:00:00        Type:DateTime
  @P1 = ABC        Type:String
  @P2 = 111        Type:String
------------------- End ------------------------


OQL by 动态构建 OQLCompare Test(委托函数方式):
SELECT [ID],[UserName],[Password],[NickName],[RoleID],[Authority],[IsEnable],
[LastLoginTime],[LastLoginIP],[Remarks],[AddTime]
FROM [LT_Users]
    WHERE [AddTime] > @P0 AND [UserName] = @P1  AND [Password] = @P2
--------- OQL Parameters information ----------
have 3 parameter,detail:
  @P0 = 2013/2/1 0:00:00        Type:DateTime
  @P1 = ABC        Type:String
  @P2 = 111        Type:String
------------------- End ------------------------
```

前面的介绍说,构造 OQL 对象使用的实体类对象是一个"形式化参数",它本身是没有意义的,仅仅用来构造 OQL 对象。但是在"动态查询"中,有可能使用该形式化参数来进行条件判断,例如上面的示例。正常情况下,这些程序运行和调试都没有问题,但是在极特殊的情况下在 VS 里面调试 OQL 的动态查询代码时,有可能触发"调试陷阱",生成的 SQL 不是预期的样子,如果不调试则没有问题。该问题只有在同时满足下面三种情况时才会出现:

- 在 Comparer 方法执行前,调用过形式化参数对象的属性(既属性求值);如果最近的一次属性求值发生在 OQLCompare 对象的某个方法内,则不符合本条件。
- Comparer 方法的第一个参数与第三个参数的值一样时。
- Comparer 方法第三个参数不是一个实体类属性求值,而是一个单纯变量或者值。

该问题的详细原因和避免出现该问题的解决办法请参见笔者的博客文章《左求值表达式,堆栈,调试陷阱与 ORM 查询语言的设计》。

下面再给一个例子:

```
SalesOrder model = new SalesOrder();
model. iOrderTypeID = "123";


//string orderTypeID = model. iOrderTypeID;
BCustomer bCustomer = new BCustomer();


OQLCompareFunc <BCustomer,SalesOrder> cmpFun = (cmp,C,S) =>
{
    OQLCompare cmpResult = null;
    cmpResult = cmp. Comparer(S. iBillID, OQLCompare. CompareType. Equal, 1);

    if (!string. IsNullOrEmpty(S. iOrderTypeID))
        cmpResult = cmpResult &
            cmp. Comparer( S. iOrderTypeID, OQLCompare. CompareType. Equal, S. iOrderTy-
peID);

    int iCityID = 39;
    cmpResult = cmpResult & cmp. Comparer(C. iCityID, OQLCompare. CompareType. Equal, iC-
ityID);

    return cmpResult;
};

OQL oQL = OQL. From(model)
        .LeftJoin(bCustomer). On(model. iCustomerID, bCustomer. ISID)
        .Select()
```

```
        .Where(cmpFun)
        .OrderBy(model.iBillID, "desc")
    .END;

Console.WriteLine(oQL);
Console.WriteLine(oQL.PrintParameterInfo());
Console.ReadLine();
```

输出结果：

```
SELECT   M.*,TO.*
FROM [tb_SalesOrder]   M
LEFT JOIN [tb_BCustomer] TO  ON  M.[iCustomerID] = TO.[ISID]
    WHERE  M.[iBillID] = @P0 AND  M.[iOrderTypeID] = @P1  AND  TO.[iCityID] = @P2
      ORDER BY  M.[iBillID] desc
--------- OQL Parameters information ----------
have 3 parameter,detail:
  @P0 = 1              Type:Int32
  @P1 = 123            Type:String
  @P2 = 39             Type:Int32
---------------------- End ------------------------
```

4.7.21　使用接口查询

有时不想为一个简单查询任务去创建一个实体类，或者已经有一些与表结构一致的 DTO 等 POCO 对象，不想再创建一堆实体类，那么可以仅定义一些接口，在 SOD 中使用这些接口来查询，这是 SOD 中面向单表数据查询最简洁的方式，请看示例：

```
static void TestGOQL()
{
    string sqlInfo = "";
    //下面使用 ITable_User 或者 Table_User 均可
    List <ITable_User> userList =
        OQL.FromObject <ITable_User>()
            .Select(s => new object[] { s.UID, s.Name, s.Sex })
            .Where((cmp, user) => cmp.Property(user.UID) <100)
            .OrderBy((o,user) => o.Asc(user.UID))
        .Limit(5, 1) //限制 5 条记录每页，取第一页
        .Print(out sqlInfo)
        .ToList();
```

```
        Console.WriteLine(sqlInfo);
        Console.WriteLine("User List item count:{0}",userList.Count);
}
```

上面示例代码使用了 OQL 的 FromObject 泛型方法,除了与 From 泛型方法相同的使用方式之外,它支持以接口类型作为泛型参数,比如上面示例使用的 ITable_User 接口。在方法内部,它会根据接口创建对应的实体类,然后执行 OQL 查询,最后返回一个 GOQL 对象。

```
/// <summary>
///根据接口类型,返回查询数据的泛型 OQL 表达式
/// <example>
/// <code>
/// <![CDATA[
///    List <User> users = OQL.From <User>.ToList();
/// ]]>
/// </code>
/// </example>
/// </summary>
/// <typeparam name = "T"> 实体类类型 </typeparam>
/// <returns> OQL 表达式 </returns>
public static GOQL <T> FromObject <T>() where T : class
{
    T obj = EntityBuilder.CreateEntity <T>();
    EntityBase eb = obj as EntityBase;
    if (eb == null)
        throw new ArgumentException("类型的实例必须是继承 EntityBase 的子类!");
    OQL q = OQL.From(eb);

    return new GOQL <T>(q, obj);
}
```

图 4-29 所示为 GOQL 与 OQL 等其他类的关系图。

这样,就可以直接利用 GOQL 对象的分页和查询结果列表的功能,也可以获得执行的 SQL 语句信息,完成整个查询就**只需要一行代码**了。

图 4-30 所示为 TestGOQL 方法运行输出的截图。

有关 GOQL 更多的内容,请浏览笔者的博客文章《一行代码调用实现带字段选取+条件判断+排序+分页功能的增强 ORM 框架》。

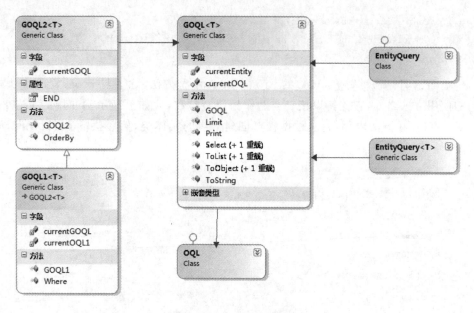

图 4-29 GOQL 类关系图

```
static void TestGOQL()
{
    string sqlInfo="";
    //下面使用  ITable_User 或者  Table_User均可
    List<ITable_User> userList =
        OQL.FromObject<ITable_User>()
            //.Select()
            .Select(s => new object[] { s.UID, s.Name, s.Sex }) //仅选取3个字段
            .Where((cmp, user) => cmp.Property(user.UID) < 100)
            .OrderBy((o, user)=>o.Asc(user.UID))
            .Limit(5, 1) //限制5条记录每页，取第一页
            .Print(out sqlInfo)
            .ToList();

    Console.WriteLine(sqlInfo);
    Console.WriteLine("User List item count:{0}",userList.Count);
    if (userList.Count > 0)
        Console.WriteLine("User Entity Type:{0}",userList[0].GetType());
```

分页的SQL语句会在真正执行查询的时候生成，具体看使用的数据库类型

```
                              oleTest/bin/Debug/ConsoleTest.EXE

SQL:SELECT
    [UID],
    [Name],
    [Sex]
FROM [Table_User]
    WHERE  [UID] < @P0
                    ORDER BY  [UID] ASC
---------OQL Parameters information----------
have 1 parameter,detail:
@P0=100          Type:Int32
----------------End----------

User List item count:5
User Entity Type:PDFNetDynamicEntity_ITable_User
```

图 4-30 GOQL 测试程序运行结果

4.8 大数据量查询

注意,本书并不是一本介绍"大数据技术"的书,这里的"大数据"意思是数据库的记录数量很大,大到普通的计算机内存装不下。比如 100 万行以上的数据表的数据,如果这样的数据全部读取到内存中很有可能会发生内存溢出的问题,所以在本节中,介绍如何在程序中处理这个问题。

由于实体类对象还有内部状态跟踪数据和其他内部变量数据,所以实体类比普通的 POCO 对象内存占用要大许多,这样当查询很大的记录时,将数据全部查询到实体类列表对象(List <Entity> ,Entity 为具体的实体类类型)中会占用较大的内存,比如一次查询 100 万条数据到内存。这类问题可以采用分页查询的方法(请参见 4.7.12 小节简单的分页方法),或者返回一个迭代器对象,随用随取,用完丢弃。后者就是泛型 EntityQuery 对象的 QueryEnumerable 方法,请看它的定义:

```
/// <summary>
///查询一个可枚举的实体对象,在枚举期间内部维持一个打开的只读快进的数据阅读器对
///象,直到数据全部枚举完才关闭此阅读器对象
///此方法用于大批量的且不需要分页的数据流式读取
/// </summary>
/// <param name = "oql"> </param>
/// <param name = "db"> </param>
/// <returns> </returns>
public static IEnumerable <T> QueryEnumerable(OQL oql, AdoHelper db)
{
    IDataReader reader = EntityQueryAnonymous.ExecuteDataReader(oql, db, typeof(T));
    return QueryEnumerable(reader, oql.GetEntityTableName());
}


public static IEnumerable <T> QueryEnumerable(System.Data.IDataReader reader, string
tableName)
{
    using (reader)
    {
        if (reader.Read())
        {
            int fcount = reader.FieldCount;
            string[] names = new string[fcount];

            for (int i = 0; i <fcount; i ++ )
                names[i] = reader.GetName(i);
```

```
                        T t0 = new T();
                        if (!string.IsNullOrEmpty(tableName))
                            t0.MapNewTableName(tableName);
                        t0.PropertyNames = names;
                        do
                        {
                            object[] values = new object[fcount];
                            reader.GetValues(values);

                            T t = (T)t0.Clone(false);

                            //t.PropertyNames = names;
                            t.PropertyValues = values;

                            yield return t;

                        } while (reader.Read());

                    }
                }
            }
```

在上面的 QueryEnumerable 方法中,在循环读取 DataReader 对象的数据时,每次循环迭代,都返回一个实体类对象,也就是上面的 yield 语句,一直到循环读取完全部数据。这个过程就好像在处理一个数据流一样,这种"流式数据处理"正是"大数据技术"中很重要的解决方案。下面结合 OQL 查询,介绍如何使用这个方法:

```
AdoHelper db = MyDB.GetDBHelper();
UserEntity user = new UserEntity();
OQL oql = new OQL(user);
q.Select(user.ID,user.UserName);

foreach(UserEntity user in EntityQuery <UserEntity> .QueryEnumerable(oql,db))
{
    Console.WriteLine("user ID:{0},Name:{1}",user.ID,user.UserName);
}
```

采用上面这种方式,查询就不会占用什么内存了。当然也可以把上面的查询映射到一个占用内存较小的普通 DTO 对象列表中,上面的代码可以修改为:

```
List <UserDto> list = new List <UserDto> ();

foreach(UserEntity user in EntityQuery <UserEntity> .QueryEnumerable(oql,db))
```

```
{
    UserDto dto = new UserDto;
    user.MapToPOCO(dto);
    list.Add(dto);
}
```

上面的代码在循环迭代时,直接调用实体类对象的 MapToPOCO 方法即可。笔者曾经经历过一个项目需要将 200 万行数据加载到内存处理,就是使用了这个方法解决了内存不足的问题。

4.9 实体类的序列化

4.9.1 应用场景建议

序列化常常用于跨进程通信,将对象的数据序列化成文本或者二进制数据发送,接收端再进行相应的反序列化。跨进程通信可以在同一台机器的不同进程之间进行,更多的是在不同机器之间进行,也就是分布式通信。由于跨进程通信有进程间建立通信链路的开销和数据序列化、反序列化的开销,因此跨进程通信除非必须,应该尽量避免。

1. 文本序列化

将对象的数据序列化成文本是最常见的做法,其中 XML 格式序列化在各种语言框架中支持最为广泛,.NET 框架内置支持 XML 序列化。XML 格式既易于人阅读和编写,同时也易于机器解析和生成。采用 XML 序列化可以包含元数据描述,可用于描述服务和发现服务,比如 SOAP 就是一种轻量的、简单的、基于 XML 的协议,它被设计成在 WEB 上交换结构化的和固化的信息,成为 Web Service 的核心功能,对象数据被序列化成 XML 格式然后封装于 SOAP 中。但是,XML 序列化的文本中有很多 XML 标签,造成很大的数据冗余,不利于数据传输,SOAP 已经被视为重量级的数据交换格式。

JSON(JavaScript Object Notation,JS 对象简谱)是一种轻量级的数据交换格式。它基于 ECMAScript(欧洲计算机协会制定的 js 规范)的一个子集,采用完全独立于编程语言的文本格式来存储和表示数据。简洁和清晰的层次结构使得 JSON 成为理想的数据交换语言,既易于人阅读和编写,同时也易于机器解析和生成,并有效地提升网络传输效率。所以,业界现在广泛采用 JSON 序列化格式来做分布式通信的数据交换格式,有取代 Web Servcie 的势头。

下面是 XML 和 JSON 序列化示例比较。

用 XML 表示中国部分省市数据如下:

```xml
<?xml version = "1.0" encoding = "utf - 8"?>
<country>
    <name> 中国 </name>
    <province>
        <name> 四川 </name>
        <cities>
            <city> 成都 </city>
            <city> 绵阳 </city>
        </cities>
    </province>
    <province>
        <name> 广东 </name>
        <cities>
            <city> 广州 </city>
            <city> 深圳 </city>
            <city> 珠海 </city>
        </cities>
    </province>
    <province>
        <name> 河北 </name>
        <cities>
            <city> 石家庄 </city>
            <city> 保定 </city>
        </cities>
    </province>
</country>
```

用 JSON 表示如下：

```json
{
    "name": "中国",
    "province": [{
        "name": "四川",
        "cities": {
            "city": ["成都", "绵阳"]
        }
    }, {
        "name": "广东",
        "cities": {
            "city": ["广州", "深圳", "珠海"]
        }
    }, {
```

```
        "name": "河北",
        "cities": {
            "city": ["石家庄", "保定"]
        }
    }]
}
```

可以看到,JSON 简单的语法格式和清晰的层次结构明显要比 XML 容易阅读,并且在数据交换方面,由于 JSON 所使用的字符要比 XML 少得多,所以大大节约了传输数据所占用的带宽。

此外,有些系统也常常定义自己的文本序列化协议,采用特定的字符定义一系列数据标签,用来表示数据。比如 Hprose 号称是高性能的远程服务引擎,支持各种语言平台,它是半文半序列化格式,兼具文本序列化的可读性和二进制序列化的性能。

2. 二进制序列化

二进制序列化的数据不具有可读性,但是通常比文本序列化格式更加紧凑,而且在解析速度上也更有优势。因为它们本身不具有可读性,所以在实际使用时,如果要想查看这些数据,就需要借助一些工具将它们解析为可读信息之后才能使用。在可读性方面,它们相对于文本序列化具有明显的劣势;不过,这个问题也顺便起到了对数据进行一定程度"加密"的效果,所以很多专用系统为了传输效率和安全保密性,会制定自己的二进制序列化协议。

Protocol Buffers、Msgpack、BSON、Hessian 等格式是二进制序列化格式的代表,SOD 框架也内置了二进制序列化支持。此外,常用的分布式缓存 Memcached、Redis 在缓存数据时,也是将本地数据序列化成二进制字节流数据保存到服务器的。

4.9.2 XML 序列化

SOD 框架的实体类除了属性值外,还包含属性映射的字段名和属性的更改状态,如果直接 XML 序列化实体类,这些内容就会占用较大的空间,所以在设计实体类时就没有支持 Serializable 接口,因此 SOD 框架的实体类无法直接 XML 序列化,但可以采用替代方案来实现。

前面相关章节说 SOD 的实体类被设计成一个"数据容器",它内部有一个"名值对"数组。框架提供了一个简单的"名值对数组"对象 PropertyNameValues,由于它结构很简单所以容易序列化,可以将实体类的数据复制到 PropertyNameValues 对象中。

```
public class PropertyNameValues
{
    public string[] PropertyNames { get; set; }
    public object[] PropertyValues { get; set; }
}
```

实体类对象的 GetNameValues 方法可以获取 PropertyNameValues 对象,然后将 PropertyNameValues 序列化,传输给别的进程再反序列化还原实体类的数据。请看下面的示例,它从数据库查询出用户实体类对象,然后将这个对象序列化之后再反序列化:

```
//查找姓张的一个用户
UserEntity uq = new UserEntity() { FirstName = "zhang" };

OQL q3 = OQL.From(uq)
            .Select(uq.UserID, uq.FirstName) //未查询 user.Age 等字段
            .Where(uq.FirstName)
            .END;
UserEntity user3 = EntityQuery <UserEntity> .QueryObject(q3);

Console.WriteLine("实体类序列化测试");
var entityNameValues = user3.GetNameValues();
PropertyNameValuesSerializer ser =
new PropertyNameValuesSerializer(entityNameValues);
string strEntity = ser.Serializer();
Console.WriteLine(strEntity);
Console.WriteLine("成功");
//
Console.WriteLine("反序列化测试");
PropertyNameValuesSerializer des = new PropertyNameValuesSerializer(null);
UserEntity desUser = des.Deserialize <UserEntity> (strEntity);
Console.WriteLine("成功");
```

下面是序列化结果的输出:

```
<? xml version = "1.0" encoding = "utf - 16"? >
<PropertyNameValues xmlns:xsi = "http://www.w3.org/2001/XMLSchema - instance" xmlns:
xsd = "http://www.w3.org/2001/XMLSchema">
    <PropertyNames>
      <string> User ID </string>
      <string> First Name </string>
    </PropertyNames>
    <PropertyValues>
      <anyType xsi:type = "xsd:int"> 26 </anyType>
      <anyType xsi:type = "xsd:string"> zhang </anyType>
    </PropertyValues>
</PropertyNameValues>
```

从上面的例子发现,SOD 进行实体类查询时,OQL 的 Select 方法如果选择了

2个实体类属性,那么查询的结果对象里面也只有2个属性值,尽管实体类可能有多个属性,比如这个示例中结果对象没有包含 Age 属性值。这正好体现了实体类是"数据容器"的概念。这样序列化一个实体类时,就不会包含多余的数据,从而有效地节约空间,提高传输效率。

序列化的目的是使用反序列化功能还原数据,对于实体类而言,在"持久化操作"时,处理的都是它"已经更改"的数据,没有更改的数据不会保存到数据库。所以只需要序列化"已经更改"的数据即可。SOD 实体类提供了 GetChangedValues 方法来获取实体类内部"已经更改"的数据,它也是一个 PropertyNameValues 对象。

为什么不直接使用 DTO 对象来序列化传输数据呢?

首先,采用 DTO 对象会导致"数据更新冗余",比如某个属性没有修改,DTO 上也会有对应的默认值的,比如 userEntity. Age 属性,如果从未赋值,那么 userDto. Age 也会有默认值0,而传输这个默认值0并没有意义,并且有可能让服务后段的 ORM 代码将这个0更新到数据库中,这就是数据更新冗余。

有时,希望只更新已经改变的数据,没有改变的数据不更新,那么此时 WCF 等服务端的方法,采用 DTO 对象就无法做到了。幸好,SOD 的实体类提供了仅获取更改过的数据的方法 GetChangedValues,请看下面的例子:

```
//序列化之后的属性是否修改的情况测试,下面的实体类,LastName 属性没有被修改
UserEntity user4 = new UserEntity()
{
  UserID = 100, Age = 20, FirstName = "zhang san"
};
entityNameValues = user4.GetChangedValues();
PropertyNameValuesSerializer ser =
new PropertyNameValuesSerializer(entityNameValues);
string strEntity = ser.Serializer();
Console.WriteLine(strEntity);
Console.WriteLine("成功");
//
Console.WriteLine("反序列化测试");
PropertyNameValuesSerializer des = new PropertyNameValuesSerializer(null);
UserEntity desUser = des.Deserialize <UserEntity> (strEntity);
Console.WriteLine("成功");
```

上面的示例调用了实体类的 GetChangedValues 方法,这样序列化时就只序列化了修改过的数据,并且反序列化之后,数据也还原了之前的"修改状态",拿这样的实体类去更新数据库,就不会出现"数据更新冗余"了。

下面的方法,演示如何在 WCF 服务端或者 WebAPI 端使用 PropertyNameValues 对象,可以直接在方法的参数上使用 PropertyNameValues 对象,因为它能被

WCF 或者 WebAPI 序列化,然后将它的数据重新填充给一个实体类对象:

```
public void Dosomething(PropertyNameValues para)
{
    UserEntity user = new UserEntity();
    PropertyNameValuesSerializer ser = new PropertyNameValuesSerializer(para);
    ser.FillEntity(user);
    //To Dosomething.....
}
```

PropertyNameValuesSerializer 的 Deserialize 方法与 FillEntity 方法的区别是,前者反序列化之后,Deserialize 方法新创建了一个实体类,这个类的数据内部没有属性的修改状态;而经过 FillEntity 方法填充的实体类,会有属性数据更改状态,只有更改的数据,才会保存到数据库里面。

4.9.3　JSON 序列化

目前使用最广泛的 JSON 类库是 Newtonsoft.Json,它使用方便而且性能也不错,SOD 的框架扩展类库 PWMIS.Core.Extensions 也使用了它,里面增加了实体类 JSON 序列化的扩展。当前 Newtonsoft.Json 使用的是 9.0.1 版本,因此要求 PWMIS.Core.Extensions 也必须支持 .NET 3.5 版本,然而 SOD 框架核心库 PWMIS.Core 仅需要 .NET 2.0 支持,所以扩展库 PWMIS.Core.Extensions 作为一个独立的 DLL 文件。如果需要使用 SOD 的 JSON 支持,则需要项目引用 PWMIS.Core.Extensions.dll,假如你使用 Nuget 程序包安装了 PDF.NET.SOD,则该扩展库的引用会被自动添加。

下面就是 SOD 框架扩展库里面实现实体类与 JSON 互转的代码,实体类的"名值对"数据很容易复制到 JSON 的属性对象中,反序列化 JSON 数据到实体类也利用了实体类的"名值对"数据,整个过程比较简单。

```
namespace PWMIS.Core.Extensions
{

    public static class EntityBaseExtension
    {
        //其他代码略

        public static string ToJson(this EntityBase entity)
        {
            EntityFields ef = EntityFieldsCache.Item(entity.GetType());
            JObject json = new JObject();
            for (var i = 0; i <entity.PropertyNames.Length; i++)
```

```
        {
            var name = entity.PropertyNames[i];
            var value = entity.PropertyValues[i];

            json.Add(new JProperty(ef.GetPropertyName(name), value));
        }

        return json.ToString(Formatting.None, null);
    }

    public static void FromJson(this EntityBase entity, string json)
    {
        EntityFields ef = EntityFieldsCache.Item(entity.GetType());
        var obj = JObject.Parse(json, null);
        foreach (var p in obj.Properties())
        {
            var name = ef.GetPropertyField(p.Name);
            if (!string.IsNullOrEmpty(name))
            {
                string temp = null;
                int length = name.Length;
                for (int i = 0; i < entity.PropertyNames.Length; i++)
                {
                    temp = entity.PropertyNames[i];
                    if (temp != null && temp.Length == length
                        && string.Equals(temp, name, StringComparison.Ordi-
                            nalIgnoreCase))
                    {
                        entity.PropertyValues[i] = p.Value.Value<object>();
                    }
                }
            }
        }
    }
}
```

下面的代码演示如何使将实体类的数据序列化成 JSON 数据,然后将这个数据反序列化到一个实体对象中:

```
var model = new UserEntity();
```

```
model.UserID = 1;
model.FirstName = "tian";
model.LasttName = "jie";
model.Age = 2;
var json = model.ToJson();
var obj = new UserEntity();
obj.FromJson(json);
```

运行这个程序，可以看到 json 变量的值：

```
{"UserID":1,"FirstName":"tian","LasttName":"jie","Age":2}
```

这样 SOD 框架的 JSON 支持就测试成功了。注意反序列化时，JSON 字符串中的"键"名称需要与实体类的属性字段名一样，"键"名称忽略大小写。

4.9.4　二进制序列化

.NET 框架里面的 BinaryFormatter 对象具有二进制序列化一个对象的功能，下面的例子演示了二进制序列化和 XML 序列化同一个对象后数据的长度比较，可以知道二进制序列化能节省很多空间，这样序列化后的数据传输效率更高。

```
private static void Main(string[] args)
{
    MemoryStream ms = null;
    Customer customer = Customer.GetOneCustomer();
    using (ms = new MemoryStream())
    {
        var formater = new BinaryFormatter();
        formater.Serialize(ms, customer);
        Console.WriteLine("BinaryFormatter Length:{0}", ms.Length);
    }
    using (ms = new MemoryStream())
    {
        var serializer = new XmlSerializer(typeof (Customer));
        serializer.Serialize(ms, customer);
        Console.WriteLine("XmlSerializer Length:{0}", ms.Length);
    }
}
```

SOD 框架的实体类也提供了二进制序列化功能，下面来演示一下它的使用：

```
//SOD 实体类序列化、反序列化测试
void Test()
{
```

```
    Customer customer = new Customer();
    customer.CustomerBirthday = new DateTime(1999, 1, 1);
    customer.CustomerName = "张三";
    customer.CustomerMobile = "13011111111";
    //序列化
    byte[] buffer = PdfNetSerialize.BinarySerialize(customer);
    string tempString = Convert.ToBase64String(buffer);
    //反序列化
    byte[] buffer2 = Convert.FromBase64String(tempString);
    Customer customer2 = GetEntity <Customer> (buffer2);
}


T GetEntity <T> (byte[] buffer ) where T:EntityBase
{
    return (T)PdfNetSerialize.BinaryDeserialize(buffer, typeof(T));
}
```

上面的例子使用了 Base64 来将序列化后的字节数组转换成字符串,从而利于使用,比如想查看序列化后的内容,二进制的形式不方便查看,或者将它保存为一个文本文件作为邮件附件发送。SOD 框架二进制反序列化时并不需要 Base64 格式的字符串,它需要的仍然是一个字节数组。

如果想将二进制字节数组直接转换成字符串,以方便程序处理,则可以使用具有 8 位编码的字符集"无损"转换,但不能使用其他字符集,比如 Unicode、GB2312,它们会在转换回原来的数据时丢失数据。

```
public string ConvertToString(object targetObject)
{
    //ISO8859 - 1字符串,8 位,只有这种可以完整保留二进制
    Encoding _encoding = Encoding.GetEncoding(28591);
    byte[] buffer = PdfNetSerialize.BinarySerialize((EntityBase)targetObject);
    return _encoding.GetString(buffer);
}
```

框架还提供了一个 PdfNetSerialize 泛型类,它封装了 PdfNetSerialize 类,可以实现实体类数组的序列化和反序列化,比如 SOD 框架的内存数据库(请参考 7.1 节内存数据库)保存数据方法使用了它来序列化一个实体类数组:

```
public bool SaveEntity <T> (T[] entitys) where T : EntityBase, new()
{
    Type t = typeof(T);
    if (entitys == null)
    {
```

```
        this.WriteLog(t.FullName + "数据为空!");
        return false;
    }
    int count = entitys.Length;
    if (count> 0)
    {
        this.WriteLog("开始写入数据,条数:" + count);
        string fileName = this.FilePath + "\\" + t.FullName + ".pmdb";
        byte[] buffer = PdfNetSerialize <T> .BinarySerialize(entitys);
        using (FileStream fs = new FileStream(fileName, FileMode.Create, FileAccess.
Write))
        {
            fs.Write(buffer, 0, buffer.Length);
            fs.Flush();
            fs.Close();
        }
        this.WriteLog("保存数据 " + fileName + " 成功!");
        return true;
    }
    return false;
}
```

所以,SOD 框架的序列化功能使用很简单,而且也有很高的效率。上面的
SaveEntity 例子就是利用二进制序列化,将一个实体对象集合持久化到磁盘,这样就
有可能做出一个"对象数据库"了。

第**5**章

数据窗体开发

在企业应用开发中,处理各种表单数据的数据窗体的开发需求很常见,ASP. NET Web Forms/Windows Forms/WPF 是开发数据窗体常见的技术,但这些技术并没有一致的表单控件,手工处理表单数据比较烦琐且工作非常类似。SOD 框架利用原生控件内置的数据绑定技术,将常见的表单处理过程封装成一套智能表单,其中包含一套与 ASP. NET Web Forms/Windows Forms 使用体验完全一致的数据控件,能够用一行代码处理智能表单的增删改查工作。借鉴 MVVM 原理,SOD 的 Windows Forms 数据表单实现了与 WPF MVVM 框架同样的功能。本章将介绍这个技术实现的原理和应用示例。

5.1 智能表单

表单在应用程序中主要负责数据采集和呈现功能,是一个可视化的用户交互界面,表现为 Web 应用程序中的网页或者窗体应用程序中的窗体界面。不管具体界面如何,表单都给用户提供界面的一定区域用于查看或者输入数据,所以一个界面中可能会有多个表单。表单上又划分为多个表单域,包含了文本框、密码框、复选框、单选框、下拉选择框和其他各种简单控件等。表单有一个或者多个按钮,用于提交数据或者取消输入。

总的来说,表单操作需要有以下功能:

① 呈现来自数据源(数据库或者服务)的数据;

② 提供用户交互输入数据的功能;

③ 校验表单域输入的数据;

④ 将表单的数据添加到数据源;

⑤ 修改数据源的数据;

⑥ 删除数据源的数据。

其中,功能①、②是表单与用户之间的交互功能,实现用户与应用程序之间的输入/输出;功能④、⑤、⑥是持久化数据到数据源的功能;功能③是确保数据输入准确有效。所以,整个表单的功能概括起来就是一个提供数据增删改查的用户界面。除了功能②是表单域控件自有的功能外,其他功能都需要程序员编码实现,比如需要判断界面的数据与后端的交互是添加数据还是修改数据。这些工作不仅烦琐而且容易出错,如果有一套集成解决方案来解决这些问题,一定可以大大减轻程序员的开发工作量并且确保开发质量。这就是 SOD 框架提供的智能表单,它可用于 Web 应用和桌面应用程序,目前支持 Web Forms 项目和 Windows Forms 项目。

SOD 框架智能表单的基础是一整套数据查询、验证接口,SOD 框架在 .NET 框架系统内置的 Web Form 和 Windows Form 常用控件的基础上进行了封装,使得它们能够自动填充和保存表单数据,并有一致的使用方式和开发体验。

5.1.1 数据控件

智能表单的数据控件都继承于 IDataControl 接口,它定义了控件与数据源的数据绑定信息以及控件允许的数据类型和数据验证等方法。

```
/// <summary>
///数据映射控件接口
/// </summary>
public interface IDataControl
{
    /// <summary>
    ///与数据库数据项相关联的数据
    /// </summary>
    string LinkProperty
    {
        get;
        set;
    }


    /// <summary>
    ///与数据关联的表名
    /// </summary>
    string LinkObject
    {
        get;
        set;
    }


    /// <summary>
    ///是否通过服务器验证默认为 true
    /// </summary>
    bool IsValid
    {
        get;
    }
```

```
/// <summary>
///数据类型
/// </summary>
TypeCode SysTypeCode
{
    get;
    set;
}


/// <summary>
///只读标记
/// </summary>
bool ReadOnly
{
    get;
    set;
}


/// <summary>
///是否允许空值
/// </summary>
bool isNull
{
    get;
}


/// <summary>
///是否是主键
/// </summary>
bool PrimaryKey
{
    get;
    set;
}


/// <summary>
///设置值
/// </summary>
/// <param name = "obj"> </param>
void SetValue(object value);


/// <summary>
///获取值
/// </summary>
```

```
/// <returns> </returns>
object GetValue();

/// <summary>
///服务端验证
/// </summary>
/// <returns> </returns>
bool Validate();
}
```

在该接口中,有两个重要的属性:

- LinkObject:链接的数据源,内容是与控件绑定的数据表或者实体类名称。
- LinkProperty:链接的数据源的属性,内容是与控件绑定的数据表的字段名或者实体类的属性名。

现在将常用的表单控件:CheckBox、DropDownList、Label、ListBox、RadioButton、TextBox,进行二次封装,让它们都继承自 IDataControl 接口,那么它们就可以处理数据了,比如加载数据、获取数据等,在此基础上,实现表单的智能数据填充、数据收集和保存。

5.1.2 查询控件

查询控件主要用于在表单上输入查询条件,常用的表单域控件都继承了数据查询控件接口 IQueryControl,它只有两个属性,用于设置查询比较的符号和格式字符串。

```
/// <summary>
///数据查询控件接口
/// </summary>
public interface IQueryControl
{
    /// <summary>
    ///查询的比较符号,例如 = ,>= ,默认为相等 = 比较
    /// </summary>
    string CompareSymbol
    {
        get;
        set;
    }

    /// <summary>
    ///发送到数据库查询前的字段值格式字符串
    /// </summary>
    string QueryFormatString
```

```
    {
        get;
        set;
    }
}
```

下面是 WebForm 的数据文本框控件,它继承了 IQueryControl:

```
namespace PWMIS.Web.Controls
{
    [System.Drawing.ToolboxBitmap(typeof(ControlIcon), "DataTextBox.bmp")]

    public class DataTextBox : TextBox, IDataTextBox, IQueryControl
    {
        //其他代码略

        #region IQueryControl 成员

        public string CompareSymbol
        {
            get
            {
                if (ViewState["CompareSymbol"] != null)
                    return (string)ViewState["CompareSymbol"];
                return "";
            }
            set
            {
                ViewState["CompareSymbol"] = value;
            }
        }

        public string QueryFormatString
        {
            get
            {
                if (ViewState["QueryFormatString"] != null)
                    return (string)ViewState["QueryFormatString"];
                return "";
            }
            set
            {
```

```
            ViewState["QueryFormatString"] = value;
        }
    }


    #endregion


    }
}
```

用于 Windows Form 的数据控件也继承了 IQueryControl,定义和用法都类似,这里不再复述。有了查询控件,就可以收集控件的数据库查询字符串了。

```
namespace PWMIS.DataMap
{
    public class ControlDataMap
    {
        //其他代码略

        /// <summary>
        ///收集控件的查询字符串,例如已经为控件指定了查询条件比较符号
        /// </summary>
        /// <param name = "conlObject"> 容器对象 </param>
        /// <returns> 查询字符串 </returns>
        public static string CollectQueryString(ICollection Controls)
        {
            //具体代码略
        }
    }
}
```

比如表单上有一个 DataTextBox 控件,其中设置了几个熟悉的值如下:
- LinkObject:"Tb_User";
- LinkProperty:"Age";
- CompareSymbol:"> ";
- QueryFormatString:"";
- Text:"20"。

运行 CollectQueryString 方法后,将得到下面的查询条件字符串:

```
"Tb_User.Age > 20"
```

该条件字符串最终将会作为 SQL 查询的条件使用。

5.1.3 验证控件

数据控件接口包含了验证控件的方法,主要是下面两个方法:

```
/// <summary>
///是否通过服务器验证默认为 true
/// </summary>
bool IsValid
{
    get;
}


/// <summary>
///服务端验证
/// </summary>
/// <returns> </returns>
bool Validate();
```

控件调用 IsValid 属性时,会执行 Validate 方法返回是否验证通过。从数据控件中收集数据到 DateTable、DataSet 或者自定义对象时,都会首先判断数据控件的 IsValid 属性,然后才进行其他处理。

下面是 Web Form 的 DataTextBox 控件的验证方法,WinForm 的文本框控件验证与之类似,它会根据设定验证的数据类型对文本框输入的内容进行验证,比如字符串、整数、货币、日期或者双精度数字等,并且会验证是否允许为空等内容,详细代码如下:

```
public bool Validate()
{
    //如果开启控件验证
    if (!this.isClientValidation)
    {
        if (this.Text.Trim() != "")
        {
            try
            {
                switch (Type)
                {
                    case ValidationDataType.String:
                        Convert.ToString(this.Text.Trim());
                        break;
                    case ValidationDataType.Integer:
```

```
                            Convert.ToInt32(this.Text.Trim());
                            break;

                    case ValidationDataType.Currency:
                    Convert.ToDecimal(this.Text.Trim());
                    break;

                    case ValidationDataType.Date:
                    Convert.ToDateTime(this.Text.Trim());
                    break;
                    case ValidationDataType.Double:
                    Convert.ToDouble(this.Text.Trim());
                    break;


                }

            }
            catch
            {
                return false;//异常 数据类型 不符合
            }
        }
        else
        {
            if (!this.IsNull)//不允许为空
            {
                return false;
            }
            else//允许为空
            {
                return true;
            }
        }
    }
    else//不开启控件验证
    {
        return true;
    }
}
```

目前 SOD 框架自带的数据控件的控件验证,主要针对文本框控件的输入内容进行。如果大家需要更多的控件验证功能,可以完善数据控件的这个验证方法。

5.1.4　命令控件

命令控件是一种特殊的控件,目前仅支持 Win Form、WPF 等客户端应用程序,它允许控件提交数据、发送操作命令,理论上的任何控件都可以是命令控件,但一般实现为按钮控件。命令控件是 MVVM 功能实现的一部分,在 SOD 框架中,命令控件需要继承命令控件接口 IMvvmCommand,此接口在 PWMIS.Windows 程序集中。下面是该接口的定义:

```
namespace PWMIS.Windows
{
    /// <summary>
    ///命令接口控件
    /// </summary>
    public interface ICommandControl
    {
        /// <summary>
        ///命令接口对象所在的对象名称
        /// </summary>
        string CommandObject { get; set; }
        /// <summary>
        ///命令接口对象名称
        /// </summary>
        string CommandName { get; set; }
        /// <summary>
        ///关联的参数对象
        /// </summary>
        string ParameterObject{get;set;}
        /// <summary>
        ///关联的参数对象的属性名
        /// </summary>
        string ParameterProperty { get; set; }
        /// <summary>
        ///命令关联的控件事件名称
        /// </summary>
        string ControlEvent { get; set; }
    }
}
```

下面是"命令按钮",它实现了命令控件接口:

```
namespace PWMIS.Windows.Controls
{
```

```
/// <summary>
///命令按钮控件
/// </summary>
public partial class CommandButon :
System.Windows.Forms.Button,ICommandControl
{
    public CommandButon()
    {
        InitializeComponent();
        this.ControlEvent = "Click";
    }

    public CommandButon(IContainer container)
    {
        container.Add(this);

        InitializeComponent();
        this.ControlEvent = "Click";
    }

    [Category("MVVM"),Description("命令接口对象名称")]
    public string CommandName
    {
        get;
        set;
    }


    [Category("MVVM"),Description("当前窗体上提供给命令按钮执行命令的参数关
联的参数对象")]
    public string ParameterObject
    {
        get;
        set;
    }


    [Category("MVVM"),Description("关联的参数对象的属性名,执行命令方法的时
候将使用它的值作为参数值")]
    public string ParameterProperty
    {
        get;
        set;
```

```
    }

    [Category("MVVM"), Description("命令关联的控件事件名称")]
    public string ControlEvent
    {
        get;
        set;
    }

    [Category("MVVM"), Description("命令接口对象所在的对象名称")]
    public string CommandObject
    {
        get;
        set;
    }
    }
}
```

有关命令按钮的具体使用介绍,请参考 5.4 节 Win Form/WPF MVVM 框架中的介绍。

5.1.5　数据绑定

数据绑定是将一个用户界面元素(控件)的属性绑定到数据源的某个成员上。数据绑定分为简单绑定和复杂绑定,两者的绑定行为有所区别。数据绑定又分为单向绑定和双向绑定,单向绑定的意思是页面数据改变后,不会改变数据源的数据。

简单绑定时,如果数据源是一个类型实例对象,那么绑定的就是这个对象的某个属性;如果数据源是一个数据集(DataSet),那么绑定的是默认数据表的第一行数据的某个列的数据。SOD 框架智能表单的数据绑定主要是简单绑定和单向绑定。

复杂绑定需要数据绑定控件,比如 GridView 控件和 DataList 控件等,它们通常与数据源控件相绑定,或者与数据绑定集合对象(BindingList <T>)相绑定。

SOD 框架智能表单的数据控件都继承了 IDataControl 接口,它有下面两个属性:

```
string LinkProperty{get;set;}//绑定字段名或者实体类的属性名
string LinkObject{get;set;}//绑定表名或者实体类的类名称
```

有了这两个属性,就能实现表单数据的填充和收集了。

5.1.6　表单数据填充

在 SOD 的核心程序集中,ControlDataMap 类提供了多种填充表单数据的方法,支持数据表、数据集和普通对象作为数据源,绑定到表单控件上。如果是实体类,可以直接调用实体类的索引器访问数据从而避免反射对象属性,所以使用实体类作为智能表单的数据源是最快的数据绑定方式。

```
public class ControlDataMap
{
    /// <summary>
    ///将 DataTable 填充到数据控件中
    /// </summary>
    /// <param name = "dtTmp"> 数据表 </param>
    /// <param name = "controls"> 数据控件 </param>
    public void FillData(DataTable dtTmp, ICollection controls)
    {
        //代码略
    }


    /// <summary>
    ///将数据集填充到数据控件中
    /// </summary>
    /// <param name = "objData"> 数据集 </param>
    /// <param name = "controls"> 数据控件集合 </param>
    public void FillData(DataSet objData, ICollection controls)
    {
        //代码略
    }


    /// <summary>
    ///将对象数据填充到数据控件上,要求 falg = true,否则请使用另外的 2 个重载
    /// </summary>
    /// <param name = "objData"> 数据对象,可以是实体类 </param>
    /// <param name = "controls"> 数据控件集合 </param>
    /// <param name = "flag"> 标记 </param>
    public void FillData(object objData, ICollection controls, bool flag)
    {
        //代码略
    }


    /// <summary>
    ///填充数据,根据数据源的类型自动决定使用何种方式
    /// </summary>
    /// <param name = "objData"> 要填充提供的数据 </param>
```

```
///  <param name = "controls"> 被填充的数据控件集合 </param>
public void FillData(object objData, ICollection controls)
{
     //代码略
}

}
```

5.1.7 表单数据收集

ControlDataMap 类也提供了多种表单数据收集的方法：

```
///  <summary>
///从智能表单中收集数据到 DataTable 对象中
///  </summary>
///  <param name = "objData"> DataTable 对象 </param>
///  <param name = "controls"> 智能表单上的控件集合 </param>
public void CollectData(DataTable objData, ICollection controls)
{
     //代码略
}


///  <summary>
///从智能表单中收集数据到 DataTable 对象中
///  </summary>
///  <param name = "objData"> DataSet 对象 </param>
///  <param name = "controls"> 智能表单上的控件集合 </param>
public void CollectData(DataSet objData, ICollection controls)
{
     //代码略
}


///  <summary>
///从智能表单中收集数据到 DataTable 对象中
///  </summary>
///  <param name = "objData">存放收集数据的对象 </param>
///  <param name = "controls"> 智能表单上的控件集合 </param>
///  <param name = "isEntityClass"> objData 是否是实体类 </param>
public   void CollectData(object objData, ICollection controls, bool isEntityClass)
{
     //代码略
}
```

```
/// <summary>
///从智能表单中收集数据到对象中,方法会自动判断存放收集数据的对象
/// </summary>
/// <param name = "objData"> 存放收集数据的对象 </param>
/// <param name = "controls"> 智能表单上的控件集合 </param>
public void CollectData(object objData, ICollection controls)
{
    //代码略
}


/// <summary>
///从智能数据控件中收集数据到一个新的对象中(如实体对象)
/// </summary>
/// <typeparam name = "T"> 返回的对象类型 </typeparam>
/// <param name = "controls"> 控件集合 </param>
/// <returns> 一个新的对象 </returns>
public T CollectDataToObject <T> (List <IDataControl> controls) where T : class,new()
{
    //代码略
}
```

上面的方法 CollectDataToObject 提供了更加易于使用的方式,下面的示例是在 WebForm 收集智能表单的数据到一个实体类:

```
//从页面收集数据到实体类
ContactInfo info = MyWebForm.DataMap.CollectDataToObject <ContactInfo> (
                MyWebForm.GetIBControls(this.Controls));
```

这样,只需要一行代码就完成了整个表单数据的收集,如果使用平常的方式一个一个控件的取值然后在给对象属性赋值,当表单上面的控件较多时,这是一个很大的工作。

5.1.8 表单数据保存

表单数据收集到存放数据的对象之后,可以在业务层进一步处理,然后再由业务层调用数据访问层来保存数据。有时,表单没有什么业务逻辑,只有单纯的增、删、改需求,表单可以看作是数据库数据的操作界面。在这种情况下就没有必须将数据收集到数据对象了,而是直接生成操作数据库的 SQL 语句,方便快捷,这就是 SOD 框架的表单数据保存功能。

```
/// <summary>
///收集窗体中的智能控件,组合成能够直接用于数据库插入和更新查询的 SQL 语句
```

```
///一个窗体中可以同时处理多个表的数据操作
///如果控件的数据属性设置为只读,那么该控件的值不会更新到数据库;如果该控件的数据
///属性设置为主键,那么更新语句将附带该条件
/// </summary>
/// <returns>
/// ArrayList 中的成员为 IBCommand 对象,包含具体的 CRUD SQL
///</returns>
public static List <IBCommand> GetIBFormData(ControlCollection Controls, CommonDB DB)
```

以该方法为基础,实现表单数据的更新和填充方法:

```
/// <summary>
///自动更新窗体数据
/// </summary>
/// <param name = "Controls"> 控件集合 </param>
/// <returns> </returns>
public List <IBCommand> AutoUpdateIBFormData(ControlCollection Controls);


/// <summary>
///自动填充智能窗体控件的数据
/// </summary>
/// <param name = "Controls"> 要填充的窗体控件集和 </param>
public void AutoSelectIBForm(ControlCollection Controls);
```

现在有了这两个方法,就可以实现"一行代码更新表单"了!

```
//保存数据
List <IBCommand> ibCommandList =
MyWebForm.Instance.AutoUpdateIBFormData(this.Controls);

//填充数据
MyWebForm.Instance.AutoSelectIBForm(this.Controls);
```

上面的例子是用于 Web Form 的 MyWebForm,将它替换成 Win Form 的 My-WinForm 类,使用方式是一样的。5.2 节和 5.3 节将介绍它们的用法。

5.2 Web Form 数据窗体开发

Web Form 诞生于 2002 年,是 ASP. NET 上的一种 Web 应用开发框架,它将用户的请求和响应都封装为控件,让开发者像开发 Windows Form 应用程序一样来开发 Web 应用程序,极大地提高了开发效率。Web Form 包括页面、控件和视图数据,其中控件又分为 HTML 控件和 ASP. NET 控件,这些控件都运行在服务器端,由服

务器进行解析和呈现。ASP. NET 控件是一种抽象的组件,它最终会呈现为普通的 HTML 元素,所以可以将浏览器上呈现的各种界面元素抽象组合成用户自定义的服务器控件,比如将包含用户名和登录密码等 TML 元素组合抽象成一个 ASP. NET 用户登录控件。SOD 框架的智能表单技术使用了一套在原生 ASP. NET 常用控件基础上封装的数据控件,本章将介绍如何使用这个技术来提高开发效率。

5.2.1 Web 数据控件

SOD 的 Web Form 数据控件包括以下几个常用控件:

- DataCalendar 日历控件,继承自 WebControl 控件,属于用户自定义控件。
- DataCheckBox 复选框控件,继承自 CheckBox 控件。
- DataDropDownList 下拉框控件,继承自 DropDownList 控件。
- DataLabel 标签控件,继承自 Label 控件。
- DataListBox 列表框控件,继承自 ListBox 控件。
- DataRadioButton 单选按钮控件,继承自 RadioButton 控件。
- DataTextBox 文本框控件,继承自 TextBox 控件。
- ProPageToolBar 分页条控件,继承自 WebControl 控件,属于用户自定义控件。

上面的控件除了 ProPageToolBar 之外,均继承了 IDataControl 控件,这使得 Web Form 数据控件能够在智能表单上使用。下面演练如何使用 SOD 框架的智能表单控件。

使用 Visual Studio 2017 新建一个空白解决方案 SODSimple,然后添加一个 ASP. NET Web 应用程序,项目名称为 WebFormExample,如图 5-1 所示。

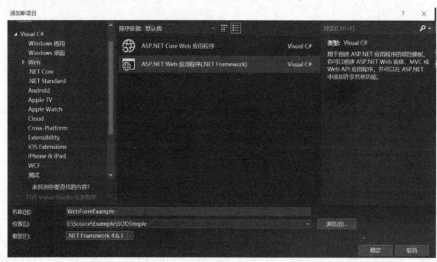

图 5-1 创建 Web Form 项目

单击"确定"按钮,在 ASP. NET 4.6.1 模板上选择 Web 窗体,身份验证方式为不进行身份验证,如图 5－2 所示。

图 5－2 创建 Web Form 项目

单击"确定"按钮,完成项目创建。然后,为项目添加 SOD Web 应用扩展,在"项目引用"→"管理 Nuget 程序包"功能界面,搜索 PDF. NET. SOD,可以看到如图 5－3 所示的界面。

如图 5－3 所示,选择 PDF. NET. SOD. Web. Extensions,单击"安装"按钮。添加成功后,大家看到项目根目录下面的文件 packages. config 增加了有关 SOD 的内容,PDF. NET. SOD. Web. Extensions 需要依赖 PDF. NET. SOD. Core,即 SOD 核心程序集:

```
<? xml version = "1.0" encoding = "utf - 8"? >
<packages >
<!-- 其他包引用信息 略 -->
  <package id = "bootstrap" version = "3.3.7" targetFramework = "net461" />
  <package id = "jQuery" version = "3.3.1" targetFramework = "net461" />
  <package id = "Newtonsoft. Json" version = "11.0.1" targetFramework = "net461" />
  <package id = "PDF. NET. SOD. Core"
        version = "5.6.2.1231" targetFramework = "net461" />
  <package id = "PDF. NET. SOD. Web. Extensions"
        version = "5.6.2.1231" targetFramework = "net461" />

</packages >
```

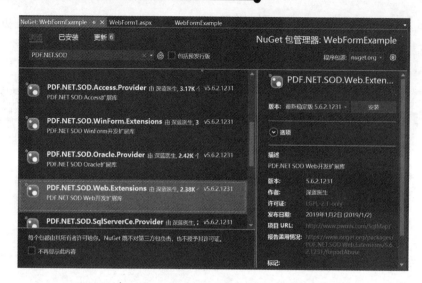

图 5 - 3   Nuget 添加 SOD 框架的 Web 扩展库程序包

在项目里源码根目录添加一个 Web 窗体页 WebFrom1. aspx,打开页面到设计界面,然后看到工具箱,此时会自动显示 SOD 的智能表单控件,它在 PWMIS. Core 垂直选项卡里面,如图 5 - 4 所示,光标处选择了工具箱里面的 DataTextBox 控件。

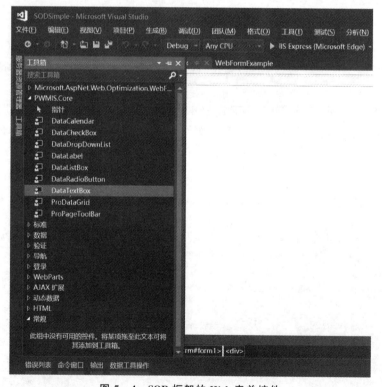

图 5 - 4   SOD 框架的 Web 表单控件

从工具箱向页面托放几个控件,设计一个员工管理的表单,如图 5-5 所示。

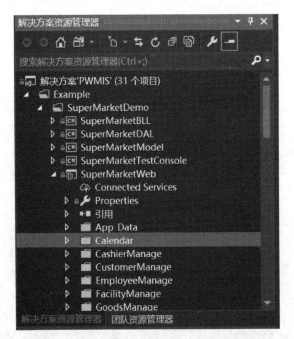

图 5-5　SOD 框架 Web 表单示例

这里的与"出生日期"和"入职日期"相关的"日历控件"图标缺失,原因是 SOD 的 Web Form 智能表单控件还需要一些样式和脚本文件,这些文件可以从 SOD 框架源码的"超市管理系统"示例项目找到,如图 5-6 所示。

图 5-6　SOD 框架源码演示之超市管理系统

将 Calendar 目录的文件复制到新建的 WebFormExample 项目的/Scripts/Web-Forms 目录下面,将目录包括在项目中,如图 5-7 所示。

然后,回到 WebForm1. aspx 的表单设计页面,看到日历控件的 ScriptPath 属性,设置路径为 Scripts/WebForms/Calendar/,如图 5-8 所示。

SOD 框架"企业级"应用数据架构实战

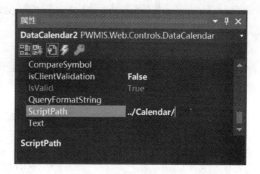

图 5 - 7　SOD 框架 Web 表单之
日历控件脚本

图 5 - 8　SOD 框架 Web 表单之
日历控件脚本路径设置

接着在页面头部添加 bootstrap 样式引用：

```
<link href = "Content/bootstrap.css" rel = "stylesheet"/>
```

再添加一个 GridView 控件，并添加刚才的"员工管理"表单和 GridView 控件的
bootstrap 样式为 table，如图 5 - 9 所示。

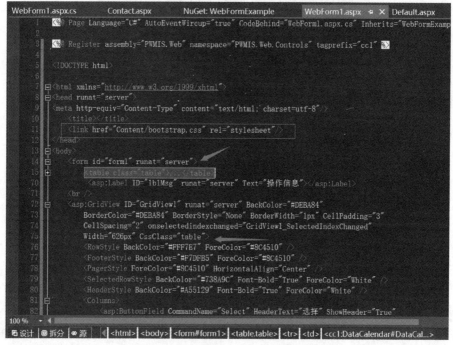

图 5 - 9　SOD 框架 Web 表单样式设置示例

接下来,在 WebForm1.aspx 的设计器界面,就可以看到下面的表单界面和 GridView 控件的样子了,如图 5-10 所示。

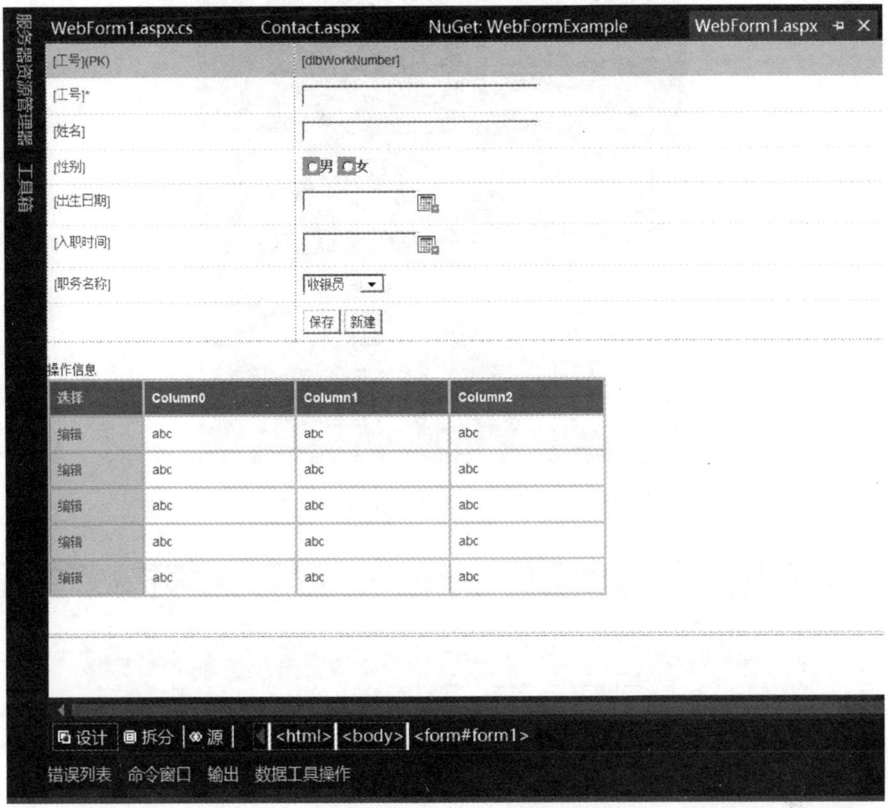

图 5-10 框架 Web 表单界面设计

现在整个页面看起来清爽了很多,日历控件的图标也工整对齐了,不过这时运行页面日历控件是无法点击的,还需要 My97 日历控件脚本,它是一个免费的浏览器日历控件,你可以去下载一个最新的,这里使用 SOD 框架源码里面的"超市管理系统"包含的这个日历控件脚本,它在项目的 System 目录下,这里将这个目录直接复制到我们当前的 WebFormExample 项目根目录下,如图 5-11 所示。

最后,运行该测试项目,打开 WebForm1.aspx 页面,可以看到表单页面的实际运行效果,如图 5-12 所示。

由于这个表单还没有添加任何后台逻辑代码,因此它无法提交数据到后端,下面的 GridView 控件也就没有数据可以显示。后面的章节笔者将逐步完善这些内容,让这个表单真正可用。

图 5-11　项目中的日历控件脚本

图 5-12　SOD 的 Web 表单运行效果

5.2.2　Web 窗体数据绑定

本小节我们使用业务对象与智能表单控件进行数据绑定。先在上面的解决方案中添加一个类库项目 SimpleModel,然后添加一个类文件 PersonnelInfo. cs,在文件中添加一个简单的员工信息类 PersonnelInfo,它的定义如下:

```
using System;

namespace SimpleModel
{
    public class PersonnelInfo
    {
        public string WorkNumber { get; set; }
        public string Name { get; set; }
        publicint Sex { get; set; }
        public DateTime Birthday { get; set; }
        public DateTime FirstWorkDate { get; set; }
        public string JobName { get; set; }
    }
}
```

然后，在 WebFormExample 项目中引用 SimpleModel 项目，先编译一次解决方案，再打开 WebFormExample 项目中的 Web 窗体 WebForm1.aspx，看到页面的设计视图，如图 5-13 所示。

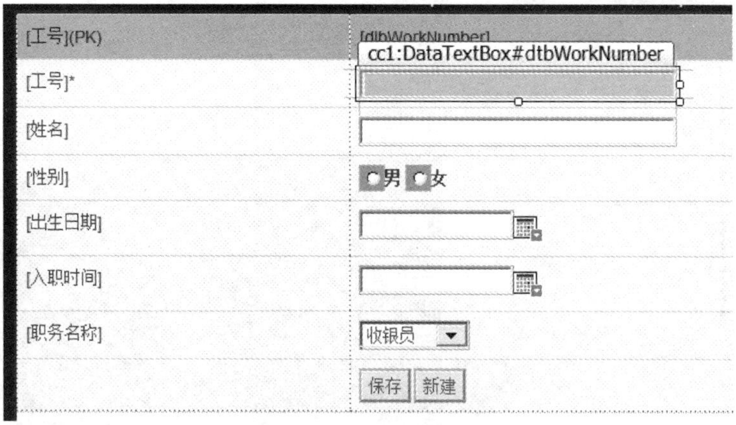

图 5-13　表单的设计界面

先选择"工号"智能表单控件，看到控件的"属性"窗口，在属性浏览器里面看到分组名"数据"下面的属性 LinkObject，设置值为员工信息类 PersonnelInfo，和 LinkProperty 设置员工信息类的工号属性 WorkNumber，另外还需要设置 LinkProperty 对应的对象属性的类型，这里工号属性类型系统代码是 String，设置完成后的效果如图 5-14 所示。

在绑定"选项按钮"控件时，需要注意两个问题：一个问题是一组选项按钮应该设置相同的 GroupName，这里设置"【性别】男"按钮和"【性别】女"按钮的 GroupName 的值都是 Sex，也可以是其他值；另一个问题是需要设置选项按钮的 Value 属性，比

图 5 - 14　SOD 数据控件的属性设置之数据绑定

如这里将"【性别】男"按钮的 Value 属性设置为 1,"【性别】女"按钮的 Value 属性设置为 0,如图 5 - 15 所示。

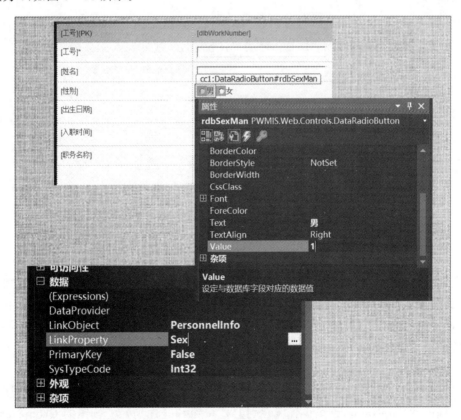

图 5 - 15　SOD 选项按钮数据控件的属性设置

最后将表单上其他智能表单控件的属性的 LinkObject 值都设置成员工信息类 PersonnelInfo，LinkProperty 设置为员工信息类的各个属性。下面是表单数据绑定完成后最终的源码示例：

```
< table style = " background - color：# DEBA84；border - color：# DEBA84；border -
width：1px；
   border - style：None；" class = "table" >
              <tr>
                    <td>［工号］(PK) </td>
                    <td>
                          <cc1：DataLabel ID = "dlbWorkNumber" runat = "server" DataFormat-
String = ""
     IsNull = "True" LinkObject = "PersonnelInfo" LinkProperty = "WorkNumber"
     MaxLength = "0" PrimaryKey = "True" ReadOnly = "True" SysTypeCode = "String"> </cc1：Dat-
aLabel >
                          </td>
              </tr>
              <tr style = "color：#8C4510；background - color：#FFF7E7；">
     <td>［工号］* </td> <td>
              <cc1：DataTextBox ID = "dtbWorkNumber" runat = "server" LinkObject = "Per-
sonnelInfo"
                    LinkProperty = "WorkNumber" Width = "256px" SysTypeCode = "String"
                    ErrorMessage = "工号不能为空" MessageType = "提示框"> </cc1：DataText-
Box>
              </td> </tr>
              <tr style = "color：#8C4510；background - color：#FFF7E7；">
     <td>［姓名］</td> <td>
              <cc1：DataTextBox ID = "DataTextBox2" runat = "server" LinkObject = "Person-
nelInfo"
                    LinkProperty = "Name" Width = "256px" SysTypeCode = "String"> </cc1：
DataTextBox>
              </td> </tr>
              <tr style = "color：#8C4510；background - color：#FFF7E7；">
     <td>［性别］</td> <td>
              <cc1：DataRadioButton ID = "rdbSexMan" runat = "server" LinkObject = "Per-
sonnelInfo"
                    LinkProperty = "Sex" Text = "男" SysTypeCode = "Int32" Value = "1"
                    GroupName = "Sex" isNull = "False" />
       <cc1：DataRadioButton ID = "rdbSexWomen" runat = "server" LinkObject = "Person-
nelInfo"
                    LinkProperty = "Sex" Text = "女" SysTypeCode = "Int32" Value = "0"
```

```
                    GroupName = "Sex" isNull = "False" />
        </td> </tr>
    <tr style = "color:#8C4510;background - color:#FFF7E7;">
    <td>[出生日期]</td> <td>
        <cc1:DataCalendar ID = "DataCalendar2" runat = "server" LinkObject = "Per-
sonnelInfo"
            LinkProperty = "Birthday " ScriptPath = "Scripts/WebForms/Calendar/"
ReadOnly = "False" />
        </td> </tr>
    <tr style = "color:#8C4510;background - color:#FFF7E7;">
    <td>[入职时间]</td> <td>
        <cc1:DataCalendar ID = "DataCalendar1" runat = "server" LinkObject = "Per-
sonnelInfo"
            LinkProperty = "FirstWorkDate" ScriptPath = "Scripts/WebForms/Calen-
dar/" ReadOnly = "False" />
        </td> </tr>
    <tr style = "color:#8C4510;background - color:#FFF7E7;">
    <td >[职务名称]</td> <td>
        <cc1:DataDropDownList ID = "DataDropDownList1" runat = "server" LinkObject =
"PersonnelInfo"
            LinkProperty = "JobName" SysTypeCode = "String">
            <asp:ListItem Selected = "True"> 收银员 </asp:ListItem>
            <asp:ListItem> 收银主管 </asp:ListItem>
            <asp:ListItem> 营业员 </asp:ListItem>
            <asp:ListItem> 仓管员 </asp:ListItem>
            <asp:ListItem> 营运经理 </asp:ListItem>
            <asp:ListItem> 采购主管 </asp:ListItem>
        </cc1:DataDropDownList>
        </td> </tr>
    <tr style = "color:#8C4510;background - color:#FFF7E7;">
    <td>   </td> <td>
        <asp:Button ID = "btnSave" runat = "server" onclick = "btnSave_Click" Text =
"保存" />
          <asp:Button ID = "btnNew" runat = "server" onclick = "btnNew_Click"
Text = "新建" />
        </td> </tr>
    </table>
```

5.2.3　Web 窗体表单处理

前面介绍了智能表单可以自动进行数据收集、保存和填充功能,这里使用 5.2.2 小节的示例继续演示如何使用这些功能。

1. 数据收集

在表单设计页面双击"保存"按钮,进入后台代码窗口,在 btnSave_Click 方法里面输入以下代码:

```
protected void btnSave_Click(object sender, EventArgs e)
{
    //指定在 Table1 控件范围内,搜索智能表单控件
    List <IDataControl> dataControls = new List <IDataControl>();
    MyWebForm.DataMap.FindControl(this.Table1.Controls, dataControls);
    //收集智能表单数据到业务对象
    PersonnelInfo info =
        MyWebForm.DataMap.CollectDataToObject <PersonnelInfo>(dataControls);
    //绑定数据到网格控件
    if (dlbWorkNumber.Text != "")
    {
        CurrDataList.RemoveAll(p => p.WorkNumber == dlbWorkNumber.Text);
    }
    CurrDataList.Add(info);
    this.GridView1.DataSource = CurrDataList;
    this.GridView1.DataBind();
}
```

MyWebForm 是用于 Web Form 的智能表单处理类,它的静态成员 DataMap 封装了常用的表单页面数据处理方法。

首先,使用 FindControl 方法从指定的范围内收集表单数据控件,这里指定从 Table1 控件内收集,因为表单数据控件都在它里面,它是一个简单的 HTML 服务器控件,是直接将它 runat = "server"而来的,具体代码如下:

```
<table style = "background - color:#DEBA84;border - color:#DEBA84;
border - width:1px;border - style:None;"
class = "table"  runat = "server" id = "Table1">
<!-- 其余代码略 -->
</table>
```

接着,调用 CollectDataToObject 泛型方法将表单控件绑定的数据收集到一个会话对象 CurrDataList 中,它负责保存每次表单操作的数据:

```
List <PersonnelInfo> CurrDataList
{
    get {
        if (Session["DataList"] == null)
        {
            Session["DataList"] = new List <PersonnelInfo>();
```

```
    }
        return Session["DataList"] as List <PersonnelInfo>;
    }
}
```

然后,将收集到的数据 info 对象保存在 CurrDataList 对象中。

最后,将 CurrDataList 对象绑定到网格控件 GridView1 中。

这样智能表单的数据收集保存功能就做好了。

图 5-16 所示为员工管理表单的运行效果图。

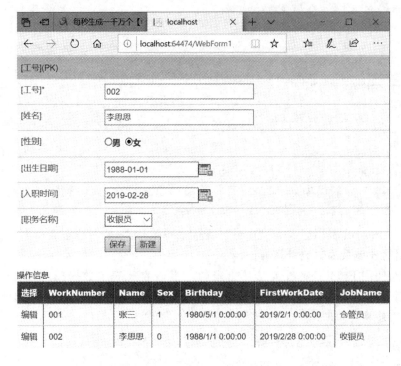

图 5-16 员工管理表单运行效果

2. 数据填充

数据填充功能是自动将来自数据源的数据填充到与数据源绑定的智能表单控件上。继续使用前面的例子,将网格控件 GridView1 的数据选择一行进行编辑。当选择编辑时,程序将根据工号从会话数据中找到对应的员工信息对象,然后将它填充到表单上。在网格控件 GridView1 的选择改变事件中添加如下代码:

```
protected void GridView1_SelectedIndexChanged(object sender, EventArgs e)
{
    string workNum = GridView1.SelectedRow.Cells[1].Text;
    lblMsg.Text = "Selected id = " + workNum;
```

```
        BindFormData(workNum);
    }
```

在事件中找到选择的工号,然后在 BindFormData 方法中找到 PersonnelInfo 对象,最后调用 WebControlDataMap 的 FillData 方法进行表单数据填充:

```
private void BindFormData(string workNum)
{
    PersonnelInfo currInfo = this.CurrDataList.Find(p => p.WorkNumber == workNum);
    if (currInfo != null)
    {
        var controls = MyWebForm.GetIBControls(this.Table1.Controls);
        MyWebForm.DataMap.FillData(currInfo, controls);
    }
}
```

运行程序,选择一行数据,可以看到被选择的数据填充到了表单中,包括下拉框控件也选择了正确的值,如图 5 - 17 所示。

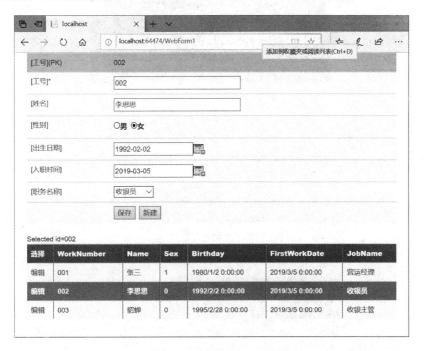

图 5 - 17   SOD 智能表单之数据填充

3. 自动保存数据

智能表单可以自动将表单数据直接保存到数据库中。前面的例子演示将表单数据收集到业务对象,然后再从业务对象填充数据到表单的过程。有时操作表单可能没有复杂的业务逻辑,这时可以直接将表单控件和数据库绑定,直接从数据库填充数据并将操作后的数据直接保存到数据库中。

下面以 SOD 框架的"超市管理系统"中的收银机管理源码为例来说明,先看到源码位置,选择 SuperMarketWeb 项目中 CashierManage 目录下的 CashierRegisterMachines. aspx,如图 5 – 18 所示。

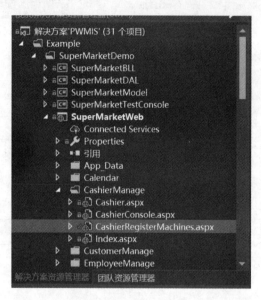

图 5 – 18　超市管理系统之收银机管理页面

打开页面,看到 VS 中 Web 页设计器界面的收银机管理表单,如图 5 – 19 所示。

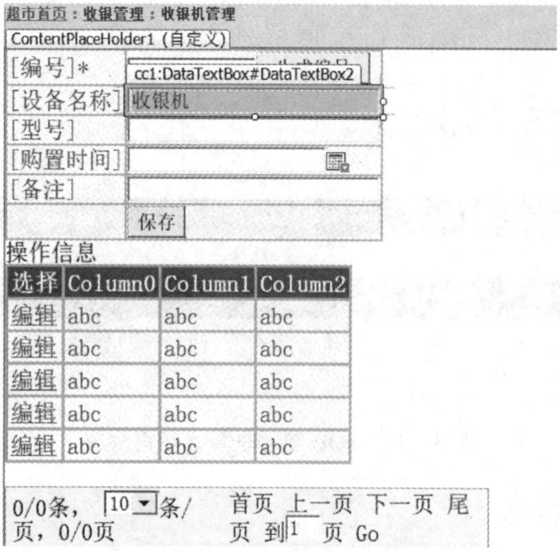

图 5 – 19　收银机管理表单设计页面

下面是设备名称表单控件与数据库的绑定信息,绑定了设备表的设备名称字段,如图 5 - 20 所示。

图 5 - 20　智能表单数据控件的数据绑定示例

另外,不论表单自动判断数据是增加还是修改,都需要设置主键字段绑定的控件,这里对应的是"编号"控件,需要设置 PrimaryKey 属性为 True,它的属性设置信息如图 5 - 21 所示。

图 5 - 21　智能表单数据控件的属性设置示例

有了这些绑定信息,SOD 的智能表单就可以一行代码保存数据了:

```
protected void btnSave_Click(object sender, EventArgs e)
{
    //保存数据
    List <IBCommand> ibCommandList =
MyWebForm.Instance.AutoUpdateIBFormData(this.Controls);
    lblMsg.Text = "保存成功!";
    //重新绑定数据
    this.ProPageToolBar1.ReBindResultData();
}
```

收银机管理功能运行效果如图 5 - 22 所示。

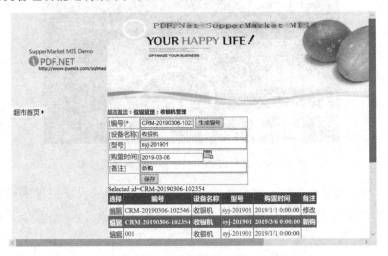

图 5 - 22　收银机管理运行效果

此外,SOD 框架源码中还提供了一个"同学会聚会报名"的 Web Form 应用示例程序,该程序更加完善地展示了 Web Form 表单数据绑定和表单处理的功能。下面是此示例程序在解决方案浏览器的位置,如图 5 - 23 所示。

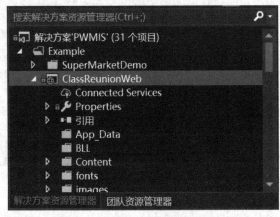

图 5 - 23　SOD 智能表单示例之同学会聚会报名程序

打开默认页面,可以看到下面的表单设计界面,如图 5 - 24 所示。

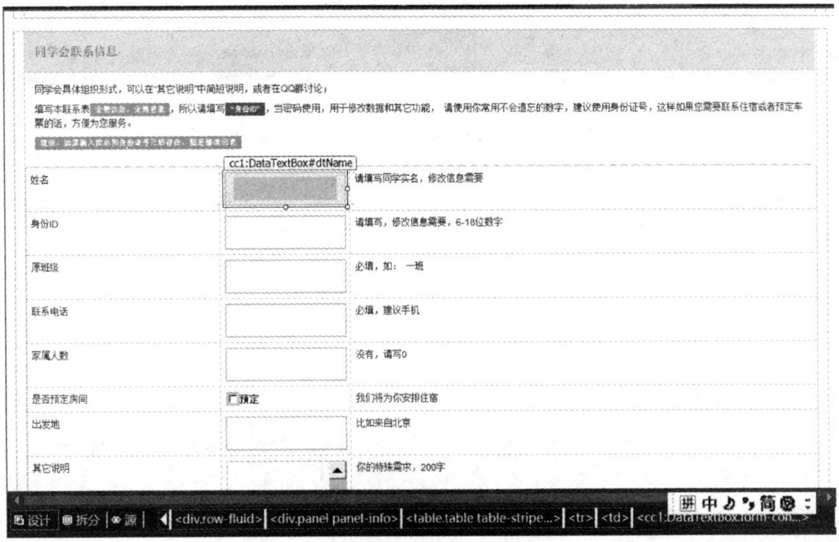

图 5 - 24　同学会聚会报名表单

页面使用了 bootstrap 样式框架,结合使用 Web Form 还能很好地美化页面设计。运行此程序,可以看到下面的效果,如图 5 - 25 所示。

图 5 - 25　同学会聚会报名程序运行效果

页面采用了响应式布局,当缩小浏览器宽度后,将变成单列布局,因此该页面可以在手机上正常浏览,如图 5 - 26 所示。

图 5 - 26　同学会聚会报名程序的响应式布局

表单控件使用了自带的输入验证功能,如电话格式不正确,就会弹出提示信息,如图 5 - 27 所示。大家可以试试效果,将它改进的更完善。

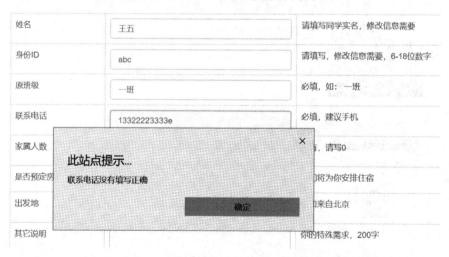

图 5 - 27　SOD 框架表单数据控件的格式验证效果

5.2.4 Web 窗体列表和分页控件

ASP. NET 常用数据绑定控件有 ListBox、GridView、Repeater 这三个,它们共同的特点是都可以绑定列表数据,所以这里简称"列表控件"。在列表控件显示列表数据时,如果数据量比较大,通常需要分页显示。SOD 框架 WebForm 扩展库集成了一个数据分页控件 ProPageToolBar,可以通过该控件将数据源绑定到列表控件,由分页控件负责查询数据,"列表控件"仅需要显示数据即可。

继续以 5.2.3 小节使用的"超市管理系统"为例,还是看收银机管理表单,在 GridView 控件下面有一个分页控件。下面看看当前分页控件的属性设置:

- PageSize   页大小,默认为 10;
- BindToControl   需要绑定分页数据的控件,这里是当前页的 GridView1;
- SQL   用于分页查询的原始 SQL 语句。SOD 框架会根据当前数据库类型,将原始 SQL 语句解析出查询当前页数据的分页 SQL 语句。

更多的分页属性设置,如图 5-28 所示。

图 5-28　分页控件属性设置

分页控件经过上面的属性设置后的代码如下:

```
<cc1:ProPageToolBar ID = "ProPageToolBar1" runat = "server" Width = "505px"
    AutoBindData = "True" AutoConfig = "True"
    AutoIDB = "True" BindToControl = "GridView1"
```

```
SQL = "SELECT  ［编号］,［设备名称］,［型号］,［购置时间］,［备注］  FROM ［设备表］
where ［设备名称］= ' 收银机 ' order by ［编号］ desc"
        BackColor = " ＃FFFFCC" BorderColor = " ＃FF9900" BorderWidth = "1px"   />
```

使用分页控件,还需要在 Web. config 文件的 connectionStrings 配置节中,配置
一个 SOD 框架的数据库连接,默认使用最后一个连接配置。有关数据连接配置的问
题,可参考 3.3.2 小节配置数据连接。

图 5 - 29 所示为分页控件的运行效果。

选择	编号	设备名称	型号	购置时间	备注
编辑	CRM-20190306-102354	收银机	syj-201901	2019/3/6 0:00:00	No.2
编辑	CRM-20190306-033502	收银机	syj-201901	2019/1/1 0:00:00	No.1
编辑	CRM-20190306-033455	收银机	syj-201901	2019/1/1 0:00:00	No.3
编辑	CRM-20190306-033450	收银机	syj-201901	2019/1/1 0:00:00	No.4
编辑	CRM-20190306-033441	收银机	syj-201901	2019/1/1 0:00:00	No.5

5/11条, 5 ∨ 条/页, 1/3页 首页 上一页 下一页 尾页 到 1 页 Go

图 5 - 29   分页控件运行效果图

如图 5 - 29 所示,分页控件可以设置页大小,也可以直接跳转到某页,基本上只
需要设置 BindToControl 属性和 SQL 属性即可使用。如果不想使用分页控件的数
据自动查询功能,也可以在分页控件的"分页改变事件"PageChangeIndex 中手工绑
定列表控件的数据。

5.3   WinForms 数据窗体开发

上面的例子是用于 Web Form 的 MyWebForm,将它替换成 WinForms 的 My-
WinForm 类,使用方式是一样的。

5.3.1   WinForms 数据控件

SOD 的 WinForms 数据控件包括以下几个常用控件:
- DataCalendar   日历控件,继承自 WebControl 控件,属于用户自定义控件。
- DataCheckBox   复选框控件,继承自 CheckBox 控件。
- DataDropDownList   下拉框控件,继承自 DropDownList 控件。
- DataLabel   标签控件,继承自 Label 控件。
- DataListBox   列表框控件,继承自 ListBox 控件。
- DataRadioButton   单选按钮控件,继承自 RadioButton 控件。
- DataTextBox   文本框控件,继承自 TextBox 控件。

回顾 SOD 的 Web Form 数据窗体开发的内容,Windows Forms 数据控件的名字与 Web Form 是完全一样的,继承的接口也是一样的,因此使用方式也差不多。下面演练如何在 Windows Forms 使用 SOD 框架的智能表单控件。

在前面的解决方案 SODSimple 中,添加一个新项目,选择"Windows 桌面"→"Windows 窗体应用(.NET Framework)",如图 5 - 30 所示。项目名称写成 Win-FormExample。

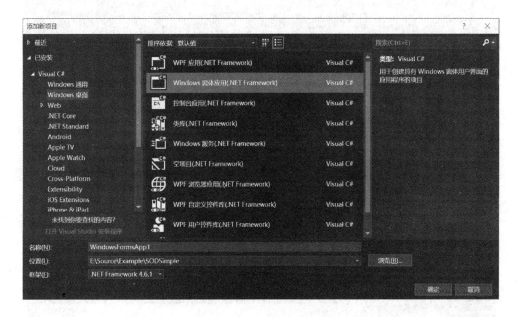

图 5 - 30 创建桌面示例项目

然后,为项目添加 SOD WinForm 应用扩展,在"项目引用"→"管理 Nuget 程序包"功能界面,搜索 PDF.NET.SOD,可以看到如图 5 - 31 所示的界面。

选择 PDF.NET.SOD.WinForm.Extensions,单击安装。添加成功后,可以看到项目根目录下面的文件 packages.config 增加了有关 SOD 的内容,PDF.NET.SOD.WinForm.Extensions 需要依赖 PDF.NET.SOD.Core,即 SOD 核心程序集:

```xml
<? xml version = "1.0" encoding = "utf - 8"? >
<packages>
<package id = "PDF.NET.SOD.Core"
    version = "5.6.2.1231" targetFramework = "net461" />
<package id = "PDF.NET.SOD.WinForm.Extensions"
    version = "5.6.2.1231" targetFramework = "net461" />
</packages>
```

在项目里源码根目录下添加一个 Windows 窗体 FormMain,打开到设计界面,

图 5 - 31　添加 SOD 框架 WinForm 扩展的 Nuget 程序包

然后看到工具箱,此时会自动显示 SOD 的智能表单控件,它在 PWMIS. Core 垂直选项卡中,如图 5 - 32 所示红线标记的 PWMIS. Core 分组下面的控件。

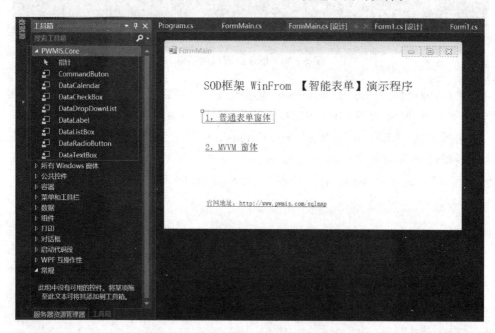

图 5 - 32　SOD 框架的 WinForm 表单数据控件

再新建一个窗体 Form1,从工具箱向窗体拖放几个控件,设计一个员工信息的表单,如图 5-33 所示。

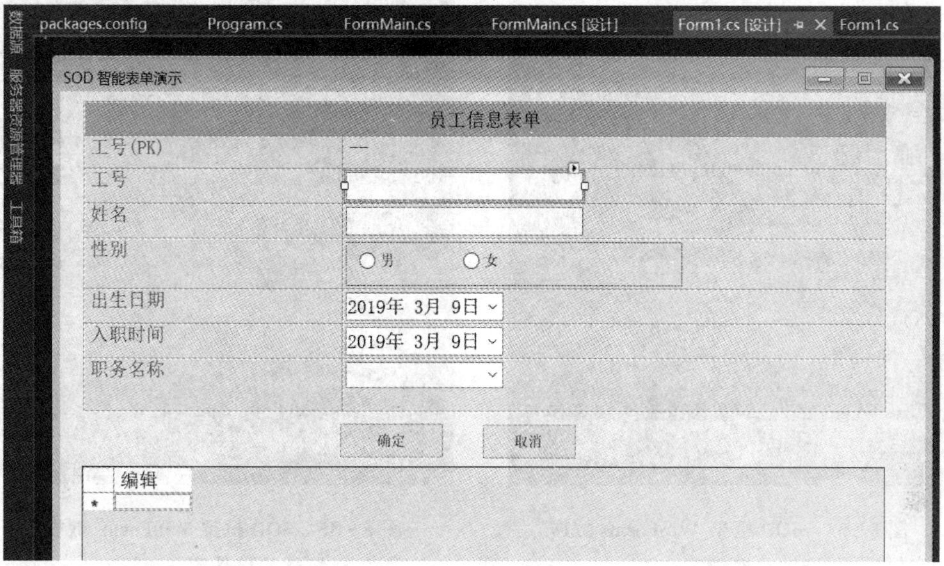

图 5-33 员工信息管理表单

这个"员工信息表单"与解决方案中的 Web 版本的员工信息表单的内容几乎一样,这样可以对照学习 SOD 框架的智能表单在 WinForms\Web 项目的开发过程。下面讲解窗体数据的绑定过程。

5.3.2 WinForms 窗体数据绑定

回顾一下 SOD 的 Web Form 数据窗体开发的内容,WinForms 数据控件的名字与 Web Form 完全一样,继承的接口也一样,使用方式也是差不多的。下面演练如何在 WinForms 使用 SOD 框架的智能表单控件。

这里使用业务对象来与智能表单控件进行数据绑定,仍然使用解决方案中的类库项目 SimpleModel,在 WebFormExample 项目中引用 SimpleModel 项目。绑定的对象仍然使用员工信息类 PersonnelInfo,有关这个类的详细定义请参考 5.2.2 小节 Web 窗体数据绑定。选择工号对应的表单域控件,属性浏览器的属性设置,如图 5-34 所示。

这里 LinkObject 绑定到 PersonnelInfo 对象,LinkProperty 绑定到 WorkNumber 属性,这方面都与 Web Form 的表单控件绑定方式相一致。另外,还可以设置控件的验证方式,属性设置如图 5-35 所示。

如图 5-35 所示,这里要求控件不允许输入空值,并且输入的内容只能是数字,验证的名字叫做"工号",如果验证没有通过,会提示这个验证名字。

图 5-34　SOD 框架 WinForms 数据
控件数据绑定设置

图 5-35　SOD 框架 WinForms 数据
控件的控件验证设置

对于"职务名称"这个下拉框控件,需要为它设置数据源,这里使用 KeyValue-Pair 泛型对象,DisplayMember 为 Key,ValueMember 为 Value,如下面的代码所示:

```
//绑定下拉框控件数据源
List <KeyValuePair <string, string>> kvs = new List <KeyValuePair <string, string>> ();
kvs. Add(new KeyValuePair <string, string>("[收银员]", "收银员"));
kvs. Add(new KeyValuePair <string, string>("[营业员]", "营业员"));
kvs. Add(new KeyValuePair <string, string>("[运营经理]", "运营经理"));
this. dataDropDownList1. DataSource = kvs;
this. dataDropDownList1. DisplayMember = "Key";
this. dataDropDownList1. ValueMember = "Value";
```

窗体上还有一个 GridView 控件,这里使用 BindingList 泛型集合,才能实现更新数据源后,GridView 控件上的内容自动改变。下面是初始化的测试内容:

```
private BindingList <PersonnelInfo> CurrDataSource = new BindingList <PersonnelInfo> ();
//… …
CurrDataSource. Add(new PersonnelInfo() {
    Name = "zhang san",
    Birthday = new DateTime(1980,1,1),
    JobName = "收银员",
    WorkNumber = "123456",
    Sex = 1, FirstWorkDate = new DateTime(2000,8,1)});
```

```
CurrDataSource.Add(new PersonnelInfo(){
Name = "李四",
Birthday = new DateTime(1990, 2, 1),
JobName = "营业员",
WorkNumber = "7890123",
Sex = 0, FirstWorkDate = new DateTime(2010, 9, 1)
});
this.dataGridView1.DataSource = CurrDataSource;
```

这样,窗体的数据已经完成绑定,运行效果如图 5 - 36 所示。

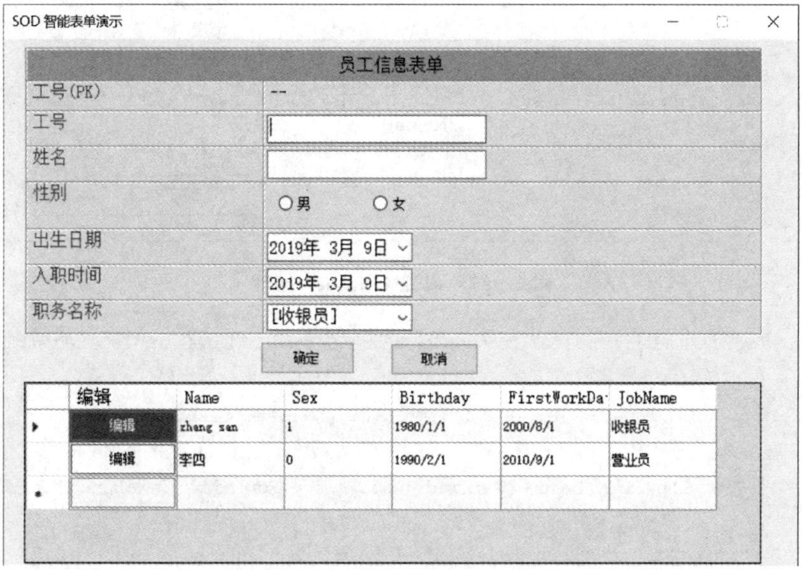

图 5 - 36 "SOD 智能表单演示"效果

5.3.3 WinForms 窗体表单处理

继续上面的示例程序,本小节介绍如何填充表单数据和收集数据到数据源,以及其他注意事项。

1. 填充数据

在上面的窗体中已经添加了两条测试数据到网格控件 GridView 中,控件添加了一个"编辑"列,它的名字是 colEditBtn,绑定的是"工号"数据,该列对应的设置界面如图 5 - 37 所示。

单击网格控件中的"编辑"按钮,触发 CellContentClick 事件,在这里处理数据编辑操作,它将当前"编辑"按钮对应的数据填充到上面的表单控件中。

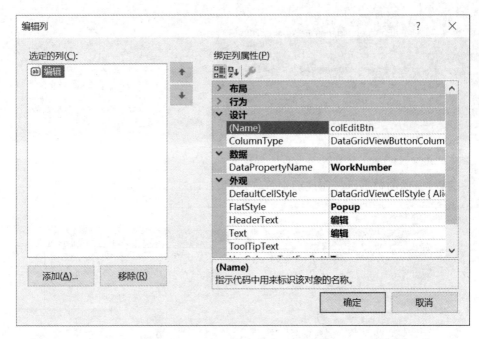

图 5 - 37　绑定 GridView 控件

```
private void dataGridView1_CellContentClick(object sender, DataGridViewCellEventArgs e)
{
    if (dataGridView1.Columns[e.ColumnIndex].Name == "colEditBtn")
    {
        PersonnelInfo data = dataGridView1.Rows[e.RowIndex].DataBoundItem as Person-
nelInfo;
        if (data ! = null)
        {
            var ibControls = MyWinForm.GetIBControls(this.tableLayoutPanel1.Con-
trols);
            MyWinForm.DataMap.FillData(data, ibControls);
        }
    }
}
```

如上述代码所示,将当前"编辑"按钮所在行绑定的数据 DataBoundItem 转换成 PersonnelInfo 对象,然后使用 MyWinForm.GetIBControls 方法查找所有的智能表单控件,最后使用 MyWinForm.DataMap.FillData 方法将数据填充到控件中,所以这个数据填充基本上只需要一行代码。

2. 保存数据

运行上面的代码,当我们试图编辑姓名为"zhang san"的数据时,由于姓名表单控件开启了控件验证,它不允许为空且内容必须为中文,所以单击"确定"按钮时出现错误提示,如图 5 - 38 所示。

图 5 - 39 所示为运行"SOD 智能表单演示"程序,"员工姓名"数据控件设置控件验证,要求"内容为中文字符"的运行效果。

要捕获这个控件验证结果,必须先处理 MyWinForm. ValidateIB-Controls 方法的返回值,否则如果没有通过验证则会引发程序异常。然后,利用表单上的数据标签控件 lblWorkNumber 所绑定的工号数据是否有值,来判断这是新添加的数据还是修改的数据。详细代码如下:

图 5 - 38 SOD 框架数据控件之控件验证设置

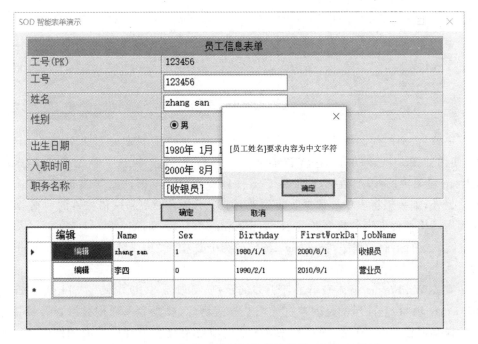

图 5 - 39 SOD 框架表单数据控件的控件验证运行效果

```
private void btnOK_Click(object sender, EventArgs e)
{
    var ibControls = MyWinForm.GetIBControls(this.tableLayoutPanel1.Controls);
    if (MyWinForm.ValidateIBControls(ibControls))
    {
        //控件验证通过再保存
        if (lblWorkNumber.Text != "")
        {
            //存在工号相同的数据,在数据源中修改
            var oldData = this.CurrDataSource.FirstOrDefault(
                        p => p.WorkNumber == lblWorkNumber.Text);
            MyWinForm.DataMap.CollectData(oldData, ibControls);
            this.CurrDataSource.ResetBindings();
            MessageBox.Show("编辑数据成功!");
        }
        else
        {
            //数据源中没有当前工号,添加新数据
            PersonnelInfo data =
        MyWinForm.DataMap.CollectDataToObject <PersonnelInfo>(ibControls);
            this.CurrDataSource.Add(data);
            MessageBox.Show("添加成功!");
        }
    }
}
```

注意:上面的代码在添加数据和修改数据时,所使用的收集方法不同。修改数据,使用 CollectData 方法,它将智能表单控件的数据收集到一个现有的 PersonnelInfo 对象中;而添加数据,则使用 CollectDataToObject 方法直接收集到一个新对象。另外,如果想将表单的数据收集到现有对象后能及时更新网格控件的数据,则必须调用网格控件绑定的数据源的 ResetBindings 方法。

再次运行上面的程序,将 zhang san 修改为中文,提示"编辑数据成功!",如图 5-40所示。

有关 WinForms 窗体表单处理更多的示例,可以看 SOD 源码的 SimpleAccess-WinForm 项目,它演示的是表单直接与数据表绑定,收集表单数据并且保存到数据库的详细过程。SimpleAccessWinForm 示例项目及其表单设计界面如图 5-41 和图 5-42 所示。

运行该示例程序,编辑网格控件的内容,可以看到与之联动的弹出窗口内的数据同步修改的效果,如图 5-43 所示。

有关这个程序更详细的介绍,请看笔者的博客文章《不使用反射,"一行代码"实现 Web、WinForms 窗体表单数据的填充、收集、清除和到数据库的 CRUD》。

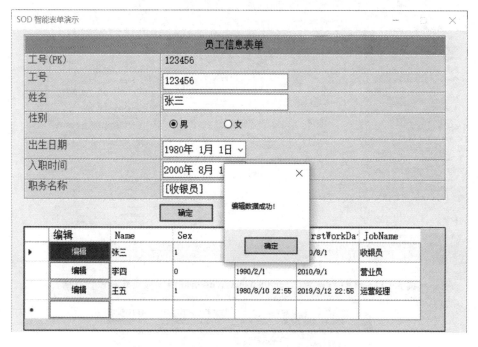

图 5-40　SOD 框架智能表单之编辑数据

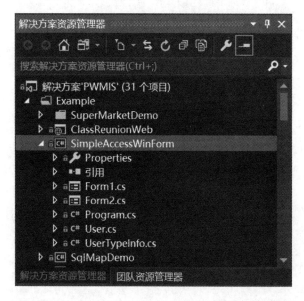

图 5-41　SOD 框架源码 SimpleAccessWinForm 示例项目

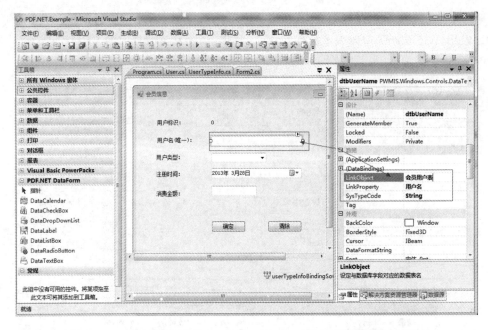

图 5-42　SOD 框架源码 SimpleAccessWinForm 示例项目表单设计界面

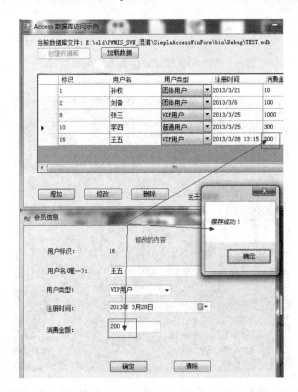

图 5-43　SOD 框架源码 SimpleAccessWinForm 示例项目运行效果

5.4 WinForms/WPF MVVM 框架

5.4.1 MVVM 原理简介

MVVM 是 Model View ViewModel 的简写。MVVM 就是将其中的 View 的状态和行为抽象化,将视图 UI 和业务逻辑分开,做这些事的就是 ViewModel,它可以取出 Model 的数据同时帮忙处理 View 中由于需要展示内容而涉及的业务逻辑,如图 5-44 所示。

图 5-44 MVVM 架构模式

MVVM 最早出现在 WPF 上。MVVM 框架的由来便是从 MVP(Model View Presenter)模式与 WPF 结合的应用方式发展演变过来的一种新型架构框架。它立足于原有 MVP 框架并且把 WPF 的新特性糅合进去,以应对客户日益复杂的需求变化。WPF 带来了诸如 Binding、Dependency Property、Routed Events、Command、DataTemplate、ControlTemplate 等新特性,这中间的一些特性使得 WPF 非常易于实现界面内容和后端数据的双向绑定,这个双向绑定是 MVVM 模式区别于 MVP 模式的重要特点。现在,很多流行的 Web 前端框架都采用了 MVVM 模式设计,比如在国内应用很火爆的 Vue.js 框架,它是国人设计的,其设计风格和文档的友好度对国人而言更胜一筹,面向数据而不是面向 DOM 细节相比 jQuery 等更加节省代码,更符合后端程序员的喜好,也更有利于 UI 设计人员与程序员的分工配合,在 GitHub 关注度很高。

图 5-45 所示为 Vue.js 框架实现 MVVM 功能的原理图。

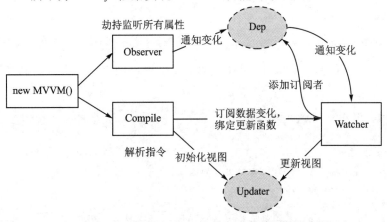

图 5-45 Vue.js 框架实现 MVVM 功能的原理示意图

相比 WinForms 技术,WPF 可以提供给 UI 设计人员更加强大的设计能力,做出更炫更好看的界面。只不过 MS 的很多技术总是很超前,技术更新很快,WPF 新推出时 WinForms 还占据桌面开发主要领域,它还没有火起来移动开发时代已经来临,基于 Web 的前端技术大大发展,风头盖过了 WPF,但是 WPF 引入的 MVVM 思想却在 Web 前端得到了发扬光大,现在各种基于 MVVM 的前端框架犹如雨后春笋。

1. WinForms 上的 MVVM 需求

Web 前端技术的大力发展,各种跨平台的基于 HTML5 的移动前端开发技术逐渐成熟,各种应用逐步由传统的 C/S 转换到 B/S、APP 模式,基于 C/S 模式的前端技术比如 WPF 的关注度逐渐下降,因此 WPF 上的 MVVM 并不是应用得很广,目前很多遗留的或者新的 C/S 系统仍然采用 WinForms 技术开发维护,然而 WinForms 上却没有良好的 MVVM 框架,WinForms 的 UI 效果和整体开发质量、开发效率没有得到有效提高,要过渡到 WPF 开发这种不同开发风格的技术难度又比较大,所以,如果有一种能够在 WinForms 上的 MVVM 框架,无疑是广大后端 .NET 程序员的福音。

我一直是一个奋斗在一线的 .NET 开发人员、架构师,对于 Web 和桌面、后端开发技术都有广泛的涉及,深刻理解开发人员自嘲为"码农"的心理,所以我一直在总结整理如何提高开发效率,改善开发质量的方法,经过近 10 年的时间,发展完善了一套开发框架——SOD 框架。最近正在研究改善 Web 前端开发的技术,Vue.js 框架的 MVVM 思想再一次让我觉得 WinForms 上的 MVVM 技术的必要性,并发现要实现 MVVM 框架其实并不难,关键在于模型(Model)和视图(View)的双向绑定,即模型的改变引起视图内容的改变,而视图的改变也能够引起模型的改变。

2. SOD MVVM 实现原理

要实现 MVVM 这种双向通知改变,对于被绑定方,必须具有属性改变通知功能,当绑定方改变时,通知被绑定方让它做出相应的处理。在 .NET 中,实现属性改变通知功能的接口就是:

```
INotifyPropertyChanged
```

它的定义在 System.dll 中,早在 .NET 2.0 就已经支持。下面是该接口的具体定义:

```
namespace System.ComponentModel
{
    //摘要:
    //向客户端发出某一属性值已更改的通知。
    public interface INotifyPropertyChanged
    {
        //摘要:
```

```
        //在更改属性值时发生。
        event PropertyChangedEventHandler PropertyChanged;
    }
}
```

该接口只有一个属性已改变事件,这样订阅该事件的对象在发生改变的对象属性更改时,就能得到通知。这种通知就是一种"观察者模式",只不过 .NET 的事件功能很好地实现了这个模式,因此这个 INotifyPropertyChanged 接口看似平淡无奇,但是当它与 .NET 窗体控件的属性绑定以后,就实现了控件的这个属性改变,并会立刻通知被绑定的对象,让它的属性也改变。所有 .NET 窗体控件都支持属性绑定功能。下面以一个文本框控件为例,将它的 Text 属性和另一个对象的属性相绑定:

```
this.textbox1.DataBindings.Add("Text", user, "Name");
```

这里使用了控件的 DataBindings 属性,它是一个集合,可以添加多个属性的绑定,这个属性是在所有控件的基类 Control 中定义的:

```
public class Control : Component,
    IOleControl, IOleObject, IOleInPlaceObject,
    IOleInPlaceActiveObject, IOleWindow, IViewObject,
    IViewObject2, IPersist, IPersistStreamInit,
    IPersistPropertyBag, IPersistStorage, IQuickActivate,
    ISupportOleDropSource, IDropTarget,
    ISynchronizeInvoke, IWin32Window, IArrangedElement,
    IBindableComponent, IComponent, IDisposable
{
    //其他代码略
    public ControlBindingsCollection DataBindings { get; }
}
```

在 Control 类的定义中,发现它继承了 IBindableComponent 接口,这是一个可绑定组件接口,其中果然有 DataBindings 属性的定义:

```
using System.ComponentModel;

namespace System.Windows.Forms
{
    public interface IBindableComponent : IComponent, IDisposable
    {
        ControlBindingsCollection DataBindings { get; }
        BindingContext BindingContext { get; set; }
    }
}
```

该接口同样定义在 System. Windows. Forms 程序集中，因此可以确信，所有 . NET 窗体控件都是支持数据绑定的，这为开发基于 WinForms 通用的 MVVM 框架提供了基础。回到前面示例中的 textbox1 控件的 Text 属性绑定来看，这行代码仅仅实现了控件的 Text 属性改变，并通知 user 对象的 Name 属性也发生改变，这是一种单向绑定，方向是从控件到业务对象。如果被绑定的对象实现了 INotifyProp-ertyChanged 接口，那么当被绑定对象的被绑定属性改变时，就能反过来通知控件的绑定属性也发生改变。也就是说，假如上述的 textbox1 绑定控件绑定的是一个实现了 INotifyPropertyChanged 接口的对象 userEntity，则它们之间就实现了双向绑定，改写上面的示例绑定代码：

```
this.textbox1.DataBindings.Add("Text", userEntity, "Name");
```

这样，当文本框输入的内容改变时，实体类对象 userEntity. Name 属性的值也会改变。如果 userEntity 是 SOD 实体类，那么 userEntity. Name 改变，文本框的 Text 属性也会同步改变。

SOD 框架的实体类基类 EntityBase 实现了 INotifyPropertyChanged 接口：

```
public abstract class EntityBase : INotifyPropertyChanged,
ICloneable, PWMIS.Common.IEntity
{
    /// <summary>
    ///属性改变事件
    /// </summary>
    public event PropertyChangedEventHandler PropertyChanged;
    /// <summary>
    ///触发属性改变事件
    /// </summary>
    /// <param name = "propertyFieldName"> 属性改变的属性字段名 </param>
    protected virtual void OnPropertyChanged(string propertyFieldName)
    {
        if (this.PropertyChanged ! = null)
        {
            string currPropName = EntityFieldsCache
                .Item(this.GetType())
                .GetPropertyName(propertyFieldName);
            this.PropertyChanged(this,
                new PropertyChangedEventArgs(currPropName));
        }
    }
    //其他代码略……
}
```

从上面代码可知,SOD 框架的实体类可以获知每一个属性的变化信息,只要有一个属性发生了"修改"行为(赋值操作),就可以通知实体类挂钩的对象。所以,SOD 框架的实体类可以直接用来作为 MVVM 上的 Model 提供给 View 作为被绑定对象,实现双向绑定效果。

再回来看前面例子中控件的 DataBindings 属性的 Add 方法,它有很多重载方法:

```
public Binding Add(string propertyName, object dataSource, string dataMember,
 bool formattingEnabled, DataSourceUpdateMode updateMode, object nullValue);

public Binding Add(string propertyName, object dataSource, string dataMember,
 bool formattingEnabled, DataSourceUpdateMode updateMode, object nullValue, string
formatString);

public Binding Add(string propertyName, object dataSource, string dataMember,
 bool formattingEnabled, DataSourceUpdateMode updateMode, object nullValue, string
formatString, IFormatProvider formatInfo);

public Binding Add(string propertyName, object dataSource, string dataMember,
 bool formattingEnabled);

public Binding Add(string propertyName, object dataSource, string dataMember);

public Binding Add(string propertyName, object dataSource, string dataMember,
 bool formattingEnabled, DataSourceUpdateMode updateMode);
```

尽管重载方法很多,但最基础的只需要 3 个参数,其他都是对于被绑定属性值的格式化处理问题。Add 方法的第一个参数是控件要绑定的属性名,第二个参数是被绑定的目标对象,第三个参数是被绑定对象的属性名。在 SOD 框架的智能表单控件中,它们均继承了 IDataControl 接口,定义了两个重要的属性 LinkObject 和 Link-Property,再看这个接口的详细定义:

```
/// <summary>
///数据映射控件接口
/// </summary>
public interface IDataControl
{

    /// <summary>
    ///与数据库数据项相关联的数据
    /// </summary>
```

```
            string LinkProperty
            {
                get;
                set;
            }


            /// <summary>
            ///与数据关联的表名
            /// </summary>
            string LinkObject
            {
                get;
                set;
            }


        //其他接口方法内容略
        }
```

可以使用 LinkObject 来指定要绑定的实体类对象,用 LinkProperty 来指定要绑定的对象的属性,因此可以通过下面的代码实现 WinForms 控件与 SOD 实体类的双向绑定:

```
    /// <summary>
    ///对数据控件实现双向绑定
    /// </summary>
    /// <param name = "controls"> 要绑定的数据控件集合 </param>
    public void BindDataControls(List <IDataControl> controls)
    {
        foreach (IDataControl control in controls)
        {
            //control.LinkObject 这里都是 "DataContext"
            object dataSource = GetInstanceByMemberName(control.LinkObject);
            if (control is TextBox)
            {
                ((TextBox)control).DataBindings.Add("Text", dataSource, control.Link-
Property);
            }
            else if (control is Label)
            {
                ((Label)control).DataBindings.Add("Text", dataSource, control.Link-
Property);
            }
```

```
            else if (control is ListBox)
            {
                ((ListBox)control).DataBindings.Add("SelectedValue", dataSource, con-
trol.LinkProperty,
                    false, DataSourceUpdateMode.OnPropertyChanged);
            }
            else if (control is DateTimePicker)
            {
                ((DateTimePicker)control).DataBindings.Add("Value", dataSource, con-
trol.LinkProperty, false, DataSourceUpdateMode.OnPropertyChanged);
            }
            else
            {
                //自定义处理控件类型
                BindDataControl(control, dataSource, control.LinkProperty);
            }
        }
    }
```

这样,采用 BindDataControls 方法的代码,结合 SOD 的实体类,就能够实现 SOD 的智能表单控件与实体类的双向绑定了,这就是 SOD MVVM 的实现原理,整个过程并不复杂。WPF 也是基于这个原理在它的控件中增加了一些绑定属性、依赖属性等内容,从而在 WPF 的基础上可以实现一套更加强大的 MVVM 功能。

注:MVVM 并不是 WPF 必须的功能,它仍然可以像 WinForms 一样使用,如果需要使用 WPF 的 MVVM 功能,则需要第三方 MVVM 框架支持。

5.4.2　MVVM 窗体接口

上面在介绍 MVVM 原理时,演示了在 WinForms 应用程序中使用 BindDataControls 方法实现智能表单控件的数据绑定,如果将这样的方法统一封装在一个窗体基类中,就能方便地开发 MVVM 窗体程序了,于是定义一个 MvvmForm 类,它继承了 Form 类:

```
using PWMIS.Common;
using PWMIS.Core;
using PWMIS.DataForms.Adapter;
using System;
using System.Collections.Generic;
using System.Reflection;
using System.Windows.Forms;
```

```
namespace PWMIS.Windows.Mvvm
{
    public partial class MvvmForm : Form, IMvvmForm
    {
        public void BindDataControls(List <IDataControl> controls)
        {
            //代码略
        }
        /// <summary>
        ///绑定未处理的数据控件,如果有控件未处理这里将抛出异常
        /// </summary>
        /// <param name = "control"> 数据控件 </param>
        /// <param name = "dataSource"> 数据源对象 </param>
        /// <param name = "dataMember"> 要绑定的成员名称 </param>
        protected virtual void BindDataControl(IDataControl control, object dataSource,
string dataMember)
        {
            throw new NotImplementedException("请重写此方法处理当前控件。注意不要再调
用此基类方法。");
        }

        //其他代码略
    }

}
```

在 MvvmForm 上还实现了一个接口 IMvvmForm,它的作用是在 ViewModel
中访问 MvvmForm 而又不必引入太多 WinForms 的内容,仅定义了 2 个窗体执行跨
线程任务的方法,用于后端 Model 异步访问而不影响前端 View 的执行:

```
using PWMIS.Common;
using System;

namespace PWMIS.Windows.Mvvm
{
    /// <summary>
    /// Windows Forms MVVM 窗体接口
    /// </summary>
    public interface IMvvmForm
    {
        /// <summary>
        ///用于解决【线程间操作无效】的问题
```

```
///   </summary>
///   <param name = "action"> 自定义的方法,在此方法中对控件或者绑定的数据对
///象进行修改 </param>
void FormInvoke(MyAction action);


///   <summary>
///用于解决【线程间操作无效】的问题
///   </summary>
///   <typeparam name = "T"> 控件或者其他对象类型 </typeparam>
///   <param name = "ctl"> 对象实例 </param>
///   <param name = "action"> 要对控件或者对象执行的方法,在此方法中对控件或
///者绑定的数据对象进行修改 </param>
void FormInvoke <T> (T ctl, Action <T> action);
      }
}
```

最后,在 MvvmForm 的窗体加载事件中,完成智能表单控件的绑定。这样,具体的 MVVM 窗体就无需调用绑定方法,而开发出来的窗体也就可以实现数据绑定的效果了。

5.4.3　MVVM 命令处理接口

1. 命令与事件的绑定

命令指的是整个表单或者单个控件与后端模型的交互操作,通常表现为按钮控件的操作事件,比如"提交按钮"表示提交当前表单数据到后端模型进行处理。当然,其他控件的某些事件操作只要它会与后端模型进行交互,也可以看作是一个命令。

为什么需要将这些事件操作抽象成命令操作呢? 这主要是基于 MVVM 架构模式中 View、Model 和 ViewModel 的独立职责考虑,ViewModel 是界面的数据和行为的抽象,View 只需要做好界面元素 ViewModel 的呈现即可。这样,就应尽量不包含过多的界面元素,也不应在 ViewModel 中处理控件的事件,因此应将原来的事件操作封装成与界面元素无关的命令操作。要实现这个目标,就要将命令方法通过框架代码与界面控件的事件绑定,从而避免在 View 中处理事件代码。这个绑定事件和命令的方法就是 MvvmForm 类里面的 BindCommandControls 方法:

```
///   <summary>
///绑定 ViewModel 的命令到窗体的按钮等控件上
///   </summary>
///   <param name = "control"> ButtonBase 按钮等执行命令调用的控件 </param>
///   <param name = "command"> 要执行的命令委托方法 </param>
public void BindCommandControls(Control control,CommandMethod command)
{
```

```
        if (control is ButtonBase)
        {
            ((ButtonBase)control).Click += (sender, e) =>
            {
                    CommandEventMethod(sender, e, command);
            };
        }
    }

    private void CommandEventMethod(object sender, EventArgs e,
            CommandMethod command)
    {
            try
            {
                command();
            }
            catch (Exception ex)
            {
                RaiseBinderError(sender, ex);
            }
    }
```

在上面的代码中,只处理按钮控件的 Click 事件,在事件中处理命令方法,命令方法是一个可以接受事件参数的委托变量:

```
/// <summary>
///命令方法
/// </summary>
public delegate void CommandMethod();
```

上面的 BindCommandControls 方法只能处理按钮控件的 Click 事件,如果想处理按钮更多的事件,BindCommandControls 方法提供了下面的重载将控件的任意事件与命令方法绑定:

```
/// <summary>
///绑定 ViewModel 的命令到窗体的任意控件上
/// </summary>
/// <param name = "control"> 窗体控件 </param>
/// <param name = "controlEvent"> 控件事件名称 </param>
/// <param name = "command"> 命令方法 </param>
public void BindCommandControls(Control control,string controlEvent,
CommandMethod command)
{
```

```
EventHandler hander = new EventHandler(
    (object sender, EventArgs e) =>
    {
        CommandEventMethod(sender, e, command);
    });

Type ctrType = control.GetType();
ctrType.GetEvent(controlEvent).AddEventHandler(control, hander);
}
```

注意：上面的命令与事件的绑定只支持简单事件处理方法，也就是参数为 object 和 EventArgs 的事件处理方法。如果有更为具体的事件参数（EventArgs 的子类），则不能用这种方式来绑定命令，因为委托方法的签名不正确，无法绑定事件到对象上去。

如果需要绑定任意事件，就必须定义与该事件相匹配的 EventHandle，比如 Dat-aGridView 的 DataGridViewCellEventHandle，它有一个名为 DataGridViewCellEventArgs 特定类型的 EventArgs 事件参数，可以使用下面的方式来动态添加事件处理方法：

```
/// <summary>
///绑定 ViewModel 的命令到窗体的任意控件的特定类型事件上
/// </summary>
/// <param name = "control"> 引发事件的控件 </param>
/// <param name = "controlEvent"> 控件的事件名 </param>
/// <param name = "target"> 要绑定的事件处理方法所在的对象 </param>
/// <param name = "EventHandleMethod"> 事件处理方法 </param>
public void BindCommandControls(Control control, string controlEvent,
object target,string EventHandleMethod)
{
    Type ctrType = control.GetType();
    var eventInfo = ctrType.GetEvent(controlEvent);
    var dele = Delegate.CreateDelegate(eventInfo.EventHandlerType,
                              target, EventHandleMethod);
    eventInfo.AddEventHandler(control, dele);
}
```

这样只需要提供事件名和事件处理方法的方法名，就可以动态绑定事件了。这个方法适合那些有特定事件参数的事件处理程序委托方法，在具体的事件处理方法中需要使用这个事件参数，这相当于"有参数的命令"，它依赖于具体的控件和控件的事件，必须在 View 层处理，否则 ViewModel 会依赖于 View 的控件，不利于 View 和 ViewModel 的解耦。

2. 命令处理接口

上面的两个 BindCommandControls 方法虽然实现了控件的事件和命令方法的绑定,但还有两个问题:一个是命令方法还需要一个事件参数;另一个是命令处理前后无法进行额外的处理,比如在命令方法执行之前进行验证,然后提供取消命令执行的时机,或者为命令方法的执行提供额外的附加参数,而不是依赖于控件的事件参数。所以,更好的方案是为命令处理定义独立的接口:

```
namespace PWMIS.Windows.Mvvm
{
    /// <summary>
    /// MVVM 命令处理接口
    /// </summary>
    public interface IMvvmCommand
    {
        /// <summary>
        ///执行前的处理,如果返回 False,则不会真正执行命令方法
        /// </summary>
        /// <param name = "para"> 命令参数 </param>
        /// <returns> </returns>
        bool BeforExecute(object para);
        /// <summary>
        ///执行命令方法
        /// </summary>
        /// <param name = "para"> 命令参数 </param>
        void Execute(object para);
        /// <summary>
        ///命令执行后的操作
        /// </summary>
        void AfterExecute();
    }
}
```

因为 ViewModel 是对 View 数据和行为的抽象,这些行为可能就是一个命令,所以实现命令处理接口 IMvvmCommand 的对象必然在 ViewModel 对象中,要找到这个 IMvvmCommand 对象就需要告诉 View 它的信息,我们将包含这些信息的内容定义在命令接口控件 ICommandControl 中:

```
namespace PWMIS.Windows
{
    /// <summary>
    ///命令接口控件
```

```
    /// </summary>
    public interface ICommandControl
    {
        /// <summary>
        ///命令接口对象所在的对象名称
        /// </summary>
        string CommandObject { get; set; }
        /// <summary>
        ///命令接口对象名称
        /// </summary>
        string CommandName { get; set; }
        /// <summary>
        ///关联的参数对象
        /// </summary>
        string ParameterObject{get;set;}
        /// <summary>
        ///关联的参数对象的属性名
        /// </summary>
        string ParameterProperty { get; set; }
        /// <summary>
        ///命令关联的控件事件名称
        /// </summary>
        string ControlEvent { get; set; }

    }
}
```

有了 ICommandControl 接口的命令控件,就可以找到处理命令的对象了,然后将命令方法绑定到控件的事件上,BindCommandControls 的重载方法提供了这个功能:

```
/// <summary>
/// (自动)绑定命令按钮的 ControlEvent 到关联的命令对象
/// </summary>
/// <param name = "control"> </param>
public void BindCommandControls(ICommandControl control)
{
    object dataSource = GetInstanceByMemberName(control.CommandObject);
    string[] propNames = control.CommandName.Split('.');
    object obj = GetPropertyValue(dataSource, propNames);
    IMvvmCommand command = obj as IMvvmCommand;

    BindCommandControls(control ,control.ControlEvent, command);
```

```
        }

        /// <summary>
        ///绑定控件的事件到命令接口对象
        /// </summary>
        /// <param name = "control"> 窗体控件 </param>
        /// <param name = "controlEvent"> 控件的事件 </param>
        /// <param name = "command"> 要绑定的命令接口对象 </param>
        public void BindCommandControls(object control, string controlEvent,
        IMvvmCommand command)
        {
            EventHandler hander = new EventHandler(
            (object sender, EventArgs e) =>
            {
                object paraValue = null;
                if (control is ICommandControl)
                {
                    try
                    {
                        ICommandControl cmdCtr = control as ICommandControl;
                        if (cmdCtr. ParameterObject ! = null && cmdCtr. ParameterProperty ! = null)
                        {
                            object paraSource = GetInstanceByMemberName(cmdCtr. Parameter-
Object);
                            string[] paraPropNames = cmdCtr. ParameterProperty. Split('.');
                            paraValue = GetPropertyValue(paraSource, paraPropNames);
                        }
                    }
                    catch (Exception ex)
                    {
                        RaiseBinderError(control, ex);
                        return;
                    }

                }

                if (command. BeforExecute(paraValue))
                {
                    try
                    {
                        command. Execute(paraValue);
                    }
                    catch (Exception ex)
                    {
```

```
            RaiseBinderError(control, ex);
        }
        finally
        {
            command.AfterExecute();
        }
    }
    });//end handle

    Type ctrType = control.GetType();
    ctrType.GetEvent(controlEvent).AddEventHandler(control, hander);
}
```

有了上面的方法,就可以方便地绑定命令控件与命令对象了。框架还提供了更多的重载方法,可以处理各种复杂的命令绑定问题,这里不再一一介绍,大家可以去看框架源码。

3. SOD MVVM 架构设计

在 SOD 框架的 MVVM 解决方案中,使用 MvvmFrom 作为 View 的基类,这样它就能处理 Model 与 View 的数据绑定和 ViewModel 与 View 的命令绑定,Model 使用 SOD 的实体类,使得 Model 与 View 能够实现数据双向绑定。最后,ViewModel 作为协调者,向 View 提供它所需要的 Model。整个 MVVM 解决方案的架构图如图 5-46 所示。

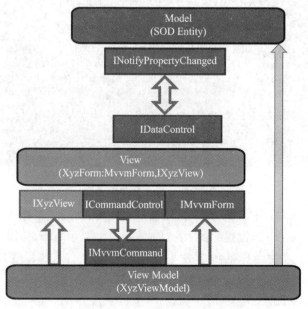

图 5-46 SOD 框架 MVVM 架构图

5.4.4 MVVM 窗体示例

在 5.3 节 WinForms 数据窗体开发中,使用了一个员工信息表单的示例,当时使用的是直接对表单进行数据绑定和数据处理,虽然 SOD 的数据绑定功能让表单处理很"智能",主要功能都只需要一行代码,但是表单数据和后端数据是一种单向绑定关系,因此才有从表单"收集数据"的操作。如果它们之间是双向绑定的关系,将不需要这些表单操作,只需要关注数据的变化,而不是关注表单和其他控件的处理。下面,仍然使用这个员工信息表单来做 MVVM 窗体的示例,这样也有更直观的比较。

1. 实现步骤

第一步,在 WinFromExample 项目中添加一个新窗体 Form2,将 Form1 中的内容全部复制粘贴到 Form2 的界面上,如图 5-47 所示。

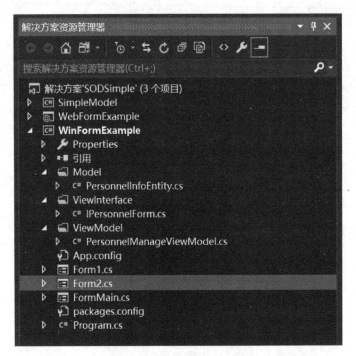

图 5-47 添加新测试窗体

然后,选择"工号(PK)"标签控件,设置它的 LinkObject 属性为"工号"文本框控件的名字 dataTextBox1,设置它的 LinkProperty 属性为 Text,如图 5-48 所示。

这样,当"工号"文本框的内容发生改变时,"工号(PK)"标签控件内容也同步改变。

第二步,在项目解决方案目录下添加 3 个目录:

● Model 用于添加 MVVM 所需要的数据模型类,比如 PersonnelInfoEntity;

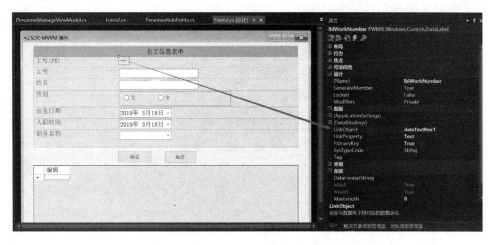

图 5 - 48   设置联动的数据绑定控件

- ViewModel   用于添加 MVVM 所需要的视图模型类,比如 PersonnelMana-geViewModel;
- ViewInterface   用于添加 MVVM 所需要的视图接口,比如 IPersonnel-Form。

第三步,添加 Model 代码。

添加员工信息实体类 PersonnelInfoEntity,属性与 SimpleModel. PersonnelInfo 类基本一致,它是一个 SOD 实体类,代码如下:

```
using PWMIS.DataMap.Entity;
using System;

namespace WinFormExample.Model
{
    public class PersonnelInfoEntity:EntityBase
    {
        public string WorkNumber
        {
            get { return getProperty <string> ("WorkNumber"); }
            set { setProperty("WorkNumber", value,50); }
        }
        public string FullName
        {
            get { return getProperty <string> ("FullName"); }
            set { setProperty("FullName", value, 100); }
        }
        public bool Sex
```

```
            {
                get { return getProperty <bool> ("Sex"); }
                set { setProperty("Sex", value); }
            }
            public DateTime Birthday
            {
                get { return getProperty <DateTime> ("Birthday"); }
                set { setProperty("Birthday", value); }
            }
            public DateTime FirstWorkDate
            {
                get { return getProperty <DateTime> ("FirstWorkDate"); }
                set { setProperty("FirstWorkDate", value); }
            }
            public string JobName
            {
                get { return getProperty <string> ("JobName"); }
                set { setProperty("JobName", value, 50); }
            }
        }
    }
```

第四步,抽象 View 接口。

添加员工信息表单窗体接口 IPersonnelForm,用于抽象一些必需的界面元素操作,这些操作难以在 ViewModel 处理,因为它必须依赖于 View。此接口定义如下:

```
using WinFormExample.Model;

namespace WinFormExample.ViewInterface
{
    interface IPersonnelForm
    {
        /// <summary>
        ///校验表单控件数据是否通过控件验证
        /// </summary>
        /// <returns> </returns>
        bool ValidateIBControlsData();
        /// <summary>
        ///当前编辑的员工信息数据
        /// </summary>
        /// <param name = "rowIndex"> 数据所在网格控件的行索引 </param>
        /// <returns> </returns>
```

```
            PersonnelInfoEntity CurrentEditRowData(int rowIndex);
        /// <summary>
        ///是否要编辑当前行数据
        /// </summary>
        /// <param name = "colIndex"> 编辑按钮所在的列索引 </param>
        /// <returns> </returns>
        bool IsEditRowData(int colIndex);
    }
}
```

第五步,添加 ViewModel 代码。

员工管理视图模型 PersonnelManageViewModel,用于抽象 View 使用的数据和行为,包括当前表单操作的员工信息对象、员工信息数据集合、保存表单信息\清除表单内容、同步单元格内容等。

```
class PersonnelManageViewModel
{
    /// <summary>
    ///当前表单操作的员工信息对象
    /// </summary>
    public PersonnelInfoEntity CurrPersonnelInfo { get; set; }
    /// <summary>
    ///员工信息数据集合
    /// </summary>
    public BindingList <PersonnelInfoEntity> PersonnelInfoSet { get; private set; }

    public SaveDataCommand Save { get; set; }
    public IPersonnelForm View { get; private set; }

    public PersonnelManageViewModel(IPersonnelForm form)
    {
        this.View = form;
        this.Save = new SaveDataCommand(this);
        //其余代码略
    }

    public string SaveData()      { / * 实现代码暂略 * /}
    public void ClearForm()  { / * 实现代码暂略 * /}
    public void SyncCellValueChanged(int rowIndex)  { / * 实现代码暂略 * /}
    public void FormUpdate(int rowIndex,int columnIndex)  { / * 实现代码暂略 * /}

}
```

第六步,实现 View 代码。

在 MVVM 的 View 中的 Form2 中,定义了 ViewModel 中 PersonnelManage-ViewModel 类的实例对象 DataContext,请看下面代码:

```
public partial class Form2 : MvvmForm, IPersonnelForm
{
    PersonnelManageViewModel DataContext { get; set; }

    public Form2()
    {
        InitializeComponent();
        DataContext = new PersonnelManageViewModel(this);
    }

    //其他代码暂略
}
```

第七步,实现 View 表单数据绑定。

PersonnelManageViewModel 类定义了当前表单操作的员工信息类 CurrPersonnelInfo,View 中 Form2 类的 SOD 智能表单数据控件将绑定它。图 5 - 49 所示的"工号"控件绑定了当前窗体的 DataContext 对象的 CurrPersonnelInfo 对象的 WorkNumber 属性。注意,数据控件的 LinkProperty 属性支持"多级属性"格式,即 WorkNumber 属性是 CurrPersonnelInfo 对象的属性,而 CurrPersonnelInfo 对象又是 DataContext 对象的属性,所以采用 CurrPersonnelInfo. WorkNumber 表示要绑定对象的多级属性,每一个级别的属性用"点"分隔符标识。LinkProperty 使用多级属性格式,这也是 SOD 的 MVVM 窗体数据绑定与普通智能表单窗体数据绑定的不同之处。

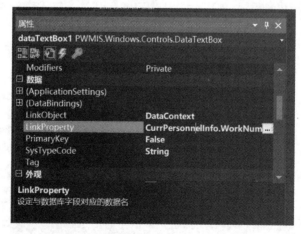

图 5 - 49 SOD 智能表单数据控件绑定数据到复杂对象

第八步,绑定命令控件。

在当前 View 的 Form2 窗体上,使用了 SOD 的命令控件,它们是窗体上的"确定"和"取消"按钮,分别表示对表单数据的添加修改操作的确认和对表单数据的清空。图 5-50 所示为"确定"命令按钮的属性设置窗口。

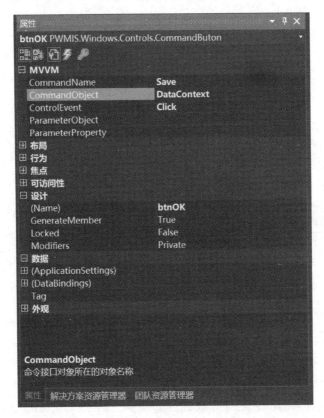

图 5-50 SOD 智能表单数据控件之绑定命令控件

"确认"控件"btnOK"是实现了 ICommandControl 接口的命令控件,所以在属性窗口可以看到 MVVM 分组下面的 CommandName、CommandObject、ControlEvent、ParameterObject、ParameterProperty 几个属性,比如这里设置的 CommandObject 表示命令控件绑定的要执行的命令方法所在的对象名是 DataContext,这是 Form2 窗体定义的属性对象,所在的类 PersonnelManageViewModel 中有一个名字为 Save 的属性,此属性是 SaveDataCommand 类型。该类中封装了具体的命令方法,代码如下:

```
class SaveDataCommand : IMvvmCommand
{
    PersonnelManageViewModel ViewModel;
    string SavedMessage;
```

```
    public SaveDataCommand(PersonnelManageViewModel viewModel)
    {
        this.ViewModel = viewModel;
    }

    public void AfterExecute()
    {
        MessageBox.Show(SavedMessage, "SaveDataCommand");
    }

    public bool BeforExecute(object para)
    {
        return this.ViewModel.View.ValidateIBControlsData();
    }

    public void Execute(object para)
    {
        SavedMessage = this.ViewModel.SaveData();
    }
}
```

在执行命令按钮 btnOK 时,框架会首先执行 SaveDataCommand 类的方法 BeforExecute,如果返回真,再执行 Execute 方法,它会调用当前 ViewModel 实例对象 DataContext 的 SaveData 方法。有关这两个方法调用的具体代码稍后再详细说明,下面来看如何绑定这个命令按钮:

```
public partial class Form2 : MvvmForm, IPersonnelForm
{
    //其他代码略
    private void Form2_Load(object sender, EventArgs e)
    {
        //其他代码略
        base.BindCommandControls(this.btnOK);
        base.BindCommandControls(this.btnCancel,"Click", DataContext.ClearForm);
    }
}
```

如以上代码所示,使用基类 MvvmForm 的一行代码绑定了 btnOK 按钮的命令操作。但是绑定 btnCancel 按钮时使用了 BindCommandControls 的重载方法,与这行代码等价的代码可以是下面这行代码:

```
base.BindCommandControls(this.btnCancel, DataContext.ClearForm);
```

所以这里的代码主要是演示命令按钮可以绑定的事件不仅仅是 Click 事件名，也可以具体指定别的名称，但它们都必须符合 delegate(object sender, EventArgs args)这样的事件委托签名格式。如果采用上面这种代码具体指定绑定命令按钮的方式，就不必在窗体设计器的"属性"窗口进行指定了，比如图 5-51 所示的"取消"按钮 btnCancel 的"属性"窗口设置。

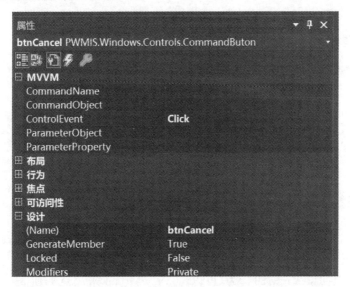

图 5-51 命令按钮通过代码绑定而不用属性设置绑定的情形

第九步，绑定复杂的命令事件。

与命令按钮不同，有些控件有很多常用的事件，并且它的事件参数通常不是形如 delegate(object sender, EventArgs args)的事件委托签名格式，而是有特定的事件处理委托，它的事件参数是 EventArgs 更为具体的事件参数类，在事件处理方法中往往需要使用这些事件参数对象。这时就无法像绑定命令按钮那样绑定命令操作了，这些控件对应的抽象的命令操作必须在控件的特定事件中处理，因此笔者称之为绑定复杂命令事件。比如 View 中 Form2 的网格控件 dataGridView1，在窗体中需要使用它的单元格单击事件和单元格内容值改变事件，这两个事件的委托都是 Data-GridViewCellHandle(object sender, DataGridViewCellEventArgs e)，如果在 IDE 的窗体设计器中设置这两个事件，IDE 自动生成的代码是：

```
private void dataGridView1_CellContentClick(object sender, DataGridViewCellEventArgs e)
{

}


private void dataGridView1_CellValueChanged(object sender, DataGridViewCellEventArgs e)
{

}
```

但是在这里,笔者不打算使用 IDE 自动生成的事件处理代码,而是使用 SOD MVVM 框架提供命令绑定代码,在 Form2 的 Load 事件中加入下面两行代码:

```
base.BindCommandControls(this.dataGridView1, "CellContentClick",
    this,nameof( MyCellContentClick));
base.BindCommandControls(this.dataGridView1, "CellValueChanged",
    this, "MyCellValueChanged");
```

然后加入下面对应的事件处理代码:

```
private void MyCellContentClick(object sender,DataGridViewCellEventArgs e)
{
    DataContext.FormUpdate(e.RowIndex, e.ColumnIndex);
}

private void MyCellValueChanged(object sender, DataGridViewCellEventArgs e)
{
    DataContext.SyncCellValueChanged(e.RowIndex);
}
```

这样,摆脱了依赖 IDE 生成事件处理代码的限制,可以将 View 的设计交给更专业的设计人员或者使用更专业的工具来完成。采用动态绑定指定事件与命令操作的方式,能更好地抽象 View 的行为,可以由 ViewModel 来决定如何完成这个绑定过程,比如有选择性地启用或者关闭某个事件功能。

第十步,实现表单保存命令。

前面介绍了通过窗体的"确认"按钮 btnOK 来执行表单数据的保存功能,它绑定了 ViewModel 的 SaveDataCommand 命令对象,调用了 PersonnelManageViewModel 类的 SaveData 方法。下面是该方法的详细实现:

```
public string SaveData()
{
    //控件验证通过再保存
    if (CurrPersonnelInfo.WorkNumber != "")
    {
        //存在工号相同的数据,在数据源中修改
        var oldData = this.PersonnelInfoSet.FirstOrDefault(
                p => p.WorkNumber == CurrPersonnelInfo.WorkNumber);
        if (oldData != null)
        {
            oldData.MapFrom(CurrPersonnelInfo, true);

            //MyWinForm.DataMap.CollectData(oldData, BrainDataControls);
            this.PersonnelInfoSet.ResetBindings();
```

```
            return "编辑数据成功!";
        }
        else
        {
            PersonnelInfoEntity entity = new PersonnelInfoEntity();
            entity.MapFrom(CurrPersonnelInfo, true);
            this.PersonnelInfoSet.Add(entity);
            return "添加数据成功!";
        }

    }
    return "工号不能为空";
}
```

回顾当前 ViewModel 的 PersonnelManageViewModel 类的定义：

```
class PersonnelManageViewModel
{
    /// <summary>
    ///当前表单操作的员工信息对象
    /// </summary>
    public PersonnelInfoEntity CurrPersonnelInfo { get; set; }
    /// <summary>
    ///员工信息数据集合
    /// </summary>
    public BindingList <PersonnelInfoEntity> PersonnelInfoSet { get; private set; }

    //其他代码略
}
```

"保存"操作会把表单的数据保存到与网格控件绑定的数据源 PersonnelInfoSet 中。表单的数据是表单控件与 ViewModel 对应的对象 CurrPersonnelInfo 相互绑定的,该对象是一个 SOD 实体类,所以表单控件与 CurrPersonnelInfo 是一个双向绑定关系。PersonnelInfoSet 是一个可绑定集合,它的元素是 SOD 的实体类,所以数据源与网格控件也是一个双向绑定关系,这样当集合中实体类的值发生改变,对应的网格控件显示的数据也会立刻改变,最后看起来的效果就是表单的数据保存后,网格数据立刻更新了。

有了这种双向绑定功能,只需要修改被绑定的数据对象,界面控件的内容就能自动改变,而界面控件的内容改变,也会自动同步到被绑定的数据对象。所以,与 5.4.3 小节的数据窗体开发介绍的智能表单操作不同,不再需要手工去收集和填充表单数据了。

比如在 SaveData 方法中,将表单的数据保存到网格控件数据源,只需要下面一

行代码:

```
oldData.MapFrom(CurrPersonnelInfo, true);
```

这样,就不需要之前的数据收集方法了,下面一行代码被注释:

```
//MyWinForm.DataMap.CollectData(oldData, BrainDataControls);
```

变量 oldData 是网格控件数据源中与当前员工信息对象 CurrPersonnelInfo 工号相同的数据,通过调用实体类 oldData 的 MapFrom 方法,将 CurrPersonnelInfo 的数据复制到 oldData 中。注意,为了让网格控件及时显示已经修改过的数据源,需要调用数据源的 ResetBindings 方法,即下面一行代码:

```
this.PersonnelInfoSet.ResetBindings();
```

第十一步,实现表单内容清除命令。

窗体 Form2 的"取消"按钮具有清除表单内容的功能,当清除后就无法保存数据了,必须重新单击"编辑"按钮,所以看起来就是一个"取消"操作。由于当前是 MV-VM 窗体,也不能采用之前的清除表单控件的代码,必须将表单绑定的数据对象的内容清除。

回顾"第七步,绑定命令控件"中,"取消"按钮绑定了 PersonnelManageView-Model 类的 ClearForm 命令方法,方法的代码实现如下,注意看方法内的注释内容:

```
public void ClearForm()
{
    //使用 MapFrom 方法从一个初始实体对象为每个属性设置初始值
    CurrPersonnelInfo.MapFrom(new PersonnelInfoEntity(), false);
    //随意为一个属性赋值,引发对象的属性更改通知事件,从而清空表单控件的内容
    CurrPersonnelInfo.WorkNumber = "";
}
```

第十二步,实现表单编辑命令。

表单编辑就是选择窗体上网格控件的一行数据,单击"编辑"按钮,将网格控件的数据填充到表单上,不包括保存表单的功能。所以,核心在于将数据填充到表单控件。在前面的普通数据窗体 Form1 中使用了 SOD 框架的 WinForms 的数据映射对象的 FillData 方法来完成,也就是下面两行代码:

```
var ibControls = MyWinForm.GetIBControls(this.tableLayoutPanel1.Controls);
MyWinForm.DataMap.FillData(data, ibControls);
```

现在不需要这样做了,只要想办法把网格控件数据源的当前数据复制到当前表单控件绑定的 CurrPersonnelInfo 对象上即可。要在数据源中找到这个数据,需要依赖于网格控件的 CellContentClick 事件,获得当前选择的数据所在行,抽象出当前

View 中的 CurrentEditRowData 方法,相关代码如下:

```
public partial class Form2 : MvvmForm, IPersonnelForm
{
    private void Form2_Load(object sender, EventArgs e)
    {
        //其他代码略
        //绑定网格控件的事件 CellContentClick 到处理方法
        base.BindCommandControls(this.dataGridView1, "CellContentClick",this,
            nameof( MyCellContentClick));
    }

    private void MyCellContentClick(object sender,DataGridViewCellEventArgs e)
    {
        DataContext.FormUpdate(e.RowIndex, e.ColumnIndex);
    }


    //其他代码略

    public PersonnelInfoEntity CurrentEditRowData(int rowIndex)
    {
        return dataGridView1.Rows[rowIndex].DataBoundItem as PersonnelInfoEntity;
    }

    public bool IsEditRowData(int colIndex)
    {
        return dataGridView1.Columns[colIndex].Name == "colEditBtn";
    }

}
```

CurrentEditRowData 方法是接口 IPersonnelForm 的实现方法,所以在 View-Model 中即可调用 View 中的这个方法来获得网格控件要编辑的行数据了。之所以这么费周折地实现这个方法,是因为方法必须使用到网格控件 dataGridView1 对象,而这些与 View 紧密相关的对象是不应该放到 ViewModel 的,只有这样才能做到 View 与 ViewModel 的合理解耦,双方各司其职。MyCellContentClick 事件处理方法在 View 中也是这个道理。

现在,终于可以来看 MyCellContentClick 事件处理方法中需要调用的命令方法的具体实现了,它就是 PersonnelManageViewModel 类的 FormUpdate 方法:

```
public void FormUpdate(int rowIndex,int columnIndex)
{
```

```
                if (View.IsEditRowData(columnIndex))
                {
                    PersonnelInfoEntity data = View.CurrentEditRowData(rowIndex);
                    if (data != null)
                    {
                        if (data.WorkNumber == null)
                        {
                            var diaResult = MessageBox.Show("当前行无法编辑,原因是工号为空,需
要删除吗?", "编辑行", MessageBoxButtons.YesNo);
                            if (diaResult == DialogResult.Yes)
                            {
                                PersonnelInfoSet.Remove(data);
                            }
                        }
                        else
                        {

                            //实体类的 MapFrom 方法无法触发自己的"属性更改通知"事件
                            //DataContext.CurrPersonnelInfo.MapFrom(data,true);
                            //使用实体类的 MapToPOCO 方法,让目标实体类触发"属性更改通知"事件
                            data.MapToPOCO(CurrPersonnelInfo);
                        }
                    }
                }
            }
```

注意上面代码的注释,两个实体类之间相互复制,可以使用 MapFrom 方法,也可以使用 MapToPOCO 方法,只有使用 MapToPOCO 方法,才会触发目标实体类的"属性更改通知"事件,只有这个事件被触发了,与当前表单数据源对象 CurrPersonnelInfo 相互绑定的表单控件的内容才会及时更新。

第十三步,同步网格数据修改的命令。

如果想在网格控件的单元格修改完数据后,立刻通知对应的表单控件内容也发生更改,有了表单控件和当前表单数据源对象 CurrPersonnelInfo 的双向绑定功能,现在实现这个功能就非常容易了,只需把网格控件当前行的数据复制到 CurrPersonnelInfo 对象即可。网格控件单元格内容值发生改变的事件是 CellValueChanged,View 中相关的代码是:

```
public partial class Form2 : MvvmForm, IPersonnelForm
{
    private void Form2_Load(object sender, EventArgs e)
    {
```

```
        //其他代码略
        //绑定网格控件的事件 CellValueChanged 到处理方法
        base.BindCommandControls(this.dataGridView1, "CellValueChanged", this.
            "MyCellValueChanged");
    }

    private void MyCellValueChanged(object sender, DataGridViewCellEventArgs e)
    {
        DataContext.SyncCellValueChanged(e.RowIndex);
    }


    //其他代码略

    public PersonnelInfoEntity CurrentEditRowData(int rowIndex)
    {
        return dataGridView1.Rows[rowIndex].DataBoundItem as PersonnelInfoEntity;
    }

}
```

现在,终于可以来看 MyCellValueChanged 事件处理方法中需要调用的命令方法的具体实现了,它就是 PersonnelManageViewModel 类的 SyncCellValueChanged 方法:

```
public void SyncCellValueChanged(int rowIndex)
{
    PersonnelInfoEntity data = View.CurrentEditRowData(rowIndex);
    if (!string.IsNullOrEmpty(CurrPersonnelInfo.WorkNumber))
    {
        //WorkNumber 属性相等,表示表单为编辑模式,允许将网格控件当前行数据立刻同
        //步到表单控件
        if (data != null && data.WorkNumber == CurrPersonnelInfo.WorkNumber)
        {
            data.MapToPOCO(CurrPersonnelInfo);
        }
    }
}
```

2. MVVM 窗体效果演示

到现在为止,终于完成了 MVVM 窗体相关的 View\ViewModel\Model 的设计开发,下面来演示此 MVVM 窗体的实际运行效果。

① 在"工号"文本框控件输入内容,"工号(PK)"标签控件内容随即改变,如

图 5-52 所示。

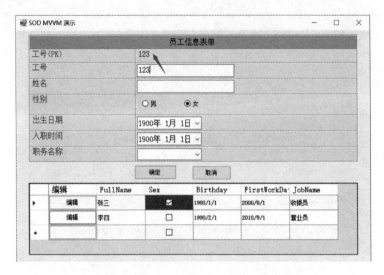

图 5-52　SOD 框架 MVVM 演示程序运行效果(1)

② 单击"编辑"按钮,如图 5-53 所示。

图 5-53　SOD 框架 MVVM 演示程序运行效果(2)

③ 修改单元格内容,如图 5-54 所示,将单元格的内容修改为"张三"。

④ 焦点移开单元格,编辑生效,自动同步到表单控件,如图 5-55 所示。

图 5-52 演示了两个数据控件之间的数据绑定关系,图 5-53～图 5-55 演示了"第十三步,同步网格数据修改的命令"的效果。具体的效果,读者可以运行本演示程序观看,程序的源代码下载地址见附录 A.4.3 社区资源中的介绍。

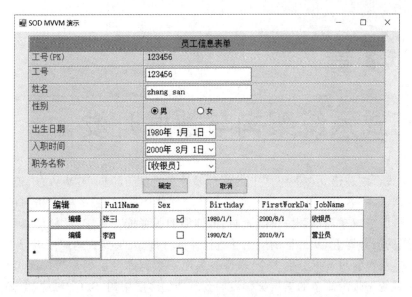

图 5-54　SOD 框架 MVVM 演示程序运行效果(3)

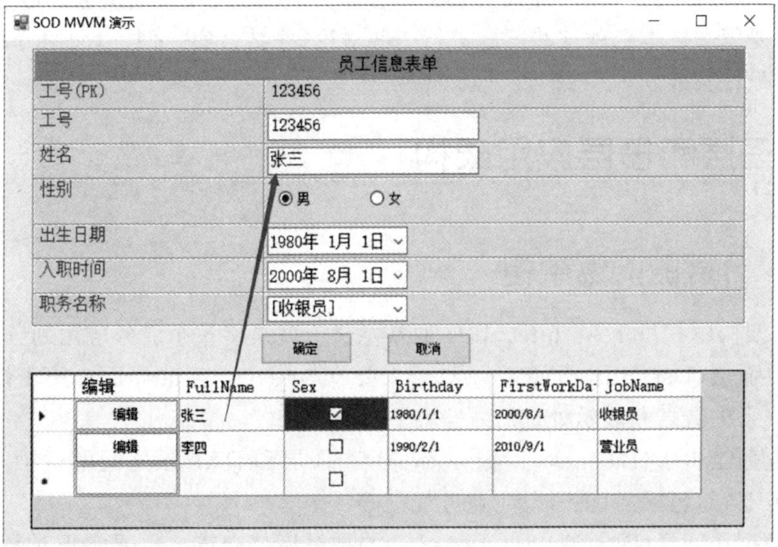

图 5-55　SOD 框架 MVVM 演示程序运行效果(4)

　　窗体应用程序通过 MVVM 功能,实现了通过改变数据从而改变程序界面内容的功能,避免了很多窗体界面的控件数据赋值取值功能代码,并且更加容易实现界面元素之间的互动,从而大大简化"窗体表单"类应用程序的开发过程,并且使得程序的维护更加容易,还能让程序界面设计更加专业化,更加易于使用。

第 **6** 章

分布式系统架构与数据开发

分布式系统是建立在网络之上的软件系统。自从万维网（WWW）出现后，浏览器/服务器(B/S)模式广为流行，出现了大量的互联网应用，服务器的访问压力越来越大，单一服务越来越难以提供巨大的、可伸缩的服务能力。于是，软件系统分别部署在不同的服务器上，从最早的应用和数据库的分离，发展到大的应用拆分为多个小的独立应用，大的服务拆分为多个"微服务"；单一数据库发展到多数据库、数据库集群；软件系统架构由简单的三层架构发展到复杂的多层架构、SOA 架构、微服务架构等，系统的计算功能分布到多个服务节点，这就是分布式系统的直观印象。在分布式系统环境下，数据的并发访问问题、数据库分库分表问题、分布式事务问题成为数据开发的重要问题。本章就这些问题进行一些讨论，并结合实际例子，介绍分布式系统环境下的最佳实践。

6.1　三层和多层应用架构

6.1.1　分层的网络架构

三层架构(3 – Tier Architecture) 通常意义上就是将整个业务应用划分为：

- 界面层(User Interface Layer)　主要指与用户交互的界面。用于接收用户输入的数据和显示处理后用户需要的数据。
- 业务逻辑层(Business Logic Layer)　UI 层和 DAL 层之间的桥梁。实现业务逻辑，包括：验证、计算、业务规则等。
- 数据访问层(Data Access Layer)　与数据库打交道。主要实现对数据的增、删、改、查。将存储在数据库中的数据提交给业务层，同时将业务层处理的数据保存到数据库。

这是一种典型的 Web 分层方式，这种分层应用也叫做 B/S(Brower/Server)应用。界面表示层运行于客户机浏览器，业务逻辑层运行于 Web 服务器，通过数据访问层来访问数据库。图 6 - 1 所示为这种 Web 分层的网络拓扑结构图。

Web 应用的这种三层架构适应于客户端的短连接断开式访问 Web 服务器，因而能够连接很多客户端，极大地增强了系统访问的伸缩能力。由于这种架构中的表

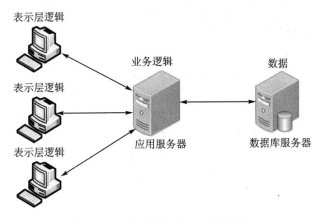

图 6-1 三层架构软件的网络拓扑图

示层逻辑都是浏览器中运行的 HTML 页面和少量 JavaScript 代码,客户端应用很轻,因此这种客户端被称为"瘦客户端"。由于客户端需要经过应用服务器来访问数据库,所以对于数据访问密集的 Web 应用效率较低。因此,早期的 Web 应用主要是万维网(WWW)应用。

而传统的 C/S(Client/Server)应用只有 2 层,界面表示层逻辑和业务逻辑都运行在客户端,通过网络直接访问数据库,图 6-2 所示为这种架构的网络拓扑图。

在 C/S 应用中,客户端运行了表示层逻辑和业务逻辑层代码,所以它被称为"富客户端"。客户端直接访问服务器的数据库,这样效率很高,但每个客户端占用一个连接,数据库不能提供过多的数据连接,所以

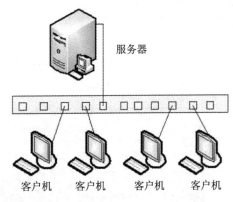

图 6-2 传统 C/S 架构的 2 层结构拓扑图

这种"两层应用"架构缺乏伸缩性。不过,现在的 C/S 应用借鉴了 Web 应用的系统架构,在服务器端进行了进一步的分层,也是三或多层应用了,增强了服务端的访问能力。

6.1.2 软件三层架构

前面简单介绍了三层架构与 B/S 应用、C/S 应用的关系,可以说是 B/S 应用的极大发展催生了三层架构这种软件应用架构。Web 应用的用户体验要求越来越高,复杂性越来越大,它已经不像传统 C/S 应用那样几个程序员就能开发一套系统了,需要前后端开发人员更加专业,将前台界面的设计与系统的业务逻辑设计分离,这样

需要很多开发人员分工协作,使这些复杂的项目在严格规范的项目管理下不断地迭代开发和上线。这种分工开发的模式必然要求每个人负责的工作职责明确,接口清晰,这样就自然而然的出现了分层。开发人员可以只关心自己所负责的那一层,因为他只需要知道上一层提供了哪些接口,从而利用这些接口进行编程。而上一层的开发人员在不改变接口的情况下,可以任意地替换具体的实现,从而实现松耦合。所以,**分层的目的是解耦和明确责任**。

三层架构虽然增加了开发工作量,会有"级联修改"的问题,即修改一个地方最后可能会修改多个地方,但它的好处是能够使业务逻辑层自动地处理前台与系统数据的关联。这时,你可以针对同一套业务逻辑 API 接口开发出几十种前台应用程序,而它们的后台都是同一个。这样,你可以更加专注地优化你的业务逻辑层。不过,"如果从那些满脑子只考虑后台数据库的人的思路出发,就很难接受这种方式,因为他整天研究的不是围绕着用户的千变万化的交互操作需求和爱好,而是针对自己查询一些数据的 sql 语句。"这是 CSDN 大牛 Sp123 在和大家讨论"三层的优点和缺点"时的原话,这句话值得思考。(原帖地址:http://topic.csdn.net/u/20110330/20/d9b25d81 - 5162 - 4144 - b7bb - 3c18d09987bd.html,第 45 楼,Sp123 现在已经改名为"以专业开发人员为伍")

MS 的 PetShop 示例应用程序的"三层架构"被很多 .NET 开发人员奉为经典的架构。我以前做的项目团队的 Leader 也是照搬它的,甚至后来我去的许多公司,同事创建的解决方案也是照搬 PetShop 的架构,可见 PetShop 对大家影响之深。图 6-3 所示为 PetShop 3.0 的架构图。

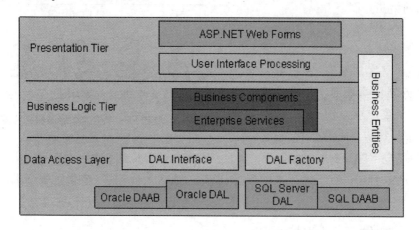

图 6-3 PetShop 3.0 的架构图

在 PetShop 3.0 的架构中,为了支持多数据库应用,在 DAL 中,定义了 DAL Interface 和 DAL Factory,这实际上是一种简单工厂模式,通过它来实现不同的数据库访问工厂,IDAL 是具体工厂实现的结构,这个模式如图 6-4 所示。

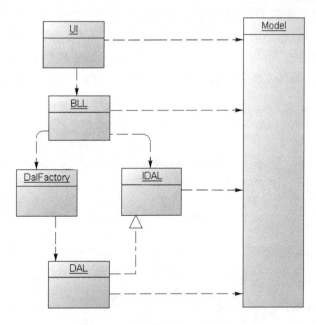

图 6 - 4   三层架构的工厂模式

6.1.3   SOD 分层解决方案

SOD 框架的解决方案采用了完全不同的方式，它的分层应用架构图，如图 6 - 5 所示。

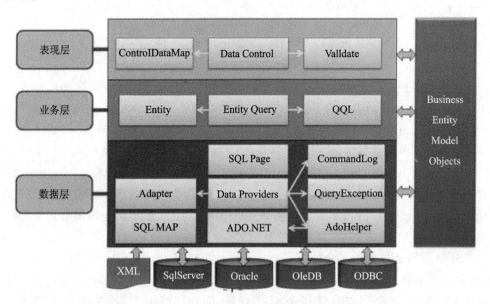

图 6 - 5   SOD 框架的分层应用架构图

如果在三层架构的 DAL 中没有某种数据库特有的 SQL 语句，DalFactory 是不需要的，当然 IDAL 也不需要了。例如 ORM 操作，一般不会用到数据库的特性，发出的都是标准的 SQL 语句。SOD 框架的 ORM 操作是通过 EntityQuery 和 OQL 表达式来实现的，在具体支持不同数据库时，底层采用的是反射工厂模式：

```
/// <summary>
///创建公共数据访问类的实例
/// </summary>
/// <param name = "providerAssembly"> 提供这程序集名称 </param>
/// <param name = "providerType"> 提供者类型 </param>
/// <returns > </returns>
public static AdoHelper CreateInstance( string providerAssembly, string providerType )
{
    Assembly assembly = Assembly.Load( providerAssembly );
    object provider = assembly.CreateInstance( providerType );

    if( provider is AdoHelper )
    {
        return provider as AdoHelper;
    }
    else
    {
        throw new InvalidOperationException("当前指定的提供程序不是 AdoHelper 抽象
类的具体实现类,请确保应用程序进行了正确的配置(如 connectionStrings 配置节的 provider-
Name 属性)。");
    }
}
```

这样只需要在配置文件中进行配置，指明采用何种数据库即可，这是框架脱离 DalFactory＋IDAL 的第一种方式。

为了高效地使用某种数据库的特性，有可能会写一些数据库特性的 SQL，要使得系统支持不同的数据库，传统方式还得使用 DalFactory，需要定义 IDAL。SOD 框架为了解决这个问题，将所有的 SQL 语句写在一个配置文件 SqlMap.config 中，使用工具自动生成框架的 DAL 代码，即 SqlMapDAL，不同的数据库系统使用不同的 SqlMap.config 文件即可，不需要替换 SqlMapDAL，因此，框架再也不需要定义 DalFactory 和 IDAL 了，这应该算是第二种方式。

SOD 框架通过它的 ORM（EntityQuery＋OQL）和 SQL－MAP 方式，使喜欢 OO 的人和喜欢 SQL 的人都能找到自己需要的，便利性和灵活性都能够兼得。不管用哪种方式，都不需要数据访问层接口（IDAL）了，在这样在三层架构中，我们能够更加专注于业务层的设计，而不是数据访问的细节。

6.1.4　多层应用架构

多层架构其实是在三层架构上的一个细化和扩展。在三层架构的界面层,可以使用 MVC 或 MVP、MVVM 架构;在业务层,又可以按照系统的业务类型来划分提供基础功能模块的业务支撑层和综合业务服务的应用层;在数据访问层,扩展出了缓存层、数据服务层或者按照业务来划分的各种数据中心等。另外,还会有一些基础设施层包含一些通用接口定义、工具组件等。大型的系统基础设施层通常表现为一个庞大的服务层,包含很多服务组件、服务接口。

多层架构实际上已经不仅仅是一个"软件架构",它已发展成为一个大型项目解决方案下的"多层应用架构",整个系统也不止一个软件而是多个软件,甚至在每一层都有不同的软件,所有的应用划分成多个层次的软件系统。比如下面某医院的应用架构如图 6 - 6 所示,这是一个复杂的多层应用架构,仅仅在表现层,就有基于瘦客户端的 PC 和移动浏览器应用,还有普通的桌面客户端应用程序,但它们都通过 Web API 与系统的应用层交互。

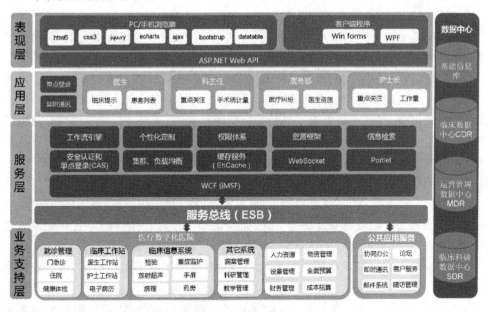

图 6 - 6　某医院应用系统的多层应用架构示意图

6.2　DDD 架构

6.2.1　软件复杂多变的难题

领域驱动设计 DDD(Domain - Driven Design)的概念是 Eric Evans 在其所著的

《领域驱动设计:软件核心复杂性应对之道》一书中提出的,国内出版此书的时间是2010年。这本书自出版后受到业界普遍关注,也成为程序员圈子必读的经典和讨论的热点话题,似乎不讨论它就不能彰显自己的技术水平。为何这个概念的关注度如此之高呢?笔者觉得现在的软件的确越来越复杂多变了,领域驱动设计这种思想的确能够切中要害,相比传统的"瀑布式"软件开发方式,"敏捷式"软件开发方式更容易解决软件的"复杂"和"多变"这两个特点。

瀑布式开发一般是项目派驻需求分析人员经过大量的业务分析后,项目经理会基于现有需求整理出一个基本模型,再将结果传递给开发人员,这就是开发人员的需求文档,他们只需要照此开发便是。这种模式要求在前期分析时就需要与客户确认这个业务模型是正确的,但现实是很难及时地从客户那里得到反馈,客户前期也不清楚自己真正要的是什么,因此这个业务模型未必是正确的。所以结果就是,数月甚至数年后交付时,系统必然与客户的预期差距较大。

敏捷式开发在瀑布式开发的基础上进行了改进,它不强调一开始大而全地进行系统分析,而是针对一部分功能进行一个小规模的"瀑布式"开发,小步迭代,周期性交付,这样客户能够更早地看到系统的样子从而及时得到反馈。但是敏捷式开发也不能够将业务中的方方面面都考虑到,虽然宣称敏捷式开发是拥抱变化的,但大量的需求或者业务模型变更会带来不小的维护成本,这样,对开发团队的要求会更高。

对比瀑布式和敏捷式两种软件开发方式,前者假设需求明确不会轻易变化,后者则假设需求不明确需要拥抱变化。这两种开发方式的出发点不同,所以采取的项目管理策略就完全不同,前者要求严谨的项目管理过程,重流程轻人员,重文档轻代码;后者则提出了很多敏捷法则、敏捷教练和工具,重人员轻流程,重代码轻文档。所以,瀑布式开发的特点是严谨,适用于大型的长周期的工程项目,强调设计的重要性;敏捷式开发的特点是灵活,适用于需求不明确,业务变化频繁,需要先做出来再看的互联网类项目。现在,软件系统越来越复杂,需求变化越来越频繁,交付周期越来越短,很难说瀑布和敏捷式软件开发哪个更好,而应该说当前项目用这两种软件开发方式哪个问题会更多,而不是哪个会更好。

领域驱动设计没有从软件开发的"工程方法"这个层面去解决问题,而是以软件的"复杂性"这个问题为切入点,软件难以应付复杂多变的情况是因为软件没有良好的设计。当我们要开发一个系统时,应该尽量先把模型想清楚,然后再开始动手编码,这样的系统后期才会很好维护。前期设计得不好,不够抽象,如果你的系统会长期需要维护和适应业务变化,那后面你一定会遇到各种问题维护上的困难,比如数据结构设计不合理,代码到处冗余,改 BUG 到处引入新的 BUG,新人对这种代码上手困难等。而到那时如果你再想重构原来的设计模型,就要付出比开发前期还要大的代价,因为你还要考虑兼容历史的数据,数据迁移,如何平滑发布等各种头疼的问题。

学习过设计模式的朋友都知道,每一种设计模式都能应对一类可能的变化,比如工厂模式,只要有标准的接口,不同的工厂能生产出同样适用的产品,而不用担心产品生产工厂的变化。所以,"设计应对变化","领域驱动设计"软件开发方式尝试从软件的"设计方法"这个层面去解决软件的"复杂性"问题;而要做好设计的方法就是用领域分析的方法来催生好的设计,因此笔者认为,"领域驱动设计"是一种关于设计的方法论。Eric Evans 不仅提出了"领域驱动设计"这个概念,而且提出了一套具体的设计方法,开创了一种新的软件开发方式,并有了领域模型、领域架构等概念。

"领域驱动设计"采用了更小粒度的迭代设计,它的最小单元是领域模型(Domain Model)。所谓领域模型,就是能够精确反映领域中某一知识元素的载体,这种知识的获取需要通过与领域专家(Domain Expert)进行频繁沟通才能将专业知识转化为领域模型。领域模型无关技术,具有高度的业务抽象性,它能够精确地描述领域中的知识体系;同时它也是独立的,还需要学会如何让它具有表达性,让模型彼此之间建立关系,形成完整的领域架构。通常可以用象形图或一种通用的语言(例如UML)去描述它们之间的关系。在此之上,才可以进行领域中的代码设计。

前面说软件处理的业务越来越复杂了,领域驱动设计可以让事情变得简单。而实际情况是:领域驱动设计的门槛很高,没有很深厚的面向对象编码能力几乎不可能实践成功。

这一说法是否自相矛盾呢? Martin Fowler 在 *PoEAA* 一书中给出了一个有力的解释:

除了领域驱动之外的三层架构的架构方式都可以归纳为以数据为中心的架构方式,在软件开发初期,以数据驱动的架构方式非常容易上手,但是随着业务的增长和项目的推进,软件开发和维护难度急剧升高。而领域驱动设计在项目初期就处于一个比较难以上手的位置,但是随着业务的增长和项目的推进,软件开发和维护难度平滑上升。图 6-7 形象地解释了领域驱动设计模式与数据驱动设计模式两者在软件开发过程中解决复杂性业务问题的差异。

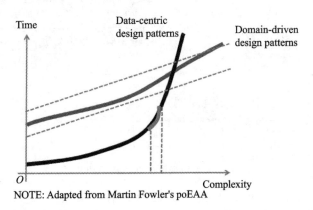

图 6-7　领域驱动设计模式与数据驱动设计模式解决复杂业务问题时间-成本对比

6.2.2 领域模型设计

领域驱动设计的核心是领域模型,这一方法论可以通俗地理解为先找到业务中的"领域模型",再以"领域模型"为中心驱动项目的开发。而"领域模型"的设计精髓在于面向对象分析,在于对事物的抽象能力,一个"领域驱动"架构师必然是一个面向对象分析的大师。

在面向对象编程中讲究封装,讲究设计低耦合、高内聚的类。而对于一个软件工程来讲,仅靠"类"的设计是不够的,需要把紧密联系在一起的业务设计为一个领域模型,让领域模型内部隐藏一些细节,这样领域模型与领域模型之间的关系就会变得简单。这一思想有效地降低了复杂的业务之间千丝万缕的耦合关系。

图 6-8 所示为"以数据为中心的架构模式",表与表之间的关系错综复杂。

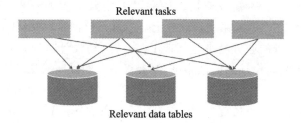

图 6-8 复杂业务导致的复杂表间关系

图 6-9 所示为"领域模型":领域与领域之间只存在大粒度的接口和交互。

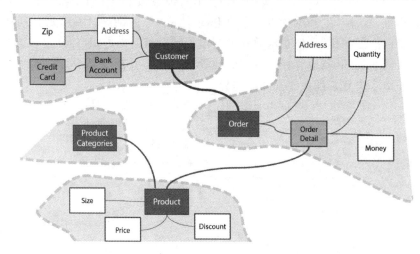

图 6-9 领域模型之间的接口和交互

Eric Evans 在他的书中提到了领域驱动设计中的一些概念:Repository、Domain、ValueObject 等。但是初学者有可能得出一个错误的结论:有人误认为项目架构中加入 XxxRepository,XxxDomain,XxxValueObject 就变成了 DDD 架构。如果没有悟出其精髓就在项目中加入这些概念,那充其量也不过是个三层架构;反之,对于一个面向对象分析的高手而言,不使用这些概念也可以实现领域驱动设计。

领域驱动设计讲究的是领域模型的分析和对事物的抽象,如果关心数据如何存取的这些实现细节,会将你带入传统的三层架构模式中。在领域驱动设计中要先设计领域模型,接着写 Domain 逻辑,至于数据库,仅仅是用来存储数据的工具。使用 Database First 那不叫领域驱动设计,很明显是先设计的表结构,所以应该叫数据库驱动设计更为准确。更不要引入数据库独有的技术,例如触发器、存储过程等。数据库除了存储数据外,其余一切逻辑都是 Domain 逻辑。当你写好所有的 Domain 逻辑后再考虑把这个类持久化在数据库中即可。数据库仅仅是一个保存数据的东西,不要把它过早地耦合在代码中。强调这一点是能否成功实践 DDD 的关键。

需要特别注意的是,领域模型设计只是整个软件设计中的很小一部分。除了领域模型设计之外,要落地一个系统,还有非常多的其他设计要做,比如:容量规划、架构设计、数据库设计、缓存设计、框架选型、发布方案、数据迁移、同步方案、分库分表方案、回滚方案、高并发解决方案、一致性选型、性能压测方案及监控报警方案等。

6.2.3　领域驱动架构

领域驱动架构通常分为四层:表示层、应用层、领域模型层和基础设施层。图 6-10 所示为各层的调用关系,上一层会调用下一层或者下几层,其他层都可以调用基础设施层,这种调用关系比较灵活和务实,实际项目中也确实如此。

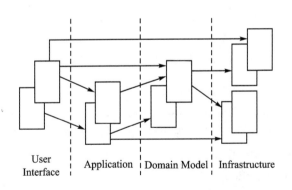

User Interface　　Application　　Domain Model　　Infrastructure

图 6-10　领域驱动架构的分层调用关系

注意,图 6-10 仅仅是一个逻辑上的各层调用关系,且每一层的具体内容也不详细。为了体现领域驱动架构中领域模型层的核心地位,将上图各层的调用关系修改为依赖关系,在领域模型层设计仓储接口,在基础设施层提供仓储实现,这样,基础设施层就依赖于领域模型层了,而领域模型层不会依赖于任何其他层。在技术上可以通过依赖注入技术,也就是 IOC 框架来实现。这种依赖关系的架构图如图 6-11 所示。

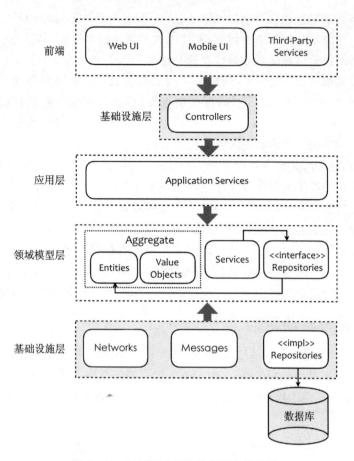

图 6 - 11　领域驱动架构的各层依赖关系

下面是领域驱动架构各层内容的介绍。

(1) 表示层(Presentation/User Interface)

表示层的主要职责是通过用户界面向用户显示数据信息,同时解释用户的命令,并把用户的请求发送到应用层。

(2) 应用层(Application)

应用层主要用于协调不同领域对象之间的动作或领域模型与基础设施层组件之间的工作,以完成一个特定的、明确的系统任务。

比如有一个需求是保存订单后,需要发送一封 Email 给用户。保存订单是业务,业务代码在领域模型层中;而发送 Email 应是基础设施层的功能,那么就需要使用应用层来协调领域对象与基础设施对象之间的动作。

(3) 领域模型层(Domain Model)

将业务逻辑高度内聚到领域模型层,所以领域模型层是整个系统的核心,它只与实际业务相关,不应关心任何技术细节,尽可能地做到与持久化无关。

（4）实体（Entity）

实体在领域模型中非常重要，由标识来区分的对象称为实体（即标识必须唯一）。

（5）值对象（Value Object）

与实体不同，值对象没有标识，不需要跟踪值对象的状态，而且值对象非常容易创建和丢弃。值对象是不可变的，用一个构造器创建，所有属性都定义为只读。如果其中一个属性需要修改，那么就需要重新创建一个新的值对象来进行整体替换。值对象的相等性比较是通过各个属性值的比较来完成的。

（6）领域层服务（Domain Service）

在设计领域模型时，有些业务行为不适合放在任何一个领域对象中，或者该业务行为需要联合多个领域实体才能完成，那么就把其放在对应的领域服务中。领域层服务负责和领域中的实体对象、值对象以及其他领域层对象交互。

（7）聚合（Aggregate）

聚合通常定义一组关联的对象，以及对象与关系之间的边界，作为一个数据更改的单元处理。每个聚合只有一个聚合根（实体对象）。聚合根可以引用其他聚合根，聚合内的对象可以引用聚合内的另一个对象，但是聚合边界外的任何对象不能绕过聚合根对象访问聚合内的对象。

（8）仓储（Repository）

为每一个聚合根对象创建一个仓储，表示该种类型的所有对象为一个概念的对象集合，对仓储的访问通过类似集合的接口。仓储的要点是让开发人员将精力聚焦在领域模型逻辑上，并将真实的数据访问隐藏在仓储接口后面，这就是之前说的领域模型与持久化无关。

（9）工厂（Factory）

很多时候，构造一个聚合及其所有的关系、约束、规则等比较复杂，让一个实体对象自己负责对象的创建就会使得代码变得混乱。此时就需要有一个工厂，能够知道如何构建这些类型的对象，并统一进行创建。

（10）基础设施层（Infrastructure）

基础设施层包含任何类型的框架、数据访问代码或者公共的帮助方法等，是纯技术的一层。

以上是领域驱动架构的各层元素介绍，现在有许多项目都按照这个样子严格来搭建一个领域驱动的架构，比如 ASP.NET 样例参考项目 ABP。前面说到领域驱动设计对开发人员的要求更高，所以按照上面这个架构的样子搭建一个真正的项目架构也有可能做成四不像，而且缺乏灵活性。所以，采用领域驱动设计的方法，不按照领域驱动的架构也一样能够灵活地解决问题，只要每个模块都有领域模型即可。

6.3 DCI 架构

DCI 架构，来自 Trygve Reenskaug 等写的论文，是 Data（数据）、Context（上下

文,可理解为"场景")、Interactions(交互)的缩写。面向对象编程的本意是将程序员与用户的视角统一于计算机代码之中,对提高可用性和降低程序的理解难度来说,都是一种巨大进步。虽然对象很好地反映了结构,但在反映系统的动作方面却不怎么成功,DCI 的构想是期望反映出最终用户的认知模型中的角色以及角色之间的交互。

传统上,面向对象编程语言没有很好的办法去捕捉对象之间的协作,反映不了协作中往来的算法。就像对象的实例反映出领域结构一样,对象的协作与交互同样是有结构的。协作与交互也是最终用户心智模型的组成部分,但你在代码中找不到一个内聚的表现形式去代表它们。在本质上,角色体现的是一般化的、抽象的算法。角色没有血肉,并不能做实际的事情,归根结底工作还是落在对象的头上,而对象本身还担负着体现领域模型的责任。传统的编程语言在编译时就为对象安排好了扮演角色时可能需要的所有逻辑,但这样又违背了角色的一般化和抽象化,并且使得对象过于繁重,也失去了对象之间的协作性特点,因为这个角色方法已经属于某个对象了,成了该对象独占的方法,这是不对的。

6.3.1 DCI 架构的本质

人们心目中对"对象"这个统一的整体却有两种不同的模型,即"系统是什么"和"系统做什么",这就是 DCI 要解决的根本问题。DCI 是一种特别关注行为的模式,它认为面向对象很好地反映了结构,但是在反映多个对象间的动作(行为)方面不够。协作交互也是用户的心智模型,但是用面向对象找不到内聚的形式去表现它们。

用户认知一个个对象和它们所代表的领域,而每个对象还必须按照用户心目中的交互模型去实现一些行为,通过它在用例中所扮演的角色与其他对象联结在一起。正因为最终用户能把两种视角合为一体,类的对象除了支持所属类的成员函数,还可以执行所扮演角色的成员函数,就好像那些函数属于对象本身一样。换句话说,我们希望把角色的逻辑注入对象,让这些逻辑成为对象的一部分,而其地位却丝毫不弱于对象初始化时从类所得到的方法。

我们知道,对象有数据属性和方法行为,以前我们是封装在一个对象中,但为什么要这样做?因为这个对象在某个需求用例场景中被使用时需要这些属性和方法行为。注意,这里面有一个关键点,就是对象被使用,以前我们进行面向对象设计,是遵循一种静态原则,因为这个对象被使用时需要这些属性和行为,所以,我们在编码时将这些属性和行为写在这个类中。

这个逻辑过程是不对的,那是因为过去程序语言平台落后,导致了我们这种思维逻辑,现在的思维逻辑是:对象被使用时需要的属性和行为不必一定要在编写代码时写入,而是在运行时再注入或混合进去。

这就是 DCI 架构的本质。

6.3.2 DCI 架构的实现

1. 分离行为模型

仍然以银行转账的例子来说,转账涉及源账户和目标账户,直接在"账户"这个对象中加入"转账"这个方法是不合适的。用户思维里对转账的过程或算法是有概念的,而且是从角色(源账户、目标账户)的角度去思维。转账这个模式是独立于账户的一个模型,它应该属于一种交互模型,所以需要通过抽取角色、加入上下文的方法来解决。DCI 试图用角色表达用例需求中重要的用户概念,角色是最终用户认知模型中的首要组成部分。

在这些出发点之下,DCI 希望把稳定的数据模型和动态的行为模型分离开。数据模型即对象,代表的事物"是什么",而它的行为"做什么"通过角色来阐述。通过技术手段把角色的逻辑注入对象,让这些逻辑成为对象的一部分,就好像是对象初始化时从类所得到的方法一样。

完整的 DCI 架构是:

- 数据,生存在领域对象里,领域对象源自领域类。
- 上下文,按照需要动态地将对象放到符合用例需求的场景中。
- 交互,从角色的角度描绘最终用户对算法的思维。

2. 角色注入

DCI 通过分析用户场景,提取出交互过程中的角色模型、数据模型,通过技术手段将角色模型的方法融入数据模型中去,即根据交互上下文的需要组装成一个对象,将这个对象"转换"成相应的角色,完成交互与协作。

如图 6-12 所示,通过分析用户场景,提取出交互过程中的角色模型、数据模型,通过技术手段将角色模型的方法融入数据模型中去,即根据交互上下文的需要组装成一个合适的对象。上下文描述过程,它根据用户场景把组合出来的对象"cast"成相应的"Role",完成交互与协作。

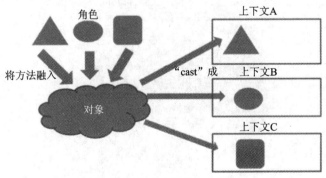

图 6-12　DCI 架构中角色在不同场景下融入同一对象的过程

3. 与 DDD 架构的区别

在领域驱动设计（DDD）的架构中，如果行为过程本身也是领域概念可以使用 Service 或聚合来完成；如果仅是用户应用，可以放到应用层去。这样，DCI 与 DDD 殊途同归，只不过 DCI 这种分析问题的思路更直观，更符合人的心智模型。

4. 角色方法注入的实现

在 DCI 角色方法注入的具体实现上，JAVA 和 .NET 可以在运行时，通过动态反射将业务逻辑行为注射到领域模型对象中。动态语言比较方便，不存在这个难题。C++使用 pre-load 预加载，Scala 使用 hybrid 混合。*DCI Architecture* 一文没有提到 AOP，可以使用 AOP 中静态植入方式混合，现在 javassit 等动态代理框架都支持静态植入，包括 AspectJ/Spring，在编译时就将业务行为注射到模型中；也可以使用 AOP 的动态代理。与动态代理类似的方式，也可以使用装饰模式来实现。

6.3.3　业务分析三维度理论

笔者于 2013 年在题为《**业务分析三维度（场景＋角色＋时间）理论**》的博文中，尝试从场景维度、角色维度和时间维度来分析问题，从而提出了一套分析业务的方法论，以下简称"三维度理论"。其实，这个方法就是记叙文三要素（环境、人物、主要内容）的进一步抽象总结。笔者发现，记叙文三要素的环境类似于 DCI 的场景概念，人物类似于角色概念，事件的主要内容就是 DCI 的数据。如果从这个角度来看，那么 DCI 架构就是我们写记叙文的模式了。反过来说，我们用写记叙文的方式来写程序也是完全可能的。

在记叙文三要素的基础上，有记叙文六要素的概念，指的是时间、地点、人物，以及事情的起因、经过、结果。笔者对此进一步抽象总结，提出了"三维度理论"，场景就是六要素中的地点，角色就是人物，时间对应六要素的时间，记叙文中事件的起因、经过和结果，就是场景、角色在时间维度上面的投影，如图 6-13 所示。

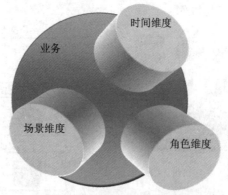

"场景+角色+时间"三维"显微镜"

图 6-13　"场景＋角色＋时间"三维度理论原理图

我们用这三个维度来分析业务系统,这种业务分析视角,更符合人的一般思维模式,让人容易理解,因为人本身就是在不断地扮演各种角色做事情的,因此,业务专家也很喜欢用这样的工作方式来做业务分析,然后跟受众讲解业务细节问题。这个"工具",就像是业务专家手里的三维"显微镜"一样,通过场景、角色、时间这三个维度,就可以抽象、立体地把业务描述清楚了!这个道理可能太浅显了,所以很少看到有人系统地来论证它,我把这个东西总结为"业务分析三维度(场景+角色+时间)理论"。

人们总是局限于事情的表象,制造出很多复杂的事情而又无法掌控这些事情。如果要化繁为简,就需要深入事务背后的机制;要找到这种机制,就需要进行较高层次的抽象,通俗的说法就是形而上学,由点到面,由一般到特殊这些思维方法。这个过程抽象出来的模型,可以用场景、角色、时间三个维度去观察、分析;甚至,直接用这三个维度去为这个抽象建模。

有关三维度理论的详细内容,请参考笔者的博客文章《业务分析三维度(场景+角色+时间)之程序员坐禅论道》。

结合 DCI 架构和"三维度理论",笔者实验了一个"虚拟人生"的角色人生扮演游戏程序,在程序中,规定活动对象为 Actor,每一个 Actor 对象实例都可以扮演不同的角色,每个角色都有它的角色规则。场景规定了允许进入的角色可使用的场景规则,角色进入某个场景,角色与角色或者角色与场景进行交互,匹配规则集,最终产生一个结果,改变角色或者场景的状态。

图 6-14 所示为 Actor 抽象类和它的实现类,人类是 Actor 的一个具体化的抽象类。

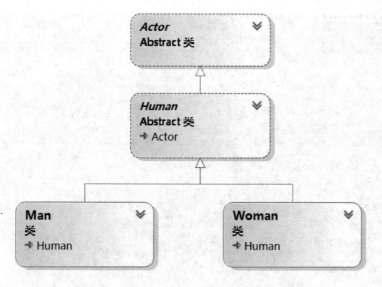

图 6-14 "三维度"理论实例之 Actor 设计

图 6-15 所示为角色接口和角色基类,工人、妻子、丈夫都是角色。

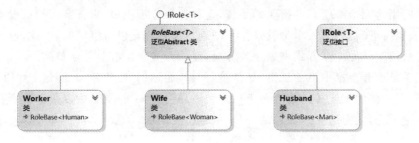

图 6 - 15　"三维度"理论实例之 Role 设计

图 6 - 16 所示为角色、规则接口和角色规则泛型类。

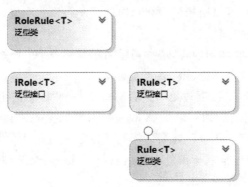

图 6 - 16　"三维度"理论实例之系统接口设计

图 6 - 17 所示为生育场景类的实现代码,它继承了场景抽象类。

```
class ProcreateContext : StoryContext
{
    public ProcreateContext(DateTime atTime, Man man, Woman woman)
    {
        base.Name = "【计划生育】是否允许生孩子问题";
        base.KeyWords = "生孩子";
        base.ActorList.Add(man);
        base.ActorList.Add(woman);
        base.CurrentTime = atTime;
    }

    protected override void InitRules()
    {
        IRule<Man> rule1 = new Rule<Man>("男性年龄要大于20岁", r => r.Age >= 20);
        IRule<Woman> rule2 = new Rule<Woman>("女性年龄要大于18岁", r => r.Age >= 18);
        IRule<Woman> rule3 = new Rule<Woman>("孩子数量少于1个", r => r.ChildrenCount < 1);

        //base.RuleList.Add(rule1);
        //base.RuleList.Add(rule2);

        base.AddRule<Man>(rule1);
        base.AddRule<Woman>(rule2);
        base.AddRule<Woman>(rule3);
    }
}
```

图 6 - 17　"三维度"理论实例之生育场景类

有了这些基础后,就可以编写"游戏人生"程序了,图6-18所示为"游戏人生"脚本代码。

```
class Program
{
    static void Main(string[] args)
    {
        //创建实体Actor对象
        Woman diaochan = new Woman() { Name = "貂蝉", Birthday = new DateTime(1990, 1, 2) };
        Man zhangsan = new Man() { Name = "张三", Birthday = new DateTime(1988, 3, 5) };
        //陈述事实: XX是YY角色
        Worker worker1 = new Worker(zhangsan);
        Wife wife1 = new Wife(diaochan, zhangsan);
        Husband husband1 = new Husband(zhangsan, diaochan);

        Console.WriteLine("-----开启【生育场景】规则测试-----");
        diaochan.ChildrenCount = 0;
        husband1.Money = 5000;
        ProcreateContext context = new ProcreateContext(new DateTime(2010, 1, 1), zhangsan, diaochan);
        context.StartContext();
        //场景参与人开始扮演角色
        diaochan.ActAs<Wife>().Child_bearing();
        zhangsan.ActAs<Husband>().Money += zhangsan.ActAs<Worker>().Work();
        zhangsan.ActAs<Husband>().Child_rearing();
        //启动规则匹配
        Console.WriteLine();
        bool rulesFlag = context.MatchRules();
        Console.WriteLine("{0} 结果: {1}", context.Name, rulesFlag);
        Console.Read();
    }
}
```

图6-18 "三维度"理论实例之"游戏人生"脚本

上面的代码使用Actor对象的ActAs<IRole>()方法,让活动对象扮演指定的角色,然后执行角色的方法,比如下面三行代码,张三作为一个丈夫,努力工作赚钱,才能让妻子貂蝉生孩子:

```
//场景参与人开始扮演角色
diaochan.ActAs <Wife>().Child_bearing();
zhangsan.ActAs <Husband>().Money += zhangsan.ActAs <Worker>().Work();
zhangsan.ActAs <Husband>().Child_rearing();
```

运行这个游戏程序,可以看到图6-19所示的运行过程(规则匹配结果)。

图6-19 "三维度"理论实例之"游戏人生"程序运行结果

由此可见,使用"三维度"理论来分析业务,然后使用 DCI 架构思想来写代码,分析和设计、开发过程都是自然而然的结果,不需要高深的理论和技巧,就能解决复杂的问题。

6.4　洋葱架构

写出高质量软件是困难和复杂的:不仅仅是为了满足需求,还应该是健壮的、可维护的和可测试的,并且足够灵活,以适应成长和变化。这就是洋葱架构出现的原因。它代表一组优秀的开发实践,用来开发任何软件应用都是一个不错的方式。

洋葱架构,也称为整洁架构(The Clean Architecture),用来构建具有如下特点的系统:

① 独立的 Frameworks;

② 可测试的;

③ 独立的 UI;

④ 独立的数据库;

⑤ 独立的任意外部服务(或代理)。

看到图 6-20,你应该能理解为什么称其为洋葱架构了,这就是它的原理图。注意,并不是只能使用 4 个圆环,重点在于这里的依赖原则:代码依赖是从外向内的,内环中的代码不应该知道外环中的任何东西。

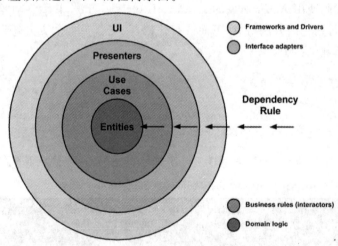

图 6-20　整洁架构

这里有一些相关的词汇可以帮助更好地理解和熟悉这种方式:

Entities:应用的业务对象。

Use Casess:Use Casess 协调(Orchestrate)数据从 Entities 的流入和流出,也被称为相互作用者(Interactors)。

Interface Adapters：这个 Adapter 集为 Use Casess 和 Entities 把数据转换为方便使用的格式（如渲染展示在页面上），Presenters 和 Controllers 属于这里。

Frameworks and Drivers：这是实现所有细节的地方，即 UI、Tools、Frameworks 等。

下面用一张更生动的图 6 - 21 来辅助说明它的原理。

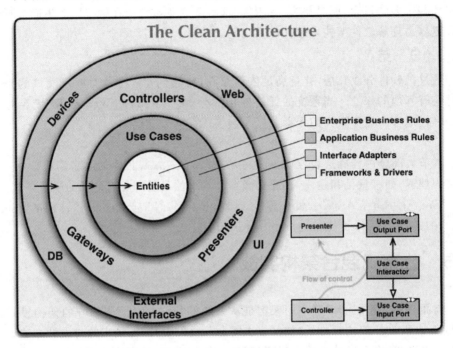

图 6 - 21　整洁架构原理

1. 依赖原则

上面的同心圆代表软件的不同部分。总的来说，越往里面，代码级别越高。外层的圆是（实现）机制，而内层的圆是原则（Policies）。

让这个架构起作用的最主要原则是依赖原则（The dependency rules）。这个原则要求源码依赖只能指向内部。内部的圆不能知道外圆的任何事情。一般来说，外圆的声明（包括方法、类、变量或任何软件实体）不能被内圆引用。同样的，外圆使用的数据格式不能被内圆使用，尤其是外圆中的 Framework 产生的格式。我们不想让外圆的任何东西影响内圆。

越往里面抽象级别越高，最外层的圆是低级别的具体细节。越往里面内容越抽象，并且封装更高级别的原则（Policies）。最里面的圆是最通用的。

2. 与其他架构的比较

与前面介绍的三层架构相比，洋葱架构的"业务逻辑层"（最中间的两个环）不依赖于"表现层"和"数据访问层"，而是反向依赖的。这样做的好处是使得业务逻辑层处于比较稳定的位置，并且变得容易测试。比如，对业务逻辑使用单元测试而不是仅仅依赖表现层界面的用户操作来调用业务逻辑。

洋葱架构与 DDD 架构一样,都强调领域实体的核心作用,领域对象不依赖于外面任何层的对象。DDD 架构的应用层、表现层、基础设施层在洋葱架构里面也有体现。笔者觉得,从架构层面来说,这两种架构异曲同工,但洋葱架构并没有引入 DDD 架构那些过多的概念,而是将"业务用例"这种概念直接映射在架构层次里面,使得一般人更容易理解软件架构和软件需求之间的关系。

3. 总　结

通过把软件分成几层,并且满足依赖原则,将会创建一个本身就可测试的系统,同时还有其他的好处。当系统的任何外层部分(如 Database,Web 框架)废弃时,你可以轻松地替换这些废弃的元素。

本节大部分内容摘选自 *The‐Clean‐Architecture*,其中加入了自己学习该架构时的理解,如有意见和建议,欢迎交流! 在本书的最后部分有笔者的联系方式。

The‐Clean‐Architecture 原文地址:https://blog.cleancoder.com/uncle‐bob/2012/08/13/the‐clean‐architecture.html。

6.5　分布式混合架构实战

前面介绍的三层和多层应用架构是从系统的"分层角度"来划分的架构模式;而 DDD 架构和 DCI 架构都是从"如何解决复杂系统的设计"而提出的与设计方法论(领域驱动设计、数据在场景中的交互)相配套的架构方案,这两种架构方案中也会涉及架构分层的问题;洋葱架构(整洁架构)是吸取前面两种架构方案的优点,将复杂的架构问题化繁为简,提出的一种简单务实的架构实践方案。这几种架构方案都缺乏对于分布式环境的支持说明,它们本身没有说明如何在分布式系统上落地应用,是更适合于传统的"单体应用"方案。在本节中,将尝试从分布式应用的角度,来看如何将这几种架构方案在分布式系统上落地应用,下面以笔者的实际案例来向大家介绍。

笔者曾经负责一个企业级项目,项目服务的客户是一家大型企业集团,业务范围涉及全国,有超过 2 万名员工需要在线处理业务。我们的项目负责企业集团的财务处理,总部要求将全国各地每个分支机构的各种财务报表文件和相关的数据内容同步到总部数据中心,供总部管理层浏览决策;同时要求本地的业务人员之间的操作状态实时同步,比如不能两个业务人员同时编辑同一个文件,软件需要处理好业务人员之间的协作关系。所以,项目提供给客户使用的软件不仅仅要处理各种与财务相关的业务,还要同步各种文件和本地软件操作产生的数据,因此可以认为系统是一个大型的分布式数据处理系统和消息同步系统,有云端的数据中心和本地的客户端。下文简称该项目为"A 项目"。

注:为了商业保密起见,以上项目背景介绍不完全是真实的,但实际业务模式与

此类似,软件的系统要求与实际系统一致。

所以,A项目软件是一个分布式系统架构,在本节中将基于此来分析系统的应用架构、软件架构。一般情况下分布式的系统都较为复杂,技术要求高,但是开发团队人员素质参差不齐,需要选择一个适合当前项目、容易上手、容易理解、结构不复杂且开发效率高的架构,最终决定使用"混合式"的架构:结合多种架构的特点,化繁为简,优化组合。

6.5.1 系统分层模型

不同于简单的三层架构或者单机部署的领域驱动架构,分布式架构必然是一种面向服务的架构(SOA),传统的 Web Service 是 SOA 的一种实现方式,现在的 WebAPI 和各种 RPC 技术是 SOA 的常见实现方式,各种基于消息的通信技术也是一种 SOA 技术实现方式,比如 iMSF 框架基于 WCF 封装实现了一套实时消息通信机制。尽管 SOA 有多种技术实现方式,但是基于 SOA 的应用系统在系统分层架构上的模型形式总是如图 6-22 所示的样子。

其中,各层的职能和作用如下:

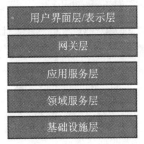

图 6-22 基于面向服务的架构(SOA)的系统分层模型

- 用户界面层/表示层 负责向用户显示和解释用户指令。这里的"用户"可以是另一个计算机系统,不一定是使用用户界面的人,比如一个调用服务接口的外部应用。

- 网关层 可选的一个层,在大型 Web 应用系统中引入网关层用于衔接表示层和应用服务层,可以监控和管理应用服务层的接口调用情况,提供负载均衡和协议转换(比如将应用服务的非 HTTP 通信协议转换成 WebAPI 使用的 HTTP 通信协议),分发后端服务调用,提高系统安全管理能力。

- 应用服务层 定义某一个业务应用,它所代表的更多的是从需求出发的应用,定义软件要完成的任务,并且指挥表达领域概念的对象来解决问题。这一层所负责的工作对业务来说意义重大,也是与其他系统的应用层进行交互的必要渠道。应用服务层要尽量简单,不包含业务规则或者知识,只为下一层中的领域对象协调任务,分配工作,使它们互相协作。

- 领域服务层 负责表达业务概念、业务状态信息以及业务规则。尽管保存业务状态的技术细节是由基础设施层实现的,但是反应业务情况的状态是由本层控制并且使用的。领域服务层是业务软件的核心。

- 基础设施层 为上面各层提供通用的技术能力,为应用服务层传递消息,为领域服务层提供持久化机制,处理事务操作,为用户界面层绘制屏幕组件,为分布式系统提高基础的通信组件,以及其他中间件、第三方服务等。

下面以电商平台为例子,来说明应用服务层与领域服务层的区别,如图 6 - 23 所示。

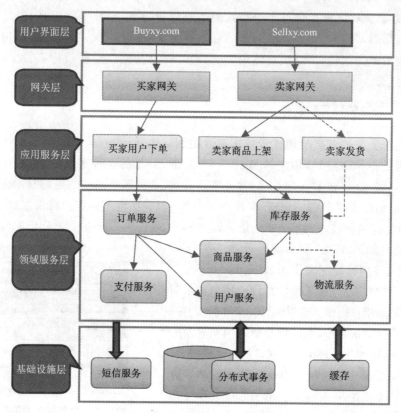

图 6 - 23   电商平台分布式系统架构

在领域服务层,电商平台按照具体的业务领域划分,有订单服务、支付服务、商品服务、用户服务、库存服务、物流服务等。这些"服务"可能只是 DDD 架构"领域服务"的概念,而不是物理上部署的服务,它们只是部署在后端的一套组件可被应用服务调用。

在应用服务层,有"买家用户下单"这一应用服务,它会调用"订单服务",然后由"订单服务"去调用"支付服务"完成支付,调用"商品服务"完成商品库存扣减,调用"用户服务"完成用户积分调整。总之,"买家用户下单"这个应用需要调用多个具体的领域服务,并且这些业务操作是原子性的,比如扣减商品库存失败,那么创建订单也必须失败,因此它们的数据操作必须在一个事务中,如果这些服务是以分布式方式独立部署的,那么这个操作就是一个分布式事务操作。

在应用服务层,还有"卖家商品上架"这一应用服务,它先调用"库存服务",然后调用"商品服务";"卖家发货"应用服务也是先调用"库存服务"将商品出库,然后调用"物流服务"。

所以,应用服务层的应用服务是根据实际的业务需要划分出来的。同样,一个领域服务可能被多个应用服务调用,以此实现新的业务应用。这样,应用服务就起到协调领域服务的作用,让领域服务为不同的业务应用工作。

上面说的系统分层模型是系统架构的一种逻辑分层,根据这种逻辑分层能够比较容易地与 SOA 架构对应,比如将应用服务层中的应用服务,抽取出来作为 SOA 中的各种服务。这些服务可以按照不同的应用类型来独立部署,比如买家服务、卖家服务等,当客户端用户需要下单时,就从买家服务中调用"买家用户下单"这个服务功能,而它又会进一步去调用领域服务层的"订单服务"。

当系统访问量不是很大时,采用这种 SOA 的架构具有良好的伸缩性和可维护性。但是由于业务发展迅速,需要频繁地更新功能,而每一次上线更新都如履薄冰,稍有不慎就会导致整个系统无法正常使用。以前 SOA 中的各种服务,都是集中使用一个或者多个数据库,多个服务使用同一个表,这会带来很大问题,比如某个数据被意外更改,这是更新哪个服务造成的呢?排查这类问题就很困难了,SOA 并没有解决传统软件的维护难题。

随着用户量越来越大,服务负载越来越大,必须要将服务进行拆分,最佳的方案就是将领域服务层的功能进行拆分,让服务粒度更小,每个服务都可以独立部署,每个服务都有自己的状态、独立的数据,只能通过服务自身来更新自己的数据。要访问别的数据,只能通过服务接口来调用;要提供数据,也是通过暴露服务接口的方式。由于服务数量很大,服务之间的调用非常复杂,之前 SOA 那种集中式的服务访问方式就不适合了,因为 SOA 的服务总线(ESB)可能成为系统瓶颈,唯一可行的方式就是进行服务分级:在应用服务层,依然采用 SOA 的方式;而在领域服务层,每个服务不仅是独立部署的,并且每个服务都是高度自治,它们之间可以采用更加高效的 RPC 和双工长连接调用方式进行通信。所以,现在这样的服务特点是**独立部署,高度自治,高效通信**,不仅仅是服务粒度更小,而是与 SOA 有显著的区别,这便是"**微服务**",基于微服务的架构就是"微服务架构"。这个例子说明,从 SOA 到微服务,是一个逐渐演进的过程,就如图 6 - 24 所示的自行车车轮,其支撑结构越来越细,相应的车轮的稳定性、可维护性越来越好,而且更省材料。图 6 - 25 所示为现在自行车车轮普遍采用的支撑材料——车轮辐条。

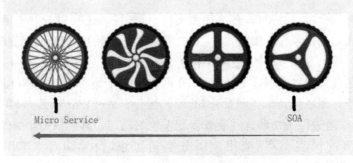

图 6 - 24　从 SOA 到"微服务"的示意图

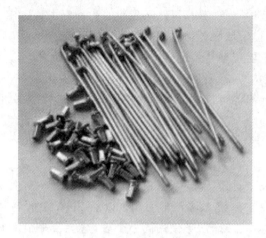

图 6 – 25　自行车车轮辐条

6.5.2　应用软件架构

　　下面以 A 项目系统的 C/S 软件的架构为例来介绍。首先看客户端的"应用架构",如图 6 – 26 所示。

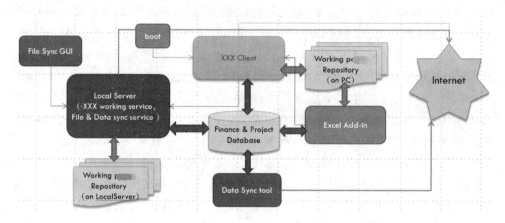

图 6 – 26　某分布式系统的服务端"应用架构"

　　客户端有一个本地数据库,还有很多文件存储,另外还有用于财务报表的 Excel 插件。在本地也运行了一个服务进程,负责管理文件和数据的同步、消息通知等。

　　图 6 – 27 所示为服务端的"应用架构"。

　　服务端包含文件数据同步服务和"API 网关"(以下简称"网关"),在网关后面运行了多套业务管理系统,它以"微服务"的形式运行。Web Portal 通过网关来访问这些服务,客户端通过网关访问这些业务管理系统的功能。有关网关介绍的详细内容,可以参考笔者的博客文章《使用微服务架构思想,设计部署 API 代理网关和 OAuth2.0 授权认证框架》。

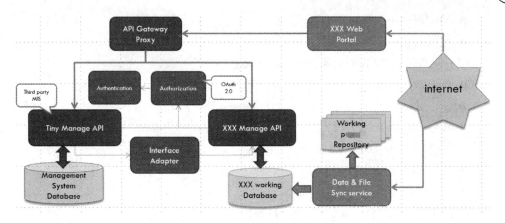

图 6 - 27　某分布式系统的服务端"应用架构"

整个系统采用的技术方案如下：

● B/S 采用 Vue＋Bootstrap，ASP. NET WebAPI；

● C/S 采用 WPF，Win Forms MVVM 框架；

● Office 插件开发技术；

● 数据开发使用 SOD 框架，使用应用层事务日志实现多个客户端的数据同步复制；

● 消息通信使用"消息服务框架"实现实时消息的推送，以此为基础实现了大批量文件的上传和文件在各个客户端之间的同步；

● 整体上使用微服务架构的设计思想，采用了 API 网关、前后端分离开发模式和 OAuth2.0 统一权限认证。

根据以上技术方案，将软件架构划分为以下几个层次：

(1) 表现层(Presentation Layer)

● Web Pages；

● WPF；

● Windows Forms。

(2) 服务层(Service Layer)

● Interface；

● Service Container；

● Proxy；

● Web API。

(3) 应用层(Application Layer)

● Office Application Layer；

● Cache Layer。

(4) 业务模块层(Business Module Layer)

● Module Container；

- Module Router；
- Module Provider。

(5) 业务领域层(Business Domain Layer)

- Domain Entities；
- Value Objects；
- Repository Interface。

(6) 持久层(Repository Layer)

- Repository Entitys；
- Repository Interface Implements。

(7) 基础设施层(Infrastructure Layer)

- Message Service Framework；
- SOD Framework；
- MVVM Light Toolkit.

在软件整体架构中,业务模块层是核心,它包含下属的业务领域层和持久层。由于软件大部分功能是在直接处理数据,这部分业务功能很简单,因此并没有设计领域模型,也就不以"领域驱动架构"的业务领域层为核心。服务层使用消息服务框架和WebAPI,负责客户端和服务端之间的通信。图 6 - 28 所示为各层的组件之间的调用关系图。

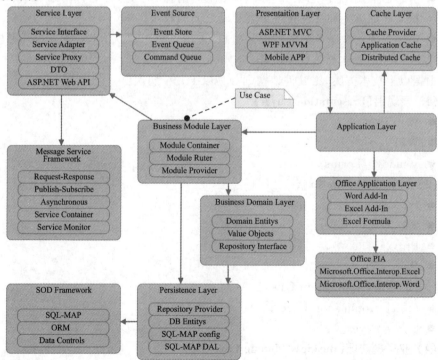

图 6 - 28　某分布式系统的组件调用关系图

软件使用"敏捷式"开发模式,首先将整个系统划分成多个模块,每个模块迭代开发,使用"模块式架构"与此对应。在每个模块的内部,使用混合式三层架构,将模块划分为表现层、业务层和服务层。表现层使用 WPF 的 MVVM 架构。服务层负责服务端和客户端之间的通信,分为客户端代理层和服务端接口层。业务层使用 DDD 架构,包含领域模型和仓储接口。整个架构又以业务层为核心,形如一个洋葱架构,如图 6-29 所示。

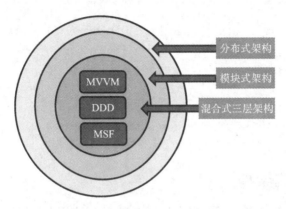

图 6-29 分布式系统"洋葱架构"

根据这个架构方案,得到下面的软件解决方案结构(C/S 端部分):

```
Modules
  XXModule----------------- 具体的模块名称
    Presentaition
      View--------------- WPF 用户控件项目
      ViewModel----------- WPF 视图模型项目
      Model--------------- WPF 模型项目
    Business
      ModuleProvider--------- 模块提供程序项目
      BuinessDomain---------- 业务领域程序项目
        DomainEntitys-------- 领域实体,定义对象之间的聚合关系
        ValueObjects--------- 值对象,简单的 POCO 对象,不用于持久化
        EntityInterface------- 实体类接口,其实现在仓储层
        RepositoryInterface---- 仓储类接口,其实现在仓储层
        Service------------- 业务服务类实现
      RepositoryProvider------ 持久层提供程序项目
        Entitys------------- 实体类接口实现
        Implements---------- 仓储类接口实现
    Service
      ServiceInterface------- 服务接口项目
      ServiceProxy--------- 服务代理程序项目
```

```
         ServiceDTO ------------ 服务使用的 DTO 对象项目
         ServiceProvider -------- 服务提供程序项目
    CommonModule ------------- 通用模块
      [MainApp]ExcelAddin ------ Excel 加载项程序集
      [MainApp]Resource -------- WPF 资源程序集
    CommonEntitys ----------- 公共实体类程序集
         Entitys ------------ 公共实体类实现
         Interface ----------- 公共实体类接口
    CommonLib -------------- 通用基础功能类
         ServiceInterface ------ 公共模块业务服务类接口
    CommonServcie ---------- 通用服务程序集
         DTO ------------- 公共服务接口定义时接口方法需要的 DTO 类型
         Interface ---------- 公共服务的接口定义
         Implement ---------- 公共服务接口的实现
    WPFCommonLib ---------- WPF 各模块公共业务类
```

6.5.3　模块式架构

为了支持系统功能的不断扩展和迭代式开发,系统原本计划采用插件式架构,但综合考虑后决定借鉴插件式架构的思想,使用一种更简单的"模块式架构"。规定在模块内部使用高内聚方式调用,在模块之间使用松散的功能调用,模块与模块之间不能有任何耦合。在进行跨模块调用时,规定使用一种模块资源地址的方式进行调用。系统有一个主模块,还有一个公共基础设施模块,各个业务模块与这两个模块进行通信但不可在业务模块之间直接通信。如图 6 - 30 所示的模块架构图,Main Module 调用各个业务模块,各个业务模块再调用 Common & infrastructure modules。

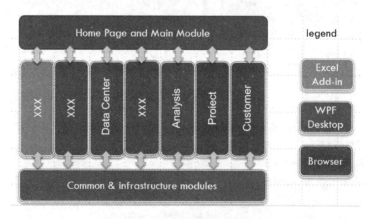

图 6 - 30　某分布式系统的模块架构

采用图 6 - 30 这样的模块架构,避免了模块之间复杂的依赖关系。如果直接引用别的模块,可能会发生模块引用的循环依赖,并且难以梳理模块之间的调用关系。

因此,需要解决跨模块调用的问题。

模块架构依靠"模块应用框架"实现。在框架中,有一个模块运行时 Module-Runtime,它有一个唯一实例,在执行跨模块调用时,该实例会激活一个模块应用程序对象实例 ModuleApplication,它根据调用请求创建一个模块请求对象 ModuleRequest,同时根据调用的模块名称,获取该模块的上下文 ModuleContext,然后由模块上下文对象激活指定的模块提供程序。一个模块上下文可以管理多个模块提供程序。最后,调用模块提供程序的方法,获得返回值,将返回值包装成 ActionResult 对象,返回给调用方。模块应用框架的执行流程图如图 6-31 所示。

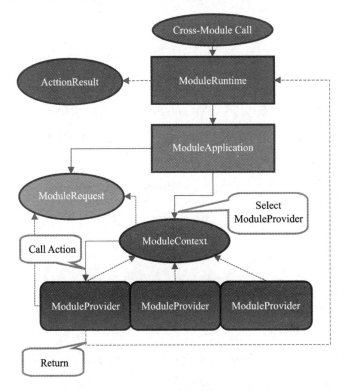

图 6-31 模块式架构跨模块调用原理图

在模块应用框架中,核心是 ModuleApplication,每一次跨模块请求创建一个 ModuleApplication 对象实例,根据它可以获得当前请求相关的 ModuleRequest、ModuleContext 和指定的 ModuleProvider,还可以处理它的请求开始和请求结束事件,从而进行更多的个性化控制。

```
namespace PWMIS.EnterpriseFramework.ModuleRoute
{
    public class ModuleApplication
    {
```

```
        public ModuleApplication();

        public IModuleContext ModuleContext { get; }
        public IModuleProvider ModuleProvider { get; }
        public ModuleRequest Request { get; }

        public event EventHandler BeginRequest;
        public event EventHandler EndRequest;

        protected internal void OnBeginRequest();
        protected internal void OnEndRequest();
    }
}
```

ModuleApplication 包含了一个 IModuleProvider 的实例对象,它是当前请求需求加载的模块提供程序对象实例。IModuleProvider 接口主要包含一个模块初始化方法,在初始化时允许在 ModuleProvider 内部访问当前 ModuleApplication,从而使得 ModuleProvider 能访问到 ModuleRequest 和 ModuleContext 对象的内容。

```
namespace PWMIS.EnterpriseFramework.ModuleRoute
{
    public interface IModuleProvider
    {
        string PrividerName { get; }

        void Init(ModuleApplication application);
    }
}
```

抽象类 ModuleProviderBase 实现了 IModuleProvider 接口,所以具体的模块提供程序只需要继承 ModuleProviderBase 即可。

IModuleContext 接口主要实现了 ModuleProvider 的管理,并且获取模块提供程序对外公开访问 Action 方法信息如下:

```
namespace PWMIS.EnterpriseFramework.ModuleRoute
{
    public interface IModuleContext
    {
        string ModuleName { get; }
        void AddProvider(IModuleProvider provider);
        MethodInfo GetActionMethod(string providerName, string actionName);
        IModuleProvider GetProvider(string providerName);
```

```
        T GetProvider <T> () where T : IModuleProvider;
    }
}
```

ModuleRequest 封装了模块调用相关的参数信息,包括模块名称、提供程序名称和要调用的方法名称。

```
public class ModuleRequest
{
    public ModuleRequest();

    public string ModuleName { get; protected internal set; }
    public string ProviderName { get; protected internal set; }
    public string ActionName { get; protected internal set; }

    public override string ToString();
}
```

下面是一个跨模块调用示例。

假设系统只有一个主模块 MainModule 和一个业务功能模块 BizModule,现在需要在主模块里面调用业务功能模块,方法如下:

首先,定义主模块,它包含一个示例模块提供程序 ExampleModuleProvider。需要在框架中注册"主模块",在主模块中创建一个 ModuleRegistration 的实现类,模块运行时会找到这个类然后完成模块注册,代码如下:

```
public class MainModuleRegistration : ModuleRegistration
{
    public override string ModuleName
    {
        get
        {
            return "Main";
        }
    }

    protected override void RegisterModule(
ModuleRegistrationContext context)
    {
        context.ProviderRegister(new ExampleModuleProvider());
    }

}
```

下面是示例模块提供程序 ExampleModuleProvider 的代码,它会调用另外一个模块的方法进行"算术运算"。模块提供程序继承了 ModuleProviderBase。详细代码如下:

```
public class ExampleModuleProvider : ModuleProviderBase
{
    public override string PrividerName
    {
        get
        {
            return "ExampleCall";
        }
    }

    public ActionResult <int> Add( int a, int b)
    {
        //多参数测试,将调用下面的方法:
        //ActionResult Add2(int a, int b){}
        ActionResult result =
            ModuleRuntime.Current.ExecuteAction("Biz", "Math", "Add2", new object[]
{ a, b });
        return result is ErrorAction ?
            new ActionResult <int>()  :
            new ActionResult <int>() { Result = (int)result.ObjectResult };
    }

    public ActionResult <int> Add1( int a, int b)
    {
        ActionResult <int> result =
            ModuleRuntime.Current.ExecuteAction <int>("Biz", "Math", "Add1",
                new { A = a, B = b },
                (s, t) => { //对象转换器
                    ObjectMapper.CopyData(s, t);
                });
        return result;
    }

    public ActionResult <List <MyPara>> MAPAdd( int a, int b)
    {
        //对象类型参数测试,将调用下面的方法:
        // ActionResult <List <SumPara>> MAPAdd(SumPara para){}
```

```
            ActionResult <List <MyPara>> result =
                ModuleRuntime. Current. ExecuteAction <List <MyPara>> ("Biz", "Math", "
MAPAdd",
                    new MyPara (){ A = a, B = b },
                    (s, t) => { //对象转换器
                        ObjectMapper. CopyData(s, t);
                    });
            return result;
        }

        public ActionResult <int> Abs(int a)
        {
            ActionResult <int> result =
                ModuleRuntime. Current. ExecuteAction <int,int> ("Biz", "Math", "Abs", a);
            return result;
        }
    }
```

ExampleModuleProvider 的 MAPAdd 方法使用了一个参数类，它封装了 2 个简单的属性：

```
public class MyPara
{
    public int A { get; set; }
    public int B { get; set; }
}
```

在上面的示例代码中，有一个 ObjectMapper 类，它的方法 CopyData 可以实现两个对象同名属性值的复制：

```
/// <summary>
///将源对象的值映射到目标对象，要求两个对象至少有一个属性名称和属性类型相同。支
///持集合对象元素的映射，如果是集合对象，目标集合会先清空元素
/// </summary>
/// <param name = "source"> </param>
/// <param name = "target"> </param>
public static void CopyData(object source, object target)
{
    if (source == null || target == null)
        throw new ArgumentNullException("source OR target");
    Type sourceType = source. GetType();
    Type targetType = target. GetType();
```

```
        int s_flag = 0, t_flag = 0;
        if (source is System.Collections.IList)
            s_flag = 1;

        if (target is System.Collections.IList)
            t_flag = 1;

        int sum = s_flag + t_flag;
        if ( sum == 1)
            throw new ArgumentException("source 对象和 target 如果一个对象是集合类型,
那么另一个对象也必须是集合类型 ");

        if (sum == 2)
        {
            System.Collections.IList sourceList = (System.Collections.IList)source;
            System.Collections.IList targetList = (System.Collections.IList)target;
            targetList.Clear();

            Type sourceItemType = sourceType.IsArray? sourceType.GetElementType():
                            sourceType.GetGenericArguments()[0];
            Type targetItemType = targetType.IsArray ? targetType.GetElementType() :
                            targetType.GetGenericArguments()[0];
            ModelCast cast = ModelCast.GetCast(sourceItemType, targetItemType);

            foreach (object item in sourceList)
            {
                object targetItemObj = Activator.CreateInstance(targetItemType);
                cast.Cast(item, targetItemObj);
                ValidateDBDateTime(targetItemObj);
                targetList.Add(targetItemObj);
            }
        }
        else
        {
            PWMIS.Core.Extensions.ModelCast.GetCast(sourceType, targetType)
                            .Cast(source, target);
        }
    }


    /// <summary>
    ///如果对象是实体类,则将实体类中所有的 DateTime 属性的默认值修改为数据库允许的默
    ///认值
```

```
///   </summary>
///   <param name = "result">  </param>
private static void ValidateDBDateTime(object result)
{
    if (result is EntityBase)
    {
        EntityBase entity = result as EntityBase;
        DateTime defaultTime = default(DateTime);
        for (int i = 0; i <entity.PropertyValues.Length; i++)
        {
            if (object.Equals(entity.PropertyValues[i], defaultTime))
            {
                entity.PropertyValues[i] = new DateTime(1900, 1, 1);
            }
        }
    }
}
```

在 Biz 模块中,首先要注册它的模块信息,包括它的模块提供程序:

```
public class BizModuleRegistration : ModuleRegistration
{
    public override string ModuleName
    {
        get
        {
            return "Biz";
        }
    }

    protected override void RegisterModule(
ModuleRegistrationContext context)
    {
        context.ProviderRegister(new ExampleModuleProvider());
    }
}
```

Biz 模块也包括一个示例模块提供程序 ExampleModuleProvider,不过它的名字是 Math,在主模块调用时用的是这个名字,而不是提供程序的类名称,所以,不同模块的模块提供程序类名字是可以允许重复的。

```
public class ExampleModuleProvider : ModuleProviderBase
{
```

```
public override string PrividerName
{
    get
    {
        return "Math";
    }
}

public ActionResult <int> Add1(SumPara para)
{
    int result = para.A + para.B;
    return new ActionResult <int> () {
        Result = result
    };
}

public ActionResult Add2(int a, int b)
{
    int result = a + b;
    return new ActionResult()
    {
        ObjectResult = result
    };
}

public ActionResult <int> Abs(int a)
{
    return new ActionResult <int> () {
        Result = Math.Abs(a),

    };
}


/// <summary>
///矩阵相加
/// </summary>
/// <param name = "para"> </param>
/// <returns> </returns>
public ActionResult <List <SumPara>> MAPAdd(SumPara para)
{
    List <SumPara> source = new List <ModuleProvider.SumPara> ();
```

```
            for ( int i = 0; i <10; i + + )
            {
                SumPara item = new SumPara()
                {
                    A = i + para.A,
                    B = i + para.B
                };
                source.Add(item);
            }
            return new ActionResult <List <SumPara>> ()
            {
                Result = source
            };
        }
    }


public class SumPara
{
    public int A { get; set; }
    public int B { get; set; }
}
```

注意,在 Biz 模块中也有一个参数类 SumPara,不仅名字相同,结构也相同,但它们是不同的两个类,在不同的模块中,它仅仅用来实现不同模块之间的参数复制。另外,模块提供程序 ExampleModuleProvider 里面的方法 Add1 和 Add2 的参数类型和返回值类型都有区别,所以跨模块调用它们的方式也有区别。

调用 Add1 方法的代码如下:

```
ActionResult <int> result =
ModuleRuntime.Current.ExecuteAction <int>("Biz", "Math", "Add1",
            new { A = a, B = b },
            (s, t) => { //对象转换器
                ObjectMapper.CopyData(s, t);
            });
```

上面代码表示调用名为 Biz 模块中的名为 Math 的模块所提供的程序中名为 Add1 的方法,它需要一个参数对象,这里使用匿名对象,也就是代码:

```
new { A = a, B = b }
```

最后,ExecuteAction 方法还需要提供一个结果转换委托方法,因为调用模块和被调用模块的参数对象 SumPara 并不是同一个对象,这样可以避免引用被调用模块的参数对象。

调用 Add2 方法的代码如下：

```
ActionResult result = ModuleRuntime.Current.ExecuteAction("Biz",
        "Math", "Add2", new object[] { a, b });
```

上面代码表示调用名为 Biz 模块中的名为 Math 的模块所提供的程序中名为 Add2 的方法，它有 2 个简单参数，所以这里调用时提供一个数组对象，包含 2 个元素。如果调用成功，可以通过下面的方式获取方法的返回值：

```
int value = (int)result.ObjectResult;
```

详细的调用方式，请参看 Main 模块的 ExampleModuleProvider 的方法。通过这种跨模块调用的方式，避免了模块之间的直接引用，使得模块的按需发布成为可能。

6.5.4 混合式三层架构

系统整体上使用模块式架构，将整个系统划分为多个功能模块，采用敏捷式开发模式，逐个模块开发交付。在每个模块内部，采用"三层架构"，分为表现层、业务层和服务层。与传统的三层架构不一样的是，没有"数据访问层"，而是增加了服务层。

1. 表现层（Presentaition）

在表现层，使用了 WPF 的 MVVM 架构模式，将表现层划分为模型层（Model）、视图层（View）和视图模型层（ViewModel），如图 6 - 32 所示。

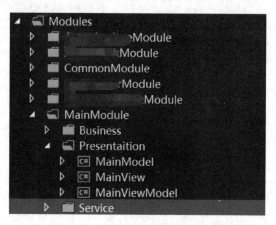

图 6 - 32　模块式架构实例——主模块结构

2. 业务层（Business）

业务层主要实现整个系统的模块架构的业务功能，并且结合使用了简化版的 DDD 架构，分为业务领域层（BusinessDomain）、业务模块提供程序层（ModuleProvider）、仓储提供程序层（RepositoryProvider）。在业务领域层定义了领域实体、实体类接口、值对象、仓储接口等,由仓储提供程序实现仓储接口,如图 6 - 33 所示。

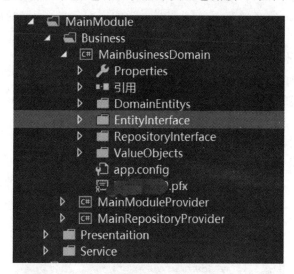

图 6 - 33　模块式架构实例——业务层结构

3. 服务层(Service)

服务层将业务层的业务领域对象包装成分布式服务功能对外提供访问,采用面向服务的架构,分为服务接口层(ServiceInterface)、数据传输对象层(ServiceDTO)、服务提供程序层(ServiceProvider)和服务代理层(ServiceProxy),如图 6 - 34 所示。

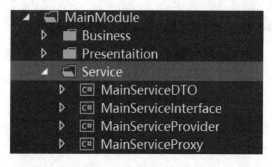

图 6 - 34　模块式架构实例——服务层结构

6.5.5　消息服务框架

项目使用"消息服务框架"来实现分布式系统架构,它是一个即时消息服务框架:immediately Message Service Framework,简称 iMSF 或者 MSF。整个项目使用 iMSF 实现分布式服务和消息通信功能。

1. iMSF 的技术架构

● 基于 WCF 技术构建　成熟,稳定,安全可靠。

- 极简配置,拿来即用　基本上只需要配置一下监听地址和端口号即可。
- MSF Host-服务的容器　不需要再开发宿主程序,写好的服务组件直接放入宿主程序即可使用,就像 Web 应用寄宿在 IIS 上面一样。
- NetTcpBinding,双工通信　二进制通信,速度更快。
- 请求-响应的模式　绝大多数 RPC 框架调用服务的方式。
- 发布-订阅的推送模式　服务器发布服务,客户端订阅服务,服务器向客户端推送消息。
- 异步通信　内部基于双工回调实现异步功能。

图 6-35 所示为 MSF 的技术架构图。

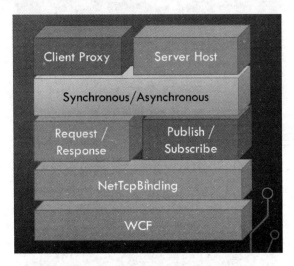

图 6-35　MSF 的技术架构图

2. iMSF 的技术特点

- 无需 WCF 烦琐的配置,无需学习 WCF 知识。
- MSF Host 作为 MSF 服务组件的宿主进程,它是一个控制台程序;同时,MSF Host 也是服务的容器,它可以运行多个用户开发的 MSF 服务组件。
- MSF 内置缓存服务,会话服务和身份验证服务。
- MSF 支持"服务集群"功能,包含集群监控管理和集群节点调度、节点负载均衡。
- 任何业务类只需要继承 MSF 的服务接口,就可以发布为 MSF 的服务组件。
- 任何一个 MSF 服务类,都可以作为 RPC 模式或者服务推送模式使用,两种模式都支持同步或者异步调用,具体使用哪种方式仅取决于客户端 Proxy。
- 服务推送支持定时推送和触发推送两种方式,触发推送可以将服务内部的业务事件作为分布式事件推送给其他服务节点或客户端。

3. iMSF 与 Actor 编程模型

Actor 模型是一个概念模型,用于处理并发计算,模型图如图 6-36 所示。它定义了一系列系统组件应该如何动作和交互的通用规则,最著名的使用这套规则的编程语言是 Erlang。下面的文章更关注模型本身而不是它在不同语言的实现。

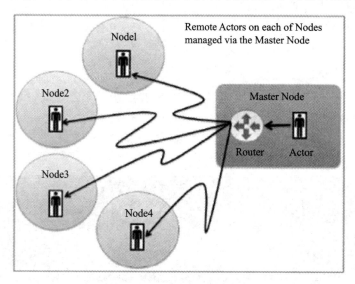

图 6-36 Actor 模型原理图

一个 Actor 指的是一个最基本的计算单元。它能接收一个消息并且基于其执行计算。

这个理念很像面向对象语言,一个对象接收一条消息(方法调用),然后根据接收的消息做事(调用了哪个方法)。

以上内容,来自《10 分钟了解 Actor 模型》,更多内容请参考原文。

Actor 模型作为一种重要的并发编程模型,它比操作系统原生的基于线程的变法编程模型,提供了更高的抽象,基于 Scala 语言开发的 Akka,是 JAVA 虚拟机 JVM 平台上构建高并发、分布式和容错应用的工具包和运行时。

Akka 处理并发的方法基于 Actor 模型。在 Akka 里,Actor 之间通信的唯一机制就是消息传递。Akka 的流行使得 Actor 这种编程模型越来越多地被人们讨论。

MSF 的设计哲学之一就是"一切都是消息",所以 MSF 与 Actor 模型有一些共同之处:

(1) Actor 模型=数据+行为+消息

Actor 模型内部的状态由自己的行为维护,外部线程不能直接调用对象的行为,必须通过消息才能激发行为,这样就保证 Actor 内部数据只有被自己修改。

Remote Actor 有 Actor Path,例如:

akka://ServerSys@10.102.141.77:2552/user/SomeActor。

（2）iMSF 模型＝服务＋消息

MSF 模型中服务的调用和服务的处理结果，都以消息来表示，要改变服务的状态，必须使用消息。

MSF 通过订阅一个服务，建立一个服务的实例，这些实例相当于一些 Actor，它可以通过消息再调用别的 Actor。

MSF 也有 Service Path，例如：

Service：//Calculator/Add/System. Int32＝1 & System. Int32＝2。

4. 获取 iMSF

MSF 现在是开源软件，使用前，你需要遵守 LGPL 开源协议，LGPL 对商业友好，可以放心地使用，当然也可以联系笔者获得技术支持。

获取程序包，请在程序包管理程序搜索 PDF. NET. MSF，如图 6－37 所示。

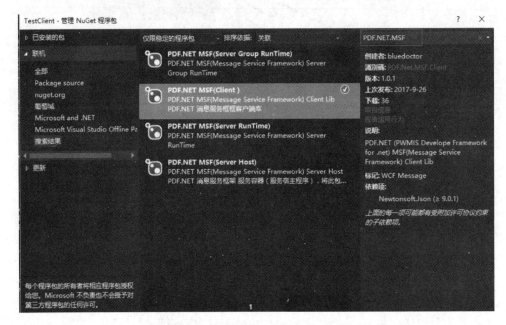

图 6－37　为项目添加 MSF 程序包

程序包分为客户端和服务端以及服务宿主（Server Host），分别是：

- PDF. Net. MSF. Client；
- PDF. Net. MSF. Service；
- PDF. Net. MSF. Service. Host。

MSF 的客户端组件主要提供访问服务端的基础功能，实现服务端访问代理；服务端运行时将业务方法包装成服务对外访问，同一个服务方法客户端既可以使用请求-响应模式访问，也可以使用发布-订阅模式访问；服务宿主提供一个服务组件的容器环境。

图 6 - 38 所示为使用 MSF 的一个示例解决方案。

图 6 - 38 MSF 测试项目

5. 订阅和发送文本消息

MSF 客户端程序,可以直接订阅 MSF 服务宿主的文本消息服务,之后,就可以随时向 MSF 服务宿主发送文本消息,并且能够异步地从 MSF 服务宿主接受消息。

相关的代码如下:

```
Proxy client = new Proxy();
client.ServiceBaseUri = string.Format("net.tcp://{0}:{1}", host, port);
client.SubscribeTextMessage("我是客户端", serverMessage => {
    Console.WriteLine();
    Console.WriteLine("[来自服务器的消息]::{0}", serverMessage);
});

while (repMsg != "")
{
    Console.Write("回复服务器(输入为空,则退出):>>");
    repMsg = Console.ReadLine();
    client.SendTextMessage(repMsg);
}
```

服务代理对象的 SubscribeTextMessage 方法发起文本定义,并且接受一个异步消息的委托。订阅之后,只要不关闭连接,之后随时可以使用 SendTextMessage 发送消息。

这样,一个简单的 MSF 消息通话示例就做好了,我们看到在服务器端一行代码都没有编写。如果要自定义业务服务,就需要写一点代码了,但也很简单。

有关 MSF 使用入门,请看笔者的博客文章:《"一切都是消息"——iMSF(即时消息服务框架)入门简介》,网址:https://www.cnblogs.com/bluedoctor/p/7605737.html,另外还有几篇文章进行了详细介绍:

(1)《"一切都是消息"——iMSF(即时消息服务框架)之【请求-响应】模式 (点对点)》

对 MSF 而言,服务本质上都是异步调用和返回的,服务方法返回结果不仅支持简单类型,还支持复杂类型;客户端支持多种调用代码书写方式、服务请求 URI 模式、服务请求对象模式以及异步服务方法调用模式。

(2)《"一切都是消息"——iMSF(即时消息服务框架)之【发布-订阅】模式》

MSF 的发布-订阅通信模式,可以提供定时推送消息和事件推送消息两种模式,而事件推送模式实现了"分布式事件"的服务推送效果,同时,MSF 的服务订阅,本质上也是一种分布式 Actor 编程模型的实现。

(3)《分布式系统的消息 & 服务模式简单总结》

在一个分布式系统中,有各种消息的处理,有各种服务模式,有同步异步,有高并发问题甚至应对高并发问题的 Actor 编程模型。本文尝试对这些问题做一个简单思考和总结。

(4)《消息服务框架使用案例之——大文件上传(断点续传)功能》

大文件上传是一个常见需求,通常还会有断点续传的需求,使用消息服务框架(MSF)可以轻松地实现这个过程。

(5)《使用"即时消息服务框架"(iMSF)实现分布式事务的三阶段提交协议 (电商创建订单的示例)》

使用消息服务框架,实现一个三阶段提交协议的分布式事务,支持多种数据库,甚至不支持分布式事务的嵌入式数据库也可以实现分布式事务的功能,方便在微服务架构下实现分布式事务。有关这部分内容,会有后续章节做详细介绍。

6.6　并发更新

"并发更新"是应用程序的一个概念,在数据库里面进行数据更新时,是不存在真正的"并发更新"的,在同一时刻同一条数据只能被一个线程更新,这个过程还得从数据库锁的概念说起。数据库锁的类型总体上有三种:共享锁、排他锁、更新锁。

- 共享(S)锁:多个事务可封锁一个共享页;任何事务都不能修改该页;通常是该页被读取完毕,S 锁立即被释放。
- 排他(X)锁:仅允许一个事务封锁此页;其他任何事务必须等到 X 锁被释放才能对该页进行访问;X 锁一直到事务结束才能被释放。
- 更新(U)锁:用来预定要对此页施加 X 锁,它允许其他事务读,但不允许再施加 U 锁或 X 锁；当被读取的页将要被更新时，则升级为 X 锁；U 锁一直到事务结束时才能被释放。

6.6.1 电商平台的"减库存"难题

1. 应用程序"减库存"的陷阱

这里用电商平台下订单扣减商品库存的例子来举例，更新指定商品的出售信息表 SalesInfo 的最大可售数量（商品库存）MaxSalesNum 的值。有可能写出下面的 SQL 语句：

```
UPDATE SalesInfo SET MaxSalesNum = @MaxSalesNum WHERE Id = @ID
```

上面的 SQL 语句中，参数 @MaxSalesNum 是要更新的库存数量，参数 @ID 表示当前更新的数据主键值。假设有线程 T1 和 T2 都试图执行这条 SQL 语句：

```
T1:
UPDATE SalesInfo SET MaxSalesNum = @MaxSalesNum1 WHERE Id = @ID


T2:
UPDATE SalesInfo SET MaxSalesNum = @MaxSalesNum2 WHERE Id = @ID
```

注意：对于大部分数据库而言，执行单独的一条数据写入 SQL 语句，是带隐式事务的。

线程 T1 和 T2 都试图获取表 SalesInfo 的排他锁，但只有一个线程能够获取到。假设 T1 获取到了这条记录的排他锁，那么 T2 只有等待 T1 的事务结束后才能再次获取排他锁。同理，如果 T2 获取到排他锁，那么 T1 就需要等待。所以，在同一时刻，只可能有一个线程获取到排他锁，这样，应用程序的"并发更新"，到了数据库就变成串行执行了。

但是，上面的程序执行的结果有不确定性，在应用程序并发执行时，无法确定 T1 和 T2 哪个线程的 SQL 先获取到排他锁。一般来说，下订单时商品可售库存应该越来越小。假设参数 @MaxSalesNum1 的值是 1，参数 @MaxSalesNum2 的值也是 1，这明显是一个错误。造成这个错误的原因是执行了下面的代码（伪代码）：

```
1 void UpdateSales(int buyNumber,intid,SqlHelper ado)
2 {
3     ado.BeginTrans();
4     string sql1 = "SELECT MaxSalesNum FROM SalesInfo WHERE Id = @ID";
5     //从数据库获取当前可售数量
6     int currMaxSalesNum = (int)ado.ExecuteScalar(sql1,id);
7     //在内存中计算剩余可售数量
8     currMaxSalesNum = currMaxSalesNum - buyNumber;
9     //更新数据库的可售数量
```

```
10    string sql2 = "UPDATE SalesInfo SET MaxSalesNum = @MaxSalesNum WHERE Id = @ID";
11    ado.ExecuteSql(sql2,currMaxSalesNum,id);
12    ado.Commit();
13 }
```

如上面的示例代码，先从数据库查询出当前商品的可售数量 currMaxSales-Num，然后在内存中计算剩余可售数量 currMaxSalesNum，最后将 currMaxSales-Num 更新到数据库当前记录的 MaxSalesNum 字段中。假设有线程 T1 和 T2 同时执行这个方法，当两个线程执行到方法的第 6 行代码时，数据库执行 SELECT 语句，使用的是共享锁，所以线程 T1 和 T2 均可以同时执行这个查询，这样计算的 currMaxSalesNum 从全局来看就存在并发冲突了。

有同学说可以在第 6 行到第 8 行代码上加一个程序中的"锁"来解决这个问题，这样做没用，因为第 11 行代码还没有执行，必须等到第 12 行代码执行成功后上一个线程更新了 MaxSalesNum 字段的值，currMaxSalesNum 的计算才是正确的。在这个程序中，查询数据的 sql1 和更新数据的 sql2 在程序逻辑上是一个原子操作，然而它们在数据库上并不是一个原子操作，即使它们包含在数据库事务中也不能保证这是一个原子操作。当然，这可以通过指定事务的隔离级别来实现，现在先不讨论这个问题。

说到这里，有同学可能说，我在程序中将 UpdateSales 方法的代码全部加锁。这样做可以一定程度上解决问题，但是在分布式环境下这样做还是有问题的。假设你的代码运行在多台 Web 服务器上，你这个程序锁就起不到作用了，因为你的锁只能作用于当前进程，除非你使用"分布式锁"来解决这个问题。但是在这个场景中使用"分布式锁"显然是"杀鸡用牛刀"了，代价太大。实际上，在这里只需要使用数据库的"更新锁"就可以解决问题。以 SQL Server 为例，将第 4 行代码的 SQL 语句修改成下面这个样子：

```
SELECT MaxSalesNum FROM SalesInfo WITH( UDPLOCK ) WHERE Id = @ID
```

上面的 SQL 语句中，指示当前对表 SalesInfo 查询出的当前记录使用更新锁 UDPLOCK，告诉数据库这条记录稍后将会被更新。更新锁会保持到当前事务结束为止，其他任何线程试图访问这条记录时，都会被迫等待直到它的更新锁释放为止。

一个简单的字段更新都这么复杂，有同学可能要问，为何不直接使用 SQL 语句来扣减表 SalesInfo 的可售数量 MaxSalesNum？只需要执行下面这样的 SQL 即可：

```
UPDATE SalesInfo SET MaxSalesNum = MaxSalesNum - @BuyNumber
  WHERE Id = @ID AND MaxSalesNum > = @BuyNumber
```

这个 SQL 语句的更新条件还增加了 MaxSalesNum 数量条件的判断，还可以防止商品"超卖"。由于数据库排他锁的作用，应用程序不管是多线程执行还是分布式执行，都能保证数据并发更新的安全可靠。

有时候开发团队可能不希望开发人员在程序中这样直接写 SQL 语句,而是统一使用某个 ORM 框架。然而,很多 ORM 框架,包括微软的 Entity Framework 并不支持这种字段的"自更新"操作,比如这个 MaxSalesNum 字段基于它自身的值再减去一个数值。不过,SOD 框架支持这种字段的自更新操作,请看下面的代码:

```
//假设实体类 SalesinfoEntity 映射的 SalesInfo 表
SalesinfoEntity salesinfo = new SalesinfoEntity()
{
  ID = 99,
  MaxSalesNum = 1 //要预扣的库存数
};
var q = OQL.From(salesinfo)
  .UpdateSelf('-',salesinfo.MaxSalesNum)
  .Where( cmp => cmp.EqualValue( salesinfo.ID)
        & cmp.Comparer( salesinfo.MaxSalesNum,">=", salesinfo.MaxSalesNum))
.END;
//假设只配置了一个数据连接
EntityQuery <SalesinfoEntity>.Instance.ExecuteOql(q);
```

2. "减库存"的三种模式

直接扣减库存真的好吗?

不一定,在电商平台,这是一个复杂的问题。有些系统在客户完成订单支付后,直接扣减库存;有些系统在下订单时就**预扣库存**,等到客户完成支付后才真正扣减商品库存。前者有可能在完成支付时发现商品已经卖完了,此时再扣减库存会存在"**超卖**"问题;后者比较灵活,允许客户反悔,放弃购买此款商品,但系统设计会比较复杂,而且会发生第二个客户想购买时,显示商品无货然后就放弃了购买欲望,但实际上前一个客户可能会放弃支付的情况,导致"**流单率**"增高。因此,不管哪种方式都会存在问题。

如果商品货源不足不允许"超卖",就不能等到支付完成后再扣库存;如果是促销商品或者商品比较紧俏,就不能采用预扣库存的方式,因为这种方式可能会被"黄牛党"盯上,他们会大量抢先下单,但是不着急支付,然后找到真正的买家后再完成支付,或者找不到就让订单自然取消,这样可能造成较高的"流单率"。

有一类特殊商品,它既不允许"超卖",又不允许太高的"流单率"导致商品无法及时卖出,那么支付完成后扣减库存或者预扣库存都是不合理的。比如铁路售票系统或者与之类似的"一货一码"(每一件商品都有一个唯一商品编码)的商品,在售票窗口,售票员会根据旅客的需求,实现锁定这张票,别的窗口虽然可以查询到这个座位的票未卖出但却不能锁票,而后面正在排队的旅客也不至于那张票还没有真正卖出就看到窗口大屏幕显示无票而失望地离去。简而言之,这种模式就是下订单时就将商品锁定,直到支付完成订单成功,或者订单取消解锁商品。这种模式由于从下订单到订单完成或者取消的时间比较长,不适合购买此种商品并发较高的场景。这里称这种模式为"**库存锁定**"模式。

还有一类商品,它的扣减库存业务逻辑不是简单地减去一个数,而是有特殊的规则,这样就需要在内存中"扣减库存"了。比如为了防止"超卖"设置了库存警戒线,或者紧俏商品不能全部卖完需要一个"保留库存",那么当库存少于某个数时,需要修改数据库中的"剩余库存数"为某个特定的数,比如直接设置剩余库存数为 0。这种情况下就需要在内存中进行"剩余库存数"的计算,并且在计算开始前,就需要锁定库存信息表,直到最后更新完成数据库中的"剩余库存数"。这种情况也算是一种"库存锁定"模式,只不过不需要缓慢的支付过程,程序执行很快。

当然,实际的扣减库存问题远比这个复杂,比如在 ERP 领域还有现量、锁定量、可用量等概念,所以下面使用 SOD 框架来演示仅在内存中进行"库存锁定"的例子,不是真正的业务意义上的库存锁定。将方法 UpdateSales 改写如下:

```
void UpdateSales(int buyNumber, int id, AdoHelper ado)
{
    ado.BeginTrans();
    SalesInfoEntity salesInfo = new SalesInfoEntity(){Id = id};
    //查询指定更新锁 UPDLOCK
    OQL q1 = OQL.From(salesInfo).With(OQL.SqlServerLock.UPDLOCK)
        .Select(salesInfo.Id, salesInfo.MaxSalesNum)
        .Where(salesInfo.Id)
    .End;
    SalesInfoEntity salesInfo1 = EntityQuery <SalesInfoEntity>.QueryObject(q1, ado);
    //在内存中计算剩余可售数量
    int currMaxSalesNum = salesInfo1.MaxSalesNum;
    currMaxSalesNum = currMaxSalesNum - buyNumber;
    if(currMaxSalesNum > 0)
    {
        //库存达到警戒线,后续不能下单
        if(currMaxSalesNum < 10)
            currMaxSalesNum = 0;
        //更新数据库的可售数量
        salesInfo1.MaxSalesNum = currMaxSalesNum;
        EntityQuery <SalesInfoEntity>.Instance.Update(salesInfo1, ado);
        ado.Commit();
    }
    else
    {
        ado.Rollback();
    }
}
```

在上面的代码中,由于方法前面在查询当前可售库存时,已经在 With 方法中加了更新锁(OQL. SqlServerLock. UPDLOCK),所以在内存中只需要判断扣减库存后剩余库存大于 0,即可安全地更新这个数据到数据库。在并发更新执行 UpdateSales 时,下一个线程等待之前的线程释放了更新锁,自己获得更新锁查询到当前可售库存,进行计算后发现剩余可售库存不足,从而不会再更新库存数据,扣减库存失败,从而保证商品不会"超卖"。方法 UpdateSales 内部没有依赖外部的计算(比如支付过程),只是一个程序内的计算过程,并且查询时使用了更新锁,因此不会影响应用程序在其他地方对表 SalesInfo 的查询,从而避免了锁等待,提高了应用程序的并发性能。

6.6.2　Entity Framework 的乐观并发

在整个数据处理过程中,对于数据的修改持保守态度,将数据处于锁定状态,这称为悲观锁。悲观锁的实现,往往依靠数据库提供的锁机制,比如前面说的排他锁、更新锁。采用悲观锁,数据库会有较大的性能开销,特别是对于长事务而言,这样的开销往往无法承受。所以在电商平台的订单处理过程中,客户下单后到完成订单支付的过程,大部分情况下都不会锁定库存。在另外一些系统,比如 ERP 中,某个操作员打开一个表单准备修改,到最后修改完成保存数据时,这个数据可能在此期间已经被另外一个操作员修改了,这样在业务上就出现了数据修改的"并发冲突"。解决这种并发冲突最好的方式就是使用"乐观锁"。

乐观锁,大多是基于数据版本(Data Version)记录机制实现。数据版本即为数据增加一个版本标识,一般是通过为数据表增加一个"version"字段或者"时间戳"字段来实现。读取数据时,将此版本号一同读出,之后更新时,对此版本号进行增加。此时,将提交数据的版本数据与数据表对应记录的当前版本信息进行比对,如果提交的数据版本号大于数据库表当前版本号,则予以更新,否则认为是过期数据。注意如果使用"时间戳"字段来进行版本标识,必须使用足够精度的时间值,通常需要精确到毫秒级别以上。

Entity Framework 不支持悲观并发(即无法使用悲观锁),支持乐观并发。如果要使用 Entity Framework 对某一个表做并发处理,就在该表中加一条 Timestamp 类型的字段。注意,一张表中只能有一个 Timestamp 的字段。Data Annotations 中用 Timestamp 来标识设置并发控制字段,标识为 Timestamp 的字段必须为 byte[] 类型。可以使用 Fluent API 来将时间戳字段指定为并发标识字段,参考下面的代码:

```
public class ProductdbContext : DbContext
{
    public DbSet <SalesInfo> SalesInfoes{get;set;}

    protected override void OnModelCreating(DbModelBuilder modelBuilder)
```

```
    {
        base.OnModelCreating(modelBuilder);

        modelBuilder.Entity <SalesInfo>()
                .Property(p => p.ModifiedTime)
                .IsConcurrencyToken();
    }
}
```

对于前面电商订单扣减库存的例子,如果使用 Entity Framework 的乐观并发,需要处理 DbUpdateConcurrencyException 异常对象,然后循环尝试更新,下面的代码演示了这一过程:

```
//如果出现更新的并发冲突,尝试一定次数
bool retry = false;
int retrycount = 0;
do
{
    var currSalesInfo = (from p in
productdbContext.DbContext.Set <dalProductModel.SalesInfo>()
            where p.Id == salesInfo.Id
            select p)
.FirstOrDefault();
    if (currSalesInfo == null)
        throw new Exception("没有找到指定的 SalesInfo 记录: "
+ salesInfo.Id);
    if(currSalesInfo.MaxSalesNum <= 0) //必须判断,否则可能出现超卖
        return 0;

    int currStock = currSalesInfo.MaxSalesNum - detail.Quantity;
    currSalesInfo.MaxSalesNum = currStock;

    try
    {
        int count = productdbContext.DbContext.SaveChanges();
        if (count > 0)
        {
            retry = false;
            return count;
        }
    }
    catch (DbUpdateConcurrencyException ex)
```

```
    {
        retry = true;
        ex.Entries.Single().Reload();
    }
    retrycount ++ ;
    if (retrycount > 100)
        break;
}
while (retry);
```

6.6.3　并发更新小结

　　上面这个代码的执行逻辑与之前使用 SOD 框架的更新锁功能锁定库存后扣减库存类似,都是先查询数据库记录,然后内存计算当前剩余库存,最后更新到数据库。SOD 框架使用更新锁可以避免并发冲突,而 Entity Framework 的乐观锁无法避免并发冲突,需要处理并发更新异常并不断重试。相比较而言,SOD 框架支持悲观并发,处理数据的更新问题更简单些,能直接利用数据库的锁机制,简化数据更新代码的编写。

6.7　多数据源查询

　　"多数据源查询"指的是同一套代码支持在多个数据源进行查询,可以通过一套框架和标准来实现这个技术。这里讨论的多数据源查询不是指同时对多个数据源进行查询,然后对结果集进行组合、筛选、排序这种大数据查询技术。

6.7.1　分布式环境中的多数据源

　　在分布式环境下,数据往往不在一个地方,特别是现在流行的"微服务架构",更强调每个服务只访问自己的数据库,而不再是一个集中式的数据库。数据库不仅分散,而且数据库的类型也不一样。比如图 6 - 39 所示的电商平台微服务架构,在用户服务、订单服务和产品服务子系统中,都有用户表,订单服务的用户是买家用户,产品服务的用户是卖家用户,它们都是用户服务的用户表的只读子集。每当新生成一笔订单数据,所需要的用户数据也可能从用户服务同步到订单服务,这样在后续的订单查询时,就不再需要去访问用户服务的用户数据表了,毕竟跨数据库的连表查询效率不高,而且这样做也违反了微服务架构的设计理念——"数据的独立性"。当然,另外一个变通的方式是通过服务接口去访问用户服务的数据,比如提供一个相应的查询Web API,但这样实现起来效率不怎么高,并且增加编码的复杂性。

　　在电商平台中,"卖家"和"卖家用户"是不同概念。"卖家"指的是平台上开店铺的商家,它主要是一些商业信息,比如店铺名称;"卖家用户"指的是开店的用户或者

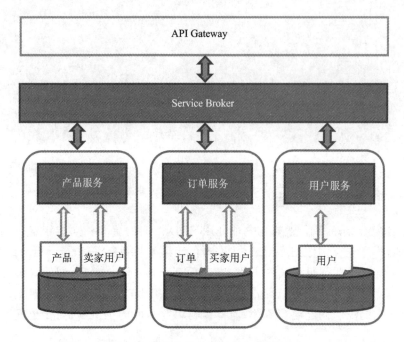

图 6-39   电商平台的微服务架构示例

管理店铺的店铺员工用户,他们都有一个平台的登录账号,有基本的用户信息,比如用户名。"买家用户"很好理解,它指的是当前订单下单的平台用户,同样有用户名这些信息。这样,产品服务里面的"卖家用户"、订单服务里面的"买家用户"和用户服务里面的"用户",都有类似的属性了。这样,抽取这三个子系统的"用户"的共同属性,制定一个"用户接口",然后使用这个接口去查询,就能使用一套代码完成多个子系统数据源的查询了。比如下面抽取用户 ID 和用户名作为用户接口的属性,请看下面代码:

```
public interface IUser
{
    long ID {get;set;}
    string Name {get;set;}
}
```

使用下面一行代码即可查询出当前数据库的全部"用户"数据:

```
var list = OQL.FromObject <IUser>().Select().ToList();
```

有关使用接口进行查询的详细内容,请参考 4.7.21 小节使用接口查询的内容。

上面的查询使用的是 SOD 框架的 ORM 功能实现的,所以它可以适用于多种数据库平台。比如,用户服务使用 SqlServer 数据库,产品和订单服务使用 Oracle 数控。

不同数据库平台尽管都支持标准的 SQL,但它们有不同的"方言",比如数据类型不相同,字段名大小写规则不同,详细内容请参考 3.4.3 小节 SQL 方言。使用 ORM 框架能够有效地避免数据库方言问题。如果 ORM 框架支持 Code First 功能,那么 ORM 创建的数据表结构在不同的数据库之间是"兼容"的,这得益于 ADO. NET 为不同数据库类型抽象出了一套兼容的 DbType 类型。有关 Code First 问题,请参考 4.3.6 小节 Code First。

如果你需要直接使用 SQL 语句来执行查询,可以在 SQL 语句中对表名称和字段名称使用"[]"方括号限定符来解决不同数据库平台的字段名和表名大小写问题,SOD 框架会在最终执行查询前将方括号替换成当前数据库的限定符。

6.7.2 集成开发工具的多数据源查询

PDF. NET 集成开发工具基于 SOD 框架的数据驱动程序访问数据库,所以它可以实现对多种数据源的查询。工具的使用介绍请参看 3.4.1 小节常见的 SQL 工具之"3. PDF. NET 集成开发工具"。工具支持"SQL Server 系"数据和 Oracle 数据库访问,如果需要访问其他数据库,需要在"服务器类型"中选择"其他数据库驱动程序",然后单击"浏览"按钮进行选择,如图 6-40 所示。

图 6-40　集成开发工具之连接数据源

在弹出的文件对话框中,浏览到当前应用程序目录,可以看到 SOD 框架的 4 个数据库驱动程序扩展,如图 6-41 所示标记的部分。

根据所选的数据提供程序的不同,会出现相应的连接地址、连接账号输入界面,如图 6-42 所示,选择 MySQL 数据提供程序,输入相应的连接账号信息。

单击"高级选项"复选框,可以看到上面连接信息构造的连接字符串,并且可以进行连接测试。最后,单击"确定"按钮,可以看到默认分组下面的 MySQL:localhost 节点。

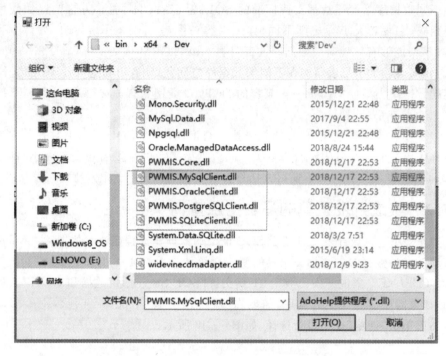

图 6-41　集成开发工具之选择数据提供程序

图 6-42　集成开发工具之输入连接信息

　　除了通过图 6-40 所示的方式新建连接,也可以使用记事本直接打开应用程序 Config 目录下的文件 DataConnectionCfg.xml 进行编辑,比如添加一个 SqlServer 的 localdb 节点,结果如图 6-43 所示。可以看到,数据连接节点名称都是以"数据库类型:连接名称"的形式出现的。

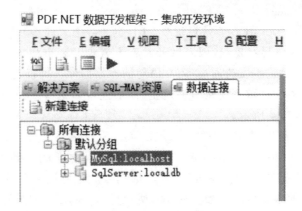

图 6 - 43 集成开发工具之数据连接

```xml
<? xml version = "1.0" encoding = "utf - 8"? >
<DataConnections>
    <Group Name = "默认分组">
        <Connection DbType = "MySql" Name = "localhost"
ConnectionString = "server = localhost;User Id = root;password = Abc.123"
Provider = "PWMIS.DataProvider.Data.MySQL,PWMIS.MySqlClient" />
        <Connection DbType = "SqlServer" Name = "localdb"
ConnectionString = "Server = (localdb)\MSSQLLocalDB;Integrated Security = true"
Provider = "SqlServer" />
    </Group>
</DataConnections>
```

在上面连接的 MySQL 和 SQLServer 数据源中都创建一个名字为 TestDB 的数据库,然后使用下面的脚本创建一个名字为 Table1 的数据表:

```sql
-- MySQL script
Create table [Table1]
(
  [ID] integer,
  [Name] varchar(50)
);


-- SQL Server script
Create table [Table1]
(
  [ID] integer,
  [Name]nvarchar(50) collate Chinese_PRC_CI_AS
);
```

有两点需要注意：

- SQL Server LocalDB 非常轻量级，并且也兼容绝大部 SQL Server 的特性，它是伴随 VS 一起安装的，用来做开发就不需要安装重量级的 SQL Server 专业版了，但是它不支持通过 SQL 语句创建数据库。可以通过 VS 的"服务器资源管理器"—"数据连接"，在这里"添加连接"，选择 SQL Server 数据库文件，如图 6-44 所示。

- 上面的"建表"脚本，字段"Name"在 SQL Server 类型为 nvarchar，并且指定了排序规则 collate Chinese_PRC_CI_AS，以便它能存储中文内容。当前 MySQL 数据源使用的是 8.0 版本，数据库默认使用 utf8 字符集，所以它可以直接存储中文内容。如图 6-45 所示为 MySQL 数据源的 TestDB 数据库执行建表脚本后的界面。

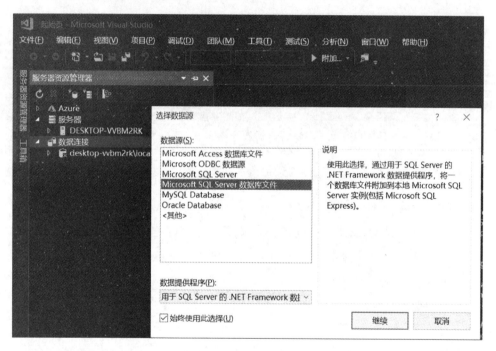

图 6-44　在 VS 中添加数据连接

分别选择上面的 MySQL 和 SQLServer 数据源节点下面的 TestDB 数据库，然后右键菜单选择"新建查询"，在对应的查询窗口中输入以下插入数据的 SQL 脚本，然后按 F5 执行。

```
insert into [Table1]([ID],[Name]) values(1,'zhang san');
insert into [Table1]([ID],[Name]) values(2,'张三');
```

然后查询表 Table1 刚才插入的数据结果，图 6-46 查询的是上面 MySQL 数据源的结果，数据正常。

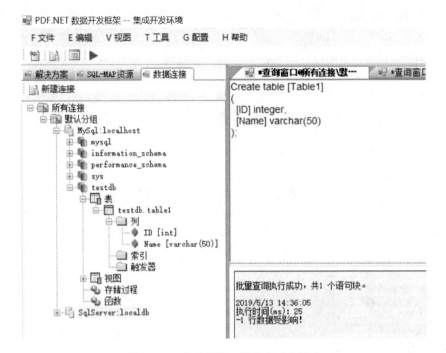

图 6-45　集成开发工具执行建表脚本

图 6-46　集成开发工具之查询数据表结果(1)

但是 SQLServer LocalDB 的第二条记录显示乱码,可以在插入中文字段值的前面使用字符 N,比如下面再插入一条记录。

```
insert into [Table1]([ID],[Name]) values(3,N'李四');
```

最后重新执行查询,第三条数据正常了,结果如图 6-47 所示。如果数据源是 SQL Server 专业版之类,不会存在这个问题。

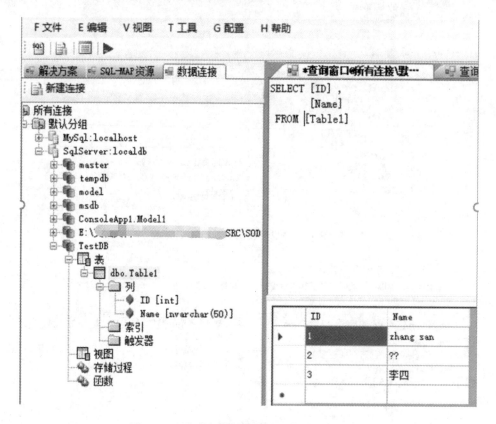

图 6-47 集成开发工具之查询数据表结果(2)

注意上面的 SQL 查询语句,包括插入数据和查询结果集的 SQL 语句,它们基本都是一样的,MySQL 的查询在表名称和字段名称上也能使用"[ ]"方括号限定符,这样,PDF.NET 集成开发工具就实现了同样的查询,支持多种不同数据源的功能。使用工具的多数据源查询功能,可以方便的在各个数据源之间来回切换查询,查看对比结果,这对于开发不同数据库平台的应用程序是一个很方便的功能,不再需要为每一种数据库安装一个数据库查询工具了。

6.8 读写分离

读写分离就是将数据库分为主库和从库,一个主库用于写数据,多个从库完成读数据的操作,主从库之间通过某种机制进行数据的同步,是一种常见的数据库架构。基本的原理是让主数据库处理事务性查询,而从数据库处理 SELECT 查询,如图 6-48 所示。一个主从同步的数据库组成一个集群,数据库复制被用来把事务性查询导致的变更同步到集群中的从数据库。

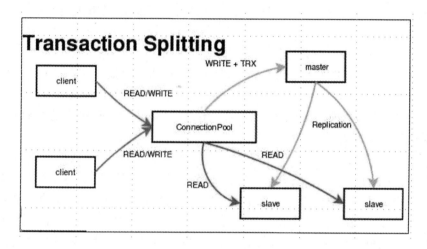

图 6-48 读写分离的写事务处理与读操作分离

6.8.1 应用场景

大多数互联网业务,往往读多写少,这时候,数据库的读会首先成为数据库的瓶颈,这时,如果希望能够线性地提升数据库的读性能,消除读写锁冲突从而提升数据库的写性能,那么就可以使用"分组架构"(读写分离架构)。用一句话概括,读写分离是用来解决数据库的读性能瓶颈的。

读写分离的好处:

① 增加数据冗余。

② 增加了机器的处理能力。

③ 对于读操作为主的应用,使用读写分离是最好的场景,因为可以确保写的服务器压力更小,而读又可以接受点时间上的延迟。

读写分离提高性能的原因,主要有以下几个方面:

① 物理服务器增加,处理负载能力增加。

② 主从只负责各自的写和读,极大程度的缓解 X 锁和 S 锁争用。

③ 从库同步主库的数据和主库直接写还是有区别的,例如 MySQL 通过主库发

送来的 binlog 恢复数据,而最重要的区别在于主库向从库发送 binlog 是异步的,从库恢复数据也是异步的。

④ 读写分离适用于读远大于写的场景,如果只有一台服务器,当 Select 很多时,Update 和 Delete 会被这些 Select 访问中的数据堵塞,等待 Select 结束,并发性能不高。对于写和读比例相近的应用,应该部署双主相互复制。

⑤ 复制的另一个大功能是增加冗余,提高可用性,当一台数据库服务器宕机后能通过调整另一台从库来以最快的速度恢复服务。

读写分离能够解决哪些问题?

读写分离只能解决"读"的问题,并且要结合"写"的情况来决定是否采用读写分离。

应用程序的写服务分为两种:

① 和"状态"(可能发生冲突的情形)弱相关,比如用户提供内容(UGC)的操作,每个用户提交自己的评论,或者发布自己的微博,不太容易发生冲突。

② 和"状态"(可能发生冲突的情形)强相关,比如包含库存操作的电商网站,上千人"秒杀"热门商品。

这两种"写服务"在本质上反映了写数据操作的独立性,如果数据更改与读取有很强的关联性,必然会在读写分离的情况下带来数据复制的频繁发生,从而降低读写分离的可用性。比如用户在提交表单后希望立刻看到自己更改后的数据,如果采用读写分离的方案,表单数据读取页面可能从"读库"读取到的数据还是旧的,或者另一个用户读取表单数据可能读取的是前一个用户更改数据后还没有来得及复制到从库的数据,那么据此做出的第二次修改就是错误的。因此和"状态"强相关的应用,尽管总体上可能写操作占比很少,也不太适合使用读写分离。

从数据库架构层面来说,读写分离只是一种应用层的概念,它本质上是主从库之间的数据复制。从复制的组成来说,数据复制架构模式就是一个"发布-订阅"模式,包含发布服务器、分发服务器和订阅服务器;根据复制的方式不同,又分推模式(Push)和拉模式(Pull);从复制的类型来说,又有快照复制和事务复制,以及结合两种类型在一起的合并复制。限于篇幅不能对这些问题全部做详细介绍,下面简单介绍两种复制的类型。

6.8.2 快照复制

快照复制是完全按照数据和数据库对象出现时的状态来复制和分发它们的过程。快照复制不需要连续地监控数据变化,因为已发布数据的变化不是被增量地传播到订阅服务器,而是周期性的被一次复制。

快照复制的工作机制如图 6-49 所示:

① 发布服务器,将要发布的数据库整个做一个快照。

② 订阅服务器的快照代理程序把发布服务器的快照读取过来,放在本地的快照

文件夹内。

③ 订阅服务器的发布代理程序把快照文件夹中的快照发布到订阅服务器上。历史记录和快照记录在分发服务器中。

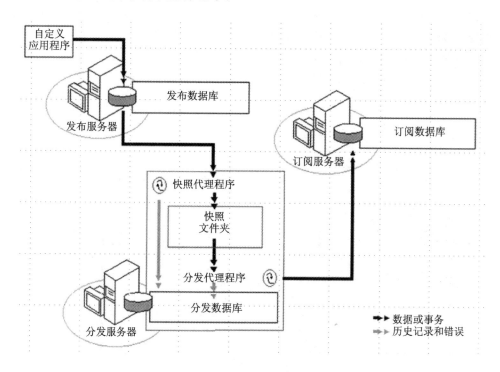

图 6 - 49　快照复制工作机制

快照复制的执行仅需要快照代理和分发代理。快照代理准备快照文件（包括出版表的数据文件和描述文件），并将其存储在分发者的快照文件夹中。除此之外，快照代理还要在分发者的分发数据库中跟踪同步作业。分发代理将分发数据库中的快照作业分发至订购者服务器的目的表中。分发数据库仅用于复制而不包括任何用户表。

快照复制是最为简单的一种复制类型，能够在出版者和订购者之间保证事务的潜在一致性。使用快照复制必须要满足一个前提，副本不需要实时数据，在此前提下，如果符合以下一个或多个条件时，使用快照复制本身是最合适的：

① 很少更改数据。

② 复制少量数据。

③ 在短期内出现大量更改。

如果数据更改频繁，或者每次快照复制的数据量很大，即使不需要实时的副本数据，也不太适合使用快照复制。

6.8.3　事务复制

事务复制是对订阅服务器上应用的初始数据快照,然后监控发布服务器数据库中数据发生的变化,捕获个别数据变化的事务并及时复制到订阅服务器。当所有的改变都被传播后,所有订阅服务器将具有与发布服务器相同的值。事务复制的工作机制如图 6-50 所示。为了保证变化的数据能准确而及时地发送到订阅服务器上,发布服务器和订阅服务器之间的网络连接必须是可靠且连续的。

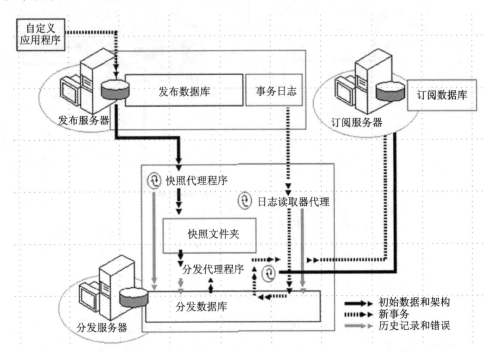

图 6-50　事务复制工作机制

事务复制通常用于服务器到服务器环境中,在以下各种情况下适合采用事务复制:

① 希望发生增量更改时将其传播到订阅服务器。

② 从发布服务器发生更改到达订阅服务器,应用程序需要这两者之间的滞后时间较短。

③ 发布服务器有大量的插入、更新和删除活动。

事务复制对于数据量较小的表响应很快,基本上订阅库上的数据延迟在 1 秒之内。然而,当表数据比较大时,延迟可能达到 3 秒以上,并且复制出错的可能性较高。修复事务复制数据错误的方法,可以参考笔者的博客文章《使用 SQLServer 同义词和 SQL 邮件,解决发布订阅中订阅库丢失数据的问题》。

另外,如果应用程序对发布服务器仍然有比较大的读操作,那么采用事务复制的发布服务器将显著增大资源占用量,从而使得整体应用效率下降。如果发布服务器仍然有较大量的读取操作,或者应用程序不能容忍从订阅服务器读取数据存在的一定程度的延迟,那么不管快照服复制还是事务复制,或者说读写分离架构都是不合适的。在这种情况下,扩展数据库的硬件性能是最简单的做法。如果应用不适合采用读写分离架构或者采用后仍然没有取得满意的效果,并且无法扩展数据库服务器的硬件性能,那么在数据库层面就只能分库分表了,有关这部分的详细内容,请参考后面的 6.9 节分库和分表。

6.8.4 读写分离应用架构

数据库搭建了主从复制的数据架构,最终需要在应用程序层面来支持读写分离的应用架构,由应用程序决定如何具体操作数据库。SOD 框架为读写分离在数据访问层提供了支持,读/写操作对应用层透明。图 6 - 51 所示为 SOD 框架的读写分离应用架构,应用层不论通过 SOD 框架的 SQL - MAP、ORM 或者 Data Controls 访问数据,最终都会调用 AdoHelper 对象,它包含一系列的从数据源读取和写入数据的方法,如果是写入数据,它会使用 AdoHelper 对象的写操作连接字符串(DataWrite-ConnectionString 属性);如果是读取数据,它会使用读操作连接字符串(Connection-

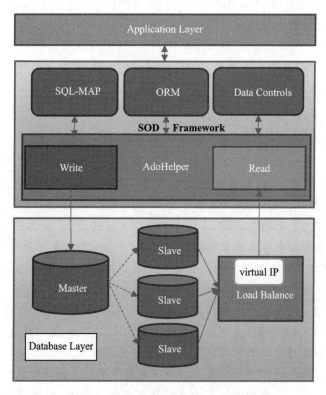

图 6 - 51 SOD 框架读写分离应用架构

String 属性)。默认情况下,写操作连接字符串使用读操作数据库,如果需要读写分离,只需要应用程序设置 DataWriteConnectionString 属性即可。

下面是设置 AdoHelper 的读/写连接字符串示例:

```
AdoHelper helper = new SqlServer();
helper.DataWriteConnectionString = "Data Source = MasterDBServer ;
              Initial Catalog = TestDB;Integrated Security = True";
helper.ConnectionString = "Data Source = SlaveDBServer ;
              Initial Catalog = TestDB;Integrated Security = True";
object userId;
//Write Data,use DataWriteConnectionString
helper.ExecuteInsertQuery("insert into [Users]([UserName],[Sex]) values('zhang san',1)",
              ref userId);
//Read Data,use ConnectionString
DataSet ds = helper.ExecuteDataSet("select * from [Users]");
```

在上面这个示例中,写数据使用的数据库服务器是 MasterDBServer,读数据使用的数据库服务器是 SlaveDBServer。如果读数据库服务器有多个,可以使用负载均衡技术,在读数据连接字符串中使用负载均衡(Load Balance)服务器的虚拟 IP,这样应用程序就可以根据负载均衡服务器的负载策略来访问具体的 Slave 数据库了。所以,使用 SOD 框架来实现读写分离架构相当简单。不过,在实际实施读写分离应用时,由于业务的限制可能还需要更复杂的读写分离策略,比如在某些情况下需要从主库读取数据,这就需要进一步扩展了,但这更多的是一个业务问题,而不仅仅是数据访问层的问题了。

附:负载均衡简介

负载均衡(Load Balance)其意思就是分摊到多个操作单元上进行执行,例如 Web 服务器、FTP 服务器、数据库服务器、企业关键应用服务器和其他关键任务服务器等,从而共同完成工作任务。

负载均衡常用的策略有轮询、加权轮询、最少连接数、最快响应以及哈希策略。市面上很多负载均衡服务器都支持这几种策略。此外,负载均衡服务器还能通过"健康探测"来保障集群都高可用,所以,在读写分离架构上,使用负载均衡服务器能够大大增加系统的灵活性、可伸缩性和稳定性。

负载均衡可以使用硬件负载均衡服务器,也可以采用软件负载均衡。硬件负载均衡功能比较强大,效率高,比如业界常用的 F5 BIG - IP 负载均衡器,另外思科的大多数路由器直接提供了负载均衡功能,不必再购置其他类似产品。

软件负载均衡解决方案是指在一台或多台服务器相应的操作系统上安装一个或多个附加软件来实现负载均衡。它的优点是基于特定环境,配置简单,使用灵活,成本低廉,可以满足一般的负载均衡需求。目前比较流行的有三类软件负载均衡:

1. 基于 DNS 的负载均衡

由于在 DNS 服务器中,可以为多个不同的地址配置相同的名字,最终查询这个名字的客户机将在解析这个名字时得到其中一个地址,所以这种代理方式是通过 DNS 服务中的随机名字解析域名和 IP 来实现负载均衡。

2. 反向代理负载均衡(如 Nginx、HAProxy)

该种代理方式与普通的代理方式不同,标准代理方式是客户使用代理访问多个外部 Web 服务器;之所以被称为反向代理模式是因为这种代理方式是多个客户使用它访问内部 Web 服务器,而非访问外部服务器。

3. 基于 NAT(Network Address Translation)的负载均衡技术(如 Linux VirtualServer,LVS)

该技术通过一个地址转换网关将每个外部连接均匀转换为不同的内部服务器地址,因此外部网络中的计算机就各自与自己转换得到的地址上的服务器进行通信,从而达到负载均衡的目的。其中,网络地址转换网关位于外部地址和内部地址之间,不仅可以实现当外部客户机访问转换网关的某一外部地址时可以转发到某一映射的内部的地址上,还可使内部地址的计算机能访问外部网络。

下面,简单介绍 Windows Server 提供的网络负载均衡功能 Windwos NLB。

打开"服务器管理器"→"功能"→"添加功能"→"网络负载均衡",可以查看是否添加了该功能。然后,单击"开始"→"管理工具"→"网络负载平均管理器",右击"网络负载平均群集"→"新建群集",按照向导一步一步完成集群的创建。最后,一个创建好的负载均衡群集如图 6-52 所示。

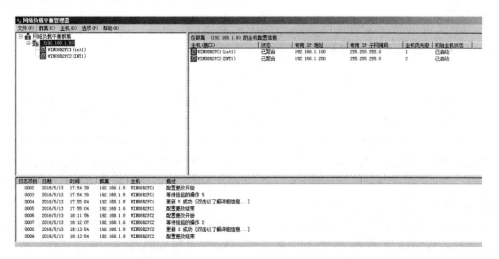

图 6-52 Windows 网络负载均衡群集示意图

有关 Windows 网络负载均衡群集的更多内容,限于篇幅这里就不再详细介绍了。

此外,如果你的应用部署在公有云平台,可以尝试使用云负载均衡服务,使用上更加简单,成本更低。比如阿里云、腾讯云、微软云等都提供了相应的云负载均衡产品。

6.9　分库和分表

对于大型的互联网应用或者历时多年的 ERP 系统来说,数据库单表的记录行数可能达到千万级甚至是亿级,特别是互联网应用的数据库还往往面临着极大的并发访问。由于查询维度较多,即使优化索引,做很多操作时性能仍下降严重。采用Master－Slave 复制模式的数据库读写分离架构,能在一定程度上提高系统响应能力,但是这种架构只能对数据库的读操作进行扩展,而对数据库的写入操作还是集中在 Master 上,并且单个 Master 挂载的 Slave 也不可能无限多,Slave 的数量受到Master 能力和负载的限制。如果系统整体的读写比低于 50％,使用 Master－Slave复制模式反而会大大降低整体性能。

因此,当数据库单表的记录行数接近千万级,并且系统写操作占比较高时,就需要考虑对数据库进行切分(Sharding),以实现对数据库的吞吐能力的扩展,满足高并发访问和海量数据存储的需要。

数据切分就是将数据分散存储到多个数据库中,使得单一数据库中的数据量变小,通过扩充主机的数量缓解单一数据库的性能问题,从而达到提升数据库操作性能的目的。数据切分根据其切分类型,可以分为两种方式:垂直(纵向)切分和水平(横向)切分。

6.9.1　垂直(纵向)切分

垂直切分常见有垂直分库和垂直分表两种。

一般来说,一个大型系统总是分为很多不同的业务类型,比如银行业务系统可以分为存款业务和贷款业务。将大型的系统按照业务种类划分为不同的子系统,每个子系统有一个专属的数据库,在这个数据库里有很多与当前业务相关的数据表,这些表之间有较高的耦合性,不可再分,反之,子系统的数据库可以考虑进一步细分。这种做法就是"垂直分库",与"微服务架构"的做法相似,每个微服务使用单独的一个数据库,如图 6－53 所示。

一个系统在迭代开发或者维护时,经常会在现有的表中增加字段。这样,系统经过很长一段时间之后,有些表中的字段数可能变得很多,比如一个大表中有超过100 个字段。而实际上这些大表中的很多字段是较少使用的,与主要的业务关联不紧密,都是在一些小的需求之下添加的。如果这样的表记录数量不大,性能不会有问题,但是当这样的表记录数量达到几十万、上百万条之后,它占用的存储空间就会变得很大,并且查询效率明显下降。

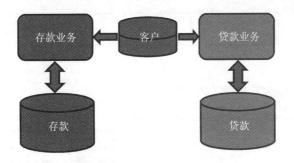

图 6 - 53　银行系统数据库的垂直切分示例

在 SQL Server 中,磁盘的 I/O 操作是对数据页进行的。在 SqlServer 中,一个数据页只有 8 KB,这意味着单行记录存储的最大数据不能超过 8 KB。MySQL 等数据库也是按数据页进行数据操作的。数据页由 3 个部分组成:页头(标头)、数据区(数据行和可用空间)及行偏移数组。图 6 - 54 所示为 SQL Server 的数据页结构。

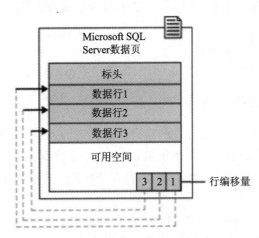

图 6 - 54　SQL Server 的数据页结构

可见,单行数据越小,每个数据页能存储的数据行就越多,每次查询的效率就越高。因此,解决大表问题的办法就是对数据表进行“垂直分表”,新建一张扩展表,将不常用或字段长度较长的字段拆分到扩展表中。这个过程如图 6 - 55 所示。

通过“大表拆小表”,更便于开发与维护,也能避免跨页问题,提高查询效率。另外,数据库以行为单位将数据加载到内存中,这样表中字段长度较短并且访问频率较高,内存能加载更多的数据,命中率更高,减少了磁盘 I/O,从而提升了数据库性能。

垂直切分的优点:

- 解决业务系统层面的耦合,业务清晰;
- 与微服务的治理类似,也能对不同业务的数据进行分级管理、维护、监控、扩展等;

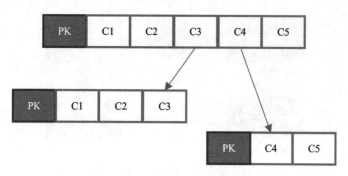

图 6 - 55　表的垂直切分示意图

- 高并发场景下,垂直切分在一定程度上提升了 I/O、数据库连接数、单机硬件资源的能力。

垂直切分的缺点:

- 部分表无法库内 Join 查询,有可能通过接口聚合方式解决,提升了开发的复杂度;
- 分布式事务处理复杂;
- 依然存在单表数据量过大的问题(需要水平切分)。

6.9.2　水平(横向)切分

应用的垂直切分首先是以业务的耦合性来决定的,最小切分的程度也只能是一类关系紧密的业务功能划分为一个子系统,使用一个数据库。但是这样切分后的子系统有时某个单表的数据量行数也很大,存在单库读/写、存储性能瓶颈,这时就需要进行水平切分了。

水平切分分为"库内分表"和"分库分表",是根据表内数据内在的逻辑关系,将同一个表按不同的条件分散到多个表或多个数据库中,每个切分后的表中都包含一部分数据,从而使得单个表的数据量变小,达到分布式的效果。这种切分方式就像一个水果被切成几片一样,形象地被称为"分片"。仍然以前面的银行业务系统来举例,存款和贷款都是数据库集群,下面又分为若干个数据库,如图 6 - 56 所示。

分库比起库内分表,它的优势比较明显,能够大大减轻单一数据库的访问压力,否则库内再怎么分表,数据访问竞争的还是同一个物理机的 CPU、内存和网络 I/O 等资源。

水平切分的优点:

- 不存在单库数据量过大、高并发的性能瓶颈,提升系统稳定性和负载能力;
- 应用端改造较小,不需要拆分业务模块。

水平切分的缺点:

- 数据分页、排序复杂;

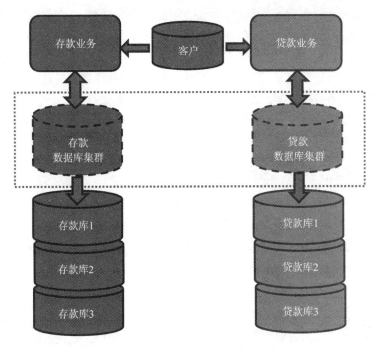

图 6 - 56　银行系统数据库的水平切分示例

- 跨库的事务一致性难以保证；
- 跨库的 Join 关联查询性能较差；
- 数据表结构修改难度大，数据维护量大。

数据表水平切分后同一张表会出现在多个数据库/表中，每个库/表的内容都不同。几种典型的数据分片方法如下：

（1）根据数值范围

按照时间区间或 ID 区间来切分。例如：按日期将不同月甚至是日的数据分散到不同的库中；将 ID 为 1～9 999 的记录分到第一个库，10 000～19 999 的记录分到第二个库，以此类推。某些系统中使用的"冷热数据分离"也是类似的实践，将一些使用较少的历史数据迁移到其他库中，业务功能上只提供最近一段时间数据的查询，比如限定查询数据范围为一年，历史数据需要去别的模块查询。

采用这种分片方案的优点是，在单个分片内数据连续，可快速定位查询；并且方便节点扩容，无需对其他分片数据进行迁移。缺点是热点数据仍然可能成为性能瓶颈，比如最近时间段内的数据，可能会被频繁地读/写，而另一些分片内的历史数据，则很少被查询。

（2）根据数值取模

一般采用先将分片字段计算哈希值，然后取模 mod 的切分方式，如果是数值型字段可以直接取模。例如：将 Users 表根据 UserID 字段切分到 3 个库中，用字段值除以 3 的余数为 0 的放到第一个库,余数为 1 的放到第二个库,余数为 2 的放到第三个库。这样,同一个用户的数据会分散到同一个库中,如果查询条件带有 UserID 字段,则可明确定位到相应库去查询。

采用这种方案的优点是,数据分片相对比较均匀,不容易出现热点和并发访问的瓶颈。缺点是后期数据扩容,原有分片的数据都要全部做迁移;另外,如果查询条件不带分片的字段,将无法直接定位数据,比如直接查询前 100 条数据,就需要去各个分片的数据源进行查询,然后在应用内进行排序组合。

6.9.3　分库分表衍生的问题

分库分表能有效地缓解单机和单库带来的性能瓶颈和压力,突破网络 I/O、硬件资源、连接数的瓶颈,同时也带来了一些问题。下面将描述这些技术挑战以及对应的解决思路。由于分库分表是一个复杂的课题,不是三言两语就能说清楚的,其中每个问题的解决都是一个复杂的问题,但是限于篇幅,本节只做简要介绍。

1. 事务一致性问题

当更新内容同时分布在不同库中,不可避免会带来跨库事务问题。分布式事务没有简单的方案,一般可使用"XA 协议"和"两阶段提交"处理。分布式事务能最大限度地保证数据库操作的原子性,但在提交事务时需要协调多个节点,导致事务在访问共享资源时发生冲突或死锁的概率增高。有关分布式事务的详细话题,请看 6.10 节分布式事务的详细内容。

对于那些性能要求很高,但对一致性要求不高的系统,可以使用最终一致性的方案来设计系统,例如采用事务补偿的方案。

2. 跨分片关联查询 Join 问题

切分之前,系统中很多列表和详情页所需的数据可以通过 SQL 的 Join 查询来完成。而切分之后,数据可能分布在不同的分片上,此时 Join 带来的问题就比较麻烦了,考虑到性能,尽量避免使用 Join 查询。

解决这个问题的方法是,将这些要进程 Join 查询的表在各个数据库内都冗余一份,比如全局字典表;或者将需要频繁关联的字段冗余到分片的表中,比如在有 UserID 的表中,冗余一个 UserName 字段;或者将那些存在关联关系的表记录存放在同一个分片上,从而能较好地避免跨分片 Join 问题。

如果以上方案都不可行,那么只有进行数据组装。例如在系统层面,分两次查询,第一次查询的结果集中找出关联数据 ID,然后根据 ID 发起第二次请求得到关联数据,最后将获得的数据进行字段拼装。

3. 跨节点分页、排序、函数问题

跨节点多库进行查询时,会出现分页、排序等问题。分页需要按照指定字段进行排序,当排序字段就是分片字段时,通过分片规则就比较容易定位到指定的分片;当

排序字段不是分片字段时,就变得比较复杂了。需要先在不同的分片节点中将数据进行排序并返回,然后将不同分片返回的结果集进行汇总和再次排序,最终返回给用户。

如果只是取第一页的数据,对性能影响还不是很大。但是如果取得页数很大,情况则变得复杂很多,因为各分片节点中的数据可能是随机的,为了排序的准确性,需要将所有节点的前 N 页数据都排序好做合并,最后再进行整体的排序,这样的操作很耗费 CPU 和内存资源的,所以页数越大,系统的性能也会越差。

在使用 Max、Min、Sum、Count 之类的函数进行计算时,也需要先在每个分片上执行相应的函数,然后将各个分片的结果集进行汇总和再次计算,最终将结果返回。

4. 全局主键避重问题

在分库分表环境中,由于表中数据同时存在于不同的分片中,平时使用的自增长主键将无用武之地,某个分片的数据库自生成的 ID 无法保证全局唯一,因此需要单独设计全局主键,以避免跨分片主键重复问题。有一些常见的主键生成策略:

(1) UUID

UUID 标准形式包含 32 个十六进制随机数字,分为 5 段,形式为 8 - 4 - 4 - 4 - 12 的 36 个字符,例如:6F9619FF - 8B86 - D011 - B42D - 00C04FC964FF。在 SqlServer 中,UUID 就是 uniqueidentifier 类型,可以使用 NewID()函数生成,例如下面的 SQL 代码:

```
DECLARE @myid uniqueidentifier
SET @myid = NEWID()
PRINT 'Value of @myid is: ' + CONVERT(varchar(255), @myid)
```

下面的 SQL 代码演示了在创建表时指定字段的类型是 uniqueidentifier 类型并使用 NewID()函数设置字段的默认值:

```
CREATE TABLE cust
(
  CustomerID uniqueidentifier NOT NULL DEFAULT newid(),
  Company varchar(30) NOT NULL,
  ContactName varchar(60) NOT NULL,
  Address varchar(30) NOT NULL,
  City varchar(30) NOT NULL,
  StateProvince varchar(10) NULL,
  PostalCode varchar(10) NOT NULL,
  CountryRegion varchar(20) NOT NULL,
  Telephone varchar(15) NOT NULL,
  Fax varchar(15) NULL
);
```

在程序中 SqlServer 的 uniqueidentifier 类型字段类型可以映射成 GUID 类型，但是在 MySQL 中没有 uniqueidentifier 类型的字段类型，只好使用 string 类型来替代。

UUID 是主键是最简单的方案，本地生成，性能高，没有网络耗时，但缺点也很明显，由于 UUID 非常长，会占用大量的存储空间；另外，作为主键建立索引和基于索引进行查询时都会存在性能问题，因为 UUID 的无序性会引起数据位置频繁变动，导致"页分裂"。

(2) 结合数据库维护主键 ID

很多数据库都提供了表级别的"自增"字段类型，它可以设置增长的步长和起始值，默认情况下它们都是 1。在 SQL Server，这种自增字段叫做"标识列"，通常在创建和修改表时，使用 IDENTITY 属性来指定。IDENTITY 属性的语法如下：

```
IDENTITY [ (seed, increment) ]
```

其中，第一个参数是自增的起始种子数，第二个参数是每次自增的步长。下面的代码演示了如何在 SQL Server 创建表时指定自增字段类型，并向这样的表插入数据：

```
USE AdventureWorks2012;

IF OBJECT_ID ('dbo.new_employees', 'U') IS NOT NULL
    DROP TABLE new_employees;
GO
CREATE TABLE new_employees
(
  id_num int IDENTITY(1,1),
  fname varchar (20),
  minit char(1),
  lname varchar(30)
);

INSERT new_employees (fname, minit, lname)
    VALUES ('Karin', 'F', 'Josephs');

INSERT new_employees (fname, minit, lname)
    VALUES ('Pirkko', 'O', 'Koskitalo');
```

当数据分片以后，可以在分片后的表的自增字段指定不同的种子数和"分片节点数"的自增步长数。例如，用户表被分片成了 3 个表，那么自增的步长就应该为 3，下面演示了如何创建这样分片的用户表：

```
CREATE TABLE Users1
(
```

```
UserID int IDENTITY(1,3),
Name varchar (20),
);

CREATE TABLE Users2
(
UserID int IDENTITY(2,3),
Name varchar (20),
);

CREATE TABLE Users3
(
UserID int IDENTITY(3,3),
Name varchar (20),
);
```

上面的方案在不同的分片表中指定不同的自增种子数来确保在这些分片的表中 ID 的唯一性。但是有时候需要根据插入数据后的自增结果来为辅助表生成相应的数据,比如订单表和订单明细表,必须先插入订单表得到订单 ID,然后在订单明细表中使用这个 ID。这种情况下使用自增字段来实现数据分片情况下的主键唯一性,就显得力不从心了。

针对这个问题,有些数据库提供了全局的"序列"类型数据,它可以按照一定的规则生成一个数值序列,比如 Oracle 和 SQL Server 的 SEQUENCE。下面演示 SQL Server 如何创建一个名字叫做 TestSeq 序列,并使用这个序列来插入数据到某个表中:

```
IF EXISTS(SELECT * FROM sys.sequences WHERE name = N'TestSeq')
    DROP SEQUENCE TestSeq;
GO
--创建序列对象
CREATE SEQUENCE TestSeq AS TINYINT
    START WITH 1
    INCREMENT BY 1;
GO
--创建表
CREATE TABLE TEST(ID tinyint, Name varchar(150))
--产生序列号码并插入表中
INSERT INTO TEST(ID,Name) VALUES(NEXT VALUE FOR TestSeq, 'allen')
INSERT INTO TEST(ID,Name) VALUES(NEXT VALUE FOR TestSeq, 'kevin')
```

如果是在 Oracle 中,可以使用下面的代码创建一个与上面 SQL Server 一样的名为 TEST_SEQ 的序列,并且在查询中使用它:

```
CREATE SEQUENCE TEST_SEQ
INCREMENT BY 1   START WITH 1;
-- 查询序列的当前值
select TEST_SEQ.currval from dual;
-- 使用下一个序列值插入数据
insert into table1 (id) values (TEST_SEQ.nextval);
```

采用数据库序列的方案较为简单,但缺点也很明显:存在单点问题,强依赖 DB,当 DB 异常时,整个系统都不可用。配置主从可以增加可用性,但当主库挂了,主从切换时,数据一致性在特殊情况下难以保证。

(3) Snowflake 分布式自增 ID 算法

Twitter 的 Snowflake 算法解决了分布式系统生成全局 ID 的需求,生成 64 位的 Long 型数字,组成部分如图 6-57 所示:

第一位未使用;

接下来 41 位是毫秒级时间,41 位的长度可以表示 69 年的时间;

5 位 datacenterId,5 位 workerId,10 位的长度最多支持部署 1 024 个节点;

最后 12 位是毫秒内的计数,12 位的计数顺序号支持每个节点每毫秒产生 4 096 个 ID 序列。

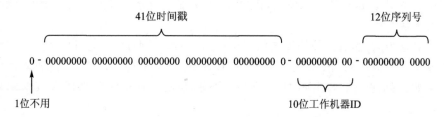

图 6-57 "雪花"64 位 long 类型分布式 ID

这样的好处是:毫秒数在高位,生成的 ID 整体上按时间趋势递增;不依赖第三方系统,稳定性和效率较高,理论上 QPS 约为 409.6 W/s($1\,000 \times 2^{12}$),并且整个分布式系统内不会产生 ID 碰撞;可根据自身业务灵活分配位。

不足就在于:强依赖机器时钟,如果时钟回拨,则可能导致生成 ID 重复。

"雪花"ID 虽然保证了 ID 的连续自增有序,但是它是基于二进制级别的唯一有序,生成的数字使用肉眼看起来无法直观的感觉到它的有序,这对于数据调试来说不是很方便。参照"雪花"ID 的生成原理,很多人设计了自己的分布式 ID 生成方案。SOD 框架也提供了这样的分布式 ID 生成方案,并且保证它的 ID 看起来是肉眼有序的。

5. 数据迁移、扩容问题

当业务高速发展,面临性能和存储的瓶颈时,才会考虑分片设计,此时就不可避免地需要考虑历史数据迁移的问题。一般做法是先读出历史数据,然后按指定的分片规则再将数据写入到各个分片节点中。此外,还需要根据当前的数据量和 QPS,以及业务发展的速度,进行容量规划,推算出大概需要多少分片(一般建议单个分片上的单表数据量不超过 1 000 W)。

如果采用数值范围分片,只需要添加节点就可以进行扩容了,不需要对分片数据迁移。如果采用的是数值取模分片,则考虑后期的扩容问题就相对比较麻烦。

6. 小 结

上面 5 点是分库分表衍生出来的问题,有可能还有更多的问题这里没有讲到。虽然对这些问题做了讨论并且给了一些解决方案,但有些问题的解决方案也并不简单,所以,不到万不得已不要轻易使用分库分表这个大招,避免"过度设计"和"过早优化"。并不是所有表都需要进行切分,主要还是看数据的增长速度。分库分表之前,不要为分而分,先尽力去做力所能及的事情,例如:升级硬件、升级网络、读写分离、索引优化等。当数据量达到单表的瓶颈时,再考虑分库分表。

6.9.4 使用分区表

上一小节讨论了分库分表衍生出来的问题,这些问题解决起来并不那么简单,能不分就尽量不分,Oracle、SQL Server 等数据库针对这个问题提供了相应解决方案,这就是分区表技术。换句话说,如果数据需要分表但又想避免普通的分表技术衍生的各种问题,分区表技术是一个值得考虑的选项。

分区表在逻辑上是一个表,而物理上是多个表。从用户角度来看,分区表和普通表是一样的,这是与前面说的分库分表最主要的区别。分区表是把数据按设定的标准划分成区域存储在不同的文件组中,使用分区可以快速而有效管理和访问数据子集。在 SQL Server 中,默认情况下一个数据库对应一个数据文件,这个数据文件默认是一个磁盘文件,也可以设置文件组;分区表可以在"表级别"设置指定表的数据按照分区规则存储在不同的文件组中。

分区表的优点如下:

● 分区表可以从物理上将一个大表分成几个小表,但是从逻辑上来看还是一个大表。
● 对于具有多个 CPU 和多个磁盘的系统,分区可以对表的操作通过并行的方式进行,可以提升访问性能。

下面简单介绍分区表的创建和使用。

1. 创建分区表

以 SQL Server 为例,创建分区表通常包含四个操作:

(1)创建文件组和相应的文件

下面的 T - SQL 示例将在测试数据库 TestDB 2019 添加 4 个文件组,名字分别是 test1fg,test2fg,test3fg,test4fg,然后为每个文件组添加相应的数据文件。

```
USE TestDB2019;
GO
ALTER DATABASE TestDB2019
ADD FILEGROUP test1fg;
GO
ALTER DATABASE TestDB2019
ADD FILEGROUP test2fg;
GO
ALTER DATABASE TestDB2019
ADD FILEGROUP test3fg;
GO
ALTER DATABASE TestDB2019
ADD FILEGROUP test4fg;

ALTER DATABASE TestDB2019
ADD FILE
(
    NAME = test1dat1,
    FILENAME = 'D:\DATA\t1dat1.ndf',
    SIZE = 5MB,
    MAXSIZE = 100MB,
    FILEGROWTH = 5MB
)
TO FILEGROUP test1fg;
ALTER DATABASE TestDB2019
ADD FILE
(
    NAME = test2dat2,
    FILENAME = 'D:\DATA\t2dat2.ndf',
    SIZE = 5MB,
    MAXSIZE = 100MB,
    FILEGROWTH = 5MB
)
TO FILEGROUP test2fg;
GO
ALTER DATABASE TestDB2019
ADD FILE
(
    NAME = test3dat3,
    FILENAME = 'D:\DATA\t3dat3.ndf',
    SIZE = 5MB,
    MAXSIZE = 100MB,
    FILEGROWTH = 5MB
)
```

```
TO FILEGROUP test3fg;
GO
ALTER DATABASE TestDB2019
ADD FILE
(
    NAME = test4dat4,
    FILENAME = 'D:\DATA\t4dat4.ndf',
    SIZE = 5MB,
    MAXSIZE = 100MB,
    FILEGROWTH = 5MB
)
TO FILEGROUP test4fg;
GO
```

(2) 创建分区函数

下面创建一个分区列类型为 int 的分区函数 myRangePF1,采用 RANGE LEFT 方式,创建 4 个分区,假设列的名字是 col1,这 4 个分区对应的 col1 的值范围如下:

分区 1:col1 <=1;

分区 2:1 <col1 <=100;

分区 3:100 <col1 <=1000;

分区 4:col1 > 10000。

下面是创建这样的分区的 T‑SQL 代码:

```
CREATE PARTITION FUNCTION myRangePF1 (int)
    AS RANGE LEFT FOR VALUES (1, 100, 1000);
GO
```

(3) 创建分区方案

在当前数据库中创建一个将分区表的分区映射到文件组的方案。分区表的分区个数在分区函数中确定。下面创建一个名字为 myRangePS1 的分区方案,使用分区函数 myRangePF1。

```
CREATE PARTITION SCHEME myRangePS1
    AS PARTITION myRangePF1
    TO (test1fg, test2fg, test3fg, test4fg);
GO
```

(4) 创建分区表

下面使用指定的分区方案 myRangePS1 创建一个分区表 PartitionTable,并且指定分区方案使用表 PartitionTable 中的列 col1。

```
CREATE TABLE PartitionTable (col1 int PRIMARY KEY, col2 char(10))
    ON myRangePS1 (col1);
GO
```

2. 查询分区的数据

在分区表里面插入或者修改数据,与普通的表完全一致。例如,插入 2 条数据到前面的示例分区表 PartitionTable 中:

```
INSERT INTO PartitionTable (col1 ,col12) VALUES(1,'A');
INSERT INTO PartitionTable (col1 ,col12) VALUES(10,'B');
```

然后,使用普通的 SELECT 语句可以查询出刚插入的 2 条数据,但是可以使用 \$partition 函数来查询指定分区的数据,SQL Server 联机丛书这样说明它的用法的:

用法:
为任何指定的分区函数返回分区号,一组分区列值将映射到该分区号中。

语法:
[database_name.] \$ PARTITION.partition_function_name(expression)

参数:
database_name
包含分区函数的数据库的名称。

partition_function_name
对其应用一组分区列值的任何现有分区函数的名称。

expression
其数据类型必须匹配或可隐式转换为其对应分区列数据类型的表达式。expression 也可以是当前参与 partition_function_name 的分区列的名称。

返回类型:
int

备注:
\$ PARTITION 返回从 1 到分区函数的分区数之间的 int 值。

\$ PARTITION 将针对任何有效值返回分区号,无论此值当前是否存在于使用分区函数的分区表或索引中。

下面直接查询表 PartitionTable 的第一个分区的数据:

```
Select * from dbo.PartitionTable where $ partition.myRangePF1 (col1) = 1
```

这条语句应该查询到前面的第一条 Insert 语句插入的数据。也可以直接使用下面的方法获取某个分区列的特定数据所在的分区,例如查询 col1 等于 10 的值在哪个分区:

```
Select $ partition.myRangePF1(10);
```

这条语句执行的结果应该是 2。

与普通表一样,也应该给分区表创建索引来提高查询效率;还可以创建一个结构一样的分区表,使用相关命令来讲原来分区表的数据进行历史"归档",从而减少原来分区表的数据量,提高查询效率。限于篇幅原因,有关分区表更多的使用操作,请查阅数据库相关的联机文档。

6.9.5 使用链接服务器

数据分库后,如果数据在不同的数据库服务实例,默认情况下是不允许相互访问的,但有时想在其中一台服务器访问另一台服务器的数据,在 SQL Server 可以通过链接服务器实现,如果再结合"同义词"技术,可以像访问本地数据一样来访问另一台服务器的数据。所以,链接服务器不失为数据分库分表的一个可行的数据访问技术。下面来简单介绍链接服务器技术。

链接服务器让用户可以对 OLE DB 数据源进行分布式查询。在创建某一链接服务器后,可对该服务器运行分布式查询,并且查询可以联接来自多个数据源的表。当客户端应用程序通过链接服务器执行分布式查询时,SQL Server 将分析命令并向 OLE DB 发送请求,如图 6 - 58 所示。

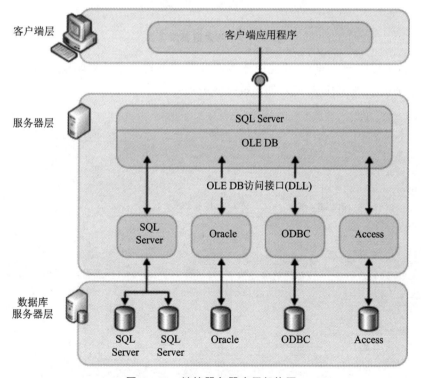

图 6 - 58　链接服务器应用架构图

链接服务器具有以下优点：

● 能够访问 SQL Server 之外的数据。

● 能够对企业内的异构数据源发出分布式查询、更新、命令和事务。

● 能够以相似的方式确定不同的数据源。

1. 创建链接服务器

可以通过 SQL Server Management Studio 来创建链接服务器。以管理员身份登录（通常也就是 sa 账号）数据库，展开服务器对象→"链接服务器"，右击"新建链接服务器"，如图 6-59 所示。

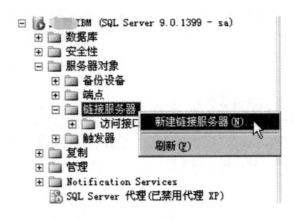

图 6-59 创建链接服务器

之后，按照向导，一步一步完成链接服务器的创建。限于篇幅这里不详细介绍。下面介绍使用 T-SQL 脚本来创建链接服务器：

```
EXEC sp_addlinkedserver
    @server = '192.168.1.4', -- 被访问的服务器别名(习惯上直接使用目标服务器 IP,或取
个别名如:JOY)
    @srvproduct = '',
    @provider = 'SQLOLEDB',
    @datasrc = '192.168.1.4'  -- 要访问的服务器
    go

EXEC sp_addlinkedsrvlogin
    '192.168.1.4', -- 被访问的服务器别名(如果上面 sp_addlinkedserver 中使用别名 JOY,
则这里也是 JOY)
    'false',
    NULL,
    'sa', -- 账号
    '1234567890' -- 密码
    go
```

上面使用系统存储过程 sp_addlinkedserver 创建了一个链接服务器"192.168. 1.4",然后使用系统存储过程 sp_addlinkedsrvlogin 创建链接服务器的登录账户。之后,可以查询 sys.servers 获得系统的服务器列表:

```
select * from sys.servers;
```

2. 使用同义词简化链接服务器访问

如果想在当前数据库访问刚才添加的链接服务器,直接如下方式访问即可:

```
Select * from [192.168.1.4].[BizTEST].[dbo].[Biz_Customer];
```

但这种方式需要指定目标表的服务器地址、所在数据库等信息,比较冗长。可以使用 SQL Server 的"同义词"功能,在当前数据库添加一个访问远程连接服务器表的虚拟表。比如下面为表 Biz_Customer 建立一个同义词 Biz_Customer_Master,如图 6-60 所示。建立时,要求指定同义词所在的服务器名称、数据库名称、架构、表名称等信息。

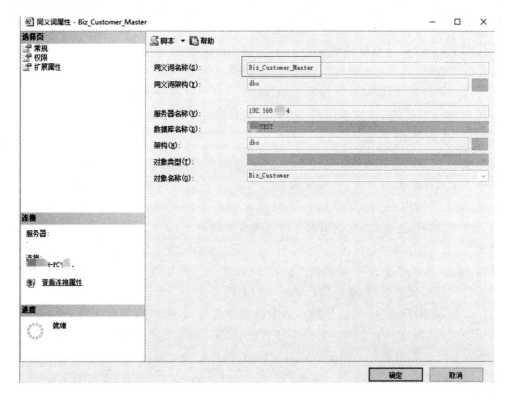

图 6-60　创建同义词

之后,就可以将链接服务器上 Biz_Customer 表的某条数据使用下面的语句复制到当前数据库来了:

```
insert into [Biz_Customer]
select * from Biz_Customer_Master where id = '7B210173 - 7382 - 43EB - BC5E -
0000C3BA564A'
```

这样,使用链接服务器同时结合同义词功能,就可以方便地访问任何分布式的数据源了。比如用在数据库的发布订阅中,使用这种方式来补录数据,详细内容可以参考笔者的博客文章《使用 SQLServer 同义词和 SQL 邮件,解决发布订阅中订阅库丢失数据的问题》。

6.9.6　SOD 框架分库分表

数据进行垂直切分后,某个业务的查询可能只是进行多表或者跨数据库表的 Join 查询,这种切分方案的查询更多的是一个业务问题,对于数据查询来说相对简单。但是当数据量仍然很大必须进行水平切分时,如果不是采用像 SQL Server 这样的分区表技术,那么就需要应用程序自己处理分库分表的问题,原有程序相关的 SQL 语句可能需要根据切分规则进行调整。如果只是单纯的分库方式的水平切分,可以调整查询组件的连接字符串来实现,如果采用分表的方式(包括分库后再分表)进行水平切分,就必须调整原有的 SQL 语句为分表后的 SQL 语句。所以对于水平切分后的查询,开发人员自己编写查询代码烦琐而且容易出错,最佳方案就是在数据框架级别进行处理,避免直接编写 SQL 语句,由 ORM 框架来完成分库分表的查询处理。SOD 框架的 ORM 框架对于分库分表查询有非常简单的方案。

1. 分表支持方案

SOD 框架的分表查询采用了 SQL Server 数据库分区表类似的概念,也需要有一个指示具体数据表分区的"分区函数"。Entity Query 对象在执行 OQL 查询时,OQL 对象会调用 Entity 对象的 GetTableName()方法,获得当前查询的表名字,所以只需要重写这个方法,在它里面实现分区方案即可,因此 GetTableName()方法就是 SOD 分表查询的"分区函数"。有了分区函数,OQL 最终就可以生成对应的分区查询 SQL,最后通过 SOD 的数据提供程序,调用 ADO.NET 数据提供程序,从而实现对分片数据源的访问,整个流程如图 6-61 所示。

下面以"用户表"水平切分的示例来说明如何使用 SOD 框架来支持分表查询。当用户 ID 的数值小于 1 000,用户表名字是 Users;如果大于或等于 1 000 并且小于 2 000,用户表名字是 Users1000;如果大于或等于 2 000,用户表名字是 Users2000。该分区函数对应的方法请看下面示例代码 UserPartitionEntity 类的 GetTableName()方法。

```
using PWMIS.DataMap.Entity;


namespace EntityTest
```

```
{
    public class UserPartitionEntity : EntityBase, IUser
    {
        public UserPartitionEntity()
        {
            TableName = "Users";
            IdentityName = "User ID";
            PrimaryKeys.Add("User ID");
            Schema = "dbo";
        }

        //重写 GetTableName 方法后，必须重写 SetFieldNames 方法，否则可能堆栈溢出
        protected override void SetFieldNames()
        {
            PropertyNames = new string[] { "User ID", "First Name", "Last Name", "Age"};
        }

        //重写 GetTableName,实现分表方法
        public override string GetTableName()
        {
            if (this.UserID <1000)
                return "Users";
            else if (this.UserID <2000)
                return "Users1000"; //分表
            else
                Schema = "DbPart1].[dbo"; //指定架构分库
            return "Users2000";
        }

        public int UserID
        {
            get { return getProperty <int> ("User ID"); }
            set { setProperty("User ID", value); }
        }

        //指定 DbType.StringFixedLengt 类型,将对应 nchar 字段类型
        public string FirstName
        {
            get { return getProperty <string> ("First Name"); }
            set { setProperty("First Name", value, 20, System.Data.DbType.StringFix-
edLength); }
        }

        public string LasttName
```

```
{
    get { return getProperty <string> ("Last Name"); }
    set { setProperty("Last Name", value, 10); }
}

public int Age
{
    get { return getProperty <int> ("Age"); }
    set { setProperty("Age", value); }
}
}
}
```

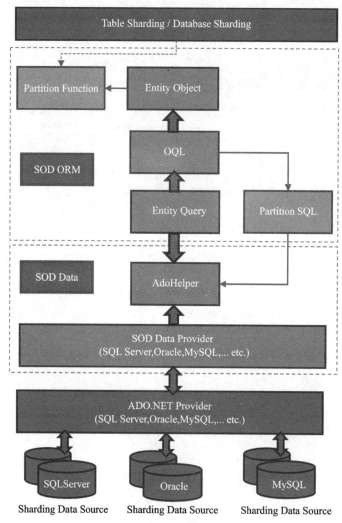

图 6 - 61　SOD 框架分库分表查询

下面写一个方法 TestPartitionEntity 来测试分表实体类 UserPartitionEntity 的使用,它包含一个插入数据、一个修改数据和一个查询结果集的代码,并且会输出对应的分表查询 SQL 语句:

```
static void TestPartitionEntity(int userId)
{
    UserPartitionEntity upe = new UserPartitionEntity();
    upe.UserID = userId;
    upe.FirstName = "zhang";
    upe.LasttName = "san";
    upe.Age = 20;
    var insertQ1 = OQL.From(upe).Insert(upe.UserID, upe.FirstName, upe.LasttName,
upe.Age);

    Console.WriteLine("Partition When user id = {0}, Insert SQL:\r\n{1}", userId, in-
sertQ1);
    Console.WriteLine("{0}", insertQ1.PrintParameterInfo());

    upe.Age = 30;
    var updateQ1 = OQL.From(upe).Update(upe.Age).END;
    Console.WriteLine("Partition When user id = {0}, Update SQL:\r\n{1}", userId, up-
dateQ1);
    Console.WriteLine("{0}", updateQ1.PrintParameterInfo());

    var selectQ1 = OQL.From(upe).Select().Where(cmp => cmp.Comparer(upe.Age, " <= ",
35)).END;
    Console.WriteLine("Partition When user id = {0}, SELECT SQL:\r\n{1}", userId, se-
lectQ1);
    Console.WriteLine("{0}", selectQ1.PrintParameterInfo());
}
```

下面调用方法 TestPartitionEntity 来测试不同的用户 ID 调用情况:

```
TestPartitionEntity(100);
TestPartitionEntity(1000);
TestPartitionEntity(2000);
```

最后运行这个程序,请看它的运行结果:

```
Partition When user id = 100, Insert SQL:
INSERT INTO [dbo].[Users](
    [User ID],
```

```
        [First Name],
        [Last Name],
        [Age])
VALUES
        (@P0,@P1,@P2,@P3)
 - - - - - - - - - OQL Parameters information - - - - - - - - - -
have 4 parameter,detail:
   @P0 = 100          Type:Int32
   @P1 = zhang        Type:String
   @P2 = san          Type:String
   @P3 = 20           Type:Int32
 - - - - - - - - - - - - - - - - - - End - - - - - - - - - - - - - - - - -


Partition When user id = 100, Update SQL:
UPDATE [dbo].[Users] SET
        [Age] = @P0 Where 1 = 1   And [User ID] = @P1
 - - - - - - - - OQL Parameters information - - - - - - - - - -
have 2 parameter,detail:
   @P0 = 30           Type:Int32
   @P1 = 100          Type:Int32
 - - - - - - - - - - - - - - - - - - End - - - - - - - - - - - - - - - - -


Partition When user id = 100, SELECT SQL:
SELECT  [User ID],[First Name],[Last Name],[Age]
FROM [dbo].[Users]
        WHERE  [Age] < = @P0
 - - - - - - - - OQL Parameters information - - - - - - - - - -
have 1 parameter,detail:
   @P0 = 35           Type:Int32
 - - - - - - - - - - - - - - - - - - End - - - - - - - - - - - - - - - - -


Partition When user id = 1000, Insert SQL:
INSERT INTO [dbo].[Users1000](
        [User ID],
        [First Name],
        [Last Name],
        [Age])
VALUES
        (@P0,@P1,@P2,@P3)
 - - - - - - - - OQL Parameters information - - - - - - - - - -
have 4 parameter,detail:
```

```
  @P0 = 1000              Type：Int32
  @P1 = zhang             Type：String
  @P2 = san               Type：String
  @P3 = 20                Type：Int32
  ----------------End ----------------
```

Partition When user id = 1000, Update SQL：
UPDATE [dbo].[Users1000] SET
    [Age] = @P0 Where 1 = 1   And [User ID] = @P1
-------- OQL Parameters information ----------
have 2 parameter,detail：
```
  @P0 = 30                Type：Int32
  @P1 = 1000              Type：Int32
  ---------------- End ----------------
```

Partition When user id = 1000, SELECT SQL：
SELECT [User ID],[First Name],[Last Name],[Age]
FROM [dbo].[Users1000]
    WHERE [Age] < = @P0
-------- OQL Parameters information ----------
have 1 parameter,detail：
```
  @P0 = 35                Type：Int32
  ---------------- End ----------------
```

Partition When user id = 2000, Insert SQL：
INSERT INTO [dbo].[Users2000](
    [User ID],
    [First Name],
    [Last Name],
    [Age])
VALUES
    (@P0,@P1,@P2,@P3)
-------- OQL Parameters information ----------
have 4 parameter,detail：
```
  @P0 = 2000              Type：Int32
  @P1 = zhang             Type：String
  @P2 = san               Type：String
  @P3 = 20                Type：Int32
  ---------------- End ----------------
```

Partition When user id = 2000, Update SQL：

```
UPDATE [DbPart1].[dbo].[Users2000] SET
    [Age] = @P0 Where 1 = 1  And [User ID] = @P1
--------- OQL Parameters information ----------
have 2 parameter,detail:
  @P0 = 30              Type:Int32
  @P1 = 2000            Type:Int32
----------------- End ----------------


Partition When user id = 2000, SELECT SQL:
SELECT  [User ID],[First Name],[Last Name],[Age]
FROM [DbPart1].[dbo].[Users2000]
    WHERE  [Age]  < = @P0
--------- OQL Parameters information ----------
have 1 parameter,detail:
  @P0 = 35              Type:Int32
----------------- End ----------------
```

从上面的结果中,可以看到所有的 SQL 语句都正确地使用了分表后的表名称。注意,在用户 ID 为 2000 的查询中,查询的表名字"Users2000"前不仅仅增加了限定的数据库架构 dbo,并且还有数据库名字 DbPart1,它使用一个特殊的技巧,形如"DbPart1].[dbo"的格式,注意中间的字符").[",程序运行后它会补充外面的方括号,所以最终的样子就是"[DbPart1].[dbo]"。

所以,分区函数 GetTableName() 不仅仅可以支持库内分表,也可以支持分库后分表。为了访问别的数据库,所以必须在表名字前增加数据库架构名称,对于 SQL Server 通常是 dbo,这个值可以在实体类的构造函数里通过内部属性 Schema 指定。对于 MySQL 这样的不支持数据库架构的数据库,可以不指定 Schema 属性。

2. 分库支持方案

SOD 的分库方案除了前面说的在实体类的分区函数 GetTableName() 里面通过修改实体类的架构属性 Schema 通过一个特殊技巧来实现,也可以修改连接字符串来动态指定数据库服务器访问地址,只需要在实体类里增加相应的数据库路由函数即可。

仍然以前面的用户实体类为例,这次让它继承一个数据库分区接口 IDBPartition,该接口的定义如下:

```
/// <summary>
///数据库分库接口
/// </summary>
interface IDBPartition
{
    /// <summary>
```

```
    ///获取当前分库的数据库名字
    /// </summary>
    /// <returns> </returns>
    string GetDatabaseName();
    /// <summary>
    ///获取当前分库的数据库服务器名字
    /// </summary>
    /// <returns> </returns>
    string GetServerName();
}
```

定义一个实体类 UserPartitionEntity2 实现 IDBPartition 接口：

```
public class UserPartitionEntity2 : EntityBase, IUser, IDBPartition
{
    public UserPartitionEntity2()
    {
        TableName = "Users";
        IdentityName = "User ID";
        PrimaryKeys.Add("User ID");
        //Schema = "dbo";
    }

    //重写 GetTableName 方法后,必须重写 SetFieldNames 方法,否则可能堆栈溢出
    protected override void SetFieldNames()
    {
        PropertyNames = new string[] { "User ID", "First Name", "Last Name", "Age" };
    }

    //不重写 GetTableName,直接分库来分表
    //public override string GetTableName()
    //{
    //    return "Users";
    //}

    public string GetDatabaseName()
    {
        if (this.UserID <1000)
            return "UserDB1";
        else if (this.UserID <2000)
            return "UserDB2";
        else
```

```
            return "UserDB3";
    }

    public string GetServerName()
    {
        return "localhost";
    }

    //其他属性请参考 UserPartitionEntity 的定义,此略

}
```

在数据库路由函数 GetDatabaseName() 内,同样根据用户 ID 来分库,但在同一个库内不再分表,所以没有重写表分区函数 GetTableName()。这里假设是在同一个数据库服务器实例上的分库,所以 GetServerName() 函数简单返回本机地址。

SOD 框架的数据访问对象 AdoHelper 有一个 ConnectionStringBuilder 属性,SOD 的各数据访问提供程序都会实例化具体的 ConnectionStringBuilder,可以通过它来修改连接字符串。下面以 SqlServer 为例,请看测试方法 TestDBPartition 的实现,它根据参数 userId 来调用实体类 UserPartitionEntity2 的数据库路由函数 GetDatabaseName(),从而设置 ConnectionStringBuilder 的属性值:

```
static void TestDBPartition( int userId)
{
    UserPartitionEntity2 upe = new UserPartitionEntity2();
    upe.UserID = userId;
    upe.FirstName = "zhang";
    upe.LasttName = "san";
    upe.Age = 20;
    var insertQ1 = OQL.From(upe)
                    .Insert(upe.UserID, upe.FirstName, upe.LasttName, upe.Age);

    Console.WriteLine("Partition When user id = {0}, Insert SQL:\r\n{1}", userId, insertQ1);
    Console.WriteLine("{0}", insertQ1.PrintParameterInfo());

    AdoHelper helper = new SqlServer();
    var stringBuilder = helper.ConnectionStringBuilder;
     var sqlConnStrBuilder = ( System. Data. SqlClient. SqlConnectionStringBuilder)
stringBuilder;
    sqlConnStrBuilder.InitialCatalog = upe.GetDatabaseName();
    sqlConnStrBuilder.DataSource = upe.GetServerName();
```

```
sqlConnStrBuilder.UserID = "sa";
sqlConnStrBuilder.Password = "sa123";
//重写设置 ConnectionString
helper.ConnectionString = sqlConnStrBuilder.ConnectionString;
Console.WriteLine("When user id = {0}, DB Partition Connection String :\r\n  {1}",
    userId ,helper.ConnectionString );
//查询分片的数据库,下面仅示例修改连接字符串,先注释下面一行代码
//EntityQuery.ExecuteOql (insertQ1, helper);
}
```

运行这个测试程序:

```
TestDBPartition(100);
TestDBPartition(1000);
TestDBPartition(2000);
```

下面是输出结果:

```
When user id = 100, DB Partition Connection String :
  Data Source = localhost;Initial Catalog = UserDB1;User ID = sa;Password = sa123
Partition When user id = 1000, Insert SQL:
INSERT INTO [Users](
    [User ID],
    [First Name],
    [Last Name],
    [Age])
VALUES
    (@P0,@P1,@P2,@P3)
--------- OQL Parameters information ----------
have 4 parameter,detail:
  @P0 = 1000        Type:Int32
  @P1 = zhang       Type:String
  @P2 = san         Type:String
  @P3 = 20          Type:Int32
------------------- End -----------------

When user id = 1000, DB Partition Connection String :
  Data Source = localhost;Initial Catalog = UserDB2;User ID = sa;Password = sa123
Partition When user id = 2000, Insert SQL:
INSERT INTO [Users](
    [User ID],
    [First Name],
    [Last Name],
```

```
        [Age])
VALUES
      (@P0,@P1,@P2,@P3)
-------- OQL Parameters information ----------
have 4 parameter,detail:
  @P0 = 2000              Type:Int32
  @P1 = zhang             Type:String
  @P2 = san               Type:String
  @P3 = 20                Type:Int32
---------------- End ----------------

When user id = 2000, DB Partition Connection String:
  Data Source = localhost;Initial Catalog = UserDB3;User ID = sa;Password = sa123
```

从上面的运行结果看,根据用户 ID 的不同,程序输出了正确的连接字符串。注意,在执行有分库分表的 OQL 语句时,要使用下面这样的代码:

```
EntityQuery.ExecuteOql(insertQ1, helper);
```

其中,insertQ1 是上面测试程序中插入数据的 OQL 对象,helper 是上面的 AdoHelper 对象,上面的测试程序动态地修改了它的连接字符串,从而实现了数据的分库访问。

3. SOD 框架的分布式 ID

在 6.9.3 小节分库分表衍生问题中讨论到全局主键的避重问题,讲到可以使用 UUID 或者不同数据库设置合适的自增值的步长和不同起始值来避免全局主键的重复问题,也介绍了雪花(Snowflake)这种分布式自增 ID 算法。总体来说,雪花分布式 ID 方案比 UUID 更好,现在很多数据库上广泛使用类似的方案。当然,如果不考虑数据的同步复制问题,采用自增值是最简单的方案。SOD 框架借鉴雪花分布式 ID 方案,也是 64 位的 Long 型数字,可以避免索引页分裂从而提高查询效率,并且改进了 ID 数值的肉眼可分辨连续可读性,这对于数据的开发维护还是比较重要的。

与雪花 ID 方案一样,都是使用时间数据作为生成 ID 的基础,不同之处在于对数据的具体处理方式。另外,为了确保每台机器 ID 的不同,可以配置指定此 ID,在应用程序配置文件中如下配置:

```
<!-- 分布式 ID 标识,3 位整数,范围 101 - 999 大小 -->
<add key = "SOD_MachineID" value = "101"/>
```

如果不配置分布式 ID,默认将根据当前机器 IP 随机生成 3 位分布式机器 ID。

(1) ID 的生成算法

ID 总数 = 4 位(日期) + 5 位(时间) + 3 位(毫秒) + 7 位(GUID)。

其中,7 位(GUID)中,除去前 3 位的分布式机器 ID,剩余 4 位有序数字,可以表示 1 万个数字。所以,该方法每毫秒最大可以生成 1 万个不重复的 ID 数,每秒最大可以生成 1 千万个不重复 ID。当然这是理论大小,实际上受到当前机器的计算能力限制。

2018 年天猫"双 11"的物流订单超过 10 亿个,最终交易额为 2 135 亿元。假设全天 24 小时的交易大部分都集中于 10 小时内,那么可以假设天猫每小时平均处理了 1 亿笔订单,因此每秒大约处理 27 778 笔订单。SOD 框架的分布式 ID 每秒生成 1 000 万个不重复 ID 的设计,处理能力绰绰有余。大家知道淘宝和天猫代表了当今世界最强的电商订单处理系统,所以 SOD 框架的分布式 ID 对于任何电商系统来说都够用了。

(2) 使用方式

SOD 的分布式 ID 方法封装在 PWMIS. Core. CommonUtil 类的几个静态方法中,请看定义:

```
/// <summary>
///生成一个新的在秒级别有序的长整形"GUID",在 1 秒内,数据比较随机,线程安全,
///但不如 NewUniqueSequenceGUID 方法结果更有序(不包含毫秒部分)
/// </summary>
/// <returns> </returns>
public static long NewSequenceGUID()
{
    return UniqueSequenceGUID. InnerNewSequenceGUID(DateTime. Now, false);
}


/// <summary>
///生成一个唯一的更加有序的 GUID 形式的长整数,在一秒内,重复概率低于千万分之一,
///线程安全。可用于严格有序增长的 ID
/// </summary>
/// <returns> </returns>
public static long NewUniqueSequenceGUID()
{
    return UniqueId. NewID();
}


/// <summary>
///当前机器 ID,可以作为分布式 ID,如果需要指定此 ID,请在应用程序配置文件配置
///SOD_MachineID 的值,范围大于 100,小于 1000
/// </summary>
/// <returns> </returns>
public static int CurrentMachineID()
```

```
    {
        return UniqueSequenceGUID.GetCurrentMachineID();
    }
```

下面演示分布式 ID 的生成：

```
Console.WriteLine("当前机器的分布式 ID:{0}",CommonUtil.CurrentMachineID());
Console.WriteLine("测试分布式 ID:秒级有序");
for (int i = 0; i <50; i++)
{
    Console.Write(CommonUtil.NewSequenceGUID());
    Console.Write(",");
}
Console.WriteLine();
Console.WriteLine("测试分布式 ID:唯一且有序");
for (int i = 0; i <50; i++)
{
    Console.Write(CommonUtil.NewUniqueSequenceGUID());
    Console.Write(",");
}
Console.WriteLine();
```

下面是生成的部分 ID 数字示例：

```
当前机器的分布式 ID:832
测试分布式 ID:秒级有序
1460532991258320201,1460532991258320202,1460532991258320203,
1460532991258320204,1460532991258320205,1460532991258320206,
1460532991258320207,1460532991258320208,1460532991258320209,
1460532991258320210,1460532991258320211,1460532991258320212,
1460532991258320213,1460532991258320214,1460532991258320215,

测试分布式 ID:唯一且有序
1460532997708320251,1460532997708320252,1460532997718320253,
1460532997718320254,1460532997718320255,1460532997728320256,
1460532997728320257,1460532997728320258,1460532997738320259,
1460532997738320260,1460532997788320261,1460532997788320262,
1460532997788320263,1460532997838320264,1460532997838320265,
```

从上面的运行结果可以看到结果数据是唯一且递增有序的。当前分布式 ID 生成方法已经在笔者参与研发的产品中大量使用，运行情况良好。有关生成 ID 方法的详细代码和介绍，请看笔者的博客文章《每秒生成一千万个"可视有序"分布式 ID 的简单方案》。

4. 小 结

SOD框架的分库分表方案目前仅仅是在实体类上定义分区函数和分库路由函数来实现的,并没有处理分库分表后复杂的数据结果集查询问题,比如合并结果、分页、排序问题。笔者认为解决这个问题也不是很难,可以先从各个分片的数据源查询出数据,然后使用 Linq 技术,在内存中完成数据的合并、分页、排序等问题,Linq 解决这个问题相对比较容易。限于篇幅,本书不对这个问题进行深入的探讨,感兴趣的读者可以试试。

6.10 分布式事务

6.10.1 分布式事务简介

在当前互联网,大数据和人工智能的热潮中,传统企业也受到这一潮流的冲击,纷纷响应国家"互联网＋"的战略号召,企业开始将越来越多的应用从公司内网迁移到云端和移动端,或者将之前孤立的 IT 系统联网整合,或者将原来厚重的企业应用拆分重组,独立成一个个轻量级的应用对外提供服务,这使传统的业务处理的数据一致性面临严重挑战,我们已经身处一个分布式的计算环境,分布式事务的需求越来越普遍。

举一个例子,某行业电商网站经过几年的发展,业务数据累积越来越多,查询越来越慢。经过内部评审分析,认为系统的瓶颈就是数据库压力过大,要解决这个问题,必须分表分库,比如将订单、商品、用户分布到不同的数据库去,但随之带来一个问题,原来处理业务时使用的是本地事务,分库后就需要使用分布式事务了。

那么应该如何实现分布式事务呢?

这里需要明确一点,并非数据库天然就是分布式地执行操作的,事务都是在一个数据库实例上进行的,如果要执行一个分布式事务的操作,那么就需要协调在多个分散的数据库上执行的事务操作。所以在分布式事务中,有两个概念:

① Distributed Transaction Resource Owner（简称 DTR）:

分布式事务资源服务器,拥有事务资源的服务器,如绝大部分关系数据库、一些消息队列或者一些能够执行类似事务操作的应用。

② Distributed Transaction Coordinate Controller（简称 DTC）:

分布式事务协调控制器,它协调控制分布式事务环境中的事务资源服务器,发送指令给它们并且处理事务资源服务器返回的结果,协调与其他控制器的工作。

6.10.2 分布式事务实现层面

分布式事务组件作为一种中间件,通常运行于数据库服务器,与数据库一起作为软件系统的数据层,从 6.5.1 小节系统分层模型介绍的分布式系统的分层模型定义可知,这里的数据层也属于基础设施层,因此,常规的分布式事务都是在数据库层面直接实现的。

事务在业务上的表现是确保多个业务操作为一个原子操作,如果这些业务操作是在不同的服务器中进行的,那么这些操作就是一个分布式事务。常用的分布式事务组件能够识别当前数据库正在执行的分布式事务,然后与其他服务器上的分布式事务组件进行协调工作,最终完成分布式事务。由于这种分布式事务管理对数据库是透明的,所以应用程序只需要像操作本地事务一样使用分布式事务,极大地方便了分布式事务的处理。

根据前面的叙述,事务与业务操作的原子性是等价的,因此在普通三层架构的应用程序中使用事务都是在业务逻辑层(BLL)进行的,业务层夹杂了数据库的操作,使得这种做法显得不够那么 OO(面向对象)。在领域驱动(DDD)的架构中,采用了"工作单元"模式,事务被封装在仓储层的"工作单元"中,这样事务操作与业务操作(领域模型)之间就解除了耦合。DDD 架构的"聚合"概念与"工作单元"有天然的契合性,它使得开发人员可以不再关心事务问题。现在流行的微服务架构,强调每个微服务都有自己独立的数据源,这正符合 DDD 架构的"聚合"概念,因此很多微服务架构在实现时内部都采用了 DDD 架构。

如果你的项目程序没有使用 DDD 架构,也没有采用类似的"工作单元"模式,但是又不想像传统三层架构那样在业务层使用事务,那么另一个方案就是在"应用层"使用事务。根据 6.5.1 小节系统分层模型的介绍,在分布式系统架构中,应用服务层的主要作用是协调领域服务层的服务调用,事务本质上就是一组具有原子性的业务操作,事务管理就是协调这些业务操作,因此你完全可以在应用层或者应用服务层使用事务,这样事务看起来就是运行在应用层而不是数据库层了。换句话说,此时的事务管理依赖于具体的应用,而不依赖于具体的数据库来管理,这为某些小型的嵌入式数据库原本不支持分布式事务提供了支持的能力。另外,基于应用层的事务,也能管理非关系数据库的事务资源,如文件系统,只要定义了撤销文件写入的方法,就能实现事务管理上的"回滚事务"操作。因此,在应用层实现事务,使得系统对于事务资源的管理更灵活,更强大;同样,在应用层实现分布式事务也更容易有对业务的控制性,系统整体上更加具备伸缩性、扩展性。

前面定义了分布式事务的基本组件 DTR 和 DTC,如果分别在数据库层和应用层实现分布式事务,那么它们的拓扑关系是不同的,下面做简要说明。

1. 基于关系数据库层接口实现的分布式事务

基于数据库层的分布式事务,一般在应用程序的数据库层调用系统的分布式事务组件,当应用程序执行本地事务时,先选出一个分布式事务协调器(如图 6 - 62 所示的 DTC),然后协调器来协调各个本地事务的执行。由于是在应用程序的数据库层进行调用,所以它对远程数据库的操作是在本地进程中进行的。如果你的应用部署在多台服务器上,那么在每一台操作数据库的应用服务器上都要安装运行分布式事务协调器服务,对于 Windows 系统,它就是 MSDTC 服务。

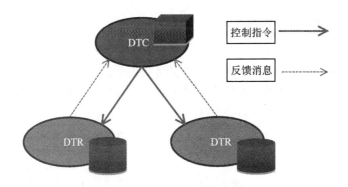

图 6 - 62　基于关系数据库的分布式事务

2. 基于应用服务层实现的分布式事务

基于应用服务层的分布式事务,是在应用服务层进行的事务控制,它同样会有分布式事务协调控制器和事务资源服务器(如图 6 - 63 所示的 DTR)。与基于数据库层的分布式事务不同,事务的类型支持更广泛,如消息队列访问、文件写入,以及具有补偿操作的业务应用程序,都可以成为事务资源,并且不要求这些事务资源本身支持分布式事务。举个例子,事务资源 A 是 Windows 上的 SQLSERVER 数据库,事务 B 是 Linux 上的 MySQL 数据库,这时事务 B 就无法使用 Windows 上的事务协调控制器 MSDTC 了。而基于应用服务层的分布式事务,就不会发生这个问题。

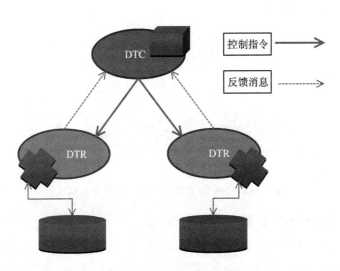

图 6 - 63　基于应用服务层的分布式事务

6.10.3 二阶段提交协议(2PC)

1. 第一阶段(1PC):提交投票阶段

协调器向事务资源服务器发出 CanCommit 的是否可以提交事务的询问指令,事务资源服务器收到此指令后,准备好要提交的事务资源,再向协调器回复 YES;如果没有准备好,如执行事务中的操作出现了错误,应该回复 NO;如果某 DTR 无法回复,DTC 也认为该 DTR 的结果是 NO。

第一阶段,全部回复为 YES,代表各个事务资源服务器均已经准备好了提交,如图 6-64 所示。

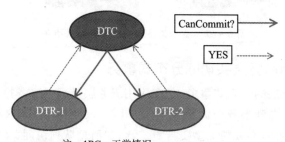

注:1PC,正常情况

图 6-64 2PC 分布式事务第一阶段正常情况

第一阶段,事务资源服务器 DTR-2 回复为 NO,如果 DTC 等待 DTR-2 超过设定时间还没有得到回复,或者 DTR-2 与 DTC 断开了连接,则认为 DTR-2 的结果也是 NO,如图 6-65 所示。

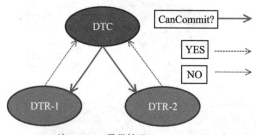

注:1PC,异常情况

图 6-65 2PC 分布式事务第一阶段异常情况

2. 第二阶段(2PC):提交或终止阶段

协调器统计所有事物资源服务器的回复数量,如果全部回复为 YES,则向所有事物资源服务器发出 Commit 指令;否则,发出 Abort 指令。资源服务器收到指令后,执行相应的操作,如图 6-66 和图 6-67 所示。

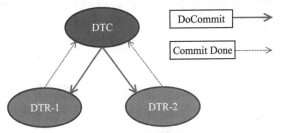

注：2PC，正常情况，提交本地事务

图 6 – 66　2PC 分布式事务第二阶段正常情况

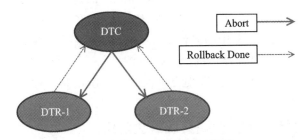

注：2PC，处理1PC异常后的情况，本地事务执行回滚

图 6 – 67　2PC 分布式事务第二阶段异常情况

3.　二阶段提交事务的数据不一致问题

在第二阶段（2PC），如果 DTR 没有收到 DTC 的指令该怎么办呢？

如果等到超时还没有收到 DTC 的指令，DTR 处于"可以提交"或者"不可以提交"的双重状态，也就是提交状态不可知。假设 DTR – 1 没有收到 DTC 的提交指令或者撤销指令，DTR – 1 可以假设 DTR – 2 也不会收到指令，因为此时大概率是DTC 宕机或者网络整体不良，那么 DTR – 1 最佳的做法是回滚事务。

但是，如果仅仅是 DTR – 1 受网络影响没有收到提交指令，而 DTR – 2 收到了提交指令，那么 DTR – 1 回滚事务，DTR – 2 提交了事务，整个分布式事务就是失败的，数据发生了不一致。

因此，二阶段提交的分布式事务不是高可靠的分布式事务控制模型，需要在事务资源的提交环节做更多的验证，这便是三阶段提交的分布式事务。

不过，对于大部分系统，二阶段提交的分布式事务已经能够满足应用了，因为通常情况下，都是基于数据库层面实现的分布式事务，并且各个事务资源节点都在同一个局域网内，发生网络不稳定的概率非常小，并且现在不少数据库都会做高可靠性的数据库集群，发生宕机的可能性也非常小，最终出现数据不一致的概率也就非常小了。

如果系统的应用环境不能满足上面所说的任何一个条件，即分布式事务的控制不是在数据库层面，子系统不在一个局域网，或者数据库没有做高可靠的集群，并且对于系统的事务一致性要求非常高,那么应该使用三阶段提交协议来实现分布式事务。

6.10.4　三阶段提交协议(3PC)

对二阶段提交协议的分析可以发现,2PC 的事务提交阶段状态是不确定的,整个事务容易出现不一致的情况。所以,对 2PC 的提交阶段,进一步拆分成"预提交"阶段和提交阶段,增加事务提交状态的确认过程。

1. 第一阶段(1PC):提交投票阶段

协调器向事务资源服务器发出 CanCommit 的是否可以提交事务的询问指令,事务资源服务器收到此指令后,准备好要提交的事务资源,再向协调器回复 YES;如果没有准备好,如执行事务中的操作出现了错误,应该回复 NO;如果某 DTR 无法回复,则 DTC 认为该 DTR 的结果也是 NO。

该阶段的处理过程与二阶段提交协议的第一阶段是一样的,处理流程图参考前面,此处略。

2. 第二阶段(2PC):预提交或终止阶段

(1) 预提交事务

协调器(DTC)统计所有事务资源服务器(DTR)的回复数量,如果回复全部为 YES,则向所有事物资源服务器发出 PreCommit 指令;否则,发出 Abort 指令。资源服务器收到指令后,执行相应的操作。

在第二阶段,如果 DTR 收到 PreCommit 指令,则向 DTC 回复 ACK 消息,表示收到了指令,准备提交,然后进入第三阶段,等待最终的提交指令,如图 6-68 所示。

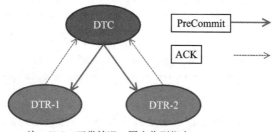

注:2PC, 正常情况, 回应收到指令

图 6-68　3PC 分布式事务第二阶段正常情况

(2) 终止事务

在第二阶段,如果第一阶段有节点异常,DTC 发出撤销指令,DTR 收到了撤销指令,那么它执行回滚本地事务的操作。如果由于网络原因,某个 DTR 一直等到超时还没有收到 PreCommit 指令,那么它执行 Abort 撤销指令,回滚本地事务,如图 6-69 所示。

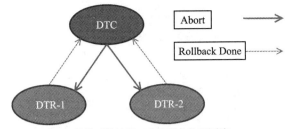

注：2PC，处理1PC异常后的情况，本地事务执行回滚

图 6 - 69　3PC 分布式事务第二阶段异常情况

3. 第三阶段(3PC)：提交或终止阶段

(1) 提交分布式事务

协调器(DTC)统计所有事务资源服务器(DTR)在第二阶段的回复数量，如果回复全部为 ACK，则向所有 DTR 发出 Commit 指令。DTR 收到指令后，执行事务提交操作，并返回 Commit Done 消息，DTC 收到此消息，结束整个分布式事务过程，如图 6 - 70 所示。

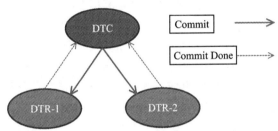

注：3PC，正常情况，提交本地事务

图 6 - 70　3PC 分布式事务第三阶段正常情况

(2) 回滚分布式事务

协调器(DTC)统计所有事务资源服务器(DTR)在第二阶段的回复数量，如果未收到回复全部为 ACK，则它认为有节点可能出现了网络故障，此节点没有收到 Pre-Commit 指令或者虽然收到了却没有回复 ACK，测试 DTC 应该向所有 DTR 节点发出撤销指令。各 DTR 收到撤销指令后，回滚本地事务，然后回复消息，DTC 完成本次事务过程，如图 6 - 71 所示。

4. 三阶段提交事务也并不完美

考察第三阶段的提交分布式事务的情况，如果 DTR - 1 收到了 Commit 指令，但由于网络原因，DTR - 2 没有收到此指令，那么 DTR - 2 是提交本地事务还是回滚本地事务？

站在 DTR - 2 的角度，它在本阶段可能收到 Commit 指令，也可能收到 Abort 指令，那么它既可以提交本地事务也可以回滚本地事务，两种操作是不确定的，所以，三

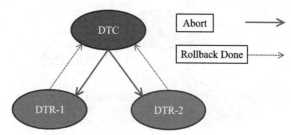

注：3PC，处理2PC异常后的情况，本地事务执行回滚

图 6 - 71　3PC 分布式事务第三阶段异常情况

阶段提交协议，仍然不是完美的，不能百分之百保证数据的最终一致性。

既然三阶段提交协议仍然有不确定性，那么相比二阶段提交协议有什么意义呢？

仔细想想，DTR - 2 已经进入第三阶段了，那么肯定其他 DTR 都进入了第三阶段，而进入第三阶段的前提是各 DTR 节点都收到过 PreCommit 指令，都是已经准备好提交只等最后的提交指令了，否则各节点在第二阶段就应该收到撤销指令，不会再进入第三阶段了。既然各 DTR 节点都进入了第三阶段，它们都准备好提交事务了，那么即使没有收到最终的 Commit 指令，DTC 发出 Commit 指令也是大概率的。所以，从概率上讲，如果在第三阶段，DTR 没有收到 Abort 撤销指令，也没收到 Commit 提交指令，那么它默认应该指向 Commit 指令，提交本地事务。相比第二阶段某 DTR 节点没有收到指令而认为应该收到 PreCommit 指令的概率要大得多。

关于第三阶段没有收到指令也应该执行 Commit 指令的问题，理解起来可能有点困难，上述过程需要读者细细体会。如果有更好的解释方式，欢迎交流，不胜感激！

6.10.5　基于微服务的 3PC 分布式事务

"微服务架构模式"就是将整个应用服务按功能拆分成一组相互协作的、可独立部署的小型的服务。每个服务负责一组特定、相关的功能。每个服务可以有自己独立的数据库，从而保证与其他服务解耦。这些服务可以独立地编译及部署，并通过各自暴露的 API 接口相互通信。它们彼此相互协作，作为一个整体为用户提供功能，但可以独立地进行扩容。

"微服务架构模式"数据独立的特点，使得数据库也是独立部署而不是集中使用一个数据库，数据操作需要分布式事务是必然的需求。本小节介绍基于"微服务架构模式"，设计一个运行在应用层的，三阶段提交（3PC）的分布式事务方案。该方案基于 iMSF（即时消息服务框架）设计实现，它的实时消息通信能力可以确保分布式事务状态在各事务节点实时传递，及时响应，正确完成分布式事务。

1. 基于微服务的基础架构

在 6.10.2 小节分布式事务实现层面中介绍了分布式事务一般都运行在数据库层，但也可以在应用服务层运行。虽然运行在数据库层对应用开发透明，实现最为简单,但是运行在应用服务层也有很多优点,如能更好地反映业务层面的操作含义,减轻系统管理员的工作量。在本小节,将介绍一个基于应用服务层而不是数据库层的、三阶段提交(3PC)的分布式事务中间件的设计开发过程。这个中间件必须解决下面几个问题:

- 通信组件——分布式事务协调控制器(DTC)、分布式事务资源服务器(DTR)都是独立的服务,这些服务部署在不同的通信节点,它们之间需要进行可靠的网络通信,因此通信组件是基础。
- 服务组件——将 DTC、DTR 的功能代码编写为相应的面向服务架构(SOA)的服务组件。
- 数据访问组件——为服务组件提供基础的数据读/写操作,并且能够操作本地事务。
- 关系数据库——具有事务功能的关系数据库,不要求自身支持分布式事务,可以是嵌入式的数据库,如 SQLite,也可以是 C/S 模式的数据库,如 SQLSERVER。

各组件按照"微服务架构模式"部署,它们之间的关系如图 6 - 72 所示。

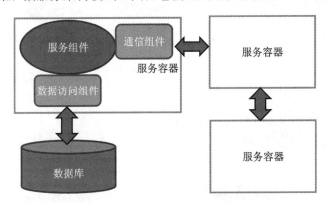

图 6 - 72 基于 MSF 的微服务架构

PDF. NET 的消息服务框架(MSF)具有开发服务组件基础的接口和一套消息通信组件,同时还有一个服务容器,可以承载 DTC 和 DTR 的服务应用,同时 PDF. NET 还有一个强大的数据访问框架 SOD,能访问各种关系数据库并支持事务操作功能。所以,MSF 和 SOD 框架结合,可以作为分布式事务实现的基础。

2. 分布式事务的微服务容器

前面讲到,分布式事务可以直接在数据库层面进行,它运行在每台数据库服务器上,并且需要分布式事务协调服务组件,在 Windows 系统上这个组件是 MSDTC。大多数数据库都实现了分布式事务的接口,这样分布式事务协调器服务就能识别和协调跨数据库的事务操作。但有些数据库是不支持分布式事务的,比如 SQLite 这样的嵌入式数据库。所以,在这里我们来实现自己的分布式事务协调器,让它工作在应用服务层,而不是数据库层,这样分布式事务就不会受具体的数据库限制了,而且无需额外增加通信端口,减轻了系统管理员工作量。

以电商平台用户下单为例,使用即时消息服务框架(MSF)来实现分布式事务。根据"微服务架构模式",创建订单相关的服务划分为 3 个独立的进程,这些进程就是 MSF. Host 服务容器,这里分为 3 个服务容器:

- 协调器服务容器:运行分布式事务协调器服务。
- 订单服务容器:运行订单服务和分布式事务控制器组件。
- 商品服务容器:运行商品服务和分布式事务控制器组件。

图 6-73 所示为这 3 个服务容器的消息通信关系图。

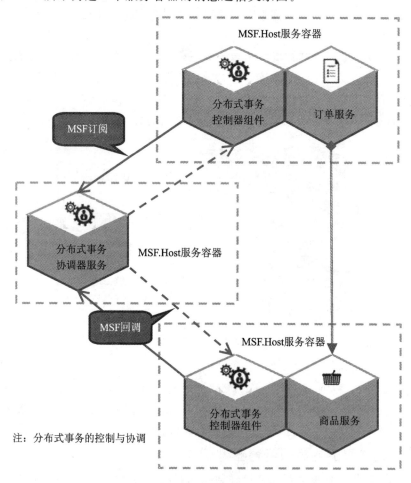

图 6-73 创建订单的分布式事务的消息订阅与回调

订单服务的分布式事务控制器(以下简称"控制器")向分布式事务协调器(以下简称"协调器")服务发起一个消息订阅(MSF 订阅);同时,订单服务开始调用商品服务,激发商品服务的"控制器"向"协调器"服务发起一个消息订阅。注意,前文的分布式事务协调控制器(DTC)实际上又分为协调器和控制器,也就是说 DTC 实际上有两个角色:协调器和控制器。在整个分布式系统中,有多个 DTC,系统会选出一个 DTC 为协调器角色,其余的则为控制器角色。

为了更好地区分分布式事务中的角色,在这里将 DTC 的协调器和控制器分开实现,分别部署。"控制器"控制具体业务服务的本地事务资源,它在部署上与业务服务在同一个进程内,如这里的订单服务,它与 DTC 的"控制器"对象实例运行在同一个 MSF. Host 服务容器内;订单服务也与 DTC 的"控制器"的另一个对象实例运行在同一个 MSF. Host 服务容器内。"协调器"服务运行在一个独立的 MSF. Host 服务容器内。当三个服务容器之间建立了稳定的长连接通信之后,各个服务之间的调用,就像本地进程内的多个对象之间调用一样,三者就像三个人一样手拉手,实时互通,亲密无间。这样在逻辑上,将分布式变成了非分布式,这也契合了"分布式系统的最佳实践就是尽量不要分布式"的理念。

3. 分布式事务控制器

分布式事务控制器是提供给事务资源服务使用的组件,在本节开头提供的电商下单示例程序中是类 DTController,类定义在解决方案的 DistTransServices 项目的 DTCService. cs 文件内,如图 6 - 74 所示。

图 6 - 74 分布式事务演示程序

DTController 提供了如下重要方法:

① 检查并开启一个分布式事务控制器对象;

② 移除一个事务控制器;

③ 累计事务资源服务器;

④ 获取分布式事务的状态;

⑤ 三阶段分布式事务请求函数;

⑥ 提交事务的方法;

⑦ 回滚事务的方法。

其中"三阶段分布式事务请求函数"DistTrans3PCRequest 是 DTController 的重要函数,它负责对"三阶段分布式事务"的各个阶段进行流程控制,其中每一阶段,都要与"分布式事务协调服务"进行通信,接受它的指令,完成本地事务资源的控制,如是提交还是回滚事务资源。下面来介绍这个函数:

```
/// <summary>
/// 三阶段分布式事务请求函数,执行完本地事务操作后,请求线程将继续工作,处理分布式
/// 提交的问题
/// </summary>
/// <typeparam name = "T"> 本地事务操作函数的返回类型 </typeparam>
/// <param name = "client"> 分布式事务服务的代理客户端 </param>
/// <param name = "dbHelper"> 数据访问对象 </param>
/// <param name = "transFunction"> 事务操作函数 </param>
/// <returns> 返回事务操作函数的结果 </returns>
public T DistTrans3PCRequest <T> (Proxy client, AdoHelper dbHelper, Func <AdoHelper,T>
transFunction)
{
    string transIdentity = this.TransIdentity;
    ServiceRequest request = new ServiceRequest();
    request.ServiceName = "DTCService";
    request.MethodName = "AttendTransaction";
    request.Parameters = new object[] { transIdentity };

    ResourceServerState = DistTrans3PCState.CanCommit;
    //System.Threading.CancellationTokenSource cts = new System.Threading.Cancel-
lationTokenSource();
    var tcs = new TaskCompletionSource <T> ();
    //可以在外部开启事务,以方便出错,回滚事务,这里检查是否开启了事务
    if(dbHelper.TransactionCount <= 0)
      dbHelper.BeginTransaction();

    DataType resultDataType = MessageConverter <T> .GetResponseDataType();
    client.ErrorMessage += client_ErrorMessage;
    client.RequestService <bool, DistTrans3PCState, DistTrans3PCState> (request.Ser-
viceUrl, resultDataType,
      r =>
      {
```

```
            WriteLog("MSF DTC({0}) Controller Process Reuslt:{1},Receive time:{2}",
                transIdentity, r, DateTime.Now);
            client.Close();
        },
        s => {
            var DTR_State =   ProcessDistTrans3PCState <T> (client, dbHelper, trans-
Function, s, tcs, transIdentity);
            if (DTR_State == DistTrans3PCState.Completed)
            {
                PrintLog("MSF DTC({0}) 3PC Request Completed,use time:{1} seconds.",
                    transIdentity, DateTime.Now.Subtract(dtcReqTime).TotalSec-
                    onds);
            }
            return DTR_State;
        }
    );

    try
    {
        tcs.Task.Wait();
        return tcs.Task.Result;
    }
    catch (Exception ex)
    {
        PrintLog("MSF DTC({0}) Task Error:{1}", transIdentity,ex.Message);
        TryRollback(dbHelper);
    }
    return default(T);
}
```

如上面的 DistTrans3PCRequest 函数，它接受三个参数：一个访问 MSF 服务的客户端代理对象 Proxy，一个抽象数据访问对象 AdoHelper，以及一个需要在事务环境中执行的返回指定类型结果的业务方法行委托 Func <AdoHelper,T>。

在函数开始，首先，获取当前事务标识 transIdentity，它用来标识每一个唯一的分布式事务服务实例。然后，定义要访问的分布式事务协调服务 DTCService 中的具体服务方法 AttendTransaction。该服务方法标识当前"分布式控制器"对象请求加入指定事务标识的分布式事务，直到分布式事务完成。接着，定义当前"事务资源服务器"(DTR)的分布式事务状态变量 ResourceServerState 的状态为"进入第一阶段，执行事务，可以提交"。枚举类型 DistTrans3PCState 定义了完整的三阶段分布式事务的各种状态。最后，检查当前数据访问对象的正在执行的事务计数器 db-Helper.TransactionCount，如果为 0 标识当前还没有开启事务，需要开启事务。

下面,进入 DistTrans3PCRequest 函数的重点内容,开始调用 MSF 的服务客户端代理 Proxy 对象的 RequestService 方法,它有多个重载,当前重载方法的第三个参数表示处理 RequestService 的结果的委托方法,这里表示调用分布式协调器服务执行分布式事务最终是否成功。当前 RequestService 重载方法的第四个参数是 MSF 服务方法的回调函数,这里表示在调用分布式协调器服务 DTCService 的方法 AttendTransaction 的过程中,AttendTransaction 会不断调用 RequestService 提供的回调函数,直到服务最终执行完成。这个回调函数的委托定义正是 Func <DistTrans3PCState, DistTrans3PCState>,它表示接受一个 3PC 分布式事务状态参数 DistTrans3PCState,处理后再返回一个新的状态参数 DistTrans3PCState。在该回调函数中,又具体调用了处理 DistTrans3PCState 状态的函数 ProcessDist-Trans3PCState。所以,DistTrans3PCRequest 真正的重点工作是在 ProcessDist-Trans3PCState 函数中。

图 6-75 所示为 ProcessDistTrans3PCState 的代码截图。要理解该函数的工作原理,必须深刻理解三阶段分布式事务的原理,可以参考 6.10.4 小节三阶段提交协议(3PC)中的介绍。

```
private DistTrans3PCState ProcessDistTrans3PCState<T>(Proxy client, AdoHelper dbHelper,
{
    WriteLog("MSF DTC({0}) Resource at {1} receive DTC Controller state:{2}", transIden
    if (s == DistTrans3PCState.CanCommit)...
    else if (s == DistTrans3PCState.PreCommit)...
    else if (s == DistTrans3PCState.Abort)...
    else if (s == DistTrans3PCState.DoCommit)...
    else
    {
        //其他参数,原样返回
        ResourceServerState = s;
        return s;
    }
}
```

图 6-75 分布式事务状态处理函数的代码截图

从图 6-75 可知,分布式事务控制器对于本地的事务资源服务器,需要处理四种分布式事务状态:

- **"可提交状态"**——CanCommit,资源服务器进入了分布式事务的第一阶段,执行本地事务相关的数据操作,允许提交本地事务。
- **"预备提交状态"**——PreCommit,资源服务器进入分布式事务第二阶段,向协调服务器确认操作(预备提交),等待 DoCommit 指令。
- **"终止提交状态"**——Abort,资源服务器处于分布式事务第二阶段,确认操作(终止提交),资源服务器将立即执行回滚操作,然后再向协调服务器回复此信息。
- **"执行提交状态"**——DoCommit,事务资源服务器进入第三阶段,它的事务提交操作成功。

对于来自分布式事务协调器的其他分布式事务状态,函数原样返回不予处理,这些状态在分布式事务协调器服务会自行处理。这部分内容,请看协调器服务的 AttendTransaction 服务方法的具体实现代码。

下面重点介绍上述四种状态中的 CanCommit 和 PreCommit 状态下控制器具体的处理操作。

(1) 事务控制器处理 CanCommit 状态

对应图 6 - 75 的 if(s==DistTrans3PCState. CanCommit){}代码块,下面是代码块内部的详细代码:

```
try
{
    T t = transFunction(dbHelper);
    ResourceServerState = DistTrans3PCState.Rep_Yes_1PC;
    tcs.SetResult(t);
}
catch (Exception ex)
{
    WriteLog(ex.Message);
    ResourceServerState = DistTrans3PCState.Rep_No_1PC;
    tcs.SetException(ex);
}
//警告:如果自此之后,很长时间没有收到协调服务器的任何回复,本地应回滚事务
new Task(() =>
{
    DateTime currOptTime = DateTime.Now;
    WriteLog("MSF DTC({0}) 1PC,Child moniter task has started at time:{1}", transIdentity, currOptTime);

    while (ResourceServerState != DistTrans3PCState.Completed)
    {
        System.Threading.Thread.Sleep(10);
        if (ResourceServerState != DistTrans3PCState.Rep_Yes_1PC
        && ResourceServerState != DistTrans3PCState.Rep_No_1PC)
        {
            //在一阶段,只要发现通信中断,就应该回滚事务
            if (ResourceServerState == DistTrans3PCState.CommunicationInterrupt)
            {
                TryRollback(dbHelper);
                client.Close();
                WriteLog("MSF DTC({0}) 1PC,Child moniter task check Communication
Interrupt ,Rollback Transaction,task break!", transIdentity);
```

```
            }
            else
            {
                    WriteLog("MSF DTC({0}) 1PC,Child moniter task find Dist-
Trans3PCState has changed,Now is {1},task break!", transIdentity, ResourceServerState);
            }
            break;
        }
        else
        {
            //在一阶段回复消息后,超过1分钟,资源服务器没有收到协调服务器的任何
            //响应,回滚本地事务
            if(DateTime.Now.Subtract(currOptTime).TotalSeconds > 60)
            {
                    TryRollback(dbHelper);
                    client.Close();
                    WriteLog("MSF DTC({0}) 1PC,Child moniter task check Opreation
timeout,Rollback Transaction,task break!", transIdentity);
                    break;
            }
        }
    }

}, TaskCreationOptions.None).Start();

return ResourceServerState;
```

在上面的代码中,首先尝试执行要在事务中处理的函数 transFunction,函数中会使用 AdoHelper 对象来完成具体的数据访问,这个 AdoHelper 对象已经关联了当前本地事务对象。函数 transFunction 执行完成后,当前事务资源服务器将进入分布式事务入第一阶段的应答状态 Rep_Yes_1PC。然后,上面的代码开启了一个后台任务 Task,但是当前线程立刻返回应答状态 Rep_Yes_1PC。在刚才这个后台任务线程中,它会一直等待协调器服务的分布式事务完成状态 Completed,如果很长时间没有收到此状态或者其他任何回复,表示整个分布式事务环境遇到了问题,如其他事务资源一直未能执行成功事务操作方法,或者协调器服务出现了故障,或者网络通信出现了问题,出现这些情况中的任意一种,控制器就会立刻回滚本地事务,然后关闭与协调服务器的订阅连接。另外,如果在分布式事务的第一阶段,只要发现通信中断状态 CommunicationInterrupt,就会回滚事务,所以基于 MSF 实现的这个分布式事务不会出现其他分布式事务那种"傻等等到超时"的问题,可以立刻发现网络通信故障然后回滚本地事务。

(2) 事务控制器处理 PreCommit 状态

对应图 6 - 75 的 else if(s==DistTrans3PCState.PreCommit){}代码块,下面是该代码块内部的详细代码:

```
ResourceServerState = DistTrans3PCState.ACK_Yes_2PC;
//警告:如果自此之后,如果成功确认资源服务器进入第二阶段,
//但是很长时间没有收到协调服务器的任何回复,本地应提交事务
new Task(() =>
{
    DateTime currOptTime = DateTime.Now;
    WriteLog("MSF DTC({0}) 2PC,Child moniter task has started at time:{1}", transIden-
tity, currOptTime);

    while (ResourceServerState ! = DistTrans3PCState.Completed)
    {
        System.Threading.Thread.Sleep(10);
        if (ResourceServerState ! = DistTrans3PCState.ACK_Yes_2PC)
        {
            //在第二阶段,如果在 1 秒内就检测到通信已经中断,
            //事务控制器可能难以收到预提交确认信息,考虑回滚本地事务
            if (ResourceServerState == DistTrans3PCState.CommunicationInterrupt)
            {
                if (DateTime.Now.Subtract(currOptTime).TotalMilliseconds <1000)
                {
                    TryRollback(dbHelper);
                    WriteLog("MSF DTC({0}) 2PC,Child moniter find Communication In-
terrupt ,task break!", transIdentity);
                }
                else
                {
                    //否则,1 秒后才发现连接已经断开,预提交确认信号大概率已经发
                    //送过去,不用再等,提交本地事务
                    TryCommit(dbHelper);
                    WriteLog("MSF DTC({0}) 2PC,Child moniter find Communication In-
terrupt,but ACK_Yes_2PC send ok,tansaction Commit ,task break!", transIdentity);
                }
                //已经结束事务,关闭通信连接
                client.Close();
            }
            else
            {
```

```
                //如果通信未中断且已经是其他状态,退出当前子任务
                WriteLog("MSF DTC({0}) 2PC,Child moniter task find DistTrans3PCState
has changed,Now is {1},task break!", transIdentity, ResourceServerState);
            }
            break;
        }
        else
        {
            //在第二阶段,通信未中断,超过 30 秒,资源服务器没有收到协调服务器的任
            //何响应,提交本地事务
            if (DateTime.Now.Subtract(currOptTime).TotalSeconds > 30)
            {
                TryCommit(dbHelper);
                client.Close();
                WriteLog("MSF DTC({0}) 2PC,Child moniter task check Opreation time-
out,Commit Transaction,task break!", transIdentity);
                break;
            }
        }
    }
}, TaskCreationOptions.None).Start();

return ResourceServerState;
```

上面代码表示当前事务资源服务器进入分布式事务第二阶段,向协调器服务返回此状态,同时开启一个后台任务,等到协调器服务的回复。如果一直未收到协调器服务的事务结束状态 DistTrans3PCState.Completed,事务控制器会检查与协调器的订阅消息通信是否中断,如果中断则立刻回滚本地事务,但是如果在收到协调器服务的确认回复状态 DistTrans3PCState.ACK_Yes_2PC 后才发生网络通信中断,这种情况下表示资源服务器的预备提交状态协调服务器已经知晓所以才回复确认的,所以在这个状态之后即使网络突然中断了,协调服务器也会发出最终的执行提交事务的指令,因此大概率上此时本地资源服务器都应该提交事务。

在上面的代码中有两个关键点:一个是资源服务器是否收到了协调服务器的 DistTrans3PCState.ACK_Yes_2PC 状态;另一个是实时的网络状态检测,如果网络状态此时发生了异常,是否收到过协调服务器的 DistTrans3PCState.ACK_Yes_2PC 状态将成为是否最后真正提交事务的关键。所以在三阶段(3PC)分布式事务协议中,增加"预提交状态"是确保整个事务正确执行的关键。有关这些问题请回顾 6.10.4 小节三阶段提交协议(3PC)的内容。

4. 分布式事务协调器服务

分布式事务控制器在控制事务资源服务器的本地事务方法执行的前后,需要有一个分布式事务协调服务来协调各个事务资源服务器上的事务执行,这个协调过程包括以下功能:

- (提供给控制器)调用指定标识的分布式事务,直到事务执行完成;
- 管理系统的分布式事务阶段,向控制器推送(回调)系统整体的分布式事务状态;
- 根据分布式事务提交协议,协调多个分布式事务控制器的工作。

分布式事务协调服务类 DTCService 是一个 MSF 服务类,与 DTController 都定义在解决方案的 DistTransServices 项目的 DTCService.cs 文件内,见图 6 - 74。DTCService 包含一个参加指定标识的分布式事务的方法 AttendTransaction,下面是它的实现代码:

```
/// <summary>
///参加指定标识的分布式事务,直到事务执行完成。一个分布式事务包含若干本地事务
/// </summary>
/// <param name = "identity"> 标识一个分布式事务 </param>
/// <returns> </returns>
public bool AttendTransaction(string identity)
{
Console.WriteLine("DTCService Instance {0},Thread ID {1},DTC Identity {2}",
    this.GetHashCode(), System.Threading.Thread.CurrentThread.ManagedThreadId, i-
dentity);
DistTransInfo info = new DistTransInfo();
info.ClientIdentity = base.CurrentContext.Request.ClientIdentity;
info.CurrentDTCState = DistTrans3PCState.CanCommit;
info.LastStateTime = DateTime.Now;
info.TransIdentity = identity;
//DTResourceList.Add(info);
DateTime dtcStart = DateTime.Now;
//获取一个当前事务标识的协调器线程
DTController controller = DTController.CheckStartController(identity);

CurrentDTCState = DistTrans3PCState.CanCommit;
while (CurrentDTCState != DistTrans3PCState.Completed)
{
    //获取资源服务器的事务状态,资源服务器可能自身或者因为网络情况出错
    if (!SendDTCState(info, controller, identity))
        break;
}
```

```
    SendDTCState(info, controller, identity);
    DTController.RemoveController(identity);
    Console.WriteLine("DTC Current Use time:{0}(s)",DateTime.Now.Subtract(dtcStart).To-
talSeconds);
    return true;
}
```

AttendTransaction 服务方法是怎么使用的,先回顾一下前面的分布式事务控制器 DistTrans3PCRequest 的实现代码:

```
public T DistTrans3PCRequest <T> (Proxy client, AdoHelper dbHelper, Func <AdoHelper,T
> transFunction)
    {
        string transIdentity = this.TransIdentity;
        ServiceRequest request = new ServiceRequest();
        request.ServiceName = "DTCService";
        request.MethodName = "AttendTransaction";
        request.Parameters = new object[] { transIdentity };
    /*
其他代码略
    */
    client.RequestService <bool, DistTrans3PCState, DistTrans3PCState > (request.Ser-
viceUrl, resultDataType,
        r =>
        {
            WriteLog("MSF DTC({0}) Controller Process Reuslt:{1},Receive time:{2}",
                    transIdentity, r, DateTime.Now);
            client.Close();
        },
        s => {
            var DTR_State = ProcessDistTrans3PCState <T> (client, dbHelper, transFunc-
tion, s, tcs, transIdentity);
            if (DTR_State == DistTrans3PCState.Completed)
            {
                PrintLog("MSF DTC({0}) 3PC Request Completed,use time:{1} seconds.",
                        transIdentity, DateTime.Now.Subtract(dtcReqTime).TotalSec-
onds);
            }
            return DTR_State;
        }
    );
    /*
```

```
其他代码略
  */
}
```

MSF 的服务分为"请求订阅"和"推送订阅"：

- **"请求订阅"**是客户端和服务端进行的点对点消息通信，服务端可以按需多次调用客户端提供的回调函数。
- **"推送订阅"**采用的是一对多的消息推送模式，服务端会向订阅同一个消息主题的每个客户端推送同样的消息。

MSF. Host 会为每一个"请求订阅"的客户端创建一个服务于它的新的服务实例对象，客户端关闭连接后服务端实例会自动释放；而对于"推送订阅"，它在第一个客户端发起订阅时创建一个服务实例对象，此后其他订阅此消息的客户端都会使用同样一个服务实例对象，期间任意一个客户端都可以断开后重新连接，而服务端实例对象会一直工作到没有任何客户端连接它，或者在**"事件推送"**模式下工作到所有的事件处理完成自行结束工作线程为止。

从 DistTrans3PCRequest 函数可以看到，分布式协调器服务 DTCService 的服务方法 AttendTransaction 使用的是 MSF 的客户端服务代理对象的"请求订阅"RequestService 重载方法，所以对某个事务资源服务器而言，它订阅的协调器服务对象是专属于它的，因此 AttendTransaction 方法的执行没有线程并发问题，它的 CurrentDTCState 状态就是此事务资源服务器的状态，它会等待此状态为 DistTrans3PCState. Completed 或者网络异常为止。方法 SendDTCState 表示将协调服务器处理后的全局分布式事务状态发送给订阅的客户端（事务资源服务器）。下面是 SendDTCState 方法的代码：

```
private bool SendDTCState(DistTransInfo info, DTController controller, string identity)
{
    string clientIdentity = string.Format("[{0}:{1} - {2}]", base.CurrentContext.Request.ClientIP,
        base.CurrentContext.Request.ClientPort,
        base.CurrentContext.Request.ClientIdentity);
    try
    {
        Console.WriteLine("DTC Service Callback {0} Message:{1}", clientIdentity,
CurrentDTCState);
        info.CurrentDTCState = base.CurrentContext.CallBackFunction
<DistTrans3PCState, DistTrans3PCState>(CurrentDTCState);
        info.LastStateTime = DateTime.Now;
        CurrentDTCState = controller.GetDTCState(info.CurrentDTCState);
        return true;
```

```
        }

        catch (Exception ex)
        {
            Console.WriteLine("DTC Service Callback {0}  Error:{1}", clientIdentity,
ex.Message);

            return false;

        }

    }
```

如上面程序所示,在 SendDTCState 方法内,它会将当前协调器线程的事务状态推送给事务资源服务,然后获取资源服务器对此的处理结果,得到新的分布式事务状态,这个过程就是上面代码中的 MSF 服务上下 CurrentContext 对象的 CallBack-Function 回调函数,对应的实际代码就是:

```
info.CurrentDTCState = base.CurrentContext
        .CallBackFunction <DistTrans3PCState, DistTrans3PCState> (CurrentDTCState);
```

回调函数得到资源服务器新的分布式事务状态,然后调用协调器线程对象的 GetDTCState 方法,计算整个分布式事务系统新的事务状态,再进入新一轮的循环处理。GetDTCState 方法是分布式事务协调器角色对于分布式事务状态的一个"状态机"处理函数,它的计算依据具体的分布式事务协议,这里使用的三阶段提交协议。有关 GetDTCState 方法的具体实现代码,请看笔者有关这个示例项目的源码。

6.10.6 实例——电商下单的分布式事务

在 6.10.5 小节,介绍了基于"微服务架构模式"运行在应用层的 3PC 分布式事务的实现过程,详细介绍了分布式事务控制器和分布式事务协调器服务的实现。下面继续以电商平台买家用户下单为例,介绍如何使用前面的应用层分布式事务方案来创建订单。

1. 电商创建订单的分布式事务

参考 6.5.1 小节系统分层模型中的图 6-23 所示的某电商平台系统分层架构,假定这是一个大型电商平台,它的用户、商品、订单和支付都是功能单一独立部署的,以服务的形式对外提供访问,这样使得系统能有更好的伸缩性和可维护性。将系统划分为用户服务、商品服务、订单服务和支付服务,组成一个微服务架构的应用系统。这 4 个服务在创建订单的业务中的功能分别如下:

- 用户服务:检查当前用户是否有效,查询用户的相关信息,比如用户姓名、联系电话等。
- 订单服务:生成订单,包括结合用户服务的用户信息,生成订单基本信息;结合商品服务,生成订单项目明细。
- 商品服务:向订单服务返回商品的相关信息,并返回库存是否可用,如果可用就扣减库存。

● 支付服务：由第三方提供，但参与创建订单的流程，用户下单后需要用户去第三方支付系统完成支付，然后支付服务回调订单服务，完成有效订单确认。

图 6-76 所示为这 4 个服务在创建订单时的业务流程图。

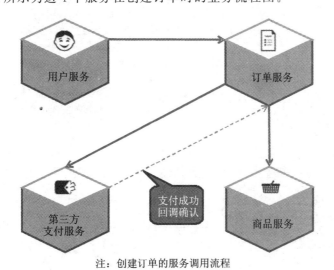

注：创建订单的服务调用流程

图 6-76　创建订单的服务调用流程

图 6-76 中，支付服务是第三方提供的服务，需要用户在创建订单后跳转调用，所以本质上不是订单服务直接调用，订单服务需要提供一个支付完成的回调通知接口，完成有效订单的确认。而用户服务作为服务调用的发起方，它会传递必要的信息给订单服务，因此，对于"创建订单"这个具体的业务功能，它涉及的需要同时进行操作的只有"创建订单"和"扣减库存"这两个子业务，并且要求这两个子业务操作具有原子性，即要么同时成功，要么同时失败撤销，所以这两个操作组成一个事务操作。在当前的场景中，"创建订单"功能在"订单服务"里面完成，而"扣减库存"功能在"商品服务"里面完成，然而业务要求它们必须是在一个事务里面，因此，在这个例子中，整个创建订单的操作就是一个分布式事务。

2. 创建订单的分布式事务流程

图 6-77 所示为创建订单的分布式事务处理流程。为简单起见，这里只讨论正常的流程，其中异常的流程，请参考 6.10.4 小节中的有关三阶段提交的分布式事务的具体原理。

① 客户端调用订单服务的创建订单方法（见图中步骤①）；

② 订单服务实例化，接受一个订单号、用户号、要购买的商品清单 3 个参数来创建订单（见图中步骤①）；

③ 创建订单的方法向分布式事务协调器注册本地事务，传入创建订单的事务方

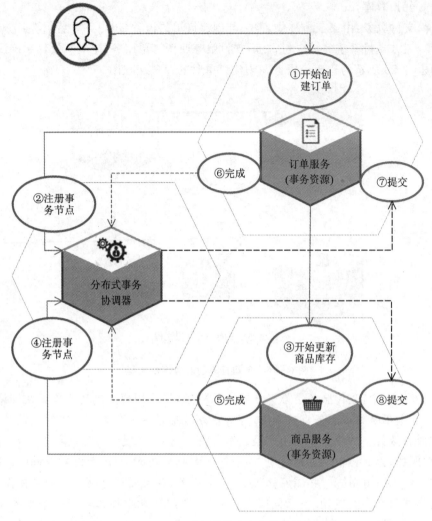

图 6-77 创建订单的分布式事务流程

法(委托)(见图中步骤②);

④ 创建订单的事务方法远程调用商品服务,更新商品库存(见图中步骤③);

⑤ 商品服务的更新商品库存方法向分布式事务协调器注册本地事务,传入具体
更新库存的事务方法(委托)(见图中步骤④);

⑥ 商品服务执行完成更新库存的方法,向订单服务返回必要的信息,准备好提
交本地事务(见图中步骤⑤);

⑦ 订单服务收到商品服务的返回信息,构建好订单和订单明细,准备好提交本
地事务(见图中步骤⑥);

⑧ 分布式事务协调器检测到注册的各事务资源服务器(商品服务和订单服务)
都已经准备好提交事务,向它们发出提交指令;

⑨ 商品服务和订单服务收到提交指令,提交本地事务,事务资源服务方法执行完成(见图中步骤⑦⑧);

⑩ 分布式事务协调器收到所有事务资源服务器的反馈,登记本次分布式事务执行完成;

⑪ 订单服务标记创建订单操作成功,向客户端返回信息。

3. 使用示例:订单服务

订单服务是一个 MSF 服务类,继承自 MSF 的 ServiceBase 类,主要包含一个创建订单的服务方法。在构造函数中,会实例化一个访问产品服务的客户端代理对象 productProxy 和访问分布式协调服务的客户端代理对象 DTS_Proxy。下面是订单服务的部分实现代码:

```
namespace DistTransServices
{
    public class OrderService:ServiceBase
    {
        Proxy productProxy;
        Proxy DTS_Proxy;
        public OrderService()
        {
            productProxy = new Proxy();
            productProxy. ServiceBaseUri = ConfigurationManager. AppSettings["Produc-
tUri"];

            DTS_Proxy = new Proxy();
            DTS_Proxy. ServiceBaseUri = ConfigurationManager. AppSettings["MSF_DTS_
Uri"];
        }

        /// <summary>
        ///生成订单的服务方法
        /// </summary>
        /// <param name = "orderId"> 订单号 </param>
        /// <param name = "userId"> 用户号 </param>
        /// <param name = "buyItems"> 购买的商品简要清单 </param>
        /// <returns> 订单是否创建成功 </returns>
        public bool CreateOrder(int orderId, int userId, IEnumerable <BuyProductDto>
buyItems)
        {
            /* 具体代码暂略 */
        }
```

```
    /*其他代码略*/
  }
}
```

在这个订单服务中,主要的方法就是创建用户订单的 CreateOrder 方法,它接受一个订单标识 orderId、一个用户标识 userId 和购买的商品简要信息清单 buyItems 参数。下面介绍此方法的详细实现:

```
public bool CreateOrder(int orderId, int userId, IEnumerable <BuyProductDto> buyItems)
{
    //在分布式事务的发起端,需要先定义分布式事务标识:
    string DT_Identity = System.Guid.NewGuid().ToString();
    productProxy.RegisterData = DT_Identity;

    //使用三阶段提交的分布式事务,保存订单到数据库
    OrderDbContext context = new OrderDbContext();

    DTController controller = new DTController(DT_Identity);
    return controller.DistTrans3PCRequest <bool> (DTS_Proxy,
        context.CurrentDataBase,
        db =>
        {
            //先请求商品服务,扣减库存,并获取商品的仓库信息
            ServiceRequest request = new ServiceRequest();
            request.ServiceName = "ProductService";
            request.MethodName = "UpdateProductOnhand";
            request.Parameters = new object[] { DT_Identity, buyItems };
            List <SellProductDto> sellProducts = productProxy.RequestServiceAsync
<List <SellProductDto>> (request).Result;

            #region 构造订单明细和订单对象
            //
            productProxy.Connect();
            List <OrderItemEntity> orderItems = new List <OrderItemEntity> ();
            OrderEntity order = new OrderEntity()
            {
                ID = orderId,
                OwnerID = userId,
                OrderTime = DateTime.Now,
                OrderName = "Prudoct:"
            };
```

```
                    foreach (BuyProductDto item in buyItems)
                    {
                            ProductDto product = this.GetProductInfoSync(item.ProductId);
                            OrderItemEntity temp = new OrderItemEntity()
                            {
                                OrderID = orderId,
                                ProductID = product.ID,
                                BuyNumber = item.BuyNumber,
                                OnePrice = product.Price,
                                ProductName = product.ProductName
                            };
                            temp.StoreHouse = (from i in sellProducts where i.ProductId == temp.
ProductID select i.StoreHouse).FirstOrDefault();

                            orderItems.Add(temp);
                            order.OrderName += "," + temp.ProductName;
                            order.AmountPrice += temp.OnePrice * temp.BuyNumber;
                    }
                    //
                    //关闭商品服务订阅者连接
                    productProxy.Close();

                    #endregion

                    //保存订单数据到数据库
                    context.Add <OrderEntity> (order);
                    context.AddList <OrderItemEntity> (orderItems);
                    return true;
                });
        }
```

在上面的方法中,声明了一个分布式事务控制器对象 DTController,它需要一个事务标识,用来区分每一个分布式事务。之后调用 DTController 的三阶段分布式事务请求函数 DistTrans3PCRequest,它使用的第一个参数是 DTS_Proxy,表示当前事务资源服务器将通过它来连接到分布式事务协调器服务;第二个参数表示使用当前订单服务的数据访问上下文对象的数据访问对象来操作订单数据库;第三个参数是一个具体操作订单数据库的委托方法,在这个委托方法内部会开启本地事务。下面简称这个方法为"事务方法"。

在事务方法内,首先请求了商品服务 ProductService,访问它的 UpdateProductOnhand 服务方法,这个方法会扣减商品库存,并获取商品的仓库信息。然后,通过 productProxy 商品服务代理对象的异步服务请求 RequestServiceAsync 来得到商品的仓库信息。接下来,就是构造订单明细和订单对象,其中在每次遍历购买简要清单时,需要获取商品的详细信息,通过 GetProductInfoSync 方法来实现,然后完成订单明细对象的创建。在 GetProductInfoSync 方法的具体实现中,它再次访问了商品服务,访问 GetProductInfo 服务方法,具体代码如下:

```
private ProductDto GetProductInfoSync(int productId)
{
    ServiceRequest request = new ServiceRequest();
    request.ServiceName = "ProductService";
    request.MethodName = "GetProductInfo";
    request.Parameters = new object[] { productId };
    return productProxy.GetServiceMessage <ProductDto> (request, DataType.Json).Result;
}
```

最后,关闭商品服务订阅者连接,保存订单数据到数据库,创建订单的事务方法结束,DistTrans3PCRequest 方法会尝试提交本地事务,和分布式事务协调器服务一起协调完成整个分布式事务。

4. 使用示例:商品服务

商品服务也是一个 MSF 服务类,它主要包含上面订单服务要调用的两个服务方法:扣减库存的方法和查询商品信息的方法。下面看它的实现代码:

```
/// <summary>
///商品服务
/// </summary>
public class ProductService:ServiceBase
{
    Proxy DTS_Proxy;
    public ProductService()
    {
        DTS_Proxy = new Proxy();
        DTS_Proxy.ServiceBaseUri = ConfigurationManager.AppSettings["MSF_DTS_Uri"];
    }

    public ProductDto GetProductInfo(int productId)
    {
        /* 具体实现暂略 */
    }

    public List <SellProductDto> UpdateProductOnhand(string transIdentity,
                IEnumerable <BuyProductDto> buyItems)
    {
```

```
        /* 具体实现暂略 */
    }


    //其他代码暂略
}
```

从上面的代码可知,商品服务在构造函数也实例化了一个分布式事务协调器服务客户端代理对象 DTS_Proxy,这样当开始创建订单的分布式事务时,订单服务和商品服务都会与分布式事务协调器服务建立消息订阅关系,商品服务也就是一个分布式事务资源服务器。

下面先看到商品服务的 UpdateProductOnhand 方法,这个方法在订单服务的创建订单的服务方法的分布式事务请求 DistTrans3PCRequest 的事务方法中,首先调用了这个方法,扣减商品库存并且返回商品售卖的简要信息。由于扣减库存和创建订单是一个原子操作,所以在这里扣减库存也必须是在分布式事务中,请看下面具体代码:

```
/// <summary>
///更新商品库存,并返回商品售卖简要信息
/// </summary>
/// <param name = "transIdentity"> 分布式事务标识 </param>
/// <param name = "buyItems"> 购买的商品精简信息 </param>
/// <returns> </returns>
public List <SellProductDto> UpdateProductOnhand(string transIdentity, IEnumerable
<BuyProductDto> buyItems)
{
    ProductDbContext context = new ProductDbContext();
    DTController controller = new DTController(transIdentity);
    return controller.DistTrans3PCRequest <List <SellProductDto>>(DTS_Proxy,
        context.CurrentDataBase,
        c =>
        {
            return InnerUpdateProductOnhand(context,buyItems);
        });
}
```

在 DistTrans3PCRequest 函数的事务委托方法内,调用了 InnerUpdateProduct-Onhand 来实现具体的扣减商品库存和查询商品简要信息的操作,其中扣减商品库存采用的是 OQL 的"自更新"语法 UpdateSelf。下面请看 InnerUpdateProductOn-hand 方法的详细实现内容:

```
    private List <SellProductDto> InnerUpdateProductOnhand(ProductDbContext context,
                                Enumerable <BuyProductDto> buyItems)
{
    List <SellProductDto> result = new List <SellProductDto>();
    foreach (BuyProductDto item in buyItems)
    {
        ProductEntity entity = new ProductEntity()
        {
            ID = item.ProductId,
            Onhand = item.BuyNumber
        };
        OQL q = OQL.From(entity)
            .UpdateSelf('-', entity.Onhand)
            .Where(cmp => cmp.EqualValue(entity.ID) & cmp.Comparer(entity.Onhand,
">=", item.BuyNumber))
            .END;

        int count = context.ProductQuery.ExecuteOql(q);
        SellProductDto sell = new SellProductDto();
        sell.BuyNumber = item.BuyNumber;
        sell.ProductId = item.ProductId;
        //修改库存成功,才能得到发货地
        if (count > 0)
            sell.StoreHouse = this.GetStoreHouse(item.ProductId);
        result.Add(sell);
    }
    base.CurrentContext.Session.Set <ProductDbContext>("DbContext", context);
    Console.WriteLine("----------1,-Session ID:{0}----------", base.Cur-
rentContext.Session.SessionID);
    return result;
}
```

注意在上面的 InnerUpdateProductOnhand 方法中,使用了 MSF 的会话状态功能,用于表示两次 MSF 请求是同一个会话,可以从中存取指定的数据,相应的代码是:

```
base.CurrentContext.Session.Set <ProductDbContext>("DbContext", context);
    Console.WriteLine("----------1,-Session ID:{0}----------", base.Cur-
rentContext.Session.SessionID);
```

上述代码将当前数据访问上下文对象 context 存入了 MSF 会话对象,在下面获取商品信息的 GetProductInfo 方法中将会使用它。由于 InnerUpdateProductOnhand 方法处于事务执行环境,事务隔离性将可能阻塞在事务之外操作相关的数据, SQLSERVER 默认的事务隔离级别是"已提交读",所以在事务之外读取这条商品信息将被阻塞,除非允许脏读(使用 NoLock)。因此,读取当前商品信息的操作必须与之前更新商品库存的操作在同一个事务环境中,所以 GetProductInfo 方法需要取出之前的 context 对象,请看下面具体的实现代码:

```
/// <summary>
///获取商品信息
/// </summary>
/// <param name = "productId"> </param>
/// <returns> </returns>
public ProductDto GetProductInfo(int productId)
{
        Console.WriteLine(" --------2, -- Session ID:{0} ----------", base.
CurrentContext.Session.SessionID);
        //下面采用更新库存的事务连接对象,不需要 NoLock
        ProductDbContext context = base.CurrentContext.Session.Get <ProductDbContext>
("DbContext");
        ProductEntity entity = OQL.From <ProductEntity>()
          .Select()
          .Where((cmp, p) => cmp.Comparer(p.ID, " = ", productId))
          .END
          .ToObject(context.CurrentDataBase);

        ProductDto dto = new ProductDto();
        if (entity ! = null)
        {
            //entity.MapToPOCO(dto);
            entity.CopyTo <ProductDto> (dto);
        }
        return dto;
}
```

由于要使用服务会话,所以在商品服务中必须指定启用会话和会话模式,这需要重写 MSF 服务基类 ServiceBase 的 ProcessRequest 方法:

```
public class ProductService:ServiceBase
  {
        //其他代码略

        public override bool ProcessRequest(IServiceContext context)
        {
```

```
            context.SessionRequired = true;
            //客户端(订单服务)将使用事务标识作为连接的 RegisterData,
            //因此采用这种会话模式
            context.SessionModel = SessionModel.RegisterData;
            return base.ProcessRequest(context);
        }
    }
```

MSF 提供了多种会话模式,这里采用以注册连接时的数据(RegisterData)为会话标识,也就是分布式事务的标识。下面是列举 SessionModel 的几种会话模式说明:

- Default:默认,使用每请求会话模式。
- PerRequest:每请求一个会话,请求的会话标识信息连接信息、客户端硬件信息和连接时间综合构成。
- PerConnection:每连接一个会话,包括客户端的 IP 和端口号。注意多次请求可能会使用一个连接。
- UserName:每用户一个会话。
- HardwareIdentity:以客户端硬件标识一个会话。
- RegisterData:以注册连接时的数据标识一个会话。

回顾订单服务的创建订单方法,里面调用商品服务的代理对象在与服务端建立订阅时,注册服务连接的数据采用了事务标识,请看下面代码:

```
public bool CreateOrder(int orderId,int userId,IEnumerable <BuyProductDto> buyItems)
{
    //在分布式事务的发起端,需要先定义分布式事务标识:
    string DT_Identity = System.Guid.NewGuid().ToString();
    productProxy.RegisterData = DT_Identity;

    //其他代码略
}
```

这样可以确保调用商品服务时,在同一个事务标识内,使用同一个数据访问上下文对象,使得数据访问在同一个事务过程内,从而确保了数据操作的安全可靠性。

5. 测试示例:买家下单

(1)测试代码

前面讨论了分布式事务控制器、分布式事务协调服务、订单服务和商品服务的具体实现,现在看看客户端如何调用订单服务来创建一个订单,请看到 MSF - DistTransExample 解决方案的客户端测试项目 DistTransClient,打开 Program.cs 文件,然后看到 TestCreateOrder 方法。

```
private static void TestCreateOrder(Proxy client)
{
    List <BuyProductDto> buyProducts = new List <BuyProductDto>();
    buyProducts.Add(new BuyProductDto() { ProductId = 1, BuyNumber = 3});
    buyProducts.Add(new BuyProductDto() { ProductId = 2, BuyNumber = 1 });

    int orderId = 2000;
    int userId = 100;

    ServiceRequest request = new ServiceRequest();
    request.ServiceName = "OrderService";
    request.MethodName = "CreateOrder";
    request.Parameters = new object[] { orderId, userId, buyProducts };

    bool result = client.RequestServiceAsync <bool> (request).Result;
    if(result)
        Console.WriteLine("创建订单成功,订单号:{0}", orderId);
    else
        Console.WriteLine("创建订单失败,订单号:{0}", orderId);
}
```

上面的方法构造了一个准备购买的商品清单(buyProducts),这就是电商"购物车"的简化版本,另外为了简便起见,这里直接设定了一个订单号和用户号,用这种方式来调用创建订单的功能,也就是调用订单服务 OrderService 的 CreateOrder 方法。

由于这个订单号是固定的,所以这里的测试程序第一次会创建成功订单,而第二次就会失败,正好可以用它来观察系统的执行情况。注意,如果你使用 SQLite 测试,由于每次测试会使用一个新的 SQLite 文件,所以每次测试都是创建订单成功;如果想测试创建订单失败的情况,请使用 SQL Server 测试。

上面的代码中,使用了 MSF 的异步请求方式,也就是 RequestServiceAsync 异步请求函数,这里返回的结果为创建处理订单是否成功。因此,可以方便地进行并发测试,请看下面的示例代码:

```
System.Diagnostics.Stopwatch sw = new System.Diagnostics.Stopwatch();
sw.Start();
int taskCount = 10;
List <Task> tasks = new List <Task>();
for (int i = 1; i <= taskCount; i++)
{
    Proxy client1 = new Proxy();
    client1.ServiceBaseUri = client.ServiceBaseUri;
```

```
        ServiceRequest request1 = new ServiceRequest();
        request1.ServiceName = "OrderService";
        request1.MethodName = "CreateOrder";
        request1.Parameters = new object[] { orderId + i, userId, buyProducts };
        var task = client1.RequestServiceAsync <bool> (request1);
        tasks.Add(task);
        Console.WriteLine("添加第 {0}个任务.",i);
    }
    Console.WriteLine("{0}个订单请求任务创建完成,开始等待所有任务执行完成!",task-
Count);
    Task.WaitAll(tasks.ToArray());
    Console.WriteLine("所有任务执行完成!");
    sw.Stop();
    Console.WriteLine("总耗时:{0}(s),TPS:{1}",sw.Elapsed.TotalSeconds,(double)task-
Count /sw.Elapsed.TotalSeconds);
```

打开解决方案的属性界面,设置"通用属性"→"启动项目"→"多项目启动",选择
项目 DistTransClient 和 TistTransApp 为启动项目,然后按 F5 启动调试。如果你没
有 VS 调试环境,笔者打包制作了一个 SQLite 版本的测试程序,可以直接单击"运
行"进行测试,如图 6-78 所示。

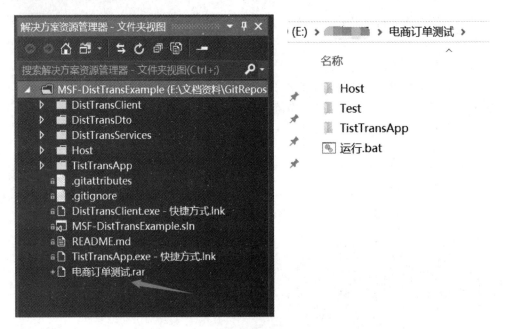

图 6-78 电商订单事务测试程序包

如果运行这个"电商订单测试"中的"运行. bat",请不要复制数据库,按照下面界
面中的每一步提示,输入屏幕显示的内容,就能得到最终的结果,如图 6-79 所示。

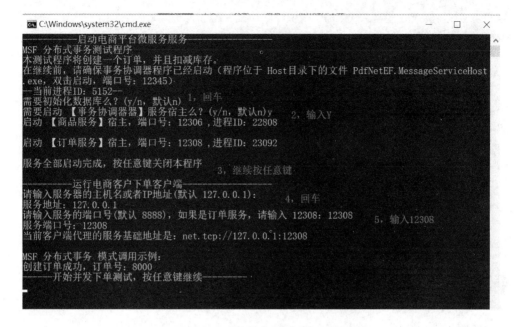

图 6 - 79　电商订单事务测试包测试界面

(2) 测试结果

下面是各种情况下的测试结果,分为订单创建成功和创建失败两种情况。注意,在分析真正的测试数据之前,要先跑一次服务进行预热,也就是先进行一次测试,取第二次以后的测试结果。

注意:下面的测试输出内容,除了分布式事务框架的输出信息,还包括 iMSF 框架运行时的输出信息,比如服务请求地址等。

① 订单创建成功。

分布式协调服务窗口:

```
[2018 - 01 - 31 17:13:45.807]订阅消息 —— From:127.0.0.1:53276
[2018 - 01 - 31 17:13:45.807]正在处理服务请求 —— From:127.0.0.1:53276,Identity:
WMI2114256838
  >> [PMID:1]Service://DTCService/AttendTransaction/System.String = 1b975548 - afac -
4e7a - be6d - 5821bce38ce7
  DTC Service Callback [127.0.0.1:53276 - WMI2114256838] Message:CanCommit
[2018 - 01 - 31 17:13:45.853]订阅消息 —— From:127.0.0.1:53278
[2018 - 01 - 31 17:13:45.854]正在处理服务请求 —— From:127.0.0.1:53278,Identity:
WMI2114256838
  >> [PMID:1]Service://DTCService/AttendTransaction/System.String = 1b975548 - afac -
4e7a - be6d - 5821bce38ce7
```

DTC Service Callback [127.0.0.1:53278 - WMI2114256838] Message:CanCommit

DTC Service Callback [127.0.0.1:53276 - WMI2114256838] Message:PreCommit

DTC Service Callback [127.0.0.1:53278 - WMI2114256838] Message:PreCommit

DTC Service Callback [127.0.0.1:53278 - WMI2114256838] Message:DoCommit

DTC Service Callback [127.0.0.1:53278 - WMI2114256838] Message:Completed

DTC Current Use time:0.042516(s)

[2018 - 01 - 31 17:13:45.897]请求处理完毕(43.0236ms) -- To：127.0.0.1:53278,Identity：WMI2114256838

>> [PMID:1]消息长度:4 字节 -------

result:True

Reponse Message OK.

DTC Service Callback [127.0.0.1:53276 - WMI2114256838] Message:DoCommit

[2018 - 01 - 31 17:13:45.898]取消订阅 -- From：127.0.0.1:53278

DTC Service Callback [127.0.0.1:53276 - WMI2114256838] Message:Completed

DTC Current Use time:0.1009371(s)

[2018 - 01 - 31 17:13:45.909]请求处理完毕(101.9327ms) -- To：127.0.0.1:53276,Identity：WMI2114256838

>> [PMID:1]消息长度:4 字节 -------

result:True

Reponse Message OK.

[2018 - 01 - 31 17:13:45.912]取消订阅 -- From：127.0.0.1:53276

订单服务窗口：

[2018 - 01 - 31 17:13:45.798]订阅消息 -- From：127.0.0.1:53275

[2018 - 01 - 31 17:13:45.801]正在处理服务请求 -- From：127.0.0.1:53275,Identity：WMI2114256838

>> [PMID:1]Service://OrderService/CreateOrder/System. Int32 = 2000&System. Int32 = 100&System. Collections. Generic. List'1 [[DistTransDto. BuyProductDto, DistTransDto, Version％Eqv:1.0.0.0, Culture％Eqv:neutral, PublicKeyToken％Eqv:null]] = [{"ProductId":1,"BuyNumber":3},{"ProductI

MSF DTC(1b975548 - afac - 4e7a - be6d - 5821bce38ce7) Resource at 17:13:45.809 receive DTC Controller state:CanCommit

[2018 - 01 - 31 17:13:45.879]请求处理完毕(77.9367ms) -- To：127.0.0.1:53275,Identity：WMI2114256838

>> [PMID:1]消息长度:4 字节 -------

result:True

MSF DTC(1b975548 - afac - 4e7a - be6d - 5821bce38ce7) Resource at 17:13:45.879 receive DTC Controller state:PreCommit

MSF DTC(1b975548 - afac - 4e7a - be6d - 5821bce38ce7) 1PC,Child moniter task has started at time:17:13:45.879

Reponse Message OK.

[2018 – 01 – 31 17:13:45.888]取消订阅 – – From：127.0.0.1:53275

MSF DTC(1b975548 – afac – 4e7a – be6d – 5821bce38ce7) 2PC,Child moniter task has started at time:17:13:45.888

MSF DTC(1b975548 – afac – 4e7a – be6d – 5821bce38ce7) 1PC,Child moniter task find Dist-Trans3PCState has changed,Now is ACK_Yes_2PC,task break!

MSF DTC(1b975548 – afac – 4e7a – be6d – 5821bce38ce7) Resource at 17:13:45.898 receive DTC Controller state:DoCommit

MSF DTC(1b975548 – afac – 4e7a – be6d – 5821bce38ce7) Try Commit..

MSF DTC(1b975548 – afac – 4e7a – be6d – 5821bce38ce7) Try Commit..OK

MSF DTC(1b975548 – afac – 4e7a – be6d – 5821bce38ce7) Resource at 17:13:45.903 receive DTC Controller state:Completed

MSF DTC(1b975548 – afac – 4e7a – be6d – 5821bce38ce7) 3PC Request Completed,use time:0.1019383 seconds.

MSF DTC(1b975548 – afac – 4e7a – be6d – 5821bce38ce7) 2PC,Child moniter task find Dist-Trans3PCState has changed,Now is Completed,task break!

MSF DTC(1b975548 – afac – 4e7a – be6d – 5821bce38ce7) Controller Process Reuslt:True,Receive time:17:13:45.913

商品服务窗口：

[2018 – 01 – 31 17:13:45.848]正在处理服务请求 – – From：127.0.0.1:53277,Identity:WMI2114256838

>> [PMID:1]Service://ProductService/UpdateProductOnhand/System.String = 1b975548 – afac – 4e7a – be6d – 5821bce38ce7&System.Collections.Generic.List`1[[DistTransDto.BuyProductDto,DistTransDto,Version%Eqv:1.0.0.0,Culture%Eqv:neutral,PublicKeyToken%Eqv:null]] = [{"ProductId":1

MSF DTC(1b975548 – afac – 4e7a – be6d – 5821bce38ce7) Resource at 17:13:45.855 receive DTC Controller state:CanCommit

– – – – – – – – –1,– Session ID:1b975548 – afac – 4e7a – be6d – 5821bce38ce7 – – – – – – – – –

MSF DTC(1b975548 – afac – 4e7a – be6d – 5821bce38ce7) 1PC,Child moniter task has started at time:17:13:45.856

[2018 – 01 – 31 17:13:45.856]请求处理完毕(8.011ms) – – To：127.0.0.1:53277,Identity:WMI2114256838

>>[PMID:1]消息长度:97 字节 – – – – – – –

result:[{"StoreHouse":"广州","ProductId":1,"BuyNumber":3},{"StoreHouse":"广州","ProductId":2,"BuyNumber":1}]

Reponse Message OK.

[2018 – 01 – 31 17:13:45.857]取消订阅 – – From：127.0.0.1:53277

[2018 – 01 – 31 17:13:45.858]订阅消息 – – From：127.0.0.1:53277

[2018 – 01 – 31 17:13:45.867]正在处理服务请求 – – From：127.0.0.1:53277,Identity:WMI2114256838

>> [RMID:0]Service://ProductService/GetProductInfo/System.Int32 = 1

————————2,—— Session ID:1b975548 – afac – 4e7a – be6d – 5821bce38ce7 ————————

[2018 – 01 – 31 17:13:45.868]请求处理完毕(1.0005ms)—— To:127.0.0.1:53277,Identity:
WMI2114256838

>>[RMID:0]消息长度:53 字节 ———————

result:{"ID":1,"Onhand":88,"Price":10.0,"ProductName":"商品 0"}

[2018 – 01 – 31 17:13:45.869]正在处理服务请求 —— From:127.0.0.1:53277,Identity:
WMI2114256838

>>[RMID:0]Service://ProductService/GetProductInfo/System.Int32 = 2

————————2,—— Session ID:1b975548 – afac – 4e7a – be6d – 5821bce38ce7 ————————

[2018 – 01 – 31 17:13:45.869]请求处理完毕(0.5005ms)—— To:127.0.0.1:53277,Identity:
WMI2114256838

>>[RMID:0]消息长度:53 字节 ———————

result:{"ID":2,"Onhand":96,"Price":11.0,"ProductName":"商品 1"}

[2018 – 01 – 31 17:13:45.870]取消订阅 —— From:127.0.0.1:53277

MSF DTC(1b975548 – afac – 4e7a – be6d – 5821bce38ce7) Resource at 17:13:45.888 receive
DTC Controller state:PreCommit

MSF DTC(1b975548 – afac – 4e7a – be6d – 5821bce38ce7) 2PC,Child moniter task has started
at time:17:13:45.889

MSF DTC(1b975548 – afac – 4e7a – be6d – 5821bce38ce7) Resource at 17:13:45.890 receive
DTC Controller state:DoCommit

MSF DTC(1b975548 – afac – 4e7a – be6d – 5821bce38ce7) Try Commit..

MSF DTC(1b975548 – afac – 4e7a – be6d – 5821bce38ce7) Try Commit..OK

MSF DTC(1b975548 – afac – 4e7a – be6d – 5821bce38ce7) Resource at 17:13:45.895 receive
DTC Controller state:Completed

MSF DTC(1b975548 – afac – 4e7a – be6d – 5821bce38ce7) 3PC Request Completed,use time:0.
0470229 seconds.

MSF DTC(1b975548 – afac – 4e7a – be6d – 5821bce38ce7) 1PC,Child moniter task find Dist-
Trans3PCState has changed,Now is Completed,task break!

MSF DTC(1b975548 – afac – 4e7a – be6d – 5821bce38ce7) Controller Process Reuslt:True,
Receive time:17:13:45.900

MSF DTC(1b975548 – afac – 4e7a – be6d – 5821bce38ce7) 2PC,Child moniter task find Dist-
Trans3PCState has changed,Now is Completed,task break!

② 订单创建失败。

分布式协调服务窗口:

[2018 – 01 – 31 17:04:11.669]订阅消息 —— From:127.0.0.1:53201

[2018 – 01 – 31 17:04:11.670]正在处理服务请求 —— From:127.0.0.1:53201,Identity:
WMI2114256838

>>[PMID:1]Service://DTCService/AttendTransaction/System.String = 76d175cc – 5d40 –
4d05 – adfb – 94158b5c2215

DTC Service Callback [127.0.0.1:53201 – WMI2114256838] Message:CanCommit

［2018－01－31 17:04:11.679］订阅消息 —— From:127.0.0.1:53203

［2018－01－31 17:04:11.680］正在处理服务请求 —— From:127.0.0.1:53203,Identity: WMI2114256838

>>［PMID:1］Service://DTCService/AttendTransaction/System.String = 76d175cc－5d40－4d05－adfb－94158b5c2215

DTC Service Callback［127.0.0.1:53203－WMI2114256838］Message:CanCommit

DTC Service Callback［127.0.0.1:53201－WMI2114256838］Message:Abort

DTC Service Callback［127.0.0.1:53201－WMI2114256838］Message:Completed

DTC Service Callback［127.0.0.1:53203－WMI2114256838］Message:Abort

DTC Current Use time:0.0434914(s)

［2018－01－31 17:04:11.715］请求处理完毕(45.0015ms) —— To:127.0.0.1:53201,Identity: WMI2114256838

>>［PMID:1］消息长度:4 字节 －－－－－－－

result:True

Reponse Message OK.

DTC Service Callback［127.0.0.1:53203－WMI2114256838］Message:Completed

［2018－01－31 17:04:11.717］取消订阅 —— From:127.0.0.1:53201

DTC Current Use time:0.0400005(s)

［2018－01－31 17:04:11.724］请求处理完毕(44.4941ms) —— To:127.0.0.1:53203,Identity: WMI2114256838

>>［PMID:1］消息长度:4 字节 －－－－－－－

result:True

Reponse Message OK.

［2018－01－31 17:04:11.731］取消订阅 —— From:127.0.0.1:53203

订单服务窗口:

［2018－01－31 17:04:11.662］订阅消息 —— From:127.0.0.1:53200

［2018－01－31 17:04:11.665］正在处理服务请求 —— From:127.0.0.1:53200,Identity: WMI2114256838

>>［PMID:1］Service://OrderService/CreateOrder/System.Int32 = 2000&System.Int32 = 100&System.Collections.Generic.List`1[[DistTransDto.BuyProductDto, DistTransDto, Version%Eqv:1.0.0.0, Culture%Eqv:neutral, PublicKeyToken%Eqv:null]] = [{"ProductId":1," BuyNumber":3},{"ProductI

MSF DTC(76d175cc－5d40－4d05－adfb－94158b5c2215) Resource at 17:04:11.672 receive DTC Controller state:CanCommit

PDF.NET AdoHelper Query Error:

DataBase ErrorMessage:;违反了 PRIMARY KEY 约束 'PK__Orders__2CE8FBFB7F60ED59'. 不能在对象 'dbo.Orders' 中插入重复键。

语句已终止。

SQL:INSERT INTO ［Orders］(［OerderID］,［OrderName］,［AmountPrice］,［OwnerID］,［OrderTime］) VALUES (@P0,@P1,@P2,@P3,@P4)

CommandType:Text

Parameters:

Parameter["@P0"]   =   "2000"   //DbType = Int32

Parameter["@P1"]   =   "Prudoct:,商品 0,商品 1"

//DbType = String

Parameter["@P2"]   =   "41"   //DbType = Single

Parameter["@P3"]   =   "100"   //DbType = Int32

Parameter["@P4"]   =   "2018 - 1 - 31 17:04:11"   //DbType = DateTime

MSF DTC(76d175cc - 5d40 - 4d05 - adfb - 94158b5c2215) 1PC,Child moniter task has started at time:17:04:11.710

MSF DTC(76d175cc - 5d40 - 4d05 - adfb - 94158b5c2215) Task Error:发生一个或多个错误。

MSF DTC(76d175cc - 5d40 - 4d05 - adfb - 94158b5c2215) Try Rollback..

MSF DTC(76d175cc - 5d40 - 4d05 - adfb - 94158b5c2215) Resource at 17:04:11.711 receive DTC Controller state:Abort

MSF DTC(76d175cc - 5d40 - 4d05 - adfb - 94158b5c2215) Try Rollback..OK

MSF DTC(76d175cc - 5d40 - 4d05 - adfb - 94158b5c2215) Try Rollback..

[2018 - 01 - 31 17:04:11.712]请求处理完毕(46.5004ms) -- To:127.0.0.1:53200,Identity:WMI2114256838

>> [PMID:1]消息长度:5 字节 -------

result:False

Reponse Message OK.

MSF DTC(76d175cc - 5d40 - 4d05 - adfb - 94158b5c2215) Try Rollback..OK

MSF DTC(76d175cc - 5d40 - 4d05 - adfb - 94158b5c2215) Resource at 17:04:11.714 receive DTC Controller state:Completed

MSF DTC(76d175cc - 5d40 - 4d05 - adfb - 94158b5c2215) 3PC Request Completed,use time:0.0469998 seconds.

[2018 - 01 - 31 17:04:11.716]取消订阅 -- From:127.0.0.1:53200

MSF DTC(76d175cc - 5d40 - 4d05 - adfb - 94158b5c2215) Controller Process Reuslt:True,Receive time:17:04:11.719

MSF DTC(76d175cc - 5d40 - 4d05 - adfb - 94158b5c2215) 1PC,Child moniter task find Dist-Trans3PCState has changed,Now is Completed,task break!

商品服务窗口:

[2018 - 01 - 31 17:04:11.674]订阅消息 -- From:127.0.0.1:53202

[2018 - 01 - 31 17:04:11.675]正在处理服务请求 -- From:127.0.0.1:53202,Identity:WMI2114256838

>> [PMID:1]Service://ProductService/UpdateProductOnhand/System. String = 76d175cc - 5d40 - 4d05 - adfb - 94158b5c2215&System. Collections. Generic. List'1[[DistTransDto. BuyProductDto, DistTransDto, Version % Eqv;1. 0. 0. 0, Culture % Eqv;neutral, PublicKeyToken % Eqv;null]] = [{"ProductId":1

MSF DTC(76d175cc－5d40－4d05－adfb－94158b5c2215) Resource at 17:04:11.681 receive DTC Controller state:CanCommit

－－－－－－－－1,－Session ID:76d175cc－5d40－4d05－adfb－94158b5c2215－－－－－－－－－

MSF DTC(76d175cc－5d40－4d05－adfb－94158b5c2215) 1PC,Child moniter task has started at time:17:04:11.682

[2018－01－31 17:04:11.682]请求处理完毕(7.5003ms)－－To:127.0.0.1:53202,Identity:WMI2114256838

>>[PMID:1]消息长度:97 字节 －－－－－－－

result:[{"StoreHouse":"广州","ProductId":1,"BuyNumber":3},{"StoreHouse":"广州","ProductId":2,"BuyNumber":1}]

Reponse Message OK.

[2018－01－31 17:04:11.685]取消订阅－－From:127.0.0.1:53202

[2018－01－31 17:04:11.686]订阅消息－－From:127.0.0.1:53202

[2018－01－31 17:04:11.687]正在处理服务请求－－From:127.0.0.1:53202,Identity:WMI2114256838

>>[RMID:0]Service://ProductService/GetProductInfo/System.Int32＝1

－－－－－－－2,－－Session ID:76d175cc－5d40－4d05－adfb－94158b5c2215－－－－－－－－－

[2018－01－31 17:04:11.688]请求处理完毕(1.5019ms)－－To:127.0.0.1:53202,Identity:WMI2114256838

>>[RMID:0]消息长度:53 字节 －－－－－－－

result:{"ID":1,"Onhand":88,"Price":10.0,"ProductName":"商品 0"}

[2018－01－31 17:04:11.690]正在处理服务请求－－From:127.0.0.1:53202,Identity:WMI2114256838

>>[RMID:0]Service://ProductService/GetProductInfo/System.Int32＝2

－－－－－－－2,－－Session ID:76d175cc－5d40－4d05－adfb－94158b5c2215－－－－－－－－－

[2018－01－31 17:04:11.694]请求处理完毕(4ms)－－To:127.0.0.1:53202,Identity:WMI2114256838

>>[RMID:0]消息长度:53 字节 －－－－－－－

result:{"ID":2,"Onhand":96,"Price":11.0,"ProductName":"商品 1"}

[2018－01－31 17:04:11.694]取消订阅－－From:127.0.0.1:53202

MSF DTC(76d175cc－5d40－4d05－adfb－94158b5c2215) Resource at 17:04:11.714 receive DTC Controller state:Abort

MSF DTC(76d175cc－5d40－4d05－adfb－94158b5c2215) Try Rollback..

MSF DTC(76d175cc－5d40－4d05－adfb－94158b5c2215) Try Rollback..OK

MSF DTC(76d175cc－5d40－4d05－adfb－94158b5c2215) Resource at 17:04:11.717 receive DTC Controller state:Completed

MSF DTC(76d175cc－5d40－4d05－adfb－94158b5c2215) 3PC Request Completed,use time:0.0410005 seconds.

MSF DTC(76d175cc－5d40－4d05－adfb－94158b5c2215) 1PC,Child moniter task find Dist-Trans3PCState has changed,Now is Completed,task break!

MSF DTC(76d175cc－5d40－4d05－adfb－94158b5c2215) Controller Process Reuslt:True,Receive time:17:04:11.731

最后,在 Host\Log 目录下,可以看到名字形如"MSFDTC年月日.log"的分布式事务日志文件。该文件会详细记录分布式事务有关的日志信息,包括运行此事务的容器进程 ID 和事务标识,如图 6 - 80 所示。

图 6 - 80　MSF 分布式事务运行日志

从这个结果来看,我们的这个分布式事务框架运行良好,能够正确地提交分布式事务,也能在遇到问题时及时回滚事务。框架能够详细地显示分布式事务的运行过程,包括每个服务执行过程中的分布式事务状态,也能在出错时显示详细的错误信息。

6. 总结:基于 MSF 的应用层分布式事务

消息服务框架(MSF)成功地实现了基于三阶段提交的分布式事务协议,并且事务执行性能在分布式环境下是可以接受的。

当前实现过程中,利用消息服务框架的长连接特性,它可以及时地发现网络异常情况而不会出现"傻等"的问题(等到超时),这可以保证分布式事务执行的可靠性和效率。

为什么长连接能够改善分布式事务的效率?

可以这样理解,有 A,B,C 三个分布式服务,它们需要完成一致性的操作,常规的做法是用复杂的分布式事务框架,但是,如果有一个 M 节点,它将 A,B,C 连接起来并且不中断,那么调用它们的服务是不是与调用本地方法是一个道理。这样,只需要在 M 节点开启和提交事务,就等于完成了分布式事务了。

iMSF 的分布式事务是基于本地事务实现的,充分利用了 iMSF 的长连接通信能力,使得运行分布式事务就像执行本地事务一样。

分布式事务在高并发下性能表现不理想,在实际项目中需要注意这个问题,但这不是 iMSF 的特例,而是分布式事务普遍的问题。因此,要解决高并发下的性能问题,不二之选是在系统设计时就考虑消息驱动模式,使用 Actor 并发模型,iMSF 框架支持 Actor 模型。

第 7 章

企业级解决方案应用示例

在前面几章介绍了数据开发的一些常用技术,包括基础的数据访问、ORM 框架、数据窗体开发,并介绍了与设计数据开发有关的系统架构知识,详细介绍了一些分布式环境下需要掌握的数据架构和开发经验。本章将综合使用之前介绍的知识,演示几个在企业级项目开发中用到的一些解决方案,包括内存数据库、跨平台数据库同步和基于应用层的事务数据复制技术。

7.1 内存数据库

最近几年 NoSQL 逐渐变得流行,"非关系数据库"被人们越来越多地谈论和使用,相比传统的关系数据库(RDBMS),数据的组织和访问不再依赖于严格的"关系"理论,强调分布式环境下数据极致的访问速度和海量的数据存储,在一致性(Consistency)、可用性(Availability)和分区容错性(Partition tolerance)方面,提出了 CAP 定理,认为这三个要素最多只能同时实现两点,不可能三者兼顾。如有些 NoSQL 产品通过牺牲一致性,采用最终一致性,来确保系统的可用性和分区容错性。为了达到最大的访问性能,不少 NoSQL 产品都采用了"内存数据库"技术,即数据在运行时尽量加载到内存中,在内存中进行更新和查询,然后再保存到持久化存储媒介中。相对于磁盘,内存的数据读/写速度要高出几个数量级,将数据保存在内存中相比从磁盘上访问能够极大地提高应用的性能。

内存数据库从"范型"上可分为关系型内存数据库和键值型内存数据库。一些关系数据库推出了内存数据计算引擎,能够在内存中查询关系数据,主要配合对应的大型关系数据库使用,如 SQL Server 提供了 In - Memory OLTP,Oracle 或 MySql 也都有类似的产品。基于键值型内存数据库比关系型更加易于使用,它关注性能,作用类似于缓存,并不注重数据完整性和数据一致性,性能和可扩展性更好,因此在应用上比关系型的内存数据库使用更多。常用的键值型的内存数据库有 Memcached 和 Redis 等,Redis 能持久化数据,所以更加符合数据库的特点。Mongodb 对数据的操作大部分都在内存中,速度上不比 Redis 慢,但 Mongodb 并不是单纯的内存数据库,而是一个文档型数据库。

上面列举的都是一些"重量级"的内存数据库产品,在部署和使用上都不是很简单。笔者比较推崇"内存计算"的概念,在 OOP 程序运行过程中,内存使用主要都是各种业务数据对象,也有很多"实体类"对象和各种简单的对象,比如 DTO 等。除了写特定的业务方法来管理这些内存对象,.NET 框架提供了操作内存对象集合最优秀的技术——LINQ,集成语言查询。因此,相对于关系数据库数据的查询语言 SQL,**LINQ 可以作为"内存数据库"的查询语言**。我们放弃关系数据库对于数据一致性等事务性的要求,只需要给内存数据增加一套持久化的方法,就能实现一个简单的"内存数据库"。这个"内存数据库"不仅具有数据查询语言 LINQ,还具备持久化功能,相比 Redis,使用更简单,查询功能更强大。这就是 SOD 框架的内存数据库设计思想。下面说的"内存数据库"如无特殊说明,均指 SOD 框架的内存数据库。

7.1.1　架构设计

内存数据库的具体设计方案,可以通过 SOD 框架的实体类作为内存对象,使用.NET 框架的"系统缓存"组件来加载数据到内存并自动清理过期数据,利用实体类的"二进制序列化"功能(参考 4.9 节实体类的序列化的内容),后台开启一个数据保存功能来实现数据的持久化,使用 Linq to Object 作为查询语言,这样就可以应对前端大数据量的查询而后端数据持久化透明。图 7 - 1 所示为内存数据库的架构设计图。

下面是 SOD 内存数据库架构设计的各个组成部分说明:

(1) 核心类 MemDB

- 一个存储所有实体类集合的集合,即 Memory Data,应用程序要取数据,通过 Get <T> 方法获取(T 为实体类类型);
- 当获取数据时,如发现 Memory Data 里面没有,就调用 Load <T> 方法,从 PMDb 实体类文件加载数据;
- 当有新实体数据需要保存时,调用 Add <T> 方法;
- 当数据更新后,如果想保存,就显式地调用一下 Save <T> 方法,注意,该方法并不直接保存数据,它只保存这个"保存数据的方法",参见"移花接木"一文的说明;
- 后台维护一个数据写入线程,检查是否有"保存数据的方法"需要执行;
- 数据操作的日志记录。

(2) 核心类 MemDBEngin

该类实际上就是一个 MemDB 的工厂类,它会根据不同的数据库"路径"生成一个 MemDB 对象实例;MemDB 实例的生命周期由"系统缓存"管理,这里使用.NET 4.0 的 System. Runtime. Caching 中的缓存管理对象。由于使用了系统缓存,所以 MemDB 能够做到"按需加载""闲置关闭"的功能。MemDB 实例中的 Memory Data 对应的就是"系统缓存"。

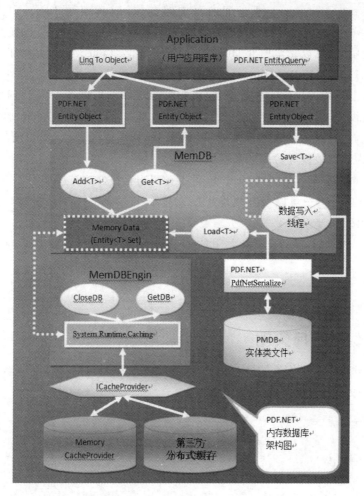

图 7-1 SOD 内存数据库架构设计

（3）ICacheProvider 缓存提供程序接口

定义了一套缓存使用的方法，可以指定缓存策略，如相对过期、绝对过期等。

（4）缓存提供程序

系统缓存的默认实现了 Memory CacheProvider，也就是内存缓存提供程序；由于采用接口设计，所以理论上也可以扩展为第三方的"分布式缓存"。

（5）数据持久化

整个内存数据库使用的数据都是 PDF. NET 的实体类，这里使用 PDF. NET 框架的"序列化"和"反序列化"功能，将内存数据写入磁盘上的 pmdb 文件，或者从文件加载数据到内存中。

（6）用户应用程序

这里是使用"内存数据库"的数据的地方，可以使用多种方式来操作内存数据，如直接使用 Linq To Object 来查询内存中的数据,或者使用 PDF.NET 的 EntityQuery 对象,实现内存数据库和"关系数据库系统"(DBMS)的数据库间的双向同步。实际使用中,可以完全抛弃 DBMS,使用 Linq To Object 已经足够了。

(7) PDF.NET Entity Object

这是整个系统使用的实体数据,它由相关的组件调用传递。由于 PDF.NET 实体类的独特设计,使得它的序列化和反序列化效率非常高,不使用反射,性能也很好;最重要的是,它没有关系数据库那一套"沉重"的数据库元数据标识,所以它非常轻巧,适合作为内存数据库数据的最佳载体。

纵观这个内存数据库的架构设计,可以看到它有很好的扩展能力:

● 大型应用——可以很方便地扩展支持第三方分布式缓存,构建大型的系统应用;

● 中小型应用——可以将常用的 DBMS 数据放在内存数据库中,提高响应能力;

● 轻微型应用——可以完全抛弃 DBMS,使用纯内存数据库,以获得最大的响应速度。

7.1.2 数据的持久化

首先,封装一下实体类的持久化过程,将实体类序列化后保存在磁盘文件,或者从一个磁盘文件加载实体类,直接上代码:

```
/// <summary>
///从数据文件载入实体数据(不会影响内存数据),建议使用 Get 的泛型方法
/// </summary>
/// <typeparam name = "T"> </typeparam>
/// <returns> </returns>
public T[] LoadEntity <T>() where T : EntityBase,new()
{
    Type t = typeof(T);
    string fileName = this.FilePath + "\\" + t.FullName + ".pmdb";
    if (File.Exists(fileName))
    {
        byte[] buffer = null;
        using (FileStream fs = new FileStream(fileName, FileMode.Open, FileAccess.Read))
        {
            long length = fs.Length;
            buffer = new byte[length];
            fs.Read(buffer, 0, (int)length);
            fs.Close();
        }
    }
```

```
        T[] result = PdfNetSerialize <T> .BinaryDeserializeArray(buffer);


        this.WriteLog("加载数据 " + fileName + " 成功!");
        return result;
    }
    return null;
}


/// <summary>
///直接保存实体数据,如果文件已经存在则覆盖(不会影响内存数据)
/// </summary>
/// <typeparam name = "T"> </typeparam>
/// <param name = "entitys"> </param>
/// <returns> </returns>
public bool SaveEntity <T> (T[] entitys) where T : EntityBase, new()
{
    if (entitys ! = null && entitys.Count() > 0)
    {
        Type t = typeof(T);
        string fileName = this.FilePath + "\\" + t.FullName + ".pmdb";
        byte[] buffer = PdfNetSerialize <T> .BinarySerialize(entitys);
        using (FileStream fs = new FileStream(fileName, FileMode.Create, FileAccess.Write))
        {
            fs.Write(buffer, 0, buffer.Length);
            fs.Flush();
            fs.Close();
        }
        this.WriteLog("保存数据 " + fileName + " 成功!");
        return true;
    }
    return false;
}
```

这里,实体类的序列化都依赖于 PDF.NET 框架已有的方法:

```
PdfNetSerialize <T> .BinarySerialize(List <T> entitys); //二进制序列化
PdfNetSerialize <T> .BinaryDeserializeArray(byte[] buffer); //二进制反序列化
```

这两种方法,根据具体的类型 T 获取文件名,其他的就不详细介绍了。

7.1.3　构造"数据仓库"

既然是"数据库",肯定要有一个地方来集中存放,内存数据库自然是把所有数据

放到内存中,于是定义一个"数据容器"对象:

```
List <EntityBase[] > dataContainer = new List <EntityBase[] > ();
```

由于容器中要存放各种具体的实体类对象,所以我使用实体类的基类 Entity-Base 来定义,数据容器 dataContainer 中存放的是具体实体类对象的数组,于是统一保存数据就是下面类似的代码:

```
private void SaveAllEntitys()
{
    foreach(EntityBase[] item in dataContainer)
    {
        this.SaveEntity <EntityBase> (item);
    }
}
```

非常不幸,我调用的 SaveEntity 方法无法编译通过,VS 给出的错误提示是:

"必须是具有公共的无参数构造函数的非抽象类型,才能用做泛型类型或方法"
SaveEntity> (T[] entitys)中的参数"T",

于是改一下保存数据的方法,去掉 new() 泛型约束:

```
public bool SaveEntity <T> (T[] entitys) where T : EntityBase {...}
```

但序列化实体类的方法仍无法编译通过:

```
byte[] buffer = PdfNetSerialize <T> .BinarySerialize(entitys);
```

BinarySerialize 方法也要求泛型类类型 <T> 不能是抽象类或接口类型。

那么,接着去修改序列化方法?不太可能。因为 PDF. NET 的类库已经很成熟了,难以评估此修改会对原有的项目产生什么影响。

本着"对修改关闭,对扩展开放"的原则,只有另辟蹊径,不走寻常路了。

7.1.4 移花接木

再来看看 SaveAllEntitys 方法,如果能够在调用 SaveEntity 之前,拿到 Entity-Base 类的具体实现类型那该多好,就能解决泛型类不能使用抽象类类型的问题,但这里却不能拿到。虽然在运行时,能够确切地看到 item 变量对应的对象的具体类型,但我们的代码在这里却无法给出泛型方法的类型 <T> ,这个问题不突破,后面的工作都没法进行。

"运行时才知道具体类型……"

"运行时……运行时……"

何不在"运行时记录方法实际调用的具体类型"? 也就是"捕获调用的方法",而不是获取"方法的执行结果"。用"伪代码"举个简单例子：

```
Function 我要金山1()
   ' 找金山的具体过程
End Function


Function 我要金山2()
   'XXX想要金山！记录下来他怎么找到金山的
End Function
```

"我要金山2"与"我要金山1"的区别就是，前者是要找金山的方法，而后者目的只是要金山！正所谓"授人以鱼不如授人以渔"！

在.NET中，如何才能捕获"方法的调用"而不是获取"方法的执行结果"？或者说，如何才能先将方法的调用记录下来，以后在某个时候再来执行？就像上面的例子"我要金山2"，外人看起来他好像是要了一座金山，其实他背后的"野心大大的"，要拥有更多的金山，这对外人而言他简直就是在"移花接木"！下面，来看"委托"怎么实现这个效果：

```
//声明一个委托方法列表变量
private List <Func <bool>> methodList;

    /// <summary>
    ///(延迟)保存数据,该方法会触发数据真正保存到磁盘,请添加、修改数据后调用该
    ///方法
    /// </summary>
    /// <typeparam name = "T"> </typeparam>
    public void Save <T> () where T : EntityBase, new()
    {
        AddSaveMethod(() =>
          {
                Type t = typeof(T);
                string key = t.FullName;
                if (mem_data.ContainsKey(key))
                {
                    T[] entitys = (T[])mem_data[key];
                    //此处将触发key对应的数据的保存动作
                    lock (lock_obj)
                    {
                      return SaveEntity <T> (entitys);
                    }
                }
                return false;
```

```
        }
    );
}
```

上面的代码定义了一个 Func <bool> "委托方法"的列表对象 methodList,以保存所有"需要调用的方法",使得 Save <T>()方法的实际操作不是去保存数据,而是保存了"保存数据的方法",将该方法作为 AddSaveMethod 方法的参数,以达到"移花接木"的效果:

```
private void AddSaveMethod(Func <bool> toDo)
{
    if(!methodList.Contains(toDo))
        methodList.Add(toDo);
}
```

最后,只需要在某个时候,开个后台线程,来真正执行这些"数据保存的方法"即可。下面是保存数据到磁盘的代码:

```
/// <summary>
///将数据真正保存到磁盘
/// </summary>
protected internal void Flush()
{
    foreach (var item in methodList.ToArray())
    {
        item();
        methodList.Remove(item);
    }
}
```

注意:每次执行保存数据的方法后,都要从 methodList 中清除它,等待下一次某个工作线程再次触发保存数据的动作。

到此,保存各种类型的"实体数据"工作圆满完成,但怎么用好它,还得看"婆家"的脸色。

7.1.5 打造"数据集市"

前面的工作完成了如何加载数据、保存数据的任务,但这些工作要做好,还得先找一个"容器"来存储所有的数据,直接放到内存是最简单的想法,但不能让这个内存数据库占据大量的内存,所以必须为我们的内存数据库找个"数据集市"。

什么地方的内存能够按需使用,闲置后可以回收? 这不就是"缓存"吗!

.NET 4.0 提供了 System. Runtime. Caching 命名空间,下面有一些缓存管理的

类,它们不依赖于 System. Web. dll 程序集,可以在各种类型的应用程序中使用,就
选它了:

```
/// <summary>
///内存数据库引擎,bluedoctor 2011.9.5 详细请看 http://www.pwmis.com/sqlmap
/// </summary>
public class MemDBEngin
{
    /// <summary>
    ///获取引擎实例,实例保存在系统缓存工厂中
    /// </summary>
    /// <param name = "source"> 要持久化的对象数据保存的路径 </param>
    /// <returns> </returns>
    public static MemDB GetDB(string source)
    {
        MemDB result = CacheProviderFactory.GetCacheProvider().Get <MemDB> (source, () =>
            {
                MemDB db = new MemDB(source);
                db.AutoSaveData();
                return db;
            },
            new System.Runtime.Caching.CacheItemPolicy()
            {
                SlidingExpiration = new TimeSpan(0, 10, 0), //距离上次调用 10 分钟后过期
                RemovedCallback = args => {
                    MemDB db = (MemDB)args.CacheItem.Value;
                    db.Flush();
                    db.Close();
                }
            }
            );

        return result;

    }

    private static string defaultDbSource = "";

    /// <summary>
    ///获取默认的内存数据库引擎
    /// </summary>
```

```
/// <returns> </returns>
public static MemDB GetDB()
{
    if (defaultDbSource.Length == 0)
    {
        string source = "~\\MemoryDB";
        PWMIS.Core.CommonUtil.ReplaceWebRootPath(ref source);
        defaultDbSource = source;
    }
    return GetDB(defaultDbSource);
}
```

上面就是"内存数据库引擎"的全部代码,才 50 行代码,它已经具有按需开启数据库、闲置 10 分钟自动关闭数据库的功能。

7.1.6 使用"内存数据库"实例

上面的"理论介绍"已经初步完成了,你可能会有以下问题:

问:这个数据库使用是否方便?

答:非常方便,从数据库取出数据后,就像普通的方法一样操作对象,比如使用 Linq To Object,使用完后随时调用保存方法即可。

问:是否很占用内存?

答:数据只是在缓存中,且有自动过期策略,随需随用,不额外占用内存。

问:大并发是否会有冲突?

答:内存数据库就是给"大并发"访问情况的数据使用的,内存数据库采用一个独立后台线程来写入数据,不会有并发冲突,当然,前台数据的使用应该注意。

问:支持什么格式的数据?

答:只要是 PDF.NET 的实体类即可,可以将数据从 DBMS 查询到实体类中,然后保存到内存数据库。

问:是否支持分布式缓存?

答:内存数据库采用.NET 4.0 的缓存接口,理论上支持各种缓存实现技术,如内存、文件或者分布式的 MemoryCache。

问:与 NoSql 有什么区别?

答:内存数据库使用的方法与普通程序对象没有区别,可以使用 Linq To Sql 或者直接操作数据,而 NoSql 要采用"键-值"对存储数据,程序中要使用专门的格式存取数据,有一定学习成本。

下面以一个实例,来看如何使用内存数据库:

```csharp
/// <summary>
///保存问题的回答结果
/// </summary>
/// <param name = "uid"> 用户标识 </param>
/// <param name = "answerValue"> 每道题的得分 </param>
public void SaveAnswerResult(string uid, int[] answerValue)
{
    MemDB db = MemDBEngin.GetDB();//获取内存数据库实例
    QuestionResult[] resultList = db.Get <QuestionResult>(); //取数据

    QuestionResult oldResult = resultList.Where(p => p.UID == uid).FirstOrDefault();
    if (oldResult != null)
    {
        oldResult.AnswerValue = answerValue;
        oldResult.AnswerDate = DateTime.Now;
    }
    else
    {
        QuestionResult qr = new QuestionResult();
        qr.UID = uid;
        qr.AnswerValue = answerValue;
        qr.AnswerDate = DateTime.Now;

        db.Add(qr);
    }
    db.Save <QuestionResult>();//保存数据
}

/// <summary>
///载入某用户的答案数据
/// </summary>
/// <param name = "uid"> </param>
/// <returns> </returns>
public int[] LoadAnswerResult(string uid)
{
    MemDB db = MemDBEngin.GetDB();
    QuestionResult[] resultList = db.Get <QuestionResult>();

    QuestionResult oldResult = resultList.Where(p => p.UID == uid).FirstOrDefault();
    if (oldResult != null)
        return oldResult.AnswerValue;
```

```
        else
            return null;
    }
```

上面的实例中,MemDBEngin 是内存数据库引擎,QuestionResult 是 PDF. NET 的实体类。使用过程还是很简单的,直接从内存数据库加载数据,然后像操作普通列表集合对象一样使用,如果需要保存数据就调用内存数据库的数据持久化方法(Save 方法),否则直接忽略内存的修改即可。

相比较 DBMS 复杂的关系查询,这个内存数据库使用实在太简单了。

SOD 内存数据库很早就集成在 SOD 框架的源代码中了,解决方案里面的程序集项目 PWMIS. MemoryStorage 就是它,如图 7 - 2 所示。

现在,该源码库已经编译发布成了 Nuget 程序包,最新版本是 5.6.3.612, 你可以更方便地使用它:

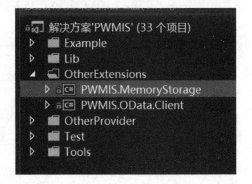

图 7 - 2　SOD 内存数据库项目源码

```
Install - Package PDF. NET. SOD. MemoryStorage. Extensions - Version 5.6.3.612
```

7.2　异构数据库同步

7.2.1　异构数据库平台

不同种类的数据库之间的数据同步,叫做异构数据库同步。比如在 C/S 应用中,本地是 SQLite 嵌入式数据库,远端是 SQL Server/MySQL/Oracle 大型数据库,你的应用需要将本地的数据修改并同步到远端服务器数据库上;或者分布式系统中,各个数据库服务器之间的数据同步,但是两个服务器可能不是同样的操作系统,数据库类型也不一样,如图 7 - 3 所示的情形。

一些数据库平台提供了不同数据源之间同步数据的技术,比如图 7 - 4 所示的 SQL Server 的"导入和导出数据"。这种同步技术要求开放数据库服务端口,这可能需要求助系统管理员,而这可能是一个困难的问题,因为在系统管理员看来这种设计充满了网络和数据库安全的风险,从而可能拒绝你的数据同步方案。另外,现在流行的微服务架构,也要求各个服务使用自己的数据库,如果需要使用别的数据库的数据,一个变通的办法就是将别的数据库中的数据同步过来,最佳的办法就是使用独立的中间件,让它工作在应用层,与你的应用集成在一起,从而获得系统管理员的支持。

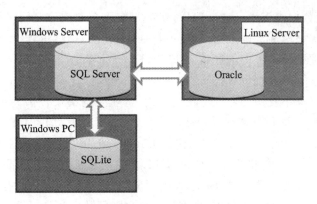

图 7 - 3   异构数据库同步示意图

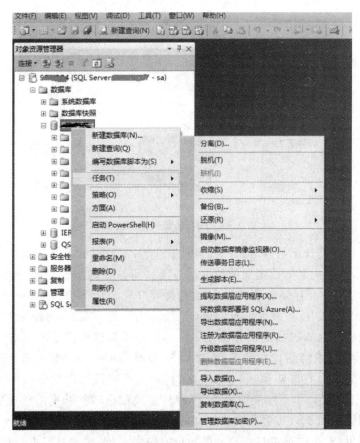

图 7 - 4   SQL Server 导入和导出数据

7.2.2   数据同步流程和方案

数据库同步除了数据库平台不同，最大的问题可能在于目标数据库与数据源之间的数据结构、数据类型不一样。这样,就需要在两个数据库之间设计一个"数据转换层",从数据源抽取需要的数据,然后进行加工、转换,最后得到符合目标数据库格式的数据。处理这种任务的程序就是 ETL(Extract Transform Load)工具,ETL 是将业务系统的数据经过抽取、清洗转换之后加载到数据仓库的过程,目的是将企业中的分散、零乱、标准不统一的数据整合到一起,为企业的决策提供分析依据。一些大型商业数据库平台提供了专业的 ETL 工具,比如 Oracle 的 OWB、SQL Server 的 SSIS 服务等,也有专业的 ETL 工具,比如 Datastage、Informatica、Kettle,功能强大,无需编程就能工作,但价格不菲。所以,ETL 的主要目标是用在数据仓库系统中,是商业智能(BI)系统的重要工具,因此,如果用 ETL 来做数据同步就有点大材小用了。不过,可以借鉴 ETL 的工作原理,来设计一个自己的数据同步工具。图 7-5 所示为 ETL 的异构数据库之间数据同步的一个工作流程示意图。

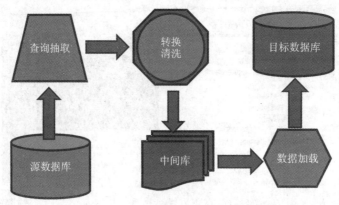

图 7-5 ETL 的数据同步流程

如果在系统设计之初就考虑到数据同步问题,源数据库和目标数据库尽管数据库平台不同,但它们之间数据表的数据列可以采用兼容的数据类型,比如 Oracle 的 Number 类型列实际存储的是整数,那么它就可以与 SQL Server 的 int 类型相兼容;SQL Server 的 GUID 类型也可与 MySQL 的 string 类型兼容,前提是 MySQL 的这个 string 列实际存储的数据是 GUID 字符串。如果是这种简单的兼容类型数据转换,这个功能在 ORM 可以自动进行,比如 SOD 框架的实体类就具有这种功能。借助实体类上的数据类型转换,和 ADO. NET 对于不同数据库平台数据提供程序在 . NET 语言 DbType 类型级别的统一,很容易实现数据转换功能。有关数据库提供程序的数据类型与 . NET 数据类型之间的对应关系表,请参考 4.2.2 小节数据类型的映射。所以,对于这种本身需要数据同步的应用系统,经过良好的设计,可以不使用复杂的 ETL 工具来做数据同步,因此数据同步流程可以去掉"数据转换清洗"这个步骤,并且将"中间库"设计为一组数据文件,这些数据文件可以被程序直接读取加载,也容易分发同步到远程服务器上,进行分布式的数据同步。图 7-6 所示为简化后的数据同步流程图。

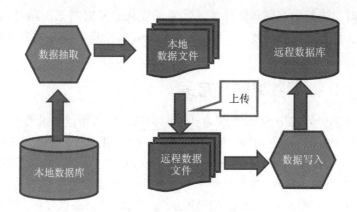

图 7 - 6   简单数据同步流程

数据文件不仅容易分发传输,而且应用程序读/写数据文件要比数据库快得多。由于这种用于数据同步的数据文件只有"追加"数据的操作,没有修改和删除数据的需求,所以不需要使用随机文件格式,可以按照数据流来写入和读取,不仅读/写速度快,而且占用磁盘空间小,相比使用数据库这又是一个很大的优点。SOD 框架的实体类序列化功能可以很容易的将一个实体类集合对象序列化存储到磁盘文件里面,也可以从这种磁盘文件读取数据反序列化成一个实体类集合。这个功能可以参考4.9 节实体类的序列化和 7.1.2 小节数据的持久化。

在同步数据时,第一次从本地数据库抽取的数据写入的数据文件,有点像本地数据库中部分数据的"快照",下一次同步数据时可以重新生成一次数据库的快照文件,最后在目标数据库上重新导入。这种方法虽然简单,但如果每次要导出导入的数据量比较大,此方式就不合适了,最佳办法是每次只同步修改过的数据。

如何得到修改过的数据呢? 在 6.8 节读写分离中讲到使用数据库的发布订阅功能来实现读写分离,要发布的数据库每张表都需要一个时间戳字段,如果没有这样的字段会自动为表加上一个,之后,发布订阅的复制代理就可以根据时间戳来确定数据是否有修改了,最后据此生成表的快照数据。采用事务复制也需要表有时间戳。实际上,这里的时间戳等效于数据的版本号,采用版本号方式,数据每修改一次版本号都会加一。

修改过的数据包括添加的数据、更新的数据和删除的数据。这几种类型的数据应用到目标数据库时必须分别处理,执行相应的添加、更新和删除操作。如果数据同步采用增量数据快照,那么这个同步的顺序必须确保正确,否则在目标库上可能发生新数据被旧数据覆盖的情况。因此,一旦同步过程遇到问题,就必须中断处理,等解决了这次同步问题后才可以进行后续的数据同步。如果每次采用全量快照就不存在上面这个问题了,但全量快照只适合于那些数据量比较小但修改频率比较高的表。

增量快照虽然能够大大减小每次同步的数据量,但是它也不适合目标库正在使用期间的数据同步,频繁地同步有可能让目标数据库出现访问故障,所以增量快照适合于在指定时间进行数据同步的场景。如果需要比较及时的数据同步,就需要事务复制了。有关事务复制的问题,请参考 6.8.3 小节事务复制或者 7.3 节应用层事务数据复制。

7.2.3　SOD 框架数据同步方案

本小节介绍如何使用 SOD 框架来实现异构数据库的增量数据同步。在 SOD 框架数据同步解决方案(以下简称"方案")使用类似"数据快照"的方式来批量同步数据,也使用数据版本号来标记数据的更改,从而实现"增量同步"功能。在方案中,使用"同步批次号"(以下简称"批次号")来标识每个数据表的数据版本号,对于同一个表,数据的"批次号"总是从 1 开始顺序递增,该"批次号"信息保存在源数据库对应的"内存数据库"数据文件中,而在目标数据库中有一个"批次号信息表",每次向目标数据库导入数据时,都会比较内存数据库中该表的"批次号"是否比要导入的表"批次号"大,如果"是"才允许将内存数据库中的当前表的数据导入目标数据库对应的数据表。图 7-7 所示为方案的数据同步原理图。

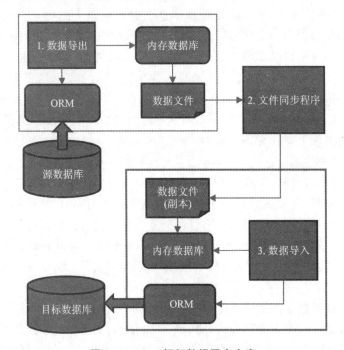

图 7-7　SOD 框架数据同步方案

"批次号"由同步程序管理。方案规定,源数据库新增或者修改的数据,"批次号"必须为空(NULL)或者为 0。应用程序在源数据库中插入数据时,可以不插入"批次号"字段,让"批次号"字段默认为空即可,修改数据时一般将"批次号"字段设置为 0即可。当对源数据库的表导出数据时,只导出"批次号"为 0 或者为空的记录,而在数据导出成功后,同步程序会将这些记录的"批次号"设置为本次导出数据时的同步批次号。

相比前面说的数据插入和修改的"批次号"管理,数据的删除问题要复杂些。在源数据库删除某条数据后,在目标数据库也应该删除对应 ID 的数据,为了实现这个功能,可以在源数据库中,记录这些被删除数据的 ID,假定这些 ID 的类型是数字型或者字符串类型,建议这些 ID 始终使用全局唯一的 ID,比如 GUID 或者数据库的 UUID。如果在源数据库导出的表使用了自增 ID,那么目标数据源对应的表不可以使用自增 ID。**本方案不能使用相同的 ID 反复增删数据**,比如在插入此 ID 的数据后又删除此 ID 的记录,然后又再次插入此 ID 的记录,这会使得数据导入目标数据源时发生混乱。最佳建议是每个要导出数据的表,它的 ID 都使用全局唯一且有序的 long 数字类型 ID,请参考 6.9.6 小节 SOD 框架分库分表中的"SOD 框架的分布式 ID"。

方案使用 SOD 的 ORM 功能来导出和导入数据,要求要同步的表都必须有"批次号"字段,因此规定每一个包含此字段名的接口"导出表"接口 IExportTable 都有一个对应的 "批次号"属性 BatchNumber。目前,只有实现该接口的实体类才可以由同步程序管理。代码如下:

```
namespace SOD.DataSync
{
    /// <summary>
    ///导出表数据的接口,该接口必须作用于 EntityBase 实现类上
    /// </summary>
    public interface IExportTable
    {
        /// <summary>
        ///导出操作的批次号,如果为 0,表示数据发生了更改,需要导出
        /// </summary>
        int BatchNumber { get; set; }
    }
}
```

为了实现对"批次号"进行管理,在实体类 ExportBatchInfo 中,定义了"批次号"对应的要导出表的名称和导出数据的时间等信息,该类和 IExportTable 都在 SOD 框架解决方案的程序集项目 PWMIS.MemoryStorage 中,如图 7-8 所示。

类 ExportBatchInfo 的定义如下:

```
using PWMIS.DataMap.Entity;
using System;

namespace PWMIS.MemoryStorage
{
```

```csharp
/// <summary>
///数据导入批次信息
/// </summary>
public class ExportBatchInfo:EntityBase
{
    public ExportBatchInfo()
    {
        TableName = "ExportBatchInfo";
        IdentityName = "ID";
        PrimaryKeys.Add("ID");
    }

    /// <summary>
    ///主键
    /// </summary>
    public int ID
    {
        get { return getProperty <int> ("ID"); }
        set { setProperty("ID", value); }
    }

    /// <summary>
    ///导出的表名称
    /// </summary>
    public string ExportTableName
    {
        get { return getProperty <string> ("ExportTableName"); }
        set { setProperty("ExportTableName", value, 255); }
    }

    /// <summary>
    ///批次号
    /// </summary>
    public int BatchNumber
    {
        get { return getProperty <int> ("BatchNumber"); }
        set { setProperty("BatchNumber", value); }
    }

    /// <summary>
    ///导入本批次数据的数据包的文件路径
```

```
/// </summary>
public string PackagePath
{
    get { return getProperty <string> ("PackagePath"); }
    set { setProperty("PackagePath", value, 255); }
}


/// <summary>
///上次导出时间
/// </summary>
public DateTime LastExportDate
{
    get { return getProperty <DateTime> ("LastExportDate"); }
    set { setProperty("LastExportDate", value); }
}
}
}
```

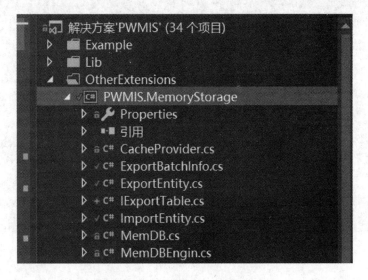

图 7-8　导出批次信息类文件

　　注意,为了实现表中"部分数据同步"的功能,批次信息表 ExportBatchInfo 增加了导入本批次数据的数据包文件路径的字段 PackagePath,这个路径与"数据分类标识"有关。比如"工作任务表"可以用"项目 ID"字段来标识不同项目的工作任务,"产品表"可以用不同的"产品分类"字段来分类产品信息,"客户表"可以用"销售人员"字段来标记每个销售人员的客户等。

7.2.4 实例介绍——数据导出

为实现本章的 SOD 框架数据同步方案，PWMIS. MemoryStorage 项目提供了 ExportEntity 泛型类来导出某个表指定的数据并放入内存数据库中，图 7-9 所示为该类的代码截图。

```
public class ExportEntity<T> where T:EntityBase, new()
{
    MemDB MemDB;
    DbContext CurrDbContext;

    /// <summary>
    /// 数据库表已经导出的时候
    /// </summary>
    public event EventHandler<ExportEntityEventArgs<T>> OnExported;
    /// <summary>
    /// 导出的数据已经保存的时候
    /// </summary>
    public event EventHandler<ExportEntityEventArgs<T>> OnSaved;

    /// <summary>
    /// 以一个内存数据库对象和数据上下文对象初始化本类
    /// </summary>
    /// <param name="mem">内存数据库对象</param>
    /// <param name="dbContext">数据上下文对象</param>
    public ExportEntity(MemDB mem, DbContext dbContext)...

    private void SaveEntity(T[] entitys, ExportEntityEventArgs<T> args)...

    /// <summary>
    /// 导出实体数据到内存数据库。如果当前实体操作失败，请检查导出事件的异常参数对象。
    /// </summary>
    /// <param name="funQ">获取导出数据的查询表达式委托方法，委托方法的参数为导出批次
    /// <param name="initBatchNumber">要初始化导出批次号的函数</param>
    public void Export(Func<int, T, OQL> funQ, Func<T, int> initBatchNumber)...
```

图 7-9 SOD 数据同步之导出实体数据类

ExportEntity 泛型类的构造函数，接受一个内存数据库对象 MemDB 和一个数据访问上下文对象 DbContext 参数，ExportEntity 泛型类将利用它们来访问数据库，并且将数据保存在内存数据库中。ExportEntity 泛型类的实体数据导出方法 Export 有 2 个参数，第一个参数获取导出数据的查询表达式委托方法，委托方法的参数为导出批次号；如果结果为空，则导出实体全部数据。第二个参数是要初始化导出"批次号"的委托函数。下面介绍解决方案 Example 目录下的 DataSync 示例项目，如何使用这个 Export 方法。

注：DataSync 示例项目提供了 SOD 框架数据同步方案比较完整的示例，其工作

原理如图 7-7 所示。有关如何使用该示例项目将在后面介绍。图 7-10 所示为 DataSync 示例项目在解决方案中的视图。

图 7-10 SOD 数据同步之 DataSync 示例项目

在 DataSync 示例项目中，SimpleExportEntitys 类（在 ExportEntitys.cs 文件中）的 DoExportData 方法会执行具体的数据导出任务，其中的 InnerExportData 方法会调用 ExportEntity 泛型类的 Export 方法，下面是它们的具体代码：

```csharp
/// <summary>
///执行导出数据
/// </summary>
public void DoExportData()
{
    this.AllSucceed = true;
    this.HaveDataTableCount = 0;

    InnerExportData <DeletedPKIDEntity>();//首先导出 ID 删除记录
    //然后导出业务实体数据
    InnerExportData <TestEntity>();
    InnerExportData <UserEntity>();

    //导出后就备份内存数据文件,以便处理完成后删除
    BackUp();
    //
}
```

```
private void InnerExportData <T>() where T : EntityBase, new()
{
    var exp = new ExportEntity <T>(this.MemDB, this.CurrDbContext);
    exp.OnExported += Exporter_OnExported;
    exp.OnSaved += Exporter_OnSaved;
    //只导出更新过批次号的记录,不再需要使用 System.Data.IsolationLevel.Serializable
    //隔离级别
    CurrDbContext.CurrentDataBase.BeginTransaction();
    try
    {
        exp.Export(FilterQuery,GetBatchNumber);
        if (this.AllSucceed)
            CurrDbContext.CurrentDataBase.Commit();
        else
            CurrDbContext.CurrentDataBase.Rollback();
    }
    catch (Exception ex)
    {
        Console.WriteLine("导出数据执行事务遇到错误:" + ex.Message);
        CurrDbContext.CurrentDataBase.Rollback();
    }
}
```

上面的 InnerExportData 泛型方法中,Export 方法调用 FilterQuery 方法生成"批次号"为空或者为 0 的查询,也就是本地新增或者更新过的数据。如果内存数据库没有当前表的批次信息,就会调用 GetBatchNumber 从数据库查询当前表指定"数据分类标识"的最大导出批次号。下面是这两个方法的具体代码实现。

```
/// <summary>
///生成批次号为空或者为 0 的查询,对应于本地新增或者更新过的数据
/// </summary>
/// <param name = "batchNumber"> 批次号 </param>
/// <param name = "entity"> </param>
/// <returns> </returns>
private OQL FilterQuery(int batchNumber, EntityBase entity)
{
    if (entity is IExportTable)
    {
        var tableInfoCache = EntityFieldsCache.Item(entity.GetType());
        var fieldList = tableInfoCache.PropertyNames;
        Console.WriteLine(" ==================导出表 [{0}]============
=======",entity.GetTableName());
```

```
        IExportTable ExportableEntity = entity as IExportTable;
      ExportableEntity.BatchNumber = batchNumber;
      //将数据库导出标记为 0 或者为空的记录,更新为当前导出标记号
      //一定得按数据分类标识更新及导出
    OQL updateQ = null;
  if (fieldList.Contains(C_Classification))
  {
    entity[C_Classification] = ClassificationID;
    updateQ = OQL.From(entity)
      .Update(ExportableEntity.BatchNumber)
      .Where(cmp => cmp.EqualValue(entity[C_Classification]) &
    (cmp.Comparer(ExportableEntity.BatchNumber, " = ", 0) | cmp.IsNull(ExportableEn-
tity.BatchNumber))
      )
    .END;
      int count = EntityQuery.ExecuteOql(updateQ, this.CurrDbContext.CurrentData-
Base);
      Console.WriteLine("(查询前)更新批次号 {0} 受影响的记录数 {1}", batchNumber,
count);

      OQL q = OQL.From(entity)
        .Select()
        .Where(cmp => cmp.EqualValue(entity[C_Classification]) & cmp.EqualValue(Ex-
portableEntity.BatchNumber))
        .END;
      return q;
  }
  else
  {
    updateQ = OQL.From(entity)
      .Update(ExportableEntity.BatchNumber)
      .Where(cmp => cmp.Comparer(ExportableEntity.BatchNumber, " = ", 0) | cmp.Is-
Null(ExportableEntity.BatchNumber))
      .END;
      int count = EntityQuery.ExecuteOql(updateQ, this.CurrDbContext.CurrentData-
Base);
      Console.WriteLine("(查询前)更新批次号 {0} 受影响的记录数 {1}", batchNumber,
count);
    OQL q = OQL.From(entity)
      .Select()
```

```
                    .Where(cmp => cmp.EqualValue(ExportableEntity.BatchNumber))
                .END;
             return q;
              }
          }
          return null;
     }


     /// <summary>
     ///从数据库获取下一个使用的批次号
     /// </summary>
     /// <param name = "entity"> </param>
     /// <returns> </returns>
     private int GetBatchNumber(EntityBase entity)
     {
         int batchNumber = 0;
         if (entity is IExportTable)
         {
           var tableInfoCache = EntityFieldsCache.Item(entity.GetType());
           var fieldList = tableInfoCache.PropertyNames;


           //查询当前表最大的批次号
           if (fieldList.Contains(C_Classification))
           {
           entity[C_Classification] = ClassificationID;
           OQL q = OQL.From(entity)
               .Select().Max(((IExportTable)entity).BatchNumber,"")
               .Where(entity[C_Classification])
               .END;
              var dbEntity = EntityQuery.QueryObject <IExportTable> (q, this.CurrDbContext.
CurrentDataBase);
           batchNumber = dbEntity.BatchNumber;
           }
           else
           {
           OQL q = OQL.From(entity)
               .Select().Max(((IExportTable)entity).BatchNumber, "")
               .END;
              var dbEntity = EntityQuery.QueryObject <IExportTable> (q, this.CurrDbContext.
CurrentDataBase);
           batchNumber = dbEntity.BatchNumber;
```

```
        }
    }
    batchNumber += 1;
    return batchNumber;
}
```

上面的代码定义了两个常量来表示"数据分类标识"的字段名和"批次号"的字段名。

```
const string C_Classification = "Classification";
const string C_BatchNumber = "BatchNumber";
```

数据分类标识"Classification"不是"导出表数据接口"的实体类必须的字段,有些表在业务上比较简单不需要进行数据分类,比如系统用户表,它没有必要根据项目标识或者产品标识来分类。所以,上面的 FilterQuery 方法和 GetBatchNumber 方法都是根据是否有数据分类标识而做了不同的查询处理。

上面的代码实例也说明,在 OQL 表达式中,不管是直接调用实体类的属性,还是通过实体类的索引器调用属性名或者字段名,都可以正确构建 OQL 表达式,显示了 OQL 构建动态查询表达式的能力。

数据多次导出问题

在本方案的设计中,为了支持"增量数据同步",每次有可导出的数据都会使用一个新的"批次号"。正常情况下,每次数据同步完成后,都会清理之前导出的数据,但数据同步极有可能在数据文件同步环节和数据导入环节遇到错误而无法正常完成。如果出现这种情况导致当前表之前导出的数据没有清理,那么本次导出的数据将会覆盖之前 ID 相同的数据,ID 不相同的数据不会被覆盖,这样可以确保导出的数据始终是当前数据库正确的增量数据快照。也就是说,在数据导入时同一张表要导入的数据并不一定只有一个批次号的数据。因此,为了确保数据同步的稳定可靠,就需要处理多次导出数据的合并问题,这个功能可以通过 Exporter 对象的 OnExported 事件来处理,代码如下:

```
private void Exporter_OnExported <T> (object sender, ExportEntityEventArgs <T> e)
where T : EntityBase, new()
{
    Console.WriteLine(" ----------------------------------------");
    if (e.Succeed)
    {
        //处理上次没有导入的剩余数据 ========================
        //尝试加载本地数据,与导出的数据合并,以本次导出的数据优先
        List <T> lastData = this.MemDB.LoadEntity <T> ();
        if (lastData! = null && lastData.Count > 0)
```

```
        {
            string pkName = lastData[0].PrimaryKeys[0];
            if (e.ExportedDataList.Count > 0)
            {
                object[] ids = e.ExportedDataList.Select(p => p[pkName]).ToArray();
                var except = lastData.Where(p => !ids.Contains(p[pkName])).ToList();
                e.ExportedDataList.AddRange(except);
            }
            else
            {
                e.ExportedDataList.AddRange(lastData);
            }
        }


        if (e.ExportedDataList.Count > 0)
        {

            if (e.EntityType == typeof(DeletedPKIDEntity))
            {
                //ID 记录表,导出后删除当前批次数据库记录
                DeletedPKIDEntity entity = new DeletedPKIDEntity();
                OQL q = OQL.From(entity)
                    .Delete()
                    .Where(cmp => cmp.Comparer(entity.BatchNumber, " = ", e.Batch-
                        Number ))
                    .END;
                int count = EntityQuery <DeletedPKIDEntity>.ExecuteOql(q, CurrDb-
                        Context.CurrentDataBase);
                Console.WriteLine("当前导出批次{0}已经清除当前的 ID 删除表信息记
                        录,条数:{1}", e.BatchNumber, count);
            }
            else
            {
                //已经提前更新了导出批次号,参见 FilterQuery 方法


            }


            this.HaveDataTableCount ++ ;
        }
        Console.WriteLine("导出数据成功! \t 导出批次号:{0}\t 导出表名称:{1}\t 导
                出记录数:{2}",
```

```
                e.BatchNumber,
                e.ExportTable,
                e.ExportedDataList.Count);
        }
        else
        {
            Console.WriteLine("导出数据失败,\r\n 导出批次号:{0}\r\n 导出表名称:{1}\r
                    \n 出错原因:{2}",
                e.BatchNumber,
                e.ExportTable,
                e.OperationExcepiton.Message);
            this.AllSucceed = false;
        }
    }
```

Exporter 对象的 OnExported 事件是在当前表查询了同步的数据后发生,此时数据在内存中并没有保存,用户可以在 OnExported 事件中取消后续的处理。如果用户没有取消处理,这个数据被内存数据库保存,然后引发 Exporter 对象的 On-Saved 事件。

7.2.5 实例介绍——数据导入

为实现本章的 SOD 框架数据同步方案,PWMIS. MemoryStorage 项目提供了 ExportEntity 泛型类来导出某个表指定的数据并放入内存数据库中,图 7-11 所示为该类的代码截图。

ImportEntity 泛型类的构造函数,同样接受一个内存数据库对象 MemDB 和一个数据访问上下文对象 DbContext 参数,ImportEntity 泛型类将使用内存数据库从数据文件加载数据到内存中,然后将数据导入到目标数据库。ImportEntity 泛型类的实体数据导入方法 Import 有 2 个参数,当第一个参数是数据导入模式 Import-Model,第二个参数是导入模式为更新模式(Update)时,进行实体类数据新旧比较的自定义委托方法。Import 的返回值为 ImportResult 类型。下面,首先来了解 Import 方法相关的这几个类型的定义。

1. 导入模式 ImportModel

要同步的数据有不同的特点,导入数据必须根据数据的特点采用不同的导入模式以获得最佳的操作效率。对于数据量比较小的数据表,并且要导入的目标表数据始终只是源数据表的备份,那么可以直接将目标表的数据快速清除(Truncate),然后整体快速插入,这时可以使用 TruncateAndInsert 模式。表 7-1 列举了框架支持的几种导入模式并对它们适合的数据特点做了详细说明。注意,下面说的数据在目标表"存在"的意思是源数据(要导入的数据)的主键值存在于目标表的主键值中。

```
public class ImportEntity<T> where T : EntityBase, new()
{
    MemDB MemDB;
    DbContext CurrDbContext;

    /// <summary>
    /// 导入前事件
    /// </summary>
    public event EventHandler<ImportEntityEventArgs<T>> BeforeImport;
    /// <summary>
    /// 导入后事件
    /// </summary>
    public event EventHandler<ImportEntityEventArgs<T>> AfterImport;


    /// <summary>
    /// 以一个内存数据库对象和数据上下文对象初始化本类
    /// </summary>
    /// <param name="mem">内存数据库对象</param>
    /// <param name="dbContext">数据上下文对象</param>
    public ImportEntity(MemDB mem, DbContext dbContext)...


    /// <summary>
    /// 导入数据到关系数据库
    /// </summary>
    /// <param name="mode">导入模式</param>
    /// <param name="isNew">导入模式为更新模式的时候，进行实体类数据新旧比较的自定义方法</param>
    /// <returns>导入的数据数量</returns>
    public ImportResult Import(ImportMode mode, Func<T, T, bool> isNew)...
```

图 7 – 11   SOD 数据同步之导入实体数据类

表 7 – 1   几种导入模式及说明

枚举项	说　明	数据特点
Append	向目标表单纯的追加数据	数据在目标表不存在
TruncateAndInsert	清除和插入,在数据插入前先清除表的全部数据,用于不考虑差异数据的高效数据导入	目标表数据较小且仅为备份目的,需要高效插入数据
Update	更新。导入的数据如果在目标表存在,则会调用用户提供的比较数据新旧的方法来判断,如果要导入的数据较新则会更新目标表的整行数据。如果要导入的数据在目标表不存在,则会插入该行数据	由用户判断数据的新旧,比如时间戳,版本号之类
Merge	合并,以要导入的数据为准,如果数据在目标表存在则先删除原来的数据再插入新数据,不会理会要导入数据的新旧。如果目标数据不存在,则插入此数据	不需要判断数据的新旧,以要导入的数据为准。与目标表数据没有重复数据。需要高效插入新数据

枚举项	说　明	数据特点
Compare	如果目标表没有该数据则插入,如果有,则以要导入的数据为准,与读出的目标表数据逐字段进行对比,如果有更新则更新到数据库	逐字段比较要导入的数据,有变化为新数据。与目标表数据可能有重复
UserDefined	用户自定义的其他数据导入处理方式	由用户决定如何处理导入的数据

在上面的几种导入模式中,Update 模式需要用户提供如何比较数据新旧的方法,Merge 与 Compare 看起来比较类似都是以要导入的数据为新,但前者比较简单粗暴,后者会细致地比较数据有没有变化,避免无效更新导致数据库出现很多碎片,缺点是导入数据比较慢。同样,Update 也是逐行比较的,所以更新也比较慢。如何选择不同的更新模式就看具体需求了。

下面以 Update 模式为例,看它在 Import 方法中是如何实现的。

```
public ImportResult Import(ImportMode mode, Func <T, T, bool> isNew)
{
    //其他代码略
    List <T> list = this.MemDB.Get <T>();
    //其他代码略
    if (mode == ImportMode.Update)
    {
        if (isNew == null)
            throw new ArgumentNullException("当 ImportMode 为 Update 模式时,参数 is-
New 不能为空。");
        count = 0;
        foreach (T item in list)
        {
            T dbEntity = (T)item.Clone();
            EntityQuery eq = new EntityQuery(this.CurrDbContext.CurrentDataBase);
            if (eq.FillEntity(dbEntity))
            {
                if (isNew(item, dbEntity))
                {
                    item.ResetChanges(true); ;//设置了更改状态,才可以更新到数据库
                    count += eq.Update(item);
                }
            }
            else
            {
```

```
                    item. ResetChanges(true); ;//设置了更改状态,才可以更新到数据库
                    count += eq. Insert(item);
                }
            }
        }
        //其他代码略
    }
```

2. 数据导入结果 ImportResult

主要记录导入的数量、时间、批次号等信息,其中还有一个导入结果枚举类,判断导入结果需要这个枚举类,其中比较常见的是导入成功或者重复导入的状态。详细代码如下:

```
/// <summary>
///数据导入结果信息
/// </summary>
public class ImportResult
{
    /// <summary>
    ///导入的记录数量
    /// </summary>
    public int ImportCount { get; protected internal set; }
    /// <summary>
    ///导入的表名称
    /// </summary>
    public string ImportTable { get; protected internal set; }
    /// <summary>
    ///导入的批次号
    /// </summary>
    public int BatchNumber { get; protected internal set; }
    /// <summary>
    ///是否取消了导入。如果出错,会导致取消导入状态
    /// </summary>
    public bool IsCancel { get; protected internal set; }
    /// <summary>
    ///导入结果枚举
    /// </summary>
    public ImportResultFlag Flag { get; protected internal set; }
    /// <summary>
    ///导入过程发生错误的错误消息
    /// </summary>
```

```
        public string ErrorMessage { get; protected internal set; }
        ///  <summary>
        ///用时,单位秒
        ///  </summary>
        public long Duration { get; protected internal set; }
}


///  <summary>
///导入结果类型
///  </summary>
public enum ImportResultFlag
{
        ///  <summary>
        ///没有导入批次信息,不能导入
        ///  </summary>
        NoBatchInfo,
        ///  <summary>
        ///数据是旧的,不需要导入,可能已经导入过
        ///  </summary>
        IsOldData,
        ///  <summary>
        ///用户取消的导入
        ///  </summary>
        UserCanceled,
        ///  <summary>
        ///成功
        ///  </summary>
        Succeed,
        ///  <summary>
        ///导入过程发生了错误
        ///  </summary>
        Error
}
```

下面用实例来说明如何使用这个 ImportEntity 泛型类。同样介绍解决方案 Example 目录下的 DataSync 示例项目,看到 ImportEntity. cs 文件中的 SimpleImport-Entitys 类。

```
class SimpleImportEntitys
{
        MemDB MemDB;
        DbContext CurrDbContext;
```

```
        //其他代码略
        private ImportResult InnerImport <T> (ImportMode model,Func <T,T,bool>  isNew)
where T:EntityBase,new ()
        {
            ImportEntity <T> imp = new ImportEntity <T> (this.MemDB, this.CurrDbContext);
            imp.AfterImport += Importer_AfterImport;
            imp.BeforeImport += Importer_BeforeImport;
            return imp.Import(model, isNew);
        }


        /// <summary>
        ///导入数据
        /// </summary>
        public void DoImportData()
        {
            //首先导入其他业务表
            ShowImportResult(InnerImport <TestEntity> (ImportMode.Update, (s,t) => s.
AtTime> t.AtTime));
            ShowImportResult(InnerImport <UserEntity> (ImportMode.Merge, null));

            //由于要处理上一次未导入成功的情况,新的数据文件包含了上次的数据,所以要
            //在其他表导入成功后再删除表需要删除的记录
            ImportResult result = InnerImport <DeletedPKIDEntity> (ImportMode. Truncate-
AndInsert, null);
            if (result.Flag == ImportResultFlag.Succeed)
            {
                ExecuteDeleteData();
            }
            ShowImportResult(result);
        }


        private void ShowImportResult(ImportResult result)
        {
            Console.WriteLine("导入数据完成:\t 导入表名称:{0}\t 导入批次号:{1}\t 是否
取消导入:{2}\r\n 导入记录数:{3}\t 用时(秒):{4}\t 错误消息:{5}",
                result.ImportTable,
                result.BatchNumber,
                result.IsCancel,
                result.ImportCount,
                result.Duration,
```

```
                    result.ErrorMessage);
            Console.Write("导入结果:");
            switch (result.Flag)
            {
                case ImportResultFlag.NoBatchInfo:
                    Console.WriteLine("没有批次信息,不能导入");
                    break;
                case ImportResultFlag.IsOldData:
                    Console.WriteLine("没有新数据,可能是重复导入");
                    break;
                case ImportResultFlag.UserCanceled:
                    Console.WriteLine("导入已被用户取消");
                    break;
                case ImportResultFlag.Succeed:
                    Console.WriteLine("导入成功");
                    break;
                case ImportResultFlag.Error:
                    Console.WriteLine("导入失败");
                    break;
            }
            Console.WriteLine("===============================");
        }

    }
```

首先看到该类的导入数据方法 DoImportData,InnerImport 方法导入了 3 个实体类的数据,但是使用了不同的导入模式,TestEntity 采用了 Update 模式,UserEntity 采用了 Merge 模式,DeletedPKIDEntity 采用了 TruncateAndInsert 模式。Update 模式需要用户指定如何比较数据的新旧,这里使用了 TestEntity 实体类的时间类型的属性 AtTime,即下面的代码:

```
InnerImport <TestEntity> (ImportMode.Update, (s,t) => s.AtTime> t.AtTime)
```

注意,必须最后导入 DeletedPKIDEntity 的数据,因为可能上次有数据没有导入成功,比如同步数据文件时遇到了网络故障,那么这次导出的数据将会合并上次未导入的数据,但是这次导出的某条被删除的数据,恰好是上次要插入的数据。所以,在向目标数据库导入数据时,应该先执行插入或者修改数据库的操作,最后再执行删除数据的操作。DeletedPKIDEntity 的被删除数据不能重复读取它来删除目标数据库的数据,所以每次导入之前,都需要先清除之前的被删除 ID 数据,因此应该使用 TruncateAndInsert 导入模式。

InnerImport 泛型方法比较简单,它内部实例化了前面介绍的 ImportEntity 泛型类,并挂钩了导入数据前后的事件处理函数,最后返回导入结果类 ImportResult,然后它被 ShowImportResult 方法根据不同的结果枚举值分别显示相应的提示信息,这些信息可以记录到日志文件方便诊断数据导入情况。

7.2.6 实例介绍——演示程序

前面介绍了 SOD 框架数据同步方案的设计原理,也详细介绍了数据导出和数据导入的设计实现,现在来设计一个简单的演示程序来演示数据同步功能。方案中的数据同步过程包括数据导出、数据文件同步和数据导入 3 个过程,但这里做测试程序,可以简化流程,省略数据文件同步的步骤,直接使用数据导出后的数据文件再进行数据导入。下面介绍演示程序的组成。

1. 业务实体

解决方案 Example 目录下的 DataSync 示例项目的数据导入功能 SimpleImportEntitys(文件 ImportEntity. cs)和数据导出功能 SimpleExportEntitys(文件 ExportEntity. cs)在前面已经介绍,示例中有两个实体类 TestEntity 和 UserEntity,它们都继承自 IExportTable 接口,其中 TestEntity 有数据分类标识 Classification,而 UserEntity 没有。下面看 TestEntity 的源码:

```
using PWMIS.DataMap.Entity;
using System;
namespace SOD.DataSync.Entitys
{
    public class TestEntity : EntityBase, IExportTable
    {
        public TestEntity()
        {
            TableName = "Table_Test";
            //IdentityName = "标识字段名";
            IdentityName = "ID";
            //PrimaryKeys.Add("主键字段名");
            PrimaryKeys.Add("ID");
        }

        public int ID
        {
            get { return getProperty <int> ("ID"); }
            set { setProperty("ID", value); }
        }
        public string Name
        {
```

```
        get { return getProperty <string> ("Name"); }
        set { setProperty("Name", value,100); }
    }
    public DateTime AtTime
    {

        get { return getProperty <DateTime> ("AtTime"); }
        set { setProperty("AtTime", value); }
    }
    public int BatchNumber {
        get { return getProperty <int> ("BatchNumber"); }
        set { setProperty("BatchNumber", value); }
    }
    public string Classification
    {

        get { return getProperty <string> ("Classification"); }
        set { setProperty("Classification", value,50); }
    }
  }
}
```

TestEntity 类有一个 AtTime 属性,在数据导入时,可以用它来标记数据的新旧,这个功能在 7.2.5 小节已经介绍。后面将用示例介绍如何使用 TestEntity 的分类标识。

2. 检查和创建表

DemoDbContext 是用来演示访问数据库的上下文对象,它继承自 DbContext 类。在这个类的 CheckAllTableExists 方法内,将会使用 TestEntity 和 UserEntity 两个实体类作为演示程序使用的"业务实体",并且通过 DemoDbContext,可以实现 SOD 的 Code First 功能,自动创建数据表,方便测试。下面是该类代码:

```
using PWMIS. Core. Extensions;
using PWMIS. DataMap. Entity;
using PWMIS. DataProvider. Data;
using System. Collections. Generic;

namespace SOD. DataSync. Entitys
{
    // public class AduitWorkDbContext:DbContext
    class DemoDbContext:DbContext
    {
        public DemoDbContext(AdoHelper db) : base(db)
        {
```

```
        }
        protected override bool CheckAllTableExists()
        {
            //导入数据必须的
            base.CheckTableExists <DeletedPKIDEntity> ();
            //以下是业务实体:
            base.CheckTableExists <TestEntity> ();
            base.CheckTableExists <UserEntity> ();

            return true;
        }

        public List <T> QueryAllList <T> () where T : EntityBase, new()
        {
            return OQL. From <T> ().ToList(this.CurrentDataBase);
        }
    }
}
```

在 SOD 数据同步方案中,使用 DeletedPKIDEntity 来储存要删除的数据的 ID 信息,所以 DemoDbContext 必须确保 DeletedPKIDEntity 对应的数据表存在数据库中,这个功能通过重写 CheckAllTableExists 方法来实现。

3. 配置数据连接

测试程序使用 SQLServer LocalDB 来做源数据库,使用 Access 作为目标数据库,对应的程序数据库连接配置名字分别是 DemoDB 和 TargetDB,详细的配置文件内容如下:

```
<? xml version = "1.0" encoding = "utf - 8" ? >
<configuration>
  <connectionStrings>
    <add name = "DemoDB" connectionString = "Data Source = (LocalDB)\MSSQLLocalDB; At-
tachDbFilename = ~\DB\DemoDB.mdf; Integrated Security = True" providerName = "SqlServer"/>
    <add name = "TargetDB"   connectionString = "Provider = Microsoft.ACE.OLEDB.12.0;
Jet OLEDB; Engine Type = 6; Data Source = ~\DB\TargetDb.accdb" providerName = "Access"/>
  </connectionStrings>
  <startup>
    <supportedRuntime version = "v4.0" sku = ".NETFramework, Version = v4.5.2" />
  </startup>
</configuration>
```

4. 捕获删除的数据

根据同步方案的设计,需要记录业务表所有的删除情况,并将这些被删除数据的

ID记录在 DeletedPKID 表中。如果使用这个方案,就需要在删除数据时增加额外的代码来记录这个操作,增加不少开发工作量。这个工作可以通过 SOD 框架的数据访问上下文对象(DbContext)的数据访问事件来实现,自动记录被删除的 ID 信息。所以,可以将删除数据的操作包装起来,像下面这样使用:

```
DbContext dbContext = new LocalDbContext();
using(IWriteDataWarpper warpper = WriteDataWarpperFactory.Create(dbContext))
{
    dbContext.Add <UserEntity> (user);
    dbContext.Remove <RoleEntity>(role);
}
```

上面的示例中使用了接口 IWriteDataWarpper,它定义了对写数据过程的包装,加入自定义的处理。该接口还定义了快速插入和删除数据的方法,代码如下:

```
namespace SOD.DataSync
{
    /// <summary>
    ///数据写操作包装器接口
    /// </summary>
    public interface IWriteDataWarpper : System.IDisposable
    {
        /// <summary>
        ///快速插入数据
        /// </summary>
        /// <typeparam name = "T"> </typeparam>
        /// <param name = "list"> </param>
        void QuickInsert <T> (List <T> list) where T : EntityBase, new();
        /// <summary>
        ///快速删除数据
        /// </summary>
        /// <typeparam name = "T"> </typeparam>
        /// <param name = "list"> </param>
        void QuickDelete <T> (List <T> list) where T : EntityBase, new();
    }
}
```

WriteDataWarpperFactory 类提供了一个工厂方法,由它提供具体的写数据包装类:

```
public class WriteDataWarpperFactory
{
    /// <summary>
```

```
        ///创建一个导出数据使用的写操作包装器
        /// </summary>
        /// <param name = "context"> </param>
        /// <returns> </returns>
        public static IWriteDataWarpper Create(DbContext context)
        {
            return new ExportDataWarpper(context);
        }
    }
```

这里使用了导出数据的包装类 ExportDataWarpper，下面来看它如何捕获删除数据的操作并将删除的数据的 ID 信息记录下来：

```
public class ExportDataWarpper : IWriteDataWarpper
{
    DbContext OptDbContext;
    /// <summary>
    ///以一个数据操作上下文对象初始化本类
    /// </summary>
    /// <param name = "context"> </param>
    protected internal ExportDataWarpper(DbContext context)
    {
        this.OptDbContext = context;
        this.OptDbContext.OnBeforeExecute += CurrentContext_OnBeforeExecute;
        this.OptDbContext.OnAfterExecute += CurrentContext_OnAfterExecute;
        this.OptDbContext.CheckTableExists <DeletedPKIDEntity>();
    }

    private void CurrentContext_OnAfterExecute (object sender, EntityQueryExecut-
eEventArgs e)
    {
        if (e.ExecuteType == EntityQueryExecuteType.Delete)
        {
            //保存删除的 ID 信息到指定的表
            string pkName = e.Entity.PrimaryKeys[0];
            object pkValue = e.Entity[pkName];

            DeletedPKIDEntity idEntity = new Entitys.DeletedPKIDEntity();
            if (pkValue is string)
            {
                idEntity.TargetID = 0;
                idEntity.TargetStringID = pkValue.ToString();
```

```
        }
        else
        {
            idEntity.TargetID = Convert.ToInt64(pkValue);
            idEntity.TargetStringID = "";
        }
        idEntity.TargetTableName = e.Entity.GetTableName();
        idEntity.DeletedTime = DateTime.Now;
        OptDbContext.Add(idEntity);
        OptDbContext.CurrentDataBase.Commit();
    }
}


private void CurrentContext_OnBeforeExecute(object sender, EntityQueryExecut-
eEventArgs e)
{
    IExportTable exportTable = e.Entity as IExportTable;
    if (exportTable != null)
    {
        exportTable.BatchNumber = 0;
    }
    if (e.ExecuteType == EntityQueryExecuteType.Delete)
    {
        OptDbContext.CurrentDataBase.BeginTransaction();
    }
}



//其他代码略
}
```

现在看到 ExportDataWarpper 类 OptDbContext 的 OnBeforeExecute 事件处理方法,如果当前执行类型 ExecuteType 是删除数据 EntityQueryExecuteType.Delete,那么开启事务;接着看到 OptDbContext 的 OnAfterExecute 事件处理方法,同样判断是否是删除操作,如果是就在记录完删除数据信息后提交事务,确保业务代码的删除操作和记录删除 ID 数据的操作是一个原子操作,保证数据的一致性。

5. 初始化测试数据

通过构造 100 个 TestEntity 数据和 100 个 UserEntity 数据作为准备同步的测试数据,将这些数据插入到源数据库中。之后,使用写数据包装程序,再分别删除 TestEntity 和 UserEntity 的一条数据。下面是实现这个功能的方法:

```
static void InitData(string dbName,string prjId)
{
    DemoDbContext context = new DemoDbContext(AdoHelper.CreateHelper(dbName));
    //分类 ID

    int delId = 0;
    for (int i = 0; i <100; i++)
    {
        TestEntity test = new TestEntity();
        test.Name = "Name" + i;
        test.AtTime = DateTime.Now;
        test.Classification = prjId;
        context.Add(test);

        UserEntity user = new UserEntity();
        user.Name = "User" + i;
        user.Sex = false ;
        user.Height = 1.6f  + i/10;
        user.Birthday = new DateTime(1990, 1, 1).AddDays (i);
        context.Add(user);

        if (i == 50)
            delId = test.ID;
    }
    //删除数据,确保被删除的 ID 写入到 ID 删除记录表中
    using (IWriteDataWarpper warpper = WriteDataWarpperFactory.Create(context))
    {
        context.Remove(new TestEntity() { ID = delId });
        context.Remove(new UserEntity () { UID = delId });
    }
}
```

注意,在 InitData 方法内,使用了 prjId 参数,它标识当前操作的分类数据是某个业务的"项目 ID",这仅是一种示例,也可以理解为一个产品分类 ID 或者别的分类数据标识,目的是测试同步方案的分类数据同步功能。

6. 导出数据

在调用了前面的数据初始化后,就可以将源数据库的测试数据导出了。下面的两种方法封装了当前数据导出对象 SimpleExportEntitys 所需要的环境参数,包括实例化内存数据库对象,设置导出数据文件的位置,还有要导出数据的"项目标识"。详细代码如下:

```csharp
/// <summary>
///导出数据,返回数据文件路径和成功标记
/// </summary>
/// <param name = "dbName"> </param>
/// <param name = "projectID"> </param>
/// <returns> </returns>
private static Tuple <string, bool> Export(string dbName, string projectID)
{
    string DbPath = string.Empty;
    bool result;
    string dataSource = MemDBEngin.DbSource;
    string objDataSource = System.IO.Path.Combine(dataSource, dbName + "_" + pro-
jectID);

    using (MemDB mem = MemDBEngin.GetDB(objDataSource))
    {
        result = ExportData(mem, dbName, projectID);
        Console.WriteLine("数据源{0} 导出数据完成,结果:{1}",dbName, result);
        DbPath = mem.Path;
    }
    return new Tuple <string, bool> (DbPath, result);
}


/// <summary>
///数据导出
/// </summary>
/// <param name = "mem"> </param>
/// <param name = "dbName"> </param>
/// <param name = "projectID"> </param>
/// <returns> </returns>
private static bool ExportData(MemDB mem, string dbName, string projectID)
{
    //AdoHelper db = AuditWorkDbManage.GetAuditWorkDbAdoByCustomerID("");
    AdoHelper db = AdoHelper.CreateHelper(dbName);
    DemoDbContext localDbContext = new DemoDbContext(db);
    //导出数据
    SimpleExportEntitys ee = new SimpleExportEntitys(mem, localDbContext);
    ee.ClassificationID = projectID;

    ee.DoExportData ();
```

```
        Console.WriteLine("AllSucceed:{0},Have Data Table Count:{1}", ee.AllSucceed, ee.
HaveDataTableCount);
        Console.WriteLine("数据文件备份目录:{0}", ee.DataBackFolder);
        return ee.AllSucceed && ee.HaveDataTableCount > 0;
}
```

7. 导入数据

前面导出数据成功后,接着就可以调用导入数据的方法了。这里使用之前同样的内存数据库数据,数据文件位置完全一样。在实际使用时,只需要把源数据库导出的数据文件复制到目标数据库所在服务器的内存数据库同样的目录位置即可。下面的 Import 方法初始化了这些环境参数,并且在 ImportData 方法内调用了 Simple-ImportEntitys 来执行真正的数据导入操作。下面是详细代码:

```
/// <summary>
///导入数据至远程作业库(BS端)
/// </summary>
/// <param name = "dbName"> </param>
/// <param name = "projectID"> </param>
/// <param name = "targetDataSource"> 提交复核/提交归档 </param>
private static void Import(string dbName, string projectID,string targetDataSource)
{
        string dataSource = MemDBEngin.DbSource;
        string objDataSource = System.IO.Path.Combine(dataSource, dbName + "_" + pro-
jectID);
        Console.WriteLine("数据源:" + objDataSource);
        using (MemDB mem = MemDBEngin.GetDB(objDataSource))
        {
                ImportData(mem, targetDataSource, projectID);
                Console.WriteLine("向目标数据源{0} 导入数据完成", targetDataSource);
        }
}


/// <summary>
///数据导入
/// </summary>
/// <param name = "mem"> </param>
/// <param name = "dbName"> </param>
/// <param name = "projectID"> </param>
/// <param name = "dataSyncType"> 提交复核/提交归档 </param>
private static void ImportData(MemDB mem, string dbName, string projectID)
{
```

```
AdoHelper db = AdoHelper.CreateHelper(dbName);
DemoDbContext remoteDbContext = new DemoDbContext(db);
SimpleImportEntitys importer = new SimpleImportEntitys(mem, remoteDbContext);
importer.Classification = projectID;

importer.DoImportData ();
}
```

8. 运行测试

DataSync 示例程序的 Program 类 Main 方法提供了命令行参数来分别执行数据导出、导入方法,如果没有命令行参数,默认会按照初始化数据、导出数据、导入数据、清理数据这 4 个步骤来执行,在执行时,可以输入固定的项目 ID 来做该项目 ID 分类的数据同步。详细的代码这里不贴出了,大家可以去看 SOD 框架这个示例项目的源码。这里使用默认的项目 ID:PRJID - TEST - 1111。最后数据将从 SQL Server 同步到 Access 数据库中。图 7 - 12 和图 7 - 13 所示为测试程序运行的结果。

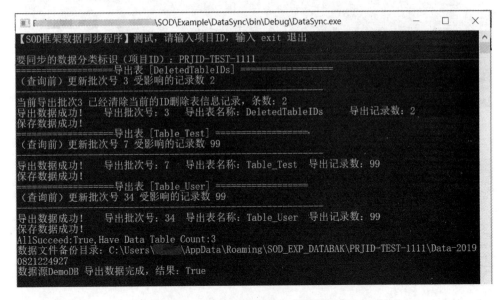

图 7 - 12 SOD 数据同步之示例测试(1)

测试程序的内存数据库设定的工作目录是源数据库连接名＋项目 ID,比如刚才的测试使用的内存数据库工作目录就是 MemoryDB＼DemoDB_PRJID - TEST - 1111,在这个目录下有数据文件目录和日志目录。打开日志目录下的日志文件,可以看到如图 7 - 14 所示的日志内容。

9. 小 结

至此,SOD 框架数据同步方案演示程序测试成功,读者可以下载框架的源码来

```
                                      SOD\Example\DataSync\bin\Debug\DataSync.exe      —    □    ×
数据导入 程序测试，按任意键开始。
数据源:I                                      \SOD\Example\DataSync\bin\Debug\MemoryDB\DemoDB_PR
JID-TEST-1111

BeforeImport:      导入批次号: 7   导入表名称: Table_Test   导入记录数: 99, 导入模式: Update
AfterImport:       导入批次号: 7   导入表名称: Table_Test   导入记录数: 99
 导入数据完成:       导入表名称: Table_Test   导入批次号: 7      是否取消导入: False
 导入记录数: 99  用时(秒): 33  错误消息:
导入结果: 导入成功

BeforeImport:      导入批次号: 34  导入表名称: Table_User   导入记录数: 99, 导入模式: Merge
AfterImport:       导入批次号: 34  导入表名称: Table_User   导入记录数: 99
 导入数据完成:       导入表名称: Table_User   导入批次号: 34     是否取消导入: False
 导入记录数: 99  用时(秒): 0   错误消息:
导入结果: 导入成功

BeforeImport:      导入批次号: 3   导入表名称: DeletedTableIDs     导入记录数: 2, 导入模式:
TruncateAndInsert
AfterImport:       导入批次号: 3   导入表名称: DeletedTableIDs     导入记录数: 2
表Table_Test 可能有1条数据需要删除..
已经删除表Table_Test 0条数据!
表Table_User 可能有1条数据需要删除..
已经删除表Table_User 0条数据!
 导入数据完成:       导入表名称: DeletedTableIDs        导入批次号: 3      是否取消导入: False
 导入记录数: 2   用时(秒): 1   错误消息:
导入结果: 导入成功

向目标数据源TargetDB 导入数据完成
导入数据成功, 数据文件备份和清理完成。
————————测试全部完成————————
按任意键退出
```

图 7-13 SOD 数据同步之示例测试(2)

```
22:49:27 初始化数据库成功, 基础目录: E:\文档资料\GitRepository\sod\src\SOD\Example\DataSync\bin\Debug\MemoryDB\DemoDB_PRJID-TEST-
1111
22:49:27 后台数据监视线程已开启!
22:49:27 加载数据                    \SOD\Example\DataSync\bin\Debug\MemoryDB\DemoDB_PRJID-TEST-1111\Data
\SOD.DataSync.ExportBatchInfo.pmdb 成功!
22:49:27 开始写入数据, 条数: 2
22:49:27 保存数据                    \SOD\Example\DataSync\bin\Debug\MemoryDB\DemoDB_PRJID-TEST-1111\Data
\SOD.DataSync.Entitys.DeletedPKIDEntity.pmdb 成功!
22:49:27 开始写入数据, 条数: 99
22:49:27 保存数据                    \SOD\Example\DataSync\bin\Debug\MemoryDB\DemoDB_PRJID-TEST-1111\Data
\SOD.DataSync.Entitys.TestEntity.pmdb 成功!
22:49:27 开始写入数据, 条数: 99
22:49:27 保存数据                    \SOD\Example\DataSync\bin\Debug\MemoryDB\DemoDB_PRJID-TEST-1111\Data
\SOD.DataSync.Entitys.UserEntity.pmdb 成功!
22:49:27 开始写入数据, 条数: 3
22:49:27 保存数据                    \SOD\Example\DataSync\bin\Debug\MemoryDB\DemoDB_PRJID-TEST-1111\Data
\SOD.DataSync.ExportBatchInfo.pmdb 成功!
22:49:27 数据库已关闭!
22:49:30 加载数据                    \SOD\Example\DataSync\bin\Debug\MemoryDB\DemoDB_PRJID-TEST-1111\Data
\SOD.DataSync.ExportBatchInfo.pmdb 成功!
22:49:30 加载数据                    \SOD\Example\DataSync\bin\Debug\MemoryDB\DemoDB_PRJID-TEST-1111\Data
\SOD.DataSync.Entitys.TestEntity.pmdb 成功!
22:50:03 加载数据                    \SOD\Example\DataSync\bin\Debug\MemoryDB\DemoDB_PRJID-TEST-1111\Data
\SOD.DataSync.Entitys.UserEntity.pmdb 成功!
22:50:04 加载数据                    \SOD\Example\DataSync\bin\Debug\MemoryDB\DemoDB_PRJID-TEST-1111\Data
\SOD.DataSync.Entitys.DeletedPKIDEntity.pmdb 成功!
22:51:40 数据库已关闭!
```

图 7-14 SOD 数据同步之内存数据库工作日志

试运行。本方案也是来自于笔者数年前负责的一个数据同步程序的优化总结,并且在 SOD 框架用户的使用过程中不断完善,现在可以作为一个支持多种数据库,多种数据导入方式的数据同步框架,运行结果稳定可靠,扩展性强。

要实现完整的数据同步功能,本演示程序还需要实现"数据文件同步"功能,也就是方案中的第二步,比如采用 FTP 将数据文件从本地上传到服务器,或者使用 iMSF 框架来上传数据文件并且远程调用服务实现数据导入功能。

不过,该方案虽然支持异构数据库之间的数据同步,但是对于同一种数据库来说过程还是显得比较烦琐,而且同步过程采用数据快照的方式,实时性不高。对于同一种数据库来说更简单的方案是下一节介绍的应用层事务数据复制方案。

7.3 应用层事务数据复制

7.2 节介绍了不同数据库平台之间的数据同步,并且详细介绍了 SOD 框架的数据同步方案。由于是不同数据库平台,两个数据源的数据一般都会有差异,比如两端数据表的字段类型不完全相同,字段数量也不相同,记录数量也不相同,这种情况下需要数据同步技术将源数据库表的一部分数据同步到目标数据库。相同数据库平台上的两个数据库或者数据表之间的数据同步,可以叫做"数据复制"。在本节笔者将向大家介绍基于应用层的数据复制技术。

7.3.1 数据复制简介

1. 数据复制的基本概念

数据从广泛意义上来说,小到一个比特位,大到数据存储设备中的数据,包括常见的文件和数据库中的数据。"复制"顾名思义就是制造或者使之产生一个与原来一样的东西或者事物,那么"数据复制"就是按照一个工作节点数据的样子,在另一个工作节点同样生成一份。由于数据所在的媒介不同,所以也有文件复制、数据库复制等区别,这里特指数据库中的数据的复制。图 7-15 所示为数据复制图样。

原始地方的数据叫做源数据,与之对应的另一个地方的数据叫做目标数据。数据复制的源数据和目标数据不管是字段类型还是字段数量、记录数量都是相同的,换句话说,数据复制是同一种数据库的两个数据库之间的数据复制,它们的数据最终都是完全一致的,应用程序不管是读取源数据库还是读取目标数据库,结果都是一样的。在数据复制的场景中,提供数据的源数据库称为"主库"(Master),接受复制数据的目标数据库称为"从库"(Slave),也就是我们常说的数据库主从结构,可以一主多从。数据库主从复制常见的应用就是读写分离,有关这部分详细内容,请看 6.8 节读写分离。

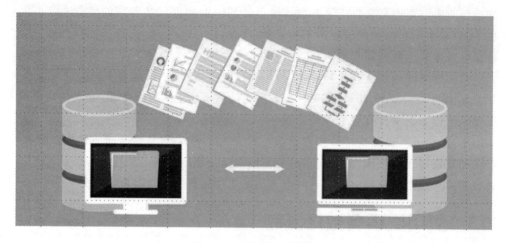

图 7 - 15　数据复制图样

2. 数据复制的场景

(1) 数据库备份

数据库通过定期自动或者随时手工方式生成数据库备份,复制备份数据到另一台服务器,也称为"冷备"。与之对应的还有数据库"热备",数据会实时地从主库复制到从库。

(2) 读写分离

通常采用一写多读的模式,数据写入到主数据库,然后通过主从复制技术或者发布订阅技术,将数据复制到一个或者多个从数据库。电商互联网等领域常使用此技术提高系统响应能力。有关这部分详细内容,请看 6.8 节读写分离。

(3) 数据高可靠

在数据库集群中部署多台数据库服务器,主数据库写入的数据通过日志传送、数据镜像写入或共享存储等方式,实现数据实时地复制到从库,或者直接供从库使用。当主数据库宕机后集群立即切换到新的主机上对外提供服务。

(4) 数据分发合并

类似数据库发布订阅,分发代理将主数据库的数据通过镜像或者事务日志的方式,分发到订阅服务器。但订阅服务器的数据也可以修改,并且需要将这种修改合并到主数据库。

3. 数据复制的层次

数据复制可以在用户层面、业务层面、应用层面、数据库层面和硬件层面进行,越往下数据复制越具体,粒度越小,越往上数据复制越抽象,粒度越大,越不明显,如图 7 - 16 所示。

(1) 用户层面——数据多点使用

用户在不同的工作场景或者设备上,都能一致地使用数据,但用户感觉不到数据

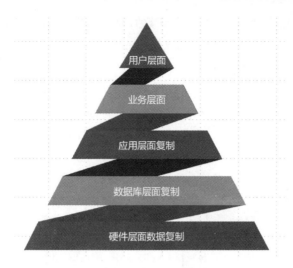

图 7 – 16　数据复制的层次

的复制过程。比如用户在办公室使用 PC 编制一份文档,用户在外面可以使用手机查看,在家也可以使用 Pad 查看。

(2) 业务层面——业务过程中的复制

数据库层面或者应用层面提供的数据复制功能,作为业务操作过程中的一部分,对用户透明。比如某业务管理系统的业务归档功能,工作任意进行归档操作时,应用系统将把指定的业务数据复制到档案库集中保存。

(3) 应用层面——复制是软件的一个功能

应用软件使用相关的数据复制中间件,在应用层面实现数据复制,从而成为该应用软件的一个功能。比如在应用软件中,开发一个功能,它可以把本地的数据上传复制到服务器中供管理人员查看使用。这种数据复制功能往往是应用特定的,紧密嵌套在软件中的一个功能,无法直接使用独立的外部工具实现。

(4) 数据库层面——数据库复制工具

数据库系统内置提供的数据复制命令或者系统提供的复制工具来实现,比如复制备份语句,复制备份工具软件等。应用软件可以调用这些查询语句或者启动这些复制工具来进行数据复制,是一个基础的通用的数据复制方案。

(5) 硬件层面——存储设备

通过服务器硬盘冗余技术——RAID、专用存储设备、共享存储来复制大量数据,复制的数据粒度都是在比特级别,效率极高,当然成本也比较昂贵。

7.3.2　应用层事务日志

1. 基本概念

关系数据库每次写入操作都隐式或者显式地使用事务,确保操作的 ACID 特点,使得数据库写入安全可靠,并且严格保证数据的一致性。在数据库复制场景中,可以利用事务操作产生的日志信息来实现数据库的复制。

2. 数据库事务复制方案

关系数据库每次写入操作都隐式或者显式地使用事务,确保操作的 ACID 特点,使得数据库写入安全可靠,并且严格保证数据的一致性。在数据库复制功能中,复制分为快照复制和事务日志复制。事务日志复制是增量的、比较实时的数据复制方式。如图 7-17 所示为 SQL Server 的数据复制示意图。

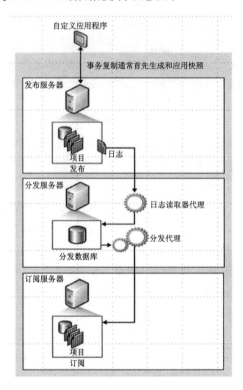

图 7-17 SQL Server 数据复制

在 MySQL 中,内部采用分布式事务将对数据库所有的操作记录在一个二进制日志文件中,然后使用中间件解析这些 SQL 操作在目标数据库执行,从而实现数据复制。如图 7-18 所示为 MySQL 的数据复制过程。

3. 数据库事务复制的优缺点

(1) 优点:稳定可靠

数据库底层支持,直接在数据库层面进行工作,稳定可靠。

(2) 优点:工具成熟

各种数据库都提供了官方或者第三方的数据库复制工具,使用人数多,学习资料多,应用成熟。

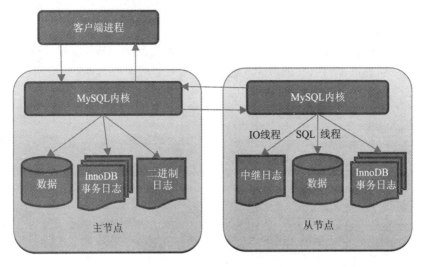

图 7 - 18　MySQL 数据复制

（3）缺点：部署复杂

应用数据库复制工具需要熟悉当前数据库的复制工作原理,需进行较多步骤的工作模式和参数设置。

（4）缺点：不通用

各数据库有不同的复制工作原理,所以相应的复制工具并不通用,跨数据库平台复制可能会有问题。

4. 不同层面的事务概念

（1）业务层面

表现为多个具体的业务步骤之间操作的完整性,比如银行转账,大型电商系统的下单操作,关注面在于业务的合理性、完整性而不是具体的技术。

（2）数据库层面

在数据库内部或者分布式数据库之间借助复杂的机制实现操作的原子性,即要么全部成功,要么全部失败。

（3）应用层面

不依赖于底层的数据存储类型,在应用层面实现事务操作,比如通用的数据中间件,调用事务功能方式多种多样,具体取决于应用类型,比如是分布式应用还是单机应用。

5. 不同视角之下的应用层

（1）分层架构中的应用层

主要用于协调不同领域对象之间的动作或领域模型与基础结构层组件之间的工作,以完成一个特定的、明确的系统任务。如图 7 - 19 所示的领域驱动设计分层架构中的应用层。

(2) 云平台中的应用层

以 AWS 云平台为例,分为客户数据中心的 Web 层和 AWS 自身的应用层、数据库层。应用层提供平台基础的应用功能,如图 7 - 20 所示的 AWS 的应用层。

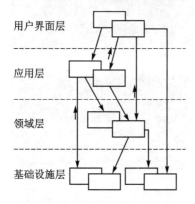

图 7 - 19　领域驱动的分层架构

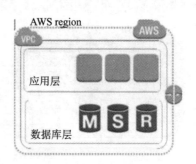

图 7 - 20　AWS 应用层

(3) 数据库与应用层

在数据库视角,处于操作系统、数据库之上的应用层,通过数据库接口和数据库进行交互,这些应用层包括数据库应用工具、调用数据库系统的应用软件等。

(4) 部署架构中的应用层

在部署架构中,对计算节点类别的一种分层,包括数据库、缓存系统、文件服务和应用层,负载均衡。这里的应用层是部署商业应用软件系统的服务器,如图 7 - 21 所示。

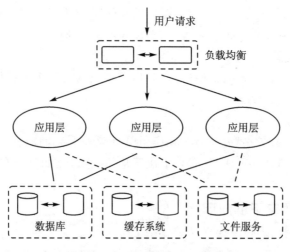

图 7 - 21　部署架构中的应用层

6. 在应用层发起的事务操作日志

(1) 应用层事务日志基本概念

某个特定的业务应用,它调用数据中间件,完成数据持久化,站在数据中间层角度,执行的是表达业务含义的 SQL 操作,而这个操作又随着记录当前操作本身过程的日志消息一起完成,并且这个过程属于事务的一部分,自动开启和提交事务,所以这种日志消息就是一种记录事务执行过程的日志,并且是从应用层发起的,对业务操作透明,所以这个日志操作消息就是应用层事务日志,如图 7 - 22 所示。

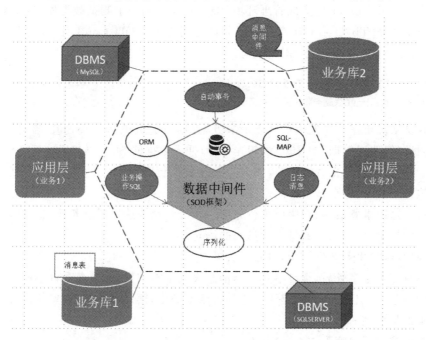

图 7 - 22 应用层事务日志工作原理

(2) 应用层事务日志工作流程

① 特定业务应用 用户通过 UI 或者 API 调用某个特定业务的应用。

② 数据中间件 应用层调用数据中间件,读取数据和持久化数据,管理事务。

③ 业务操作 SQL 数据中间件执行 SQL 语句或存储过程,获取数据或者受影响的记录数。

④ 日志消息 将执行的 SQL 语句、命令类型和参数等信息写入消息日志,对用户透明。

⑤ 自动事务 根据执行情况提交或者回滚事务,管理事务的级次,化解嵌套事务,确保步骤③和④在一个事务过程中。

7. 并发事务——事务的执行顺序测试

在映像中,日志一般都是顺序记录的,即严格按照事件发生时间记录的日志。如果数据库发生并发操作,那么与之相关的并发事务的操作日志还有顺序吗?注意这里讨论的是对同一个资源的并发事务操作。**我们需要测试事务的执行顺序与事务日志的记录顺序是否严格一致**。如果不一致,就无法根据事务日志还原正确的事务操作,产生不正确的数据。下面设计一个在这种情况下的事务操作日志顺序的测试方案。

注意:下文讨论的"事务日志"指的是用户记录的正在执行的 SQL 语句的消息日志,不是数据库系统自身的事务日志。

使用 SQL Server 的集成管理环境(SSMS)连接到一个测试数据库,这个数据库有一个业务表[Tb_User],还有一个事务日志消息表[SOD_CmdLog]。打开 2 个查询窗口,分别执行 2 组事务 SQL 语句:

> 事务 1:修改表数据;插入事务日志数据;
> 事务 2:插入一行数据;插入事务日志数据;

假设系统正在并发地执行这 2 个事务,数据库随机挑选一条 SQL 语句先执行,这里假设"修改表数据"的 SQL 语句先执行,插入数据的 SQL 语句后执行。注意,既然两条 SQL 语句是先后执行的,怎么叫做并发执行呢?虽然它们执行有先后,但都没有执行完成,所以在这个时间范围内,它们是并发执行的。

对于每组事务语句,均假设执行完第一条语句就构造好了事务日志消息,等待第二条语句执行,即插入事务日志消息表的语句。

最后,假设事务 2 先提交,事务 1 后提交。

执行完 2 组事务后,查看事务日志消息表记录的结果,并且查看事务日志消息表的记录顺序(以 ID 为顺序),是否与之前各组事务中,第一条 SQL 语句的执行顺序一致。下面是详细的测试过程。

事务的执行顺序测试——No. 1

事务 1,修改表数据如图 7 - 23 所示。

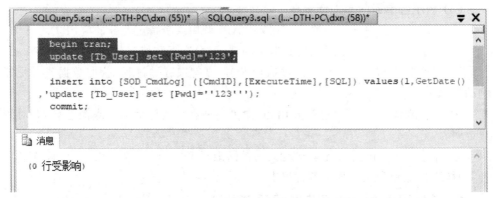

图 7 - 23　事务 1 修改表数据

开启事务,执行该组中的修改用户表的数据,由于当前表为空,修改记录数为 0,事务完成后,用户表所有用户的密码不会是 123。

事务的执行顺序测试——No. 2

事务 2,插入表数据,如图 7-24 所示。

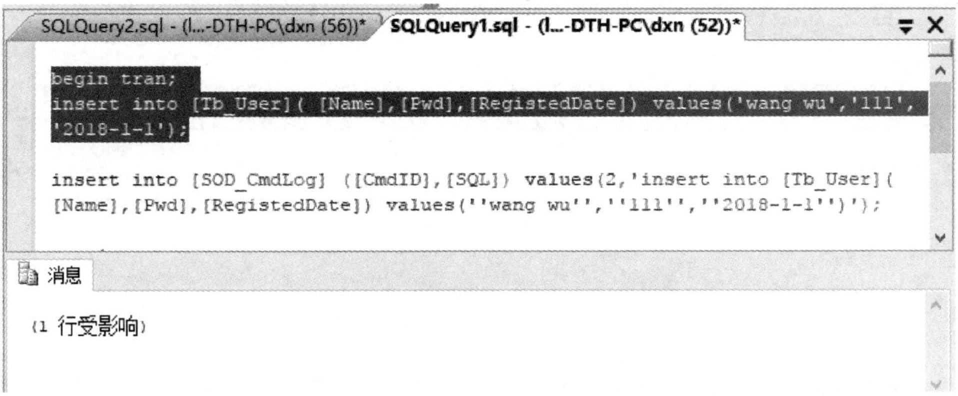

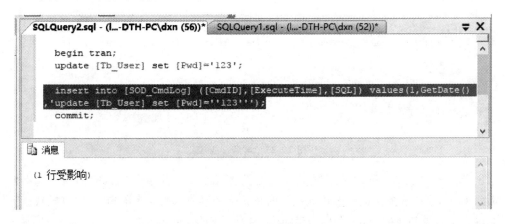

图 7-24 事务 2 插入表数据

开启事务,执行该组中的插入用户表的数据,当前插入一行。虽然事务 1 还没有提交,但不影响表的插入操作。插入语句的执行会让插入的记录获得一个排他锁,因此事务 1 是无法修改这条语句的结果的。

事务的执行顺序测试——No. 3

事务 1,写事务日志如图 7-25 所示

图 7-25 事务 1 写事务日志

事务 1 执行完修改表的语句后,构造好日志消息,将它写入事务日志消息表,注意这里的 ID 为 1,执行时间为当前时间。日志消息 ID 越小,表示对应的业务 SQL 语句执行完成越早。

事务的执行顺序测试——No. 4

事务 2,写事务日志如图 7 - 26 所示。

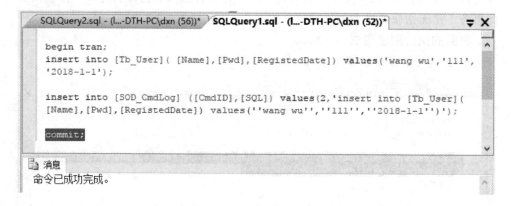

图 7 - 26 事务 2 写事务日志

事务 2 执行完插入表的语句后,构造好日志消息,将它写入事务日志消息表,注意这里的 ID 为 2。

事务的执行顺序测试——No. 5

事务 2,提交如图 7 - 27 所示。

```
SQLQuery2.sql - (l...-DTH-PC\dxn (56))*    SQLQuery1.sql - (l...-DTH-PC\dxn (52))*

begin tran;
insert into [Tb_User]( [Name],[Pwd],[RegistedDate]) values('wang wu','111',
'2018-1-1');

insert into [SOD_CmdLog] ([CmdID],[SQL]) values(2,'insert into [Tb_User](
[Name],[Pwd],[RegistedDate]) values(''wang wu'',''111'',''2018-1-1'')');

commit;
```

消息

命令已成功完成。

图 7 - 27 事务 2 提交

事务 2 先提交,目的是测试事务 1 是否会修改掉当前事务插入的记录。如果发生了修改,说明事务 1 的修改语句执行时机是晚于事务 2 的插入语句的,这将导致事务 1 的事务日志消息的消息 ID 是错误的值,因为它不能反映真实的业务 SQL 执行顺序。

事务的执行顺序测试——No. 6

事务 1,提交如图 7 - 28 所示。

事务 1 提交,目的是配合事务 2 的测试,验证事务 1 的修改语句是否会修改事务 2 的结果。

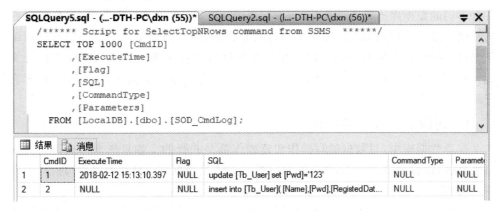

图 7-28　事务 1 提交

事务的执行顺序测试——No. 7

查看事务日志消息表如图 7-29 所示。

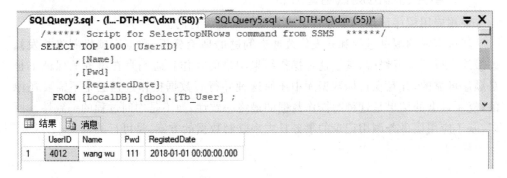

图 7-29　查看事务日志消息表

查看事务日志消息表,事务 1 的第一条语句早于事务 2 的第一条语句。

事务的执行顺序测试——No. 8

查看当前业务表如图 7-30 所示。

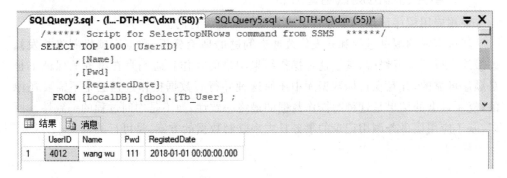

图 7-30　查看当前业务表

再查看当前业务表——用户表,事务 2 插入的记录密码没有被修改,说明事务日志消息表记录的 SQL 语句顺序,与真实的业务 SQL 执行顺序一致。

结论:测试方案通过。

8. 写数据的并发冲突

数据库对于并发修改会采用多种锁机制来解决,例如行锁、页锁和表锁;排他锁、共享锁;读锁、写锁。在复杂的锁机制作用下,这些会发生冲突修改的 SQL 语句的最终执行顺序是有先后的。只要确定这种写操作是有序的,那么记录这种操作信息的日志记录就是有序的。

在两个事务的写数据并发冲突情况下,第一个事务中的写操作 SQL 语句在数据库内完成操作,第二个事务中的写操作语句立刻得到执行,但是否会先于返回操作结果给应用程序? 首先,这两个操作都在各自的事务中,由于锁的关系,第一个事务没有结束之前,第二个有冲突的写操作是不可能立刻得到执行的;其次,每个事务都在各自不同的数据库连接会话中执行,相互不会干扰,如果连接没有断开,操作结果在局域网场景下返回结果给应用程序的时间非常短,不会出现第二个事务的写操作结果先返回给应用程序的情况;最后,如果事务执行过程中某个事务的写操作执行完成,但是结果返回时连接断开,那么这个事务的执行结果不会提交,应用程序也不会记录这个操作的日志信息。

9. 还原写操作的并行性

在源数据库中,对数据的写操作和读操作都是并行的。如果依据写操作的写入信息日志,也就是事务日志,那么在目标数据库恢复数据时怎样还原这种写操作的并行性呢?

实际上,是不需要还原这种源数据库上写操作的并行性的,复制数据(在目标数据库上恢复数据)要的是结果,而不是中间过程的某个时刻的数据,或者说我们关心的是目标数据库和源数据库的最终一致性,所以不需要在目标数据库的数据复制过程中,还原这种写操作的并行过程的。

10. 事务日志的测试结论分析

使用应用程序记录的事务日志来复制数据是可行的。

经过实际的测试过程和并发修改冲突问题的理论分析,数据库锁机制将并发修改最终变成了串行修改,基于这种操作结果记录的操作日志消息在事务的保证下也是顺序可靠的,并且在目标数据库中还原这种并行写数据操作过程也是不需要还原的,复制数据的结果是这种写操作数据的最终一致性,而不是中间过程的一致性。所以,基于应用层事务调用记录的事务日志来复制数据的方案,是可行的。

7.3.3　应用层数据复制

1．使用微服务架构来实现数据复制

微服务数据复制架构如图 7－31 所示。

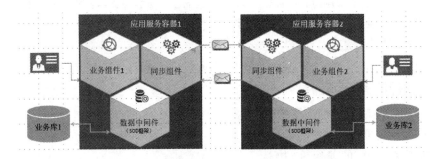

图 7－31　微服务数据复制架构

应用层事务日志记录在当前应用的业务库中，因而可以避免日志记录过程本身出现分布式事务，简化操作，确保可靠性。当然，也可以把日志记录在消息中间件中，前提是消息中间件需要支持事务。应用层事务日志完整地记录了业务数据操作过程，相当于业务操作的事件。采用同步组件，将这种日志读取并传输到另外的应用服务去，然后目标应用服务（如图 7－31 的应用服务容器 2）的数据中间件来执行这些日志信息（数据操作语句），更新目标数据库，从而实现从源数据库到目标数据库的数据复制。这个方案支持联机的或者脱机的数据复制。

采用微服务架构能够使上面复制过程更容易管理和部署。如图 7－31 中的业务组件 1 和业务组件 2 分别作为微服务组件运行在各自的应用服务容器中，两个应用服务容器之间通过各自内部的同步组件发送日志消息，最终实现应用服务 1 的业务数据复制到应用服务 2 的业务库中。

上面的复制架构中提出了几个关键概念，有特定的业务应用，比如业务组件 1 和业务组件 2，运行在各自的应用服务中；有数据同步组件；有事务操作的日志消息；有数据中间件，它用来执行操作的 SQL 语句。这些工作元素按照一个特定的工作流程完成数据复制，这就是下面介绍的内容。

2．事务复制工作流程

（1）特定业务应用

用户在某个业务应用功能中，开启了数据同步复制功能，这个功能开启后，将会记录业务操作相关的 SQL 日志信息。

（2）数据同步组件

应用层调用数据同步组件，读取源事务日志数据，写入目标数据库中。数据同步组件可以直接连接源数据库和目标数据库，也可以将源数据库的日志数据导出文件，

通过脱机或者联机的方式发送到目标服务数据库所在服务器,最后写入目标数据库。

（3）日志消息

解析出事务日志消息,得到 SQL 语句和参数信息,准备执行。

（4）执行 SQL

在目标库上执行的解析出来的 SQL 语句,标记执行状态,写入数据。执行过程可能会出错,一旦出错就应该终止继续执行并回滚事务。

（5）完成复制

执行完所有的事务复制 SQL 语句,完成源数据库到目标数据库的复制。

3. 关键问题:可靠性

事务数据复制的关键问题如图 7-32 所示。

事务复制的可靠性必须认真考虑,包括事务 SQL 的兼容性、执行语句的顺序、重复执行问题、目标数据到影响范围等。不解决这些问题,就没有在应用层实现事务复制的优势,比如跨数据库平台、远程复制、离线复制、微服务应用。可以分别通过以下措施来解决:

（1）杜绝手写 SQL

在应用程序中,通过 ORM 方式来操作数据,ORM 会生成标准的 SQL 语句,这些语句对大多数数据库平台都是兼容的。

（2）事务日志本身有序

事务日志在写入过程中,与业

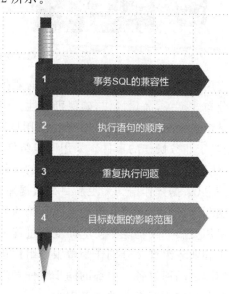

图 7-32　事务数据复制的关键问题

务操作 SQL 的执行顺序是一致的,因为它们两者在一个事务中。

（3）使用唯一 ID

每一条事务日志都有一个唯一 ID,并且是分布式 ID,执行复制时日志也会插入目标库,如果执行重复,则日志无法插入。

（4）更新指定范围

杜绝不带条件的删除和更新操作,大部分情况下都是更新指定主键的数据,此问题影响较小。

4. 关键问题:避免重复执行

在数据复制时,必须确保日志信息中的 SQL 不被重复执行,可以使用事务来确保这个操作不重复,处理事务日志实际上分 3 个步骤(见图 7-33):

图 7 - 33　事务数据复制的步骤

① 从源库读取日志；

② 到目标库判断日志是否存在；

③ 插入日志并且回放写操作。

步骤③，实际上又分为 2 个操作，即插入日志和回放写操作。必须确保步骤③的一致性，可以用事务来保证，这样可以确保步骤②的判断有效，保证写操作不会重复执行。

为什么需要插入日志到目标库？

如果不这么做，那么要避免日志被重复处理，就需要更改源库的事务日志表记录的处理状态，但是在目标库回放的写入操作与源库的日志状态更改操作不在同一个数据库，必然要求两个库的写操作使用分布式事务。二阶段的分布式事务无法百分之百保证事务操作的可靠性，并且基于数据库的分布式事务也无法适应跨网络、跨平台或者脱机的数据库。

将日志插入到目标库与目标库上回放的写操作一起构成一个本地事务，可以确保操作的一致性，保证只要插入了这个日志，就一定回放写操作成功了，那么下一次想再次插入这个日志就不可能了，这时的重复插入操作会导致日志表的主键冲突，从而在整体上保证了回放写操作不会被重复执行，最终确保了业务数据的一致性，也证明了这个数据复制方案的可靠性。

7.3.4　实现方案设计

1. 方案实现中的关键内容

前面 3 个小节从理论上介绍了为什么需要在应用层进行数据复制，并且详细论证了这种数据复制方案的数据的最终一致性和方案的可靠性。现在来讨论如何实现这个方案。在方案实现中有以下几个关键内容必须要考虑。

（1）透明事务

供开发人员透明地使用事务日志消息，现有业务代码不需要显式地增加如何读写日志消息的代码，不破坏现有代码结构，开发人员感觉不到这个功能的存在。

（2）按需应用

虽然前面说记录日志消息的事务需要对程序代码透明，但也要做到根据应用功能的需要来开启或者停止事务日志消息，也就是说，由应用来判断什么数据需要复制，什么时候的数据需要复制。如有的应用只同步修改的数据，不同步新增的数据，或者反过来。

（3）日志消息

事务操纵日志消息的数据结构设计和解析，只记录必要的消息、成功执行的消息；如果是执行失败回滚的事务，则这些相关的 SQL 操作消息不记录。

（4）日志存储使用

序列化和反序列化日志消息，存储和访问日志消息。比如将日志是存储在本地数据库，还是一个消息队列产品中。

（5）应用模式

应用层事务日志应用的各种方式，比如数据备份、同步复制或者数据修复。用于数据备份就需要完整地记录一个表的所有增删改操作；用于同步复制可以开启按需记录日志消息的功能，并需要方案中增加日志数据传输的过程；用于数据修复的使用则比较简单，只需要找到当时操作的消息日志，将消息解析并且重新执行解析出的 SQL 语句即可。

2. 日志消息

日志消息是一个 SOD 实体类——MyCommandLogEntity，用来记录数据库写操作语句的信息类，在 PWMIS. Core\CommUtil\MyCommandEntity. cs 文件中，下面是该类的详细定义：

```
using PWMIS.Common;
using PWMIS.DataMap.Entity;
using PWMIS.DataProvider.Data;
using System;
using System.Data;


namespace PWMIS.Core
{
    ///  <summary>
    ///命令日志实体类(V3 版本)
    ///  </summary>
    public class MyCommandLogEntity:EntityBase
    {
```

```
/// <summary>
///默认构造函数
/// </summary>
public MyCommandLogEntity()
{
    TableName = "SOD_CmdLog_V3";
    PrimaryKeys.Add("CmdID");
}


/// <summary>
///命令 ID,建议使用 CommonUtil.NewSequenceGUID() 获取分布式 ID
/// </summary>
public long CommandID
{
    get { return getProperty <long> ("CmdID"); }
    set { setProperty("CmdID", value); }
}


/// <summary>
///命令执行的时间
/// </summary>
public DateTime ExecuteTime
{
    get { return getProperty <DateTime> ("ExecuteTime"); }
    set { setProperty("ExecuteTime", value); }
}


/// <summary>
///命令日志的使用标记 0 表示源库未处理,1 表示源库已经处理,2 表示已经复
///制到目标库,其他值为用户自定义的状态标记
/// </summary>
public int LogFlag
{
    get { return getProperty <int> ("Flag"); }
    set { setProperty("Flag", value); }
}


/// <summary>
///执行的命令语句(如果语句超过 4000 个字符,外面将无法直接设置此属性;在数
///据库获取此属性值时,会显示为[LonqSql] = lengch 字样)
/// </summary>
public string CommandText
```

```
{
    get { return getProperty <string> ("SQL"); }
    set { setProperty("SQL", value,4000); }
}


/// <summary>
///语句类型,取值为 SQLOperatType 枚举
/// </summary>
public SQLOperatType SQLType
{
    get { return getProperty <SQLOperatType> ("SQLType"); }
    set { setProperty("SQLType", value); }
}


/// <summary>
///命令类型
/// </summary>
public CommandType CommandType
{
    get { return getProperty <CommandType> ("CommandType"); }
    set { setProperty("CommandType", value); }
}


/// <summary>
///命令名字、对应的表名称、存储过程名字或者其他分类名
/// </summary>
public string CommandName
{
    get { return getProperty <string> ("Name"); }
    set { setProperty("Name", value, 100); }
}


/// <summary>
///命令参数信息
/// </summary>
public string ParameterInfo
{
    get { return getProperty <string> ("Parameters"); }
    set { setProperty("Parameters", value); }
}


/// <summary>
```

```
///命令日志的主题,比如要附加操作的数据条件、数据版本号等
/// </summary>
public string LogTopic
{
    get { return getProperty <string> ("LogTopic"); }
    set { setProperty("LogTopic", value, 200); }
}


#region 实体操作方法定义

/// <summary>
///准备写入,设置最终写入的 SQL 语句和参数等信息
/// </summary>
protected internal void PrepairSQL(string sql,string parameterString)
{
    if (sql.StartsWith("INSERT INTO"))
        this.SQLType = SQLOperatType.Insert;
    else if (sql.StartsWith("UPDATE "))
        this.SQLType = SQLOperatType.Update;
    else if (sql.StartsWith("DELETE FROM "))
        this.SQLType = SQLOperatType.Delete;
    else
        this.SQLType = SQLOperatType.Select;


    //处理 SQL 语句超长问题
    if (sql.Length > = 4000)
    {
        this.CommandText = string.Format("[LonqSql] = {0}", sql.Length);
        this.ParameterInfo = sql + "\r\n\r\n" + parameterString;
    }
    else
    {
        this.CommandText = sql;
        this.ParameterInfo = parameterString;
    }
}


/// <summary>
///准备读取,设置程序处理需要的真正的 SQL 语句和参数信息,如果不调用此方
///法,得到的是数据库原始存储的属性值
/// </summary>
public void PrepairRead()
```

```
        {
            if (this.CommandText.StartsWith("[LonqSql]"))
            {
                string[] arr = this.CommandText.Split('=');
                int length = int.Parse(arr[1]);
                string temp = this.ParameterInfo;
                this["CommandText"] = temp.Substring(0, length);
                this.ParameterInfo = temp.Substring(length + 4);
            }
        }


        /// <summary>
        ///根据参数信息字符串,解析当前查询语句对应的参数化对象数组。如果没有参
        ///数信息将返回空
        /// </summary>
        /// <param name = "db"> 数据访问对象 </param>
        /// <returns> </returns>
        public IDataParameter[] ParseParameter(AdoHelper db)
        {
            PrepairRead();
            if (!string.IsNullOrEmpty(this.ParameterInfo))
            {
                return DbParameterSerialize.DeSerialize(this.ParameterInfo, db);
            }
            return null;
        }


        # endregion
    }
}
```

日志消息类主要包括命令标识、执行时间、执行的命令语句和参数等信息。命令 ID(CommandID)采用分布式 ID,按时间有序增加,可以避免分布式日志数据在数据合并时出现问题。

语句类型(SQLType)是枚举类型 SQLOperatType,记录了当前写操作是增加、修改,还是删除操作的 SQL 语句。

命令名字(CommandName)记录了操作的表名称、视图或者存储过程名称等,可用于对 SQL 命令进行分类。

命令类型(CommandType)是 Ado. Net 的命令类型,包括表、视图和存储过程。

日志主题(LogTopic)是对 SQL 命令所属业务操作的主题分类,类似于消息队列的消息主题,比如要附加操作的数据条件、数据版本号等。

3. 日志存储使用

当前设计使用 SOD 实体类 MyCommandLogEntity 作为日志消息载体,消息存储在同一个数据库的日志消息表中,也就是 MyCommandLogEntity 映射的表名字。该实体类提供了准备 SQL 语句的 PrepairSQL 方法,解析执行 SQL 所需参数的 ParseParameter 方法,这两种方法实现对参数进行序列化和反序列化,方便参数信息存储在数据库中,详细实现代码请看前面该实体类的定义。

在 SQL 参数的序列化和反序列化中,使用 DbParameterSerialize 类来实现。这个参数信息是以 XML 序列化存储的,在复制数据使用时再将它反序列化。XML 序列化能够增强可读性,方便调试,并且相对 JSON 序列化,能够保留数据类型。下面是使用它序列化和反序列化一个参数的示例,如图 7-34 所示。

```
IDataParameter[] paraArr = new IDataParameter[] {
    MyDB.Instance.GetParameter("P1", 111),
    MyDB.Instance.GetParameter("P2", "abc'ee<edde/>e"),
};

string str = DbParameterSerialize.Serialize(paraArr);
Console.WriteLine("测试参数序列化: {0}", str);
IDataParameter[] paraArr2 = DbParameterSerialize.DeSerialize(str, MyDB.Instance);
Console.WriteLine("测试反序列化成功!");
```

图 7-34　查询参数序列化测试

图 7-35 所示为参数序列化的结果示例。

```
测试参数序列化: <?xml version="1.0" encoding="utf-16"?><ArrayOfMyDbParameter xmlns:xsi="http://www.w3.org/2001/XMLSchema-instance" xmlns:xsd="http://www.w3.org/2001/XMLSchema"><MyDbParameter><Name>P1</Name><Length>0</Length><Value xsi:type="xsd:int">111</Value><ParaDbType>Int32</ParaDbType></MyDbParameter><MyDbParameter><Name>P2</Name><Length>14</Length><Value xsi:type="xsd:string">abc'ee&lt;edde/&gt;e</Value><ParaDbType>String</ParaDbType></MyDbParameter></ArrayOfMyDbParameter>
测试反序列化成功!
```

图 7-35　查询参数序列化测试结果

4. 透明事务的实现方案

应用层事务数据复制方案的设计原理就是使用事务来记录与业务操作相关 SQL 消息的日志数据,要让这个方案容易实施,这种事务操作必须对应用透明,已有代码无须修改,开发人员无须显示调用。实现这个需求的最佳方案就是应用程序使用的数据框架内置支持这个功能,或者数据框架有相关的接口容易实现这个需求。SOD 框架的"命令处理管道"机制提供了实现这个功能的基础,它将框架执行的所有 SQL 命令都视为管道中流动的消息,在命令执行前后提供了拦截过滤的接口,通过这些接口来扩展一些特定的功能,比如记录日志。有关 SOD 框架命令处理管道的介绍,请参考 3.3.7 小节跟踪 SQL 执行情况中的"命令管道与日志处理器"和图 3-18 的内容。

所以,使用 SOD 框架的应用程序,框架可以拦截写操作请求,让此操作附加到一个事务过程中,自动完成对应的写操作日志消息记录,操作完成再提交事务,而这个过程是不需要开发人员额外写代码调用的,因此已有代码也不需要做任何修改,此功能对应用透明。实现这个功能的是 TransactionLogHandle 对象,AdoHelper 对象的 RegisterCommandHandle 方法完成对它的注册。例如下面的示例代码:

```
//将事务日志处理器( TransactionLogHandle )注册到 AdoHelper 对象的命令管道:
LocalDbContext localDb = new LocalDbContext();
localDb. CurrentDataBase. RegisterCommandHandle(new TransactionLogHandle());
```

TransactionLogHandle 继承了查询命令处理器接口 ICommandHandle,所以它是一个命令消息的过滤器,可以拦截 SQL 命令的执行过程,在 SQL 命令执行前让这个 SQL 命令附加到一个事务会话连接中;在 SQL 命令执行成功后记录这个 SQL 命令的日志消息,并提交当前事务。下面 TransactionLogHandle 类的 OnExecuting 方法和 OnExecuted 方法分别实现了上述功能,具体实现代码如下:

```
/// <summary>
///事务日志处理器,将记录事务型查询(例如增删改操作)的详细信息到当前连接的数据库
///的命令日志数据表
/// </summary>
public class TransactionLogHandle : ICommandHandle
{
    private CommonDB currDb;
    private MyCommandLogEntity logEntity;
    private bool enable = false;
    /// <summary>
    ///默认构造函数
    /// </summary>
    public TransactionLogHandle()
    {
        logEntity = new MyCommandLogEntity();
        enable = true;
    }


    /// <summary>
    ///应用的数据库类型,支持所有
    /// </summary>
    public DBMSType ApplayDBMSType
    {
```

```
            get { return DBMSType.UNKNOWN; }
     }


     /// <summary>
     ///在记录事务日志之前的自定义处理
     /// </summary>
     public MyFunc <MyCommandLogEntity, bool> BeforLog { get; set; }


     /// <summary>
     ///在主体查询执行成功后调用,插入命令日志记录
     /// </summary>
     /// <param name = "cmd"> </param>
     /// <param name = "recordAffected"> </param>
     /// <returns> </returns>
     public long OnExecuted(IDbCommand cmd, int recordAffected)
     {
         if (this.enable)
         {
             logEntity.CommandID = CommonUtil.NewUniqueSequenceGUID();
             logEntity.ExecuteTime = DateTime.Now;
             //recordAffected > 0 表示非 SELECT 语句
             if (recordAffected > 0)
             {
                 //如果有日志分表逻辑,需要在 BeforLog 业务方法内处理
                 if (BeforLog == null || ( BeforLog ! = null && BeforLog(logEntity)))
                 {
                     //下面一行必须禁用自身调用
                     this.enable = false;
                     //如果下面一行执行失败,会抛出异常并且回滚事务,不会执行后面的
                     //Commit 方法
                     EntityQuery <MyCommandLogEntity> . Instance. Insert(this. logEn-
tity, this.currDb);
                     this.enable = true;
                 }
             }
             this.currDb.Commit();
         }
         return 1;
     }


     /// <summary>
     ///在事务过程中,暂不记录相关消息,可以查看 SQL 日志
```

```
///  </summary>
///  <param name = "cmd"> </param>
///  <param name = "errorMessage"> </param>
public void OnExecuteError(IDbCommand cmd, string errorMessage)
{
     //throw new NotImplementedException();

}


///  <summary>
///主体查询预备执行操作,这里会构造命令日志信息
///  </summary>
///  <param name = "db"> 当前查询连接对象 </param>
///  <param name = "SQL"> 当前主体要执行的查询命令 </param>
///  <param name = "commandType"> 命令类型 </param>
///  <param name = "parameters"> 命令参数 </param>
///  <returns> 总是返回成功 </returns>
 public bool OnExecuting(CommonDB db, ref string SQL, CommandType commandType,
IDataParameter[] parameters)
     {
         if (this.enable)
         {
             this.currDb = db;
             db.BeginTransaction();
             //需要真实反映执行的语句顺序,CommandID 的赋值推迟到执行后
             //logEntity.CommandID = CommonUtil.NewSequenceGUID();
             //logEntity.ExecuteTime = DateTime.Now;
             //使用 PrepairSQL 方法处理
             //logEntity.CommandText = SQL;
             logEntity.CommandType = commandType;
             logEntity.LogFlag = 0;
             //logEntity.ParameterInfo = DbParameterSerialize.Serialize(parameters);
             logEntity.PrepairSQL(SQL, DbParameterSerialize.Serialize(parameters));
             if (db.ContextObject != null)
             {
                 if (db.ContextObject is OQL)
                 {
                     logEntity.CommandName = ((OQL)db.ContextObject).currEntity.Get-
TableName();
                 }
                 else if (db.ContextObject is EntityBase)
                 {
                     logEntity.CommandName = ((EntityBase)db.ContextObject).GetTa-
```

```
bleName();
                }
                else
                {
                    logEntity.CommandName = "";
                }
            }
        }

        return true;
    }


    /// <summary>
    ///获取当前处理器要应用的命令执行类型,只有符合该类型才会应用当前命令处理器
    /// </summary>
    public CommandExecuteType ApplayExecuteType
    {
        get
        {
            return CommandExecuteType.ExecuteNonQuery;
        }
    }
}
```

5. 日志记录的筛选策略

有时候并不是所有的数据都需要复制,可以用下面这个场景来说明。

业务员张三在客户现场录入了一份客户信息到本机的 CRM 软件中,对公司来说客户信息很敏感,所以 CRM 软件的服务端并没有运行在公网(互联网)中,张三必须回到公司以后,打开他本机的 CRM 软件,连上局域网的 CRM 软件服务端,程序会自动将新增的数据复制到部门经理李四的笔记本电脑上的 CRM 软件中。对于张三电脑 CRM 软件中已有的其他客户信息,张三可以进行标注修改,但这个修改并不会复制到其他同事的电脑中,包括他的部门经理李四。这意味着每个业务员都可以对公司的客户信息进行本地的标注而不会影响别人的使用。所以,CRM 软件对于普通员工本地的数据,只会复制新增的数据,而不会复制修改后的数据。然而,部门经理有权限将 CRM 软件中的信息修改后,重新下发(复制)到业务员的电脑上,但他并不会新增客户信息。所以,CRM 软件对于部门经理本地的数据,只会复制修改的数据,而不会复制新增的数据。为何不在部门经理的 CRM 软件客户端禁止新增数据?这样就不用区分部门经理的数据是否修改过,从而直接复制出去。但这样做是不合理的,部门经理当然可以新增自己的客户数据,只是不希望下面的业务员看到。

简单总结这个 CRM 软件数据复制的需求:对于普通员工,只复制他新增的客户数据;对于部门经理,只复制他修改过的数据。所以,数据复制不仅是技术层面的问题,有时也是一个业务问题。数据复制需要在不同的时间、不同的范围下进行,并且需要区分数据的类型,是新增、修改还是删除的数据。这种数据复制功能的开发,使用数据库层面的数据复制方案显然难以实现,而在"应用框架"层面提供这样的功能供业务层代码调用,就要简单灵活得多,这也是我们为何需要应用层数据复制方案的原因。在方案中使用事务,可以确保数据复制准确可靠,这便是本节的应用层事务数据复制方案。

　　下面介绍 SQL 操作类型的枚举类型定义,有了它就可以对某个数据表按不同的操作类型进行数据复制了。

```
/// <summary>
/// SQL 操作类型
/// </summary>
public enum SQLOperatType
{
    /// <summary>
    ///增加操作,值为 1
    /// </summary>
    Insert = 1,
    /// <summary>
    ///删除操作,值为 2
    /// </summary>
    Delete = 2,
    /// <summary>
    ///删除操作,值为 4
    /// </summary>
    Update = 4,
    /// <summary>
    ///查询数据,值为 8
    /// </summary>
    Select = 8
}
```

　　枚举类型 SQLOperatType 的枚举项的值采用了 2 的指数幂数值,这样使枚举项可以组合使用。比如,某个表可以复制新增和删除的数据,但不复制修改的数据,其他表增删改的数据都需要复制。下面的示例代码演示了如何使用这个功能。

```
AdoHelper sourceDb = AdoHelper.CreateHelper("SourceDB");
TransactionLogHandle logHandle = new TransactionLogHandle();
logHandle.BeforLog = log => {
```

```
        //只有在指定范围内的表并且符合对此表指定的操作行为,才会记录事务日志
        log. LogTopic = "Test";
        //定义操作策略
        Dictionary <string, SQLOperatType> tableStrategy = new Dictionary <string, SQLOp-
eratType> () {
            { "Table_User", SQLOperatType. Insert | SQLOperatType. Update }
        };
        //执行策略
        foreach (string key in tableStrategy. Keys)
        {
            if (string. Compare(log. CommandName, key) == 0)
            {
                SQLOperatType sqlType = tableStrategy[key];
                return (sqlType & log. SQLType) != 0;
            }
        }
        return false;
    };
    //在源数据库注册事务日志命令处理器
    sourceDb. RegisterCommandHandle(logHandle);
```

上面的代码对表"Table_User"的数据复制策略指定为新增(插入)或者修改的数据。执行策略时,如果当前 SQL 操作类型与当前表定义的数据复制策略相匹配,则允许执行当前 SQL 操作,记录日志消息,也就是上面的代码:

```
return (sqlType & log. SQLType) != 0;
```

最后,将定义了所有表数据复制策略方法的日志处理器对象 logHandle 注册到 sourceDb 对象中。以后,只要 sourceDb 每次执行查询,就会调用 logHandle 对象的 BeforLog 方法,检查数据复制策略是否匹配。

6. 读取日志和复制数据

前面介绍了使用"透明事务"的方案来记录 SQL 命令的日志消息,这个日志表数据量有可能非常大,在传送日志数据时需要分页读取日志数据,如果日志表实在太大,还有可能分表存储日志数据。SOD 框架封装了一个 TransLogDbContext 类,它提供了读取日志和复制数据的方法。TransLogDbContext 类的定义在 SOD 框架源码解决方案项目的文件 PWMIS. Core. Extensions\TransLogDbContext. cs 中。下面首先来看它的日志读取方法。

```
public class TransLogDbContext : DbContext
{
    /*其他代码略 */
```

```
/// <summary>
///按照顺序读取事务日志并进行处理
/// </summary>
/// <param name = "pageSize"> 每次要读取的日志页大小 </param>
/// <param name = "func"> 处理日志的自定义方法,如果返回假则不再继续读取处理
/// </param>
/// <param name = "partLogName"> 分部的日志消息表名字,可以为空 </param>
/// <returns> 返回已经读取的记录数量 </returns>
public int ReadLog(int pageSize,Func <List <MyCommandLogEntity> ,bool> func ,
string partLogName = null)
    {
        int pageNumber = 1;
        int readCount = 0;
        int allCount = 0;
        //先查询出所有记录数和第一页的数据
        MyCommandLogEntity log = new MyCommandLogEntity();
        if (!string.IsNullOrEmpty(partLogName))
            log.MapNewTableName(log.GetTableName() + "_" + partLogName);

        var oql = OQL.From(log)
            .Select()
            .OrderBy(o => o.Asc(log.CommandID))
            .END
            .Limit(pageSize, pageNumber);

        oql.PageWithAllRecordCount = 0;
        var list = EntityQuery <MyCommandLogEntity> .QueryList(oql, this.CurrentDa-
taBase);

        allCount = oql.PageWithAllRecordCount;

        while (list.Count> 0 )
        {
            readCount += list.Count;
            ReadLogEventArgs args = new ReadLogEventArgs(allCount, readCount, list);
            if (OnReadLog ! = null)
                OnReadLog(this, args);
            if (!func(list))
                break;
            if (list.Count <pageSize)
                break;
```

```
            pageNumber++;

            /*
            //如不分表,可以使用 GOQL 简化查询
            list = OQL.From <MyCommandLogEntity>()
                .Select()
                .OrderBy((o, p) => o.Asc(p.CommandID))
                .Limit(pageSize, pageNumber,allCount)
                .ToList(this.CurrentDataBase);
            */
            //因为日志可能分表,需要修改下面的方式:
            var oql1 = OQL.From(log)
                .Select()
                .OrderBy(o => o.Asc(log.CommandID))
                .END
                .Limit(pageSize, pageNumber);
            oql1.PageWithAllRecordCount = allCount;
            list = EntityQuery <MyCommandLogEntity> .QueryList(oql1, this.CurrentDa-
taBase);

        }


        return readCount;
    }

    /*其他代码略*/
}
```

在上面方法的开始部分,首先查询出第一页的数据预备给自定义的数据处理方法(参数 Func <List <MyCommandLogEntity>, bool> func)使用。这里使用了 SOD 数据查询的一个特性,只要事先设置 OQL 对象的 PageWithAllRecordCount 值为 0,那么执行这个 OQL 查询后,就可以同时得到所有的记录数,也就是上面方法中的代码:

```
oql.PageWithAllRecordCount = 0;
var list = EntityQuery <MyCommandLogEntity> .QueryList(oql, this.CurrentDataBase);
allCount = oql.PageWithAllRecordCount;
```

之后,只要读取的第一页数据的记录数大于分页大小,便进入循环尝试读取后续页的数据,在后续读取前先将上次读取的数据给自定义的数据处理方法(参数 fun)使用,在处理前,还可以引发 ReadLogEventArgs 事件来对读取的数据进行额外的

处理。

　　上面的方法将事务日志数据读取到了内存中，现在可以连接到目标服务器，开启事务，将刚才读取的数据插入到目标数据库中，并且在目标数据库中执行日志解析出来的 SQL 语句，以实现数据复制的功能，也就是日志数据回放写入的功能。TransLogDbContext 的 DataReplication 方法实现了这个功能，请看下面的代码：

```
/// <summary>
///将指定的数据复制到当前数据访问对象关联的数据库中
/// </summary>
/// <param name = "log"> 事务日志实体 </param>
/// <returns> 如果数据已经存在或者复制成功,返回真;如果遇到错误,返回假 </returns>
public bool DataReplication(MyCommandLogEntity log)
{
    this.ErrorMessage = string.Empty;
    this.CurrentStatus = ReplicationStatus.UnKnown;
    if (log.LogFlag > 0)
    {
        this.CurrentStatus = ReplicationStatus.Executed;
        return true;
    }
    var query = this.NewQuery <MyCommandLogEntity> ();
    if (query.ExistsEntity(log))
    {
        this.CurrentStatus = ReplicationStatus.LogExists;
        return true;
    }
    else
    {
        string errorMessage;
        MyCommandLogEntity newLog = new MyCommandLogEntity();
        newLog.CommandID = log.CommandID;
        newLog.CommandName = log.CommandName;
        newLog.CommandText = log.CommandText;
        newLog.CommandType = log.CommandType;
        newLog.ExecuteTime = DateTime.Now;//新执行的时间
        newLog.LogFlag = 2;//表示已经复制到目标库的状态
        newLog.ParameterInfo = log.ParameterInfo;
        newLog.SQLType = log.SQLType;
        newLog.LogTopic = log.LogTopic;

        //log 可能映射了新的表名
```

```
            newLog.MapNewTableName(log.GetTableName());

        bool result = Transaction(ctx => {
            query.Insert(newLog);

            //解析得到真正的命令参数信息
            var paras = log.ParseParameter(this.CurrentDataBase);
            int count = this.CurrentDataBase.ExecuteNonQuery(log.CommandText, log.
CommandType, paras);
            //可以在此处考虑引发处理后事件
            if (AfterReplications != null)
                AfterReplications(this, new ReplicationEventArgs(log, count));
        }, out errorMessage);

        this.ErrorMessage = errorMessage;
        this.CurrentStatus = result ? ReplicationStatus.Succeed : ReplicationStatus.
Error;

        return result;
    }
}
```

TransLogDbContext 的基类 DbContext 提供了执行事务查询的方法 Transaction,在这个方法中,实现插入当前日志数据,然后解析日志数据,执行解析出来的 SQL 语句。也就是下面的三行代码:

```
query.Insert(newLog);
//解析得到真正的命令参数信息
var paras = log.ParseParameter(this.CurrentDataBase);
int count = this.CurrentDataBase.ExecuteNonQuery(log.CommandText, log.CommandType,
paras);
```

接下来,看看如何使用这两种方法,从源数据库读取事务日志数据,然后将数据复制到目标数据库。

```
AdoHelper sourceDb = AdoHelper.CreateHelper("SourceDB");
AdoHelper targetDb = AdoHelper.CreateHelper("ReplicatedDB");
TransLogDbContext sourceCtx = new TransLogDbContext(sourceDb);
    TransLogDbContext targetCtx = new TransLogDbContext(targetDb);
    //其他代码略
    sourceCtx.DbContextProvider.CurrentDataBase.Transaction = null;
    //从源读取数据
    sourceCtx.OnReadLog += SourceCtx_OnReadLog;
    int count = sourceCtx.ReadLog(5, list => {
```

```
        //复制数据到目标库
        foreach (var log in list)
        {
            bool result = targetCtx.DataReplication(log);
            if (!result)
            {
                Console.WriteLine("****复制数据遇到错误,日志 ID:{0},命令:{1},错误原
因:{2}", log.CommandID, log.CommandText, targetCtx.ErrorMessage);
                return false;
            }
            else
            {
                Console.WriteLine("操作成功,日志 ID:{0},执行状态:{1},命令:{2}",log.
CommandID,targetCtx.CurrentStatus,log.CommandText);
            }
        }
        return true;
    });
```

上面的代码首先利用 AdoHelper 对象从应用程序配置文件配置到数据连接中,根据连接名字 SourceDB 和 ReplicatedDB 来创建 AdoHelper 对象实例,然后从源数据库读取事务日志数据到内存列表,或直接复制到目标数据库中。在这个过程中分别使用了 sourceCtx 对象的 ReadLog 方法读取日志数据,targetCtx 对象的 DataReplication 方法复制数据。

7. 应用层事务复制测试程序

下面设计一个测试程序,建立一个控制台项目 DataReplicationExample 来测试事务复制功能的效果,测试程序源码地址如下:

https://github.com/znlgis/sod/tree/master/src/SOD/DataReplicationExample
具体测试方法如下:

① 程序配置两个连接字符串,一个源库(对应于连接名 SourceDB),一个目标库(对应于连接名 ReplicatedDB);为简便起见,源库和目标库都使用 SQLite 数据库。

② 在源库记录事务日志,插入两条数据,修改一条数据。

③ 读取源库日志,插入目标库并执行回放写操作。

④ 输出执行过程。

下面是测试程序应用程序配置文件的数据连接配置内容:

```
<connectionStrings>
    <!-- <add name = "SourceDB" connectionString = "Data Source = .;Initial Catalog =
SourceDB;Integrated Security = True" providerName = "SqlServer" /> -->
```

```
        <add name = "SourceDB " connectionString = "Data Source = . \SourceDB. db;" provider-
Name = "PWMIS. DataProvider. Data. SQLite,PWMIS. SQLiteClient." />
        <! -- <add name = "ReplicatedDB" connectionString = "Data Source = .;Initial Cata-
log = ReplicatedDB;Integrated Security = True" providerName = "SqlServer" /> -->
        <add name = "ReplicatedDB" connectionString = "Data Source = . \ReplicatedDB. db;"
providerName = "PWMIS. DataProvider. Data. SQLite,PWMIS. SQLiteClient" />
    </connectionStrings>
```

图 7 - 36 所示为运行该测试程序的屏幕输出结果：

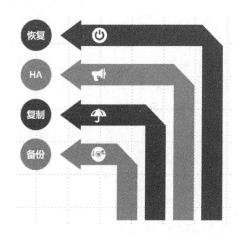

图 7 - 36　数据复制测试程序运行结果

从上面的控制台输出可以看到，日志数据如果已经存在，会提示执行状态为 LogExists；如果数据复制成功，会提示执行状态为 Succeed。控制台还会显示每个日志数据解析出来的 SQL 语句信息。

8. 事务数据复制的应用模式

应用层事务日志数据复制功能可以有多种应用模式，可用于数据的恢复、高可靠 (HA)、复制和备份，如图 7 - 37 所示。

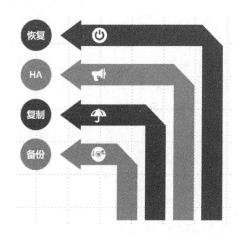

图 7 - 37　事务数据复制的应用模式

- 恢复:基于之前的数据备份,根据事务日志回放之前的写操作,即可恢复任意时刻的数据。
- 高可靠(HA):将事务日志实时传输到另外的数据库节点进行回放,实现实时数据复制,从而避免单个数据节点故障带来损失。
- 复制:日志记录了所有写操作,回放这些写操作就可以将数据复制到另一个数据库,并且很容易做增量复制。
- 备份:日志信息本身记录了操作的数据,等于当前写操作的数据备份,而且是实时的。

9. 实现方案总结

基于应用层事务日志实现的数据复制方案进行总结,有下面一些特点:

(1) 分层解决方案

- 独立的数据复制解决方案,不依赖于任何特定数据库;
- 在应用层实现,与业务层契合紧密;
- 在应用层记录事务日志,然后读取事务日志,完成数据复制;
- 支持分布式应用环境。

(2) 事务日志

- 对应用层代码透明;
- 操作日志消息稳定可靠。

(3) 数据复制

- 将事务日志在目标数据库回放,实现数据复制;
- 支持增量数据复制;
- 支持多节点数据的复制。

相比较于前面的 7.2 节异构数据库同步,本节的数据复制方案属于同类型数据库的数据同步复制,如果仅从数据同步问题来说,那么当前基于应用层事务数据复制方案在实现上更简单,同步效率更高,采用合适的架构,基本上可以做到实时数据同步。本方案已经成功用于笔者负责的一个企业级数据同步项目,大大简化了之前的数据同步问题,运行稳定可靠,并且最终证明对于这个项目来说采用该方案要明显优于 MySQL 的基于 binlog 的数据同步方案,方案的灵活性和运行效率都有更好的保证。

附录 A

SOD 框架和开源社区

开源并不是一件容易的事情,除了参与者的分享精神外,更需要不懈的坚持和广大用户的积极支持,并依靠社区的力量才能推动开源项目的发展。SOD 框架是一个开源框架,欢迎大家加入这个开源项目,对所有参与和支持本项目的朋友,笔者在这里表示诚挚的感谢!

A.1 SOD 框架发展历史

1. 名字由来

SOD 框架原名 PDF.NET 框架,关于这个名字的由来如果不做简单的介绍,可能会引起大家的误会,因为 PDF.NET 的名字与 PDF 文档有点像,所以曾经有一些朋友加笔者的 QQ 群来问有关 PDF 文档开发的事情,还有一些朋友批评用这个名字不好,建议改名。实际上,PDF 是一款文档处理软件,而 PDF.NET 是一个程序开发框架,它们在本质上是没有冲突的,就像奇瑞公司可以出品一款名字叫做"奇瑞 QQ"的汽车,它与腾讯公司的 QQ 软件是没有任何关系的。

关于取名字的问题,是一个比较复杂的问题。老子说"道可道,莫可道;名可名,莫可名",你可以给事物取一个名字,但别人按照这个名字去理解这个事物就不是你原来理解的那个事物了,所以要取一个好的名字比较难,不过可以使用一些约定俗成的方法,用一个动物的名字来命名一个编程语言(例如 Python——蟒蛇),用动物的一个行为来命名一个程序框架(例如 Hibernate——冬眠;蛰伏),或者用一句话中重要单词的缩写来命名一个技术(例如 LINQ——Language Integrated Query,语言集成查询),或者干脆用最简单的字母来命名(例如 C 语言、D 语言)。PDF.NET 采用了重要单词缩写的方式,即 PDF.NET——PWMIS Data Develop Framework for .NET。

PWMIS 是我很早的一个个人网站的域名(www.pwmis.com),在很多框架中,采用域名作为标识符是很常见的事情,比如 JAVA 的程序包名字,所以我就用这个域名来标识自己的开发框架了。这个框架本来是打算给我的这个网站使用的,希望它能成为一个比较大的网站,能满足快速开发的需求,同时满足架构的兼容性和将来升级的可能性。虽然最后我的这个网站没有做起来,但这个开发框架却慢慢发展起来了,于是就沿用了这个名字。

PDF. NET 框架追求的目标是简单与效率的平衡,体现在代码的精简,开发、维护的简单与追求极致的运行效率。框架的思想是借鉴 JAVA 平台的 Hibernate 和 iBatis 而来,兼有 ORM 和 SQL – MAP 的特性,同时还参考了后来 . NET 的 LINQ (本框架成型于 2006 年,当时还未听说过 LINQ)使用风格,设计并完善了 OQL 查询表达式。本框架的设计思想是通用的,对 . NET 框架的依赖比较小,框架的 ORM 和 SQL – MAP 完全可以移植到 JAVA 平台和其他语言平台。另外,框架还有智能数据窗体技术,支持控件的数据绑定,支持 MVVM 开发模式,框架的 WebFrom 和 WinForm 有一致的开发体验,所以框架非常适合进行快速的表单窗体开发。

根据框架的这三个主要特性,从 2013 年 10 月 1 日起,原 PDF. NET 就更名为 SOD 框架,即

(one <u>S</u>QL – MAP,<u>O</u>RM and <u>D</u>ata Control framework)

原 PDF. NET 框架将成为一个全功能的企业开发框架,而 SOD 框架将是 PDF. NET 开发框架下面的"数据开发框架",这个关系可以参考 3.2.4 小节 SOD 中的图 3 – 7 包含在 PDF. NET 框架内的 SOD 框架。

2. PDF. NET 开源历史

① 2010.2——PDF. NET3.0 会员发布版。

② 2010.5——PDF. NET3.5 会员发布版。

③ 2011.3——PDF. NET4.0 会员发布版。

④ 2011.9——PDF. NET Ver 3.0 开源版,相关博客文章:《节前送礼:PDF. NET (PWMIS 数据开发框架)V3.0 版开源》。

⑤ 2012.9——PDF. NET Ver 4.5 开源版,相关博客文章:《节前送礼:PDF. NET (PWMIS 数据开发框架)V4.5 版开源》。

⑥ 2014.1——PDF. NET Ver 5.1,相关博客文章:《春节前最后一篇,CRUD 码农专用福利:PDF. NET 之 SOD Version 5.1.0 开源发布(兼更名)》。

⑦ 2015.2——PDF. NET SOD Ver5.1,相关博客文章:《一年之计在于春,2015 开篇:PDF. NET SOD Ver 5.1 完全开源》。

⑧ 2019.9.4——PDF. NET SOD Ver5.6.3.904(当前最新版本),相关博客文章:《PDF. NET SOD 数据开发框架 5.6.3.904 版本发布》,当前版本更新内容如下:

a) 完善 Access 数据库的 Code First 支持;

b) OQL 新增修改或者删除全部记录的 WhereAll 方法;

c) 新增数据同步示例;

d) 合并 SOD MySQL 驱动的配置文件;

e) 更新 NUGET 到 5.6.3.904。

3. 开源协议

SOD 框架包含基础类库、扩展类库、支持工具和相关的示例 Demo 程序,以及配

套的示例解决方案等,使用这些内容的开源协议稍有不同。

框架类库开源协议:采用 LGPL 协议,该协议允许商业使用,但仅限于包含类库发布,不得将源码作为商业行为销售分发,详情请看 LGPL 协议的官方说明。

框架支持工具开源协议:采用 GPL 协议,不可用于商业销售分发和修改,如果你想用于商业用途或者"闭源"使用,请单独购买许可,详情请看 GPL 协议官方说明。

框架相关示例 Demo 开源协议:采用 MIT 协议,可自由修改使用,详情请看 MIT 协议官方说明。

框架配套的示例解决方案:包括内存数据库、异构数据库同步和应用层事务数据复制等,采用 LGPL 协议。根据协议如果您需要修改,应该将修改的内容告知开源作者以获取免费授权,并且开源作者有权将您的修改合并到本开源项目中;如果您不同意这种合并,也就似乎不希望将您的修改贡献给开源项目以供更多人使用,那么您应该向开源作者申请商业授权。所以,如果您想继续免费使用框架提供的这些配套的解决方案,一个可行的办法就是扩展它,而不是修改它的代码。不过这些解决方案还是比较复杂的,建议您和作者联系获得支持。

简单总结,SOD 框架是完全可以用于商业用途并且免费的,只是不允许直接售卖框架的支持工具,这在一般情况下都是不需要的。

A.2 .NET Core 跨平台支持

1. .NET Core 发展历史

.NET Core 为开发者提供了跨平台、云原生应用的理想开发平台,最新发布的 .NET Core 3,能够全面支持从网页到云端、桌面、物联网、人工智能的全方位的跨平台部署。.NET Core 的历史可追溯到几年前,版本 1 是在 2016 年推出,旨在生成第一版开放源代码和跨平台(Windows、macOS 和 Linux)的 .NET。

为了支持更多的 API,微软创建了 .NET Standard,它指定了任何 .NET 运行时必须实现的 API,这样就能跨 .NET 平台和版本共享代码和二进制文件了。如果遵循 .NET Standard,可以创建适用于所有 .NET 实现的库,不仅仅局限于 .NET Core,还包括 Xamarin 和 Unity。.NET Core 版本 2 于 2017 年 6 月发布,并支持 .NET Standard 2.0,使其有权访问这些 API。

.NET Core 3.0 是 .NET Core 平台的下一个主要版本。它新增了许多令人兴奋的功能,如支持使用 Windows 窗体(WinForms)、Windows Presentation Foundation(WPF)和实体框架 6 的 Windows 桌面应用程序。对于 Web 开发,它开始支持使用 C# 通过 Razor 组件(旧称为 Blazor)生成客户端 Web 应用程序。此外,它还支持 C# 8.0 和 .NET Standard 2.1。

.NET Core 3.0 还将完全支持 ML.NET,这是为 .NET 开发人员生成的开放源代码机器学习框架。ML.NET 强力驱动 Azure 机器学习、Windows Defender 和

PowerPoint Design Ideas 等产品。使用 ML. NET,可以将许多常用机器学习方案添加到应用中,如情绪分析、建议、预测、图像分类等。图 A-1 所示为 . NET Core 3.0 功能架构图。

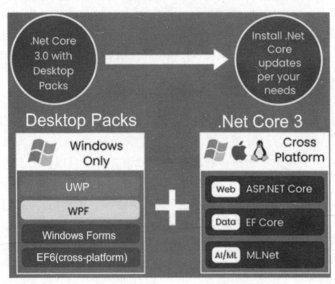

图 A-1 . NET Core 3.0 功能架构图

现在,. NET Core 3.0 Preview 9 已经发布,框架和 ASP. NET Core 有许多有趣的更新,这意味着预览 9 是最后一次预览。2019 年 9 月 23—25 日微软将在 . NET Conf 期间启动 . NET Core 3.0,. NET Core 3.0 最终版本在 9 月底正式发布。

2. . NET 5

. NET Core 3.0 的下一个版本将是 . NET 5。这将是 . NET 系列的下一个重要版本。将来只会有一个 . NET,您将能够使用它来开发 Windows、Linux、macOS、iOS、Android、tvOS、watchOS 和 WebAssembly 等。微软将在 . NET 5 中引入新的 . NET API、运行时功能和语言功能。

从 . NET Core 项目开始,已经向平台添加了大约五万个 . NET Framework API。. NET Core 3.0 弥补了 . NET Framework 4.8 的大部分剩余功能差距,支持 Windows Forms、WPF 和 Entity Framework 6。. NET 5 构建于此工作之上,利用 . NET Core 和 Mono 的最佳功能创建一个平台,可以用于所有现代 . NET 代码。图 A-2 所示为 . NET 5 功能架构图。

微软打算在 2020 年 11 月发布 . NET 5,并在 2020 年上半年推出第一个预览版。将在 Visual Studio 2019、Visual Studio for Mac 和 Visual Studio Code 的未来更新中支持它。

. NET 5=. NET Core vNext

NET 5 是 . NET Core 的下一步。该项目旨在通过以下几个关键方式改进 . NET:

.NET – A unified platform

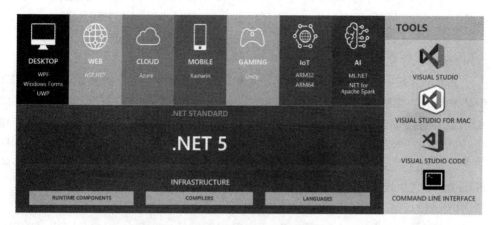

图 A-2 .NET 5 功能架构图

- 制造一个可在任何地方使用的 .NET 运行时和框架,并具有统一的运行时行为和开发人员体验。
- 通过充分利用 .NET Core、.NET Framework、Xamarin 和 Mono 来扩展 .NET 的功能。
- 从单个代码库构建该产品,开发人员(Microsoft 和社区)可以一起工作并一起扩展,从而改进所有方案。

这个新项目和方向是 .NET 的一个重要转折。使用 .NET 5,无论您正在构建哪种类型的应用程序,您的代码和项目文件都将是相同的。每个应用都可以访问相同的运行时、API 和语言功能,也包括几乎每天都在进行的 corefx 的性能改进。

3. SOD for .NET Core

SOD 框架的核心程序集 PWMIS.Core 仅需 .NET 2.0 框架支持即可,所以它对 .NET 框架的高级特性依赖很小。也就是说,SOD 框架仅需要 .NET 框架的基础功能支持即可:泛型和少量的反射。所以,SOD 框架很早就支持 .NET 框架的另一个兼容 .NET 的 Mono 平台。

Mono 是一个由 Xamarin 公司(先前是 Novell,最早为 Ximian)所主持的自由开放源代码项目。该项目的目标是创建一系列匹配 ECMA 标准(Ecma - 334 和 Ecma - 335)的 .NET 工具,包括 C♯编译器和通用语言架构。与微软的 .NET Framework (共通语言运行平台)不同,Mono 项目不仅可以运行于 Windows 系统上,还可以运行于 Linux、FreeBSD、Unix、OS X 和 Solaris,甚至一些游戏平台,例如:Playstation 3、Wii 或 XBox 360。现在,Xamarin 公司已经被微软公司收购,而 Mono 仍然在 Xamarin 公司旗下独立发展,并且为 .NET Core 的设计提供了参考经验。

借助 Mono 平台,SOD 框架很早就可以跨平台运行了,笔者曾经使 Mono+SOD+Jexus 在 Linux 平台上跑过一个简单的 Web 项目,其中 Jexus 是一款运行在 Linux 上支持 Mono 的免费、强劲易用的 Web Server 软件,它由国内著名的 Linux.NET 大神"宇内流云"开发。有关 Jexus 更详细的介绍,请读者访问以下网址:

Linux DotNET 中文社区:https://www.linuxdot.net/bbsfile-3084。

Jexus 软件官网:https://www.jexus.org/。

从前面介绍的.NET Core 发展历史可以知道,.NET Core 最初就是从原来.NET 框架基础的功能和 API 支持设计出来的,后续的版本才不断增加原.NET 框架的 API,现在有全面支持的趋势,比如.NET Core3.0 开始支持 WinForm 和 WPF 功能,因此未来.NET Core 必定和现有的.NET 框架统一为.NET 5。所以,SOD 框架支持.NET Core 是很容易的,现在已经有一个比较纯粹的支持.NET Core 的 SOD 版本,它由网友"广州-银古"提供,代码仓库地址是:

https://github/znlgis/sod-core。

当前版本的 SOD for.NET Core 支持 SQL Server、Oracle、OLE DB、ODBC、Access 和 PostgreSQL,其他种类的数据库驱动未来也会支持,读者也可以自己将原来 SOD 框架的代码直接移植过来,欢迎大家使用并且提出意见。将来,SOD 框架会进行一次全面的版本升级以准备支持.NET 5 的发布,请读者留意 SOD 框架的社区公告。图 A-3 是 SOD for.NET Core 源码的解决方案示意图,其中项目 SOD_Test 是一个测试项目,它从原来 SOD 框架源码的 ORM 测试代码直接迁移过来,几乎没有做什么修改,并且同样支持 XML 格式的应用程序配置文件,所以之前如何使用 SOD 框架,在.NET Core 上同样可以继续使用。

图 A-3 SOD for.NET Core 解决方案

运行其中的测试项目,验证 SOD 是否在 . NET Core 下正常运行,图 A－4 所示为测试结果。

```
-------PDF.NET SOD (for .net core)  ORM 测试 开始 ----------
测试: 用户zhang san 的密码和注册日期已经更新
--删除 2002条数据--
耗时: (ms)182
QuickInsert List 耗时: (ms)588
Insert List 耗时: (ms)2418
--插入 1000条数据--
--修改 3次数据, User ID: 2004--
SOD ORM的 6种 查询方式, 开始------
Login0:True
Login1:True
Login2:True
Login3:True
Login4:True
Login5:True
Login6:False
模糊查询姓 张 的用户, 数量:10
------PDF.NET SOD (for .net core) ORM 测试 全部结束------
耗时: (ms)2418
```

图 A－4 SOD for . NET Core 测试项目结果

A.3 向其他平台移植的可能性

如前面介绍,SOD 框架的核心程序集 PWMIS. Core 仅需 . NET 2.0 框架支持即可,所以它对 . NET 框架的高级特性依赖很小。也就是说,SOD 框架仅需要 . NET 框架的基础功能支持即可:泛型和少量的反射。其中,使用的反射部分是为了简化处理,因此框架可以反射都不使用,那么只要其他程序语言支持泛型或者类似泛型的功能,SOD 框架就可以移植过去。JAVA 支持泛型,C++的模板类型与泛型类似,所以理论上 SOD 框架可以移植到 JAVA 和 C++平台,或者别的语言平台。另外,也有网友借鉴框架的设计思路,设计了 VB 版本的 OQL。

1. SOD 的 kotlin 语言平台支持

网友"大大宝"将 SOD 框架移植到了 kotlin 语言平台,叫做korm 。kotlin 是一种兼容 JAVA 的语言,是一个用于现代多平台应用的静态编程语言,由 JetBrains 开发。下面是 korm 的源码地址和文档地址:

github 仓库:https://github. com/weibaohui/korm。

gitbook 文档:https://weibaohui. gitbooks. io/korm/。

(1) korm 的特点

(注:以下内容节选自 korm 的 gitbooks)

① 编译阶段提供字段检查。避免修改字段而没修改 sql 语句造成的错误。

② OQL 语句接近于 SQL,降低学习成本。

③ 提供丰富的 SQL 执行日志,方便排查问题。

④ 支持 Entity、OQL 两种操作方式。

⑤ 集成 Springboot 后,可以使用@Repository 继承 BaseRepository <Entity-Base> 获取 CRUD 基本操作。无须编写实现逻辑,并且支持 spring data jpa 风格的查询语句:

```
@Repository
interface TestBookRepository : BaseRepository <TestBook>{
    fun get10ByTestNameOrderByTestIdDesc(name:String):List <TestBook>
}
```

无须写具体的实现逻辑,执行后

get10ByTestNameOrderByTestIdDesc("abc");

转换为

select * from testbook where test_name='abc' order by test_id desc limit 10;

结果集映射为 List <TestBook>。

⑥ 支持多数据源,以及读写分离(一主多从)。

⑦ 支持自动填充 createdAt、createdBy、updatedAt、updatedBy。

⑧ 支持软删除,删除操作改为填充 deletedAt 字段。

⑨ 支持 version 乐观锁。

⑩ 数据库交互以 callback 链方式执行,可以进行按需扩展。

(2) 使用示例

下面是 korm 官方文档中介绍的如何使用 korm 的 OQL 的 Select 功能,更多示例,请查看 korm 官方文档。

```
@Test
    fun testReadWithPage() {

        val book = TestBook()
        book.testName = "testnamevalue"

        val q = OQL.From(book).Limit(10, 2, true).Select().Where {
            cmp ->
            cmp.Comparer(book.testId, ">", "1")
        }.END

        val count = book.takePageCountAll()
        q.PageWithAllRecordCount = count
```

```
        val resultList = getDB().select <TestBook> (q)
        resultList?.forEach {
            println("条目 = ${it.testId}, ${it.testURL}, ${it.testName}, ${it.
testCount}")
        }
    }
```

其中 Limit(10，2，true)的参数意义是：

10：每页 10 条；

2：取第二页；

true：执行精确分页计算，count 值可以通过 book.takePageCountAll()获取。

A.4　SOD 框架开源社区

做开源项目离不开社区的支持。SOD 框架第一次开源时我在 CSDN 发了几个帖子，并上传了一些 DEMO 项目供下载，收到了一些良好反馈，这增加了我继续做好 SOD 框架开源项目的信心。后来转战博客园，在上面发表有关框架使用的随笔文章，收到了更多朋友的关心和支持，其中有些朋友在使用中发现了一些 Bug，或者提供了修复这些 Bug 的代码，这让我感到选择开源这条路是正确的，让更多的人参与，能够更好地促进开源项目的发展。除了技术论坛和博客，我还提供 QQ 群方便用户及时交流 SOD 框架的使用问题。下面介绍 SOD 框架开源社区的源码仓库和相关资源信息。

A.4.1　GitHub 和码云

不仅仅是团队开发程序需要管理源代码的版本，个人开发也是需要进行代码版本管理的，因为经常会有对比当前代码和以前代码区别的需求，知道代码是如何改进的，回顾以前代码的问题所在。至少，源代码管理工具可以帮助你找回因为手误而删除的代码，相信不少程序员朋友都有过这样的"神操作"，如果没有源代码管理工具，就只有抓瞎了。

源代码管理工具有很多，如：VSS、CVS、Clearcase、SVN、TFS、Git 等，而 Git 应用最为广泛。TFS(Visual Studio Team Foundation)是微软提供的 Visual Studio 默认的源代码管理工具，微软曾经提供了一个供开源项目使用的 TFS 代码托管平台——CodePlex，使用非常方便，SOD 之前也曾经将代码托管到 CodePlex，地址是：pwmis.codeplex.com。但是，现在 GitHub 已成为最大的开源项目托管平台，而 CodePlex 已风光不在，现在微软关闭了 CodePlex，不过仍然能够访问到之前的档案。比如现在你访问 SOD 的 Codeplex，会出现图 A-5 所示的内容，提示你下载该项目的档案。

GitHub 是一个面向开源及私有软件项目的托管平台，因为只支持 Git 作为唯一

CodePlex Archive Open Source Project Archive

pwmis
PDF.NET SOD

download archive

PWMIS 数据开发框架 PWMIS Data Develop Framework Ver 4.5 开源版本 Ver 4.5 Open Source Solution includes ORM、Web/WinForm Data Control、SQL MAPPING,ORM query language:OQL

home　issues　discussions

源码搬迁公告

GitHub
码云

图 A‑5　SOD 源码在 CodePlex 的档案

的版本库格式进行托管,故名 GitHub。GitHub 于 2008 年 4 月 10 日正式上线,除了 Git 代码仓库托管及基本的 Web 管理界面以外,还提供了订阅、讨论组、文本渲染、在线文件编辑器、协作图谱(报表)、代码片段分享(Gist)等功能。所以,GitHub 不仅是一个代码仓库托管平台,也是一个全球程序员的协作交流平台。

SOD 框架的 GitHub 地址是:https://github.com/znlgis/sod。

码云(Gitee)为中国开发者提供了更好的本土化服务和能力,适合国内程序员习惯,访问速度极快。GitHub 和码云在功能上基本没区别,而且 GitHub 的项目私有是收费的,码云是免费的。

SOD 框架的 Gitee 地址是:https://gitee.com/znlgis/sod。

注:以上 SOD 在 GitHub 和码云的源码仓库,都是网友"广州‑银古"提供的,是他首先把 SOD 框架的源码从 CodePlex 迁移到了 GitHub,并且同步到了码云上面,笔者现在主要在 SOD 框架的 GitHub 仓库上维护,所以有更新会最先发布到 GitHub,然后才会同步更新到码云。这里感谢网友"广州‑银古"的大力支持!

A.4.2　Nuget 程序包

Nuget 是一个 .NET 平台下的开源的包管理开发工具,它是 Visual Studio 的扩展。在 .NET 应用开发过程中,能够简单地合并第三方的组件库。当需要分享开发的工具或是库,需要建立一个 Nuget package,然后把这个 package 放到 Nuget 的站点。如果想要使用别人已经开发好的工具或是库,只需要从站点获得这个 package,并且安装到自己的 Visual Studio 项目或是解决方案里。

从 Nuget 中引入的程序包存放在项目解决方案目录下的 packages 目录中。在实际的开发过程中,一般不会将 packages 目录同步上传到项目版本管理中,只需要将 package.config 文件加入到版本管理,这样其他开发人员使用 Visual Studio 打开包含 Nuget 包的项目,在编译该项目时就可直接"还原程序包",下载程序包到本地的 packages 目录中。如果不使用 Nuget,发布项目就必须包含这些程序包的 DLL 和相关文件,如果依赖的包很多,那么发布的项目文件可能会很大,这样发布项目的效率就很低。

目前,Nuget 官网已经有 169 800 个程序包,超过 200 亿次下载量,可见 Nuget 的用户非常活跃。SOD 框架也支持 Nuget 使用,现在已经将支持各种数据库的 SOD 提供程序打包发布到了 Nuget 官方站点,这样开发人员只需要获取对应的 SOD 提供程序即可。在 Nuget 网站首页输入 PDF.NET.SOD 即可搜索到 SOD 所有相关的程序包,如图 A-6 所示。

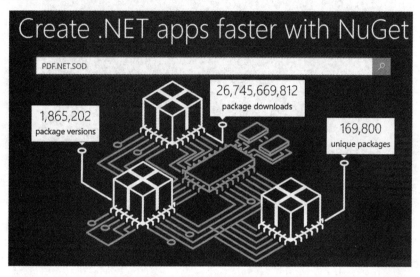

图 A-6 在 Nuget 站点搜索 SOD 框架

也可以在浏览器上直接输入 https://www.nuget.org/packages? q＝PDF.NET.SOD,能看到下面一样的搜索结果,有超过 4 万个包含 PDF.NET.SOD 关键词的程序包,排在搜索结果第一个的就是 SOD 框架的基础库,如图 A-7 所示。

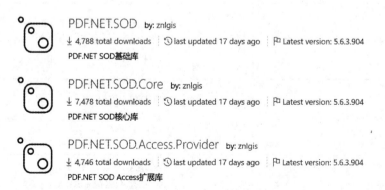

图 A-7 在 Nuget 站点搜索 SOD 框架的结果(部分)

在 Visual Studio 解决方案项目的程序包管理器界面,浏览界面搜索框输入 PDF. NET. SOD,也可以找到 SOD 框架相关的提供程序,如图 A-8 所示。

图 A-8　在 VS 搜索程序包 SOD 框架的结果(部分)

也可以直接在包管理控制台输入下面的命令行来安装指定的 SOD 提供程序:

```
Install-Package PDF.NET.SOD -Version 5.6.3.904
```

表 A-1 说明了 Nuget 上 SOD 框架的各种数据库使用的提供程序信息,读者可以根据提供程序的名字来直接判断它是否支持你当前使用的数据库。

表 A-1　Nuget 上 SOD 框架的各种数据库使用的提供程序信息

序　号	SOD Nuget 包名字	支持的数据库	说　明	.NET 最低版本
1	PDF. NET. SOD	SqlServer Oracle OleDb 数据源 Odbc 数据源	SOD 基础库,依赖于 PDF. NET. SOD. Core 支持 Code First	.NET 3.5
2	PDF. NET. SOD. Core	SqlServer Oracle OleDb 数据源 Odbc 数据源	SOD 核心库,其中 访问 Oracle 使用的是 微软的数据提供程序	.NET 2.0
3	PDF. NET. SOD. WinForm. Extensions		SOD WinForm 扩展, MVVM 数据窗体支持	.NET 2.0

序　号	SOD Nuget 包名字	支持的数据库	说　明	.NET 最低版本
4	PDF. NET. SOD. PostgreSQL. Provider	PostgreSQL		.NET 4.5.1
5	PDF. NET. SOD. SQLite. Provider	SQLite		.NET 4.5.2
6	PDF. NET. SOD. Oracle. Provider	Oracle	采用 Oracle 提供的数据提供程序	.NET 4.5.1
7	PDF. NET. SOD. Web. Extensions		SOD WebForm 扩展，数据窗体支持	.NET 2.0
8	PDF. NET. SOD. Access. Provider	Access	支持创建数据库	.NET 3.5
9	PDF. NET. SOD. SqlServerCe. Provider	SQLServer CE		.NET 4.5.1
10	PDF. NET. SOD. ODataClient. Extensions		OData 客户端扩展	.NET 4.5.1
11	PDF. NET. SOD. MySQL. Provider	MySQL		.NET 4.5.2
12	PDF. NET. SOD. MemoryStorage. Extensions		内存数据库支持	.NET 4.0

注：表中罗列了 SOD 框架相关的提供程序，从名字可以看出 SOD 从属于 PDF. NET 框架。如果在 Nuget 上搜索 PDF. NET 关键词，还可以看到 PDF. NET. MSF 相关的程序包，这是 PDF. NET 下的 MSF 框架的程序包。有关 MSF 的介绍，请看 6.5.5 小节消息服务框架。

A. 4. 3　社区资源

SOD 框架的发展离不开社区的支持，SOD 框架的社区主要分为三类：技术文章、即时通信工具和代码托管平台。代码托管平台就是前面介绍的 GitHub 和 Nuget 等。

1. 技术文章

(1) 官方主页

框架各类资源信息集中汇集的地方，包含框架介绍、重点技术文章链接和开发者联系信息、会员信息等，网址：http://www.pwmis.com/sqlmap。

注：如果您觉得 SOD 框架对您起到了很大的帮助，欢迎点击上面框架官方主页，看到页面上的捐助二维码扫码进行捐助，如果您捐助了可以联系我加入会员，并且可以更新您的大名到捐助名单上，感谢您对本开源项目的支持！

(2) 博　客

我以深蓝医生为名字在博客园开的博客，写了很多 SOD 相关的博客随笔文章，绝大部分 SOD 如何使用的问题都可以在这些文章内找到答案。早期在 CSDN 也写了些相关博客。

博客园博客地址：https://www.cnblogs.com/bluedoctor。

其中，有关 OQL 的 4 篇系列介绍，可以查看下面的文章：

《ORM 查询语言（OQL）简介——概念篇》，然后从这篇文章开始阅读里面的 4 篇文章，它们由浅入深地介绍了 OQL 的设计理念和设计过程。读完这 4 篇文章，基本上就掌握了 SOD 框架的 ORM 查询语言。

CSDN 博客地址：https://blog.csdn.net/bluedoctor/。

（3）论　坛

我在 CSDN 论坛发布的一些有关 SOD 框架的讨论，这里给出几个有代表性的帖子：

《比 LINQ 简单：PDF.NET 框架之 OQL 语言！》（2010 年）；

《让 ORM 框架支持多表（多实体）连接查询》（2011 年）；

《散分——分享一个使用反射＋缓存＋委托，实现一个不同对象之间同名同类型属性值的快速拷贝 》（2012 年）；

《一行代码完成自定义表单的增删改查，并且在线重新设计表单无需编写代码》（2013 年）。

2. 即时通信工具

主要提供 QQ 群和微信群讨论，在 QQ 群里还有网友发布的与 SOD 相关的工具下载。

● 高级 QQ 群：18215717（.net 领域技术交流，技术人生，话题广泛）。

● 初级 QQ 群：154224970（只讨论 SOD 相关的话题，不灌水）。

注：以上两个群加群可能需要回答问题，本书的读者回答"看到医生写的书"即可。

● 我个人 QQ 号：45383850。

仅限于 SOD 框架的会员用户咨询问题，如何成为会员，请看框架的官方主页。读者也可以通过 QQ 邮件与本人联系。

● 微信群：群里面都是 SOD 框架资深会员用户，目前暂不开放。

3. 示例程序和相关资源

● 示例程序

本书的示例程序源码全部都在 SOD 框架的解决方案中，未来更多的示例将会发布到我的 GitHub 上，请关注本人的 GitHub 地址：

https://github.com/bluedoctor。

● SOD ORM 开发教程

http://sod.aspxhtml.com。

（网友"海口-经常断电"提供托管网址，网友"上海-暗夜"整理原文档）

● PDF. NET 集成开发工具 4.1

https://dl.pconline.com.cn/download/770890.html。

（最新版本的集成开发工具可以自己使用框架源码编译，或者框架的 QQ 群群文件下载）

● 视频：SQL - MAP 技术介绍

在我的博客文章《将复杂查询写到 SQL 配置文件——SOD 框架的 SQL - MAP 技术简介》内有视频地址链接。

A.4.4　社区反馈

SOD 框架的特点就在于简单灵活，入门门槛低，这是它能够在微软.NET 的"亲儿子"、强大的 Entity Framework 竞争下，以及社区层出不穷的各种 ORM 轮子之外还能有一席之地的原因。所以，SOD 框架很受.NET 初中级用户以及三、四线城市用户的欢迎，这其中以一个 SOD 框架的忠实粉丝——网友"芜湖-大枕头"为代表，他在听说 SOD 框架要出一本书的时候，坚决要求把他的使用体验写到书里面，以分享给更多与他类似的朋友。

下面是网友"芜湖-大枕头"写的内容，应他要求略去他的实名和公司信息。

我比医生小上几岁，出身于四线小城市，偶然间混上了程序员这碗饭，其实我本来也想当个软件大牛的，偏偏大部分时间就是个修电脑的，再加上学历偏低，一直在若干个小公司间辗转，技术没有大的进步，就是混个项目经验而已，如同打游戏一般，空有一身高等级却穿着乞丐装备，常常被低级玩家完虐。

有一天我在网上闲逛（美其名曰给自己充电），巧合之下看到了医生的这个 SOD 框架（当时还叫 PDF.NET），几经折腾，加上了医生的群，学习了几日，倒也能写上几大段，拿出来，也够人瞧上好一阵子了。可能有的朋友很难体会在一个四线小公司，同事们写着那些拙劣的"增删改查"代码还天天自嗨，而对你找到的"屠龙刀"不屑一顾的神情。

至此以后，医生的 SOD 框架基本上都用在我所有的项目上了，就是以前的项目，也趁着升级的机会全部重构了一次，运行效率和用户体验都提高不少，客户评价也较高，着实让我发了笔小财——谁让他们像我一个人可以干完的活非得要四、五个人才能干完呢？可以说，SOD 框架对于那些烦琐的"增删改查"项目就是一把宝刀，它的确能大幅提高数据开发效率，让我能够更加专注业务问题，有更多时间去跟那些难缠的客户周旋，从而让我的客户更加满意，也有了更多时间陪伴家人。

芜湖-大枕头

2020 年 1 月 3 日

后 记

　　虽然我经常写博客文章,但写书还是头一次,当开始计划写书时,才发现写书远不像写博客那么简单。博客可以写得随意些;而写书就要有理有据,需要花费很多时间和精力。作为一个"中年技术人",在工作生活之余抽出时间写书是件很困难的事,感觉每天的时间都不够用。虽然一年前我辞职创业,到现在还远远没有看到曙光,但家人一直对我写书非常支持。爱人独自承担起家庭的开销和孩子的教育事务;正在上小学的儿子,一直鼓励我创业和写书,说"有梦想就要坚持去做";年过七旬的老母亲从老家远道而来,照顾我们一家的生活,有母亲在身边的这段时间,我写作的效率最高,超过一半的章节都是在这段时间完成的。家人的支持给了我写作的时间和动力,让我能安心完成这本书。但是对于他们,我的内心充满愧疚。因此,在这里我要感谢他们,感谢我的老母亲——一位慈祥善良的老人,感谢我的爱人——一位坚强的职场女性、温柔善良的孩子母亲,还要感谢我正上小学的儿子——一个聪明、活泼、善解人意的好孩子。另外,还要感谢北京航空航天大学出版社的策划编辑剧老师,她对我的写作效率给予了充分的理解,并强调写好才是最重要的。

　　我的创业项目是一个农业电商项目,当初的想法是一边创业一边写书。可当真正将创业想法付诸行动时,才发现很多事情自己都不擅长,比如写创业项目计划书,要写的不单是自己"技术改变未来"的那一点技术方案,更多的是商业知识、营商环境以及业务创新方面的内容,尤其是十几年技术人的那种技术思维与商业思维的差异,以及创业项目所在行业特有的市场经济与小农经济的冲突,让人感觉真的是理想很丰满,现实很骨感!一方面,现在很难找到愿意投资农业电商的风投;另一方面,农村的人才几乎一片空白。到现在为止,创业已经一年了却只做了一个微信公众号,大家可以搜索关注"田链生活",或者扫描下面的二维码关注,有兴趣的读者可以了解我的项目的动态。

虽然我的创业项目还没有看到成功的曙光,但收获还是有的。在这期间我写完了这本书,也算是一点安慰吧。在慢长的写作过程中,让我能将自己 10 多年做项目开发的经验好好地总结一下,更仔细地推敲写作的内容,让读到本书的朋友们从中获益,使他们对未来的发展之路更有信心。为此,我坚持以认真负责的态度投入写作,未来也会以这种态度对待我的客户,并对自己创业项目的未来充满希望。

在这里,我要感谢所有曾经支持和关注过我的朋友们。

感谢所有对 SOD 框架捐助过的朋友,部分捐助人清单请看框架官网。

感谢对 SOD 框架提供建议或者修改完善代码的网友(名字列在下表中,排名不分先后),并特别感谢其中的网友"广州-银古"提供的大力支持。

台州-红枫星空	长的没礼貌	GIV-顺德	芜湖-大枕头
成都-小兵	"if else"	红与黑	深圳-百转魂回
"Super Show"	泸州-雷皇	有事 M 我	左眼
上海-暗夜	"Tony"	其其	"null"
"※DS"	"Sharp_C"	大大宝	"stdbool"
"ccliushou"	青岛-无刃剑	福州初学者	广州-晓伟
@卖女孩的小肥羊	北京-cool18	路人甲.aspx	熙嘉隆
阳光尚好	石家庄-零点	"Rookie"	广州-玄离
"Panke"	发呆数星星	不抖机灵	"koumi"
广州-银古	THIRDEYE	吉林-stdbool	郑州-何
唔	广州-四系奈	"Love@"	深圳-光头佬
逍遥游	上海-bingoyin		

注:上表中所列的网友的名字都是在 SOD 框架源码中找到的,幸好我有写代码注释的习惯,每次网友提供修改内容,我都将他们的名字记录在源码中。还有一些网友不愿意将自己的名字写在源码中,在此对这些"无名氏"朋友一并感谢!

感谢网友提供的 SOD 框架应用的成功案例(部分):

时 间	案例名称	应用说明	网友名字
2014	药品终端网,全国最大的网上药品交易平台	PDF.NETVer 5.1 作为系统核心持久层组件	成都-Koumi
2015	银谷在线,全国著名互联网金融平台	PDF.NETVer 5.5 作为系统核心持久层组件	北京-Rookie
2016	国家电投某业务管理系统	PDF.NETVer 5.6 作为系统核心持久层组件	芜湖-大枕头
2017	芜湖市国家税务局工资系统	PDF.NETVer 5.6 作为系统核心持久层组件	芜湖-大枕头

续表

时　间	案例名称	应用说明	网友名字
2017	芜湖市国家税务局绩效考核系统；中电国际神头发电有限责任公司职工体检管理系统；中电国际神头发电有限责任公司现场隐患排查系统	PDF.NETVer 5.6 作为系统核心持久层组件	芜湖-大枕头
2016—2018	易号刘动漫网＋易让网	Asp.net＋PDF.NET SOD＋自定义 WebAPI（SOD 框架极大地提高了开发效率）	海口-经常断电
2019	厦门市 Super 士多平台（微信小程序、APP、PC＋wap）	将数据访问由 EF 框架替换成 SOD 框架（优化了性能并且节省了资源占用）	厦门-刹那的大鸟

　　最后，感谢所有关注和支持 SOD 框架的朋友，感谢 QQ 群内对本书期待已久的网友，希望本书能够成为大家日常数据开发的指南，或者架构设计的参考，不管你是否正在使用 SOD 框架，相信您都能从本书中受益。

深蓝医生

2019.9.23 于北京

参考文献

[1] 深蓝医生的博客.[2019－03－01]. https://www. cnblogs. com/bluedoctor.

[2] 结绳计数:最原始的备忘录.(2018-08-21)[2019-3-4]. https://www. jianshu. com/p/c9d65d06c8f6.

[3] CBDSYDNR. 图灵机的工作原理.(2017-05-29)[2019-3-4]. https://zhidao. baidu. com/question/14726661. html.

[4] 曹建明."四象"溯源与解读.(2017-08-10)[2019-3-20]. http://www. guoxue. com/? p=45671.

[5] 星座启蒙师.你不知道的易经八卦图用法.[2019-03-29]. https://www. sohu. com/a/304631211_100249845.

[6] 曹天元.上帝掷骰子吗:量子物理史话.沈阳:辽宁教育出版社,2011.

[7] 智能科学网站.专家系统.[2019-03-31]. http://www. intsci. ac. cn/ai/es. html.

[8] 三星堆博物馆.[2019-05-01]. http://www. sxd. cn.

[9] tangxuehua. DDD CQRS 架构和传统架构的优缺点比较.(2016-02-07)[2019-4-12]. https://www. jdon. com/47852.

[10] Microsoft. ADO. NET 概述.(2017-03-30)[2019-5-15]. https://docs. microsoft. com/zh-cn/dotnet/framework/data/adonet/ado-net-overview.

[11] Robert C Martin. The-Clean-Architecture.(2012-08-13)[2019-5-25]. https://blog. cleancoder. com/uncle-bob/2012/08/13/the-clean-architecture. html.